卓越工程师培养计划
▪ CAD/CAM ▪

http://www.phei.com.cn

U0253223

王世刚　胡清明　编著

UG NX 8.0 机械设计入门与应用实例

電子工業出版社
Publishing House of Electronics Industry
北京·BEIJING

内 容 简 介

本书结合具体实例由浅入深、从易到难地讲述了 Unigraphics（简称 UG）最新版本 UG NX 8.0 的基本知识，并介绍了 UG NX 8.0 在工程设计中的应用。全书按基础篇、应用篇和提高篇分为 16 章，内容包括 UG NX 8.0 概述、UG NX 8.0 常用建模工具、草图、曲线与曲线编辑、零件建模方法、工程图、运动仿真分析、螺栓螺母的三维造型设计、齿轮与凸轮的三维造型设计、轴套类零件与轴承的三维造型设计、箱体类零件的三维造型设计、标准零件库的创建、平口虎钳装配、减速器装配、铰链四杆机构运动仿真、模型渲染。书中所有实例的源文件或结果文件，以及主要实例操作过程的视频讲解文件，都可以到 http://yydz.phei.com.cn 上下载。

本书适合利用 UG 软件进行机械设计的工程技术人员阅读，也可作为高等学校相关专业的教学用书。

图书在版编目（CIP）数据

UG NX 8.0 机械设计入门与应用实例 / 王世刚，胡清明编著．—北京：电子工业出版社，2012．8
（卓越工程师培养计划）
ISBN 978-7-121-17806-1

Ⅰ. ①U… Ⅱ. ①王… ②胡… Ⅲ. ①机械设计－计算机辅助设计－应用软件 Ⅳ. ①TH122

中国版本图书馆 CIP 数据核字（2012）第 178063 号

策划编辑：张　剑（zhang@phei.com.cn）
责任编辑：徐　萍
印　　刷：
　　　　　北京市李史山胶印厂
装　　订：
出版发行：电子工业出版社
　　　　　北京市海淀区万寿路 173 信箱　邮编　100036
开　　本：787×1 092　1/16　印张：23　字数：589 千字
印　　次：2012 年 8 月第 1 次印刷
印　　数：4 000 册　　定价：58.00 元

凡所购买电子工业出版社图书有缺损问题，请向购买书店调换。若书店售缺，请与本社发行部联系，联系及邮购电话：（010）88254888。

质量投诉请发邮件至 zlts@phei.com.cn，盗版侵权举报请发邮件至 dbqq@phei.com.cn。

服务热线：（010）88258888。

前　言

随着现代科技的快速发展，激烈的竞争要求企业更快地将产品推向市场，CAD/CAM/CAE技术是缩短产品研发周期、提升产品性能及提高企业生产效益的有效手段。与此同时，CAD/CAM/CAE 技术的应用也对从业人员提出了更高的要求，掌握该类软件已经成为产品设计工程师所必备的职业技能之一。

由 SIEMENS 公司（原美国 UGS 公司）开发的 Unigraphics（简称 UG）软件被当今世界领先的制造商用于从事概念设计、工业设计、详细的机械设计及工程仿真和数字化制造等工作，广泛应用于航空、航天、汽车、船舶、通用机械、家用电器、医疗设备和电子工业及其他高科技应用领域的机械设计等行业，已成为世界上最优秀的公司广泛使用的系统之一。

UG NX 8.0 以基本特征操作作为交互操作的基础单位，是集 CAD/CAM/CAE 于一体的 3D 参数化软件。它为工程设计人员提供了非常强大的应用工具，涵盖了产品设计、工程和制造中的全套开发流程，使用户可以在更高层次上进行产品设计（包括零件设计和装配设计）、模具设计（冷冲模、注塑模等）、数控加工仿真及工程分析（有限元分析和运动机构分析），实现并行工程 CAID/CAD/CAM/CAE 的集成与联动。

本书是基于目前企业对 UG 应用人才的需求和各个院校的 UG 教学需求而编写的，以 UG NX 8.0 为基础，从基础入手，全面介绍该软件的基础功能。立足于实际机械工程问题的应用设计，对所介绍的命令都通过实例进行讲解，便于读者理解该命令并能熟练掌握命令的使用方法。

本书结合设计实例对 UG NX 8.0 进行介绍，全书共 16 章，由以下三大部分构成：

（1）基础篇。该部分由第 1～7 章构成，主要包括 UG NX 8.0 概述、常用建模工具、草图、曲线与曲线编辑、零件建模方法、工程图和运动仿真分析，通过对该部分的学习，使读者对 UG NX 8.0 有初步的认识。

（2）应用篇。该部分由第 8～12 章构成，主要包括螺栓螺母、齿轮与凸轮、轴套类零件与轴承、箱体类零件的三维造型设计及标准件的参数化建模等，通过对该部分的学习，读者能进行一些中等复杂零件的三维建模，可以对 UG NX 8.0 的基本功能及各部分模块有更深一步的认识。

（3）提高篇。该部分由第 13～16 章组成，主要包括平口虎钳的装配、减速器的装配、铰链四杆机构运动仿真分析及模型渲染等，通过对该部分的学习，使读者对三维装配、工程图、运动仿真模块和渲染有更深一步的认识，以利于进行该软件后续模块的学习，并为从事机械相关工作奠定基础。

本书中，作者根据自己多年的计算机辅助设计领域工作和教学经验，针对初、中级用户学习 UG 的难点和疑点，由浅入深，全面、细致地讲解了 UG 在机械设计应用领域的各种功能和使用方法。书里有很多实例本身就是机械设计项目案例，经过作者精心提炼和改编，不仅保证了读者能够学好知识点，更重要的是能帮助读者掌握实际的操作技能。本书受黑龙江省自然科学基金项目（项目编号：E201106）资助。

本书由齐齐哈尔大学王世刚、胡清明编著。王世刚负责第 1、5、8、9、13、14、16 章；胡清明负责第 2、3、4、6、7、10、11、12、15 章。参与编写的还有管殿柱、李文秋、宋一兵、王献红、赵景波、赵景伟、张轩、付本国、马震、田绪东、谈世哲、初航、宋琦。

限于编著者的水平，书中尚有不足之处、缺点和错误，敬请读者批评指正。

编著者

2012 年 6 月

目　录

基 础 篇

应 用 篇

提　高　篇

基础篇

本篇首先对 UG NX 8.0 的特点、主要功能、主要应用模块及基本工作环境进行简要介绍，然后对 UG NX 8.0 的建模、装配、工程图和运动分析模块进行详细介绍，主要对产品结构设计与分析过程中的常用命令进行讲解，为后续进行相关产品的结构设计与分析奠定基础，读者在后续的操作过程中若对某个功能的使用方法存在不明白之处，也可以返回本篇中查找对应功能的使用方法。

第 1 章　UG NX 8.0 概述

UG NX 8.0 是一款集 CAD/CAM/CAE 于一体的三维参数化软件，涵盖了产品设计、工程和制造中的全套开发流程，广泛应用于航空、航天、汽车、通用机械、模具和家用电器等领域。本章首先介绍 UG NX 8.0 软件的特点和主要功能，然后对该软件的主要应用模块进行介绍，最后主要对其基础工作环境和建模方法进行详细介绍。

1.1　UG NX 8.0 的特点与主要功能

UG NX 8.0 以基本特征操作作为交互操作的基础单位，是集 CAD/CAM/CAE 于一体的 3D 参数化软件，涵盖了产品设计、工程和制造中的全套开发流程，使用户可以在更高层次上进行产品设计、模具设计、数控加工仿真及工程有限元分析，实现并行工程 CAID/CAD/CAM/CAE 的集成与联动。在面向过程驱动技术的环境下，用户的全部产品及精确的数据模型可以在产品开发全过程的各个环节相关，从而有效地实现了并行工程。它可实现从产品设计到产品工程分析，最后进行产品加工的产品整个开发过程，为客户提供全面的产品全生命周期解决方案，是当今最先进的产品全生命周期管理软件。UG NX 8.0 的主要功能如下。

1）**工业设计与工业造型功能**　该软件集成了工业设计和造型的解决方案，使用户能够拥有一个功能更强大的工具包，它涵盖了建模、装配、模拟、制造和产品全生命周期管理等功能，CAID 与传统的 CAD、CAE 和 CAM 工具相结合，提供最完整的工业设计和最高级的表面处理解决方案。

2）**产品设计功能**　该软件拥有世界上最强大、最广泛的产品设计应用模块，比传统的通用设计软件更为优秀，具有零件建模模块（实体建模、特征建模和自由形状建模）、产品装配模块（装配模块、高级装配模块、虚拟现实模块和漫游模块）和工程图模块等基本功能模块，还具有专业的管路和线路设计系统、钣金模块、专用的塑料模具设计模块和其他行业设计所需的专业应用程序模块，可以建立各种复杂结构的三维参数化实体装配体模型和部件详细模型，并能自动生成工程图纸（半自动标注尺寸）。另外，设计人员之间还可以进行协同设计。软件可用于各行业和各种类型产品的设计，所设计的产品模型可进行虚拟装配与各种分析，省去了制造样机的过程。

3）**产品工程分析功能**　该软件的产品辅助工程包含有限元分析、机构学和注塑模具分析等分析功能，利用有限元方法对产品模型进行力学、热力学及模态分析，从应力应变云图上可直观地表示结构受力和变形等情况；利用结构分析功能可以清晰地分析产品的实际运动情况和装配体工作时的干涉情况，以及对产品运动速度进行分析，从而能够实现设计仿真和设计验证等，来满足关键的工程计算需求，以缩短产品的研发周期并创建更为安全、可靠和优化的设计。

4）产品制造功能　该软件具有的产品辅助制造主要包括车加工、三轴加工、五轴加工、高速加工、后置处理和型芯、型腔铣削等功能，利用该加工模块，可以根据产品模型或装配体模型模拟产生刀具路径，自动产生数控机床能接收的数控加工指令代码，并根据模拟结果改善 NC 编程和加工过程，以实现数控加工仿真。

此外，UG NX 8.0 还具有二次开发和 Internet 发布等功能，例如，利用 NX 的可视化渲染可以产生逼真的艺术照片、动画等，可以直接在 Internet 上发布产品模型，以便于企业宣传。

1.2　UG NX 8.0 主要应用模块简介

UG NX 8.0 由多个功能强大的应用模块组成，每个模块都有独立的功能，且各模块集成于基础环境模块中，相互联系、相互作用，使 UG NX 8.0 成为功能更为强大的软件系统。在实际使用过程中，用户可以根据需要，将产品调入不同的模块中进行设计、加工仿真和有限元分析等操作，其主要模块如下。

1. 基础环境模块

UG NX 8.0 基础环境模块是集成了其他应用模块的应用平台，也是连接所有模块的基础。基础环境模块是所有其他模块的一个必要条件，是启动 UG NX 8.0 后自动运行的第一个模块。在基础环境模块下，用户可以打开已经存在的部件文件、新建部件文件、改变显示部件、分析部件、启动在线帮助、输出图纸和执行外部程序等。基础环境模块的基本功能可以自由添加附加的应用如建模、制图、制造分析和转换器放大，使用户能够定制环境以适合于专门的需求。若系统暂时处于其他应用模块中，用户可以随时通过选择相应的命令返回该模块。基础环境模块还包括以下功能。

- 对象信息查询和分析功能：包括表达式查询、特征查询、模型信息查询、坐标查询、距离测量、曲线曲率分析、曲面光顺分析和实体物理特征自动计算等功能。
- 方便用户使用与学习的辅助功能：包括快速视图弹出菜单、用户自定义热键和主题相关自动查找联机帮助等。
- 电子表格功能：用于定义标准化系列部件族。
- 绘图功能键：按可用于 Internet 主页的图片格式生成零件或装配模型的图片文件，包括 CGM、JPEG、BMP、VRML、TIFF、EMP 和 PNG 等文件格式。
- 操作记录功能：包括操作记录的录制、播放和编辑等功能。
- 打印功能：可以打印到文件或用打印机直接打印。
- 用户自定义图形菜单功能：使用户可以快速访问其他常用功能或二次开发功能。
- 导入导出功能：可以输入或输出 Solidworks、Inventor、Pro/E、Catia 和 Parasolid 等格式的几何数据。

2. 产品建模模块

UG NX 8.0 的计算机辅助设计（CAD，Computer Aided Design）模块是 UG NX 8.0 最重

要、最基本的组成模块之一，包含了一系列综合的计算机辅助设计应用软件，如几何建模（Modeling）、人体建模（Human Modeling）、装配设计（Assembly Modeling）、工程制图（Drafting）、基于系统的建模（System-based Modeling）、用户自定义特征（User-defined Features）、管路和电缆系统设计（Routed Systems Design）、钣金设计（Sheet Metal Design）等。利用该模块，设计者可以自由地表达设计思想和创造性地改进设计。UG NX 8.0 为复杂机械产品设计提供了一套广泛的 CAD 解决方案，从而以更低的成本提供更高的效率和更短的设计周期。CAD 效率和成本节约不仅远远超出了设计过程，而且还延伸到产品开发的所有阶段。UG NX 8.0 以动态方式把 CAD 设计与规划、仿真、制造及其他开发过程集成在一起，确保更快地做出设计决策，并且提供关于产品性能及功能问题的详细信息。通过选择【Start（起始）】→【Modeling（建模）】命令进入到该模块。下面简要介绍 UG NX 8.0 产品设计模块的主要功能。

1）**实体建模** 该模块是所有其他几何建模产品的基础，将基于约束的特征建模和显示几何建模方法无缝结合起来，使用户可以充分利用传统的实体、面、线框造型优势。在该模块中可以建立二维和三维线框模型、扫描和旋转实体，以及进行布尔运算与参数化建模。

2）**特征建模** 该模块用工程特征定义设计信息，提供了多种常用设计特征，如孔、槽、型腔和圆柱体、球体等，并可建立薄壁件，各设计特征可以用参数化定义，其尺寸大小和位置可以编辑。

3）**自由形状建模** 该模块将实体建模和曲面建模融合成一个功能强大的建模工具组，用于设计高级的自由形状外形。只使用特征建模方法就能够完成设计的产品是有限的，绝大多数实际产品的设计都离不开自由形状建模。UG NX 8.0 向用户提供了丰富的曲面建模工具，包括直纹面、扫描面、通过一组曲线的自由曲面、通过两组类正交曲线的自由曲面、等半径或不等距偏置、广义二次曲线倒圆等。该方法根据产品外形要求，首先建立用于构造曲面的边界曲线，或者根据实样测量的数据点生成曲线，使用 UG NX 8.0 提供的各种曲面构造的方法构造曲面。对于简单的曲面，可以一次完成建模，而实际产品的形状往往比较复杂，一般都难以一次完成，对于复杂的曲面，首先应该采用曲线的构造方法生成主要或大面积的片体，然后对曲面进行过渡连接、光顺处理等操作，以完成自由形状模型的整体造型。

4）**用户自定义特征建模** 该模块以交互操作方式方法捕捉、存储并重复使用各个特征，并形成用户专用的自定义特征库和零件族，实现设计过程自动化，使细节设计变得简单，从而让设计人员能够轻松、快速地执行多步设计任务。

5）**人体建模** 该模块可以快速创建准确的人体模型，用人体测量数据库来准确地确定人体模型的尺寸，允许在产品建模环境里快速编辑人体模型并对其进行定位，为人体模型创建触及区，帮助确定余隙和干扰。姿势预测软件包还可以确定一辆汽车里的驾驶员、前面乘客或后面乘客就座后的位置。

6）**基于系统的建模** 该模块提供了一种自上而下、模块化的产品开发方法，可以很大程度地重复使用所有产品的子系统设计，特别适用于汽车、飞机等复杂产品的设计。

7）**线路系统设计** 该模块为电气和机械线路子系统提供了定制化的设计环境，包括逻辑布线、机械布管和电气布线三个子模块，其中逻辑布线模块包括原理图设计、模块生成的逻辑连接信息，可自动计算电缆长度和捆扎线束直径；机械布管模块提供管路中心线定义、管路标准件、设计准则定义和检查功能，在装配环境中进行管路布置和设计，可以自动生成管路明细表、管路长度等关键数据，可以进行干涉检查等操作；电气布线模块主要用于生成三维电气布线数据，为电气布线设计员、机械工程师、电气工程师和工艺人员提供生成电气布线系统虚拟样机的能力。

8）**钣金设计** 该模块为专业设计人员提供了一整套工具，根据材料的特性和制造过程创建并管理钣金零件。利用基于参数、特征方式的钣金零件建模功能，可生成复杂钣金零件，定义和仿真钣金零件的制造过程、展开和折叠的模拟操作，生成精确的二维展开图样数据，并对其进行参数化编辑。

3．产品装配模块

产品装配模块主要用于模拟实际机械装配过程，利用约束将各个零件装配成一个完整的机械结构，提供支持自上而下、自下而上和混合装配三种装配设计方法、高级装配管理和导航，可以快速跨越装配层来直接访问任何组件或子装配图的设计模块，使团队始终处于有组织的状态并按计划执行任务，以及支持协同、高层次的设计方法，使得用户可以在装配过程中根据需要对零件进行设计和编辑修改，并保持装配体与零件间的关联性。装配环境里的干涉、间隙和质量特性分析工具可以检测拟合、重量及重心问题，保证第一次就设计正确，从而减少对物理样机的依赖。因其操作简单、方便易用，该模块在模具设计中的作用极为突出，模具设计师常用该模块功能来进行模具装配模拟和模具零配件之间的配合分析等。通过选择【Start（起始）】→【Assembly（装配）】命令可以进入该模块，需注意的是，在运行装配模块的同时，可以同时运行建模模块。

4．产品制图模块

产品制图模块用于绘制和管理二维工程技术图纸，并可与其他解决方案之间进行无缝集成。工程图是指用于指导实际生产的三视图图样，是将零件或装配模型设计归档的文件，其正确与否将直接影响到生产部门的实际生产制造。利用该模块可以实现制作平面工程图的所有功能，既可以从已经建立的产品三维模型自动生成平面工程图，也可以利用其曲线功能直接绘制平面工程图。该软件生成的工程图并不是单纯的一个独立的二维空间图形，而是通过投影模型空间的三维零件或装配体所得的，它与三维模型零件或装配体有着密切的相关性，一旦用户修改了模型的基本特征后，系统将根据对应关系更新制图模板中的视图特征，从而同步更新工程图中的相关内容，它方便用户实时地对零件模型进行修改，以高效地创建与三维模型相关的、高质量、全面符合要求的零件图和装配图。通过选择【Start（起始）】→【Drafting（制图）】命令可以进入该模块。

5．数控加工仿真模块

UG NX 8.0 的计算机辅助制造（CAM，Computer Aided Manufacturing）模块为数控机床编程提供了一套经过证明的完整解决方案，是一个利用计算机进行生产设备管理控制和操作的过程，即先进的编程技术，它可提高产品加工制造效率和减少产品加工制造时间。UG NX 8.0 CAM 模块具有非常强大的加工能力，可根据用户输入的零件工艺路线和工序内容进行零件加工模拟，输出刀具加工时的运动轨迹和数控程序文件，以实现从自动粗加工到用户定义的精加工等过程。该模块提供了界面友好的图形化窗口界面，可实现 2～5 轴的加工模拟，并在关键加工领域（包括高速加工、五轴加工等）提供了关键功能，同时用户可以在图形可视化的方式下观察刀具轨迹运动的情况，并根据需要对其进行修改。另外，该模块还支持铣削、车削等多功能机床，可根据加工机床控制器的不同定制后处理程序，从而使生成的指令文件直接应用于用户指定的特定机床，使数控机床的产出最大化。CAM 模块能够满足航空航天、国防、汽车、通用机械和医疗设备等各行业的需求。下面简要介绍 UG NX 8.0 数控加工模块的主要功能。

1）**计算机辅助加工基础**　该模块集成了 UG NX 8.0 所有加工功能的基础，所有的加工模块都集成在这个界面友好的图形化窗口环境中。用户可以图形方式观察刀具运动轨迹，并根据需要对刀具运动轨迹进行编辑，如对刀具的运动轨迹进行延伸、缩短和修改操作等。

2）**车削**　该模块提供了一个既容易编辑又全面特征化的完整车削解决方案，可以实现回转类零件加工所需要的全部功能，包括粗车、多次走刀精车、车沟槽、车螺纹和中心钻等功能。刀具的加工轨迹与零件的几何模型密切相关，并能随零件几何模型的改变而自动更新。

3）**型芯和型腔铣削**　该模块提供粗加工和精加工单个或多个型腔，即沿任意类似型芯的形状进行粗精加工并产生刀具运动轨迹、确定走刀方式等工作。其中最为突出的功能是能够在很复杂的轮廓轨迹上生成刀具运动轨迹和确定走刀方式。

4）**固定轴铣削**　该模块提供用于产生 3 轴联动的刀具运动路径，实际上该功能可以用于加工任意曲面模型和实体模型。

5）**可变轴铣削**　该模块提供应用固定轴和多轴铣削加工任意曲面模型的功能，可加工 UG NX 8.0 造型模块中生成的任何几何体，并保持主模型相关性，且该模块提供多年工程使用验证的 3～5 轴铣轴功能，提供刀轴控制、走刀方式选择和刀具路径生成功能。

6）**顺序铣切削**　该模块用于在切削过程中须对刀具每一步路径生成都要进行控制的场合，与几何模型完全相关，用交互方式可以逐段地建立刀具路径，但处理过程的每一步都受总控制的约束。顺序铣切削模块支持固定轴及 3～5 轴的铣削编程。

7）**流通切削**　流通切削可缩短半精加工和精加工时间。该模块和固定轴轮廓铣模块配合使用，能自动找出待加工零件上满足“双相切条件”的区域。

8）**线切割**　该模块是一个新的制造模块，为电火花切割机床提供编程能力，支持各种电火花切割机床。

9）**后置处理**　该模块使用户可以针对大多数数控机床和加工中心定制自己的后置处理程序，适用于所有的 2～5 轴或更多轴的铣削加工、2～4 轴的车削加工和电火花切割加工。

6. 计算机辅助工程模块

UG NX 8.0 的计算机辅助工程（CAE，Computer Aided Engineering）模块又称为数字仿真，是指利用计算机辅助求解复杂工程和产品生命周期中的仿真分析，包括线性静力分析、模态分析、稳态热分析、运动学分析、动力学分析和设计仿真等功能。该方法的核心思想是结构单元的离散化，基于过程是将一个形状复杂的连续体的求解区域分解为有限的形状简单的子区域。在产品的全生命周期中使用数字化仿真可以大大降低产品的设计、制造成本和风险，帮助企业管理者做出最好的决策，生产出性能最佳的产品，从而使企业最终获得最大的利润。要使数字仿真价值最大化，关键在于尽量采用该技术并将其应用于整个开发过程。为了在产品开发环境中实现最优的数字仿真水平，UG NX 8.0 提供了一套综合的 CAE 解决方案，旨在满足各级用户的需求。UG NX 8.0 CAE 模块主要包括以下模块。

1）**有限元分析**　有限元分析模块是一个集成化的有限元建模及解算工具，它可以将几何模型转换为有限元分析模型，方便快捷地对 UG NX 8.0 零件和装配体进行前、后置处理，用于工程学仿真和性能评估。该模块含有有限元分析求解器 FEA（Finite Element Analysis，有限元分析），可以进行线性静力分析、模态分析和稳态热分析，还支持装配体的间隙分析，并可以对薄壁结构和梁的尺寸进行优化。有限元分析作为设计过程的一个集成部分，用于评估各种设计方案，其分析结果可以优化产品设计、提高产品质量、缩短产品上市时间。

2）**机构分析**　机构分析模块能够实现对任何二维或三维机构进行复杂的运动学分析、动力学分析和设计仿真，还能对机械系统的大位移复杂运动进行建模、模拟和评估，提供对静态、运动学和动力学（动态）模拟的支持。通过使用运动副、弹簧、阻尼器等运动单元来创建和评估虚拟样机，以便将位移、速度、加速度之间的关系用图形的方式直观地表示出来；另外，还可以对刚体的自由运动和刚体接触进行建模和模拟，从而分析出反作用力并将反作用力输出到有限元模块中。用户可以创建和评估多个设计方案，并在此基础上进行修正，直到符合优化系统的要求为止。

3）**注塑模流分析**　注塑模流分析是一个集成在 UG NX 8.0 中的注塑分析系统，具有前处理、解算和后处理能力，并且提出了在线求解器和完整的材料数据库。分析结果以动态显示注塑过程中的流动、填充时间、焊线位置、填充的可靠度、注塑模压力等。在注塑模具的设计与生产过程中，使用模流分析模块可以帮助模具设计人员确定注塑模具设计是否合理，不合适的注塑模具几何体会很容易被检查出来，并根据需要对其进行修正，从而生产出高质量的产品并缩短产品的研发周期。

1.3　UG NX 8.0 基础工作环境

1. UG NX 8.0 的设计基本步骤

UG NX 8.0 的设计操作都是在部件文件的基础上进行的，其文件均以 Filename.prt 的格式进行存储。一般来说，采用 UG NX 8.0 进行设计的基本操作过程可以归纳为如下几步。

1）**启动 UG NX 8.0**　UG NX 8.0 采用的是 Windows 风格的图形用户界面，方便用户进行操作，其启动方法主要有以下两种。

- 从桌面快捷方式启动：安装 UG NX 8.0 软件时，系统将自动在桌面上生成一个快捷方式，双击桌面上的快捷方式图标，可以打开 UG NX 8.0 的初始工作界面，如图 1-1 所示。
- 从开始菜单启动：用鼠标依次单击【开始】→【所有程序（P）】→【UG NX 8.0】→【NX 8.0】命令，即可以打开 UG NX 8.0 的初始工作界面。

2）**打开文件或创建新文件**　打开现有文件，只要单击现有文件或从如图 1-1 所示的 UG NX 8.0 初始工作界面中依次单击【File（文件）】→【Open（打开）】命令，找到需打开的文件路径即可。

新建一个模型、装配或工程图等文件，以新建一个模型文件为例，可通过单击标准工具栏中的图标或单击【File】→【New】按钮或使用快捷键 Ctrl+N，打开如图 1-2 所示的 New（新建）对话框。在 Templates（模板）中选择 Model（模型）模块并可在 New File Name（新建文件名称）中输入新建文件的名称和设置存储目录，设置好后单击 OK 按钮，系统创建文件，并进入如图 1-3 所示的 UG NX 8.0 建模模块界面，此时新建文件的单位系统默认为 Millimeters（毫米）。

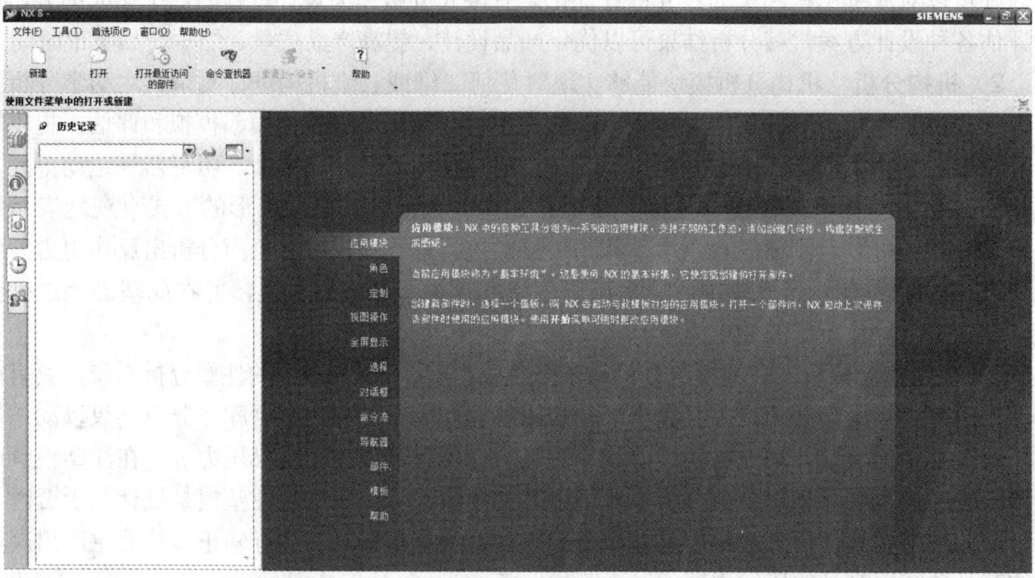

图 1-1 UG NX 8.0 的初始工作界面

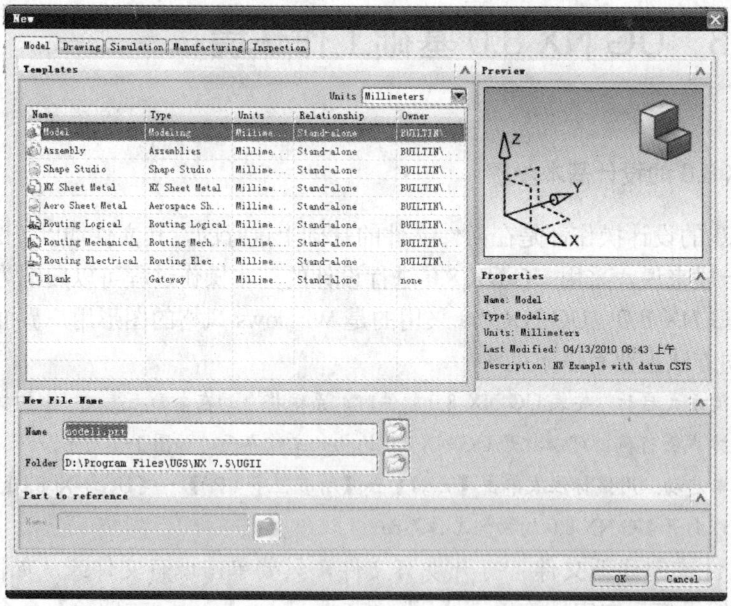

图 1-2 New 对话框

3）执行相应的模型设计、编辑与分析等操作 可在相应的模块中利用其相应的功能命令进行模型设计与分析，如利用二维草图功能和特征功能等建立零件的二维截面图形再进行相应的操作获得所需的三维模型，然后将若干个零件模型进行装配和工程图创建操作，还可根据用户需要将装配体模型导入运动仿真模块进行运动仿真，从而获得所需的参数。

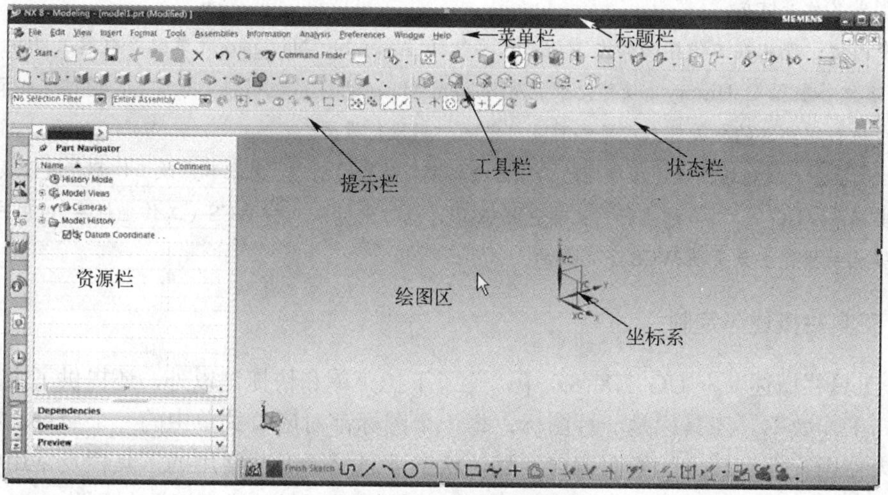

图 1-3　UG NX 8.0 建模模块界面

4）**保存文件并退出**　在 UG 操作过程中，需要退出文件时，可通过单击【File】→【Exit】命令或单击✕图标退出文件，此时会出现如图 1-4 所示的 Exit 对话框，用户可根据需要进行选择。

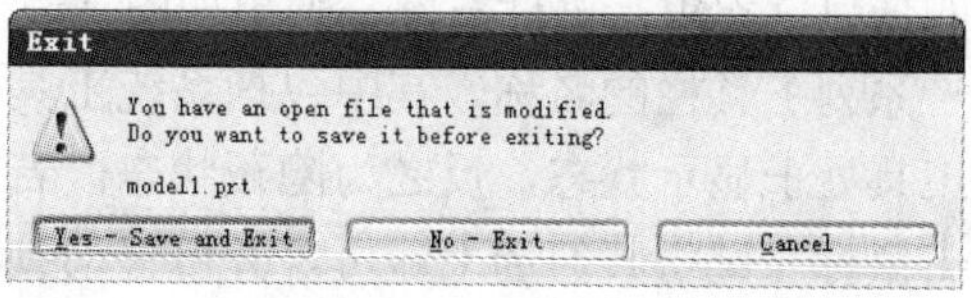

图 1-4　Exit 对话框

2. 用户界面

下面介绍 UG NX 8.0 的主要工作界面及各部分的功能，其操作界面如图 1-3 所示，主要包括标题栏、菜单栏、工具栏、提示栏、状态栏、资源栏、绘图区、坐标系等。

- 标题栏：主要用于显示软件名称、版本号、当前的应用模块及文件名等信息，且在标题栏的右上角会显示该窗口的控制按钮，单击这些按钮可以对窗口的显示方式进行控制，如最小化、最大化/还原、关闭等。另外，如果对当前部件已做修改，但还没有进行保存，则在部件名后面将会显示“Modified（已修改的）”提示信息。
- 菜单栏：包括了本软件的主要功能，并且系统对所有的命令都进行了分类，分别放置在不同的菜单中，方便用户的查询与使用，主要有 File（文件菜单）、Edit（编辑菜单）、View（视图菜单）、Insert（插入菜单）、Format（格式菜单）、Tools（工具菜单）、Assemblies（装配菜单）、Information（信息菜单）、Analysis（分析菜单）、Preferences（首选项菜单）、Window（窗口菜单）、Help（帮助菜单）。每个菜单中显示了所有与该功能有关的命令，有些命令在菜单中并不显示，但可到相应的工具栏（【Tools】→【Customize】）中查找。
- 工具栏：UG NX 8.0 有很多工具栏，当启动默认设置时，系统只显示其中的几个，工具栏显示一组可视化的命令按钮，每个命令都用形象化的图标表示该命令的功能，这样避免用户在菜单栏中查找命令，而直接单击相应功能的图标即可。另外，用户还可以根据自己的需要及显示屏的大小对工具栏进行灵活的设置。

- 提示栏：默认在工具栏界面的左下方，用于提示当前选项期待用户下一步所要进行的操作信息。
- 状态栏：默认在工具栏界面的右下方，用于显示系统当前执行操作的结果、鼠标的位置、图形的类型或名称等信息。
- 资源栏：默认在工作界面的左下侧，主要包括 Assembly Navigator（装配导航器）、Part Navigator（零件导航器）、History（使用记录）及 System Materials（系统材料）等信息，通过这些菜单，用户可进行零部件的相关信息浏览和对零部件的材料进行设置。
- 绘图区：是进行绘图或建模操作的工作区域，模型对象的创建、装配和修改工作都在该区域内完成。
- 坐标系：UG NX 8.0 的坐标系主要包括 ACS（绝对坐标系）和 WCS（工作坐标系），用户进行建模等相关操作主要是在 WCS 下完成的。

3. 工具栏概述与定制

1）工具栏概述 在 UG NX 8.0 中，除了下拉菜单和快捷键以外，还提供了大量的工具栏以提高工作效率。工具栏是一行图标，每一个图标都对应着菜单中的一个命令。在模块应用中，为使用户拥有较大的绘图窗口，默认状态下只显示一些常用的工具栏及常用的图标，而不显示所有工具栏及其所有图标，但用户可以根据需要对其进行添加与删除。

（1）工具栏的显示与隐藏：工具栏的显示与隐藏主要有两种方法，一种是在工具栏区域的任何位置单击鼠标右键，弹出如图 1-5 所示的工具栏菜单，菜单中列出了所有当前装载的一系列工具栏的名称，其中包括系统工具栏和用户自定义的工具栏，工具栏中标记☑表示该工具处于显示状态，反之为隐藏状态。若想显示某个工具栏，在需要显示的工具栏选项上单击鼠标左键将其勾选上即可，并可移动到相应的位置；若要隐藏某个工具栏，则只需在已勾选的该工具栏上单击鼠标左键。

（2）添加和删除工具栏按钮：工具栏中每个图标对应菜单栏中的一个命令，系统默认状态下，并不是每个工具栏上的所有按钮都显示出来，但用户可根据需要对其进行添加与删除，下面介绍两种常用的添加和删除工具栏按钮的操作方法。

- 级联菜单法：以 Edit Curve（编辑曲线）为例，单击该工具栏上最右边的▼按钮，系统将弹出 Add or Remove Buttons（添加或删除按钮）下拉菜单，将鼠标移至该下拉菜单选项，系统再次弹出如图 1-6 所示的下拉菜单，可从中点选功能复选框来决定是否需要在工具栏上显示或隐藏该功能按钮。
- 自定义法：在工具栏区域任意位置单击鼠标右键，弹出如图 1-5 所示的工具栏菜单，从中选择 Customize（自定义）选项，系统弹出如图 1-7 所示的 Customize 对话框，用户可根据需要在 Commands（命令）选项卡中添加和删除工具栏按钮。以添加 Edit Curve 下的 Trim Curve（修剪曲线）为例，在 Commands 选项卡的 Categories（目录）选项区中选择【Edit】→【Curve】命令，在右侧的 Commands 选项区中用鼠标左键选中 Trim... 图标并将其拖至 Edit Curve 工具栏中，即可完成工具栏按钮的添加操作。

2）工具栏的定制 用户可以根据自己的需要，将常用的操作定制成一个新的工具栏，使操作更为简便。在工具栏任意区域单击鼠标右键并从中选择 Customize 选项，或选择【Tools】→【Customize】命令，或使用快捷键 Ctrl+1，弹出如图 1-7 所示的 Customize 对话框，该对话框包括 Toolbars（工具栏）、Commands（命令）、Options（选项）、Layout（布局）及 Roles（角色）5 个功能选项卡，其各部分意义如下。

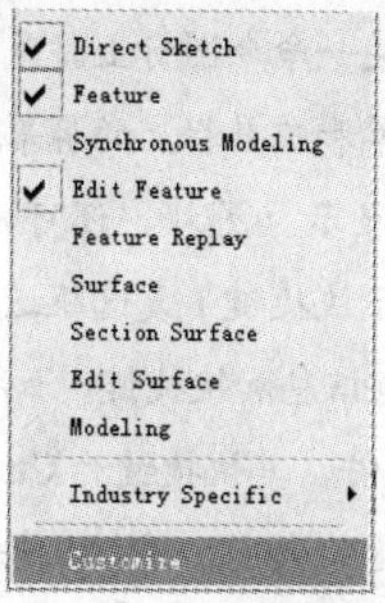

图 1-5　工具栏菜单

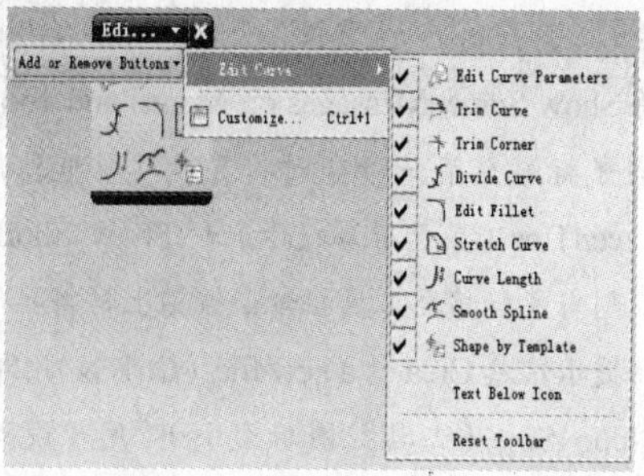

图 1-6　级联菜单法添加和删除工具条上的按钮

（1）Toolbars（工具栏）：如图 1-7 所示，该选项卡主要用于显示或隐藏某些工具条，在复选框中打“√”表示显示，反之表示隐藏。单击 New... （新建）按钮，可新建一个新的工具栏，并可在该工具栏中添加常用的工具栏命令；单击 Reset （重置）按钮，系统将恢复默认的工具栏显示界面；单击 Load... （加载）按钮，系统将弹出 Load Toolbar File 对话框，从中选择工具栏定义文件（*.tbr）可装入工具条定制文件；在 Text Below Icon（文本在图标下面）复选框前打“√”将综合显示工具栏图标及该图标的意义，且文本在图标下显示。

（2）Commands（命令）：如图 1-8 所示，该选项卡主要用于添加和隐藏工具栏按钮。在该对话框中，可从左侧的 Categories（类型）中选择菜单，右侧 Commands（命令）将显示该菜单下的所有命令，用户可根据需要选择所需命令按钮并将其拖至工具栏中合适的位置；也可从工具栏中将某个命令按钮拖出以隐藏该命令。

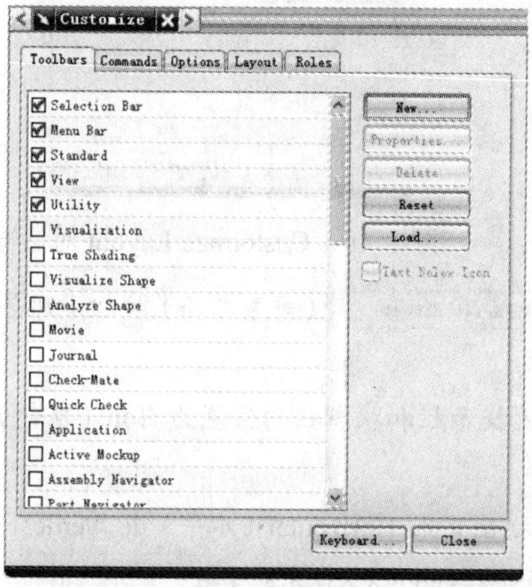

图 1-7　Customize-Toolbars 对话框

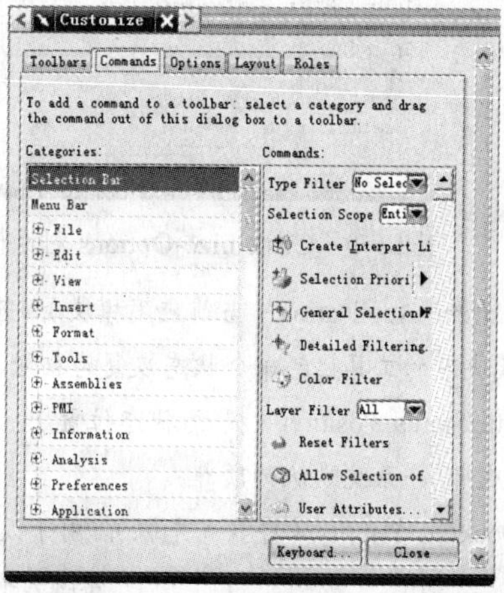

图 1-8　Customize-Commands 对话框

（3）Options（选项）：该选项卡主要用于定制个性化菜单、工具提示及工具栏的尺寸等，如图 1-9 所示，其各项参数的意义如下。

➢ Personalized Menus（个性化菜单）：包括 Always Show Full Menus（始终显示完整的菜单）复选框和 Show Full Menus After a Short Delay（在短暂的延迟后显示完整的菜单）复选框。该命令是针对下拉菜单而言的，当选择 Always Show Full Menus 选项时，将显示下拉菜单中的所有命令；而选择 Show Full Menus After a Short Delay 选项时，下拉菜单将隐藏一些不常用的菜单命令，此时若将鼠标放置在下拉菜单中的 » 图标上将会显示完整的菜单。另外，还可以通过单击 Reset Folded Menus （重置折叠菜单）按钮将菜单中命令的可见性恢复为系统默认状态。

- Tool Tips（工具提示）：主要设置鼠标移至菜单栏和工具栏中的某一命令图标上时是否提示该命令的功能，若将 Show ScreenMessages on Menus and Toolbars（显示菜单和工具栏上的屏幕信息）复选框选中时，则当鼠标移至某一命令时将显示其功能信息，反之则不显示。另外，还可以单独对工具栏的 Show ScreenTips（显示屏幕提示）和 Show Shortcut Keys（显示快捷键）复选框进行设置，若选中该复选框，则当鼠标移至工具栏命令按钮上时将显示该命令的功能信息和快捷键。如将鼠标移至图标上时，将提示信息 Creates a new file（Ctrl+N），即创建一个新文件，其快捷键为 Ctrl+N。
- Toolbar Icon Size（工具栏图标大小）：用于设置工具栏中图标的大小。有 4 种规格：Extra Small（16）、Small（24）、Medium（32）和 Large（48），系统默认为 Small 状态。
- Menu Icon Size（菜单图标大小）：用于设置在绘图区单击鼠标右键弹出的快捷菜单和右击工具栏弹出的下拉菜单的图标大小，也有 4 种规格。

（4）Layout（布局）：主要用于设置工具栏的布局及提示栏和状态栏的位置等，如图 1-10 所示，其中各项参数意义如下。

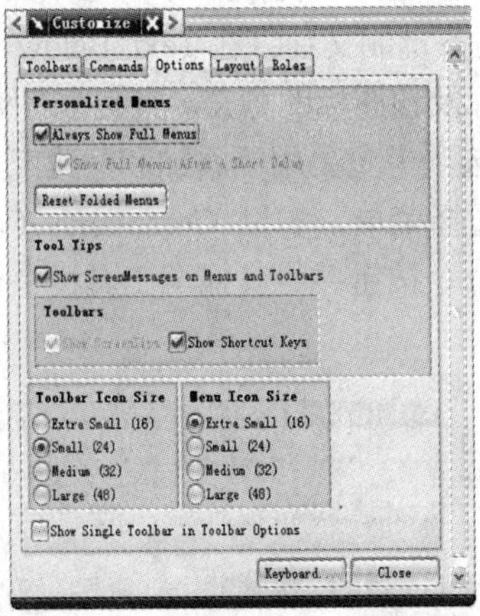

图 1-9　Customize-Options 对话框

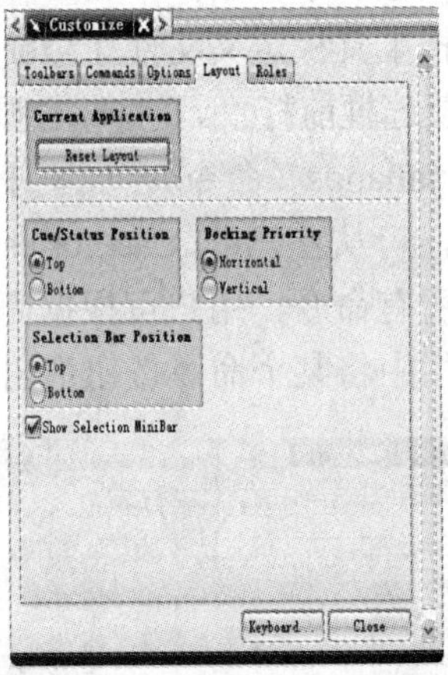

图 1-10　Customize-Layout 对话框

- Current Application（当前应用模块）：若单击 Reset Layout（重置布局）按钮，则会将当前应用模块下的工具栏的命令状态恢复为初始默认状态。
- Cue/Status Position（提示/状态位置）：用于设置提示栏和状态栏的位置为 Top（顶部）或 Bottom（底部），系统默认为顶部。
- Docking Priority（停靠优先级）：用于设置工具栏位置为 Horizontal（水平）或 Vertical（垂直），设置该选项后，须重启 UG NX 8.0 才能生效。
- Selection Bar Position（选择栏按钮）：用于设置选择栏位置为 Top（顶部）或 Bottom（底部），系统默认为顶部，在提示栏和状态栏的上方。

（5）Roles（角色）：用于创建工具栏和将用户自定义的个性化工具栏进行加载，以便后续使用过程中调用，如图 1-11 所示。

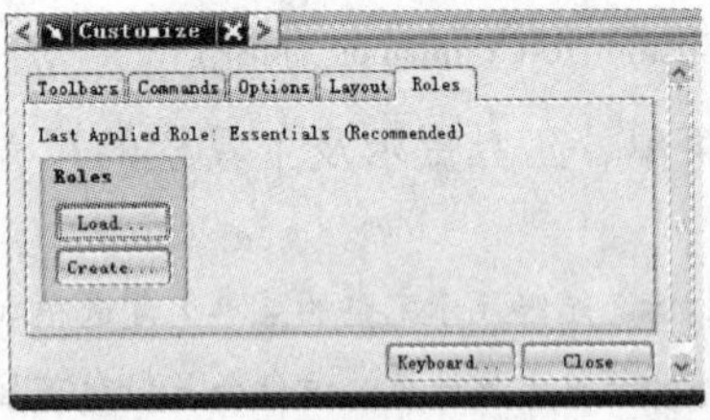

图 1-11　Customize-Roles 对话框

4．鼠标与键盘在 UG NX 8.0 中的应用

在 UG NX 8.0 中，熟练掌握鼠标和快捷键的操作，对建模及其他应用模块的相关操作很

有帮助，可以大大提高工作效率。

1）鼠标的使用方法 标准的鼠标键包括鼠标左键、鼠标中键和鼠标右键，鼠标各键在 UG NX 8.0 中的常用功能如表 1-1 所示。

表 1-1 鼠标在 UG NX 8.0 中的应用

鼠标按键	使用区域	功能
鼠标左键	菜单栏、工具栏	选择菜单、工具栏上的命令按钮
	绘图窗口	选择屏幕上的对象
鼠标中键	绘图窗口	确定当前操作，以及放大和旋转视图功能
鼠标右键	绘图窗口	弹出快速视图菜单
	对话框区或图标区	弹出工具条定制菜单

2）快捷键 在 UG NX 8.0 工作环境下，用户除了可以用鼠标操作以外，还可以使用键盘上的按键来进行系统的操作和设置。各命令的快捷键都在菜单命令的后面加了标识符，用户使用这些快捷键可以提高工作效率，常用的一些快捷键用户应记住，如 Ctrl+O 就是常用的打开文件的快捷键。

鼠标和键盘配合使用时主要有以下几种情况。

- Ctrl+鼠标中键：在绘图区使用该操作可对当前视图进行放大和缩小操作，也可同时按住鼠标左键和鼠标中键通过拖曳来实现该功能。
- Shift+鼠标中键：在绘图区使用该操作可对当前视图进行平移操作，也可同时按住鼠标右键和鼠标中键通过拖曳来实现该功能。

5. 文件操作

文件的操作主要包括 New（新建文件）、Open（打开文件）、Close（关闭文件）、Save（保存文件）、Import（导入文件）及 Export（导出文件）等，这些操作可以通过 File（文件）菜单中的选项或 Standard（标准）工具栏上相应的按钮来实现。

1）新建文件（New） 选择【File】→【New】命令，或在 Standard 工具栏上单击按钮，或使用快捷捷 Ctrl+N 打开如图 1-2 所示的 New 对话框，在该对话框中对文件的名称和存储目录进行设置，但注意文件名和存储路径中不能包括中文；另外，还可以在 Units（单位）下拉菜单中根据需要选择，主要有 Millimeters（公制）、Inches（英制）和 All（全部）三种度量单位，设置完后单击 OK 按钮即可。

2）打开文件（Open） 选择【File】→【Open】命令，或在 Standard 工具栏上单击按钮，或使用快捷捷 Ctrl+O 打开如图 1-12 所示的 Open 对话框，在该对话框的文件列表中列出了当前目录下存在的部件文件，可利用鼠标左键单击选择部件，也可在“文件名”文本框中输入要打开的部件名称；另外，还可以根据需要在查找范围中指定文件所在的路径，然后单击 OK 按钮即可打开文件。

在 Open 对话框中，可以选中 Use Partial Loading（不加载组件）复选框，则在打开一个装配部件时，不用调用其中的组件，这样对于大型的部件可以快速打开。还可以单击该对话框下面的 Options（选项）按钮，系统弹出如图 1-13 所示的 Assembly Load Options（装配加载选项）对话框，可对载入的方式和组件进行设置。

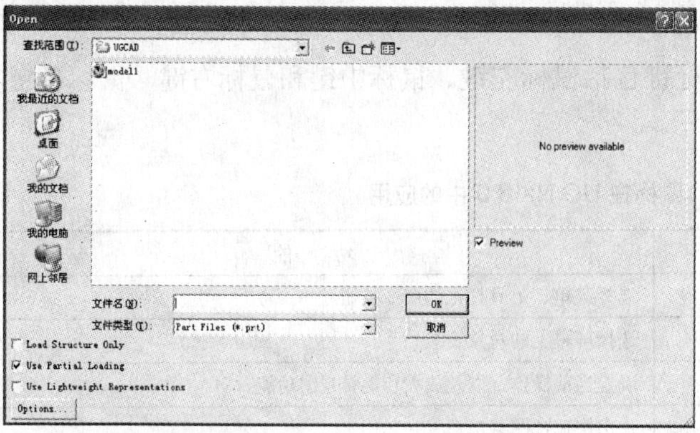

图 1-12　Open 对话框

图 1-13　Assembly Load Options 对话框

另外，还可以通过选择【File】→【Recently Opened Files...（最近打开的文件）】命令打开最近使用过的文件，也可使用窗口右侧资源条中的历史记录图标浏览系统最近使用过的文件，选择需要打开的文件即可。

3）保存文件（Save）　若要对当前文件进行保存操作，用户可根据需要以保存当前文件或生成文件的副本的形式来实现，即可依次选择【File】→【Save】命令，或按快捷键 Ctrl+S，或单击 Standard 工具栏上的按钮，直接对当前文件进行保存；或通过选择【File】→【Save As】命令或按快捷键 Ctrl+Shift+S 来生成当前文件的副本文件。

在进行文件保存操作时，还可选择【File】→【Options】→【Save Options】命令打开如图 1-14 所示的 Save Options（保存选项）对话框，根据需要对文件保存选项进行设置，如对文件实体数据进行压缩。

4）关闭文件（Close）　关闭文件可以通过选择【File】→【Close】命令下的子菜单来完成，如图 1-15 所示。执行不同的关闭命令所对应的操作也不同，若要关闭某个部件文件，可通过选择【File】→【Close】→【Selected Parts】命令，弹出如图 1-16 所示的 Close Part（关闭部件）对话框并进行设置来实现。

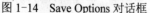

图 1-14　Save Options 对话框

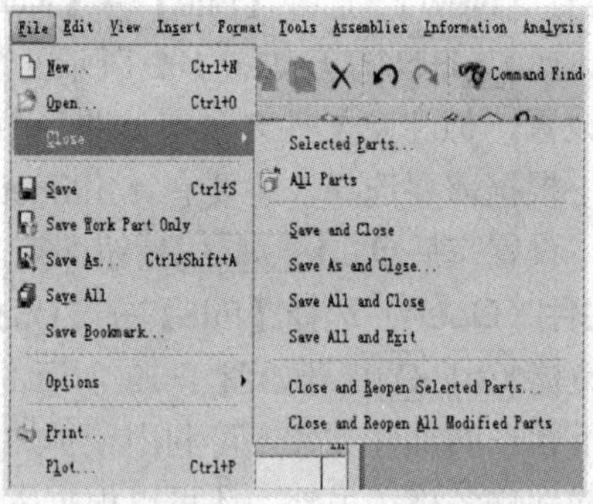

图 1-15　Close 下拉菜单

图 1-16 所示 Close Part 对话框中各项参数的意义如下。

- Top Level Assembly Parts（顶层装配部件）：下面的文件列表中只列出顶层装配部件而不列出装配中所包含的组件。
- All Parts in Session（会话中的所有部件）：下面的文件列表中列出了当前进程中的所有文件。

➢ Part Name（部件名）：当前需关闭的部件的名称。

➢ Part Only（仅部件）：仅关闭所选择的部件。

➢ Part and Components（部件和组件）：若所选择的关闭文件为装配文件，则将关闭该装配文件下的所有文件。

➢ Close All Open Parts（关闭所有打开部件）：执行该操作后将关闭所有打开的部件。

➢ Force Close if Modified（如果修改则强行关闭）：该选项为可选项，若选上后，则文件如果在关闭前未进行保存，系统将强行关闭该部件。

5）文件的导入与导出（Import & Export） Import（导入文件）与 Export（导出文件）操作提供了 UG NX 8.0 与其他应用程序（如 CAD/CAM/CAE 软件）进行文件交流和转换的接口。如对于较为复杂的零件，在有限元分析软件 ANSYS 中建模比较麻烦，通常会在 UG NX 8.0 中建立其实体模型或有限元模型并通过 Export 功能转换成相应的文件格式，再利用 ANSYS 中的 Import 功能将其导入 ANSYS 中。3D 数据转换过程中有时会出现破面现象，主要原因是软件之间的算法和精度不同导致的，所以，对于实体来说通常将其转换成 STP 或 Parasolid 格式，而对于曲面则大多采用 IGES 格式生成 igs 文件。下面以导入和导出 IGES 格式文件为例，说明其具体操作步骤。

导入文件的操作步骤如下所述。

（1）选择【File】→【Import】→【IGES】命令，弹出如图 1-17 所示的 Import from IGES Options-Files（导出至 IGES 选项-文件）对话框。

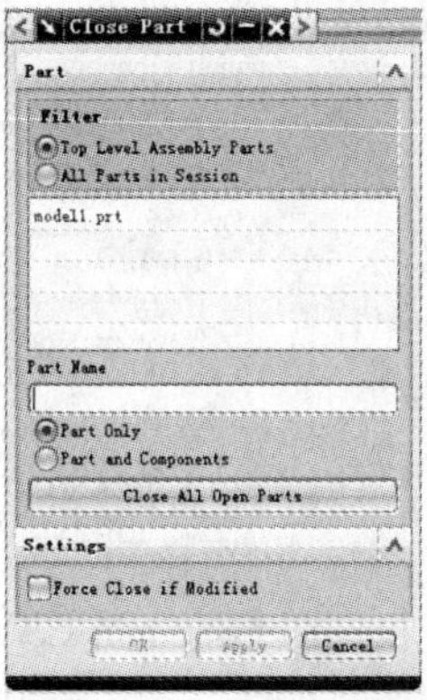

图 1-16　Close Part 对话框

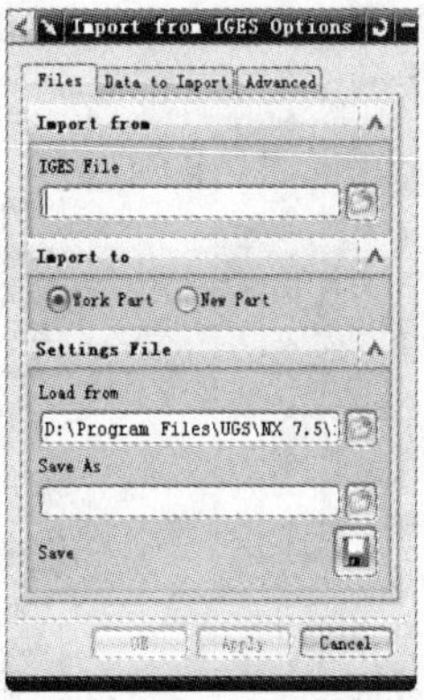

图 1-17　Import from IGES Options-Files 对话框

（2）在 Import from（导入自）选项下单击按钮弹出 IGES File 对话框，从中选择需转换至 UG 中的 IGES 文件的文件名和文件类型（*.igs）。

（3）在 Import to（导入至）选项下，可根据需要选择导出至 Work Part（当前工作部件）或 New Part（新部件）。

（4）用户还可根据需要，在图 1-18 所示的 Data to Import（要导入的数据选项）选项卡与图 1-19 所示的 Advanced（高级选项）选项卡中进行相应的导出模型数据与参数的相关设置。

（5）单击 Import to IGES Options 对话框下的 OK 按钮，系统弹出 DOS 对话框，显示文件转换的过程。

导出文件的操作步骤如下所述。

（1）选择【File】→【Export】→【IGES】命令，弹出如图 1-20 所示的 Export to IGES

Options-Files（导出至 IGES 选项-文件）对话框。

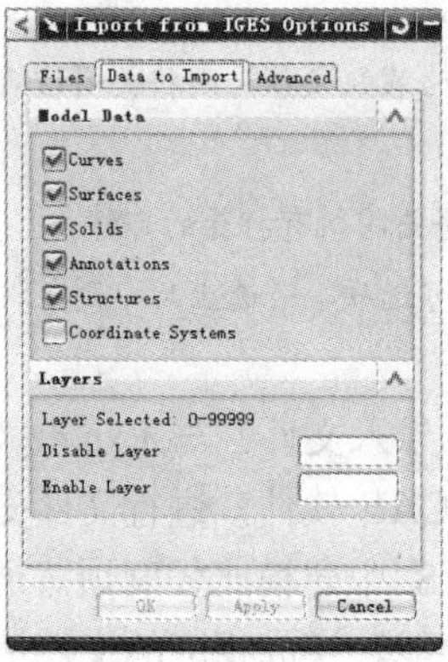

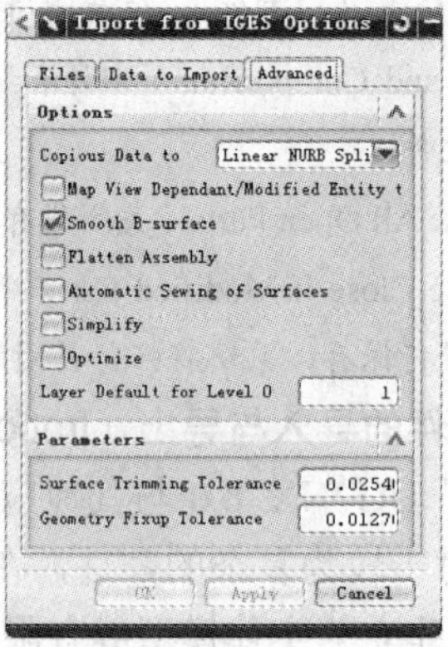

图 1-18　Import from IGES Options-Data to Import 对话框　图 1-19　Import from IGES Options-Advanced 对话框

（2）在 Export from（导出自）选项下从 Displayed Part（当前显示部件）和 Existing Part（现有部件）中选择需转换成 IGES 格式的 prt 文件。

（3）在 Export to（导出至）选项下，单击 IGES File 后面的按钮打开 IGES File 对话框，设置输出文件的存储路径。

（4）用户还可根据需要，在图 1-21 所示的 Data to Export（要导出的数据选项）选项卡与图 1-22 所示的 Advanced（高级选项）选项卡中进行相应的导出模型数据与参数的相关设置。

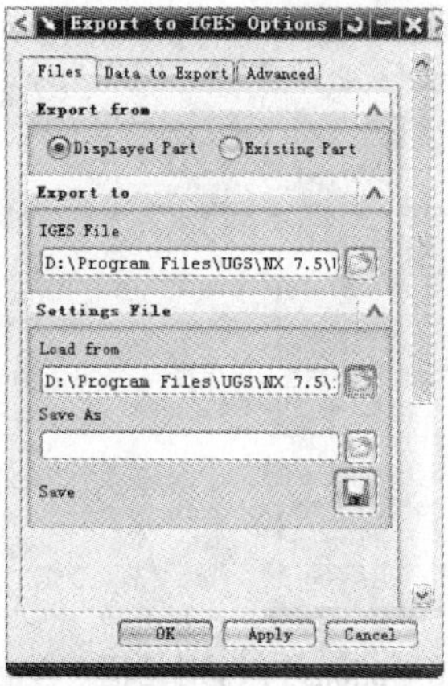

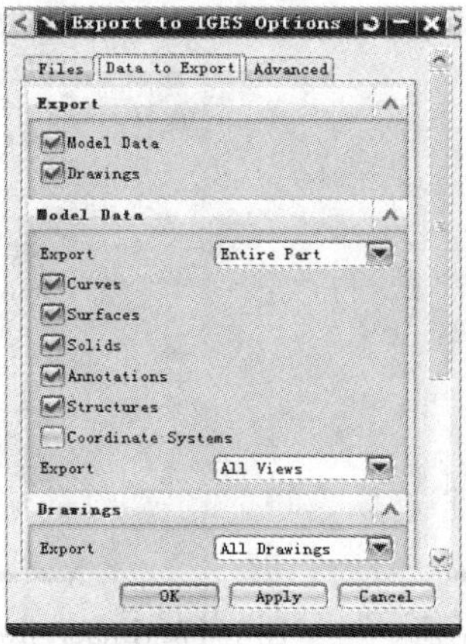

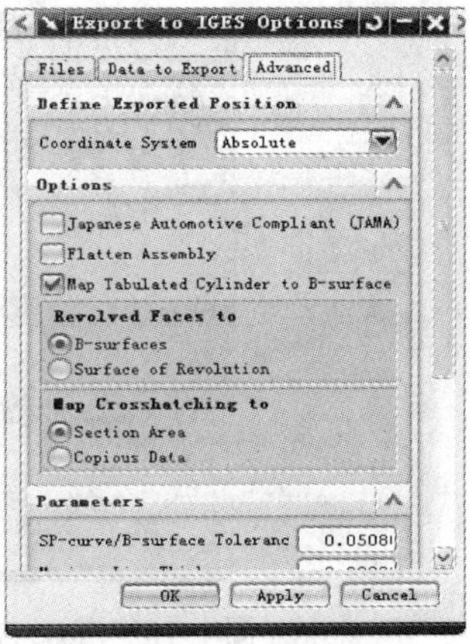

图 1-20　Export to IGES Options-Files 对话框　图 1-21　Export to IGES Options-Data to Export 对话框　图 1-22　Export to IGES Options-Advanced 对话框

（5）单击 Export to IGES Options 对话框下的 OK 按钮，系统弹出 DOS 对话框，显示文件转换的过程。

1.4　UG NX 8.0 的建模方法

UG NX 8.0 软件是一个基于特征的参数化实体建模设计工程，它具有 Windows 的图形用户界面易于掌握的优点，用户可以创建完全关联的三维实体模型，带有或不带有约束，同时用户也可以利用自动关联或用户定义的关联来捕捉设计意图。

参数化设计是最近几年发展起来的一种先进的三维计算机辅助设计造型技术，并已经成为三维造型设计的主流技术，该技术与传统的设计方法相比，具有以下优势：

（1）所设计的三维模型可以因某些结构尺寸的变化而自动修改，减少重复工作；

（2）可将三维的几何形体向所需要的平面上投影来获得二维视图；

（3）可方便地计算出设计过程中所需要的相关物理量，如结构的体积和重心位置等，且能为后续的相关模型操作提供方便，如能生成与计算机辅助工程系统密切相关的数据、能进行运动仿真分析和加工模拟，生成 NC 加工的相关数据。

基于特征是指，当使用 UG NX 进行建模操作时，其所生成的模型是由许多单独的元素构成的，这些元素称为特征，这些模型使用智能化的、易于理解的几何特征，如凸台、剪切体、孔、筋等来创建，这些特征可以直接被加入到零件中。

UG NX 8.0 中的特征可以分为草图特征和直接生成特征。

（1）草图特征：指基于二维草图的特征，该方法的思路为首先在二维草图的环境下绘制带有约束条件的二维图形，然后通过对该草图进行拉伸、旋转、扫描或放样等操作将其转换为几何实体。另外，通过约束还可以利用尺寸参数对二维草图进行尺寸驱动，从而实现参数化设计。

（2）直接生成特征：指直接在现有实体特征上创建特征，分为体素特征建模、成型特征建模、加工特征建模和结构特征建模等方式。其中体素特征包括长方体、圆柱体和球等；成型特征包括凹槽、凸台和型腔等；加工特征包括圆角和倒角等；结构特征是由部件抽象出结构相似性。特征建模是进行参数化设计最为简便、应用最为广泛的设计方法，其局限性在于几何模型必须能分解为数目有限的基本体素或特定的结构特征。

在 UG NX 8.0 中，基于特征的结构可以在 Part Navigator（部件导航器）对话框中显示模型的操作步骤，如图 1-23 所示。该对话框不仅可以显示特征创建的顺序，而且可以让用户很容易得到所有特征的相关信息。

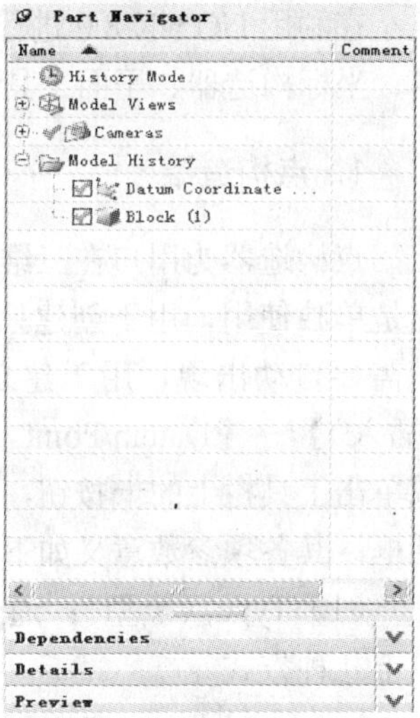

图 1-23 Part Navigator 对话框

1.5 思考与练习

（1）UG NX 8.0 软件的主要功能有哪些？试举例说明 UG NX 8.0 软件在工程上的应用。

（2）UG NX 8.0 的主要应用模块有哪些？

（3）在 UG NX 8.0 软件中，机械产品的通用设计流程是什么？

（4）何为参数化建模？试解释参数化建模具有什么意义。

第2章 UG NX 8.0常用建模工具

在对 UG NX 8.0 进行操作时，常常用到一些辅助的建模工具。本章主要对 UG NX 8.0 的常用建模工具进行介绍，首先对点构造器、矢量构造器和坐标构造器等进行介绍，然后对模型显示方法和视图布局、对象的基本操作和信息查询进行介绍，最后对参数化建模中常用的表达式工具进行介绍。

2.1 常用工具

在利用 UG NX 8.0 进行相关的建模操作时，经常要用到点构造器、矢量构造器、类选择器、坐标构造器、平面工具、基准特征等工具，下面分别对其进行讲述。

1. 点构造器

点构造器为用户在三维空间创建点对象和确定点位置提供了标准方式。点对象的一种情况是单独使用，用于创建独立的点对象；另一种情况是根据建模需要自动出现，用于建立一个临时的点标记。选择【Insert（插入）】→【Datum/Point（基准/点）】→【Point（点）】命令或单击工具栏上的十按钮，系统弹出如图 2-1 所示的 Point 对话框，其各项参数意义如下。

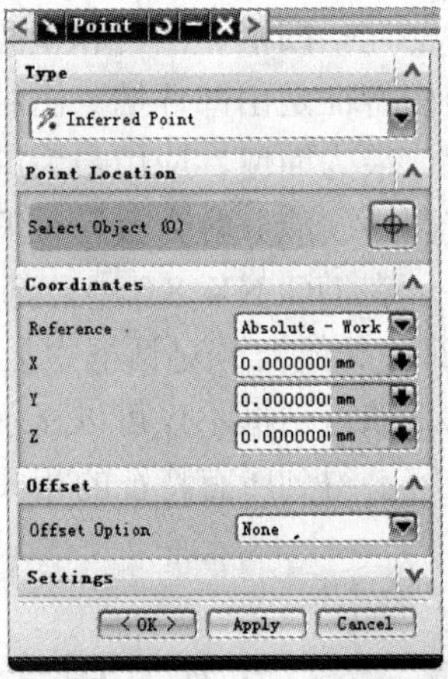

图 2-1 Point 对话框

（1）Type（类型）：通过设定点的类型来指定点，主要有以下几种方式。

- Inferred Point（智能点）：由系统根据鼠标所在的位置自动判断点所在的位置，所以可选点局限于光标位置点、现有的点、端点、中点及控制点等。
- Cursor Location（任意点）：通过鼠标十字中心所在位置创建点。
- Existing Point（存在点）：在绘图区域中已经存在的点处创建一个新点，或通过选择某个存在点指定一个新点的位置，该方式是将一个图层上的点复制到另一个图层最方便的方法。
- End Point（端点）：在任何曲线的端点处创建一个新点，如果所选择对象为一个整圆，则端点位置在 0°象限点处。
- Control Point（控制点）：在任何几何对象的控制点处创建一个点，控制点与几何对象的类型有关，如对直线来说，为直线的中点和端点。
- Intersection Point（交点）：在两相交曲线或曲线与平面或曲线与曲面的交点处创建一个点。

- Arc/Ellipse/Sphere Center（圆弧/椭圆/球的中心点）：在所选的圆弧、椭圆或球的中心点处创建一个新点。
- Along on Arc/Ellipse（圆/椭圆上某个角度的点）：在与坐标轴 XC 正向成一定角度的圆弧或椭圆上创建一个点，其角度以逆时针为正。
- Quadrant Point（象限点）：在圆或椭圆的象限点（即四分点）处创建一个点。
- Point on Curve/Edge（曲线/边上的点）：选定该选项后，需在 Location on Curve 选项下对 U Parameter（U 参数值）进行设置，以在曲线或边上创建一个点。
- Point on Face（曲面上的点）：在指定面上定义点，需对其 U Parameter（U 参数值）和 V Parameter（V 参数值）进行设置。
- Between Two Points（在两点之间）：在选定的两点之间创建新点，可根据具体需求设置 Location Between Two Points 选项下 Location 文本框中的值，该值为百分比，即起点到指定点与起点到终点的百分比。
- By Expression（通过表达式）：通过输入的数学表达式来创建点。
- Show Shortcuts（显示快捷键）：单击该选项后，将在 Type 选项下直接显示以上部分命令的按钮，直接单击相应的按钮也可完成以上相应操作。

（2）Coordinates（坐标）：通过在 ACS（绝对坐标系）和 WCS（工作坐标系）上确定的坐标值来定义点。

（3）Offset（偏置）：通过偏置的方式创建点，即相对于坐标系中已经存在的点进行偏置来确定新点，各项参数的意义如下。

- None（无）：对所选取的点坐标位置不进行偏置，即所选取的坐标位置就是新点所在的位置。也就是直接在 Coordinates 中输入点的坐标后单击 OK 按钮得到新点。
- Rectangular（矩形）：在直角坐标系下指定相对于所选参考点的偏置值得到新点，如图 2-2 所示，分别在 Delta X、Delta Y 和 Delta Z 后的文本框中设置新点相对于所选参考点在所对应坐标系 X、Y 和 Z 轴方向的坐标增量即可。
- Cylindrical（圆柱形）：在圆柱坐标系下指定相对于所选参考点的偏置值得到新点，如图 2-3 所示，此时圆柱坐标系的中心为所选参考点且底面平行于 XC-YC 平面。在捕捉到参考点后，只需在该对话框对应的文本框中输入 Radius、Angle 和 Delta Z 值单击 OK 按钮即可得到新点，其各项参数意义如下。

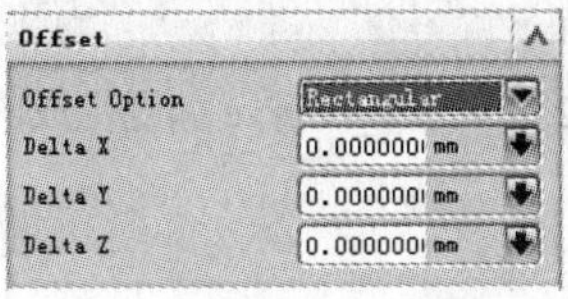

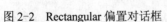

图 2-2　Rectangular 偏置对话框

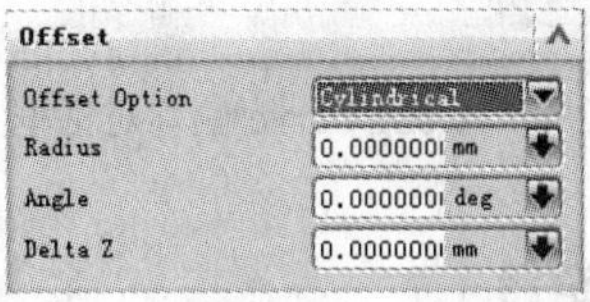

图 2-3　Cylindrical 偏置对话框

  - ✧ Radius（半径）：所选参考点在底面的投影到坐标原点的距离为所选参考点形成圆柱体的半径值。
  - ✧ Angle（角度）：新点与所选参考点的连线在底面（或 XC-YC 平面）上的投影相对于 XC 轴正方向的夹角，逆时针方向为正。
  - ✧ Delta Z（Z 增量）：新点与底面在 Z 轴方向的相对距离，沿 ZC 轴正方向为正，反之为负。
- Spherical（球面）：在球坐标系下指定相对于所选参考点的偏置值得到新点，如图 2-4 所示，此时球坐标系的中心为所选参考点。在捕捉到参考点后，只需在该对话框对应的文本框中输入 Radius、Angle1 和 Angle2 值单击 OK 按钮即可得到新点，其各项参数意义如下。

✧ Radius（半径）：以所选点为球心，新点到球心的距离形成球体的半径。

✧ Angle1（角度 1）：新点与所选取点的连线在 XC-YC 平面上的投影相对于 XC 轴正方向的夹角，逆时针方向为正。

✧ Angle2（角度 2）：新点与所选取点的连线和 XC-YC 平面的夹角，逆时针方向为正。

➢ Along Vector（沿矢量）：采用向量偏置法在所选取点坐标位置上进行偏置，即偏置是从所选取点开始，沿着向量的方向进行偏置得到所需要的新点，如图 2-5 所示。在选取一条直线向量后，在 Distance 文本框中输入偏置距离值后得到新点。其偏置方向以所选取的点在向量上的投影为分界点，选取直线时鼠标在分界点一侧为正。如图 2-6 所示，其中右边的点是通过左边的点沿直线向量进行偏置后得到的。

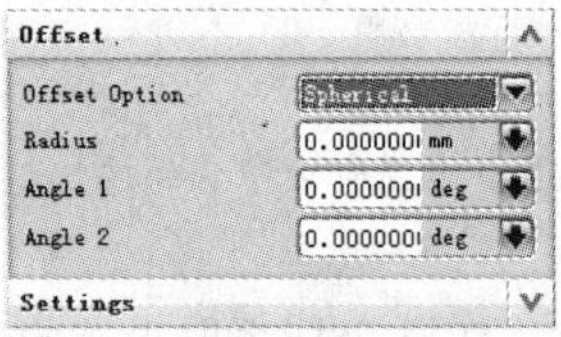

图 2-4 Spherical 偏置对话框

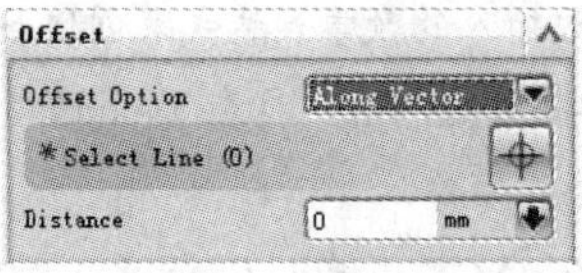

图 2-5 Along Vector 偏置对话框

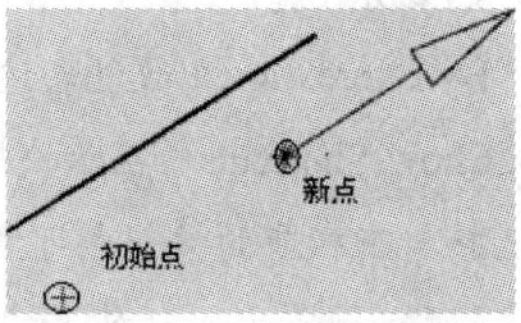

图 2-6 Along Vector 偏置生成的点

➢ Along Curve（沿曲线）：采用沿曲线偏置法在曲线上进行偏置，其偏置是从所选取点在曲线上的法向投影开始，沿着曲线的方向进行偏置得到所需要的新点，如图 2-7 所示。在选取一条曲线后，系统提示可根据 Arc Length（弧长）或 Percent（百分比）进行偏置。若选择 Arc Length 单选框，则在 Arc Length 文本框中输入在曲线上偏置的弧长值，如果输入负值则以反方向偏置；若选择 Percent 单选框，则在 Percentage 文本框中输入在曲线上偏置的百分比值，如果输入负值则以反方向偏置。偏置方向以所选取的点在线上的投影为分界点。如图 2-8 所示，曲线上的点是通过曲线外的点沿曲线进行偏置后得到的。

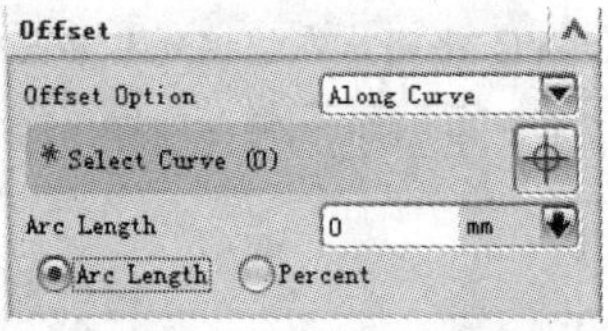

图 2-7 Along Curve 偏置对话框

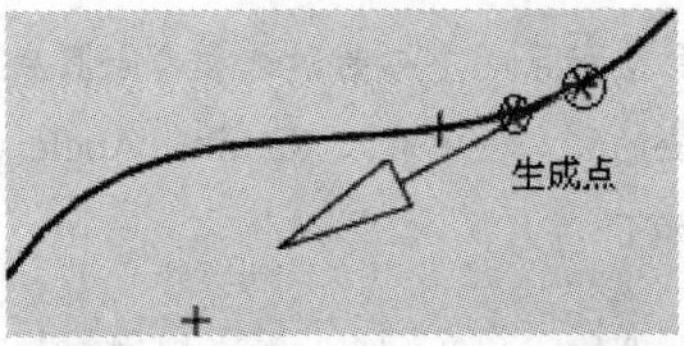

图 2-8 Along Curve 偏置生成的点

2. 矢量构造器

在实体建模时，常需要通过创建一个单位方向的矢量来指定特征或对象的方向，如进行拉伸操作时拉伸方向的确定及旋转操作时旋转轴线的确定等。矢量方向的定义方式有多种，可以直接输入各坐标分量来确定，也可以通过矢量定义方式来确定。

定义矢量时，不能单独使用“矢量构造器”来创建，即在菜单和工具栏中没有该命令按钮，而是在建模过程中系统根据需要弹出 Vector 对话框，如在创建圆柱需要指定轴线方向时，弹出对话框如图 2-9 所示，其各种创建方式如下。

- ➢ Inferred Vector（自动判断的矢量）：系统根据所选对象自动推断定义的矢量。
- ➢ Two Points（两点）：通过选定两点来定义矢量，其方向默认为由第一点指向第二点，可通过 Reverse Direction 来改变方向。
- ➢ At Angle to XC（与 XC 成一角度）：在 XC-YC 平面上定义与 XC 轴有一定夹角的矢量，沿逆时针方向角度为正。
- ➢ Curve/Axis Vector（曲线/轴矢量）：通过选择曲线/轴来定义一个矢量。当选择直线时，定义的矢量由选择点指向与其距离最近的端点；当选择圆或圆弧时，定义的矢量为通过圆或圆弧的中心且垂直于圆或圆弧所在的平面；当选择平面样条曲线或二次曲线时，定义的矢量为离选择点较近的端点指向另一端点。
- ➢ On Curve Vector（曲线上矢量）：在选定曲线的切线方向或法向方向生成矢量，矢量在曲线上的起点位置可以通过 Arc Length（弧长）、%Arc Length（弧长百分比）及 Through Point（通过点）来指定。
- ➢ Face/Plane Normal（面/平面法向）：通过在选定的面或平面的法向方向生成矢量。
- ➢ XC Axis（XC 轴）：创建与 XC 轴平行或与已经存在的坐标系 X 轴平行的矢量。
- ➢ YC Axis（YC 轴）：创建与 YC 轴平行或与已经存在的坐标系 Y 轴平行的矢量。
- ➢ ZC Axis（ZC 轴）：创建与 ZC 轴平行或与已经存在的坐标系 Z 轴平行的矢量。
- ➢ -XC Axis（-XC 轴）：创建与 XC 轴负向平行或与已经存在的坐标系 X 轴负向平行的矢量。
- ➢ -YC Axis（-YC 轴）：创建与 YC 轴负向平行或与已经存在的坐标系 Y 轴负向平行的矢量。
- ➢ -ZC Axis（-ZC 轴）：创建与 ZC 轴负向平行或与已经存在的坐标系 Z 轴负向平行的矢量。
- ➢ View Direction（视图方向）：根据视图方向来确定矢量方向。
- ➢ By Coefficients（按系数）：在 UG NX 8.0 中，可以通过指定 Cartesian（直角坐标系）和 Spherical（球面坐标系），并在相应的坐标系下输入坐标分量建立矢量。
  - ✧ Cartesian（直角坐标系）：在直角坐标系下，一个矢量在 X、Y、Z 三个坐标上的投影可以得到一个实数分量，同时用各个分量大小也可以确定一个矢量方向。在如图 2-10 所示的 Vector 对话框的 Type 选项下选择 By Coefficients，并在 Coefficients 选项下选择 Cartesian，然后在 X、Y、Z 坐标的对应坐标分量 I、J、K 的文本框中输入值即可定义新矢量，如 I=0、J=-1、K=0 表示 Y 的负方向。
  - ✧ Spherical（球坐标系）：在球坐标系中输入各坐标分量来确定矢量的方向，在如图 2-11 所示的 Vector 对话框的 Type 选项中选择 By Coefficients，并在 Coefficients 选项下选择 Spherical，然后在 Phi 和 Theta 文本框中输入值即可定义新矢量，Phi 表示 ZC 轴的正向角度，Theta 表示 XC-YC 平面旋转的角度，沿 XC 的正向，如 Phi=90、Theta=90 表示在 YC-ZC 平面内 ZC 轴的正方向上。

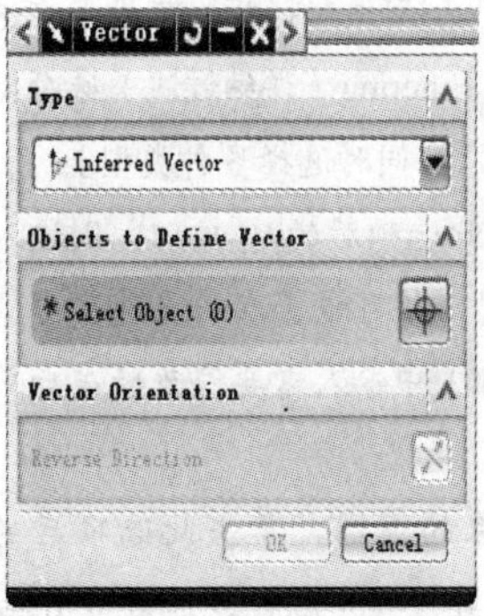

图 2-9　Vector 对话框

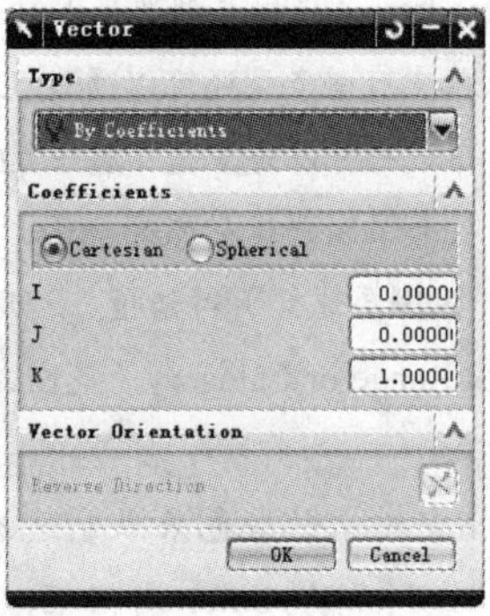

图 2-10　通过 Cartesian 定义矢量

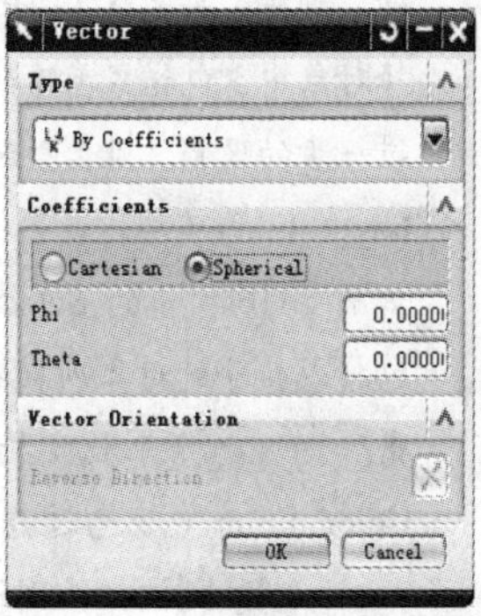

图 2-11　通过 Spherical 定义矢量

➢ By Expression（按表达式）：通过输入表达式来生成矢量，如图 2-12 所示，可以直接在列表框中选择已经定义的表达式，或单击对话框中的按钮，在弹出的如图 2-13 所示的 Expressions 对话框中创建表达式。

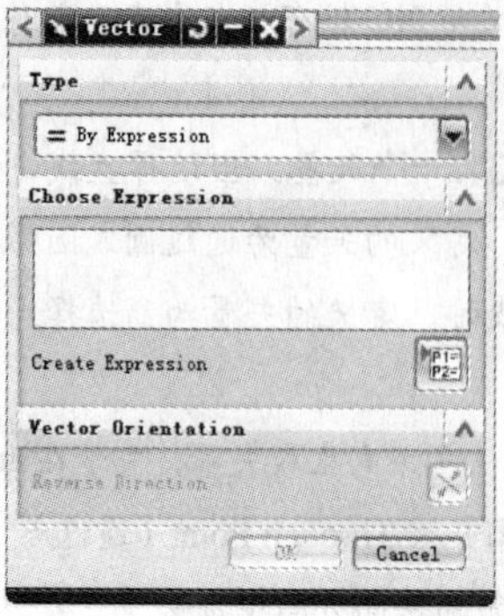

图 2-12 通过 Expression 定义矢量

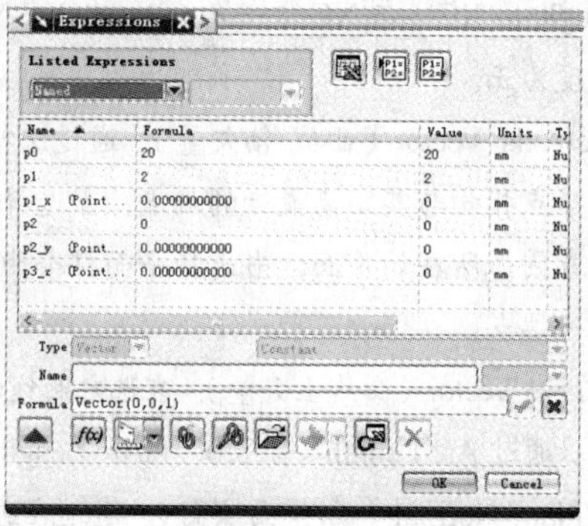

图 2-13 Expressions 对话框

3. 类选择器

在复杂的建模中，用鼠标直接选取对象是很麻烦的，因此在 UG NX 8.0 中通常是通过 Class Selection（类选择器）来选择对象的，它提供了一种限制选择对象和设置过滤方式的方法，特别是在零部件比较多的情况下，可达到快速选择对象的目的。当使用某些功能时，即可进入如图 2-14 所示的 Class Selection 对话框，用户可直接利用系统过滤器设置（所有对象均可选）选择对象，也可根据具体需求，通过分别设置 Type（类型）、Layer（层）、Color（颜色）或 Attribute（属性）过滤器来限制选择对象的范围，所选择的对象在绘图区域以高亮显示，该对话框中各参数意义如下。

➢ Objects（对象）：该功能用于直接对绘图区的相关对象进行选择操作，主要包括 Select Objects（直接选择对象）、Select All（选择所有对象）及 Invert Selection（反选对象）选项。

➢ Other Selection Methods（其他选择方法）：该功能通过指定特定的方法来选择对象，可以通过 Select by Name（通过对象名称选择）、Select Chain（通过链选择）进行对象选取。

➢ Filters（过滤器）：该功能通过过滤器来选择对象，过滤与选择类型不相关的对象可提高选择效率，主要包括以下几种过滤器。

✧ Type Filter（类型过滤器）：通过指定对象的类型来限制选择对象的范围，单击此选项后的按钮，则进入如图 2-15 所示的 Select by Type（根据类型选择）对话框。利用该对话框，可设置在选择对象中需包括或排除的对象类型，其中有些类型还可以通过 Detail Filtering（详细过滤）选项做进一步的限制，且类型的选择可以是单选也可以是多选（按下 Ctrl 键，可同时选择多种类型）。

✧ Layer Filter（层过滤器）：通过指定层来限制选择对象的范围，单击此选项后的按钮，则进入如图 2-16 所示的 Select by Layer（根据层选择）对话框。利用该对话框可设置在对象选择中需包括或排除的对象所在的层，可以在 Range or Category（范围或类目）中输入需要修改的层后单击 OK 按钮选定指定层上的对象。

✧ Color Filter（颜色过滤器）：通过指定对象的颜色来限制选择对象的范围，单击此选项后的按钮，则进入如图 2-17 所示的 Color 对话框，可以直接指定颜色或通过 Palette（调色板）等来限制选择范围。

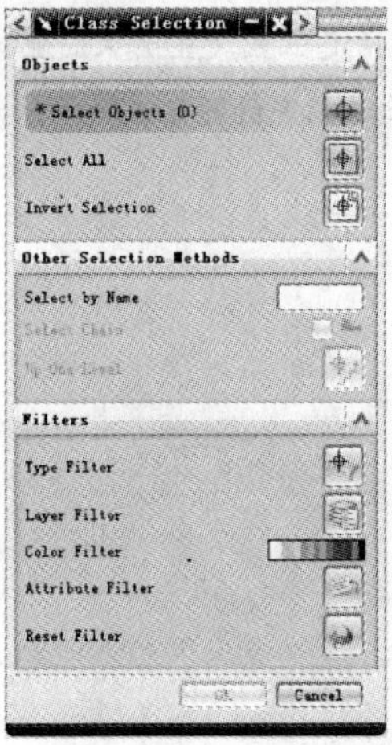

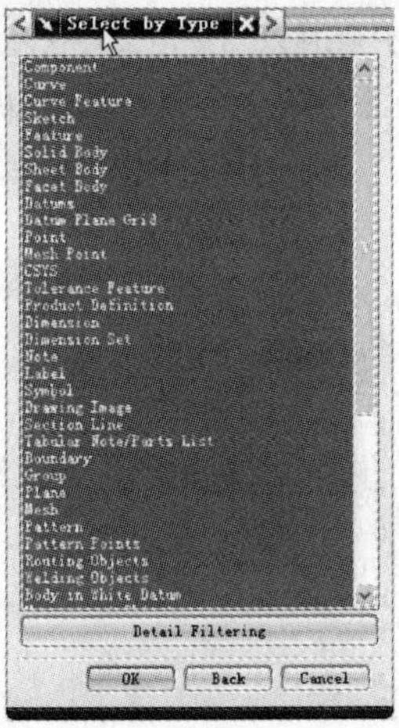

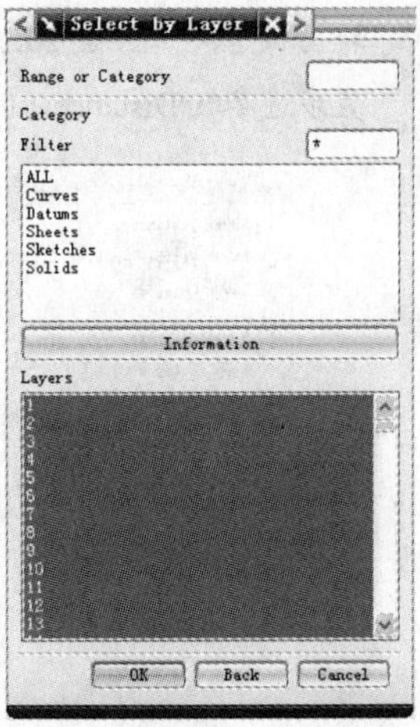

图 2-14　Class Selection 对话框　　图 2-15　Select by Type 对话框　　图 2-16　Select by Layer 对话框

✧ Attribute Filter（属性过滤器）：通过指定对象的属性来限制选择对象的范围，单击此选项后的按钮，则进入如图 2-18 所示的 Select by Attribute 对话框，可以通过指定线型、线宽或用户自定义属性来限制选择范围。

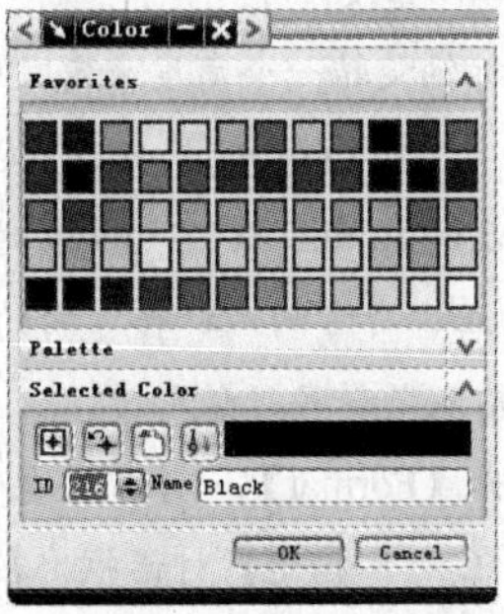

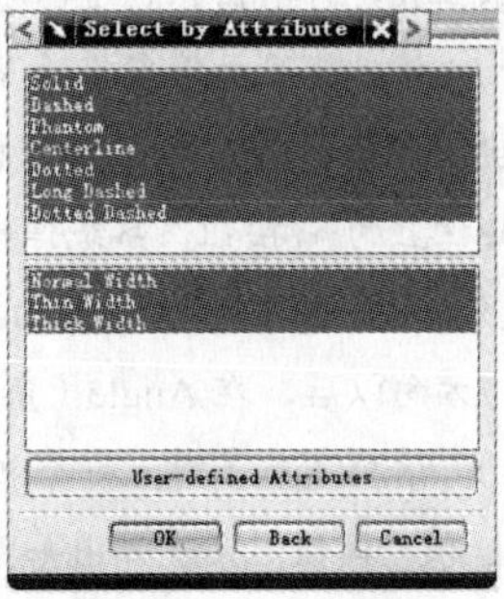

图 2-17　Color 对话框　　　　图 2-18　Select by Attribute 对话框

✧ Reset Filter（重置过滤器）：解除先前所设置的过滤方式，使各过滤器恢复到系统默认状态。解除后用户即可选取任意的图素，但先前以过滤方式选择的图素仍维持选取的状态，直接单击该选项后的按钮即可。

4. 坐标构造器及其变换

1）坐标构造器　坐标系是用来确定对象的方位的，UG NX 8.0 一般在部件文件中存在多个坐标系，如绝对坐标系（ACS）、工作坐标系（WCS）和机械坐标系（MCS），但只有一个是工作坐标系。绝对坐标系是系统默认的，为了定义实体的坐标参数，在文件建立时它就存在且在使用过程中不能被更改，从而确保实体在文件中的坐标是固定并且是唯一的。依次选择【Format（格式）】→【WCS】命令，系统弹出如图 2-19 所示的 WCS 下拉菜单。

2）坐标系的变换　在如图 2-19 所示的 WCS 下拉菜单中，可对现有坐标系进行变换，主要变换方法有以下几种。

➢ Dynamics（动态）：该功能可以通过动态移动鼠标的方法来移动或放置当前的工作坐标系。选择【Format】→【WCS】→【Dynamics...】命令或单击工具栏中的按钮，坐标系将处于可移动和可转动状态，如图 2-20 所示。用户也可以在绘图工件区拖动坐标系到指定位置或直接双击坐标系设置步进参数 Distance（距离）和 Snap（捕捉角度），使坐标系移动或旋转指定的距离或角度。

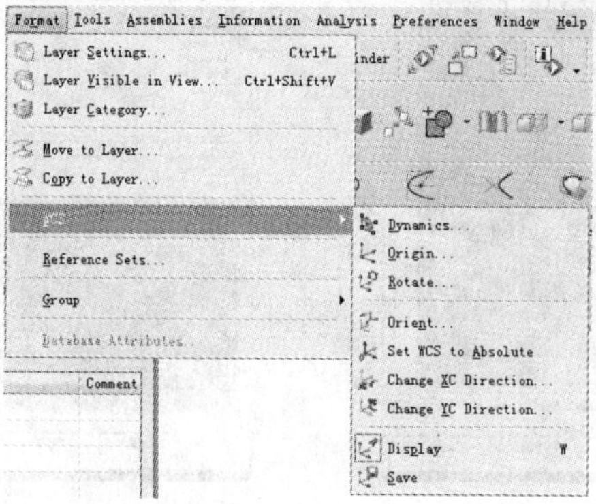

图 2-19　WCS 下拉菜单

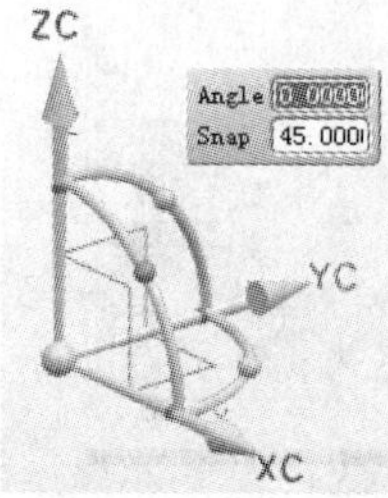

图 2-20　Dynamic 操作

➢ Origin（原点）：该功能用于移动 WCS 的原点来定义一个新的 WCS，此功能只移动 WCS，不改变各坐标轴的方向。选择【Format】→【WCS】→【Origin...】命令或单击工具栏上的按钮，系统弹出 Point（点构造器）对话框，用户可在点构造器对话框中输入新的坐标原点或直接在绘图区域指定坐标原点位置，再单击点构造器对话框中的 OK 按钮即可。

➢ Rotate（旋转）：该功能用于将当前的 WCS 绕其某坐标轴旋转一个角度来定义一个新的 WCS，此功能只改变各坐标轴的方向，不改变坐标原点的位置。选择【Format】→【WCS】→【Rotate...】命令或单击工具栏上的按钮，系统弹出如图 2-21 所示的 Rotate WCS about 对话框，该对话框提供了 6 个确定旋转方向的选项，分别为 3 个坐标轴的正、负方向，旋转方向的正向用右手定则来判定。确定旋转方向以后，在 Angle（角度）文本框中输入旋转角度值即可。

➢ Orient（定向）：该功能用于建立一个新的 WCS。选择【Format】→【WCS】→【Orient...】命令或单击工具栏上的按钮，系统弹出如图 2-22 所示的 CSYS 构造器对话框，在该对话框进行相应的设置即可建立一个新的 WCS。

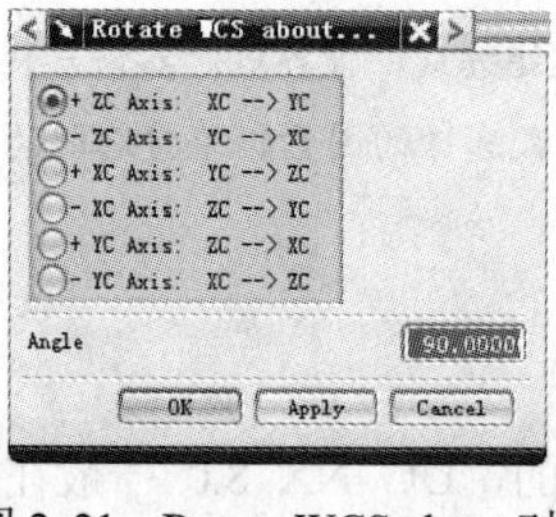

图 2-21　Rotate WCS about 对话框

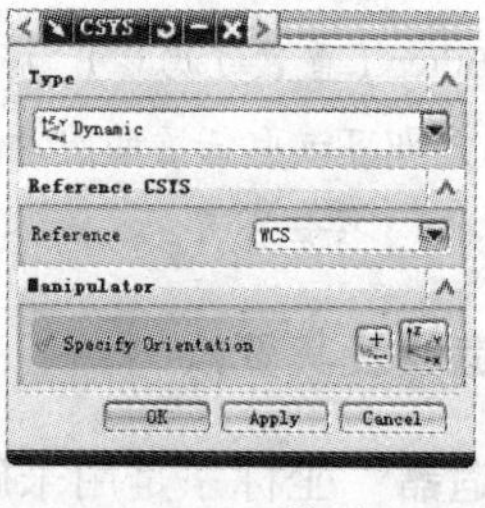

图 2-22　CSYS 构造器对话框

✧ Dynamic（动态）：该功能可以通过步进的方法来移动或放置当前的工作坐标系，前面已经介绍。

✧ Inferred（自动判断）：该功能用于相对于选择的对象或通过输入沿 X、Y、Z 坐标轴方向的偏置值定义一个新坐标系。

✧ Origin，X-Point，Y-Point（原点，X 点，Y 点）：该功能利用点构造器先后指定三个点来定义一个新坐标系，三个点所在平面为 XOY 平面，第一点为原点，第一点指向第二点的方向为 X 轴正方向，通过已确定的 X 轴方向和第一点与第三点之间的方向按右手定则确定 Z 轴正方向。

✧ X-Axial，Y-Axial（X 轴，Y 轴）：该命令利用矢量构造器先后选择或定义两个矢量来定义一个新坐标系，此坐标系的原点为第一矢量与第二矢量的交点，XOY 平面为第一矢量与第二矢量决定的平面，X 轴正方向为第一矢量方向，由从第一矢量至第二矢量按右手定则确定 Z 轴正方向。

✧ X-Axial，Y-Axial，Origin（X 轴，Y 轴，原点）：该命令用于通过点构造器指定一点作为原点，再用矢量构造器先后选择或定义两个矢量来定义一个新坐标系，X 轴正方向平行于第一矢量方向，XOY 平面平行于第一矢量及第二矢量，Z 轴正方向由从第一矢量在 XOY 平面上的投影矢量至第二矢量在 XOY 平面上的投影矢量按右手定则确定。

✧ Z-Axial，X-Axial，Origin（Z 轴，X 轴，原点）：该命令用于通过点构造器指定一点作为原点，再用矢量构造器先后选择或定义两个矢量来定义一个新坐标系，Z 轴正方向平行于第一矢量方向，XOZ 平面平行于第一矢量及第二矢量，Y 轴正方向由从第一矢量在 XOZ 平面上的投影矢量至第二矢量在 XOZ 平面上的投影矢量按右手定则确定。

✧ Y-Axial，Z-Axial，Origin（Y 轴，Z 轴，原点）：该命令用于通过点构造器指定一点作为原点，再用矢量构造器先后选择或定义两个矢量来定义一个新坐标系，Y 轴正方向平行于第一矢量方向，YOZ 平面平行于第一矢量及第二矢量，X 轴正方向由从第一矢量在 YOZ 平面上的投影矢量至第二矢量在 YOZ 平面上的投影矢量按右手定则确定。

✧ Z-Axial，X-Point（Z 轴，X 点）：该命令用于先通过矢量构造器选择或定义一个矢量作为 Z 轴，再用点构造器指定一点来定义一个新坐标系，过指定点作 Z 轴的法平面作为 XOY 平面，交点为坐标原点，交点到指定点的方向为 X 轴正方向。

✧ CSYS of Object（对象坐标系）：该命令用选择的平面曲线、平面或工程图坐标系定义一个新坐标系，XOY 平面为选择对象所在平面。

✧ Point，Perpendicular Curve（点，垂直曲线）：该命令用于先选择一条曲线或边缘，再用点构造器指定一点来定义一个新坐标系，过指定点作选择曲线或边缘的法平面作为 XOY 平面，交点为坐标原点，交点到指定点的方向为 X 轴正方向，曲线或边缘在交点处的切线方向为 Z 轴正方向。

✧ Plane and Vector（平面和矢量）：该命令通过先后选择一个平面和设定一个矢量来定义一个新坐标系，新坐标系的原点为矢量与平面的交点，X 轴的正方向为平面的法线方向，Z 方向由 X 轴方向与矢量方向按右手定则确定。

✧ Plane，X-Axial，Point（平面，X 轴，点）：该命令通过先选择一个平面作为 XOY 平面，然后设定一个矢量方向作为 X 轴方向，最后指定一个点来定义新坐标系，且新坐标系的原点由所指定的点在平面上的投影来确定。

✧ Three Planes（3 个平面）：该命令通过先后选择 3 个平面来定义一个新坐标系，3 个平面的交点为坐标系的原点，第一个面的法向为 X 轴，第一个面与第二个面的交线方向为 Z 轴。

✧ Absolute CSYS（绝对坐标系）：该命令用于在绝对坐标为（0，0，0）处定义一个新坐标系。

✧ CSYS of Current View（当前视图坐标系）：该命令用于将当前视图定义为一个新坐标系，XOY 平面为当前视图平面。

✧ Offset CSYS（偏置坐标系）：该命令通过输入沿 X、Y、Z 坐标轴方向相对于选择坐标系的偏距来定义一个新坐标系。

➢ Set WCS to Absolute（设置 WCS 为绝对坐标系）：该功能用于设置 WCS 的方向和位置与绝对坐标系相同。

➢ Change XC Direction（改变 XC 方向）：该功能用于改变 XC 方向。选择【Format】→【WCS】→【Change XC Direction...】命令或单击工具栏上的按钮，系统将弹出 Point 构造器对话框，可在该对话框设置一点或直接在绘图区指定一点，则系统将以坐标原点指向该点的方向作为 XC 轴的正方向建立新的坐标系，但坐标原点保持不变。

➢ Change YC Direction（改变 YC 方向）：该功能用于改变 YC 方向。选择【Format】→【WCS】→【Change YC Direction...】命令或单击工具栏上的按钮，系统将弹出 Point 构造器对话框，可在该对话框设置一点或直接在绘图区指定一点，则系统将以坐标原点指向该点的方向作为 YC 轴的正方向建立新的坐标系，但坐标原点保持不变。

3）**坐标系的显示和保存**　图 2-19 所示 WCS 下拉菜单中的坐标系显示与保存功能如下。

➢ Display（显示）：该功能用于显示或隐藏当前 WCS。选择【Format】→【WCS】→【Display】命令或单击工具栏上的按钮，该按钮下凹表示显示，反之表示隐藏。

➢ Save（保存）：该功能用于保存当前 WCS。选择【Format】→【WCS】→【Save】命令或单击工具栏上的按钮则执行坐标系保存操作。

5. 平面工具

在 UG NX 8.0 的建模模块中，平面工具常用做辅助平面，如经常需要构建一个平面作为特征来创建曲面或切割特征。它并不是一个基准平面，但与基准平面在某种程度上存在相似性。通常情况下，该对话框在需要建立平面图时自动弹出，此时定义的平面为临时平面，一旦操作完成，将自动消失，不再保存。此外，用户还可以选择【Insert】→【Datum/Point】→【Plane...】命令或单击工具栏上的按钮，系统弹出如图 2-23 所示的 Plane 对话框，利用该对话框可以建立一个永久平面，该对话框提供了以下几种创建平面的方法。

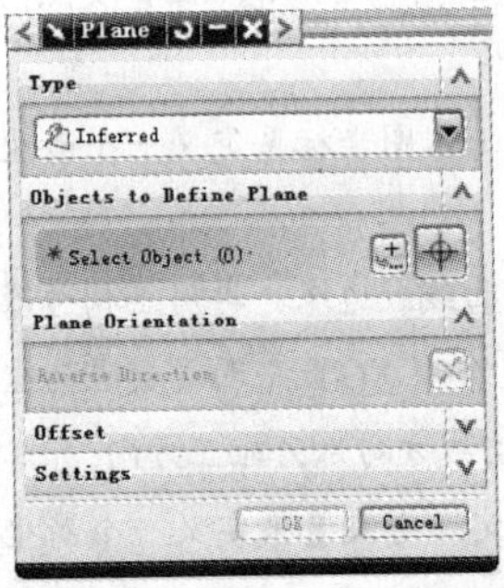

图 2-23　Plane 对话框

➢ Inferred（自动判断）：根据所选对象的不同，系统自动判断生成平面。

➢ At Angle（成一角度）：通过一条边线或轴线与一个面或基准面成一定角度。在 Plane 对话框中 Type 选项下选择 Two Lines 选项，然后在绘图区域内选择一个面，再选择一条曲线或轴线，最后根据需要设置相关的角度值和偏置值等参数即可生成所需平面，如图 2-24 所示。

➢ At Distance（按某一距离）：通过设定一定的偏移距离生成与所选平面平行的平面。在 Plane 对话框中 Type 选项下选择 At Distance 选项，然后在绘图区域内选择一个面，再根据需要设置相关的角度值和偏置值等参数即可生成所需平面，如图 2-25 所示。

➢ Bisector（平分）：在选定的两平行平面之间生成平面。在 Plane 对话框中 Type 选项下选择 Bisector 选项，然后在绘图区域内依次选择两个面，再根据需要设置相关的偏置值参数即可生成所需平面，如图 2-26 所示。

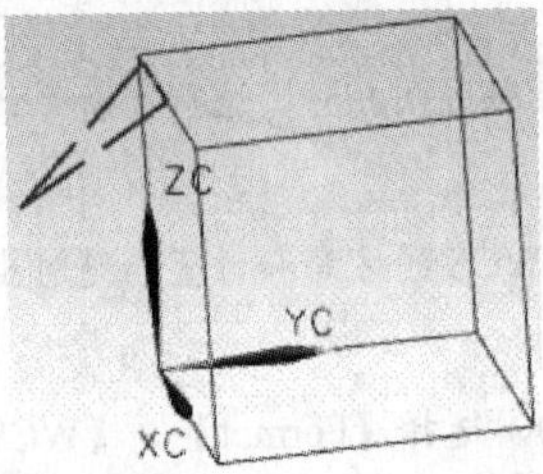

图 2-24　通过 At Angle 生成的平面

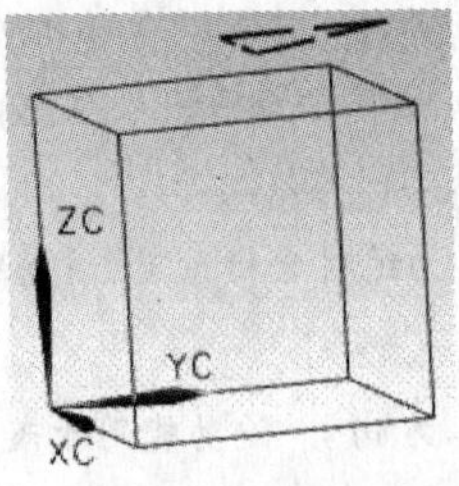

图 2-25　通过 At Distance 生成的平面

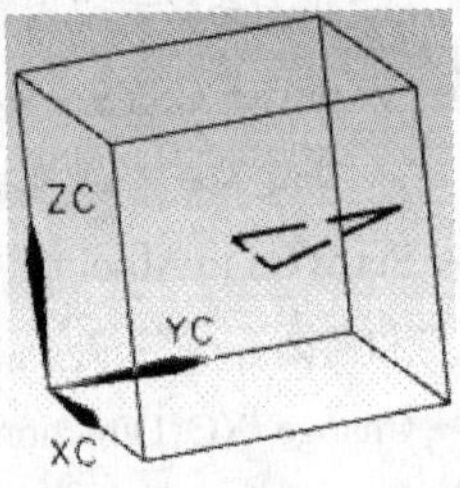

图 2-26　通过 Bisector 生成的平面

➢ Curves and Points（曲线和点）：通过选定的曲线和点生成平面。在Plane对话框中Type选项下选择Curves and Points选项，然后在Subtype选项下选择相应的曲线和点的创建方法，在绘图区域内选择一个面，再选择一条曲线或轴线，最后根据需要设置相关的角度值和偏置值等参数即可生成所需平面，如图2-27所示。

➢ Two Lines（两条直线）：由两条不重合的直线构成一个平面。在Plane对话框中Type选项下选择Two Lines选项，然后在绘图区域依次选取两条直线，则生成由这两条直线所构成的平面。当两条直线不共面时，把所选取的第二条直线依最短距离向所选取的第一条直线平移构成平面，所构成的平面通过选取的第一条直线，如图2-28所示。

➢ Tangent（相切）：通过点或线与实体面相切生成平面。在Plane对话框中Type选项下选择Tangent选项，然后在Subtype选项下选择相应的相切创建方法，在绘图区域内选择一个面，再选择一点或线对象，最后根据需要设置相关的角度值和偏置值等参数即可生成所需平面，如图2-29所示为通过一个点和实体面生成的平面。

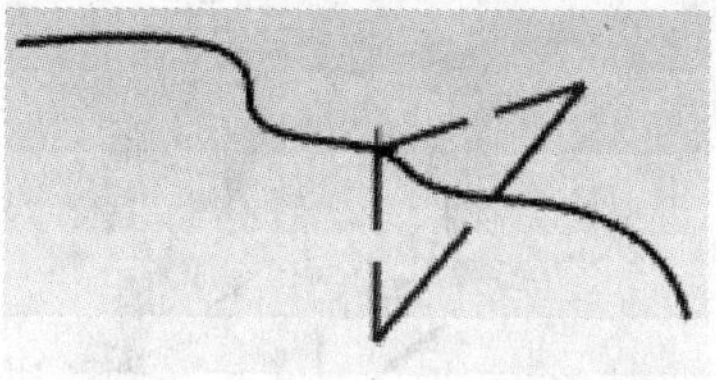

图2-27　通过Curves and Points生成的平面

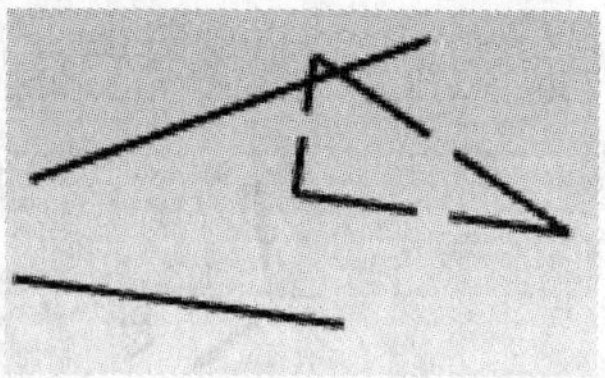

图2-28　通过Two Lines生成的平面

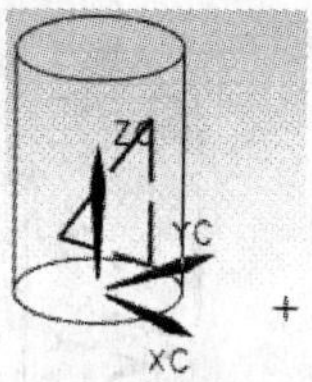

图2-29　通过Tangent生成的平面

➢ Through Objects（通过对象）：通过空间一条曲线生成一个平面，但注意该曲线不能为直线。在Plane对话框中Type选项下选择Through Objects选项，然后在绘图区域内选择一条曲线，再根据需要设置偏置值等参数即可生成所需平面，如图2-30所示。

➢ Coefficients（系数）：通过指定平面方程AX+BY+CZ=D的系数A、B、C和D生成一个平面，注意D不能为零。在Plane对话框中Type选项下选择Coefficients选项，然后在对话框中分别设置A、B、C和D的值，再根据需要设置偏置值等参数即可生成所需平面，如图2-31所示，系数A、B、C和D分别为1、2、3、4。

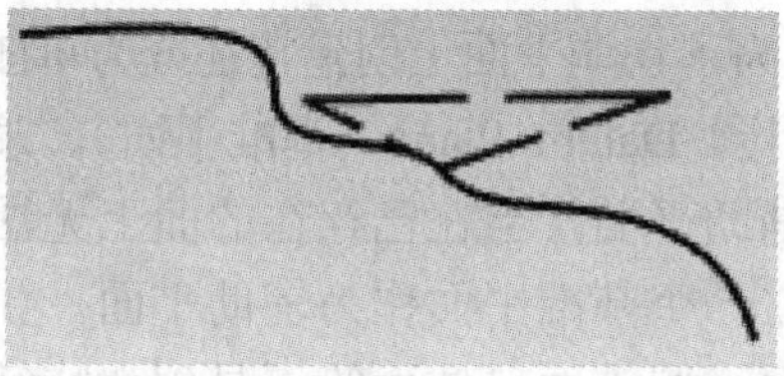

图2-30　通过Through Objects生成的平面

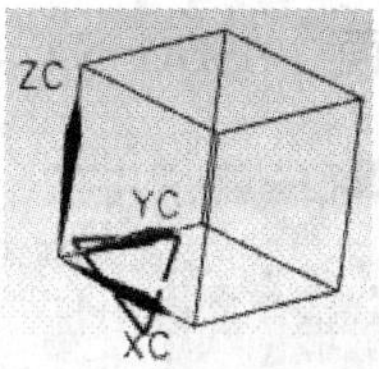

图2-31　通过Coefficients生成的平面

➢ Point and Direction（点和方向）：通过一个点和曲线或矢量方向来生成平面，生成的平面与矢量方向或曲线垂直。在Plane对话框中Type选项下选择Point and Direction选项，然后在绘图区域内选择一个点，再选择一个矢量方向，并根据需要设置偏置值等参数即可生成所需平面，如图2-32所示。

➢ On Curve（在曲线上）：在选定的曲线上和通过Location或Arc Length在曲线上指定点的位置来生成平面。在Plane对话框中Type选项下选择On Curve选项，然后在绘图区域内选择一条曲线，再通过Location或Arc Length选项来设置点位置，系统默认在曲线的起点处，并根据需要设置偏置值等参数即可生成所需平面，如图 2-33 所示。

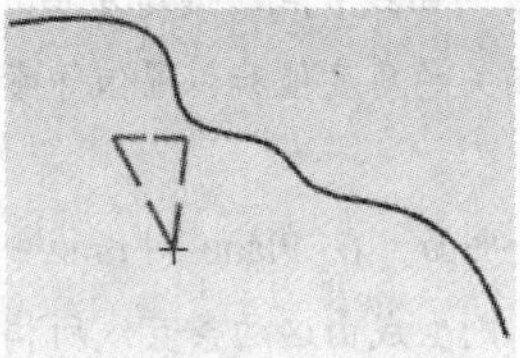

图 2-32　通过 Point and Direction 生成的平面

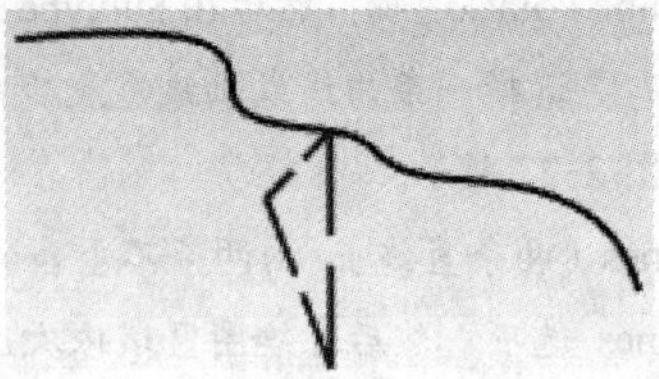

图 2-33　通过 On Curve 生成的平面

➢ YC-ZC Plane、XC-ZC Plane、XC-YC Plane（YZ、XZ、XY 平面）：通过现有的坐标系平面来创建平面，如以下几种情况。

✧ YC-ZC Plane：在当前指定的坐标系中创建一个与 YZ 平面平行的平面，如图 2-34 所示。

✧ XC-ZC Plane：在当前指定的坐标系中创建一个与 XZ 平面平行的平面，如图 2-35 所示。

✧ XC-YC Plane：在当前指定的坐标系中创建一个与 XY 平面平行的平面，如图 2-36 所示。

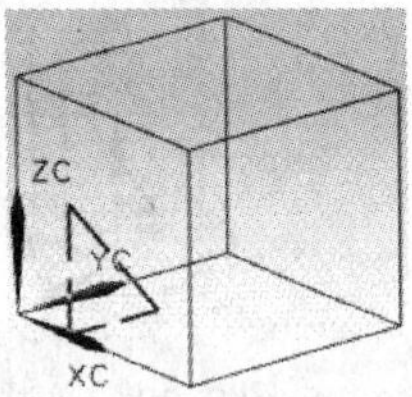

图 2-34　通过 YC-ZC Plane 生成的平面

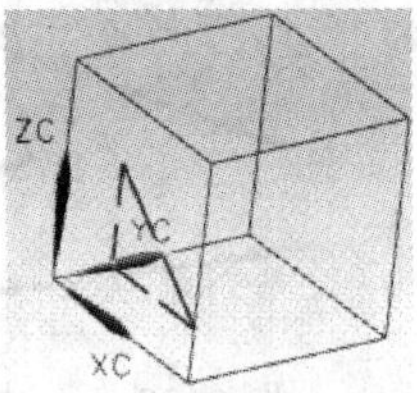

图 2-35　通过 XC-ZC Plane 生成的平面

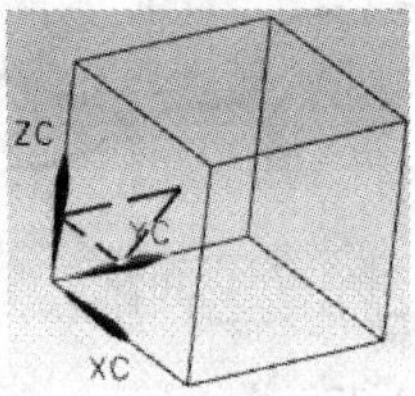

图 2-36　通过 XC-YC Plane 生成的平面

➢ View Plane（视图平面）：通过视图平面来确定平面的位置。

6. 基准特征

基准特征是建立其他特征的辅助工具，在建模操作时，通常需借助基准特征以辅助建模，主要包括 Datum Plane（基准平面）、Datum Axis（基准轴）和 Datum CSYS（基准坐标系）三种。在实体建模过程中，利用基准特征可以在所需的方向和位置上绘制草图生成实体或直接创建实体。

1）基准面　在 UG NX 8.0 建模过程中，为了在非平面上创建特征或为草图提供工作平面，经常需要用到 Datum Plane（基准平面）。基准平面是创建几何特征的辅助平面，当在已存在的面上无法满足建模要求时，可以建立一个基准平面作为辅助平面。如借助基准平面可以在圆柱面、圆锥面、球面等不易创建特征的表面上，方便地创建孔、键槽等特征。依次选择【Insert】→【Datum/Point】→【Datum Plane...】命令或单击工具栏上的□按钮，则进入如图 2-37 所示的 Datum Plane 对话框。

图 2-37　Datum Plane 对话框

➢ Inferred（自动判断）：打开 Datum Plane 对话框时，系统默认状态为 Inferred（自动判断），即根据所选对象的不同，由系统自动判断以何种方式来创建基准平面。

➢ At Angle（成一角度）：该功能用于通过一条边线、轴线或草图线来创建一个与所选平面成指定角度的基准平面。其操作步骤为，在绘图区域 Select Planar Object（选取一个平面对象）；在绘图区域 Select Linear Object（选取一个线对象）；在 Angle 选项下设置基准平面与所选参考平面是 Parallel（平行）、Perpendicular（垂直）或是过所选线对象与参考平面成一定角度；单击 < OK > 或 Apply 按钮生成基准平面，如图 2-38 所示。

➢ At Distance（按某一距离）：该功能用于根据用户设置的 Offset Distance（偏置距离）来创建一个与所选平面成一定距离的基准平面。其操作步骤为，在绘图区域 Select Planar Object（选取一个平面对象）；在 Offset 选项下设置 Distance（偏置距离）、Number of Planes（平面数），并根据需要对 Reverse Direction（更改偏置方向）进行设置；单击 < OK > 或 Apply 按钮生成基准平面，如图 2-39 所示。

➢ Bisector（平分）：该功能用于在所选取的两个平行平面之间创建一个与它们平行的平面。其操作步骤为，在绘图区域 Select Planar Object（选取一个平面对象）；在绘图区域 Select Planar Object（选取一个平面对象），且该平面与上一步所选平面平行；系统将在上述所选的两个平行平面之间产生一个平面，用户还可以根据需要对产生的平面设置 Plane Orientation（平面方位）和它的 Offset Distance（偏置距离）；单击 < OK > 或 Apply 按钮生成基准平面，如图 2-40 所示。

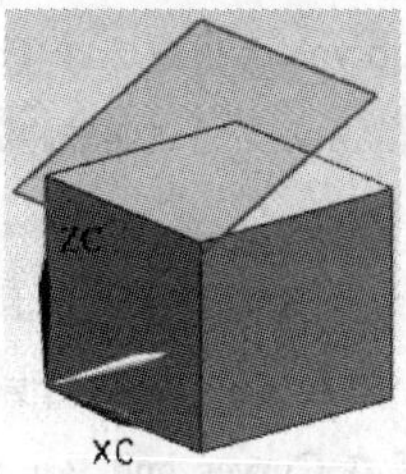

图 2-38　利用 At Angle 生成的基准平面

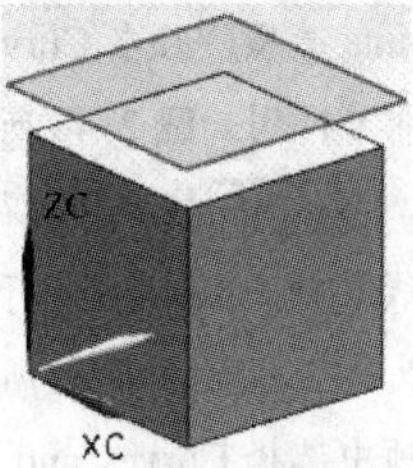

图 2-39　利用 At Distance 生成的基准平面

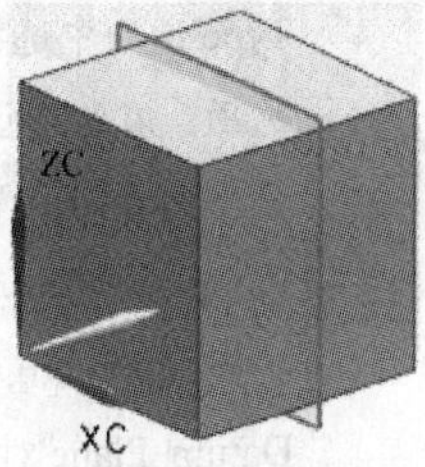

图 2-40　利用 Bisector 生成的基准平面

➢ Curves and Points（曲线和点）：该功能用于根据所选点和曲线或边来创建平面，系统提供了以下几种创建方式，如图 2-41 所示。

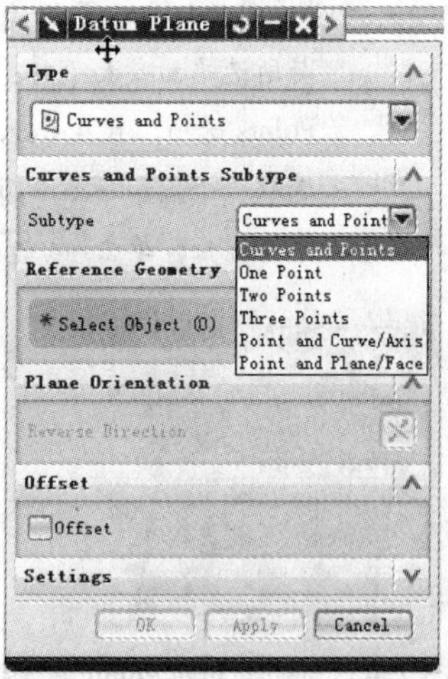

图 2-41　Datum Plane 对话框

✧ Curves and Points（曲线和点）：该功能用于根据一条曲线和点建立平面，平面的方向指向点。其操作步骤为，在 Datum Plane 对话框的 Type 选项中选择 Curves and Points 选项，且在 Curves and Points Subtype 选项中选择 Curves and Points 选项；在绘图区域选取一个点和一条曲线即可得到如图 2-42 所示的平面；根据需要通过单击按钮对平面方位进行设置，以及使平面偏置一定的距离；单击 < OK > 或 Apply 按钮即可得到新平面。

✧ One Point（一点）：该功能用于根据一点创建平面，且所创建的平面是与 XY、YZ 或 XZ 平面平行的。其操作步骤为，在 Datum Plane 对话框的 Type 选项中选择 Curves and Points 选项，且在 Curves and Points Subtype 选项中选择 One Point 选项；在绘图区域选取一个点，即可得到如图 2-43 所示的平面；可根据需要通过单击和按钮来改变平面方位；单击 < OK > 或 Apply 按钮即可得到新平面。

✧ Two Points（两点）：该功能用于根据两点创建平面，且所创建的平面垂直于两点的连线，平面方向由一点指向另一点。其操作步骤为，在 Datum Plane 对话框的 Type 选项中选择 Curves and Points 选项，且在 Curves and Points Subtype 选项中选择 Two Points 选项；在绘图区域选取两个点即可得到如图 2-44 所示的平面；可根据需要通过单击和按钮来改变平面方位；单击 < OK > 或 Apply 按钮即可得到新平面。

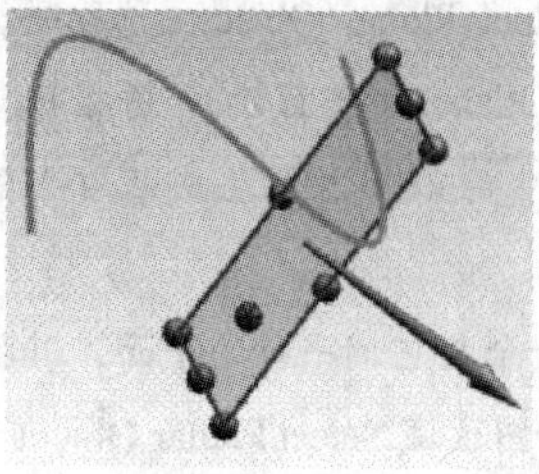

图 2-42 通过 Curves and Points 生成的基准平面

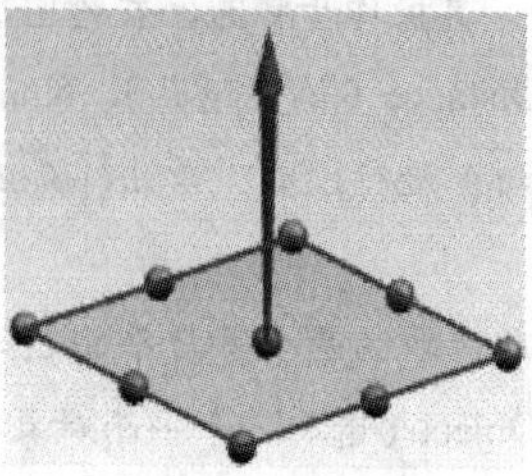

图 2-43 通过 One Point 生成的基准平面

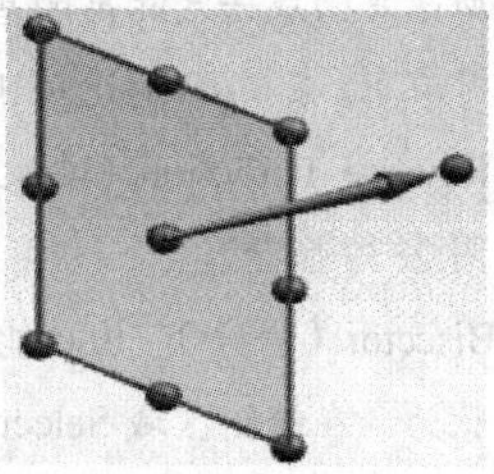

图 2-44 通过 Two Points 生成的基准平面

✧ Three Points（三点）：该功能用于根据三点创建平面。其操作步骤为，在 Datum Plane 对话框的 Type 选项中选择 Curves and Points 选项，且在 Curves and Points Subtype 选项中选择 Three Points 选项；在绘图区域选取三个点即可得到如图 2-45 所示的平面；可根据需要通过单击按钮来改变平面方向；单击 < OK > 或 Apply 按钮即可得到新平面。

✧ Point and Curve/Axis（点和曲线或轴）：该功能用于根据所选点和曲线/轴创建平面，且所生成的平面过所选点与曲线垂直，或所生成的平面过所选点与轴平行或垂直。其操作步骤为，在 Datum Plane 对话框的 Type 选项中选择 Curves and Points 选项，且在 Curves and Points Subtype 选项中选择 Point and Curve/Axis 选项；在绘图区域选取一个点和一条曲线或一个轴即可得到如图 2-46 所示的平面；可根据需要通过单击和按钮来改变平面方位；单击 < OK > 或 Apply 按钮即可得到新平面。

✧ Point and Plane/Face（点和平面/面）：该功能用于根据所选点和平面/面创建平面，使新平面过点与所选平面或面平行。其操作步骤为，在 Datum Plane 对话框的 Type 选项中选择 Curves and Points 选项，且在 Curves and Points Subtype 选项中选择 Point and Plane/Face 选项；在绘图区域选取一个点和一个平面或面即可得到如图 2-47 所示的平面；可根据需要通过单击按钮来改变平面方位；单击 < OK > 或 Apply 按钮即可得到新平面。

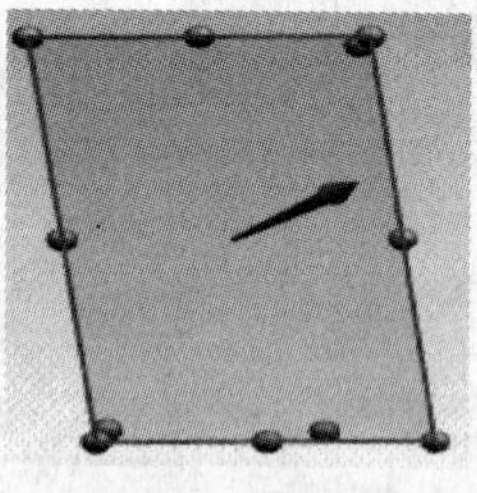

图 2-45 通过 Three Points 生成的基准平面

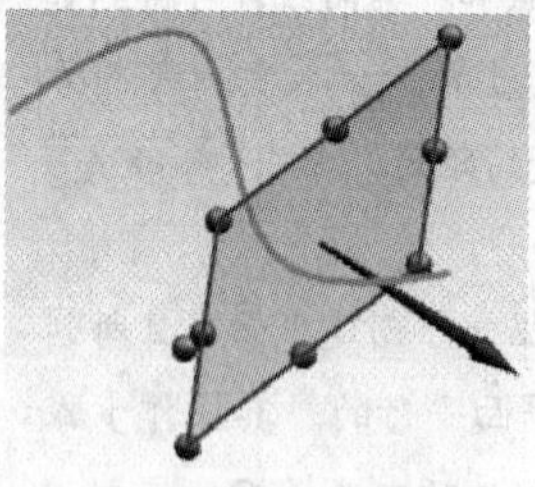

图 2-46 通过 Point and Curve/Axis 生成的基准平面

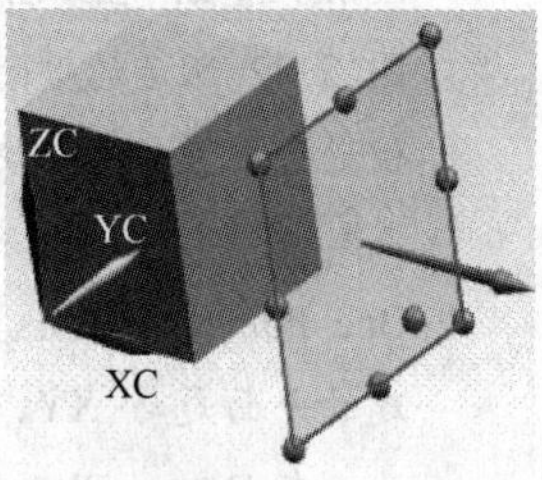

图 2-47 通过 Point and Plane/Face 生成的基准平面

➢ Two Lines（两直线）：该功能用于根据所选的两直线来创建新平面。如果所选直线共面，则新平面是包含两条直线的平面或过其中一直线与另一直线平行，否则新平面包含其中一条直线且垂直于另一条直线。其操作步骤为，在 Datum Plane 对话框的 Type 选项中选择 Two Lines 选项，在绘图区域选取一条直线，在绘图区域选取另一条直线即可得到如图 2-48 所示的平面，可根据需要通过单击和按钮来改变平面方位，单击 < OK > 或 Apply 按钮即可得到新平面。

➢ Tangent（相切）：该功能用于通过一个点或线或平面与一个实体面来创建新平面，系统提供以下几种方法创建新平面。

 ✧ Face（面）：该功能用于生成一个与实体表面相切的基准平面。其操作步骤为，在 Datum Plane 对话框的 Type 选项中选择 Tangent 选项，且在 Tangent Subtype 选项中选择 Face 选项；在绘图区域选取一实体面即可得到如图 2-49 所示的平面；可根据需要通过单击按钮来改变平面方位；单击 < OK > 或 Apply 按钮即可得到新平面。

 ✧ Through Point（通过点）：该功能用于生成过所选点与实体表面相切的基准平面，或生成与平面相切且平面法向指向所选点的基准平面。其操作步骤为，在 Datum Plane 对话框的 Type 选项中选择 Tangent 选项，且在 Tangent Subtype 选项中选择 Through Point 选项；在绘图区域选取一实体面；在绘图区域选择一点即可得到如图 2-50 所示的平面；可根据需要通过单击和按钮来改变平面方位；单击 < OK > 或 Apply 按钮即可得到新平面。

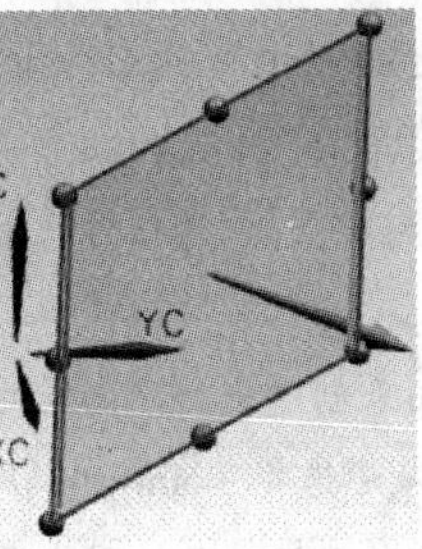

图 2-48 通过 Two Lines 生成的基准平面

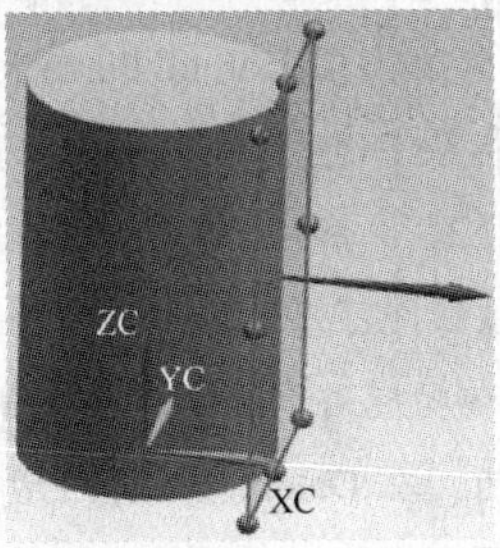

图 2-49 通过 Face 生成的基准平面

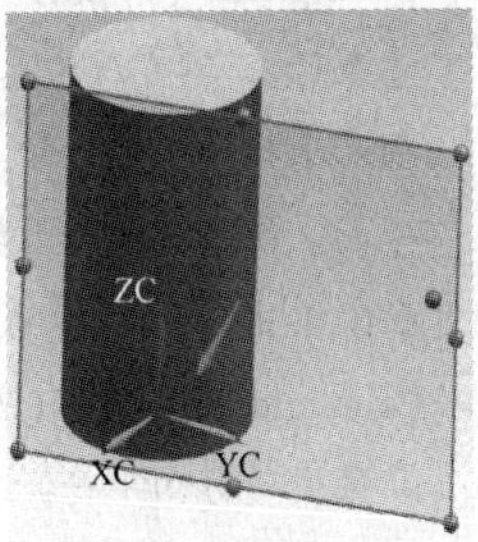

图 2-50 通过 Through Point 生成的基准平面

 ✧ Through Line（通过直线）：该功能用于生成过所选直线与实体表面相切的基准平面。其操作步骤为，在 Datum Plane 对话框的 Type 选项中选择 Tangent 选项，且在 Tangent Subtype 选项中选择 Through Line 选项；在绘图区域选取一实体面；在绘图区域选取一直线即可得到如图 2-51 所示的平面；可根据需要通过单击和按钮来改变平面方位；单击 < OK > 或 Apply 按钮即可得到新平面。

 ✧ Two Faces（两个面）：该功能用于生成与所选的两个实体面相切的基准平面。其操作步骤为，在 Datum Plane 对话框的 Type 选项中选择 Tangent 选项，且在 Tangent Subtype 选项中选择 Two Faces 选项；在绘图区域选取一实体面；在绘图区域选取另一实体面即可得到如图 2-52 所示的平面；可根据需要通过单击和按钮来改变平面方位；单击 < OK > 或 Apply 按钮即可得到新平面。

 ✧ Angle to Plane（与平面成一角度）：该功能用于生成与所选的实体面相切且与所选平面成一角度的基准平面。其操作步骤为，在 Datum Plane 对话框的 Type 选项中选择 Tangent 选项，且在 Tangent Subtype 选项下选择 Angle to Plane 选项；在绘图区域选取一实体面；在绘图区域选取一平面即可得到如图 2-53 所示的平面；可根据 Value、Perpendicular 或 Parallel 来设置新平面，并通过单击和按钮来改变平面方位；单击 < OK > 或 Apply 按钮即可得到新平面。

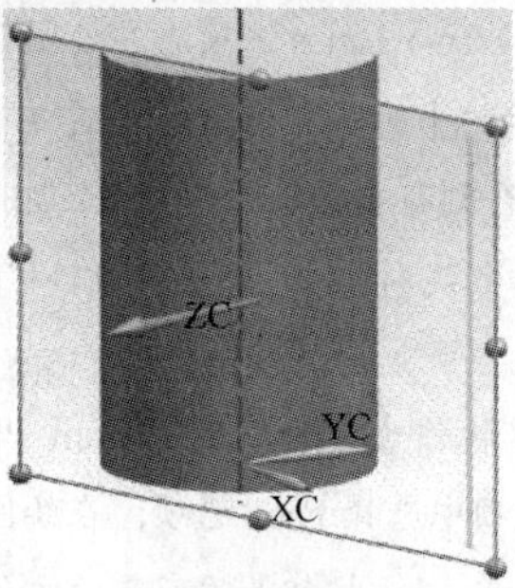

图 2-51　通过 Through Line 生成的基准平面

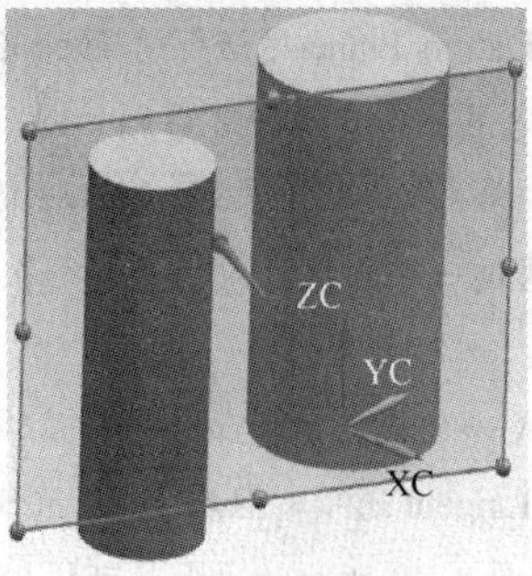

图 2-52　通过 Two Faces 生成的基准平面

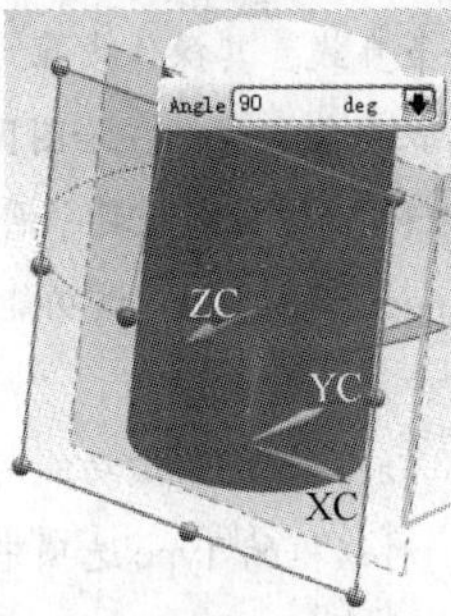

图 2-53　通过 Angle to Plane 生成的基准平面

- Through Object（通过对象）：该功能用于根据用户所选取的对象来创建基准平面。其操作步骤为，在 Datum Plane 对话框的 Type 选项中选择 Through Object 选项，在绘图区域选取一对象即可得到如图 2-54 所示的平面，可根据需要单击按钮或输入偏置距离来设置新平面，单击 < OK > 或 Apply 按钮即可得到新平面。
- Coefficients（系数）：该功能通过指定平面方程 $aX+bY+cZ=d$ 的系数 a、b、c 和 d 来定义平面，注意系数 d 不可以为零。其操作步骤为，在 Datum Plane 对话框的 Type 选项中选择 Coefficients 选项；选择在 WCS 或 Absolute 坐标系下建立平面；分别在 a、b、c 和 d 文本框中输入数字即可生成平面，图 2-55 为系数分别为 1、2、3 和 5 时所生成的平面，用户还可单击按钮来改变平面方位；单击 < OK > 或 Apply 按钮即可得到新平面。
- Point and Direction（点和方向）：该功能用于通过一点和指定的矢量方向来创建平面，生成的平面与所选矢量方向平行。其操作步骤为，在 Datum Plane 对话框的 Type 选项中选择 Point and Direction 选项；在绘图区选择一点；在绘图区选择一矢量，即可得到如图 2-56 所示的平面；用户还可根据需要单击按钮来改变平面方位和平面的法向方向；单击 < OK > 或 Apply 按钮即可得到新平面。
- On Curve（在曲线上）：该功能用于通过选取曲线并在设定的曲线位置创建一个平面，生成的平面过该设置点与曲线垂直。其操作步骤为，在 Datum Plane 对话框的 Type 选项中选择 On Curve 选项；在绘图区选择一曲线即可得到如图 2-57 所示的平面；用户可通过 Arc Length 或 Through Point 来指定生成平面所需的点，并可根据需要单击按钮来改变平面方位；单击 < OK > 或 Apply 按钮即可得到新平面。

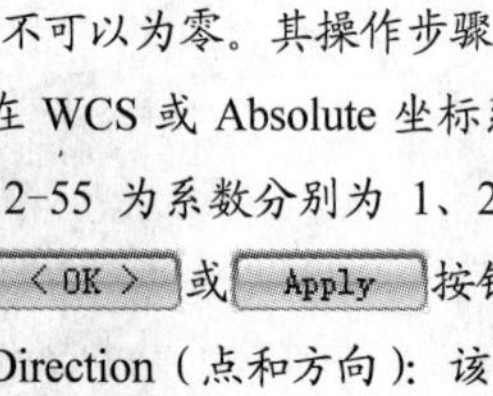

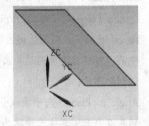

图 2-54　通过 Through Object 生成的基准平面

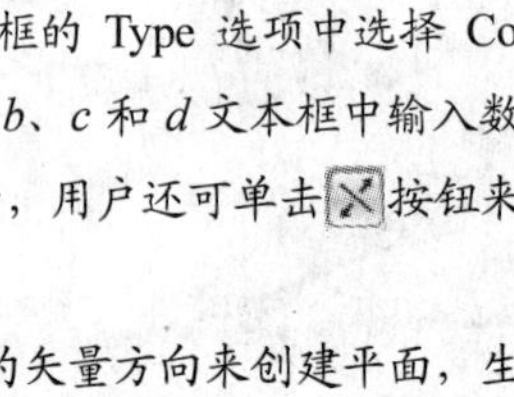

图 2-55　通过 Coefficients 生成的基准平面

- YC-ZC Plane（YZ 平面）、XC-ZC Plane（XZ 平面）、XC-YC Plane（XY 平面）：这 3 个功能分别用于在当前坐标下生成与 YZ、XZ 和 XY 平面平行的平面。其操作步骤为，在 Datum Plane 对话框的 Type 选项中分别选择 YC-ZC Plane、XC-ZC Plane 或 XC-YC Plane 选项；用户可根据需要设置平面

的偏置距离和单击按钮来改变平面方位；单击< OK >或Apply按钮即可得到新平面。

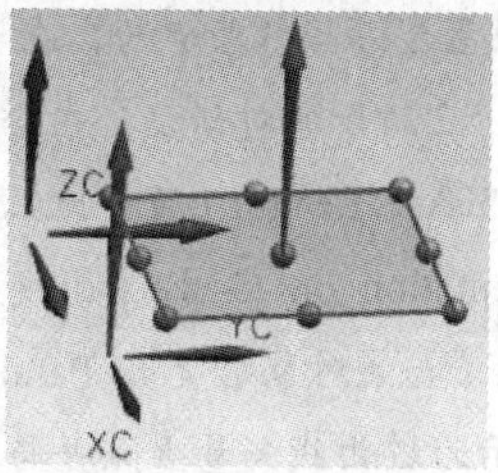

图 2-56　通过 Point and Direction 生成的基准平面

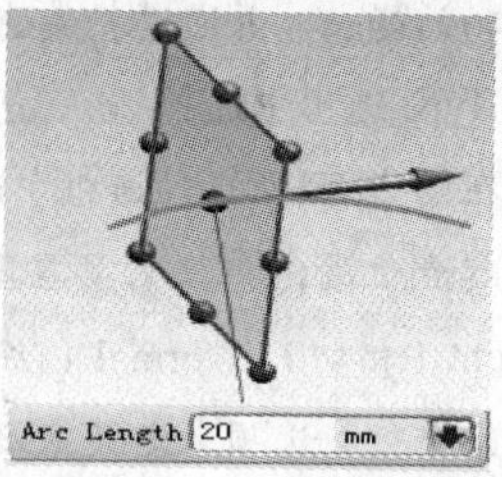

图 2-57　通过 On Curve 生成的基准平面

➢ View Plane（视图平面）：该功能用于根据视图位置生成平面。

2）基准轴　基准轴的主要作用为建立回转特征的旋转轴线和建立拉伸特征的拉伸方向，选择【Insert】→【Datum/Point】→【Datum Axis...】命令或单击工具栏上的按钮，系统弹出如图 2-58 所示的 Datum Axis 对话框。

➢ Inferred（自动判断）：该功能根据选择的对象不同，自动判断约束类型，从而选择可用的约束，若指定一种约束，则只能选择该约束条件允许选择的对象。

➢ Intersection（相交线）：该功能用于通过指定两个平面或两个基准平面，系统自动判断出二者的交线作为基准轴方向。其具体操作步骤为，在 Datum Axis 对话框的 Type 选项中选择 Intersection 选项；在绘图区选择一个平面；在绘图区再选择一个平面，即可得到如图 2-59 所示的基准轴；用户还可根据需要单击按钮来改变基准轴的方向；单击< OK >或Apply按钮即可得到新基准轴。

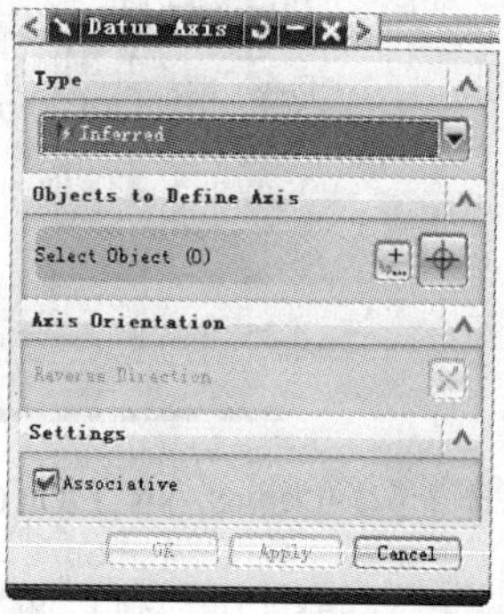

图 2-58　Datum Axis 对话框

➢ Point and Direction（点和方向）：该功能用于通过选择一个参考点和参考矢量建立基准轴，所建立的基准轴通过该参考点且与该参考矢量方向平行。其操作步骤为，在 Datum Axis 对话框的 Type 选项中选择 Point and Direction 选项；在绘图区选择一点；在绘图区选择一矢量，即可得到如图 2-60 所示的基准轴；用户还可根据需要单击按钮来改变基准轴的方向；单击< OK >或Apply按钮即可得到新基准轴。

➢ Two Points（两个点）：该功能用于通过选择两个点来创建基准轴，如选择正方体的两个对角点创建一基准轴。其操作步骤为，在 Datum Axis 对话框的 Type 选项中选择 Two Points 选项；在绘图区选择正方体一点；在绘图区选择正方体的另一对角点，即可得到如图 2-61 所示的基准轴；用户还可根据需要单击按钮来改变基准轴的方向；单击< OK >或Apply按钮即可得到新基准轴。

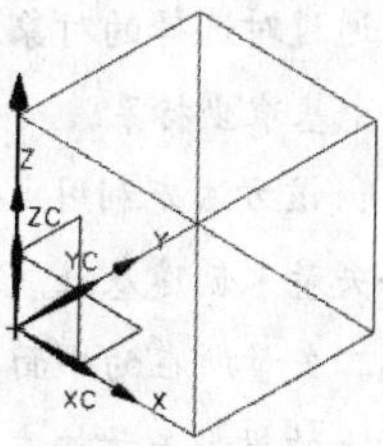

图 2-59　通过 Intersection 生成的基准轴

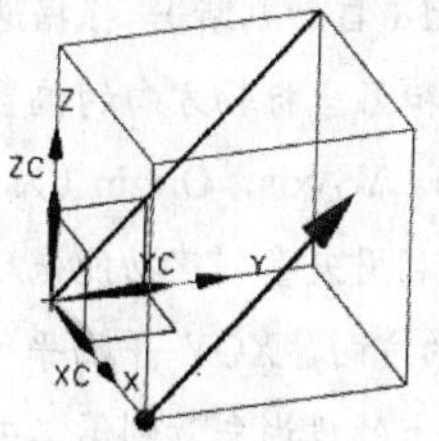

图 2-60　通过 Point and Direction 生成的基准轴

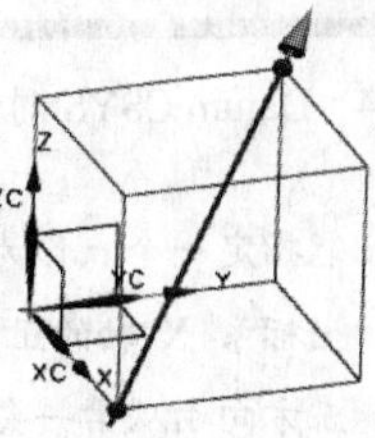

图 2-61　通过 Two Points 生成的基准轴

➢ On Curve Vector（点在曲线矢量上）：该功能用于通过选择一参考曲线矢量，通过相关的选项设置基准轴的起点，并通过相关选项对该基准轴的方位进行设置。其操作步骤为，在 Datum Axis 对话框的 Type 选项中选择 On Curve Vector 选项，弹出如图 2-62 所示的对话框；在绘图区选择曲线矢量；在图 2-62 所示对话框中通过 Arc Length（弧长）或%Arc Length（百分比弧长）来设置基准轴的起点位置；根据需要在图 2-62 所示对话框的 Orientation on Curve（曲线上方位）下选择 Tangent（相切）、Normal（法线）、Perpendicular to Object（与某对象垂直）、Parallel to Object（与某对象平行）选项来定义基准轴的方位，如图 2-63 所示为过曲线矢量上点并与该曲线矢量相切所得的基准轴；用户还可根据需要单击按钮来改变基准轴的方向；单击 < OK > 或 Apply 按钮即可得到新平面。

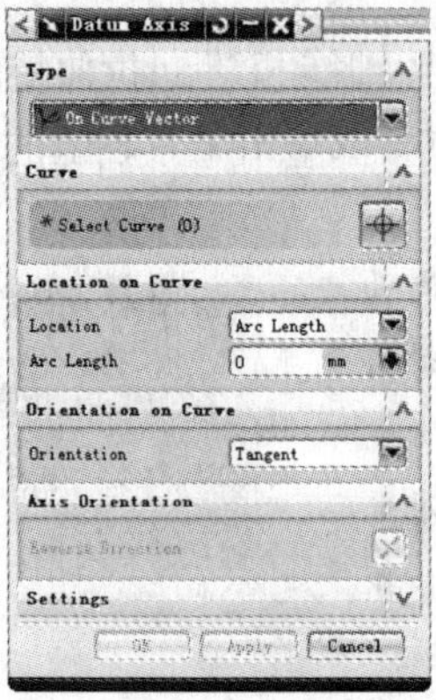

图 2-62　Datum Axis 下 On Curve Vector 对话框

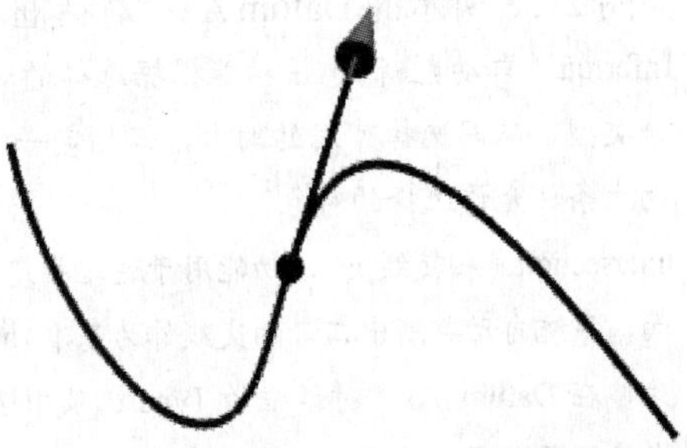

图 2-63　通过 On Curve Vector 生成的基准轴

➢ XC-Axis（XC 轴）、YC-Axis（YC 轴）、ZC-Axis（ZC 轴）：这 3 个功能分别用于在当前坐标下生成 XC、YC 和 ZC 轴的基准轴。其操作步骤为，在 Datum Plane 对话框的 Type 选项中选择 XC-Axis、YC-Axis 或 ZC-Axis 选项；用户可根据需要单击按钮来改变基准轴的方向；单击 < OK > 或 Apply 按钮即可得到新的基准轴。

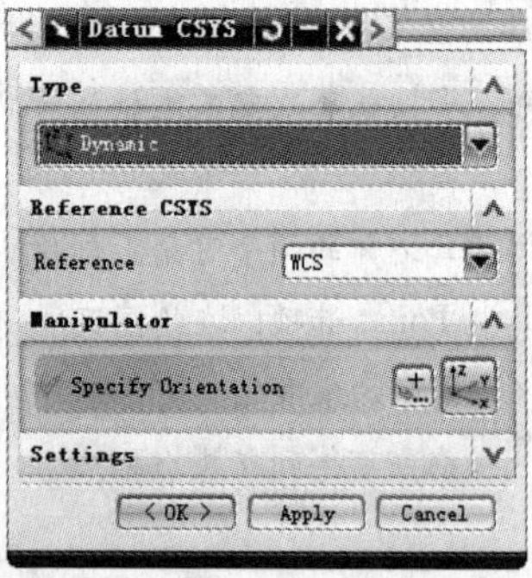

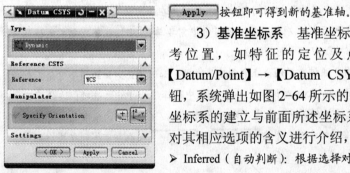

图 2-64　Datum CSYS 对话框

3）基准坐标系　基准坐标系用于辅助建立基本特征时的参考位置，如特征的定位及点的构造。选择【Insert】→【Datum/Point】→【Datum CSYS】命令或在工具栏上单击按钮，系统弹出如图 2-64 所示的 Datum CSYS 对话框。由于基准坐标系的建立与前面所述坐标系的建立方式基本相似，此处只对其相应选项的含义进行介绍，不再举例说明。

➢ Inferred（自动判断）：根据选择对象的不同，通过对选择的对象或输入沿 X、Y 和 Z 坐标轴方向的偏置值来自动定义一个基准坐标系。

➢ X-Axis，Y-Axis，Origin（X 轴，Y 轴，原点）：该方法先利用点创建功能指定一个点作为坐标系原点，再利用矢量创建功能先后选择或定义两个矢量来创建基准 CSYS，坐标系 X 轴的正方向为第一矢量的方向，XOY 平面平行于第一矢量及第二矢量所在的平面，Z 轴正方向由从第一矢量在 XOY 平面上的投影矢量到第二矢量在 XOY 平面上的投影矢量按右手定则确定。

➢ CSYS of Current View（当前视图的 CSYS）：该方法用当前视图定义一个新的坐标系，XOY 平面为当前视图所在的平面。

- Offset CSYS（偏置 CSYS）：该方法通过输入沿 X、Y 和 Z 坐标轴方向相对于所选坐标系的偏置值来定义一个新的坐标系。
- Origin，X-Point，Y-Point（原点，X 点，Y 点）：该方法利用点创建功能先后指定 3 个点来定义一个坐标系，最先指定的点为原点，其次定义的点为 X 轴上的点，最后定义的点为 Y 轴上的点，且第一点指向第二点的方向为 X 轴的正方向，Z 轴的方向根据右手定则来判定。
- Three Planes（三平面）：该方法通过先后选择 3 个平面来定义一个坐标系，坐标原点为 3 个平面的交点，第一个面的法向为 X 轴，第一个面与第二个面的交线方向为 Z 轴。
- Absolute CSYS（绝对 CSYS）：该方法在绝对坐标系的原点（0，0，0）处定义一个新的坐标系，新坐标系的 X、Y 和 Z 轴方向与绝对坐标系的 X、Y 和 Z 轴方向相同。

4）辅助定位特征　在建立实体模型时，常常需在现有的实体模型上附着一个特征，如孔、凸台、键槽等，这些特征不能独立出现，需与已有的特征存在依附关系，此时就要用到辅助定位特征。在对某一特征进行定位时，系统将弹出如图 2-65 所示的 Positioning 对话框，该对话框提供了 9 种定位方法，其各项意义如下。

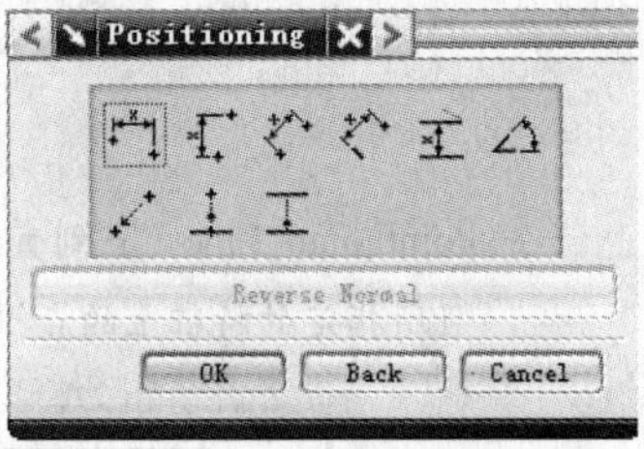

图 2-65　Positioning 对话框

- Horizontal（水平距离）：该命令用于在实体上一点与特征上一点之间建立一个定位尺寸，该定位尺寸在指定的水平参考方向上来测量，如图 2-66 所示，标注的尺寸为圆心与矩形左边线水平方向的距离。
- Vertical（竖直距离）：该命令用于在实体上一点与特征上一点之间建立一个定位尺寸，该定位尺寸在指定的竖直参考方向上来测量，如图 2-67 所示，标注的尺寸为圆心与矩形上边线竖直方向的距离。
- Parallel（两点间的平行距离）：该命令用于在实体上一点与特征上一点之间建立一个定位尺寸，如图 2-68 所示，标注的尺寸为两矩形上两点之间的平行距离。

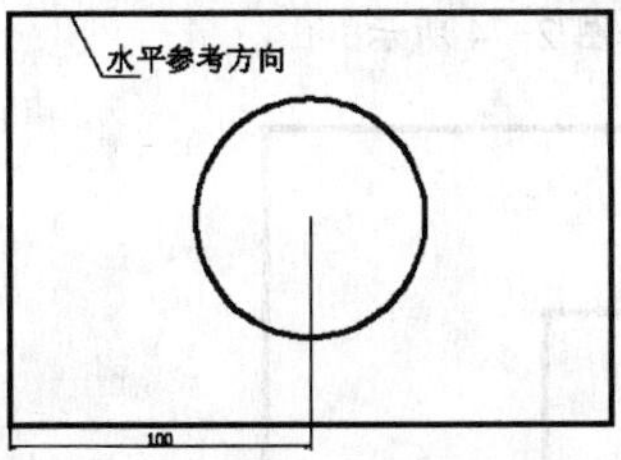

图 2-66　Horizontal 的意义

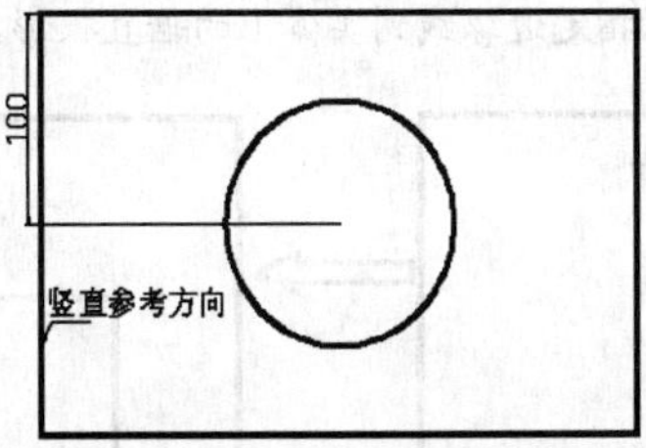

图 2-67　Vertical 的意义

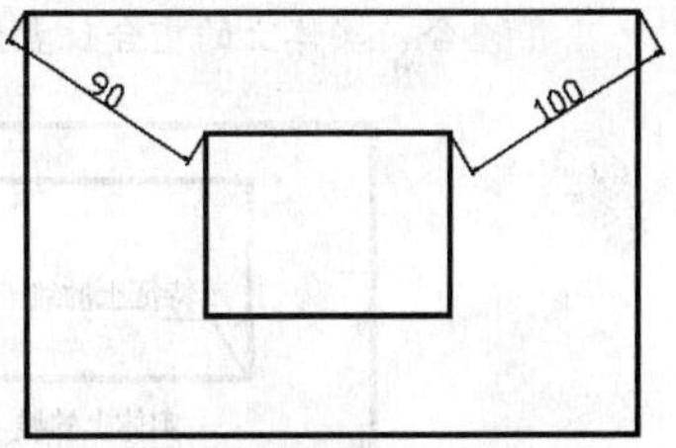

图 2-68　Parallel 的意义

- Perpendicular（垂直距离）：该命令用于在实体上一边缘线与特征上一点之间建立一个定位尺寸，如图 2-69 所示，标注的尺寸为点到直线的垂直距离。
- Parallel at a Distance（平行距离）：该命令用于在实体上一边缘线与特征上一边缘线之间建立一个定位尺寸，如图 2-70 所示，标注的尺寸为两条直线之间的平行距离。
- Angular（角度——两线夹角）：该命令用于在实体上一边缘线与特征上一边缘线之间建立一个定位尺寸，如图 2-71 所示，标注的尺寸为两边缘线之间的夹角。
- Point onto Point（点到点）：该命令用于在实体上一点与特征上一点之间建立一个定位关系，使特征上的点与实体上的指定点相重合，如图 2-72 所示。

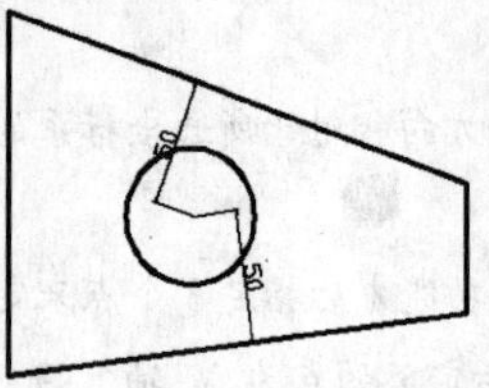

图 2-69　Perpendicular 的意义

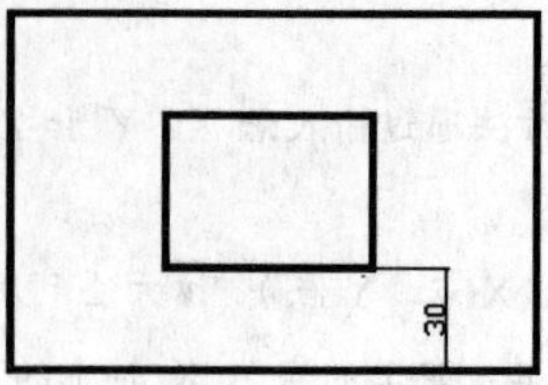

图 2-70　Parallel at a Distance 的意义

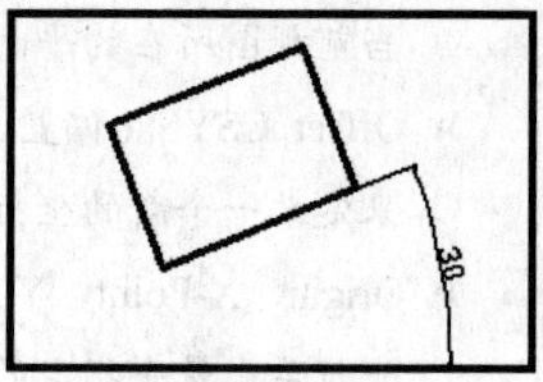

图 2-71　Angular 的意义

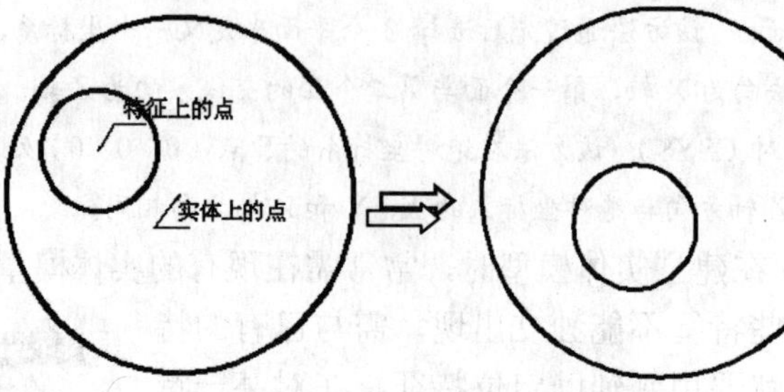

图 2-72　Point onto Point 的意义

➢ Point onto Line（点到直线上——点线重合）：该命令用于在实体上一点与特征上一边缘线相重合，且所指定的特征上的点投影到边缘线上为起点，如图 2-73 所示。

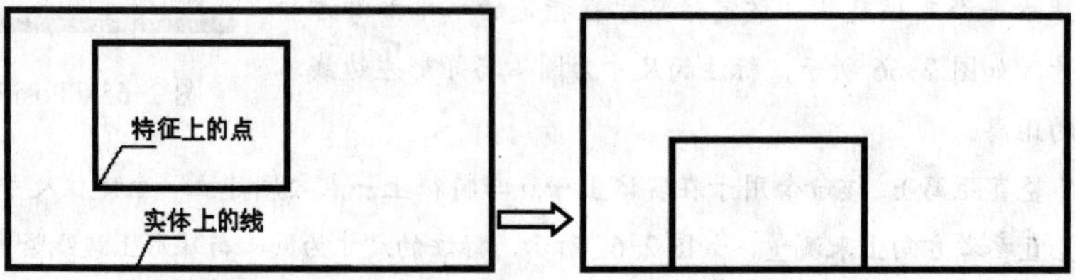

图 2-73　Point onto Line 的意义

➢ Line onto Line（直线到直线——两直线重合）：该命令用于在实体上一边缘线与特征上一边缘线相重合，实体上的重合位置为所指定边缘线到实体上的垂直投影，如图 2-74 所示。

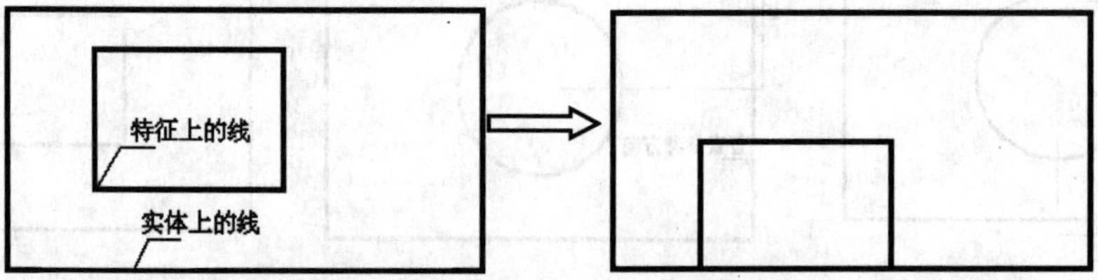

图 2-74　Line onto Line 的意义

2.2　模型显示与视图布局

1. 模型显示方式

在进行实体建模过程中，常常需要调整模型的显示方式以便对实体模型进行相应的操作，View（视图）工具提供了多种方式进行模型显示，如图 2-75 所示。也可通过单击 View（视图）命令中 Shaded with Edges（带边显示）功能按钮后的下拉菜单，或在视图区域单击 Rendering Style（渲染方式）按钮得到如图 2-76 所示的 Rendering Style 下拉菜单，其各项参数意义如下。

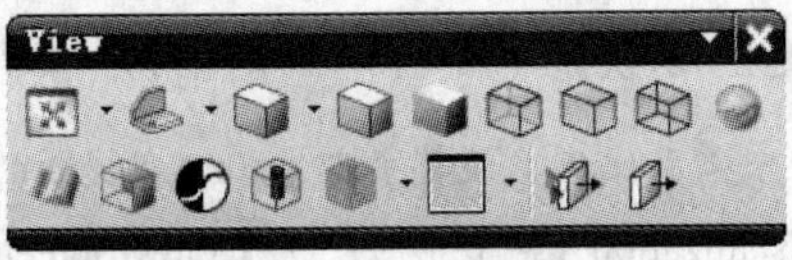

图 2-75 View 工具栏

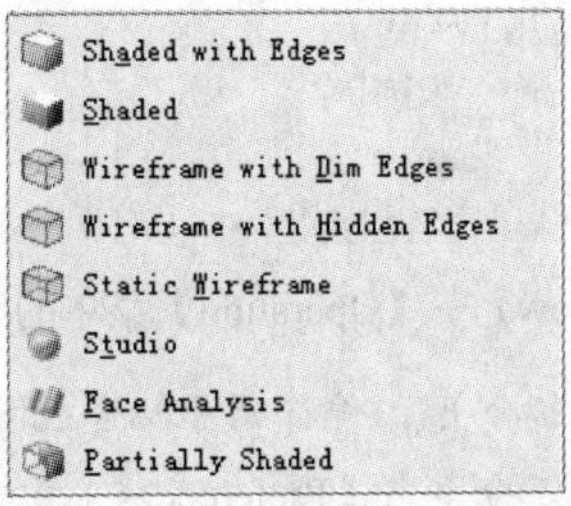

图 2-76 Rendering Style 下拉菜单

- Shaded with Edges（带边着色）：选择此功能，将对绘图区的对象进行平滑着色并显示面的边缘，显示和刷新速度慢。
- Shaded（着色）：选择此功能，则显示三维模型表面的情况，可以设置不同的显示颜色，轮廓线不可见。
- Wireframe with Dim Edges（以特定的边缘线框显示）：选择此功能，将以线框的形式显示对象但将隐藏不可见线框，且当鼠标移到对象时，将显示对象的全部线框。
- Wireframe with Hidden Edges（以隐藏边缘线框显示）：选择此功能，将以线框的形式显示对象但将隐藏不可见线框，且当鼠标移到对象时，也不显示隐藏线框。
- Static Wireframe（静态线框）：选择此功能，将以线框的形式显示整个对象。
- Studio（艺术外观）：与 Shaded 显示类似，不同的是添加了背景，使其更接近于真实模型，一般用于工业造型模块中显示设计的模型。
- Face Analysis（面分析）：该功能用于用不同的颜色、线条和图案等方式显示出对象指定表面上各处的变形、曲率半径等情况。
- Partially Shaded（局部着色）：选择此功能，系统将对部分表面用着色方式显示，其他表面用线框方式显示，一般用于突出表现对象的某一部分，特别是内部的形状，适用于复杂零件或装配图上的显示。

2. 模型的缩放与移动

在 UG NX 8.0 中对模型进行缩放和移动主要有以下几种方法。

（1）利用菜单栏或工具栏观察对象：通过直接单击 View 菜单栏或工具栏上的功能按钮来观察和调整视图，选择【View（视图）】→【Operation...（操作）】命令，出现如图 2-77 所示的级联菜单来实现观察和调整视图的选项。

（2）利用快捷菜单观察对象：通过快捷菜单来观察对象，在绘图区单击鼠标右键打开如图 2-78 所示的快捷菜单，或在绘图区按住鼠标右键不放产生如图 2-79 所示的快捷菜单，单击相应的功能按钮来调整视图。图 2-77、图 2-78、图 2-79 中各项参数的意义如下。

- Refresh（更新）：该命令用于刷新图形窗口。选择此功能后，系统会消除由隐藏或删除对象在绘图区域留下的孔，清理绘图区域并显示某些修改功能的结果，消除临时显示项目，如醒目指示符和星号等。此功能也可以通过按快捷键 F5 来选择。

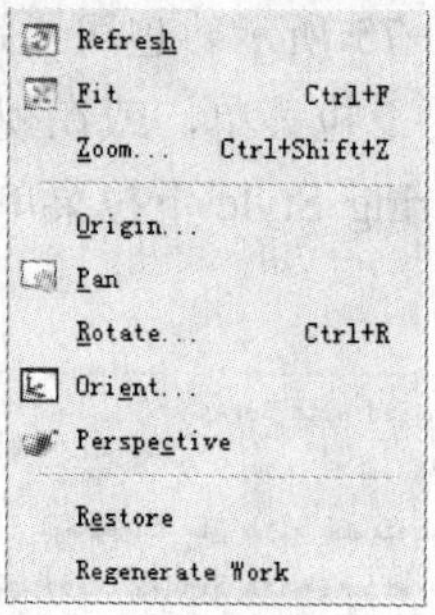

图 2-77 【View】→【Operation】菜单的级联菜单

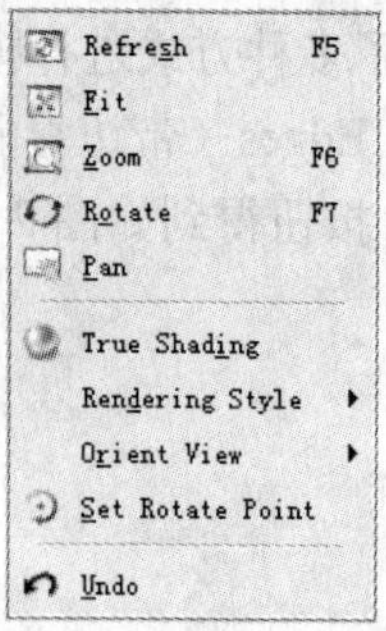

图 2-78 快捷菜单（1）

图 2-79 快捷菜单（2）

➢ Fit（拟合）：该命令用于拟合视图，即调整视图中心和比例，使整个部件拟合在视图的边界内，拟合的百分率在【Preferences（首选项）】→【Visualization（可视化）】→【View/Screen...（视图/屏幕）】中设置。此功能也可以通过按快捷键 Ctrl + F 来选择。另外，还可以通过视图工具栏中的 Fit View to Selection（将视图拟合到选中区域）功能来进行对象的局部拟合操作，但该功能只有在视图中有对象被选中时才自动激活。

➢ Zoom（缩放）：该命令用于缩放视图。选择此功能后，按住鼠标左键不放，拖拉出一个矩形框，再释放鼠标左键，即可实现缩放视图。此功能也可以通过按快捷键 F6 来选择。该操作可通过再次选择此功能按钮或按快捷键 F6 或单击鼠标中键或 Esc 键来终止。另外，对象的缩放还可以通过单击视图工具栏上的 Zoom In/Out（整体综合）按钮或在菜单栏选择【View（视图）】→【Operation（操作）】→【Zoom...（缩放）】命令来实现。当单击按钮使对象处于缩放状态时，按住鼠标左键从图形区中心向外或向内拖动，对象将被放大或缩小；当通过菜单栏使对象处于缩放状态时，系统将弹出如图 2-80 所示的 Zoom View 对话框，可以通过选择对话框内的一个选项或在文本框内输入比例并单击 OK 按钮来完成操作。

➢ Zoom In/Out（实时缩放）：该命令用于对视图进行实时缩放。选择此功能后，按住鼠标左键拖动鼠标，便可实时缩小或放大视图，直到满意为止。此功能可通过再次选择此菜单项或单击鼠标中键或 Esc 键来终止。

➢ Pan（平移）：该命令用于平移视图。选择此功能后，按住鼠标左键拖动鼠标，将对象平移至所需位置再释放。此功能可通过再次选择此菜单项或单击鼠标中键或 Esc 键来终止。

➢ Rotate（旋转）：该命令用于旋转视图。选择此功能后，按住鼠标左键拖动鼠标，即可实现旋转视图。此功能也可通过按快捷键 F7 或按住鼠标中键在绘图区域拖动来实现，当选择【View（视图）】→【Operation（操作）】→【Rotate...（旋转）】命令或按快捷键 Ctrl+R 时，系统弹出如图 2-81 所示的 Rotate View 对话框，通过对其进行相应的设置可实现旋转视图操作。此功能可通过再次选择此菜单项或按快捷键 F7 或单击鼠标中键或 Esc 键来终止。

✧ Fixed Axis（固定轴）：从中选择对象绕 X 轴、Y 轴、Z 轴或 XY 轴旋转。选择任一轴后，Angle Increment（角度增量）选项被激活，可用滑块或直接在文本框内输入数值来设置角度增量。

✧ Arbitrary Rotation Axis（任意旋转轴）：用于定义对象绕一矢量旋转。选择该功能后，系统将弹出矢量构造器对话框，提示设置一个矢量进行旋转。

✧ View Up Vector（竖直向上矢量）：用于设置任意轴方向向上。选择该功能后，系统弹出矢量构造器对话框，选择一种方式确定矢量，单击 OK 按钮后，系统将调整视图，使得所建立的矢量方向朝上。

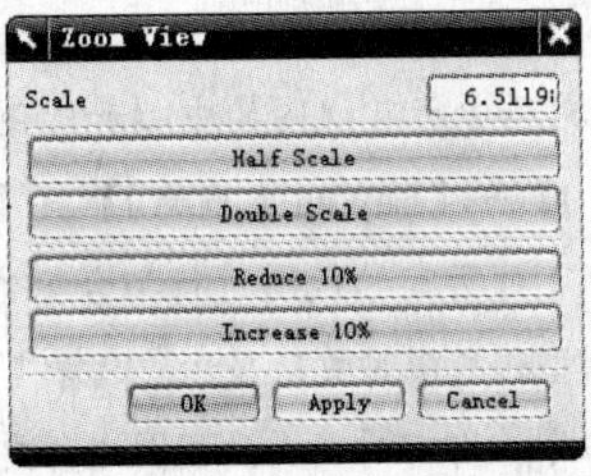

图 2-80　Zoom View 对话框

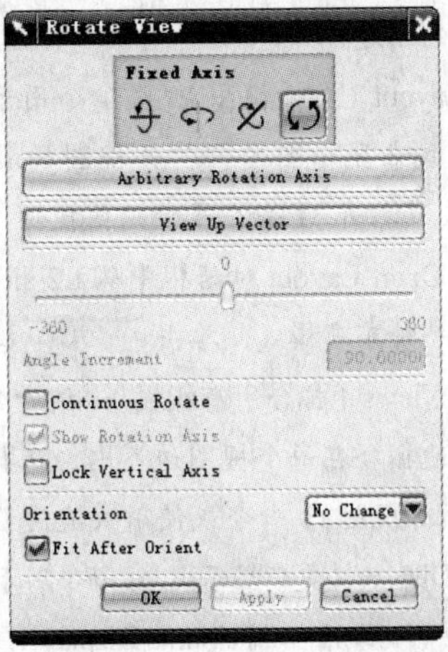

图 2-81　Rotate View 对话框

- ✧ Continuous Rotate（连续旋转）：主要用于动态演示。选中该复选框后，单击 Apply 按钮，视图或模型将围绕所选择的矢量轴连续旋转，每次旋转的角度为 Angle Increment 文本框中的数值。
- ✧ Show Rotation Axis（显示旋转轴）：选中该复选框后，矢量将以箭头形式在图形区中显示出来。
- ✧ Lock Vertical Axis（锁定竖直轴）：选择 Y 轴作为旋转矢量时，该选项将被激活。系统只能围绕垂直于 Y 轴的平面进行旋转。

- ➢ Orient（视角）：该命令用于通过一个特定的坐标系统来观察视图。单击该命令后，系统弹出 CSYS 构造器对话框以供用户设定一个坐标系，再根据所设定的坐标系来调整视图。
- ➢ Restore（恢复）：该命令用于恢复到上一个系统认定的视图。当用户改变视角后，可利用此功能恢复到上一个系统认定的视图，系统认定的视图为 Replace View 中的 8 个视图。
- ➢ Regenerate Work（重生成）：该命令用于重新生成视图以删除临时显示对象或更新修改后的对象。
- ➢ Rendering Style（渲染样式）：该命令用于更换视图的显示模式，前面已经介绍过，此处不再重复。

3．模型的视图布局

在 UG NX 8.0 中，经常需要将绘图窗口分解为多个视图来同时观察对象以便于用户更好地观察和操作绘图对象。视图布局将屏幕划分为若干个视图区域，在每个视图区域显示指定的视图，并且可以在多个视图间进行切换。系统默认在单个视图布局的工作环境中，但用户可根据需要重新定义系统默认的布局，也可以生成自定义的布局。

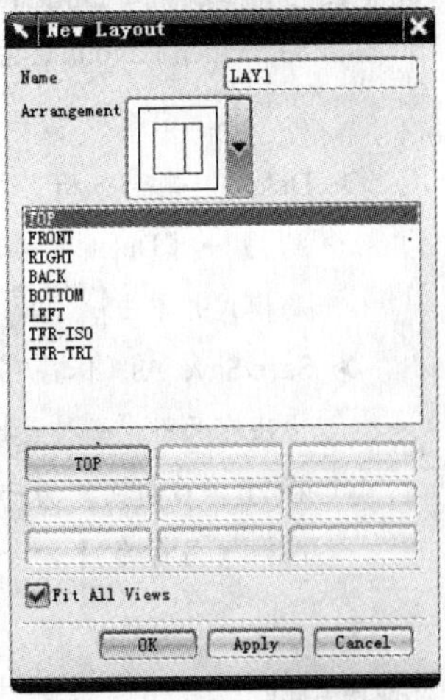

图 2-82　New Layout 对话框

- ➢ New Layout（新建视图）：该命令用于设置视图布局的形式和各视图的视角。新建视图的具体步骤为，选择【View（视图）】→【Layout（布局）】→【New…（新建）】命令或使用快捷键 Ctrl+Shift+N，系统弹出如图 2-82 所示的 New Layout 对话框；在 Name 文本框内输入新建布局的名称，再单击 Arrange ment 的下拉菜单，从 L1（单个视图）、L2（两个视图、横向分布）、L3（两个视图、竖向分布）、L4（4 个视图）、L6（6 个视图）和 L9（9 个视图）中选择一种视图布置模式；在所选的视图布局中设置各个视图的相应布局，单击 OK 按钮或 Apply 按钮即可完成布局的创建。

- Open Layout（打开视图）：该命令用于在当前文件的布局名称中选择要打开的某个布局，系统按布局的方式来显示图形。打开视图的具体步骤为，选择【View（视图）】→【Layout（布局）】→【Open...（打开）】命令或使用快捷键 Ctrl+Shift+O，系统弹出如图 2-83 所示的 Open Layout 对话框；在 Open Layout 对话框中从 L2-side by side、L3-upper and lower、L4-four views 和 L6-six views 中选择一种布局模式，单击 OK 按钮或 Apply 按钮即可打开布局。
- Fit All Views（拟合所有视图）：该命令用于调整当前布局中所有视图的中心和比例，使实体模型最大程度地拟合在每个视图边界内。选择【View（视图）】→【Layout（布局）】→【Fit All Views...（拟合所有视图）】命令或使用快捷键 Ctrl+Shift+F，即可对所有的视图进行拟合操作。
- Update Display（更新显示）：该命令用于对所有视图的模型进行实时更新显示。选择【View（视图）】→【Layout（布局）】→【Update Display...（更新显示）】命令，即可对所有的视图进行更新显示。
- Regenerate（重新生成）：该命令用于重新生成布局中的每一个视图。选择【View（视图）】→【Layout（布局）】→【Regenerate...（重新生成）】命令，即可对所有的视图进行重新生成操作。
- Replace View（替换视图）：该命令用于替换布局中的某个视图。选择【View（视图）】→【Layout（布局）】→【Replace View...（替换视图）】命令，系统弹出如图 2-84 所示的 Replace View with（要替换的视图）对话框，在该选项下选择一种布局模式并单击 OK 按钮，系统弹出如图 2-85 所示的 Replace View with（替换视图用）对话框，单击 OK 按钮即可替换视图。

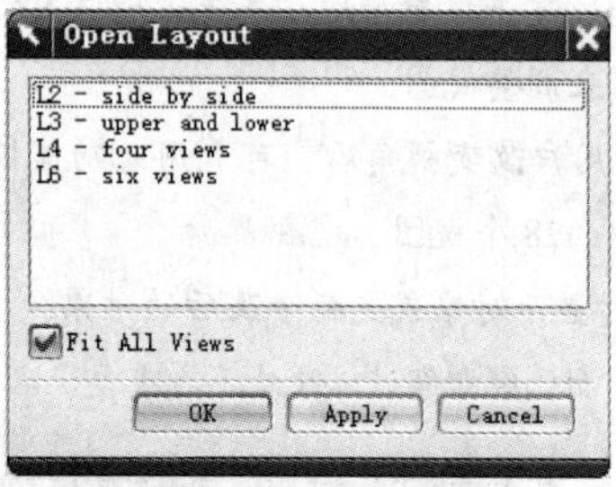

图 2-83 Open Layout 对话框

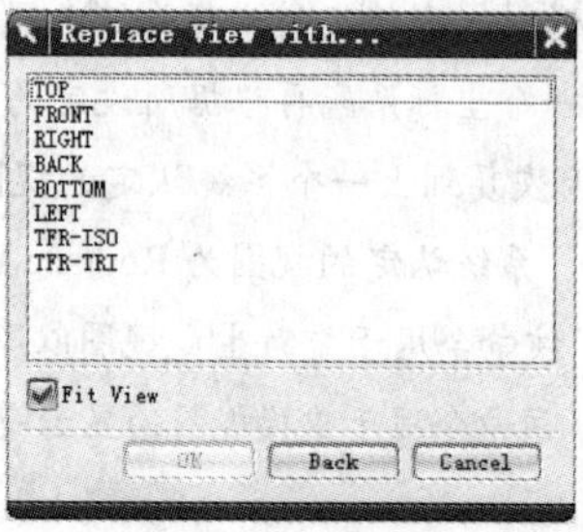

图 2-84 Replace View with（要替换的视图）对话框

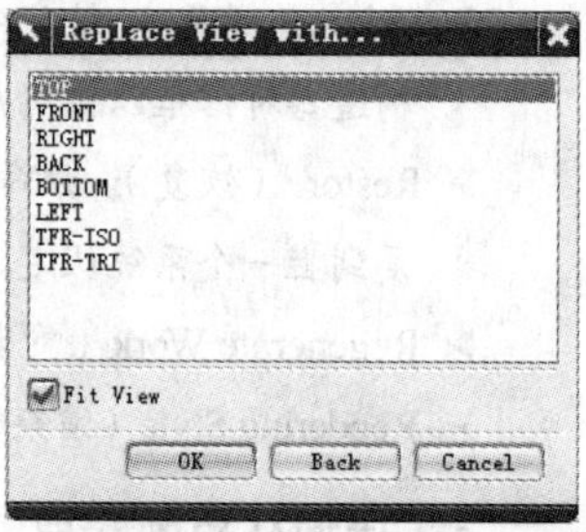

图 2-85 Replace View with（替换视图用）对话框

- Delete（删除布局）：该命令用于删除视图中的某一布局。选择【View（视图）】→【Layout（布局）】→【Delete...（删除布局）】命令，系统将弹出 Delete View 对话框，在该对话框中选择一种布局模式并单击 OK 按钮，即可完成删除布局操作。
- Save/Save As（保存/另存为布局）：该命令用于将用户创建的布局进行保存以便需要时重新调用。保存方法有两种，一种是按新建的名称保存，选择【View（视图）】→【Layout（布局）】→【Save...（保存）】命令即可；另一种是采用其他名称保存，选择【View（视图）】→【Layout（布局）】→【Save As...（另存为）】命令并在系统弹出的 Save Layout As 对话框中输入新的名称即可。

2.3 图层管理

在 UG NX 8.0 建模时常用图层来控制对象的显示、编辑和状态。UG NX 8.0 提供了 256

个图层供用户使用，每个图层可以包含任意数量的对象，一个图层上可以包含部件中所有的对象，一个对象上的部件也可以分布在一个或多个图层上，但只有一个图层是当前工作图层，所有的操作只能在工作图层上进行，其他图层可以通过可见性或选择性等设置进行辅助工作以达到设计的目的和效果。所以说如果要在某层中创建对象，就应在创建对象前使其成为工作图层。

在 UG NX 8.0 中，通常对图层进行分类，主要分为以下几种类型：1～10 为 Solids（实体层），11～20 为 Sheets（片体层），21～40 为 Sketches（草图层），41～60 为 Curves（曲线层），61～80 为 Datums（基准层），81～256 为用户定义图层，用户可根据需要对其进行设置，故在设计过程中应养成习惯，对所构建的对象进行层管理。

➢ Layer Category（图层类别）：在 UG 产品设计过程中，分类仅靠层号区分是不够的，也是非常麻烦的，所以通常对相关层分类管理，以提高操作效率。用户可以根据习惯来进行层的类目设置，当需要对某一类目中的对象进行操作时，可以很方便地通过类目来实现对其中各层的选择。选择【Format】→【Layer Category】命令或单击工具栏上的按钮，系统弹出如图 2-86 所示的 Layer Category 对话框。

✧ 建立一个新类别图层：在图 2-86 所示对话框的 Category（类别）输入框中输入新类别名称后，在 Description（描述）输入框中输入相应的描述信息，单击 Create/Edit（创建/编辑）按钮，则进入如图 2-87 所示的 Layer Category 对话框，从 Layers（层）列表框中选取此类图层要包括的层后，单击 Add（增加）按钮，然后单击 OK 按钮，即可以创建一个新的类目。

✧ 编辑一个存在的类别：在图 2-86 所示对话框的 Category 输入框中输入类别名称，或直接在类别列表框中选择要编辑的类别，即可以对其进行编辑。若在 Description 输入框中输入相应的描述信息后，单击 Apply Description（应用描述）按钮，则可以修改编辑类目的描述信息。若选择单击 Create/Edit（创建/编辑）按钮选项，则进入如图 2-87 所示的 Layer Category 对话框，从 Layers 列表框中选取要对此类别中增加或从此类别中移去的图层后，单击 Add（增加）按钮或 Remove（删除）按钮，然后单击 OK 按钮，则可以向所选类别中增加某些图层或从所选类别中移去某些图层。

✧ 删除存在的类别：在图 2-86 所示对话框的 Category 输入框中输入类别名称，或直接在类别列表框中选择要删除的类别后，单击 Delete 按钮，可以删除所选择的类别。

✧ 重命名存在的类别：在图 2-86 所示对话框的 Category 输入框中输入类别名称，或直接在类别列表框中选择要重命名的类别后，在 Category 输入框中输入新的类别名称，然后单击 Rename（重命名）按钮，可以对所选择的类别重命名。

➢ Layer Settings（图层设置）：可对部件中所有层或 1～256 层中的任意层进行工作层、可选取性、可见性等设定，并可进行层的信息查询和对层的类别进行编辑。选择【Format（格式）】→【Layer Settings…（图层设置）】命令或按快捷键 Ctrl＋L 或单击工具栏上的按钮，即可进入如图 2-88 所示的 Layer Settings 对话框。

✧ 选择层的方法：在图 2-88 所示对话框中单击按钮，再在绘图区选择对象，即可选择当前对象所在的图层；对多个对象进行选择后，则在 Layers 选项下将各个所选对象进行归类，并能显示其可见性。

✧ 对所选择的层进行设置：选择了要设置的层后，便可对其进行设置，完成设置后单击 OK

按钮或 Apply 按钮即可。在图 2-88 中选择层名称后在对话框中单击 Make Layer（设置为工作层）按钮，则将所选择的层设置为工作层；或单击 Make Selectable（设置为可选择层）按钮，则将所选择的层设置为可选层；或单击 Make Invisible（设置为不可见）按钮，则将所选择的层设置为不可见层；或单击 Make Visible Only（仅可见）按钮，则将所选择的层设置为可见层且为不可选层。在设定为工作层时，还可以直接在图 2-88 中的 Work Layer（工作）文本框中输入工作层后按回车键，或在 UG 主界面的 Work Layer（工作层）输入框中输入工作层后按回车键。另外，在以上设置选项中，除设置工作层外，其他均可对多个层进行设置。

✧ 设置层中的相关辅助选项：在图 2-88 所示对话框的下部提供了控制在 Layer/Status 列表框中显示层的过滤器，有 All Layers（选择此功能，则在 Layer/Status 列表框中显示出所有层）、Layers with Objects（选择此功能，则在 Layer/Status 列表框中显示出所有包含对象的层）、All Selected Layers（选择此功能，则在 Layer/Status 列表框中显示出所有可选择的层）及 All Visible Layers（选择此功能，则在 Layer/Status 列表框中显示出所有可见的层）4 个选项。

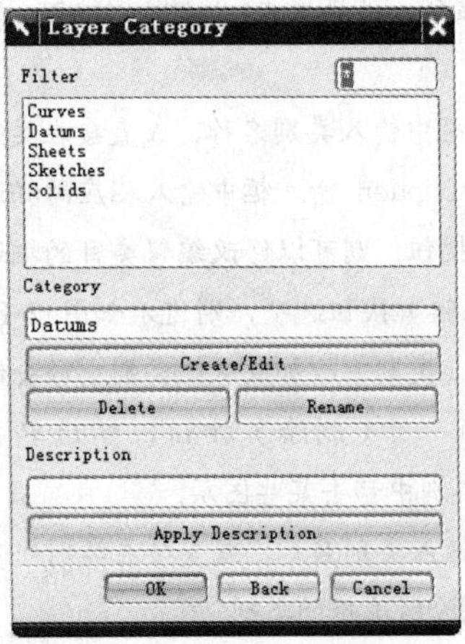

图 2-86 Layer Category 对话框

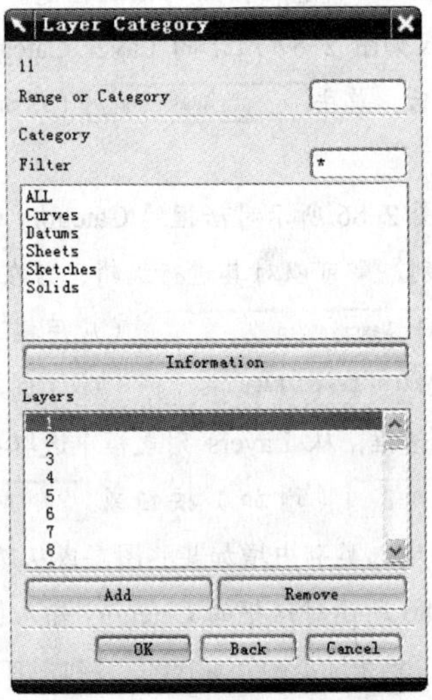

图 2-87 创建 Datum 时的对话框

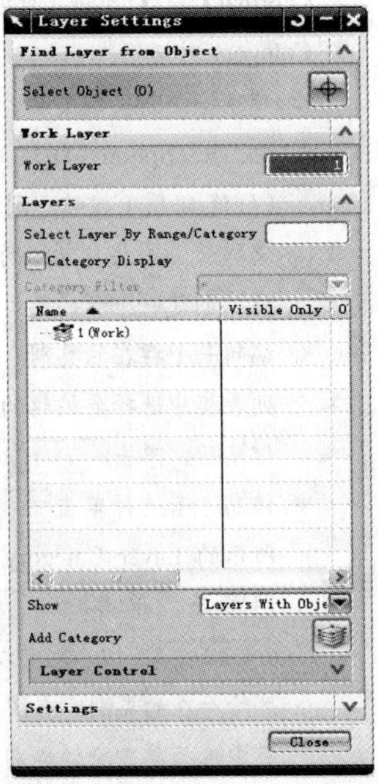

图 2-88 Layer Settings 对话框

➢ Layer Visible（在视图中的可见性）：用来设置层在视图中的可见性。选择【Format（格式）】→【Visible in View…（视图中的可见性）】命令或按快捷键 Ctrl + Shift + V 或单击工具栏上的按钮，则进入如图 2-89 所示的 Layer Visible in View 对话框，用来选择要操作的视图。在视图列表框中选择要操作的视图后单击 OK 按钮，则进入如图 2-90 所示的 Layer Visible in View 对话框，用来设置层在视图中的可见性。在 Layers 列表框中选择要设置可见性的图层后，单击 Visible（可见）按钮或 Invisible（不可见）按钮，然后单击 OK 按钮或 Apply 按钮，则将所选择图层设置为可见或不可见。另外，也可以在图 2-89 所示对话框中选择要操作的视图后，单击 Reset to Global（恢复至全局图层）按钮，用全局图层设置状态代替选择视图的个别层的设置。

➢ Move to Layer（图层移动）：用于将对象移动至目标层。选择【Format（格式）】→【Move to Layer...（移动至层）】命令或单击工具栏上的按钮，系统弹出 Class Selection 对话框，提示选择需要移动的对象。选择完要移动的对象后单击 OK 按钮，则进入如图 2-91 所示的 Layer Move 对话框，用来指定目标层。在 Destination Layer or Category（目标层或类别）文本框中输入目标层的名称，或在 Layer 列表框中选择目标层，或直接在绘图区域选取目标层上的对象确定目标层后，单击 OK 按钮或 Apply 按钮，将所选对象移动到指定目标层。当所选取的对象没有显示时，可以单击 Re-highlight Objects（重新高亮对象）按钮，将所选取的对象高亮显示。单击 Select New Objects（选择新对象）按钮，可以再选择其他对象进行层移动操作。

➢ Copy to Layer（图层复制）：用于将对象复制至目标层。选择【Format（格式）】→【Copy to Layer...（复制至层）】命令或单击工具栏上的按钮，系统弹出 Class Selection 对话框，提示选择要复制的对象。选择完要复制的对象后单击 OK 按钮，则进入与图 2-91 内容相同的 Layer Copy 对话框，用来指定目标层。在 Destination Layer or Category 输入框中输入目标层的名称，或在 Layer 列表框中选择目标层，或直接在绘图区域选取目标层上的对象确定目标层后，单击 OK 按钮或 Apply 按钮，将所选对象复制到指定目标层。

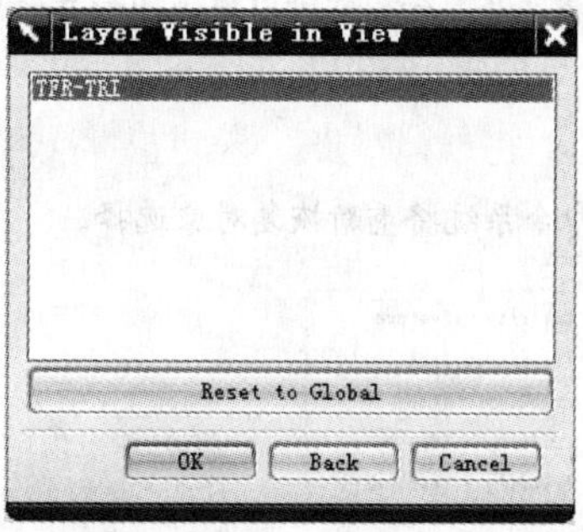

图 2-89　Layer Visible in View 对话框

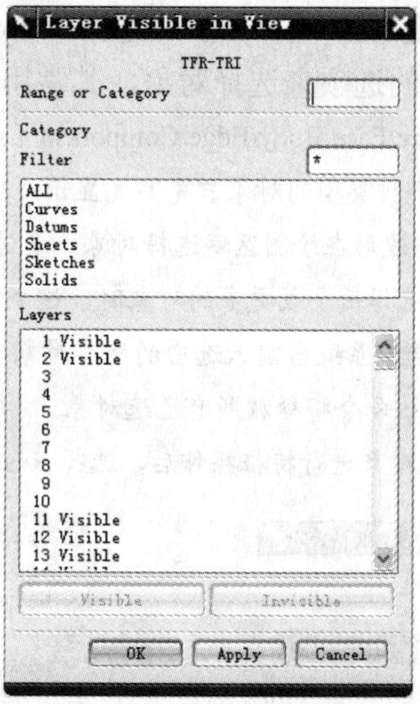

图 2-90　Layer Visible in View 对话框（设置层在视图中的可见性）

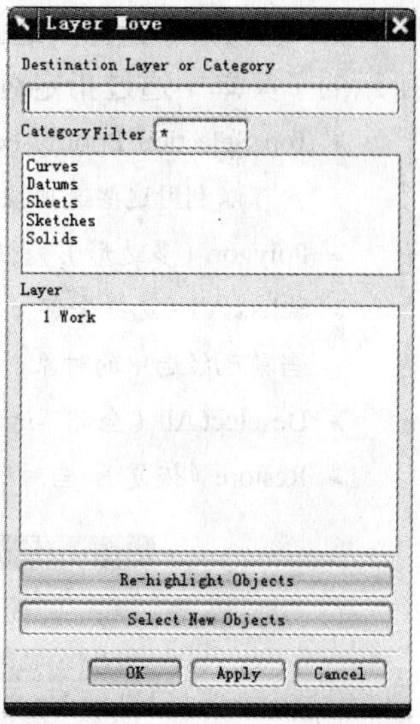

图 2-91　Layer Move 对话框

2.4　对象的基本操作与几何变换

对象是一个广义的概念，泛指 UG NX 8.0 环境中的各种元素。它包含几何对象和非几何对象，如点、线、面、片体、实体、特征等称为几何对象，用于表示模型中的各种几何元素；而尺寸、文字标记等几何对象以外的元素统称为非几何对象。以下对基于对象的常用操作进行简单介绍。

1．对象的选择

UG NX 8.0 的操作过程中，经常要选择对象（点、线、面和实体等），如删除某个对象时。对象的选择主要有以下几种方法。

1）通过鼠标方式选择 在构造各类过滤器时，当系统提示选择对象时，可按以下方法操作

- 选择一个对象：将鼠标移至要选择的对象上，直接单击鼠标左键选择对象即可。
- 选择多个连续对象：在要选区域的第一个对象上按住鼠标左键，拖至最后一个对象；或在要选区域的第一个对象上单击鼠标左键（或同时按 Ctrl 键及鼠标左键），再在最后一个对象上按 Shift＋鼠标左键，则两个对象间的所有条目全部选择。
- 选择多个不连续对象：按住 Ctrl 键，用鼠标左键逐个选择任意对象。
- 取消已选对象：按住 Ctrl 键，再用鼠标左键选择已选对象。

2）QuickPick（快速选择）方式 若在选择过程中需要选择的对象位于多个对象中，可在选择的对象上按住光标不放，直至调出如图 2–92 所示的 QuickPick 对话框，移动光标在列表中的某一对象上并单击鼠标左键即可。

3）通过菜单选择 选择【Edit（编辑）】→【Selection...（选择）】命令，可从如图 2–93 所示的子菜单中通过指定对应的选项来选择对象，其常用参数的意义如下。

- Top Selection Priority-Feature/Face/Body/Edge/Component（最高选择优先级–特征/面/体/边/组件）：用户可以利用这些选项控制哪种类型的对象首先高亮显示，从而更好地选择对象。
- Polygon（多边形）：利用多边形在绘图区域选择对象，多边形所包围的对象将被全部选中。
- Select All（选择全部）：当选择一个或更多的对象时，这个按钮将高亮显示，它可以取消图形界面中当前已经选中的对象，而选中系统当前未选中的所有对象。
- Deselect All（全部不选）：该命令将释放所有已选对象。
- Restore（恢复）：当对所选对象进行特征操作后，选择 Restore 命令系统将重新恢复对象选择。

图 2–92 QuickPick 对话框

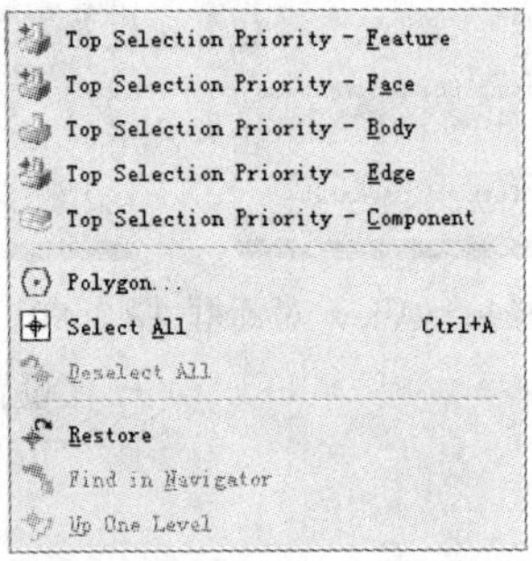

图 2–93 Selection 子菜单

4）通过 Class Selection 选择对象 在复杂建模中，用鼠标直接选择对象是比较麻烦的，所以通常采用 Class Selection 来完成对象的选取，主要可以通过以下几种类型过滤器来选择对象。

- Type Filter（类型过滤器）：通过指定对象的类型来限制选择范围。
- Layer Filter（层过滤器）：通过指定对象所在图层来限制选择范围。

➢ Color Filter（颜色过滤器）：通过指定对象的颜色来限制选择范围。

➢ Attribute Filter（属性过滤器）：通过指定对象的属性来限制选择范围。

各种过滤器可以组合使用，即分别在各个过滤器中设置各相关过滤要求，再选择符合要求的对象。对于复杂模型，当可选择的对象比较多，不便直接选择需要的对象时，可用过滤器和鼠标结合进行选择，即先用过滤器限制选择对象的类型，再用鼠标直接选择，这样可加快选择对象的速度和提高选择的准确性。

2. 对象的显示与隐藏

当工作窗口的图形太多时，为方便操作，需将一些暂时不需要的对象（如草图、基准面等）隐藏，但其与控制图层的可见性不同，控制图层可见性的操作是针对整个图层而言的，而对象的隐藏则可直接针对图层中的某些对象来操作，不受图层的限制。选择【Edit（编辑）】→【Show and Hide...（显示和隐藏）】命令后，系统弹出如图 2-94 所示的子菜单，其各项参数的意义如下。

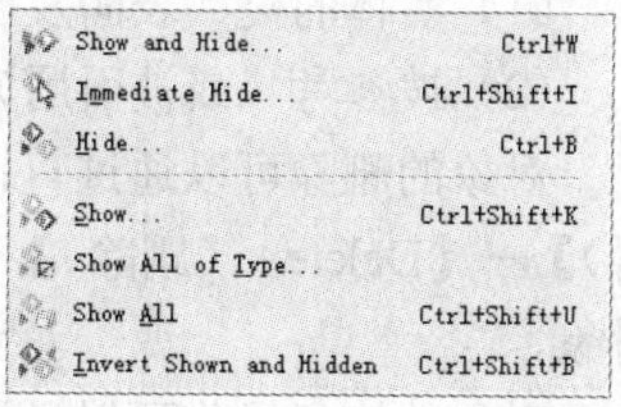

图 2-94　Show and Hide 子菜单

➢ Show and Hide（显示和隐藏）：该命令用于通过类型（All、Geometry、Bodies 和 Datum 等）来显示和隐藏对象。在图 2-94 中选择 Show and Hide 选项或单击工具栏上的按钮或按快捷键 Ctrl+W，系统弹出如图 2-95 所示的 Show and Hide 对话框，在对应的类型后单击+或−按钮即可实现对象的显示与隐藏。

➢ Immediate Hide（快速隐藏）：该命令用于对所选对象快速隐藏，即一旦对象被选中即被隐藏。在图 2-94 中选择 Immediate Hide 选项或单击工具栏中的按钮或按快捷键 Ctrl+Shift+I，系统将弹出如图 2-96 所示的 Immediate Hide 对话框，在绘图区选择对象后，对象立即被隐藏。

➢ Hide（隐藏）：该命令用于隐藏绘图区所选的对象。在图 2-94 中选择 Hide 选项或直接单击工具栏中的按钮或按快捷键 Ctrl+B，系统将弹出 Class Selection 对话框，在绘图区选择对象后，单击对话框中的 OK 按钮，对象即被隐藏。

➢ Show（显示）：该命令用于重新显示所选择的隐藏对象。在图 2-94 中选择 Show 选项或直接单击工具栏中的按钮或按快捷键 Ctrl+Shift+K，系统将弹出 Class Selection 对话框，同时在绘图区将显示先前已经隐藏的对象，根据需要选中欲重新显示的对象，单击对话框中的 OK 按钮即可将对象重新显示。

➢ Show All of Type（显示所有此类型）：该命令用于重新显示某类型的所有隐藏对象。在图 2-94 中选择 Show All of Type 选项或直接单击工具栏中的按钮，系统将弹出如图 2-97 所示的 Selection Methods 对话框，可利用 Type、Layer、Color 等过滤方法选择欲重新显示的对象。

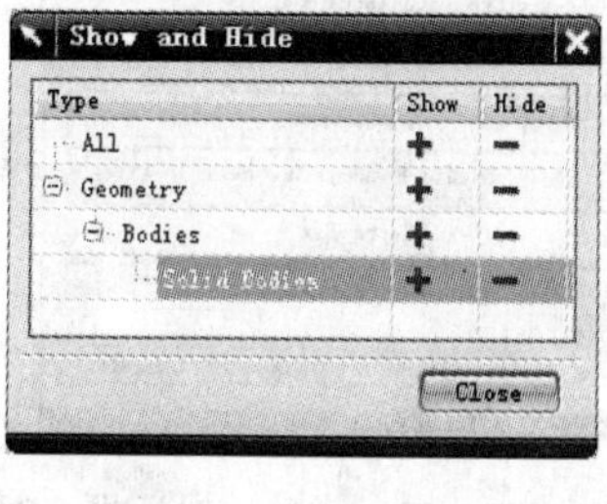

图 2-95　Show and Hide 对话框

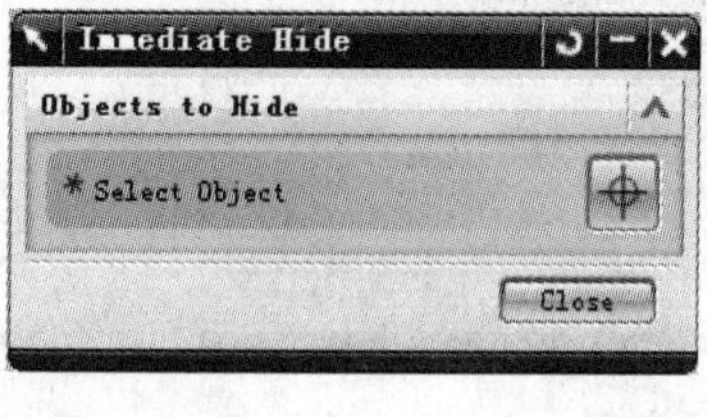

图 2-96　Immediate Hide 对话框

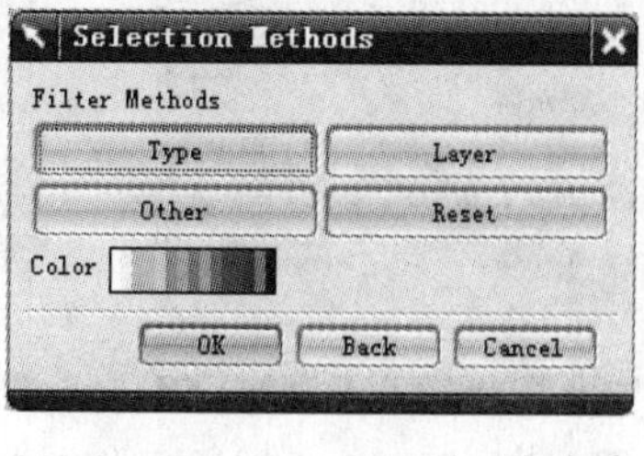

图 2-97　Selection Methods 对话框

➢ Show All（全部显示）：该命令用于重新显示所有隐藏对象。在图 2-94 中选择 Show All 选项或直接单击工具栏中的按钮或按快捷键 Ctrl+Shift+U 即可实现该功能。

➢ Invert Shown and Hidden（颠倒显示与隐藏）：该命令用于反转当前所有对象的显示或隐藏状态，即当前显示的全部对象将被隐藏，当前隐藏的全部对象将被显示。在图 2-94 中选择 Invert Shown and Hidden 选项或直接单击工具栏中的按钮或按快捷键 Ctrl+Shift+B 即可实现该功能。

3．对象的删除与恢复

删除模型中的对象必须是相互独立的，如点、曲线、实体等，以下两种情况不能执行对象删除操作：

（1）实体的棱、表面及键槽、沟槽等成型特征。

（2）被参考（或被引用）的元素，如拉伸体引用的曲线或草图。

对象的删除可以通过直接单击工具栏上的按钮或按快捷键 Ctrl+D 或选择【Edit（编辑）】→【Delete...（删除）】命令后，在系统弹出的 Class Selection 对话框中选择需要删除的对象。

对象的恢复操作可以通过直接单击工具栏上的按钮或按快捷键 Ctrl+Z 或选择【Edit（编辑）】→【Undo Lists（撤销操作）】命令来实现。

4．对象的几何变换

使用变换工具可进行对象的多种编辑操作，用于对独立存在的对象进行缩放、镜像、阵列、移动、旋转和复制等操作。选择【Edit（编辑）】→【Transform...（变换）】命令或单击工具栏上的按钮，系统弹出如图 2-98 所示的 Transform 对话框，提示选择进行变换操作的对象，在绘图区选择要进行变换的对象后单击 OK 按钮，系统弹出如图 2-99 所示的 Transformations 对话框，在后续对对象进行几何变换操作时，如选择变换类型时，常常弹出如图 2-100 所示的对话框，该对话框中各项参数的意义如下。

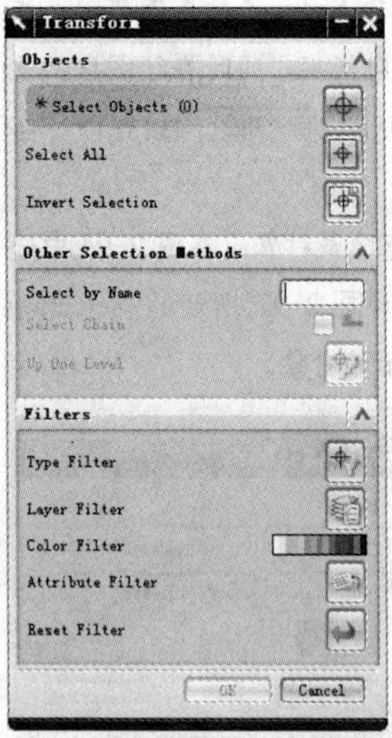

图 2-98 Transform 对话框

图 2-99 Transformations 对话框（1）

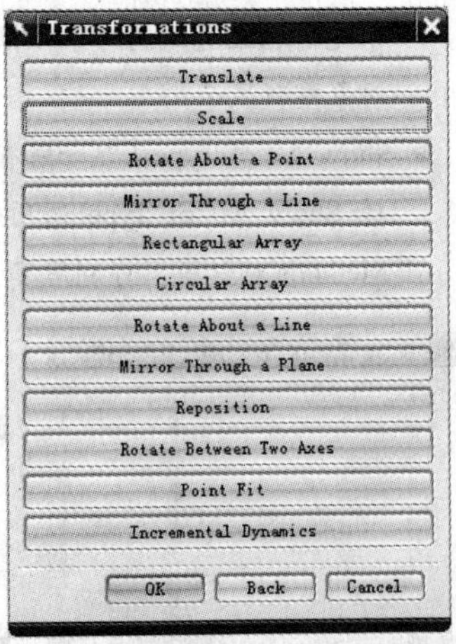

图 2-100 Transformations 对话框（2）

1）Translate（平移）　该命令用于对所选择的对象进行平移变换，即将选定对象由原位置平移或复制至新位置。单击 Translate （平移）按钮后，系统弹出如图 2-101 所示的 Transformations 对话框，用于选择平移方式及设置平移参数。逐步响应系统的提示，最后在设定相关选项（也可以采用默认设置）后单击 Move 按钮来移动对象，或单击 Copy 按钮来复制对象，或单击 Multiple Copies - Avail 按钮来进行多重复制操作。

图 2-101 中各参数的意义如下。

- To A Point（至一点）：该功能用于将所选择的对象平移至某点，单击 To A Point 按钮，系统弹出 Point 对话框，用来指定参考点和目标点，平移对象时，以这两点间的距离及参考点指向目标点的方向作为对象平移的距离和方向。
- Delta（增量）：该功能用于按坐标增量平移所选对象。单击 Delta 按钮，系统弹出如图 2-102 所示的 Transformations 对话框，分别在 DXC、DYC、DZC 文本框中输入对象在 XC、YC、ZC 坐标轴方向平移时的坐标增量值，则所选择的对象按指定的增量值平移。输入坐标增量值后单击 OK 按钮即可。

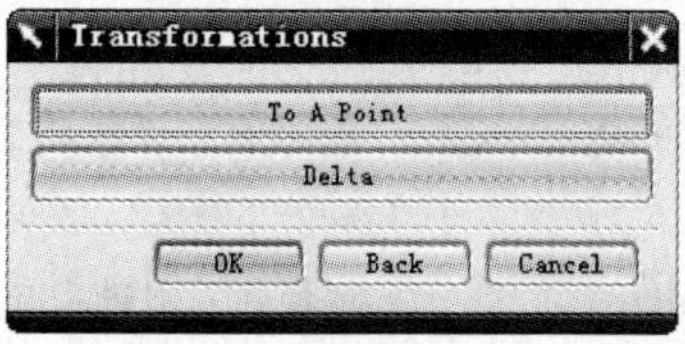

图 2-101　Transformations 对话框（3）

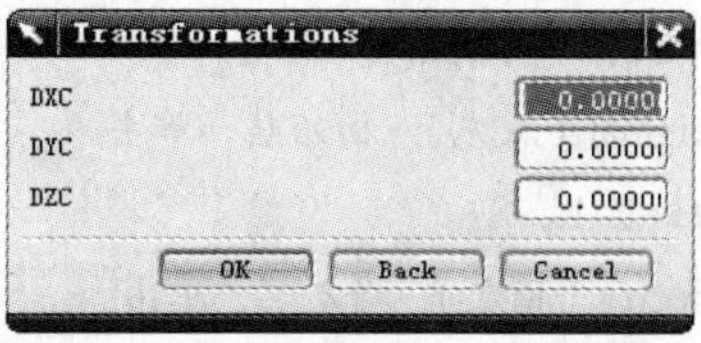

图 2-102　Transformations 对话框（4）

2）Transformation Type-Scale（变换类型-比例）　该命令用于将选取的对象相对于指定参考点成比例地缩放。单击 Scale 按钮后，系统弹出 Point 对话框，在绘图区选择参考点后单击 OK 按钮，系统弹出如图 2-103 所示的 Transformations 对话框，用来设置比例因子，在 Scale 文本框中输入均匀变换比例，或单击 Non-uniform Scale （不均匀比例）按钮，系统弹出如图 2-104 所示的 Transformations 对话框，分别在 XC-Scale、YC-Scale、ZC-Scale 文本框中输入 XC、YC、ZC 坐标方向的比例，单击 OK 按钮后，系统弹出如图 2-105 所示的 Transformations 对话框，用来设定相关的选项。设定相应的变换参数后，则可以单击 Move 按钮来移动对象，或单击 Copy 按钮来复制对象，或单击 Multiple Copies - Avail 按钮对所选对象进行多重复制操作等。另外，注意当选取不同的参考点位置时，其比例变换效果不同；当选取不均匀比例时，圆弧变换后为样条曲线。

- Reselect Objects（重新选择对象）：该功能用于重新选择对象进行变换，并保持变换方式不变。单击 Reselect Objects 按钮后，系统弹出如图 2-98 所示的 Transform 对话框，用来选择要进行变换的新对象。选择新对象后单击 OK 按钮，则返回图 2-105 所示对话框。
- Transformation Type-Scale（变换类型-比例）：该功能用于改变对象的变换类型，显示的类型为当前有效的变换类型，当前为比例变换类型。单击 Transformation Type - Scale 按钮，系统弹出如图 2-100 所示的 Transformations 对话框，用来重新选择变换类型。选择变换类型后，逐步响应系统的相应提示（变换类型不同，提示内容也不同），最后又回到图 2-105 中，若不重新选择对象，则当前对象仍然有效。

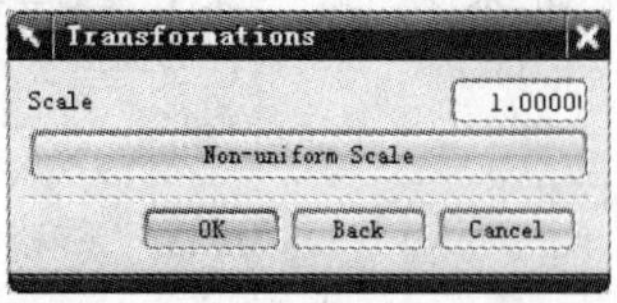

图 2-103　Transformations 对话框图（5）

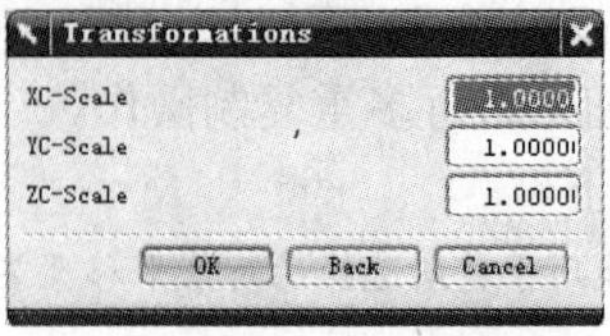

图 2-104　Transformations 对话框（6）

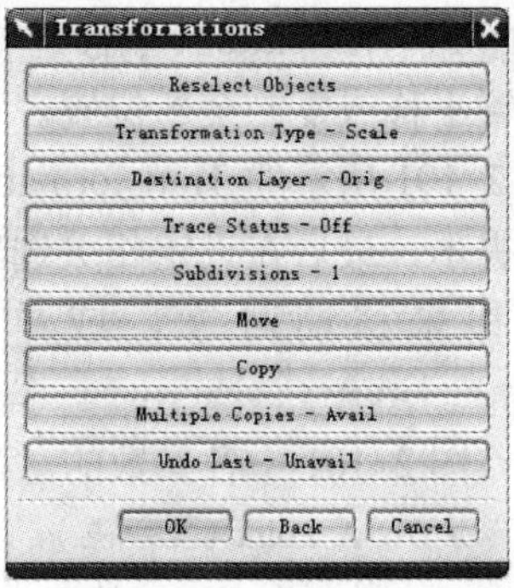

图 2-105　Transformations 对话框（7）

➢ Destination Layer-Orig（目标层-原先的）：该功能用于指定放置变换对象的层。单击 Destination Layer - Orig 按钮，系统弹出如图 2-106 所示的 Transformations 对话框，用来指定变换对象放置的目标层。指定变换对象的目标层后，返回图 2-105 中。

✧ Work（工作）：当前工作层，单击 Work 按钮后，系统将变换对象置于当前工作层上。

✧ Original（原先）：初始层，单击 Original 按钮，系统将变换对象置于其初始层上。

✧ Specify（指定）：指定层，单击 Specify 按钮，则进入如图 2-107 所示的 Transformations 对话框，用来指定层。在 Layer（层）文本框中输入指定层（1～256）名称后单击 OK 按钮，则将变换对象置于指定层上。

➢ Trace Status-Off（追踪状态-关）：该功能用来决定在复制变换对象时是否绘出轨迹线。单击 Trace Status - Off 按钮，使其显示为 Trace Status - On（追踪状态-开），则绘出复制的变换对象与原对象间的轨迹线。此功能不能用于实体、片体和边界对象，当对 Translate、Scale、Rotate、Mirror、Reposition 等变换类型进行操作时，利用此功能可生成封闭的形状，轨迹线总是位于当前工作层上，而与设定的 Destination Layer 无关。

➢ Subdivisions-1（细分-1）：该功能用于对变换距离、角度或比例等变换参数进行等分设置。在 Translate 变换操作中，该功能用于将平移距离 Subdivisions 等分；在 Rotate 变换操作中，该功能用于将旋转角度 Subdivisions 等分；在 Scale 变换操作中，该功能用于将比例系数减小为 Subdivisions 分之一，Subdivisions 不能用于不均匀比例变换中。Subdivisions 变换选项的设置并不会在等分段处显示选定对象。单击 Subdivisions - 1 按钮后，系统弹出如图 2-108 所示的 Transformations 对话框，在 Subdivisions 文本框中输入等分数后单击 OK 按钮，则系统返回图 2-105 所示对话框中。然后可单击 Multiple Copies - Avail 按钮，以设定变换对象的复

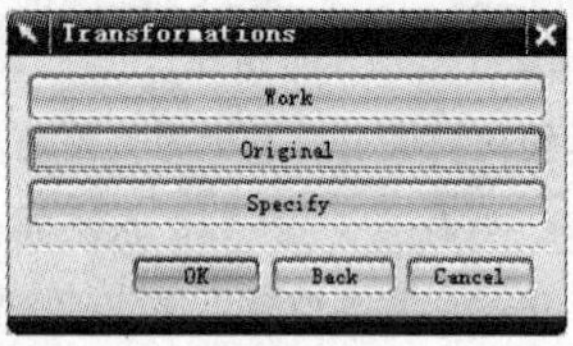

图 2-106　Transformations 对话框（8）

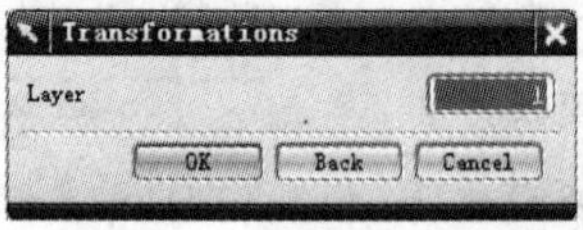

图 2-107　Transformations 对话框（9）

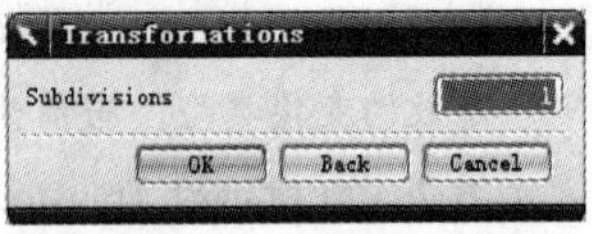

图 2-108　Transformations 对话框（10）

制次数，则变换对象复制件的变换参数为原变换参数的 N 分之一（N 为用户设置的细分数），且按等分后的变换参数将变换对象复制多次。

➢ Move（移动）：该功能用于设置将对象由原位置移动变换至新位置。单击 Move 按钮，则将选择的对象移动到指定位置。

➢ Copy（复制）：该功能用于设置在新位置复制变换对象，而原对象在原位置保持不变。单击 Copy 按钮，则将选择的对象复制到指定位置。

➢ Multiple Copies-Avail（多重复制-可用）：该功能用于设置变换对象的复制次数。单击 Multiple Copies - Avail 按钮，则进入如图 2-109 所示的 Transformations 对话框，在 Number of Copies（复制数）文本框中输入复制的次数后单击 OK 按钮，则将选择的对象按设定的参数复制多次。

➢ Undo Last-Unavail（撤销上一个-不可用）：该功能用于撤销最近一次变换操作。选择该功能后，最后一次变换将被撤销，但继续保持原先的选定状态。

3）Rotate About a Point（绕一点旋转） 该命令用于将所选择的对象绕指定参考点并平行于 ZC 轴的轴线进行旋转变换，即在 XOY 平面内旋转变换。单击 Rotate About a Point 按钮，系统弹出 Point 对话框，用来指定旋转中心点。指定旋转中心点后，则进入如图 2-110 所示的 Transformations 对话框，用来设置旋转角度。在 Angle（角度）文本框中输入旋转角度（逆时针方向为正）后单击 OK 按钮，或单击 Two Point Method（两点方法）按钮，利用系统弹出的 Point 对话框来定义两点，以第一点和第二点分别与旋转中心的连线沿逆时针方向测量的角度作为旋转角度，则进入如图 2-105 所示的 Transformations 对话框，用来设定相关功能（也可以采用默认设置）。设定相关选项后，可对所选对象进行移动、复制和多重复制等操作。

4）Mirror Through a Line（通过一直线镜像） 该命令用于将所选对象相对于指定的参考直线进行镜像。单击 Mirror Through a Line 按钮，系统弹出如图 2-111 所示的 Transformations 对话框，用来选择设定镜像线的方式。

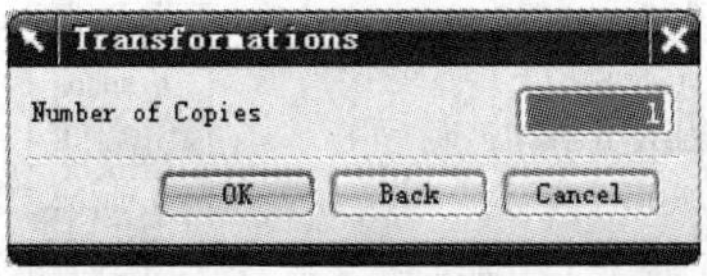

图 2-109 Transformations 对话框（11）

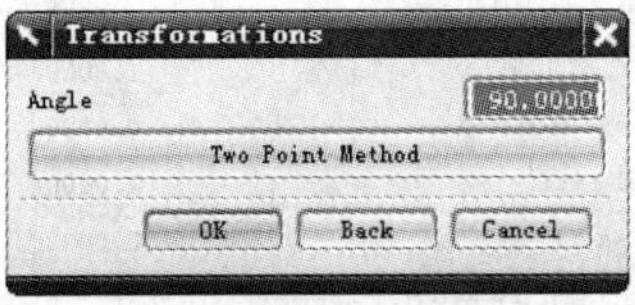

图 2-110 Transformations 对话框（12）

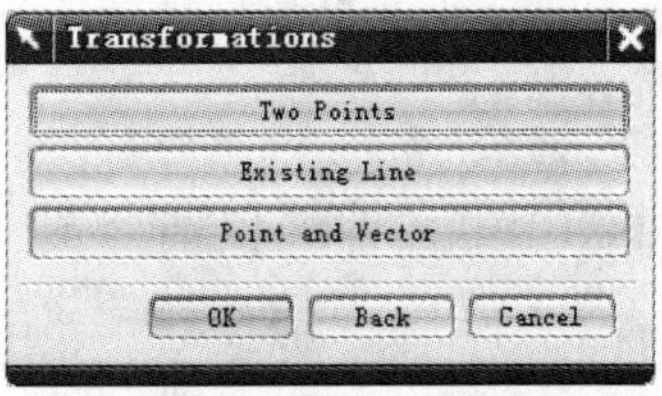

图 2-111 Transformations 对话框（13）

➢ Two Points（两点）：由指定的两点连线作为镜像线。单击 Two Points 按钮，系统弹出 Point 对话框，用来指定两点。先后指定两点后，则进入如图 2-105 所示的 Transformations 对话框，用来设定相关选项（也可以采用默认设置）。设定相关选项后，可对所选对象进行移动和复制等操作。

➢ Existing Line（存在线）：选择一条存在的直线作为镜像线。单击 Existing Line 按钮，系统弹出如图 2-112 所示的 Transformations 对话框，用来选择一条直线。在绘图区选择直线后，则进入如图 2-105 所示的 Transformations 对话框，用来设定相关选项（也可以采用默认设置）。设定相关选项后，可对所选对象进行移动和复制等操作。

➢ Point and Vector（点和矢量）：选择一个点和一个矢量作为镜像参考对象。单击 Point and Vector 按钮，系统弹出 Point 对话框供选择一个参考点，选定点后单击 OK 按钮，系统弹出 Vector 对话框，在视图区域定义一个矢量后单击 OK 按钮，系统返回图 2-105 所示的 Transformations 对话框，用来设定相关选项（也可以采用默认设置）。设定相关选项后，可对所选对象进行移动和复制等操作。

5）Rectangular Array（矩形阵列） 该命令用于对所选对象进行矩形阵列，用指定的参考点和目标点的距离作为平移距离及参考点指向目标点的方向作为平移方向来对对象进行阵列操作。单击 Rectangular Array 按钮，系统弹出 Point 对话框，用来指定参考点和目标点，依次指定参考点和目标点后，进入如图 2-113 所示的 Transformations 对话框，用来设定矩形阵列的参数。设定好参数后单击 OK 按钮，系统返回图 2-105 所示的 Transformations 对话框，用来设定相关选项（也可以采用默认设置）。设定相关选项后，可对所选对象进行移动和复制等操作。

图 2-113 所示 Transformations 对话框中各参数的意义如下。

➢ DXC（列间距）：与 XC 轴成 Array Angle 角度方向的间距。

➢ DYC（行间距）：与 YC 轴成 Array Angle 角度方向（或与列垂直方向）的间距。

➢ Array Angle（阵列角度）：阵列的行与 XC 轴的夹角（逆时针方向为正）。

➢ Columns（X）（列数）：阵列对象的列数。

➢ Rows（Y）（行数）：阵列对象的行数。

6）Circular Array（圆形阵列） 该命令用于对所选择的对象进行环形阵列。单击 Circular Array 按钮，系统弹出 Point 对话框，用来指定参考点和目标点，依次指定参考点和目标点后，进入如图 2-105 所示的 Transformations 对话框，用来设定相关选项（也可以采用默认设置）。设定相关选项后，可对所选对象进行移动和复制等操作。图 2-114 所示 Transformations 对话框中各项参数的意义如下。

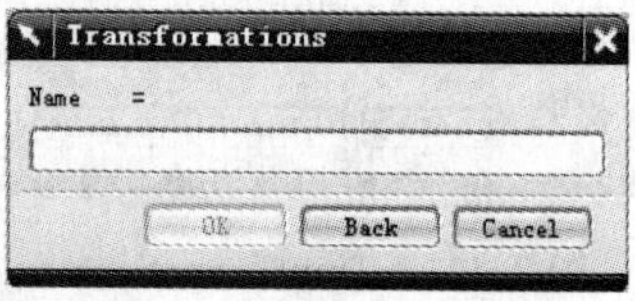

图 2-112 Transformations 对话框（14）

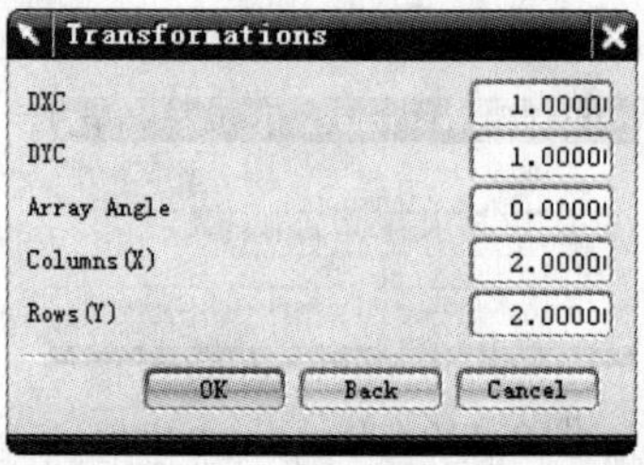

图 2-113 Transformations 对话框（15）

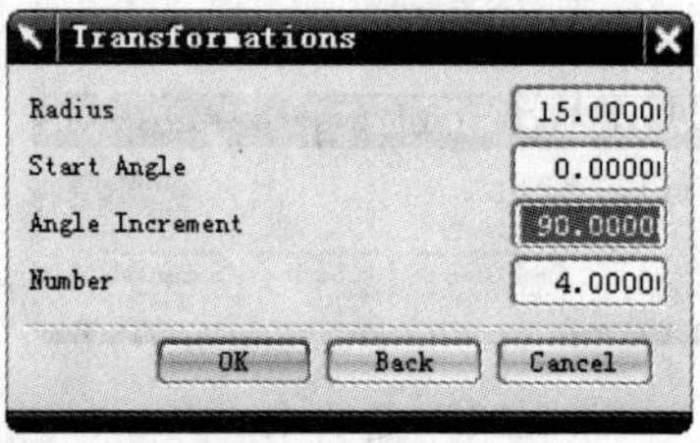

图 2-114 Transformations 对话框（16）

➢ Radius（半径）：环形阵列的半径。

➢ Start Angle（起始角度）：环形阵列的起始角度，为第一阵列对象的中心点和环形阵列的中心点连线与 XC 轴的夹角（逆时针方向为正）。

➢ Angle Increment（角度增量）：相邻阵列对象之间的夹角。

➢ Number（数目）：阵列对象的数目。

7）Rotate About a Line（绕一直线旋转） 该命令用于将选定对象绕一轴线进行旋转

变换。单击 Rotate About a Line 按钮，则进入如图 2-111 所示的 Transformations 对话框，用来选择设定旋转轴线的方式。指定旋转轴线后，则进入如图 2-115 所示的 Transformations 对话框，用来设置旋转角度。在 Angle（角度）输入框中输入旋转角度后，则进入如图 2-105 所示的 Transformations 对话框，用来设定相关选项（也可以采用默认设置）。设定相关选项后，可对所选对象进行移动和复制等操作。

8）Mirror Through a Plane（通过一平面镜像）　该命令用于将选择的对象相对于指定的参考平面进行镜像。单击 Mirror Through a Plane 按钮，系统弹出 Plane 对话框，用来设定镜像平面（注意此时所设定的平面为临时平面）。设定完镜像平面后，则进入如图 2-105 所示的 Transformations 对话框，用来设定相关选项（也可以采用默认设置）。设定相关选项后，可对所选对象进行移动和复制等操作。

9）Reposition（重定位）　该命令用于将选择的对象或其复制件由其在参考坐标系中的原始位置移至目标坐标系中，且保持对象在两坐标系中的相对方位不变。单击 Reposition 按钮，系统弹出 CSYS 对话框，先后用来构造参考坐标系和目标坐标系，构造完目标坐标系后单击 OK 按钮，则进入如图 2-105 所示的 Transformations 对话框，用来设定相关选项（也可以采用默认设置）。设定相关选项后，可对所选对象进行移动和复制等操作。

10）Rotate Between Two Axes（在两轴之间旋转）　该命令使所选对象绕一参考点由一参考轴向一目标轴旋转一定角度，旋转的平面为两轴线所构成的平面，旋转的轴线为过参考点与旋转平面垂直的方向。单击 Rotate Between Two Axes 按钮，系统弹出 Point 对话框，用来指定参考点。指定完参考点后，系统弹出 Vector 对话框，用来构造参考轴。构造完参考轴后单击 OK 按钮，接着构造目标轴，构造完目标轴后单击 OK 按钮，进入如图 2-116 所示的 Transformations 对话框，用来输入旋转角度。在 Minor Angle 输入框中输入旋转角度后单击 OK 按钮，则进入如图 2-105 所示的 Transformations 对话框，用来设定相关选项（也可以采用默认设置）。设定相关选项后，可对所选对象进行移动和复制等操作。

11）Point Fit（点拟合）　该命令用于将选择的对象由一组参考点变换至相应的一组目标点（两组点要一一对应），实现对选择对象的比例变换、重定位或修剪。单击 Point Fit 按钮，进入如图 2-117 所示的 Transformations 对话框，用来选择点拟合方式。单击 3-Point Fit（3 点拟合）按钮，系统弹出 Point 对话框，依次指定 3 个参考点及 3 个相应的目标点；单击 4-Point Fit（4 点拟合）按钮，系统弹出 Point 对话框，依次指定 4 个参考点及 4 个相应的目标点。指定完所有参考点及相应的目标点后单击 OK 按钮，则进入如图 2-105 所示的 Transformations 对话框，用来设定相关选项（也可以采用默认设置）。设定相关选项后，可对所选对象进行移动和复制等操作。

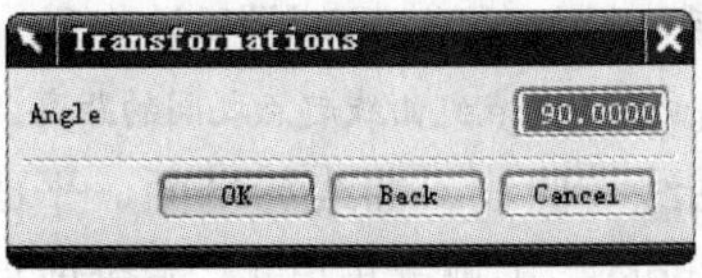

图 2-115　Transformations 对话框（17）

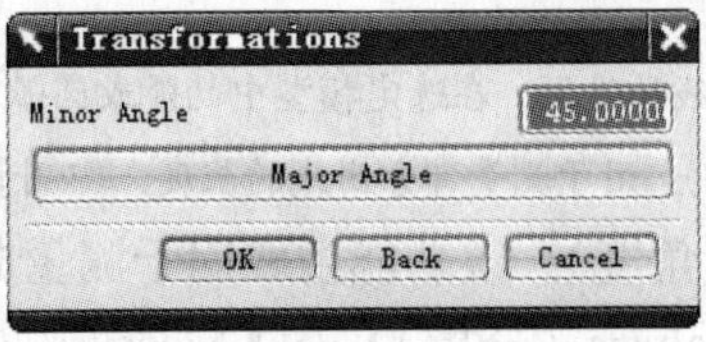

图 2-116　Transformations 对话框（18）

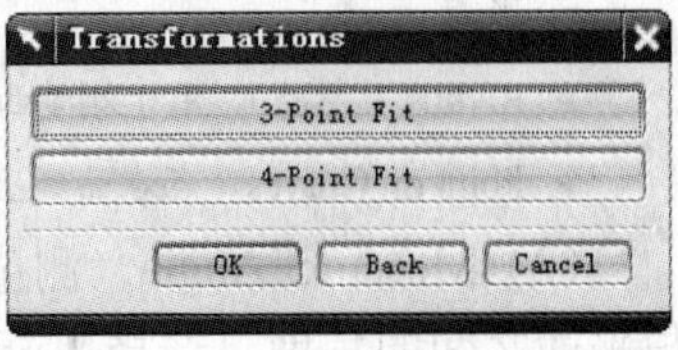

图 2-117　Transformations 对话框（19）

12）Incremental Dynamics（增量动态编辑） 该命令用于将选定对象进行平移、比例、旋转等变换的任意组合来变换对象。单击Incremental Dynamics按钮，系统返回图 2-105 所示的 Transformations 对话框，用来设定相关选项（也可以采用默认设置）。设定相关选项后，可对所选对象进行移动和复制等操作。随之进入如图 2-118 所示的 Dynamic Transformations（动态变换）对话框，可先后从中选择相应的一种或几种变换类型来对对象进行变换。在完成每一次简单变换并确认后，需单击 Back 按钮才能返回图 2-118 中，再选择另一种变换类型进行操作，直至完成所有变换操作。在变换过程中若不单击Update Model（更新模型）按钮，则不会生成新对象。当对所作变换结果预览后，若满意，可以单击Update Model按钮生成新对象，否则可单击Undo Last Transformation（撤销上一次变换）按钮来取消本次 Incremental Dynamics 复合变换操作中的前一次变换，或单击Undo All Transformations（撤销所有变换）按钮来取消本次 Incremental Dynamics 复合变换操作中的所有变换。

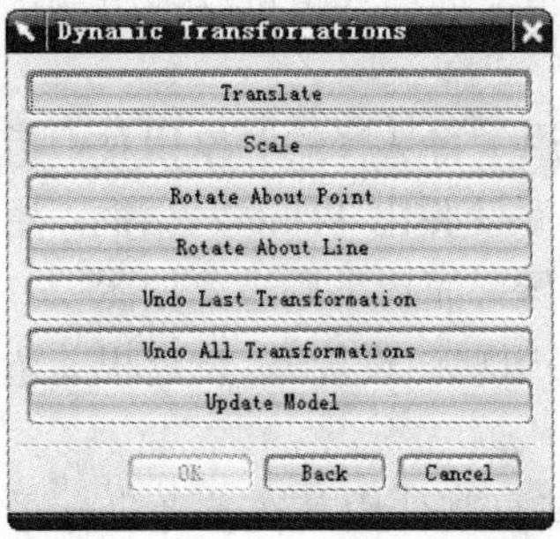

图 2-118 Dynamic Transformations 对话框

5. 对象的几何计算和物理分析

在 UG NX 8.0 的操作过程中，用户可以对所建立的模型进行几何计算和物理分析，并对生成的实体模型相关信息进行查询。

1）对象的几何计算 UG NX 8.0 的几何分析菜单提供了对象的 Distance（距离）、Angle（角度）、Minimum Radius（最小半径）、Geometric Properties（几何特征）、Section Inertia（截面惯性）、Simple Interference（简单干涉）和 Units（单位）等信息的分析，如图 2-119 所示。下面对最常用的几个分析工具进行简要说明。

（1）Measure Distance（测量距离）：该功能主要用于测量点与点、点与线、点与面之间的距离。选择【Analysis（分析）】→【Measure Distance…（分析）】命令或单击工具栏上的按钮，系统弹出如图 2-120 所示的 Measure Distance 对话框，主要可以对以下几种类型进行距离测量。

- Distance（距离）：用于直接测量所指定两点以获得两点之间的直线距离。
- Projected Distance（投影距离）：用于测量所选两点之间在指定矢量方向上的投影距离，使用时需先定义矢量方向。
- Screen Distance（屏幕距离）：用于测量将指定的两点在当前屏幕所在的观察平面上投影后的距离。
- Length（长度）：用于测量曲线的长度。在指定模型中的边线后，自动测量其相切的整个串连图形的长度。
- Radius（半径）：用于测量曲线的半径。在选定模型中的弧或圆弧后，自动测量所选弧或圆弧的半径。
- Point on Curves（点在曲线上）：用于测量部分曲线的长度，即测量曲线上一点到曲线起点之间的距离。

（2）Measure Angle（测量角度）：该功能主要用于测量曲线与曲线、曲线与平面、平面与平面之间的角度。选择【Analysis（分析）】→【Measure Angle…（测量角度）】命令或单击工具栏上的按钮，系统弹出如图 2-121 所示的 Measure Angle 对话框，主要可以对以下几种类型进行角度测量。

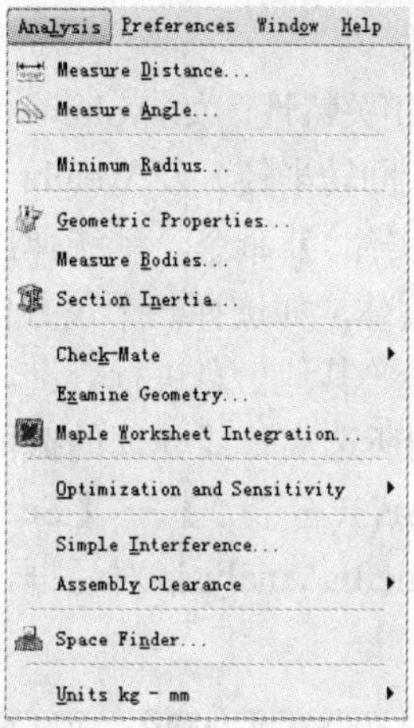

图 2-119　Analysis 菜单

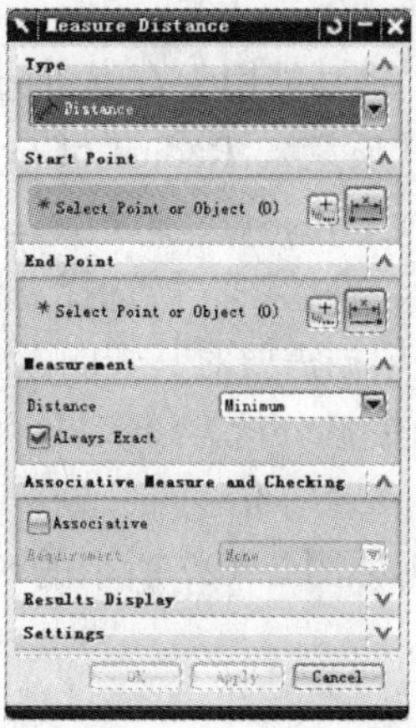

图 2-120　Measure Distance 对话框

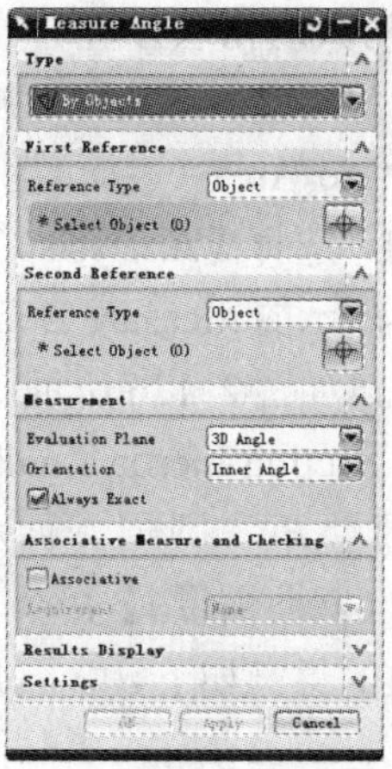

图 2-121　Measure Angle 对话框

➢ By Objects（按对象）：用于测量所选对象之间的夹角，如果选择的对象中有曲线，则以曲线起点处的切向为测量依据。

➢ By 3 Points（按 3 点）：用于测量使用 3 点方式来分析的角度，第一点为角的顶点，第二点为基线的终点，第三点为量角器的终点。

➢ By Screen Points（按屏幕点）：用于测量根据模型在当前屏幕中的方向来定义的角度，第一点为测量角的顶点，第二点为基线的终点，第三点为量角器的终点。

（3）Minimum Radius（最小半径）：该功能用于测量曲线或曲面的最小半径（特别是在数控加工时，可根据曲面的最小半径来选择最小刀具半径）。选择【Analysis（分析）】→【Minimum Radius...（最小半径）】命令，系统弹出如图 2-122 所示的 Minimum Radius 对话框，进行最小半径查询，当勾选 Create Points at Minima（在最小半径处创建点）复选框时，将在最小半径处生成一个点，并用实心锥形箭头标注显示。

（4）Geometric Properties（几何属性）：该功能用于查询所选点的几何属性。选择【Analysis（分析）】→【Geometric Properties...（几何属性）】命令，系统弹出如图 2-123 所示的 Geometric Properties 对话框，在绘图区域选择需查询的点，则在该对话框中将对该点的相关属性进行显示，并且系统将同时弹出 Information 窗口来显示该点的相关属性，如图 2-124 所示。

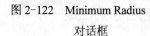

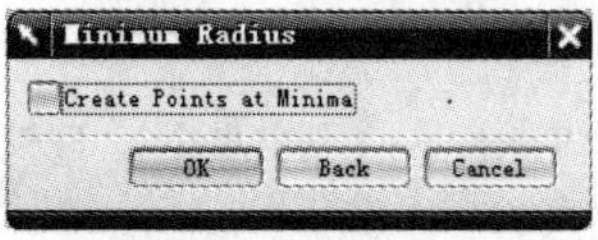

图 2-122　Minimum Radius 对话框

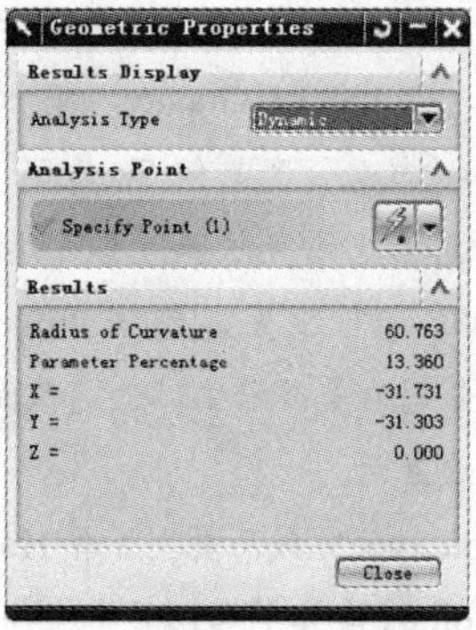

图 2-123　Geometric Properties 对话框

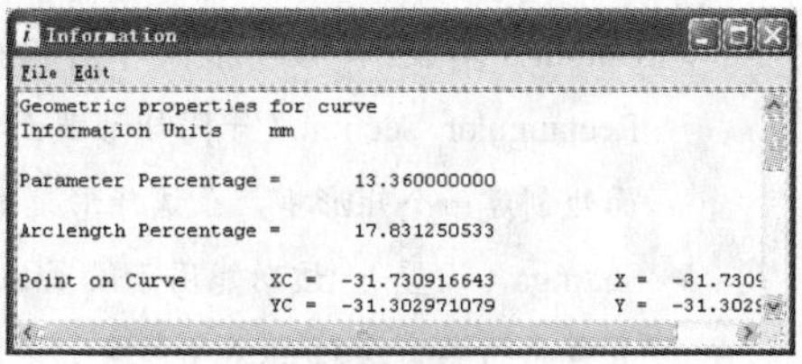

图 2-124　Information 窗口

2）对象的物理分析

（1）Measure Bodies（测量实体）：该功能用于查询所选实体的相关特性，如 Volume（体积）、Surface Area（表面面积）、Mass（质量）、Radius of Gyration（回转半径）及 Weight（重量）查询。选择【Analysis（分析）】→【Measure Bodies…（测量实体）】命令，系统弹出如图 2-125 所示的 Measure Bodies 对话框，在绘图区域选择需查询的实体，如选择一个正方体，其显示信息如图 2-126 所示，用户还可根据需要对其表面面积、重量等其他信息进行查询。

（2）Section Inertia Analysis（截面惯量分析）：该功能用于查询所选实体或壳体的截面惯量，如惯性矩、圆周、面积和重心位置等信息。选择【Analysis（分析）】→【Section Inertia…（截面惯量）】命令，系统弹出如图 2-127 所示的 Section Inertia Analysis 对话框，其主要参数的意义如下。

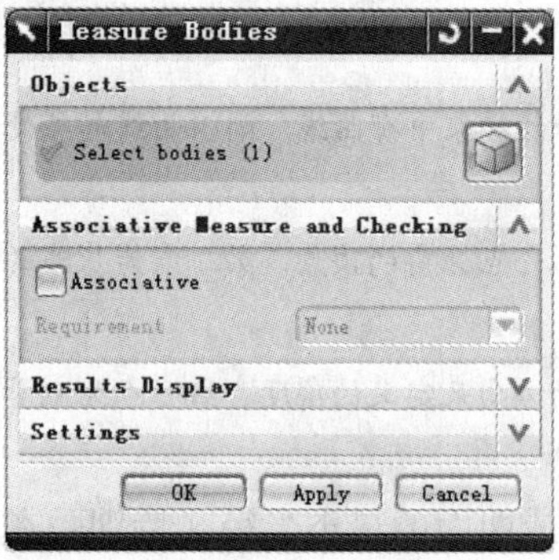

图 2-125　Measure Bodies 对话框

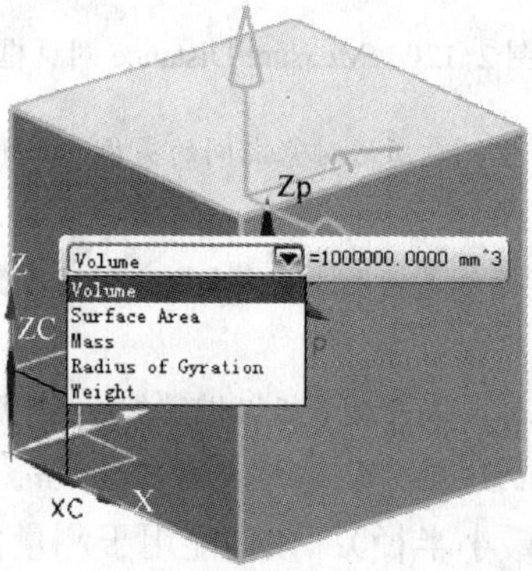

图 2-126　正方体的相关属性

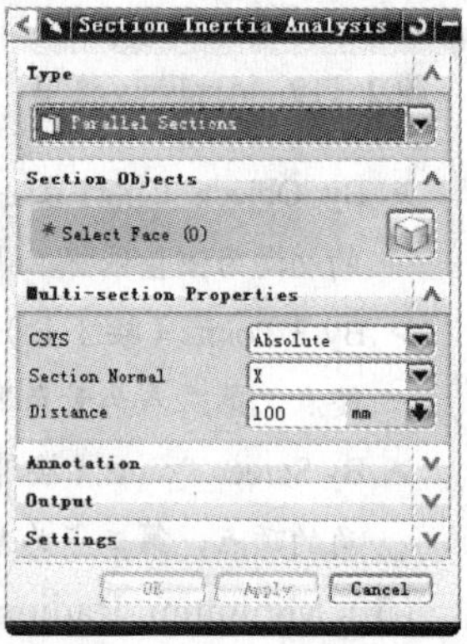

图 2-127　Section Inertia Analysis 对话框

➢ Type（类型）：该功能用于设定预分析特征的类型，主要有以下几种。

Parallel Sections（平行截面）：选定一组平行的截面，并可在其法线方向上设定一个间距，则生成一组间距相等的平行截面，系统将根据这些截面计算截面的物理属性。

Sections Along Curve（沿曲线截面）：按所选择的曲线和截面特性生成一组截面，每个截面的法向和曲线与截面交点处的切线方向相重合。

Existing Section（存在截面）：按照选定的平面内一条曲线所围成的截面计算截面的物理属性。

➢ Section Objects（截面对象）：该功能用于选择需进行截面惯量分析的截面。

➢ Annotation（注释）：该功能用于设置如 Center of Gravity（重心）、Second Principle Moments of Inertia（第二主惯性矩）、Section Length（截面长度）和 Section Area（截面面积）的计算信息是否显示，另外还通过 Annotation Layer（注释层）设置注释信息所存放的层数。

➢ Output（输出）：该功能用于对输出信息进行设置，包括 Principle Axes（主轴）和 Equivalent Rectangular Section（等同矩形截面），分别为是否沿主轴创建截面并计算截面物理属性和是否在截面处创建一个矩形框，且该矩形框用虚线显示。

➢ Settings（设置）：该功能用于设置 Section Type（截面类型）和 Hollow Thickness（抽空厚度），即设置截面的类型是 Hollow（中空）还是 Solid（实体）和设置中空体的壳壁厚。

在绘图区域选择需查询的实体，如选择一个正方体，其显示信息如图 2-128 所示，用户还可根据需要对其表面面积、重量等其他信息进行查询。

3）对象的单位设定　在 UG NX 8.0 中，可对实体模型的单位进行设置。选择【Analysis（分析）】→【Units kg-mm...（单位，千克-毫米）】命令，得到如图 2-129 所示下拉菜单，在该菜单中可以设置几何计算和物理分析时显示信息的单位，如选择 kg-m（千克-米），则系统将当前数值单位设置为千克-米。另外还有以下几个主要参数。

- Custom（定制）：通过该功能用户可以按单位管理器中设置的单位状态来设置系统当前的数值单位。
- Units Converter（单位转换器）：通过该功能用户可将现有单位按行业需要进行数值转换，如图 2-130 所示。

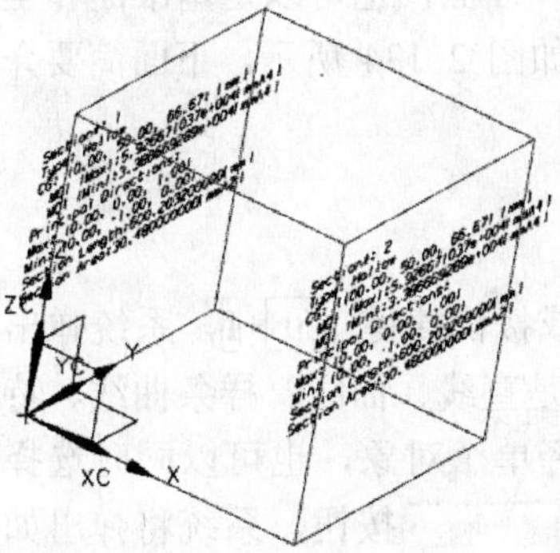

图 2-128　正方体的截面惯量计算结果

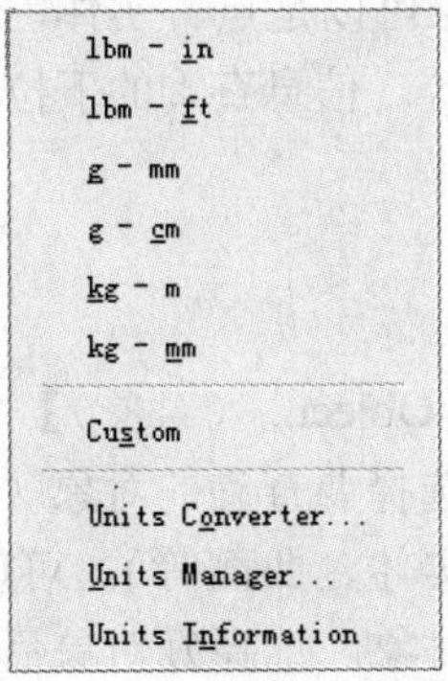

图 2-129　Units 下拉菜单

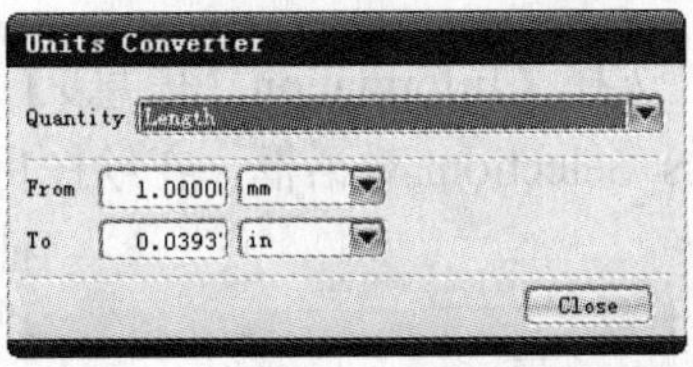

图 2-130　Units Converter 对话框

- Units Manager（单位管理器）：该功能用于对系统内的现有单位进行管理，如图 2-131 所示，每一个测量单位都有相应的 Description（描述），另外用户也可以通过窗口中的 New Unit 按钮创建一个新的测量单位，但不可对系统默认给出的单位进行删除和修改。
- Units Information（单位信息）：该功能用于查询由当前单位所产生的一系列其他变量的数值单位，如图 2-132 所示，如 Area（面积）和 Volume（体积）的单位分别为 SquareMilliMeter（平方毫米）和 CubicMilliMeter（立方毫米）。

4）对象干涉检查　对象干涉检查用于对绘图区内两个对象之间的干涉情况进行检查，在模具设计模块中的作用非常大，可通过该功能来分析模具是否能进行分模操作，若有干涉，则系统高亮度显示干涉部分。选择【Analysis（分析）】→【Simple Interference...（简单干涉）】命令，系统弹出如图 2-133 所示的 Simple Interference 对话框，在绘图区域选择需进行干涉查询的两实体即可。

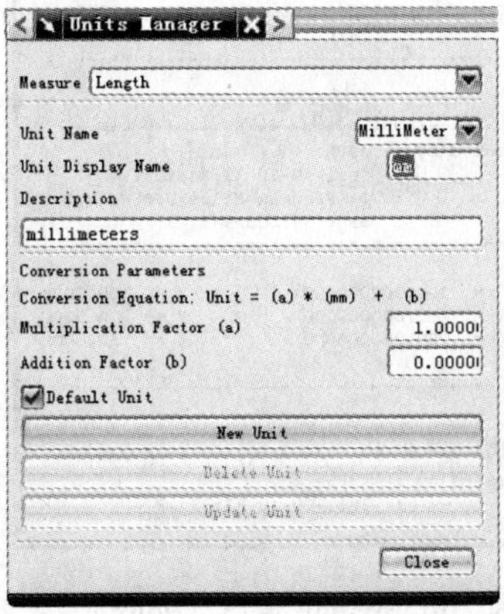

图 2-131　Units Manager 对话框

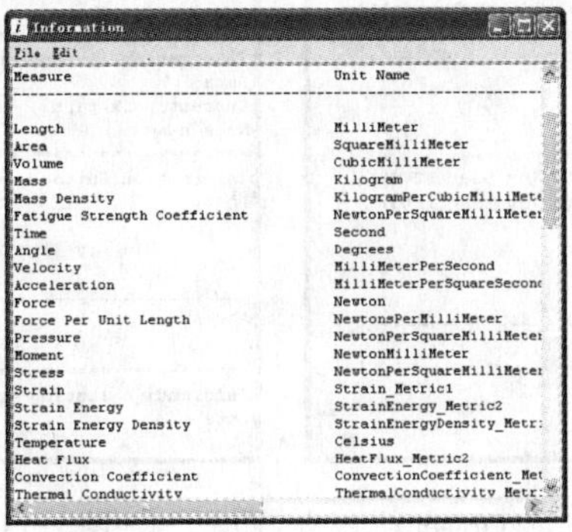

图 2-132　Units Information 窗口

图 2-133　Simple Interference 对话框

2.5 对象的信息查询

信息查询主要用于查询几何对象和零件的信息，查询内容主要包括对象的属性（包括名称、图层、颜色和线型等）。查询对象可以是点、实体、曲线和曲面，也可以是基准面和坐标系，还可以是部件、装配和表达式等。信息查询的下拉菜单如图 2-134 所示，下面简要介绍几种常用的查询方式。

1. 对象信息

选择【Information（信息）】→【Object...（对象）】命令或按快捷键 Ctrl+I，系统弹出 Class Selection 对话框，在绘图区域选择要查询的对象（可以是直线、曲线、样条曲线、特征、实体、曲面等），可以选择单个对象，也可以同时选择多个对象，选择好对象后单击 OK 按钮，系统将弹出如图 2-135 所示的 Information 窗口，信息主要包括对象所在的层、对象的类型、对象的几何参数、对象在工作坐标系和绝对坐标系中的坐标及对象间的依赖关系等。

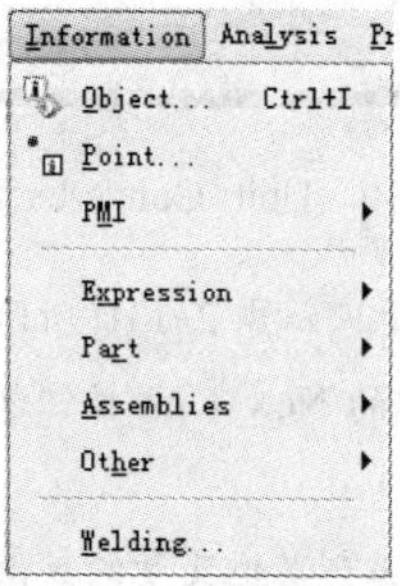

图 2-134 Information 下拉菜单

2. 点信息

选择【Information（信息）】→【Point...（点）】命令，系统弹出 Point 对话框，通过 Point 对话框选择需要查询信息的点，可以同时选择多个点，选择好后单击 OK 按钮，系统将弹出如图 2-136 所示的 Information 窗口，信息包括所选点在工作坐标系和绝对坐标系中的坐标。

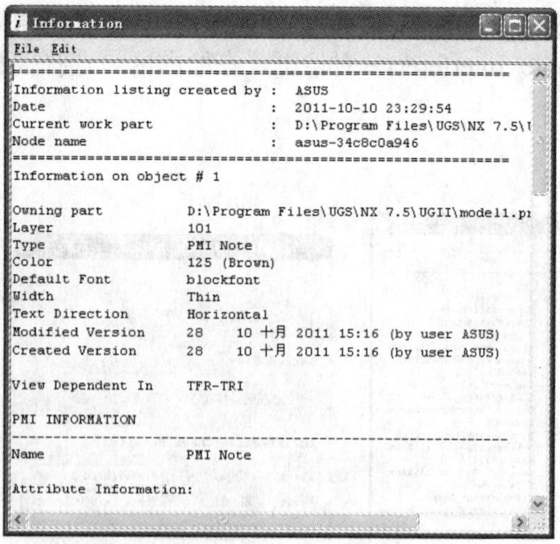

图 2-135 Information 窗口（Object）

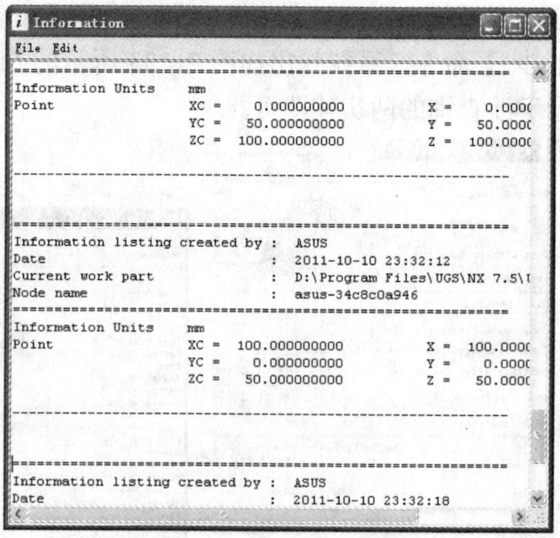

图 2-136 Information 窗口（Point）

3. 表达式信息

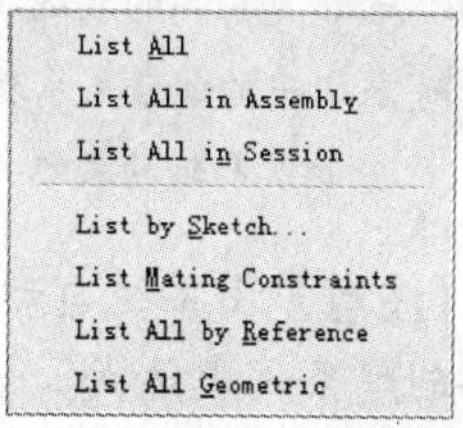

图2-137　Information级联菜单

选择【Information（信息）】→【Expression...（表达式）】命令，系统弹出如图2-137所示的Information级联菜单，从中选择表达式查询方式。主要有以下几种方式：List All（全部列出）、List All in Assembly（列出所有在装配中的）、List All in Session（列出所有在本作业中的）、List by Sketch（根据草图列出）、List Mating Constraints（列出配对约束）、List All by Reference（根据参考列出所有）、List All Geometric（列出所有几何）。

另外，还可采用同样的方法来查询Part（部件）、Assembly（装配件）、Layer（图层）、View（布局）等信息。

2.6　表达式

表达式是UG NX 8.0软件参数化设计的重要工具，是系统建立的数学表达式或条件表达式，可以在多个模块中使用。灵活地使用表达式辅助创建模型会达到事半功倍的效果，也是进行模型参数化设计的基本条件。通过表达式，不但可以控制部件中特征与特征之间、对象与对象之间、特征与对象之间的相互关系，而且可以控制装配中部件与部件之间的尺寸和位置关系。

1. 表达式概述

表达式是对模型的特征进行定义的运算和条件语句，可以通过表达式定义字符串，通过编辑公式编辑参数模型。表达式由两部分组成，即变量名和组成表达式的字符串，分别位于等式的左边和右边，表达式字符串经计算后将值赋于等式左边的变量。在UG NX 8.0软件中，系统规定表达式的变量名是由字母和数字组成的字符串，其字长度不超过32个字符，且变量名必须以字母开始，可包括下画线"_"，变量与字母大小写无关，但要注意，由于该软件中自带一个内部函数库，所以定义的变量名不能与内部函数名相同，如sin、cos等。在表达式中，字符串可以进行数学运算，如加、减、乘、除，其优先级关系与数学中的优先级关系一致。另外，用户还可以根据需要对表达式进行解释，即在表达式与注释内容之间用"//"隔开。

如前所述，用户可以根据设计需要创建属于自己的表达式，另外，当用户执行相关操作时系统会自动创建系统表达式，表达式的格式为"p+数字"，如p21。系统表达式是在用户操作过程中自动创建的，主要包括以下几种类型。

- 草图尺寸标注表达式：系统自动为草图中的每个标注尺寸创建表达式，如圆弧半径表达式。
- 特征或草图定位表达式：系统自动为每个特征或草图定位创建一个表达式，如两实体之间的位置关系表达式。
- 特征创建表达式：系统自动为特征参数创建表达式，如对于一个长方体来说，系统自动定义长方体长、宽、高的表达式。

- 装配中的配合关系表达式：系统自动为装配体中部件与部件之间的配合关系创建表达式，如装配体中的键和轴的装配关系表达式。

〖注意〗由系统自动创建的表达式皆为简单的算术表达式，另外，用户还可以根据实际需要创建条件表达式，如

IF (LENGTH>=10) LENGTH=WIDTH
ELSE LENGTH=2WIDTH

2．表达式对话框

如前所述，由于系统自动创建的表达式皆为简单的算术表达式，这种表达式使用起来非常受限制，所以在可能的情况下，建议用户建立自己熟悉的表达式，也可对系统建立的表达式进行更名。选择【Tool（工具）】→【Expression...（表达式）】命令，或按快捷键Ctrl+E，系统弹出如图2-138所示的Expressions对话框，其主要参数的意义如下。

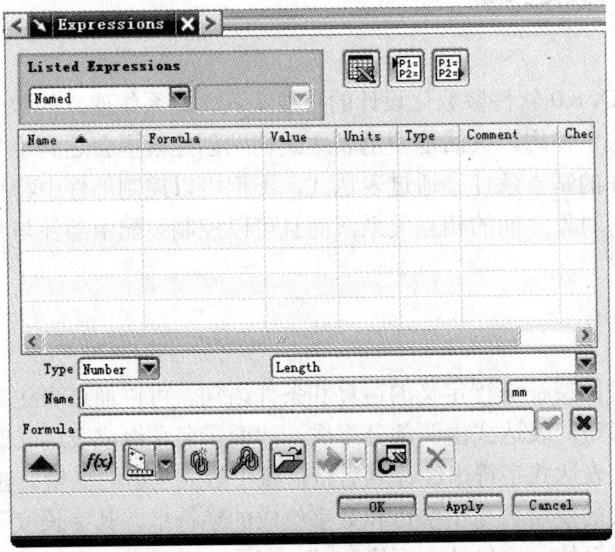

图2-138 Expressions对话框

- Listed Expressions（所述表达式）：该功能用于将视图中的实体模型的表达式显示出来，用户可根据需要按Name（名称）、Filter by Name（通过名称过滤）、Filter by Value（通过值过滤）、Filter by Formula（通过公式过滤）、Filter by Type（通过类型过滤）、Measurements（测量值）、All（所有）等方式将表达式罗列出来。
- Spreadsheet Edit（工作簿编辑）：该功能用于将表达式的内容显示在Office软件中的Excel表格里，用户可以在Excel表格中对表达式进行编辑，编辑完并确定后，视图内的实体模型根据编辑后的内容自动更新。
- Import Expressions from File（从文件导入表达式）：该功能用于将用户事先编辑好的表达式导入到当前部件实体中使用，导入后，视图里自动生成相应的实体模型，导入的文件的扩展名为.exp.
- Export Expressions to File（将表达式导出至文件）：该功能用于将用户编辑好的和系统自动创建

部件中的所有表达式导出到一个指定的文件中保存，在后续进行类似的建模操作时，可直接将这些文件导入到软件中重复使用，导出的文件的扩展名为.exp。

3. 表达式相关操作

1）建立表达式　用户建立表达式时，可按如下步骤进行。

（1）选择【Tool（工具）】→【Expression…（表达式）】命令，或按快捷键 Ctrl+E，系统弹出如图 2-138 所示的对话框。

（2）在 Type（类型）下拉列表中选择表达式的类型，如 Number（数字）、String（字符串）等，再在后面的文本框中选择对应的变量类型，如 Length（长度）、Area（面积）、Volume（体积）和 Mass（质量）等。

（3）在 Name（名称）文本框中输入表达式的名称，如 Block1length，并选择单位。

（4）在 Formula（公式）文本框中输入表达式的形式，即数值或字符串，如 p1+10；另外，也可以单击 f(x) 按钮，通过系统内部函数来定义表达式的形式。

（5）单击 OK 按钮，则定义的表达式将在图 2-138 中显示。

2）编辑表达式　在建立了表达式后，用户也可以根据需要对事先定义的表达式进行编辑。

（1）编辑表达式名称：在图 2-138 所示的 Expressions 对话框中，在表达式列表框中找到需要更改名称的表达式，在 Name 文本框中输入新的表达式名称，单击 OK 按钮即可。

（2）编辑表达式公式：在图 2-138 所示的 Expressions 对话框中，在表达式列表框中找到需要进行编辑的表达式，在 Formula 文本框中输入新的表达式，单击 OK 按钮即可。

（3）删除表达式：在图 2-138 所示的 Expressions 对话框中，在表达式列表框中找到需要删除的表达式，单击对话框中的 Delete（删除）按钮，再单击 OK 按钮即可。但若该表达式还在被引用，则该表达式不能被删除。

2.7　思考与练习

（1）常用的建模辅助工具有哪些？

（2）试简述图层在产品设计中的作用，并熟练掌握。

（3）打开某个实例文件（可从 http://yydz./phei.com.cn 上下载），体会 UG NX 8.0 的可视化功能。

（4）UG NX 8.0 的表达式有何特点？它如何通过表达式实现数据的相关性？

第3章 草 图

在三维实体建模过程中，通常会先绘制二维草图轮廓，再通过对二维草图轮廓进行拉伸、旋转、放样等操作来生成实体模型，本章主要对草图的基本功能、草图绘制的基本流程、草图约束和草图编辑等进行介绍，最后结合实例以加深读者对草图的理解。

3.1 草图概述

草图是组成一个二维成形特征轮廓曲线的集合，是参数化造型的，可用于对平面图形进行尺寸驱动，并用于定义特征的截面形状、尺寸和位置，而由一般平面曲线所绘制的平面图形则不能实现尺寸驱动功能。在 UG NX 8.0 的草图模块中，可以通过尺寸和几何约束来建立设计意图及提供执行参数驱动改变的能力，生成的草图可用于进行拉伸、旋转和扫描等特征。

从设计意图方面考虑使用草图特征主要包括两个方面：当明确知道一个设计意图时，从设计方面考虑在实际部件上的几何需求，包括决定部件细节配置的工程和设计规则；潜在的改变区域，即有一个需求迭代，可以通过许多变动解决方案去验证某一设计意图。

在以下几种场合经常会使用草图特征。

- 如果实体模型的形状本身适合通过拉伸或旋转等操作完成时，草图可以用做一个模型的基础特征。
- 将草图用做扫描特征的引导路径或用做自由形状特征的生成母线。
- 当用户需要通过参数化控制曲线时。
- 从部件到部件尺寸的改变，但改变前后具有共同的形状时，草图可以考虑作为定义特征的一部分。

3.2 草图绘制的基本流程

用户在使用草图特征时，可以考虑按以下基本流程进行操作：为用户所需建模的特征或部件建立其设计意图→按用户公司标准设置所需建立草图的层与目标→检查和修改草图参数的预设置选项→按设计意图建立草图并对其形状进行编辑→按用户的设计意图对尺寸和位置等进行约束→使用草图建立用户所需的模型。

〖注意〗在建立几何约束时最好先固定一个特征点。

1）**建立草图**　选择草图平面；设定草图工作层；对草图进行命名。

2）**建立草图对象**　徒手草绘，在激活平面内建立曲线；添加对象到草图，将非本草图中的草图对象通过相应的命令添加到草图平面。

3）**建立约束** 通过约束功能可以合理地捕捉用户的设计意图，包括几何约束和尺寸约束，即分别对草图轮廓的形状和尺寸进行约束。

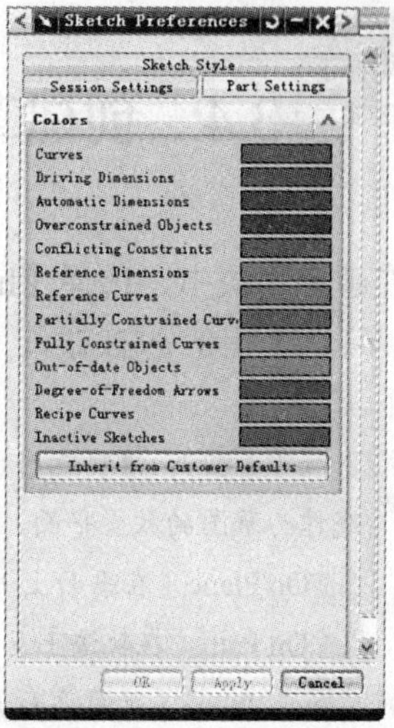

图 3-1 Sketch Preferences 对话框（1）

3.3 草图预设置

在进行草图操作时，先了解一下草图预设置，选择【Preferences（预设置）】→【Sketch...（草图）】命令，系统弹出如图 3-1 所示的 Sketch Preferences（草图预设置选项）对话框，在该对话框中主要可对草图的工作环境与草图环境中的对象显示情况进行设置，其主要选项的意义如下。

- Part Settings（部件设置）：该选项卡主要用于对草图中部件的颜色进行设置，包括 Curves（曲线）、Driving Dimensions（驱动尺寸）、Automatic Dimensions（自动生成尺寸）、Overconstrained Objects（过约束对象的）、Conflicting Constraints（冲突约束）、Reference Dimensions（参考尺寸）、Reference Curves（参考曲线）、Partially Constrained Curves（不完全约束曲线）、Fully Constrained Curves（完全约束）等对象的颜色设置。也可通过单击 Inherit from Customer Defaults（继承用户默认状态）按钮来选择用户事先已经定义并显示在视图窗口中的对象，以使预设置对象的颜色与所选对象的颜色相同。
- Sketch Style（草图样式）：该选项卡主要用于对尺寸标签和文本高度等参数进行设置，如图 3-2 所示。
- Session Settings（其他设置）：该选项卡主要用于对 Snap Angle（捕捉角度）、Task Environment（工作环境）和草图环境的一些名称进行设置，如图 3-3 所示。

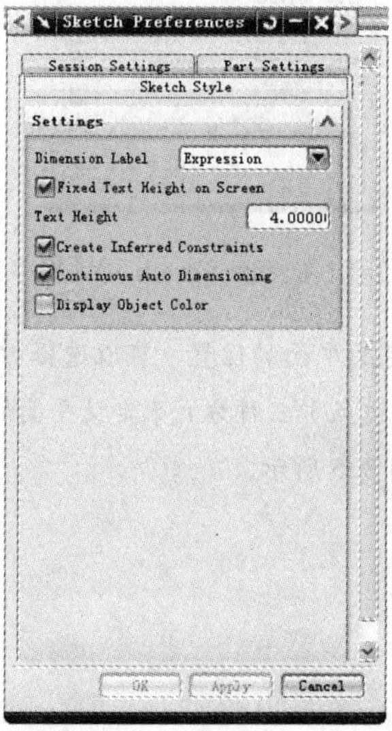

图 3-2 Sketch Preferences 对话框（2）

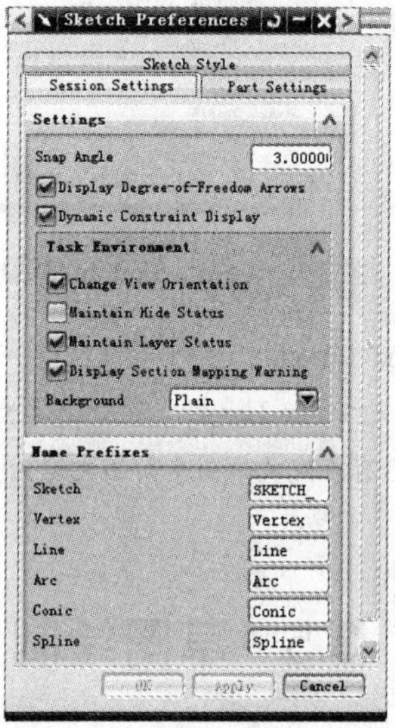

图 3-3 Sketch Preferences 对话框（3）

3.4 创建草图

在建模模块中，选择【Insert（插入）】→【Sketch…（草图）】命令或单击【Direct Sketch（快速草图）】上的按钮，系统弹出如图 3-4 所示的 Create Sketch 对话框，其主要参数的意义如下。

- Type（类型）：该功能用于设置草图的放置平面，也可以直接用鼠标在视图平面内选取一平面或一曲线作为草图的放置平面，主要有以下两种。

  On Plane（在平面上）：用于在一个平面上创建草图工作平面。

  On Path（在轨迹上）：用于在曲线或某一轮廓轨迹上创建草图工作平面。
- Sketch Plane（草图平面）：在选择 On Plane 方式创建草图平面时，可以通过 Existing Plane（存在平面）、Create Plane（创建平面）和 Create Datum CSYS（创建基准坐标系）等方式来创建平面，并可以根据需要单击按钮来更改所创建平面的方向。
- Sketch Orientation（草图方向）：用于对已创建草图平面的 X 轴和 Y 轴方向进行重新设定，设定完成后也可根据需要单击按钮来更改所创建平面的 X 轴和 Y 轴的方向。
- Sketch Origin（草图原点）：用于对已创建的草图平面的坐标原点进行重新设定。
- Path（路径）：用于选择曲线或边，只有在定义草图平面的类型为 On Path 时才出现，如图 3-5 所示。

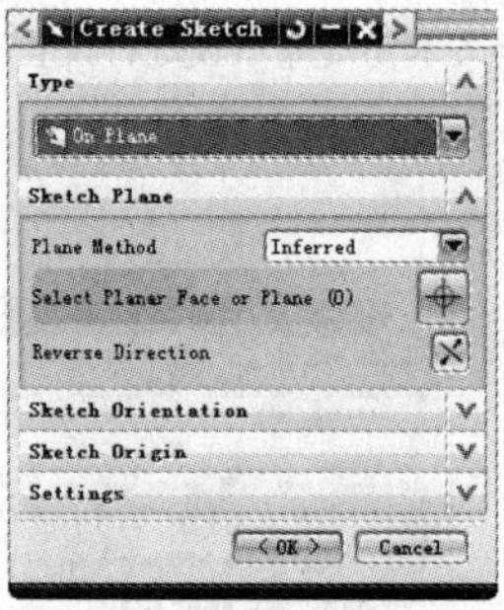

图 3-4 Create Sketch 对话框（1）

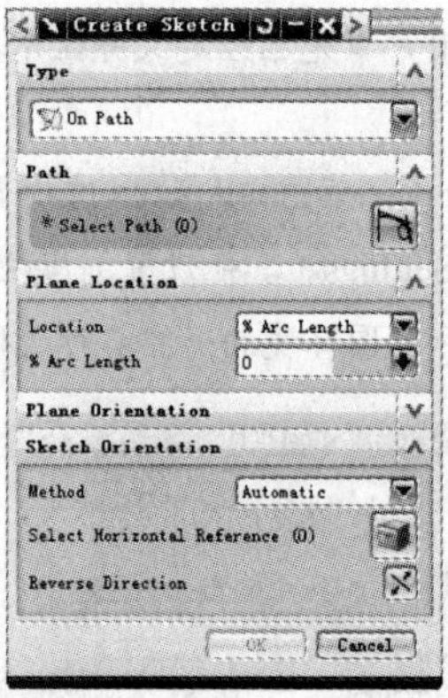

图 3-5 Create Sketch 对话框（2）

- Plane Location（平面位置）：用于在所选的曲线或边上定义平面的位置，可以选择 Arc Length（弧长）、% Arc Length（百分比弧长）和 Through Point（通过点）三种方式来定义平面的位置。该选项也只有在定义草图平面的类型为 On Path 时才出现，如图 3-5 所示。

3.5 草图绘制

在定义好草图创建平面后，进入如图 3-6 所示的草图工作环境，为便于对草图进行操作，单击如图 3-7 所示的 Direct Sketch（快速草图）工具栏中的按钮，进入如图 3-8 所示的草图工作环境。

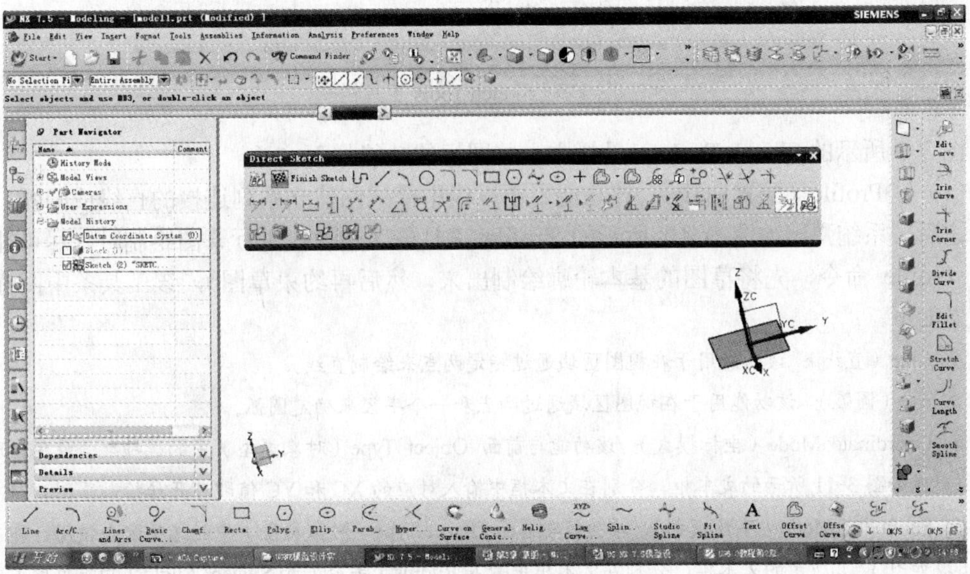

图 3-6　草图工作环境

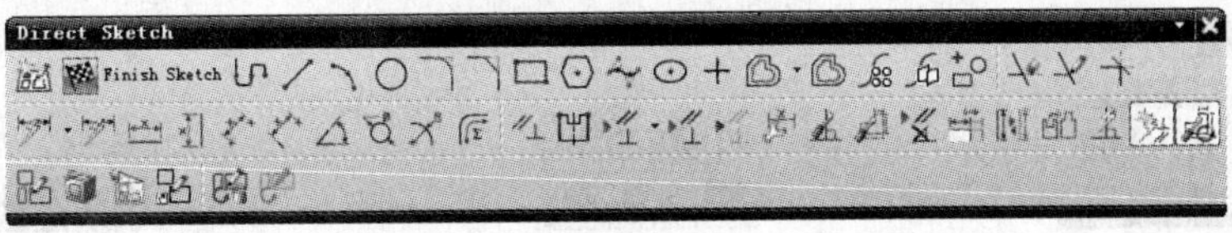

图 3-7　Direct Sketch 工具栏

在图 3-8 所示的草图工作环境下，可选择图 3-9 所示的 Sketch Tools（草图曲线）工具栏上的命令来绘制草图，该工具栏主要包括 Profile（配置曲线）、Line（直线）、Arc（圆弧）和 Circle（圆）等，它们可以生成单个的草图实体，也是复杂草图实体的主要构成元素。

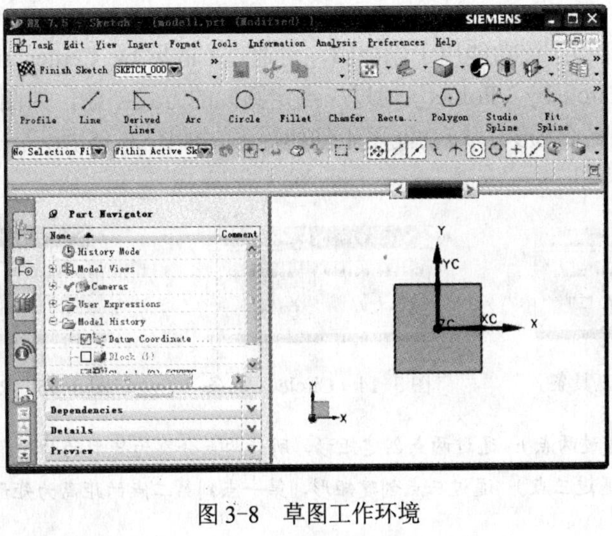

图 3-8　草图工作环境

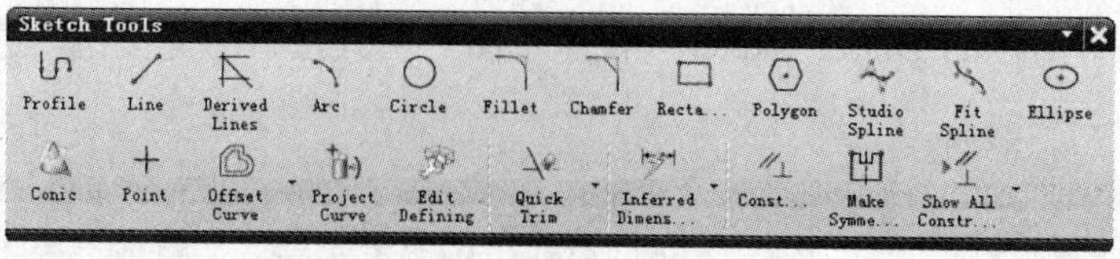

图 3-9 Sketch Tools 工具栏

图 3-9 所示的 Sketch Tools 工具栏中一些图标的功能如下。

（1）Profile（配置曲线）：该功能用于以线串模式创建一系列连接的直线或圆弧。单击该按钮后，系统弹出如图 3-10 所示的 Profile 工具条（建议在进行草图绘制时，尽可能多地使用 Profile 命令，先将草图的基本轮廓绘制出来，然后再约束草图），该工具条中图标的主要意义如下。

Line（直线）：该功能用于在视图区域通过指定两点来绘制直线。

Arc（圆弧）：该功能用于在视图区域通过两点和一个半径来确定圆弧。

XY Coordinate Mode（坐标模式）：该功能与前面 Object Type（对象类型）中的选项配合使用，即在视图区域出现如图 3-11 所示的文本框，分别在文本框中输入对应的 XC 和 YC 值即可开始绘制草图。

Parameter Mode（参数模式）：该功能与前面 Object Type（对象类型）中的选项配合使用，即在视图区域出现如图 3-12 所示的文本框，分别在文本框中输入 Radius（半径）和 Sweep Angle（扫掠角度）即可开始绘制草图。

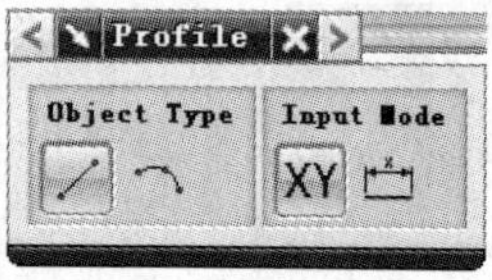

图 3-10 Profile 工具条

图 3-11 Coordinate Mode 输入文本框

图 3-12 Parameter Mode 输入文本框

（2）Line（直线）：该功能通过约束自动判断创建直线，如前所述。

（3）Arc（圆弧）：该功能用于通过约束自动判断创建圆弧，可通过 Arc by 3 Points（三点定圆弧）或 Arc by Center and Endpoints（通过圆心和圆弧终点定圆弧）的方式创建，如图 3-13 所示。

（4）Circle（圆）：该功能用于创建圆，可通过 Circle by Center and Diameter（通过圆心和直径定圆）和 Circle by 3 Points（通过三点定圆）的方式创建，如图 3-14 所示。

（5）Rectangle（矩形）：该功能用于创建矩形，如图 3-15 所示，可以通过以下几种方式来创建。

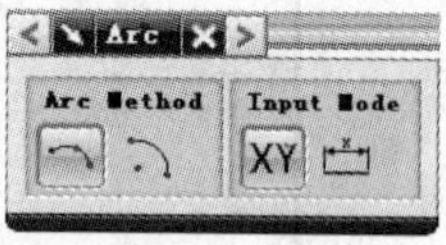

图 3-13 Arc 工具条

图 3-14 Circle 工具条

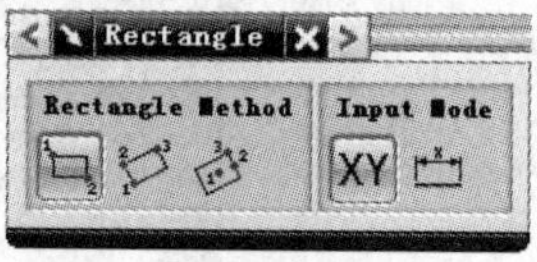

图 3-15 Rectangle 工具条

By 2 Points（通过两点）：通过两点创建矩形，所选两点分别为矩形的两对角点。

By 3 Points（通过三点）：通过三点创建矩形，第一点到第二点的距离为矩形的一条边，第二点到第三点的距离为矩形的另一条边。

From Center（从中心）：通过中心创建矩形，第一点为矩形的中心，第一点到第二点之间的距离为矩形一边边长的一半，第二点到第三点之间的距离为矩形另一边边长的一半。

（6）Polygon（多边形）：该功能用于创建多边形，在 Sketch Tools 工具栏上单击按钮后，系统弹出如图 3-16 所示的 Polygon 对话框，对话框中主要参数的意义如下。

➢ Center Point（中心点）：用于定义多边形的中心，可以通过点构造器来定义。

➢ Sides（边数）：在 Number of Sides（边数）文本框中输入边的数目以定义多边形的边数。

➢ Size（大小）：用于进一步确定多边形的形状，主要选项如下。

✧ Side Length（边长）：通过边长来定义多边形的形状，选择该选项后，可在后面的 Length（边长）和 Rotation（旋转角度）文本框中分别输入多边形的边长和旋转角度。

✧ Inscribe Radius（内切圆半径）：通过多边形的内切圆半径来定义多边形，选择该选项后，可在 Radius（半径）和 Rotation（旋转角度）文本框中输入多边形的内切圆半径和旋转角度。

✧ Circumscribe Radius（外接圆半径）：通过多边形的外接圆半径来定义多边形，选择该选项后，可在 Radius（半径）和 Rotation（旋转角度）文本框中输入多边形的外接圆半径和旋转角度。

（7）Ellipse（椭圆）：该功能用于通过中心点和尺寸定义椭圆，在 Sketch Tools 工具栏上单击按钮后，系统弹出如图 3-17 所示的 Ellipse 对话框，对话框中主要参数的意义如下。

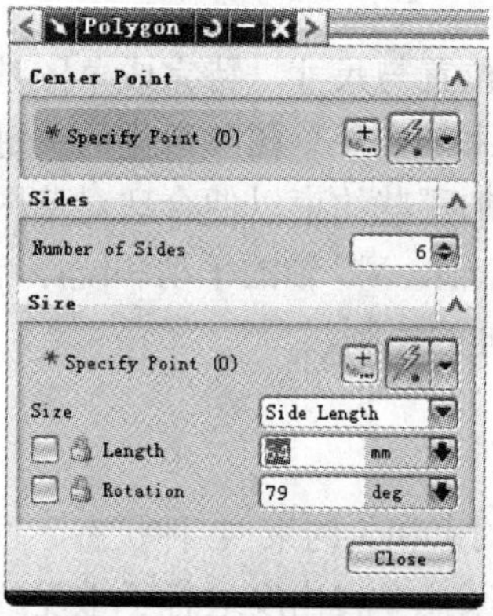

图 3-16 Polygon 对话框

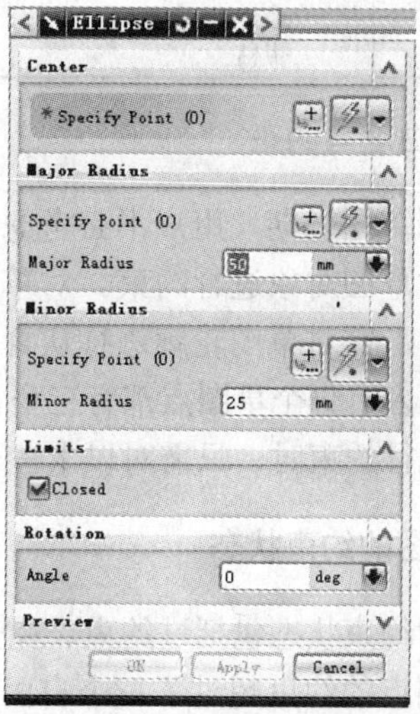

图 3-17 Ellipse 对话框

➢ Center（中心）：用于定义椭圆的中心，可以通过点构造器来指定。

➢ Major Radius（长轴半径）：用于定义长轴半径的长度，可以直接在 Major Radius 文本框中输入数值，也可以通过点构造器定义长轴上的点，此时长轴的半径为圆心到指定点的长度。

➢ Minor Radius（短轴半径）：用于定义短轴半径的长度，可以直接在 Minor Radius 文本框中输入数值，也可以通过点构造器定义短轴上的点，此时短轴的半径为圆心到指定点的长度。

（8）Derived Lines（派生曲线）：该功能用于在两条平行直线之间创建一条与另一直线平行的直线，或在两条相交直线之间创建一条平分线。

3.6 草图约束

1. 草图点

对于每一条曲线，都有相应的点来对其进行控制，在对草图进行约束时，常常需要对其控制点进行相应的约束，如表 3-1 所示，列出几种常见的曲线类型和控制点。

表 3-1 常见的曲线类型和控制点

曲线类型	控制点	曲线类型	控制点
Line（直线）	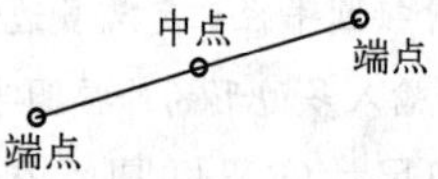	Complete Circle（完全圆）	
Arc（圆弧）	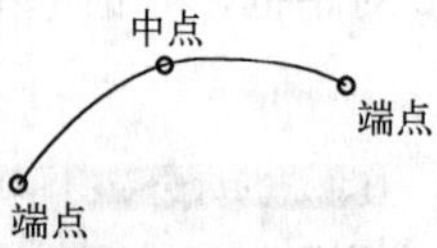	Splines（样条曲线）	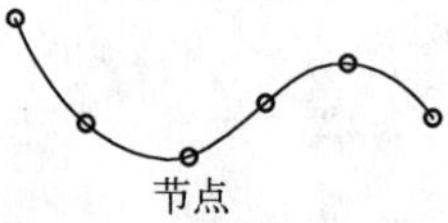

2. 自由度与约束

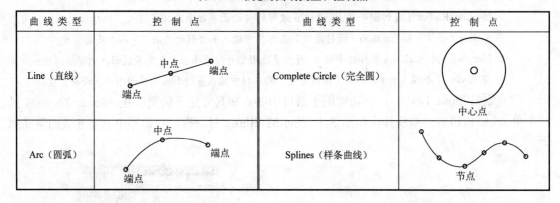

在绘制草图初期，用户不必考虑草图曲线的精确位置与尺寸，待完成草图基本轮廓的绘制后，再对草图对象进行约束。对草图进行合理的约束是实现草图参数化的关键，所以在绘制完草图后，需对草图轮廓进行认真分析，确定应施加哪些约束以便合理对草图进行约束。在草图平面内，每个草图点都有三个自由度，即沿 XC 轴、YC 轴的平动和绕原点的转动，在对控制点进行约束时，只需对以上三个自由度进行合理的控制。

3. 草图的约束状态

草图的约束状态包括过约束、完全约束、不完全约束和欠约束 4 种状态。过约束状态是指对其控制点的约束超过了三个自由度，如对某个或某几个自由度进行了重复约束；完全约束是指对草图的三个自由度都进行了约束；不完全约束是指只对控制点进行了一个自由度或两个自由度约束，但也可获得所需轮廓，即此约束是可行的；欠约束是不可行的，欠约束的对象在平面内处于游离状态。

4. 草图约束

通常情况下，草图约束包括三种类型，即尺寸约束、几何约束和定位约束。

1）尺寸约束 尺寸约束应用于草图对象，主要用于定义草图的大小和草图对象的相对位置。选择【Insert（插入）】→【Dimensions（尺寸）】命令，系统弹出如图 3-18 所示的草图约束下拉菜单，或单击 Sketch Tools 工具栏中的按钮，系统弹出如图 3-19 所示的级联菜单，可对对象进行尺寸约束。

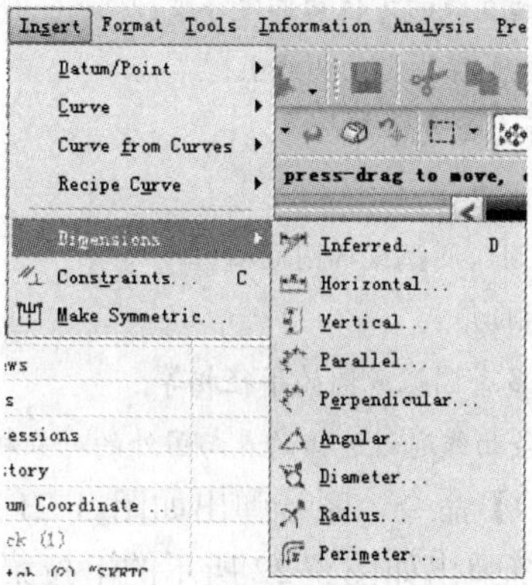

图 3-18 草图约束下拉菜单

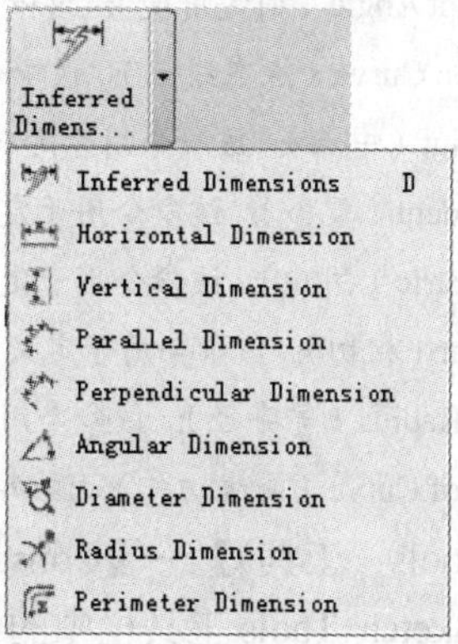

图 3-19 尺寸约束级联菜单

图 3-18 和图 3-19 所示菜单中各图标的意义如下。

Inferred（自动判断）：用于通过选定的对象或光标的位置自动判断尺寸的类型来创建尺寸约束。

Horizontal Dimension（水平尺寸）：用于在两点之间创建水平距离的约束。

Vertical Dimension（竖直尺寸）：用于在两点之间创建竖直距离的约束。

Parallel Dimension（平行尺寸）：用于在两点之间创建平行距离的约束。

Perpendicular Dimension（垂直尺寸）：用于在点和直线之间创建垂直距离的约束。

Angular Dimension（角度尺寸）：用于在两条不平行的直线之间创建角度约束。

Diameter Dimension（直径尺寸）：用于对圆弧或圆创建直径约束。

Radius Dimension（半径尺寸）：用于对圆弧或圆创建半径约束。

Perimeter Dimension（周长尺寸）：用于通过创建周长约束来控制直线或圆弧的长度。

2）几何约束 几何约束应用于草图对象之间、草图对象和曲线之间及草图对象和特征之间，进行草图对象的位置约束，可辅助草图尺寸进行草图位置的约束，如设置对象固定、对象水平、对象相切、对象同心等。对于选择不同的对象，其几何约束情况也不一样。在视图平面内选择需进行几何约束的对象后，选择【Insert（插入）】→【Constraint...（约束）】命令或单击 Sketch Tools 工具栏中的按钮，系统弹出不同的工具栏，如图 3-20 所示为选择两直线后弹出的工具栏。经归纳，几何约束包括以下类型。

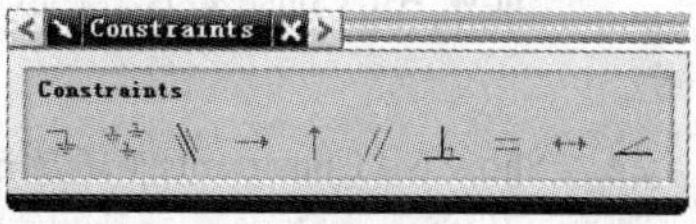

图 3-20 直线与直线约束工具栏

Fixed（固定）：该命令用于将所选草图对象固定在某一位置。对于不同的对象，其固定方法各不一样，对于点来说，点为其所在位置；对于直线来说，直线为角度或端点；对于样条曲线来说，固定其控制点的位置，等等。

Collinear（共线）：该命令用于定义两条或多条直线共线。

Horizontal（水平）：该命令用于定义所选直线为水平线。

Vertical（竖直）：该命令用于定义所选直线为竖直线。

Parallel（平行）：该命令用于定义两条或多条直线相互平行。

Perpendicular（垂直）：该命令用于定义两条或多条直线相互垂直。

Equal Length（等长度）：该命令用于定义两条或多条直线长度相等。

Constant Length（固定长度）：该命令用于定义所选直线的长度固定不变。

Constant Angle（固定角度）：该命令用于定义所选直线的方位角固定不变。

Point on Curve（点在线上）：该命令用于定义所选点在指定的曲线上。

Midpoint（中点）：该命令用于定义所选点位于所选曲线的中点处。

Coincident（重合）：该命令用于定义两个或多个点重合。

Concentric（同心）：该命令用于定义两个或多个圆、圆弧或椭圆同心。

Tangent（相切）：该命令用于定义两个所选对象相切。

Equal Radius（等半径）：该命令用于定义两条或多条圆弧或圆的半径相等。

Slope of Curve（曲线切矢）：该命令用于定义样条曲线通过选择的点与另外的对象相切。

选择【Tools（工具）】→【Constraints（约束）】命令，系统弹出如图 3-21 所示的级联菜单，或单击 Sketch Tools 工具栏中的按钮，系统弹出如图 3-22 所示的下拉菜单，其中主要图标的意义如下。

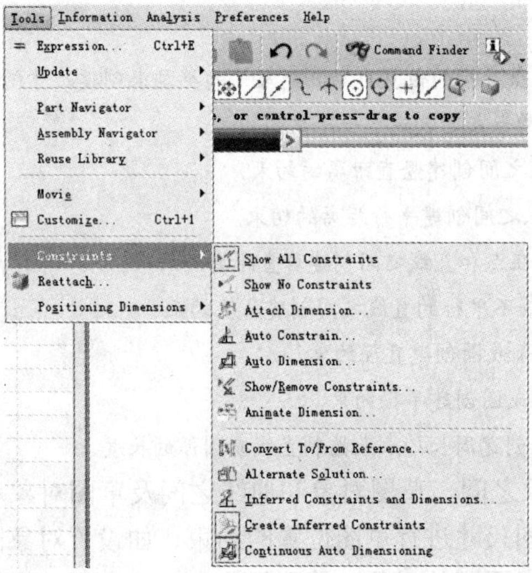

图 3-21 Constraints 级联菜单

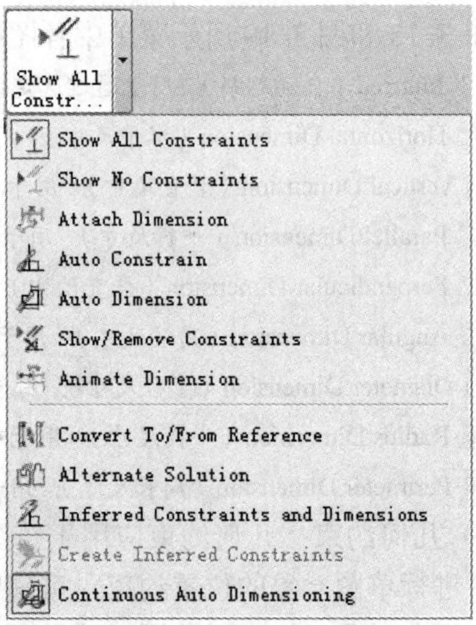

图 3-22 Constraints 下拉菜单

Show All Constraints（显示所有约束）：该命令用于在草图中将具有约束关系的对象全部显示其约束符号。

Show No Constraints（不显示约束）：该命令用于在草图中不显示对象的约束关系。

Attach Dimension（附加尺寸）：该命令用于将草图对象中的某个尺寸附加到另一个对象的尺寸中，当二者中的某个尺寸变化时，另一个尺寸也将发生变化。

Auto Constrain（自动约束）：用于按用户设定的几何约束类型，系统自动根据草图对象之间的几何关系将相应的几何约束添加到草图对象中。单击该按钮后系统弹出如图 3-23 所示的 Auto Constrain 对话框，对所选对象自动创建约束，其各项参数的意义如下。

- Curves to Constrain（要约束的曲线）：该选项用于选择需进行自动约束的曲线，当选择 Auto Constrain 后，系统默认对所有的曲线都进行自动约束。
- Constraints to Apply（要应用的约束）：该选项用于设置要自动创建的约束类型，也可通过单击 Set All 或 Clear All 按钮将约束类型全部选择或全部清除。

➢ Settings（设置）：该选项用于对应用距离约束、距离公差和角度公差进行约束。

✧ Apply Remote Constraints（应用距离约束）：该功能用于对两条不相接触的曲线自动创建约束，曲线之间的距离和角度比较小于所设置的距离公差和角度公差。

✧ Distance Tolerance（距离公差）：该功能用于标识能够应用距离约束关系的曲线之间的距离范围。

✧ Angle Tolerance（角度公差）：该功能用于标识能够应用水平、竖直、平行和垂直的直线角度范围。

Show/Remove Constraints（显示/移除约束）：该命令用于显示与选定的草图几何图形关联的几何约束，同时也可移动所有这些约束或列出的信息。单击该按钮后系统弹出如图 3-24 所示的 Show/Remove Constraints 对话框，其各项参数的意义如下。

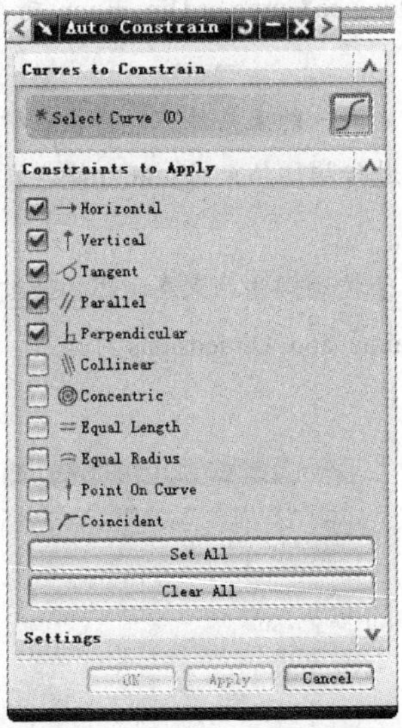

图 3-23 Auto Constrain 对话框

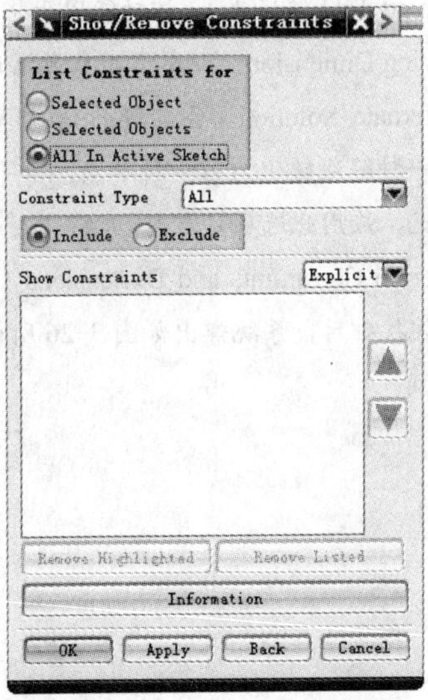

图 3-24 Show/Remove Constraints 对话框

➢ List Constraints for（为……列出约束）

✧ Selected Object（选定的对象）：该功能用于设置需列出约束的对象，只能选择一组有约束关系的对象，每次选择后上次选择的对象组自动取消选择。

✧ Selected Objects（选定的对象）：该功能用于设置需列出约束的对象，可连续选择多组有约束关系的对象，后一次的选择对前面的选择没有影响。

✧ All in Active Sketch（活动草图中的所有对象）：该功能用于显示当前草图中所选对象的几何约束关系。

➢ Constraint Type（约束类型）：用于过滤显示/移动约束的类型，包括 Horizontal（水平）、Vertical（竖直）、Parallel（平行）和 Perpendicular（垂直）等类型，也可通过单击 Include （包含）或 Exclude （排除）选项来设置是否包含前面过滤的约束类型。

➢ Show Constraints（显示约束）：用于显示符合约束条件的对象，约束条件包括 Explicit（显示）、Inferred（自动判断）和 Both（两者皆是）三种方式。其中 Explicit 表示显示所有用户主动创建或被动创建的约束，但不包括系统在曲线绘制期间添加的约束；Inferred 表示所有曲线绘制期间系统自动添加的约束；Both 表示显示全部约束。

Animate Dimension（动画尺寸）：该命令用于在指定范围内显示草图对象尺寸，并动态显示草图的驱动情况。

Convert To/From Reference（转换至/自参考对象）：根据作用的不同，一般把草图对象分为活动对象和参考对象，活动对象是指影响整个草图形状的曲线或尺寸约束，用于实体制作；参考对象是指起辅助作用的曲线或尺寸约束，在绘图区域以暗颜色和双点画线显示，不参考实体制作。在对草图进行约束操作时，对相同的约束对象进行了过约束或欠约束，此时可以采用该选项来解决，将草图曲线从活动转化为引用或将草图曲线从引用转化为活动。单击该按钮后出现如图 3-25 所示的 Convert To/From Reference 对话框。

➢ Object to Convert（要转换的对象）：该功能用于选择需要进行转换的对象，另外还可将 Select Projected Curve（选择投影曲线）也选中，即进行对象转换时其投影曲线也将发生变化。

➢ Convert To（转换为）：该功能用于将所选对象选择为 Reference Curve or Dimension 或 Active Curve or Driving Dimension，即参考对象或活动对象。

Alternate Solution（备选解）：当对草图进行约束操作时，同一约束条件可能存在多种解决方法，该选项可以将一种解法转化为另一种解法，如平面内的两个圆弧在进行相切约束时，既可能存在内切也可能存在外切的情况，应用此选项可进行切换。

Inferred Constraints and Dimensions（自动判断约束）：用于控制哪些约束在曲线构造过程中是自动判断的。单击该按钮后，系统弹出如图 3-26 所示的 Inferred Constraints and Dimensions 对话框，其主要参数的意义如下。

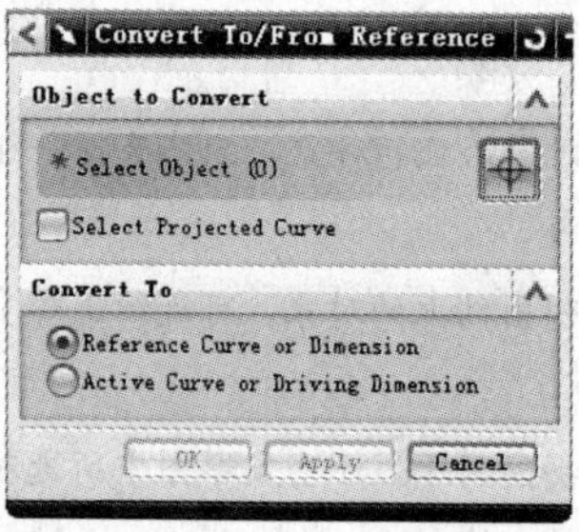

图 3-25 Convert To/From Reference 对话框

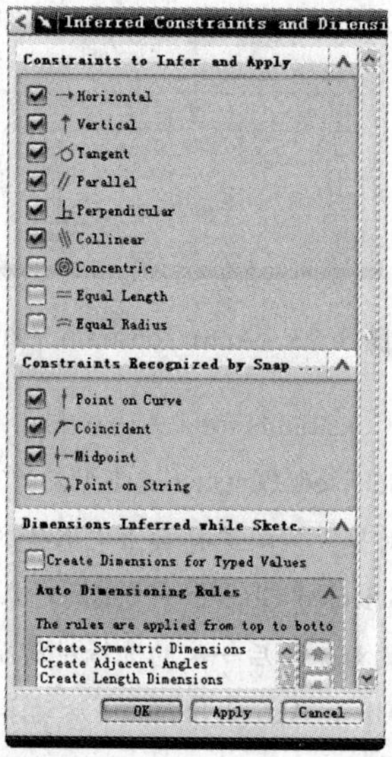

图 3-26 Inferred Constraints and Dimensions 对话框

➢ Constraints to Infer and Apply（要自动判断和应用的约束）：用于自动判断和应用的约束，根据需要在复选框前打勾即可。

➢ Constraints Recognized by Snap Point（由捕捉点识别的约束）：用于选择由捕捉点识别的约束，如点在曲线上、中点和重合点等。

➢ Dimensions Inferred while Sketching（参考外部工作部件）：用于对装配体中的曲线进行约束。

Create Inferred Constraints（创建自动判断的约束）：用于根据前面对自动判断约束的设置，在进行草图绘制时创建自动判断的约束。

Continuous Auto Dimensioning（连续自动创建尺寸）：用于在曲线绘制过程中激活连续自动创建尺寸功能。

3）**定位约束** 定位约束应用于草图对象之间、草图对象和曲线之间及草图对象和特征之间，用于定位草图的位置。在如图 3-27 所示的 Sketch 工具栏中单击按钮，或选择【Tools（工具）】→【Positioning Dimensions（定位尺寸）】命令，系统弹出如图 3-28 所示的 Positioning Dimensions 下拉菜单。

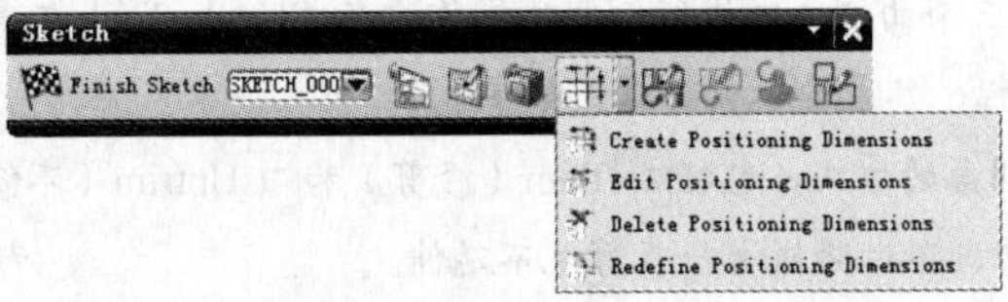

图 3-27 Sketch 工具栏【定位】级联菜单

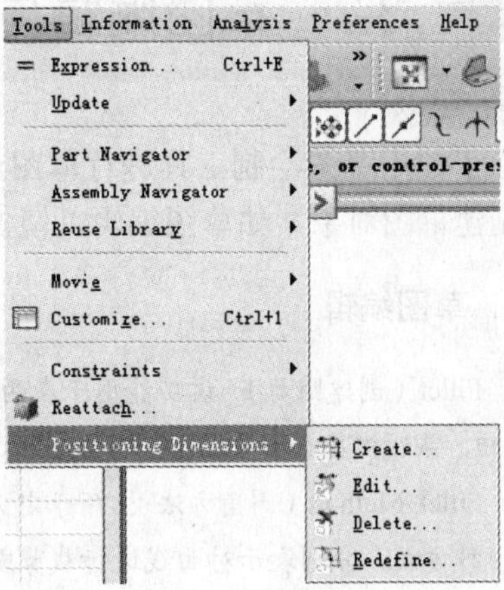

图 3-28 Positioning Dimensions 下拉菜单

图 3-27 所示 Sketch 工具栏中各参数的意义如下。

Finish Sketch（完成草图）：该选项用于结束当前草图编辑状态。

SKETCH_005（草图名）：该命令用于显示草图名，在进行草图操作过程中可单击下拉列表，从中选择需要进入的草图名，从而进入该草图环境下进行编辑。

Orient View to Sketch（定向视图到草图）：该命令用于设置草图平面与实体平面的法线方向一致，从而便于绘制草图。

Orient View to Model（定向视图到模型）：该命令用于设置建模视图角度。

Reattach（重新附着）：该命令用于将草图重新附着在新平面或新轨迹上。

Create Positioning Dimensions（创建定位尺寸）：该命令用于创建和编辑定位尺寸。

Delay Evaluation（延迟计算）：该命令用于将草图约束的生效时间延迟到选择 Evaluation Sketch 后，包括创建草图时系统并不显示约束和即使系统创建了约束，系统也不更新几何图形直到选择 Evaluation Sketch 选项。

Evaluation Sketch（评估草图）：只有在处于选中状态时此命令才可用，即对草图中的对象按照约束情况进行处理。

Update Model（更新模型）：该命令用于对草图模型按约束情况进行更新。

Display Object Color（显示对象颜色）：该命令用于在对象显示属性颜色和草图生成器颜色之间切换草图对象的显示颜色。

Positioning Dimensions 下拉菜单中各参数的意义如下。

➢ Create Positioning Dimensions（创建定位尺寸）：该功能用于标注草图中的对象与曲线，边、基准面和基准轴之间的尺寸，从而建立草图整体与现存几何体之间的关系。

- Edit Positioning Dimensions（编辑定位尺寸）：该功能用于对前面已经创建的定位尺寸进行编辑。
- Delete Positioning Dimensions（删除定位尺寸）：该功能用于删除前面已经创建的定位尺寸。
- Redefine Positioning Dimensions（重新定义定位尺寸）：该功能用于对前面已经创建的定位尺寸的目标对象和草图曲线进行编辑。

3.7 草图编辑与草图操作

除了使用草图绘制工具进行草图对象的绘制外，还可以对现有曲线使用草图操作工具来辅助创建草图对象，如草图编辑、镜像曲线和投影曲线等。

1. 草图编辑

Fillet（创建圆角）：该功能用于在两条或三条曲线之间进行倒圆角操作。在 Sketch Tool 工具栏上单击该按钮，系统弹出如图 3-29 所示的 Fillet 工具栏，其主要参数的意义如下。

- Fillet Method（圆角方法）：用于定义倒圆角的方式，包括 Trim（修剪）和 Untrim（不修剪）两种方式，分别表示对曲线进行裁剪或延伸、不对曲线进行裁剪也不延伸。
- Options（选项）：用于设置倒圆角的方式，包括 Delete Third Curve（删除第三条曲线）和 Create Alternate Fillet（创建备选圆角）两种方式，分别表示删除和该圆角相切的第三条曲线、对倒圆角存在的多种状态进行变换。

Chamfer（倒角）：该功能用于对两条曲线进行倒角操作。单击 Sketch Tool 工具栏上的按钮，系统弹出如图 3-30 所示的 Chamfer 对话框，在图中选择两条欲修剪的曲线后，再对该对话框中的参数进行相应的设置即可，该对话框中主要参数的意义如下。

- Curves to Chamfer（倒角）：该功能用于选择欲倒角的曲线，还可以根据需要勾选 Trim Input Curves 选项，即对输入曲线是否进行修剪。
- Offsets（偏置）：用于设置倒角的方式，包括 Symmetric（对称）、Asymmetric（不对称）和 Offset and Angle（偏置与角度）三种方式。不同方式其设置的选项也不一样，Symmetric 表示对称倒角，两曲线上的倒角长度相等；Asymmetric 表示不对称倒角，可分别设置两边上的倒角值；Offset and Angle 表示通过设置一个倒角值和角度来倒角，该倒角值为所选第一条曲线上的值。

Quick Trim（快速修剪）：该功能用于快速删除曲线、以任意方向将曲线修剪至最近的交点或选定的边界，对于相交的曲线，系统将曲线在交点处自动打断。单击 Sketch Tools 工具栏上的按钮，系统弹出如图 3-31 所示的 Quick Trim 对话框。

Quick Extend（快速延伸）：该功能用于将曲线以最近的距离延伸到选定的边界。单击 Sketch Tools 工具栏上的按钮，系统弹出如图 3-32 所示的 Quick Extend 对话框。

Make Corner（制作拐角）：该功能用于延伸和修剪两条曲线以制作拐角。单击 Sketch Tools 工具栏上的按钮，系统弹出如图 3-33 所示的 Make Corner 对话框，可按对话框的提示选择两条曲线制作拐角。

Make Symmetric（使对称）：该功能用于将草图中的两点或两曲线关于一对称线对称复制，且所复制的新的草图对象与原对象构成一个整体，并且保持相关性。单击 Sketch Tools 工具栏上的按钮，系统弹出如图 3-34 所示的 Make Symmetric 对话框，按提示选择两个对象，再选择一条中心线使二者关于中心线对称，同时也可根据需要设置是否将 Symmetric Centerline（对称中心线）转换为参考对象。

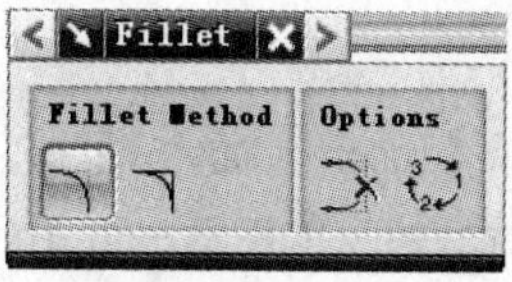

图 3-29 Fillet 工具栏

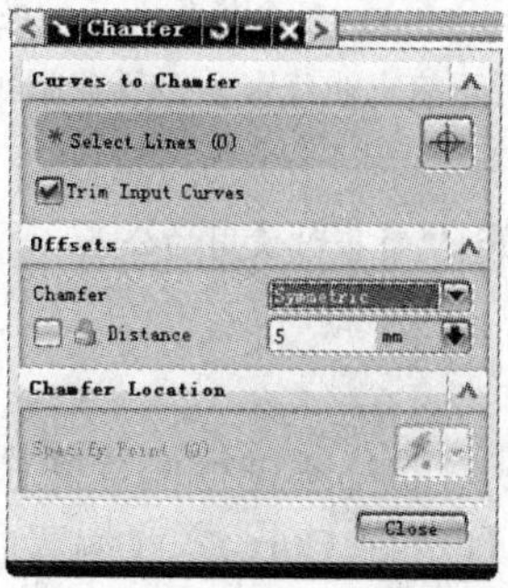

图 3-30 Chamfer 对话框

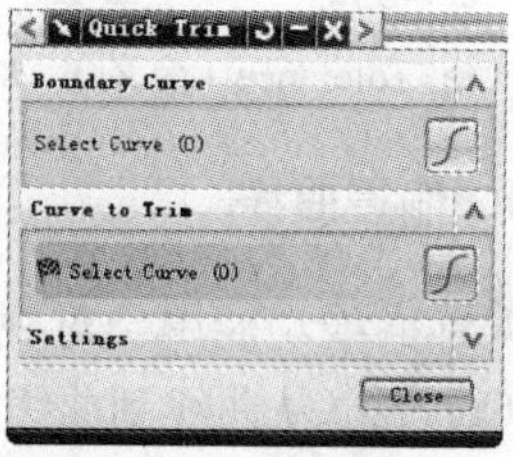

图 3-31 Quick Trim 对话框

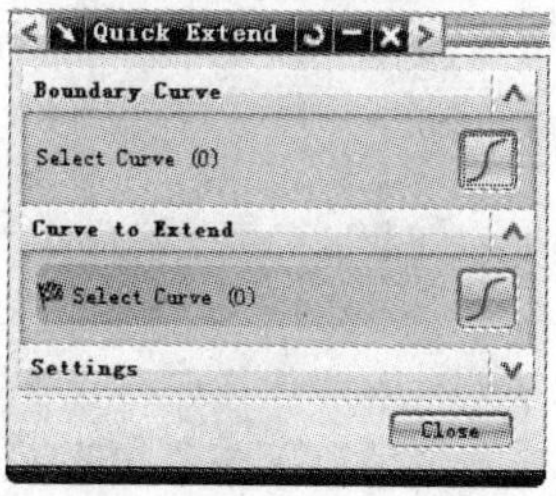

图 3-32 Quick Extend 对话框

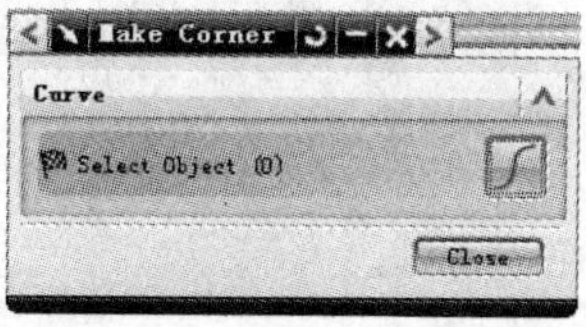

图 3-33 Make Corner 对话框

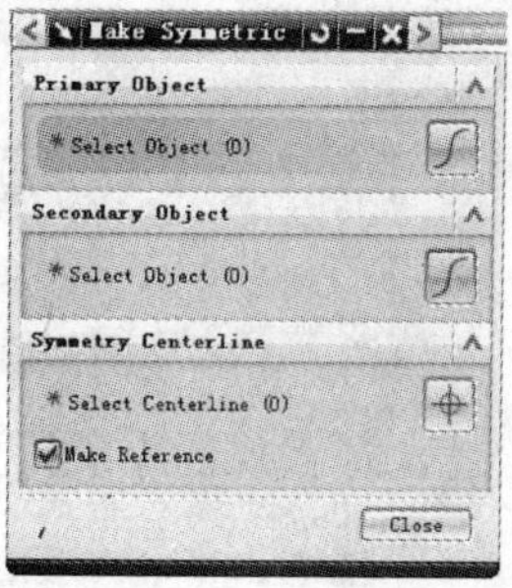

图 3-34 Make Symmetric 对话框

2. 镜像曲线

镜像曲线功能用于设置曲线关于中心线对称，选择【Insert（插入）】→【Curve from Curves（从曲线到曲线）】→【Mirror Curve…（镜像曲线）】命令或单击 Sketch Tools 工具栏上的按钮，系统弹出如图 3-35 所示的 Mirror Curve 对话框，其中主要参数的意义如下。

- Select Object（选择对象）：用于设置需镜像的曲线。
- Centerline（中心线）：用于选择镜像中心线。
- Settings（设置）：用于设置是否将中心线转换为参考线。

3. 投影曲线

投影曲线功能用于沿草图法线方向将草图外的曲线、边或点投影到当前草图平面上，使之成为当前草图的对象，投影曲线与原曲线可以是关联的。选择【Insert（插入）】→【Recipe Curve（处方曲线）】→【Project Curve…（投影曲线）】命令或单击 Sketch Tools 工具栏上的按钮，系统弹出如图 3-36 所示的 Project Curve 对话框，其中主要参数的意义如下。

- Objects to Project（要投影的对象）：用于选择欲投影的曲线。
- Settings（设置）
  - ✧ Associative（相关性）：用于设置投影曲线与原始曲线是否具有相关性，即原始曲线改变，投影曲线是否也发生改变。

✧ Output Curve Type（输出曲线类型）：用于设置投影曲线的类型，包括 Original（原先的）、Spline Segment（样条段）和 Single Spline（单个样条）三种类型。其中 Original 表示输出曲线使用原有几何类型；Spline Segment 表示输出曲线由多个样条曲线段组成；Single Spline 表示输出曲线为连接成一个样条曲线的多个样条段。

✧ Tolerance（容差）：用于设置创建特征时使用的公差。

4. 偏置曲线

偏置曲线功能用于对视图区域内的草图进行偏置操作。选择【Insert（插入）】→【Curve from Curves（从曲线到曲线）】→【Offset Curve…（偏置曲线）】命令或单击 Sketch Tools 工具栏上的按钮，系统弹出如图 3-37 所示的 Offset Curve 对话框，其中主要参数的意义如下。

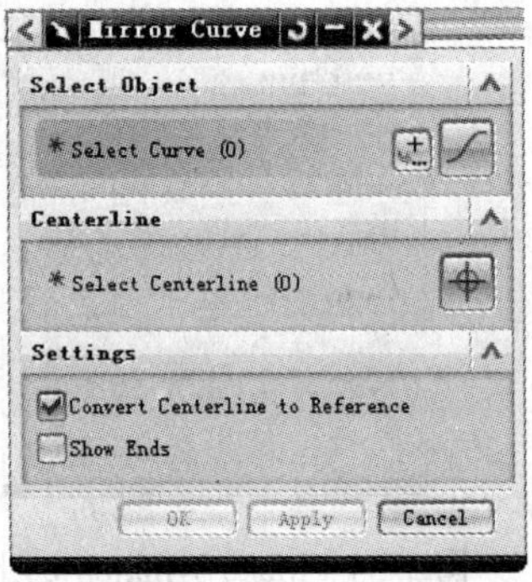

图 3-35 Mirror Curve 对话框

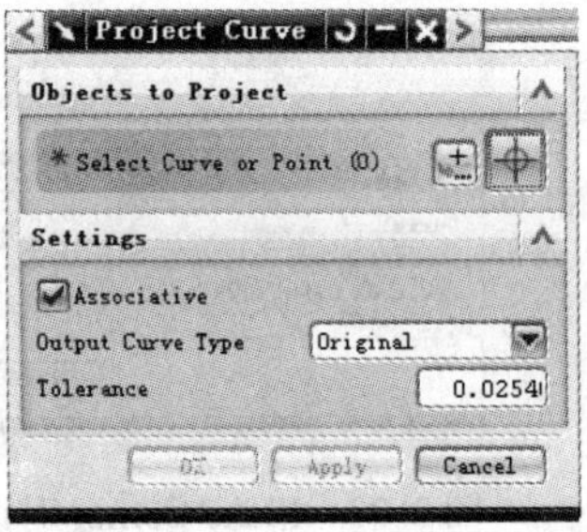

图 3-36 Project Curve 对话框

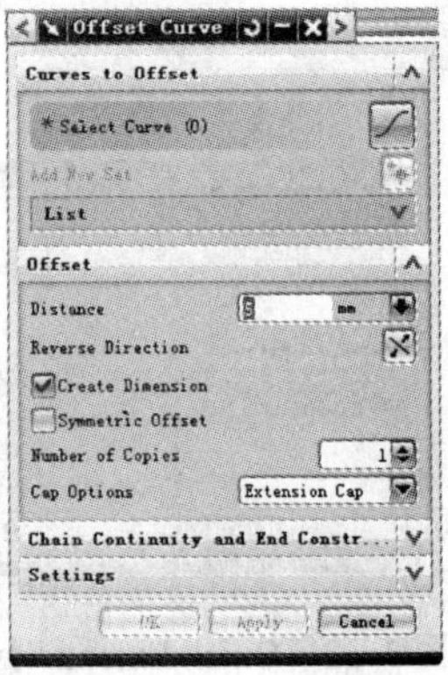

图 3-37 Offset Curve 对话框

➢ Curves to Offset（要偏置的曲线）：该功能用于选择要偏置的曲线链，该曲线链可以是封闭的，也可以是开环的，其中用于选择曲线链，用于重新选择一个曲线链，List 选项用列表显示已选的曲线链。

➢ Offset（偏置）：该功能用于设置偏置参数，如对 Distance（偏置距离）进行设置，还可根据需要设置是否改变偏置方向、是否对称偏置和偏置数量等。

➢ Chain Continuity and End Constrain（链连续性和终点约束）：该功能用于设置是否显示拐点和是否显示终点选项。

➢ Settings（设置）：该功能用于对转换后的输入曲线和输入样条曲线进行设置。

✧ Convert Input Curves to Reference（将输入曲线转换为参考线）：用于将输入曲线转换为参考线。

✧ Degree（阶次）：当偏置一个艺术样条曲线时，设定偏置曲线的阶次。

✧ Tolerance（容差）：当偏置一个艺术样条曲线、双曲线、椭圆时，用于设定偏置曲线的公差。

5. 相交曲线

相交曲线功能用于在曲面与草图平面相交位置处生成曲线。选择【Insert】→【Recipe Curve】→【Intersection Curve…（相交曲线）】命令或单击 Sketch Tools 工具栏上的按钮，系统弹出如图 3-38 所示的 Intersection Curve 对话框，其中主要参数的意义如下。

➢ Faces to Intersect（要相交的面）：该选项用于选择相交面，其中用于选择曲面，可以选择多个曲面，但曲面与曲面之间必须相交；用于预览和切换曲线上存在孔时的相贯线的半部，与后面的Ignore Holes（忽略孔）命令联合使用，当忽略孔时，相贯线只能在孔的一侧，此选项用于选择一侧的相交线。

➢ Settings（设置）

✧ Ignore Holes（忽略孔）：用于当曲面上存在孔时忽略孔的存在。

✧ Join Curves（连接曲线）：用于当同时选择多个面且产生多段曲线时将多段曲线连接为一条曲线。

✧ Curve Fit（曲线拟合）：用于设置拟合曲线阶次为 Cubic（三阶）、Quintic（五阶）或 Advanced（高阶）。

✧ Distance Tolerance（距离容差）：用于设置理论曲线与系统生成曲线之间的公差。

✧ Angle Tolerance（角度容差）：用于设置实际曲线与理论曲线在一点处的角度最大公差。

6. 添加现有的曲线

添加现有曲线功能用于将与草图平面相平行的平面内已存在的曲线添加到当前活动草图中，但不能将关联曲线和规律曲线添加到草图中。选择【Insert】→【Curve from Curves】→【Existing Curve...（存在曲线）】命令或单击 Sketch Tools 工具栏上的按钮，系统弹出如图 3-39 所示的 Add Curve 对话框，该对话框提供了选择对象的方法，前面章节已经对类似情况进行过介绍，此处不再重复。

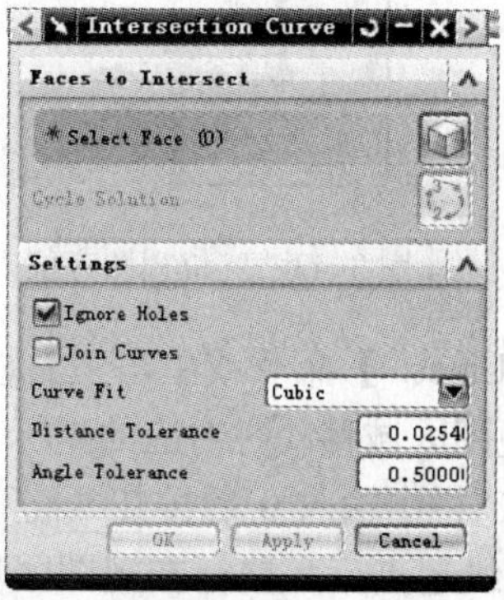

图 3-38 Intersection Curve 对话框

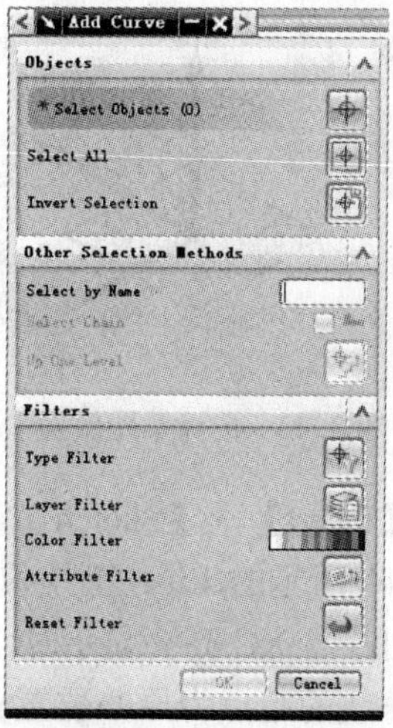

图 3-39 Add Curve 对话框

3.8 草图绘制实例

针对前面所讲述的草图基本操作方法，本节结合图 3-40 所示的实例使读者熟悉草图功能。

经分析，该草图的基本绘制过程如下。

（1）启动 UG NX 8.0，选择【File】→【New】命令，在弹出的新建文件对话框中选择 Model，在 Name 栏中输入部件的名称为 caotuhuizhi，并设置文件的存储路径。

（2）选择【Insert】→【Sketch...】命令或单击工具栏上的按钮，系统弹出如图 3-41 所示的 Create Sketch 对话框，提示选择草图平面。在视图区域选择 XC-YC 平面，如图 3-42 所示 XC-YC 平面高度显示时，单击 OK 按钮。

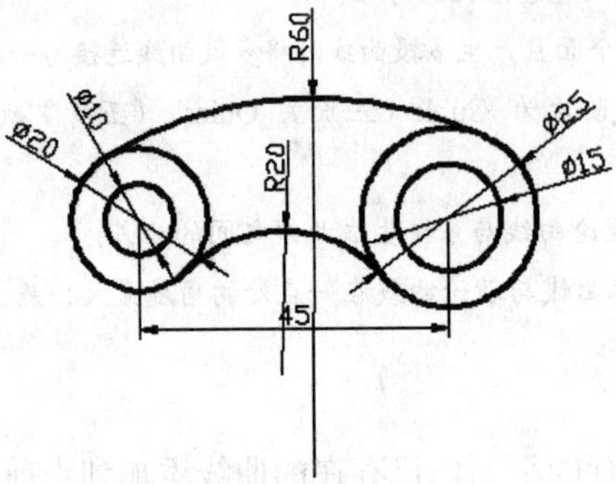

图 3-40 草图的绘制

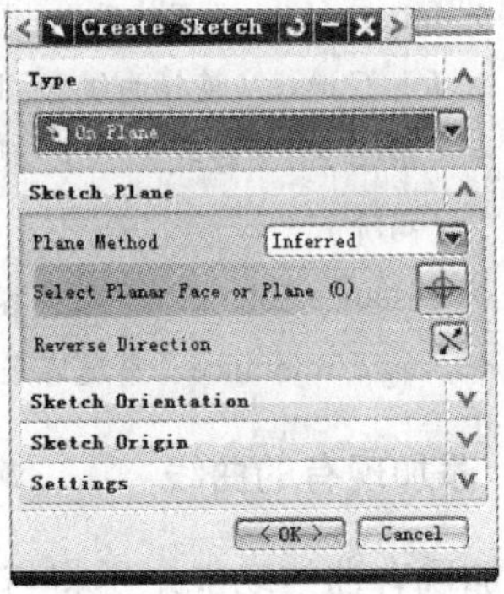

图 3-41 Create Sketch 对话框

（3）为便于观察，需对视图平面的方向进行设置，选择【View】→【Orient View to Sketch】命令或单击工具栏上的按钮，进入如图 3-43 所示的视图方位。

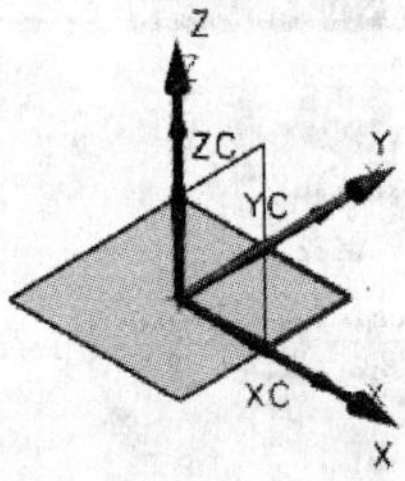

图 3-42 选择草图放置平面

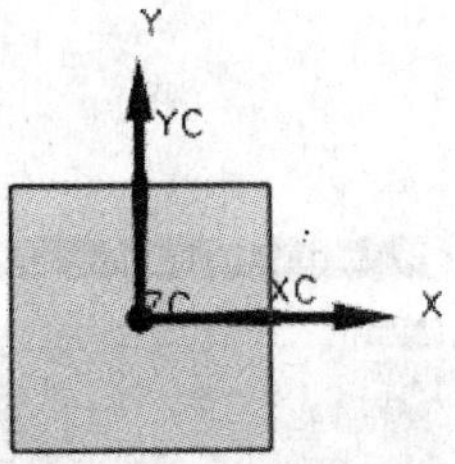

图 3-43 定位视图方位

（4）选择【Insert】→【Sketch Curve】→【Line...】命令或单击工具栏上的按钮，系统弹出如图 3-44 所示的 Line 工具条，鼠标在视图区域移动时对应的坐标也会显示出来。此处为了节省时间，当 XC 高亮显示时，直接在 XC 栏中输入 0 后按 Tab 键，再输入 0 后按回车键，即指定直线的起点为原心位置。定义完直线起点后，鼠标在视图区域移动直到视图区域出现图标后，单击鼠标左键即可生成一条如图 3-45 所示的直线。

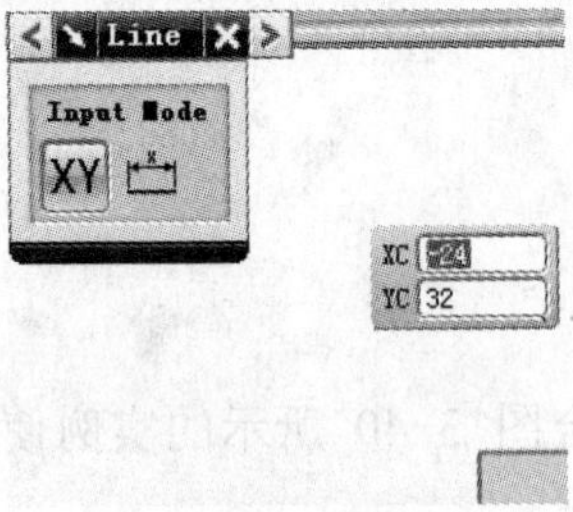

图 3-44 Line 工具条

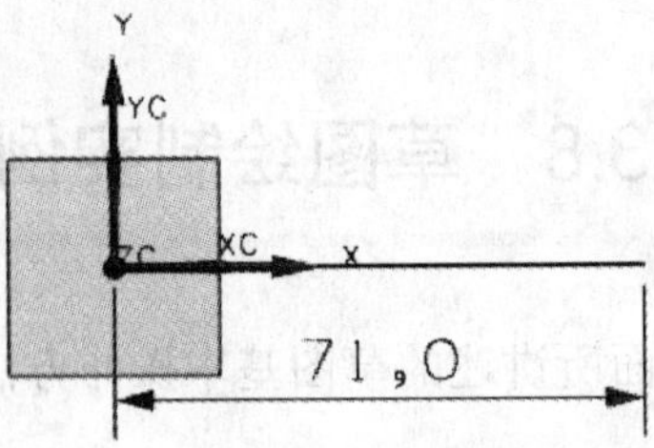

图 3-45 绘制辅助线

（5）选择【Tools】→【Sketch Constraints】→【Convert to/from Reference...】命令或单击工具栏上的按钮，系统弹出如图 3-46 所示的 Convert To/From Reference 对话框，在视图区域选择步骤（4）绘制的直线，单击 OK 按钮，即可将直线转换为参考线，如图 3-47 所示。

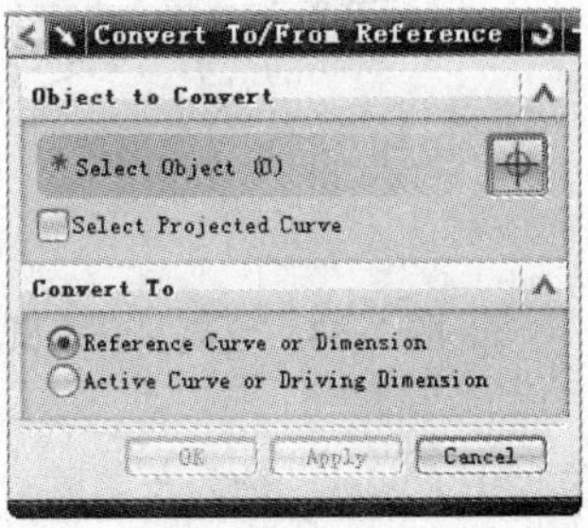

图 3-46　Convert To/From Reference 对话框

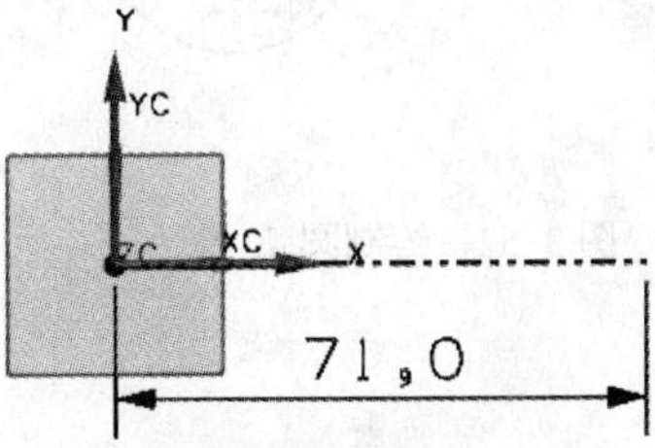

图 3-47　转换成参考线

（6）选择【Insert】→【Sketch Curve】→【Circle...】命令或单击工具栏上的按钮，系统弹出如图 3-48 所示的 Circle 工具条，单击工具条上的按钮，即指定通过圆心和半径来绘制圆弧，在视图区域靠近坐标原点的位置单击鼠标左键，即可生成一个圆，如图 3-49 所示。在视图区域的不同位置单击鼠标左键绘制如图 3-50 所示的 4 个圆。

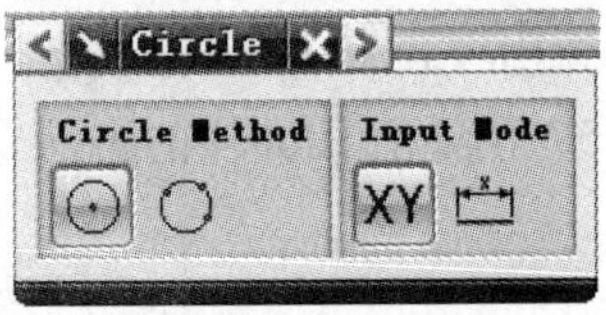

图 3-48　Circle 工具条

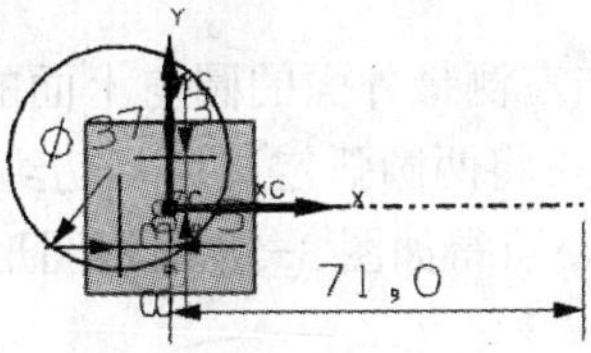

图 3-49　绘制圆

（7）选择【Insert】→【Sketch Curve】→【Arc...】命令或单击工具栏上的按钮，系统弹出如图 3-51 所示的 Arc 工具条，单击工具条上的按钮，即指定通过三点定圆弧的方式来绘制圆弧。在视图区域靠近圆的三个不同位置处单击鼠标左键，即可生成一个圆弧，如图 3-52 所示。同理，绘制另一个圆弧，即可生成如图 3-53 所示图形。

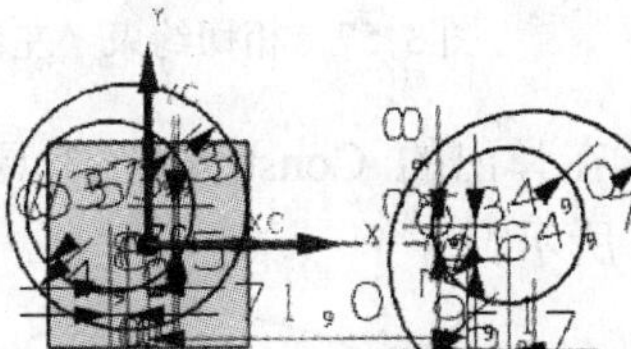

图 3-50　绘制 4 个圆

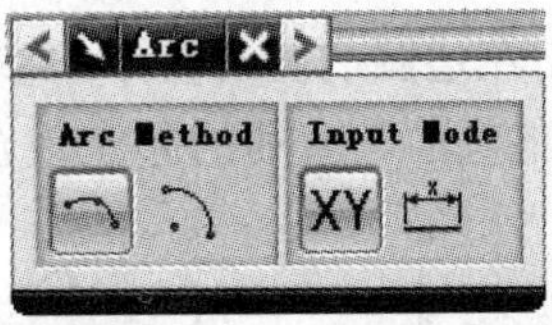

图 3-51　Arc 工具条

（8）选择【Insert】→【Sketch Constraints】→【Constraints...】命令或单击工具栏上的按钮，系统提示选择需要创建约束的对象，在视图区域单击左侧两圆弧，系统弹出如图 3-54 所示的 Constraints 工具条。

（9）单击 Constraints 工具条上的按钮，系统将两圆约束为同心圆，如图 3-55 所示。按同样的方法对右侧两圆进行约束，可得如图 3-56 所示图形。

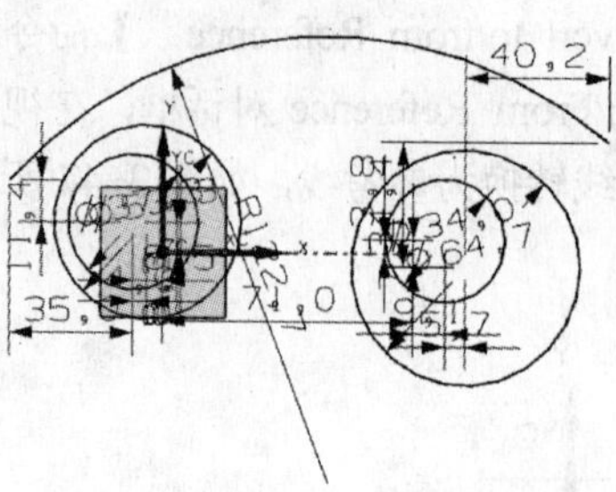

图 3-52　绘制圆弧

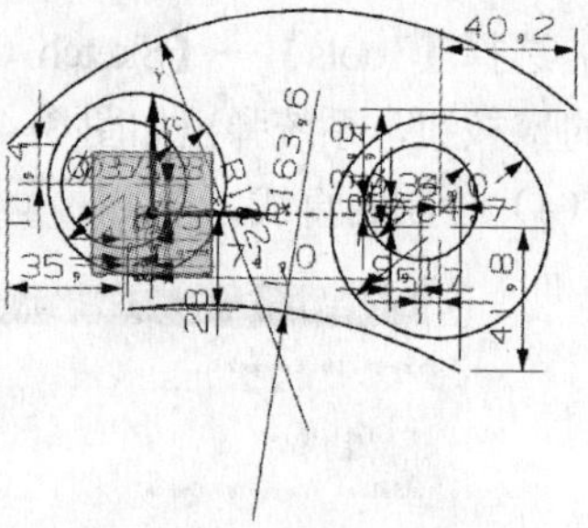

图 3-53　绘制另一个圆弧

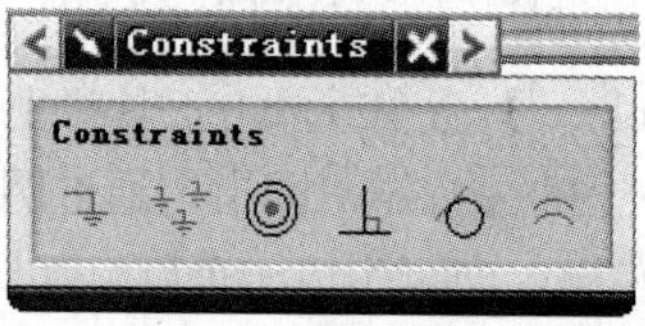

图 3-54　Constraints 工具条

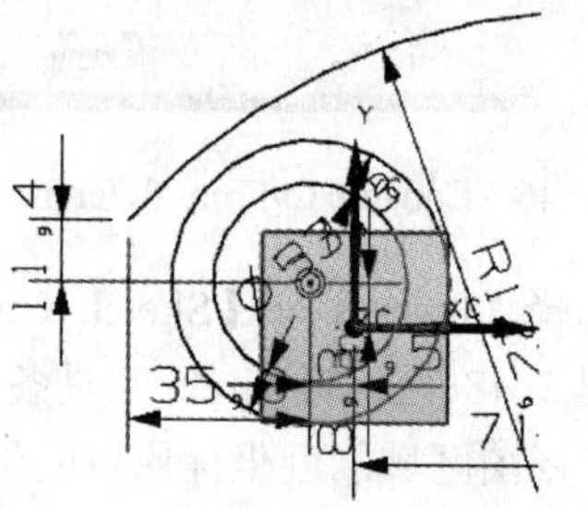

图 3-55　约束左侧圆弧为同心圆

（10）单击左侧最外面的圆与上面的圆弧，系统弹出 Constraints 工具条，单击工具条上的○按钮，即可将两圆弧定义为相切约束，如图 3-57 所示。按同样的方法定义其他圆弧与圆为相切约束，可得如图 3-58 所示图形。

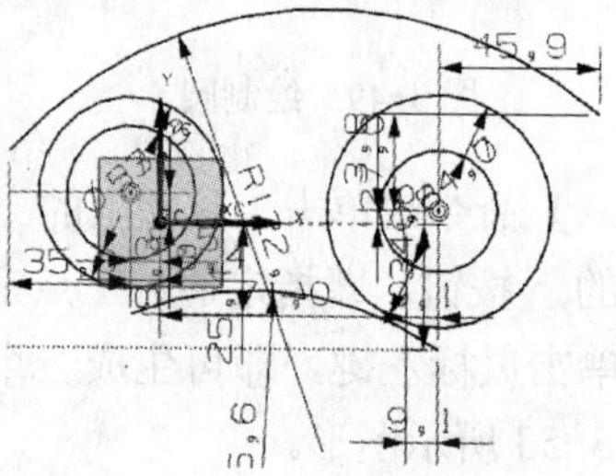

图 3-56　约束右侧圆弧为同心圆

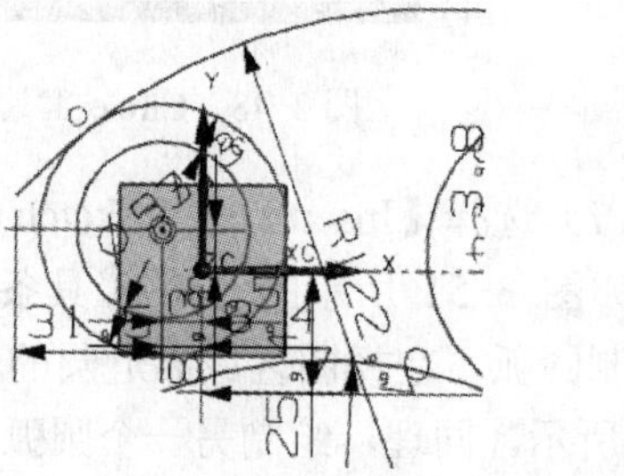

图 3-57　相切约束（左侧）

（11）单击左边圆的圆心再单击参考线的起点，在弹出的 Constraints 工具条上单击厂按钮，即约束圆的圆心与直线的起点重合，如图 3-59 所示。

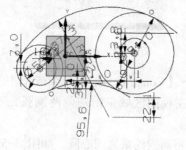

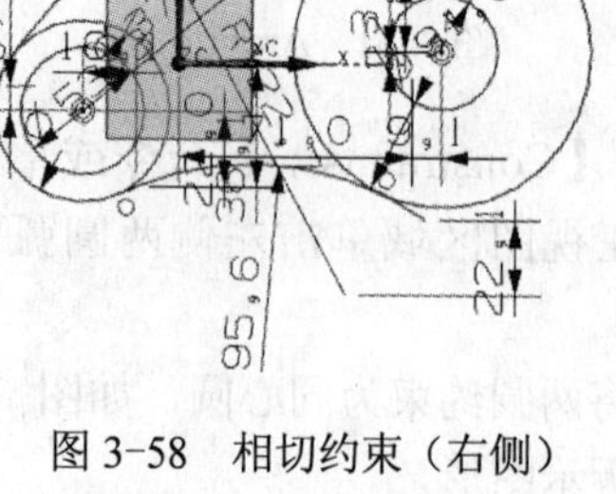

图 3-58　相切约束（右侧）

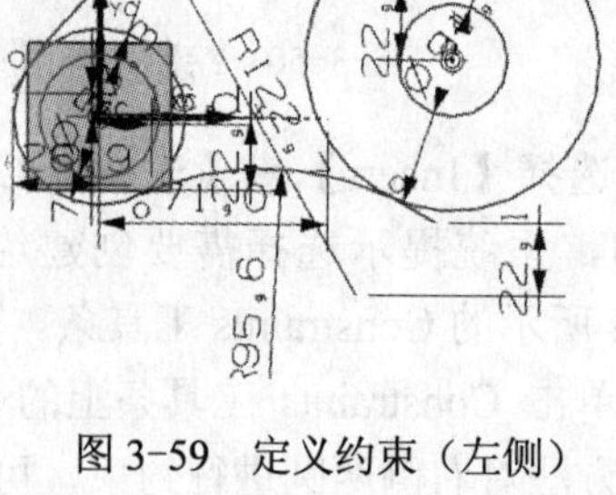

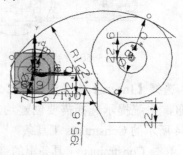

图 3-59　定义约束（左侧）

（12）单击右边圆弧的圆心位置，再单击参考线，在弹出的 Constraints 工具条上单击 按钮，即约束圆的圆心在直线上，如图 3-60 所示。

（13）选择【Insert】→【Sketch Constraints】→【Dimension】→【Diameter…】命令或单击工具栏上的 按钮，再单击左边里边的圆，系统将该尺寸的表达式和表达式值高亮显示，如图 3-61 所示，在文本框中输入 p1=10mm，即可得到如图 3-62 所示的图形（注意定义完约束的尺寸将以蓝色显示）。

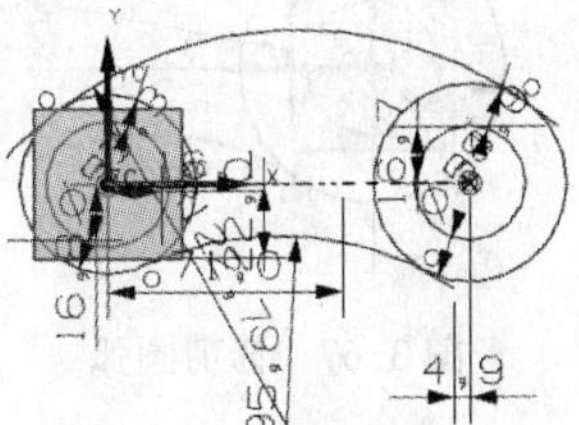

图 3-60　定义约束（右侧）

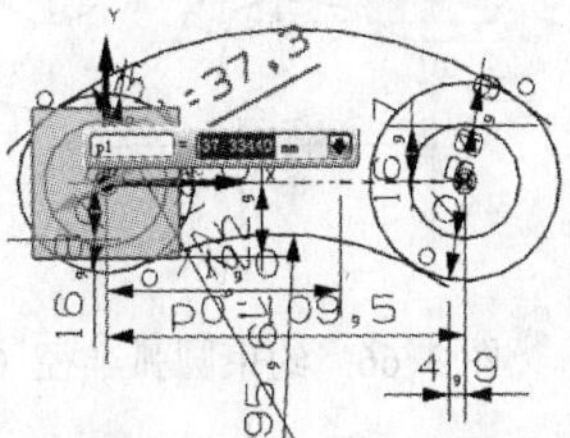

图 3-61　约束圆直径界面

（14）按步骤（13）的方法定义左侧外圆的直径为 20mm，定义右侧内、外圆的直径分别为 15mm 和 35mm，即可得到如图 3-63 所示图形。

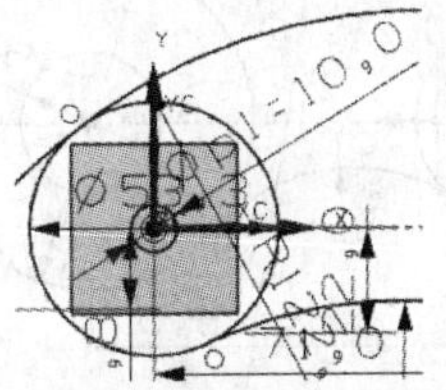

图 3-62　约束圆直径（左侧内圆）

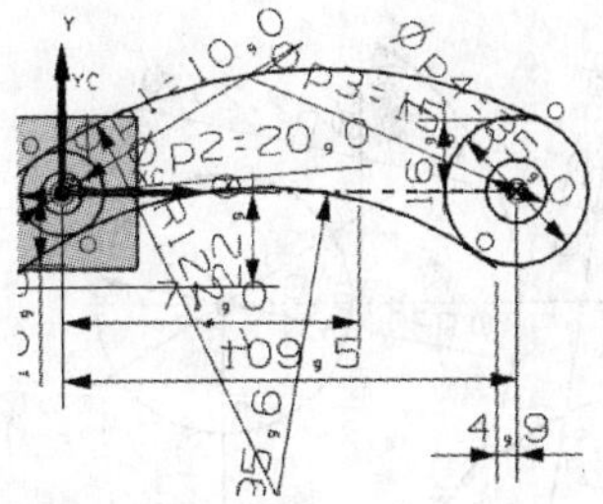

图 3-63　约束圆直径（右侧内、外圆）

（15）选择【Insert】→【Sketch Constraints】→【Dimension】→【Horizontal…】命令或单击工具栏上的 按钮，再单击左右两圆的圆心位置，在两圆心的中间位置单击鼠标左键，系统将该尺寸的表达式和表达式值高亮显示，在文本框中输入 p0=45mm，可得如图 3-64 所示图形。

（16）选择【Insert】→【Sketch Constraints】→【Dimension】→【Radius…】命令或单击工具栏上的 按钮，再单击最上面的圆弧，系统将该尺寸的表达式和表达式值高亮显示，在文本框中输入 p6=60mm，可得如图 3-65 所示图形。按同样的方式定义下面的圆弧半径为 20mm，可得如图 3-66 所示图形。

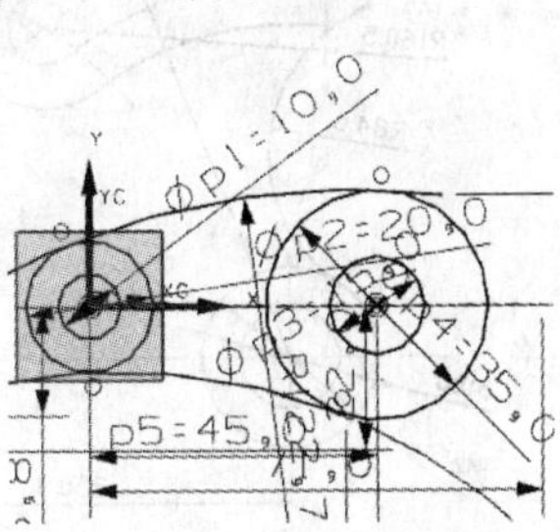

图 3-64　约束两圆直线距离

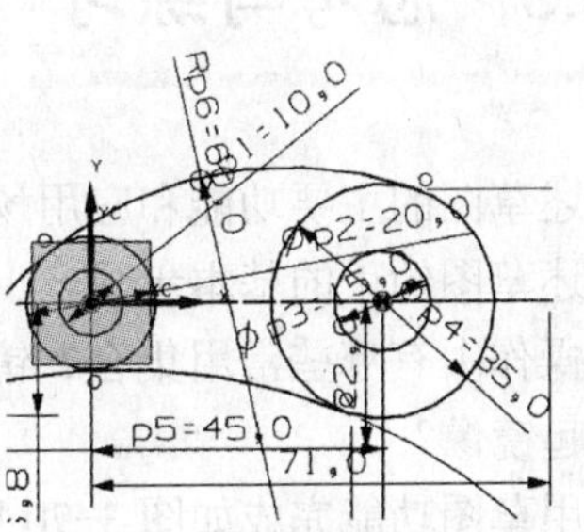

图 3-65　约束圆弧半径（上面）

（17）选择【Edit】→【Sketch Curve】→【Quick Trim...】命令或单击工具栏上的按钮，再单击左侧上面的圆弧，可得如图 3-67 所示图形（注意在修剪后的圆弧与圆的交点处有一相交的标记）。

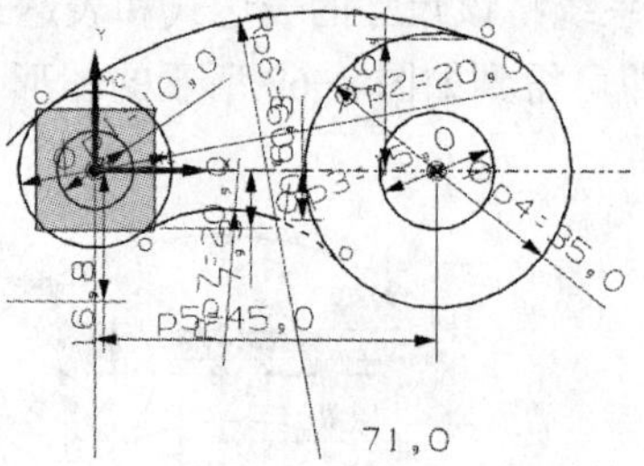

图 3-66　约束圆弧半径（下面）

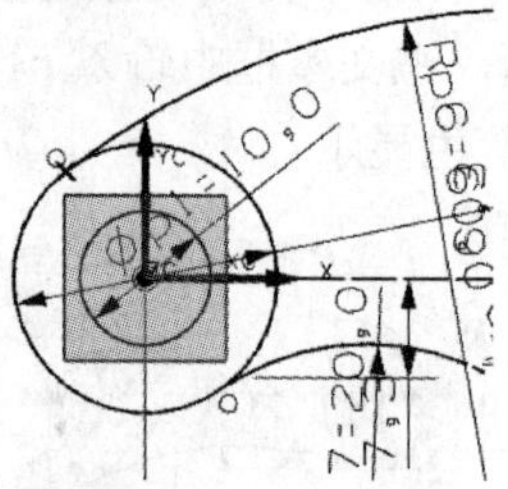

图 3-67　修剪圆弧

（18）选择【Edit】→【Sketch Curve】→【Quick Extend...】命令或单击工具栏上的按钮，再单击右侧下面的圆弧，可得如图 3-68 所示的图形。

（19）按与步骤（17）和（18）同样的方法对圆弧进行修剪或延伸，可得如图 3-69 所示图形。

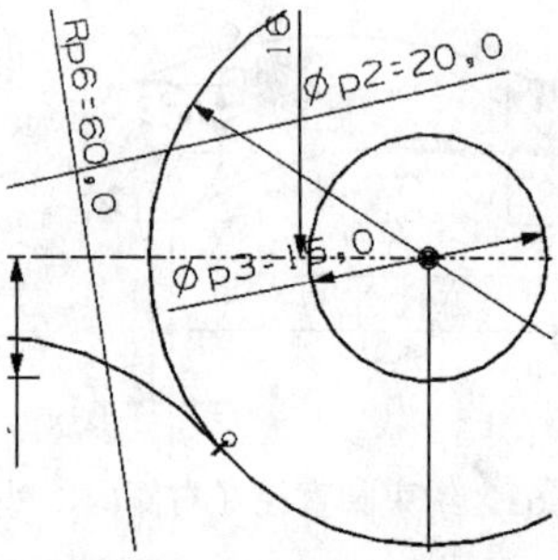

图 3-68　延伸圆弧

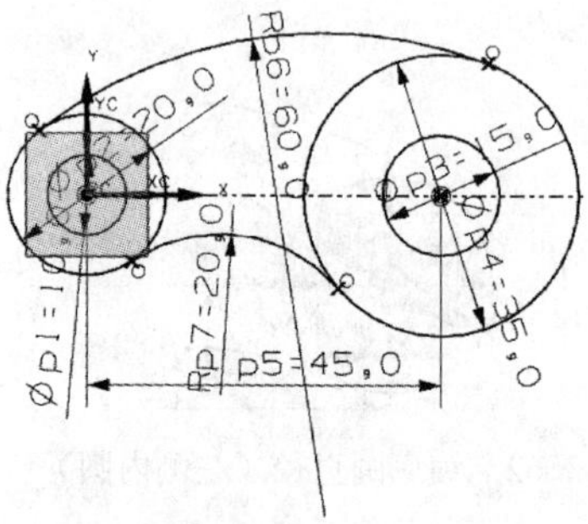

图 3-69　最终图形

本例在定义时根据所绘制圆弧的位置不同，操作步骤与方法也存在多种可能性（尤其是在修改和延伸圆弧时），故需根据具体的情况而定。另外，本例主要以介绍草图功能为目的，所以在绘制过程中走了许多弯路，可以通过很多其他方法来加快绘图速度。

3.9 思考与练习

（1）试简述草图的主要功能和应用场合。

（2）试简述草图约束的基本步骤。

（3）草图操作中有哪些常用集合？镜像曲线后相关几何体是否一起镜像？

（4）试利用草图功能完成如图 3-70 所示的图形。

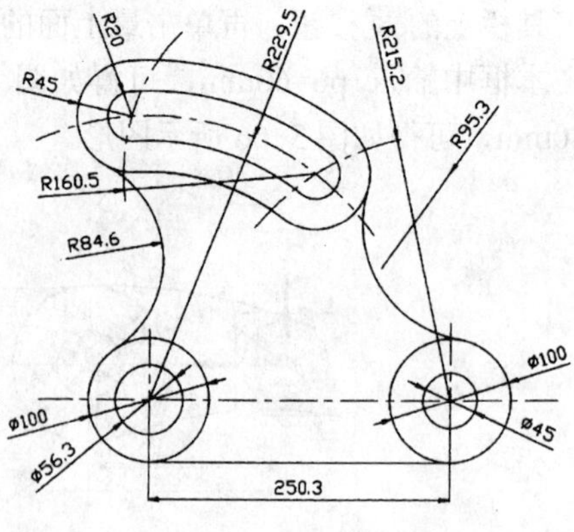

图 3-70　练习图形

第4章 曲线与曲线编辑

UG NX 8.0 中的三维实体特征都是从二维图开始的，所以二维图的绘制是三维造型设计的基础。曲线是 UG NX 8.0 建模的基础，利用曲线功能可以建立点、直线、圆弧、样条曲线等，本章主要介绍曲线的绘制与曲线的编辑功能。

4.1 曲线

曲线主要包括计算曲线和构造曲线，计算曲线是指以数学形式定义的曲线，如直线（Line）和二次曲线（Conic）。通过对这两种曲线进行定义又可以衍生出以下几种曲线：抽取曲线（Extract Curve）、交线（Intersection Curve）、投影曲线（Project Curve）、偏置曲线（Offset Curve）、桥接曲线（Bridge Curve）、曲线缠绕/曲线展开（Wrap/Unwrap Curve）、曲线简化（Simplify Curve）、曲线连接（Join Curve）等。构造曲线是指过点或用参数定义的曲线，如样条（Splines）、螺纹线（Helixes）和规律曲线（Law Curves）等。

另外，曲线的复杂程度可以通过曲线的阶次来进行判断，NX 所使用的样条最高阶次可达到 4。低阶次曲线相对于高阶次曲线具有更加灵活、更加靠近它们的极点、使得后续操作（加工和显示等）运行速度更快和便于数据转换等优点，而高阶曲线相对于低阶曲线来说却有着灵活性差、可能引起不可预见的曲率波动、造成数据转换的问题及导致后续操作执行速度变慢等缺点，所以在实际设计过程中，若能用低阶次表达的曲线应尽量用低阶次进行设计。

在 UG NX 8.0 的建模应用模块中，曲线功能应用得十分广泛，如有些实体需要通过曲线的拉伸、旋转、扫掠等操作构造特征；也可以用曲线创建曲面或进行复杂的实体造型；且所绘制的曲线可以直接添加到草图中进行参数化设计。UG NX 8.0 的曲线功能提供了常用曲线的多种创建方法，主要包含曲线的生成和曲线的编辑方法等功能，其工具栏分别如图 4-1 和图 4-2 所示。

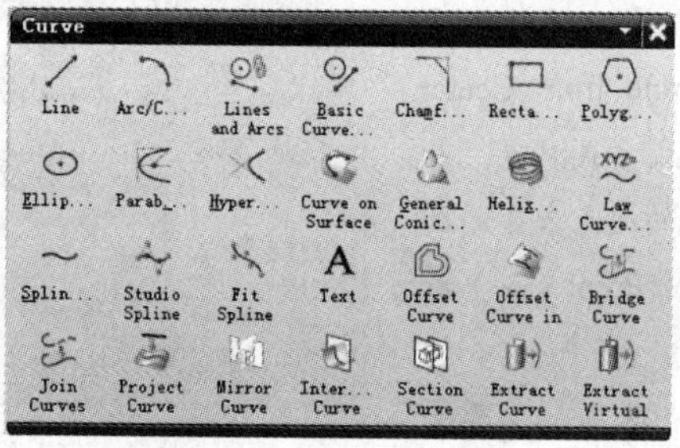

图 4-1 Curve 工具栏

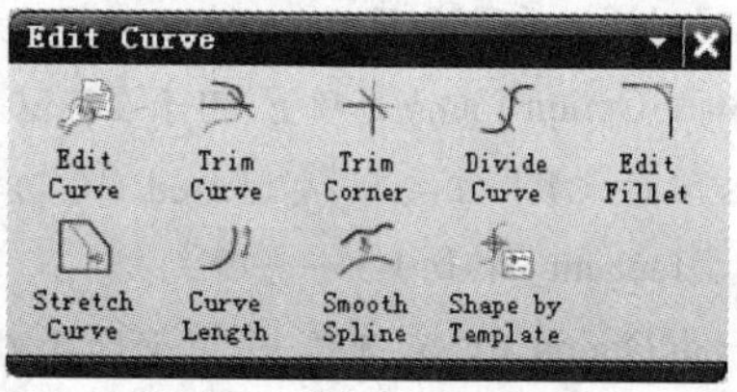

图 4-2 Edit Curve 工具栏

1．直线

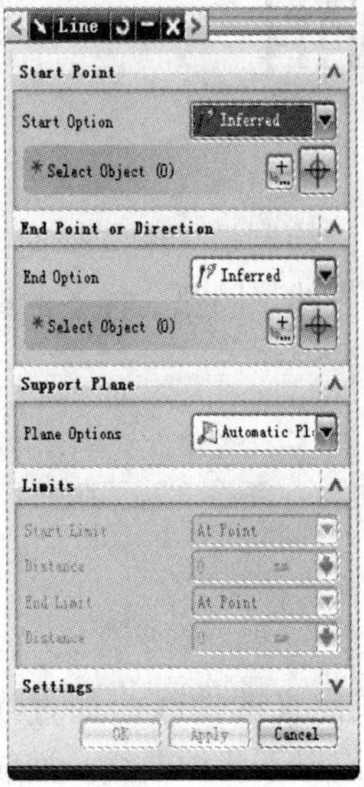

图 4-3　Line 对话框

直线命令主要用来创建直线，选择【Insert（插入）】→【Curve（曲线）】→【Line（直线）】命令或单击工具栏上的按钮，系统弹出如图 4-3 所示的 Line 对话框，其各项参数的意义如下。

- Start Point（起点）：用于在视图内选择直线的起点，其 Start Option（起点选项）主要有 Inferred（自动判断）、＋Point（点）和 Tangent（相切）三个功能选项。当选择不同的选项进行起点设置时，其 Select Object（选择对象）的意义各不一样，此处可以通过单击 Start Option 选项或 End Option 选项下的 Show Shortcuts（显示快捷方式）按钮来显示以上三个功能选项的快捷键，后面介绍中与此类似。
- End Point or Direction（终点或方向）：用于直线的终点设置，其 End Option（终点选项）主要有 Inferred（自动判断）、＋Point（点）、Tangent（相切）、At Angle（成一定角度）、XC Along XC（与 X 轴平行）、YC Along XC（与 Y 轴平行）和 ZC Along ZC（与 Z 平行）7 个功能选项。
- Support Plane（支持平面）：用于设置直线平面的位置，Plane Options（平面选项）有 Automatic Plane（自动定义平面）、Locked Plane（锁定平面）和 Select Plane（选择平面）3 个功能选项。其中 Automatic Plane 命令用于在绘制直线时根据所选点的位置来确定直线的平面，Locked Plane 命令用于在指定的平面中绘制直线，Select Plane 命令用于通过预先设置工作平面从而后续的直线操作命令在指定的平面中完成，至于工作平面的设置方式在前面章节已经讲述，此处不再重复。
- Limits（限制）：该命令用于对直线的起点/终点通过相应的选项进行限制，包括 Start Limit（起点限制）、Distance（距离）和 End Limit（终点限制）等选项。

2．圆弧和圆

圆弧/圆命令用于创建圆弧和圆特征，选择【Insert（插入）】→【Curve（曲线）】→【Arc/Circle（圆弧/圆）】命令或单击工具栏上的按钮，系统弹出如图 4-4 所示的 Arc/Circle 对话框，其各项参数的意义如下。

- Type（类型）：用于确定圆弧或圆的生成方式，可以选择 Three Point Arc（三点画圆弧）或 Arc/Circle from Center（通过圆心画圆弧/圆）方式来定义圆弧或圆的生成方式。
- Start Option（起点选项）：用于在视图内对圆弧的起点或圆的圆心进行设置，主要有 Inferred（自动判断）、＋Point（点）和 Tangent（相切）3 个选项。
- End Option（终点选项）：用于设置圆弧的终点选项，主要有 Inferred（自动判断）、＋Point（点）、Tangent（相切）、Radius（半径）和 Diameter（直径）5 个选项。

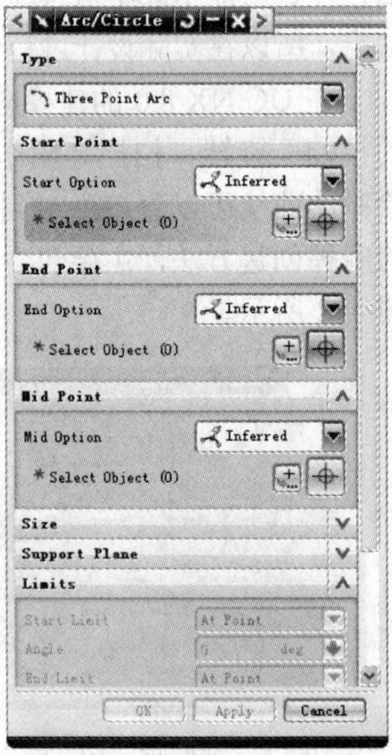

图 4-4　Arc/Circle 对话框

同上，后续还可以对 Mid Point（中点选项）和 Size（大小）选项中的 Radius，即对圆弧的半径值进行设置。另外，在绘制完圆弧之后，若视图窗口中显示的圆弧并非所希望得到的圆弧，可以通过 Limits（限制选项）中的 Full Circle（整圆）和 Complement Arc（互补圆弧）来进行设置。

3. 直线和圆弧工具条

直线和圆弧命令用于创建直线、圆弧和圆的特征。选择【Insert（插入）】→【Curve（曲线）】→【Lines and Arcs（直线和圆弧）】的下一级命令或单击工具栏上的按钮，系统弹出如图 4-5 所示的 Lines and Arcs 对话框，其各项参数的意义如下。

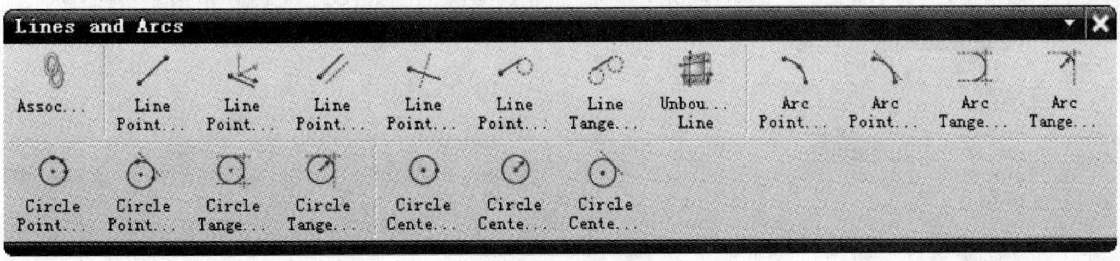

图 4-5 Lines and Arcs 对话框

Line Point-Point 直线（点-点）：该命令用于在两点间建立一条直线。

Line Point-XYZ 直线（点-XYZ）：该命令用于过一点创建一条沿 X 轴、Y 轴或 Z 轴的直线。

Line Point-Parallel 直线（点-平行）：该命令用于过一点创建一条与已知直线平行的直线。

Line Point-Perpendicular 直线（点-垂直）：该命令用于过一点创建一条与已知直线垂直的直线。

Line Point-Tangent 直线（点-相切）：该命令用于过一点创建一条与已知曲线相切的直线。

Line Tangent-Tangent 直线（相切-相切）：该命令用于创建一条直线同时相切于两条曲线。

Arc Point-Point-Point 圆弧（点-点-点）：该命令用于过三点创建一条圆弧，指定点的顺序为先指定圆弧的起点，再指定圆弧的终点，最后定义圆弧所通过的点。

Arc Point-Point-Tangent 圆弧（点-点-相切）：该命令用于指定圆弧的起点和终点，并使圆弧与指定曲线相切。

Arc Tangent-Tangent-Tangent 圆弧（相切-相切-相切）：该命令用于定义一条圆弧同时与视图平面内已存在的三条曲线相切。

Arc Tangent-Tangent-Radius 圆弧（相切-相切-半径）：该命令用于指定一条圆弧的半径，并使该圆弧同时与视图平面内的两条曲线相切。

Circle Point-Point-Point 圆（点-点-点）：该命令用于通过三点确定一个圆。

Circle Point-Point-Tangent 圆（点-点-相切）：该命令用于定义一个圆过两点且与一条曲线相切。

Circle Tangent-Tangent-Tangent 圆（相切-相切-相切）：该命令用于定义一个圆与已知的三条曲线同时相切。

Circle Tangent-Tangent-Radius 圆（相切-相切-半径）：该命令用于通过设定一个半径值定义圆，并使该圆与平面内的两条曲线同时相切。

Circle Center-Point 圆（圆心-点）：该命令用于通过两个点来定义圆，先指定的点为圆的圆心，圆的半径为两点之间的距离。

Circle Center-Radius 圆（圆心-半径）：该命令用于通过指定圆心和半径值来定义圆。

Circle Center-Tangent 圆（圆心-相切）：该命令用于通过指定圆心和直线来定义一个圆，且该圆与所指定的曲线相切。

4．基本曲线

基本曲线功能用于提供非关联性曲线的创建和编辑特性，通过该功能可以实现直线、圆弧、圆的绘制，以及对曲线进行倒圆角和修剪、曲线编辑等操作。选择【Insert（插入）】→【Curve（曲线）】→【Basic Curves（基本曲线）】命令或单击工具栏上的按钮，系统弹出如图 4-6 所示的 Basic Curves 对话框和如图 4-7 所示的 Tracking Bar（跟踪条）工具条。

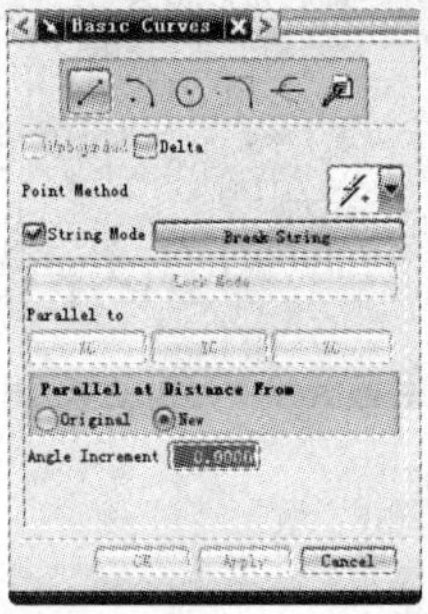

图 4-6　Basic Curves 对话框

图 4-7　Tracking Bar 工具条

1）绘制直线　选择【Insert（插入）】→【Curve（曲线）】→【Basic Curves（基本曲线）】命令或单击工具栏上的按钮，系统默认进入直线绘制模块，该对话框中的主要参数意义如下。

➢ Unbounded（无界）：该功能指系统将建立的直线沿直线方向延伸至图形窗口视图区域的边界线，但实际上所绘直线并无边界。

➢ Delta（增量）：该功能指系统通过增量的方式建立直线，当定义完直线的起点后，可以用鼠标直接在绘图区域指定终点，也可以在图 4-7 所示的 Tracking Bar 工具条中输入 XC、YC、ZC 或 Length、Angle 等值来定义终点。注意此时的 XC、YC 和 ZC 代表的值为增量值，即直线的终点相对于起点的数值。另外，还可以通过设置该对话框中的 Angle Increment（角度增量）值来设定直线终点的角度偏置。

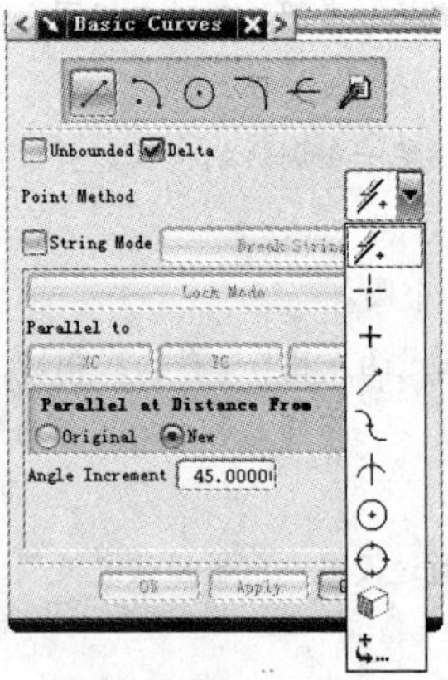

图 4-8　Point Method 下拉菜单

➢ Point Method（点方式）：该功能用于帮助选择点。单击图 4-6 中的 Point Method 下拉菜单，打开如图 4-8 所示的下拉菜单列表，其主要参数的意义如下。

Inferred Point（自动判断点）：用于系统自动判断点的位置，主要包括后续几种点的类型。

Existing Point（存在点）：用于捕捉存在点，需事先在视图平面内绘制点。

＋ End Point（端点）：用于捕捉各种线条或边线的端点。

Control Point（控制点）：用于捕捉样条曲线的控制点。

Intersection Point（相交点）：用于捕捉各种曲线或边线之间的交点。

Arc/Ellipse/Sphere Center（圆心）：用于捕捉圆、圆弧和椭圆等的圆心。

Quadrant（象限点）：用于捕捉圆或椭圆的象限点。

Select Face（曲面上的点）：用于捕捉位于曲面上的点。

Point Constructor（点构造器）：通过点构造器来设置直线的起点和终点。

- String Mode（线串模式）：该功能用于生成连续的曲线，即把第一条曲线的终点作为第二条曲线的起点。
- Break String（打断线串）：该功能用于当 String Mode 选项处于开启状态时终止连续绘制曲线。
- Lock Mode（锁定模式）：该功能用于绘制一条与图形工作区中的已有直线相关的直线，由于涉及对其他几何对象的操作，锁定模式可以自动记忆与初始选择对象的关系，随后用户可以选择其他直线进行操作。
- Parallel to（平行于）：该功能用于绘制与 XC 轴、YC 轴和 ZC 轴相平行的直线。单击该按钮时，在 Parallel at Distance from（平行距离于）选项下可以选择 Original（原先的）或 New（新的）单选框，其中 Original 表示在连续建立多条偏置直线时偏置值都是从最初的直线算起，而 New 表示偏置时的偏置值是从新建的直线算起。
- Angle Increment（角度增量）：该功能用于确定点在圆周方向的捕捉间隔。

在直线的绘制过程中，绘制方法多种多样，下面对常用的几种直线绘制方法进行叙述。

- 通过指定点绘制直线：该功能可以在视图平面内通过点构造器、鼠标来设置直线的起点和终点以绘制直线。当选中 String Mode 时，系统绘制的直线为连续的，若需终止该连续方式，单击 Break String 按钮或对话框下方的 Cancel 按钮即可，此法比较简单，在此不举例说明。
- 绘制与 XC 轴、YC 轴、ZC 轴平行的直线：该功能用于生成一条与 XC 轴、YC 轴或 ZC 轴平行的直线。先在视图平面内指定直线的起点，再单击 Parallel to 下的 XC、YC 或 ZC 按钮，然后在平面内用鼠标直接单击某一位置定义直线的终点或通过在 Tracking Bar 的文本框中输入直线的长度确定直线，如图 4-9 所示为过点分别生成与 XC 和 YC 轴平行的直线。
- 绘制与 XC 轴成一定角度的直线：该功能用于生成一条与 XC 轴成一定角度的直线。先在视图平面内指定直线的起点，再在 Tracking Bar 的文本框中输入一个角度值，然后在 Tracking Bar 的文本框中输入直线的长度即可，注意此时应通过键盘上的 Tab 键来切换输入文本框。如图 4-10 所示，为过点生成与 XC 轴夹角为 30°、长度为 100 的直线。

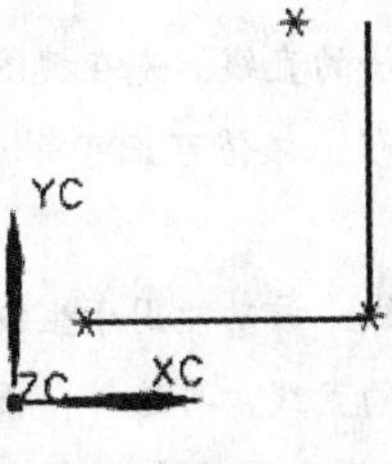

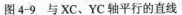

图 4-9　与 XC、YC 轴平行的直线

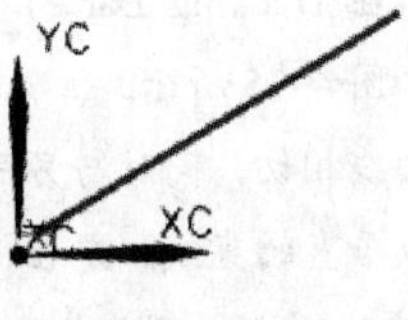

图 4-10　与 XC 轴夹角为 30° 的直线

- 通过指定点绘制一条与指定直线平行或垂直的直线：该功能用于过指定点生成一条与指定直线平行或垂直的直线。先在视图平面内指定直线的起点，再用鼠标选择一条已经存在的直线，在图形窗口

内移动鼠标观察直线的状态，当出现平行或垂直状态时，在视图区域单击鼠标左键以定义直线的终点位置，或直接在 Tracking Bar 的文本框中输入直线的长度。如图 4-11 所示为过点分别生成与指定直线平行和垂直的直线。

➢ 通过指定点绘制一条与指定直线成一定角度的直线：该功能用于过指定点生成一条与指定直线成一定夹角的直线。先在视图平面内指定直线的起点，再用鼠标选择一条已经存在的直线，然后在 Tracking Bar 的文本框中输入与该直线的夹角值，可为正也可为负。如图 4-12 所示为过点生成与指点直线成 45° 夹角的直线。注意在选择存在直线时不能选中直线的特殊点，如直线的起点、终点和中点。

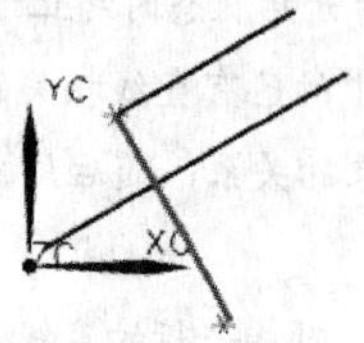

图 4-11 过点与指定直线平行和垂直的直线

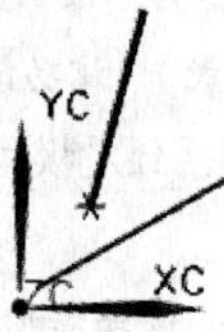

图 4-12 与指定直线成 45° 夹角的直线

➢ 绘制两条相交线的角平分线：该功能用于生成两条相条线的角平分线，直线的起点为两相交线的交点。先在视图平面内选择两条已经存在的直线，系统自动捕捉到两条直线的交点作为角平分线的起点，然后用鼠标在视图平面内单击一点作为角平分线的终点或在 Tracking Bar 的文本框中输入该角平分线的长度即可，如图 4-13 所示。

➢ 绘制两条平行线的中分线：该功能用于生成两平行线的中分线。先在视图平面内选择两条相互平行的直线，系统自动捕捉到靠近鼠标所选第一条直线的端点作为中分线的起点，然后在视图平面内用鼠标单击定义中分线的终点或在 Tracking Bar 的文本框中输入该中分线的长度，如图 4-14 所示为鼠标先单击上面的直线，鼠标单击的位置靠近该直线的左端点。

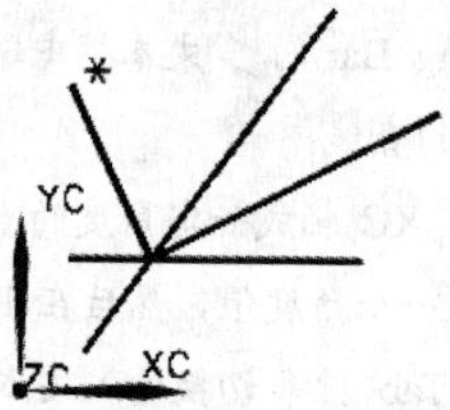

图 4-13 绘制两条相交线的角平分线

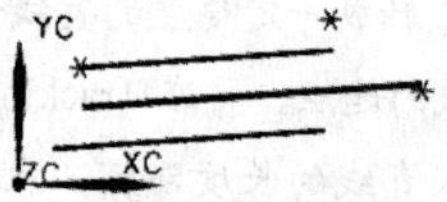

图 4-14 绘制两条平行线的中分线

➢ 通过偏置绘制直线：该功能用于生成与指定线成一定偏置值的直线。先在视图平面内选择一条存在的直线，然后在 Tracking Bar 的文本框中输入一个偏置值，该值可正可负，则系统自动生成偏置平行直线，如图 4-15 所示。

➢ 绘制与一条曲线相切，同时与另一条直线相切或垂直的直线：该功能用于生成过曲线上某个点与指定直线平行或垂直的直线。先在视图平面内选择一条存在的直线，再选择一条存在的曲线，此时在视图平面内移动鼠标，可出现过曲线上某个点与指定直线平行或垂直的直线，单击鼠标左键或在 Tracking Bar 的文本框中输入直线的长度即可定义生成直线的终点，如图 4-16 所示。

➢ 绘制与一条曲线相切，同时与另一条曲线相切或垂直的直线：该功能用于生成过曲线上某个点与另一条指定曲线相切或垂直的直线。先在视图平面内选择一条存在的曲线，再选择另一条存在的曲线，此时在视图平面内移动鼠标，可出现过曲线上某个点与指定曲线相切或垂直的直线，此时单击鼠标左键即可，如图 4-17 所示。

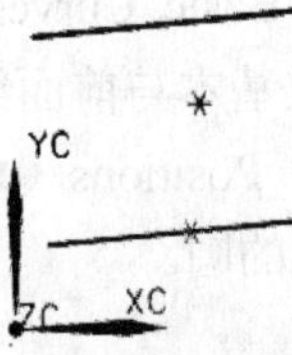

图 4-15　通过偏置值生成直线

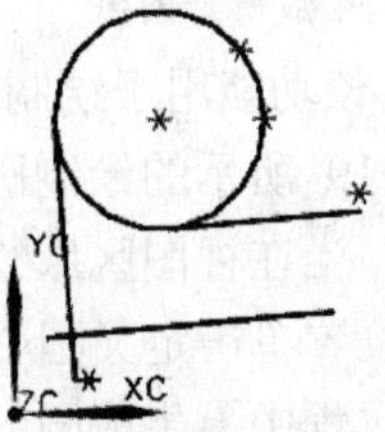

图 4-16　过曲线上某一点与另一直线平行或垂直的直线

2）绘制圆弧　该功能用于绘制圆弧曲线，单击图 4-6 所示 Basic Curves 对话框中的按钮，进入如图 4-18 所示的绘制圆弧对话框，该对话框中的参数基本与前面绘制直线对话框中参数的意义相同，其他几个参数的意义如下。

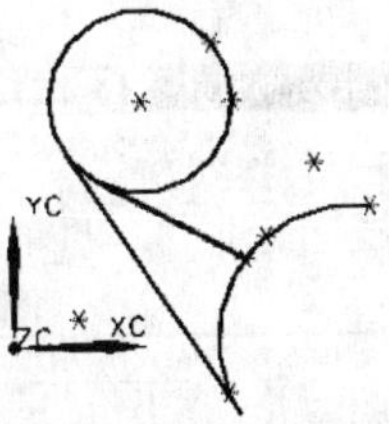

图 4-17　过曲线上某点与另一曲线垂直或相切的直线

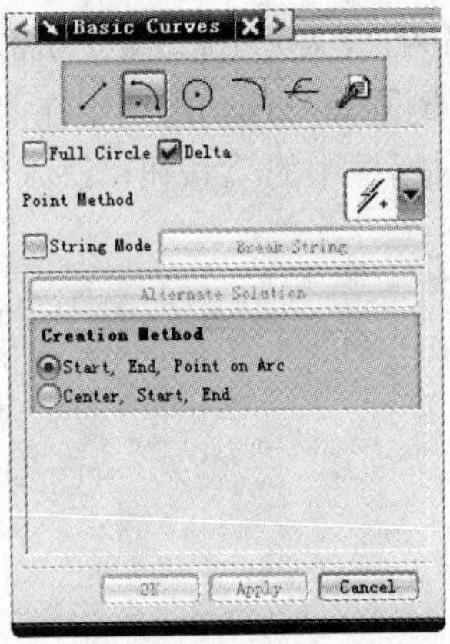

图 4-18　绘制圆弧对话框

➢ Full Circle（整圆）：该功能用于生成整圆弧，相当于后面的 Circle 功能。

➢ Alternate Solution（备选解）：该功能用于在指定两点后，系统自动生成一条圆弧，但用户希望生成该弧的互补圆弧情况。该功能不建议用户使用。

➢ Creation Method（生成方式）：该功能用于定义圆弧的生成方式，主要有以下两种方式。

✧ Start，End，Point on Arc（起点，终点，圆弧上的点）：用于通过指点三点定圆弧，先选择的点为圆弧的起点，第二点为圆弧的终点，第三点用于确定圆弧的大小和位置。另外，在此种生成方式下，还可以通过以下方式创建圆弧。

❖ Start，End，Radius/Diameter（起点，终点，半径/直径）：用于在指定圆弧的起点和终点后，再在 Tracking Bar 的或文本框中输入圆弧的半径值或直径值生成圆弧。

❖ Start，End，Tangent（起点，终点，相切）：用于在指定圆弧的起点和终点后，再单击视图平面中存在的曲线生成过指定起点和终点与该曲线相切的圆弧。

✧ Center，Start，End（圆心，起点，终点）：用于通过指定圆弧的圆心、起点和终点位置定义圆弧，先选择的点为圆弧的圆心，第二点为圆弧的起点，最后选择的点为圆弧的终点。另外，在此种生成方式下还可以通过 Center、Radius/Diameter、Start Angle、End Angle（圆心、半径/直径、起始角、终止角）生成圆弧，即在视图区域中先选择圆弧的圆心，然后在 Tracking Bar 的或文本框中输入圆弧的半径值或直径值，再在和文本框中分别输入圆弧的起始角和终止角，生成所需圆弧。

3）绘制圆 该功能用于绘制圆弧曲线，单击图 4-6 所示 Basic Curves 对话框中的按钮，进入如图 4-19 所示的绘制圆对话框，该对话框中的参数基本与前面绘制直线对话框中参数的意义相同。当在视图区域绘制一个圆后，选择 Multiple Positions（多个位置）可以在工作区域的不同位置单击定义圆心位置以生成与该圆同样大小的圆。

在实际应用过程中，生成圆的方式主要有以下几种。

- 圆心和圆上一点：先指定的点为圆心位置，圆的半径为两点之间的距离。
- 圆心和半径或直径：先通过在绘图区域单击鼠标左键定义圆心，或通过在 Tracking Bar 工具条中分别输入 XC、YC、ZC 值定义圆心，然后在Radius（半径）或Diameter（直径）文本框中输入圆的半径值或直径值。
- 圆心与另一对象相切：先通过相应定义方式在绘图区域确定圆心位置，再选择绘图区域已存在的一个对象，即可生成过该点与指定对象相切的圆。

4）倒圆角 该功能用于在两条或三条曲线的交点处创建圆角，单击图 4-6 所示 Basic Curves 对话框中的按钮，进入如图 4-20 所示的 Curve Fillet 对话框，该对话框中各参数的意义如下。

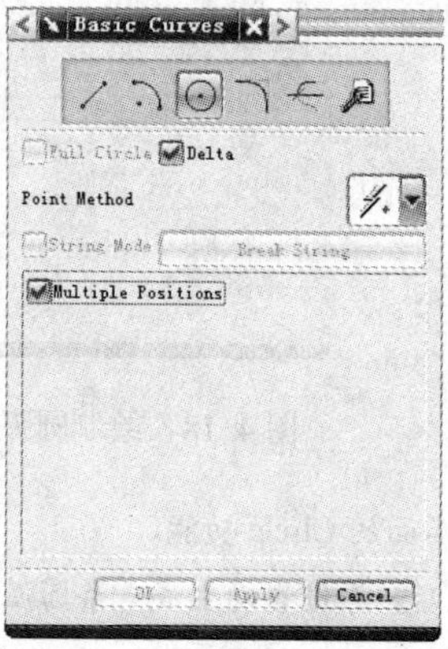

图 4-19 绘制圆对话框

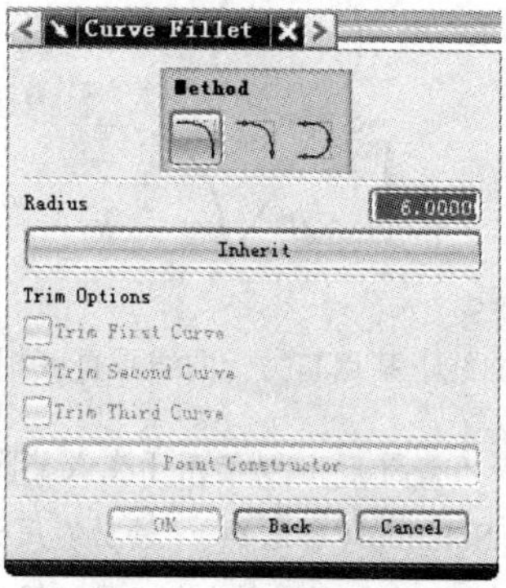

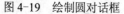

图 4-20 Curve Fillet 对话框

- Method（方法）：用于定义曲线倒圆角的方式，主要有Simple Fillet（简单倒圆角）、2 Curve Fillet（两曲线倒圆角）和3 Curve Fillet（三曲线倒圆角）3 种方式。
- Radius（半径）：用于设定圆角半径。
- Inherit（继承）：用于继承图形区域中已经存在的圆角半径。
- Trim Options（修剪选项）：用于对倒圆角后曲线修剪情况的设置，有 Trim First Curve（修剪第一条曲线）、Trim Second Curve（修剪第二条曲线）、Trim Third Curve（修剪第三条曲线）3 个选项，即分别对第一条、第二条和第三条曲线执行自动修剪操作。
- Point Constructor（点构造器）：用于在 2 Curve Fillet 和 3 Curve Fillet 情况下，可通过指定点来代替曲线，即在点与曲线之间倒圆角。

下面结合实例对 3 种倒圆角方式进行简要介绍。

➤ Simple Fillet：用于同一平面内对两条不平行直线进行倒圆角，其基本操作步骤如下。

✧ 在 Curve Fillet 对话框中单击按钮，并在 Radius 文本框中输入倒角半径值，或单击 Inherit 按钮，然后在图形工作区中选择已存在的圆弧，使倒圆角半径与所选圆弧半径相同。

✧ 将光标移至要倒圆角的两条直线的交点附近，大致在圆角的中心处，且光标的球需包围两条直线的相交点。

✧ 单击鼠标左键完成倒圆角操作。对于不同直线形状和光标位于不同的位置，倒圆角所得结果也不一样，如表 4-1 所示。

表 4-1 几种简单倒圆角情况（*代表光标球位置）

修 剪 前	修 剪 后	修 剪 前	修 剪 后
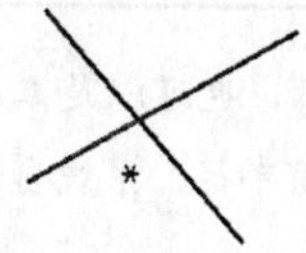	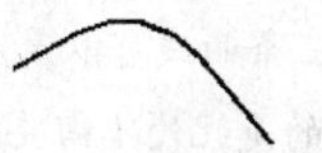		
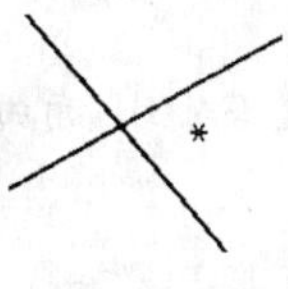		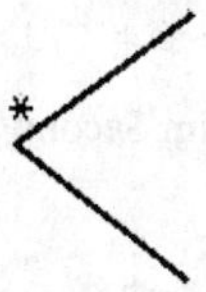	
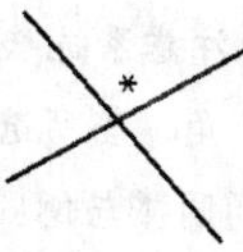		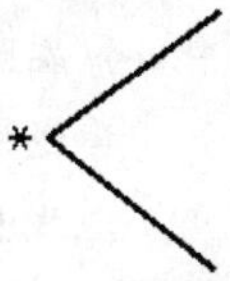	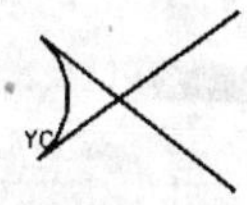
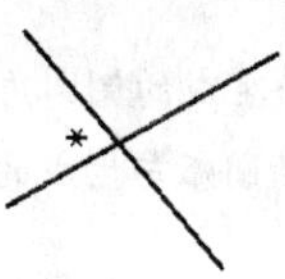		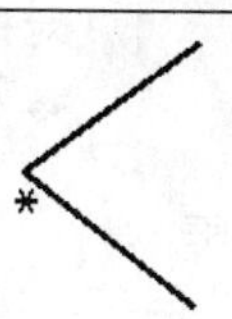	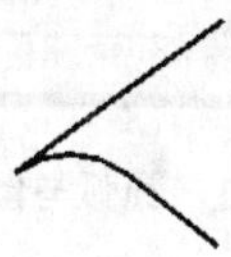

〖注意〗在此种倒圆角方式下，所有的 Trim Option 都无效，系统默认为两直线自动修剪。

➤ 2 Curve Fillet：用于两曲线之间进行倒圆角，该曲线不仅可以为直线，还可以为圆弧、圆等，其基本操作步骤如下。

✧ 在 Curve Fillet 对话框中单击按钮，并在 Radius 文本框中输入倒角半径，或单击 Inherit 按钮，然后在图形工作区中选择已存在的圆弧，使倒圆角半径与所选圆弧半径相同。

✧ 对 Trim First Curve 和 Trim Second Curve 进行设置，即是否对倒圆角曲线进行修剪。

✧ 依次选择第一条曲线和第二条曲线。

✧ 在圆心的近似位置单击鼠标左键完成倒圆角。注意系统默认为沿逆时针方向从第一条曲线到第二条曲线完成倒角，且与两曲线相切，所以曲线选择的顺序和圆心近似位置选择不同，倒圆角的结果也不相同，表 4-2 所示为两条直线的倒圆角情况。

另外，在设定完倒圆角半径后，也可以通过 Point Constructor 设定三个点来进行倒圆角，设定的三个点分别为圆角的起点、终点和近似圆心位置。

表 4-2　不同情况下的曲线倒圆角（两条直线）

	光标位置 顺序	1	2	3	4
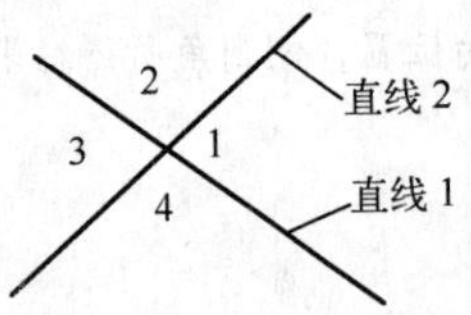	先选直线 1 后选直线 2	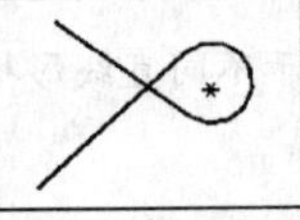	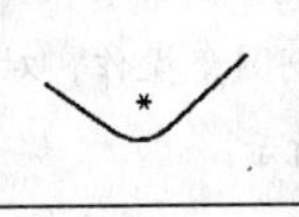	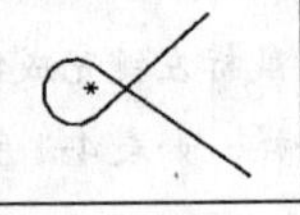	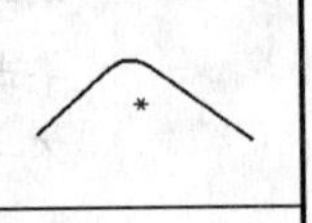
	先选直线 2 后选直线 1		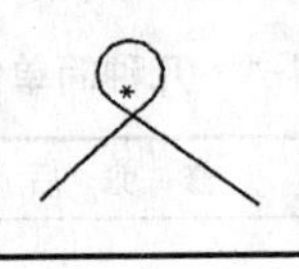	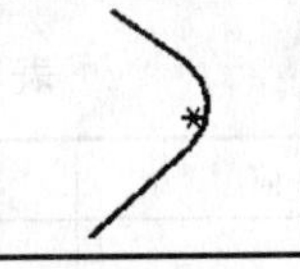	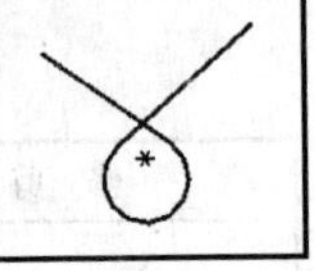

➢ 3 Curve Fillet：用于对三条曲线进行倒圆角，这三条曲线可以是点、线、圆弧，也可以是二次曲线和样条曲线，与 2 Curve Fillet 基本相同，所不同的是此处不需要用户输入圆角半径，系统自动计算半径值，其基本操作如下。

✧ 在 Curve Fillet 对话框中单击按钮。

✧ 对 Trim First Curve、Trim Second Curve 和 Trim Third Curve 进行设置，即是否对倒圆角曲线进行修剪。

✧ 依次选择需倒圆角的三条曲线。

✧ 在圆心的近似位置单击鼠标左键完成倒圆角，注意系统默认为沿逆时针方向从第一条曲线到第三条曲线完成倒角。当所选择的曲线中包括圆弧时，系统将弹出如图 4-21 所示的圆弧与倒圆角关系对话框，其各项意义如下。

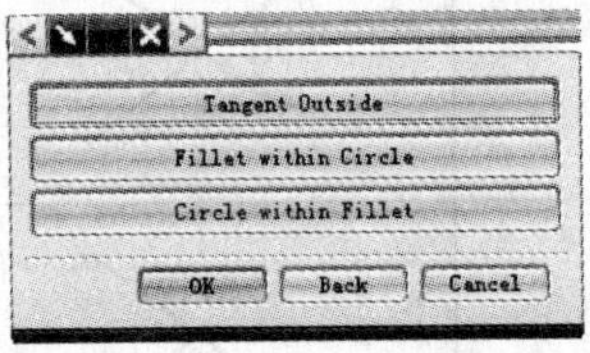

图 4-21　圆弧与倒圆角关系对话框

❖ Tangent Outside（外切）：设置所选圆弧与生成的倒圆角外切。

❖ Fillet within Circle（圆角在圆内）：所选的圆弧与生成的倒圆角内切，并且圆角在圆弧内。

❖ Circle within Fillet（圆角内的圆）：所选的圆弧与生成的倒圆角内切，并且圆角在圆弧外。

5）修剪曲线　该功能用于对曲线进行修剪或延伸，单击图 4-6 所示 Basic Curves 对话框中的按钮，进入如图 4-22 所示的 Trim Curve 对话框，该对话框中各参数的意义如下。

➢ Curve to Trim（要修剪的曲线）：用于选择需修剪的曲线，先在 End to Trim（要修剪的端点）处设置是修剪曲线的 Start（起点）还是 End（终点），此时主要是针对一条边界而言，然后选取需修剪的曲线。

➢ Bounding Object 1/2（边界对象）：用于选取修剪的边界对象，可以为曲线、实体面，也可以为点、边和坐标平面等。

➢ Intersection（交点）：用于当修剪曲线与边界对象不相交时设置修剪曲线和边界曲线之间的交点方法，此处一般采用系统默认的方法即可。

➢ Settings（设置）：用于对修剪后的曲线状态进行设置，其中 Associative（关联性）用于设置修剪后的曲线与源曲线之间的关联性；Input Curves（输入曲线）用于设置修剪后曲线的状态，主要包括

Hide（隐藏）、Keep（保留）和 Delete（删除）；Curve Extension（曲线延伸段）用于设置修剪后曲线的延伸方式，主要包括 Natural（自然）、Linear（线性）、Circular（环向延伸）；Trim Boundary Objects（修剪边界对象）用于设置边界对象在修剪后的状态；Keep Boundary Objects Selected（保持选定的边界对象）用于设置修剪后是否保留选定的边界对象；Automatic Selection Progression（自动保持递进）用于设置在修剪过程中对话框中的选项是否按步骤高亮显示以提示用户。

6）**编辑曲线参数**　该功能用于对曲线参数进行编辑，单击图 4-6 所示 Basic Curves 对话框中的按钮，进入如图 4-23 所示的 Edit Curve Parameters 对话框，该对话框中各参数的意义如下。

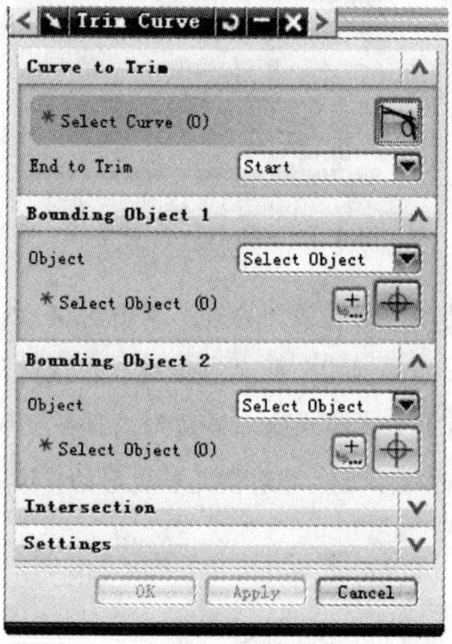

图 4-22　Trim Curve 对话框

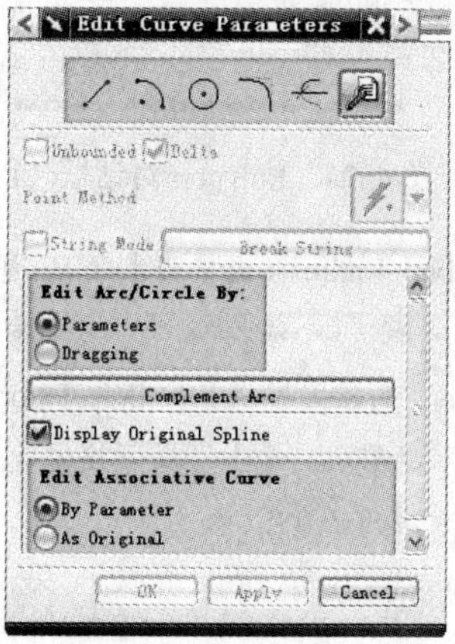

图 4-23　Edit Curve Parameters 对话框

- Point Method（点方法）：用于修改直线的端点参数，用鼠标单击曲线的端点后，直接拖动鼠标或在如图 4-7 所示的 Tracking Bar 工具条中修改其参数。
- Edit Arc/Circle By（编辑圆/圆弧通过）：用于设置通过何种方式修改圆或圆弧的参数，可以通过 Parameters（参数）和 Dragging（拖动）的方式来完成。其中 Parameters 方式指在图 4-7 所示的 Tracking Bar 中进行参数修改，而 Dragging 方式则需要先选择圆或圆弧的控制点，如圆心或端点，通过拖动鼠标到新的位置单击鼠标左键以完成参数编辑。
- Complement Arc（补圆弧）：用于生成现有圆弧的补圆弧。
- Display Original Spline（显示原先的样条）：用于设置在对样条曲线进行参数编辑后，是否保留编辑前的样条曲线。
- Edit Associative Curve（编辑关联曲线）：用于设置编辑曲线时其关联关系是否保留，当选择 By Parameters（根据参数）时保留关联关系，若选择 As Original（按原先的）则不保留关联关系。

5．矩形

矩形功能用于通过选择矩形的两个对角点来绘制矩形。选择【Insert（插入）】→【Curve（曲线）】→【Rectangle（矩形）】命令或单击 Curve 工具栏上的按钮，系统弹出 Point 对话框，用户可以在该对话框中定义矩形的两个对角点，或直接用鼠标在视图平面内选取所需的两个点以构造矩形。

6. 多边形

多边形功能用于创建具有指定数量的多边形。选择【Insert（插入）】→【Curve（曲线）】→【Polygon（多边形）】命令或单击 Curve 工具栏上的按钮，系统弹出如图 4-24 所示的 Polygon 对话框，在 Number of Sides（侧面数）文本框中输入多边形的边数后单击 OK 按钮，系统弹出如图 4-25 所示的 Polygon 对话框，在该对话框中选择一种创建多边形的方式，主要有下列 3 种方式。

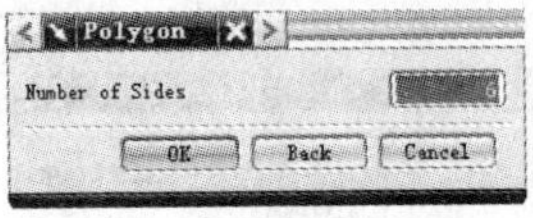

图 4-24 Polygon 对话框（1）

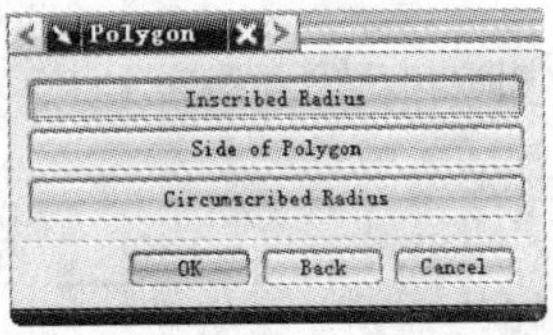

图 4-25 Polygon 对话框（2）

- Inscribed Radius（内接圆半径）：通过该方法绘制的多边形将该圆内切。单击图 4-25 所示对话框中的 Inscribed Radius 按钮后，系统弹出如图 4-26 所示对话框，在该对话框的 Inscribe Radius（内接圆半径）和 Orientation Angle（方位角）文本框中输入多边形内接半径和方位角来确定多边形的形状。单击 OK 按钮后，系统弹出 Point 对话框，用来指定多边形的中心，图 4-27 所示为该方法的示意图。

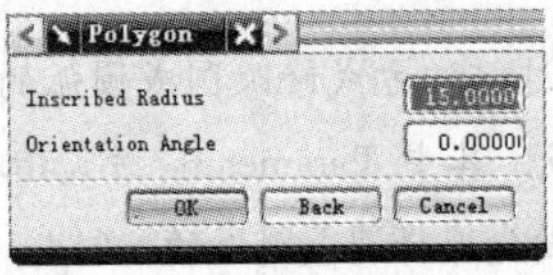

图 4-26 Polygon 对话框（3）

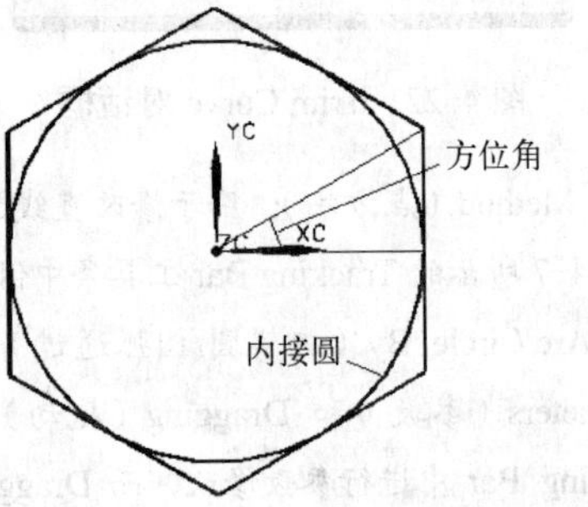

图 4-27 Inscribed Radius 示意图

- Side of Polygon（多边形边数）：通过指定多边形的边数和方位角来绘制多边形。单击图 4-25 所示对话框中的 Side of Polygon 按钮后，系统弹出如图 4-28 所示对话框，在该对话框的 Side（侧）和 Orientation Angle（方位角）文本框中分别输入多边形的边长和方位角来确定多边形的形状。单击 OK 按钮后，系统弹出 Point 对话框以指定多边形的中心，图 4-29 所示为该方法的示意图。
- Circumscribed Radius（外切圆半径）：通过先指定多边形的边数，然后指定多边形的半径和方位角来绘制多边形。单击图 4-25 所示对话框中的 Circumscribed Radius 按钮后，系统弹出如图 4-30 所示对话框，在该对话框的 Circle Radius（圆半径）和 Orientation Angle（方位角）文本框中分别输入多边形外切圆半径和方位角来确定多边形的形状。单击 OK 按钮后，系统弹出 Point 对话框以指定多边形的中心，图 4-31 所示为该方法的示意图。

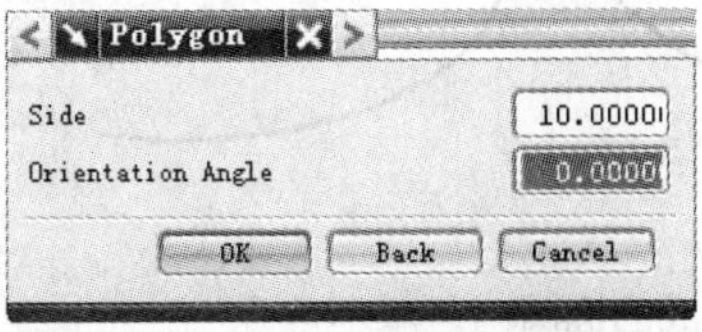

图 4-28　Polygon 对话框（4）

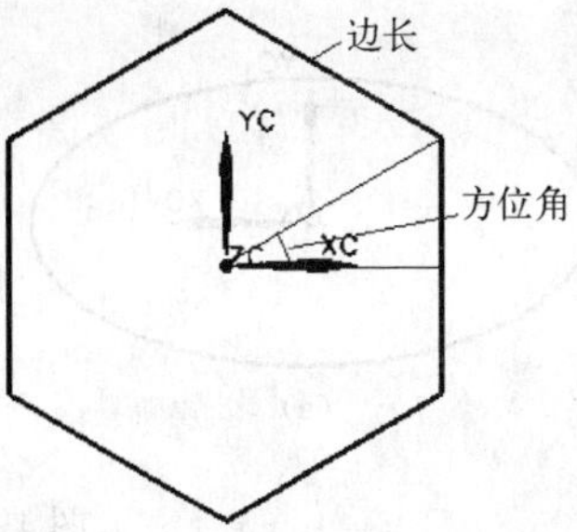

图 4-29　Side of Polygon 示意图

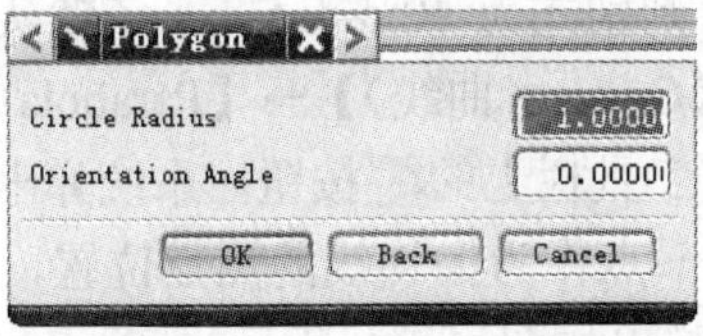

图 4-30　Polygon 对话框（5）

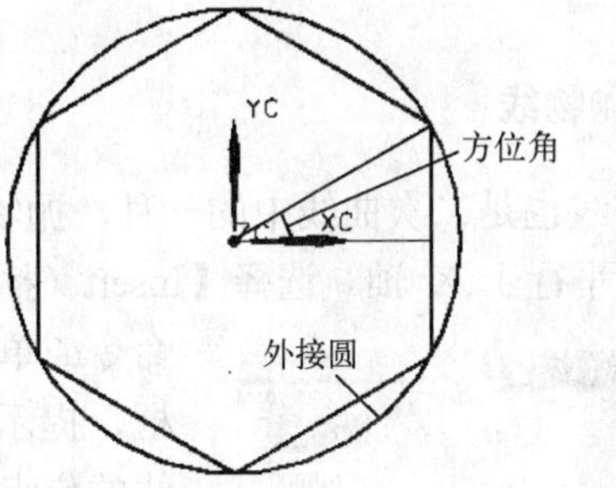

图 4-31　Circumscribed Radius 示意图

7．椭圆

椭圆是二次曲线中的一种，椭圆功能是用来绘制一个单向缩短圆的方法。椭圆是由指定的半长轴直径和半短轴直径所决定的，长轴直径通常为圆的真实直径，而短轴直径则代表圆在压缩方向的直径，其中长轴平行于 X 轴，短轴平行于 Y 轴。椭圆的投射判别式为 Rho<0.5。

选择【Insert（插入）】→【Curve（曲线）】→【Ellipse（椭圆）】命令或单击 Curve 工具栏上的按钮，系统弹出 Point 对话框，提示用户指定一点作为椭圆的中心点，确定完椭圆的中心点后，系统弹出如图 4-32 所示的 Ellipse 对话框。

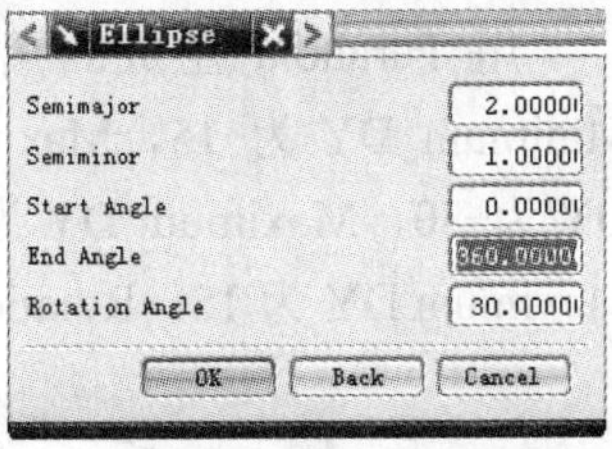

图 4-32　Ellipse 对话框

在该对话框中分别对椭圆的主要参数进行设置，如对 Semimajor（长半轴）、Semiminor（短半轴）、Start Angle（起始角）、End Angle（终止角）、Rotation Angle（旋转角度）进行设置，其中 Rotation Angel 指的是椭圆的长轴与 X 轴方向的夹角，即椭圆长轴相对于椭圆中心的旋转角。

用 Ellipse 生成的椭圆如图 4-33（a）所示，其中图 4-33（a）的 Start Angle 为 0，End Angle 为 360，Rotation Angle 为 0；图 4-33（b）的 Start Angle 为 0，End Angle 为 360，Rotation Angle 为 30；图 4-33（c）的 Start Angle 为 30，End Angle 为 300，Rotation Angle 为 0。绘制椭圆的步骤如下。

（1）在绘图区域指定椭圆的圆心，或在 Point 对话框中输入椭圆中心的坐标值后，单击 OK 按钮。

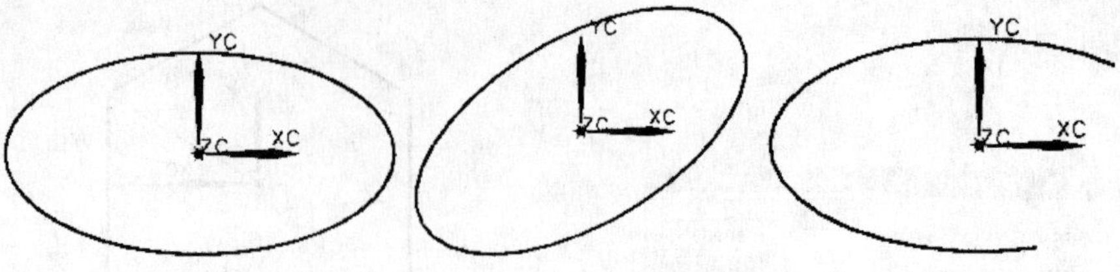

（a）　　（c）　　（c）

图 4-33　用 Ellipse 生成的椭圆

（2）在图 4-32 所示对话框中设置椭圆的参数值后，单击 OK 按钮即可生成所需椭圆。

8. 抛物线

抛物线也是二次曲线中的一种，抛物线的投射判别式为 Rho=0.5。系统默认画出的抛物线对称轴平行于 X 轴。选择【Insert（插入）】→【Curve（曲线）】→【Parabola（抛物线）】命令或单击 Curve 工具栏上的按钮，系统弹出 Point 对话框，提示用户指定一点作为抛物线的焦点位置，确定完抛物线的焦点后，系统弹出如图 4-34 所示的 Parabola 对话框。在该对话框中分别对抛物线的主要参数进行设置，如 Focal Length（角距长度）、Minimum DY（最小 DY）、Maximum DY（最大 DY）和 Rotation Angle（旋转角度），其中 Focal Length 指抛物线顶点到焦点之间的距离；Minimum DY 和 Maximum DY 分别表示 Y 方向的最小长度和最大长度，二者之差的绝对值构成抛物线在 Y 方向的总长度；Rotation Angle 指抛物线的对称轴与 X 轴方向的夹角，当抛物线的对称轴平行于 Y 轴时，Rotation Angle 为 90。

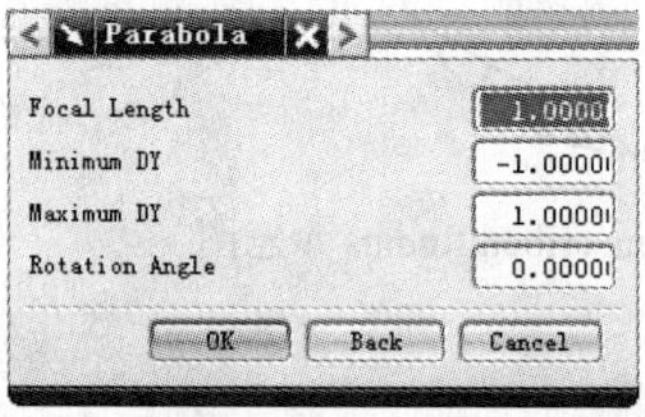

图 4-34　Parabola 对话框

用 Parabola 生成的焦点半径为 5 的抛物线如图 4-35 所示，其中图 4-35（a）的 Minimum DY 为-15，Maximum DY 为 30，Rotation Angle 为 0；图 4-35（b）的 Minimum DY 为-30，Maximum DY 为 15，Rotation Angle 为 0；图 4-35（c）的 Minimum DY 为-30，Maximum DY 为 15，Rotation Angle 为 30。操作步骤如下。

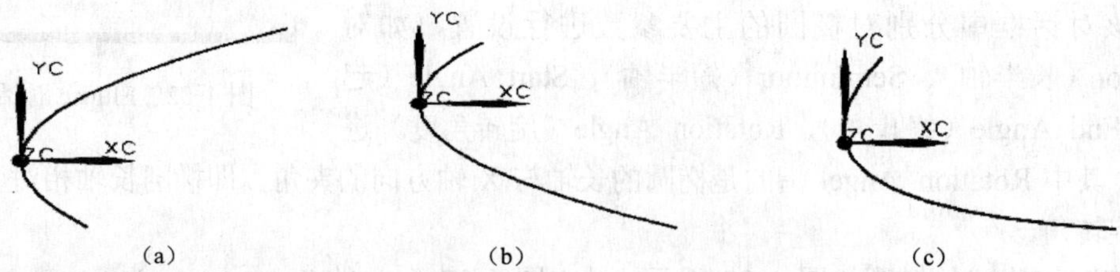

（a）　　（b）　　（c）

图 4-35　用 Parabola 生成的抛物线

（1）在绘图区域指定抛物线的焦点，或在 Point 对话框中输入抛物线的焦点坐标值，单击 OK 按钮。

（2）在图 4-34 所示对话框中设置抛物线的参数值后，单击 OK 按钮即可生成所需抛物线。

9. 双曲线

双曲线也是二次曲线中的一种，双曲线是落在中心点两侧的两条对称曲线，在 UG NX 8.0 中只绘制其 X>0 的一侧，若需要另一侧，则可通过镜像得到。双曲线的中心点是两条渐近线的交点，双曲线的对称轴也通过该点。双曲线的投射判别式为 Rho>0.5。

选择【Insert（插入）】→【Curve（曲线）】→【Hyperbola（双曲线）】命令或单击 Curve 工具栏上的按钮，系统弹出 Point 对话框，提示用户指定一点作为双曲线的中心点，确定完双曲线的中心点后，系统弹出如图 4-36 所示的 Hyperbola 对话框。在该对话框中分别对双曲线的主要参数进行设置，如 Semitransverse（实半轴）、Semiconjugate（虚半轴）、Minimum DY（最小 DY）、Maximum DY（最大 DY）和 Rotation Angle（旋转角度）。

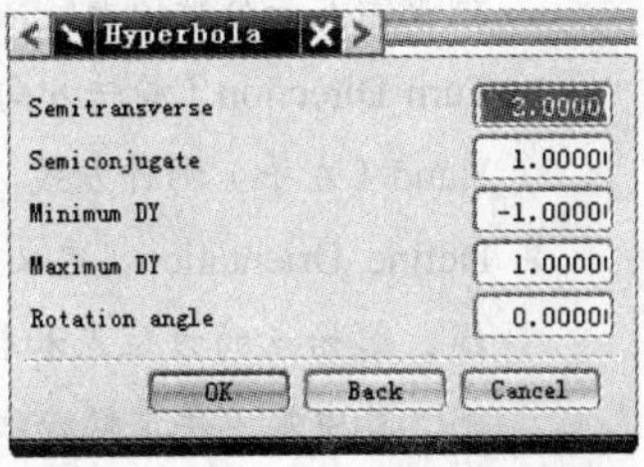

图 4-36　Hyperbola 对话框

用 Hyperbola 生成的实半轴和虚半轴分别为 10 和 5 的双曲线如图 4-37 所示，其中图 4-37（a）的 Minimum DY 为-15，Maximum DY 为 30，Rotation Angle 为 0；图 4-37（b）的 Minimum DY 为-30，Maximum DY 为 15，Rotation Angle 为 0；图 4-37（c）的 Minimum DY 为-30，Maximum DY 为 15，Rotation Angle 为 30。操作步骤如下。

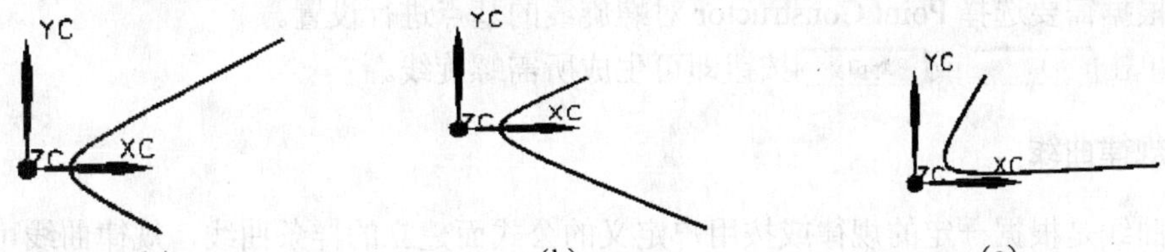

图 4-37　用 Hyperbola 生成的双曲线

（1）在绘图区域指定双曲线的中心点，或在 Point 对话框中输入双曲线中心点的坐标值，单击 OK 按钮。

（2）在图 4-36 所示对话框中设置双曲线的参数值后，单击 OK 按钮即可生成所需双曲线。

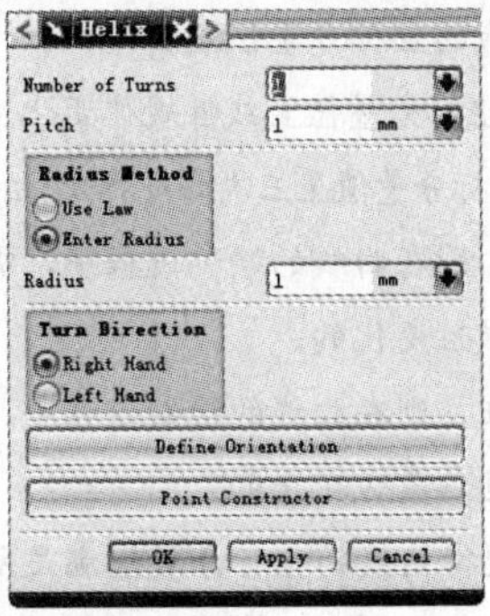

图 4-38　Helix 对话框

10. 螺旋线

螺旋线是一条自由曲线，可以通过定义其圈数、间距、半径定义方式、旋转方向及螺旋原点来生成。选择【Insert（插入）】→【Curve（曲线）】→【Helix（螺旋线）】命令或单击 Curve 工具栏上的按钮，系统弹出如图 4-38 所示的 Helix 对话框，在该对话框中分别对螺旋线的主要参数进行设置，其各参数的意义如下。

➢ Number of Turns（转数）：该功能用于设定螺旋线的圈数，可以为整数也可以为小数，但其值不能为负。

- Pitch（螺距）：该功能用于设定螺旋线的螺距，即沿同一螺旋线绕转一圈后沿轴线方向测量所得长度值。
- Radius Method（半径方式）：该功能用于设定螺旋线的半径定义方式，包括 Use Law（使用准则线）和 Enter Radius（输入半径）两种方式。其中 Use Law 指的是利用规律曲线来定义螺旋线的半径，即螺旋线半径在各坐标轴上的投影长度为变量；Enter Radius 指的是直接在后面的 Radius 文本框中输入一个数值来定义螺旋线的半径，此时螺旋线的半径为固定值。
- Turn Direction（旋转方向）：该功能用于设定螺旋线的旋转方向，可以为 Right Hand（右手）和 Left Hand（左手）两种方式，分别表示从螺旋线起点开始，绕着轴线方向按逆时针和顺时针上升旋转。
- Define Orientation（定义方向）：该功能用于设定螺旋线的方位，可以通过指定已存在的直线作为轴线、起始点的方位点和轴线基点来确定螺旋线的方位，螺旋线起始点位于从基点到方位点的连线上，其中基点决定螺旋线的起始点位置，且该点总是位于通过基点与轴线相垂直的平面内。若不对其方向进行定义，则系统默认 ZC 轴为螺旋线的轴线，其方位点位于 XC 上，基点为坐标原点。
- Point Constructor（点构造器）：该功能用于设定螺旋线的基点位置。

绘制螺旋线的基本步骤如下。

（1）进入图 4-38 所示的 Helix 对话框，在该对话框中设定螺旋线的转数、螺距、半径值和旋转方向。

（2）根据需要选择 Define Orientation 对螺旋线的轴线和起始方位角进行设置。

（3）根据需要选择 Point Constructor 对螺旋线的基点进行设置。

（4）单击 OK 或 Apply 按钮即可生成所需螺旋线。

11．规律曲线

规律曲线是根据一定的规律或按用户定义的公式而建立的样条曲线，规律曲线可以是二维曲线，也可以是三维曲线。使用规律定义曲线在 X、Y、Z 三个分量上的变化。对于各种规律曲线，常常需要组合使用不同的变化规律，例如，X 分量是按线性规律变化的，Y 分量是根据某个公式规律变化的，而 Z 分量是常数。规律曲线在根据公式建立曲线时非常实用，同时也是参数化控制曲线的好方法。规律曲线可以控制螺旋线的半径规律，控制样条曲线的形状，控制圆角的截面线，定义扫描体的角度规律和面积规律等。单击 Curve 工具栏上的按钮，系统弹出如图 4-39 所示的 Law Function 对话框，在该对话框中可分别对螺旋线的主要参数进行设置，其各选项意义的如下。

Constant（恒定的）：该功能用于设定在曲线的绘制过程中，该规律曲线的坐标分量值是恒定的。

Linear（线性的）：该功能用于设定在曲线的绘制过程中，该规律曲线的坐标分量值呈线性规律变化。

Cubic（三次的）：该功能用于设定在曲线的绘制过程中，该规律曲线的坐标分量值呈三次方规律变化。

Values Along Spine-Linear（沿着脊线的值-线性的）：单击该命令按钮，则在曲线的绘制过程中，需沿着所选择的曲线上选择多个点并输入对应的值，且这些值在坐标分量上是呈线性变化的。

Values Along Spine-Cubic（沿着脊线的值-三次方的）：单击该命令按钮，则在曲线的绘制过程中，需沿着所选择的曲线上选择多个点并输入对应的值，且这些值在坐标分量上是呈三次方变化的。

By Equation（根据方程）：该功能用于设定在曲线的绘制过程中，该规律曲线的坐标分量值满足所选表达式的值，但需先建立相关的表达式。

By Law Curve（根据规律曲线）：该功能用于设定在曲线的绘制过程中，该规律曲线的坐标分量值按规律曲线的变化而变化，但需先建立相关的规律曲线。

绘制规律曲线的基本步骤如下。

（1）单击 Curve 工具栏上的按钮，进入图 4-39 所示的 Law Function 对话框。

（2）分别为 X、Y、Z 定义规律函数，定义完规律函数并进行相应的参数设置后，系统弹出如图 4-40 所示的 Law Curve（规律曲线）对话框，用于选择以一定方式设置样条曲线的放置平面，主要有以下三种方式。

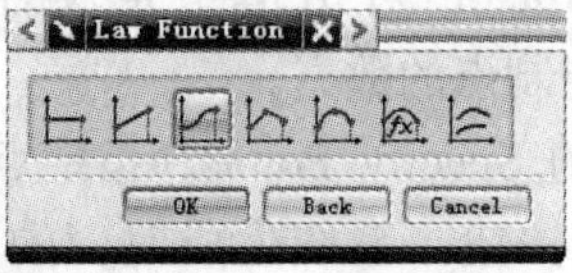

图 4-39 Law Function 对话框

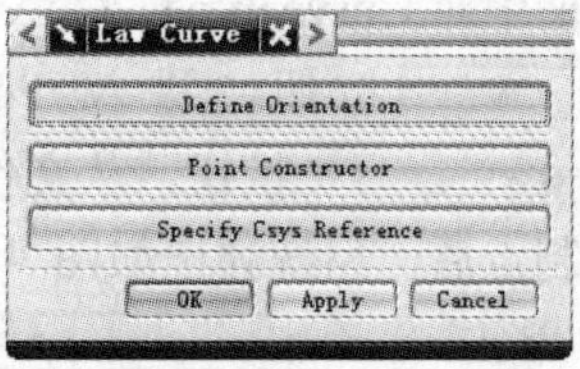

图 4-40 Law Curve 对话框

- Define Orientation（定义方位）：用于提示通过指定 Z 轴和 X 点方法创建新坐标系，新创建的曲线将旋转在新坐标系中，且系统默认为工作坐标系。
- Point Constructor（点构造器）：用于提示通过指定一个新坐标系的原点位置，通过坐标系的平移使原点和新点重合，新创建的曲线将放置在新的坐标系中，系统默认为工作坐标系。
- Specify CSYS Reference（指定 CSYS 参考）：用于提示使用三个基准面或两个基准面和一个基准轴的方式定义新坐标系，该方法对于当基准面或基准轴发生变化时极为有利，因为所创建的曲线将会随基准面或基准轴的变化而被放置在新的平面内。

（3）单击 OK 或 Apply 按钮即可生成规律曲线。

12．样条曲线

该功能用于绘制样条曲线，选择【Insert（插入）】→【Curve（曲线）】→【Spline（样条曲线）】命令或单击 Curve 工具栏上的按钮，系统弹出如图 4-41 所示的 Spline 对话框，在该对话框中选择生成样条曲线的方式，主要有以下几种方式。

1）By Poles（根据极点） 该功能用于通过极点来限制样条曲线的形状，极点可以通过 Point Constructor 生成，也可以从文件中读取，但要注意该样条曲线不通过这些极点（端点除外）。单击该功能按钮后，系统弹出如图 4-42 所示的 Spline By Poles（根据极点生成样条曲线）对话框，该对话框中各参数的意义如下。

- Curve Type（曲线类型）：用于设置所生成的样条曲线为 Multiple Segments（多段）还是 Single Segment（单段）。其中 Multiple Segments 指生成的样条曲线为 B-Spline 曲线，整条样条曲线由多段小样条曲线构成，各段曲线之间的分割是不可见的，且定义样条曲线的点可以远远多于曲线的阶次，但要注意每段样条曲线的点数不超过 25 个且每段样条曲线的阶次不多于 24（即每段曲线中包含的点数至少要比曲线的阶次多 1）；Single Segment 创建的是单段样条曲线，此时无须对曲线阶次进行设置，即系统默认为样条曲线的阶次比所定义的点数少 1。
- Curve Degree（曲线阶次）：用于设置所生成样条曲线的阶次，即定义整条样条曲线的数学多项式的最高次幂，通常情况下，曲线的阶次等于曲线的定义点数减 1。
- Closed Curve（封闭曲线）：用于设置所生成的样条曲线为封闭曲线，只有当 Curve Type 选择为

Multiple Segments 时才有效。

➢ Points from File（文件中的点）：用于从现有的文件中读取控制点的数据，此处，该文件只是一组点坐标。

用此种方法绘制样条曲线的基本步骤如下。

（1）单击 Spline 对话框中的 By Poles 按钮，系统进入 Spline By Poles 对话框。

（2）在对话框中对 Curve Type、Curve Degree 及 Closed Curve 进行设置。

（3）单击 OK 按钮，进入 Point Constructor 对话框中定义控制点，或单击 Points from File 按钮，从文件中读取控制点的数据。

（4）指定控制点后，系统弹出如图 4-43 所示的 Specify Points（指定点）对话框以供用户确定输入点，单击 Yes 按钮，系统生成对应的样条曲线；单击 No 按钮，系统返回 Point Constructor 对话框，可以继续添加控制点或对当前控制点进行修改。

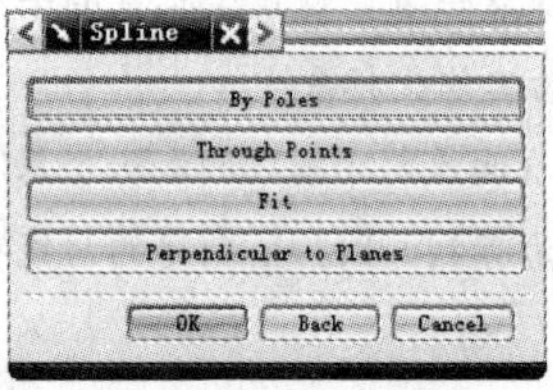

图 4-41 Spline 对话框

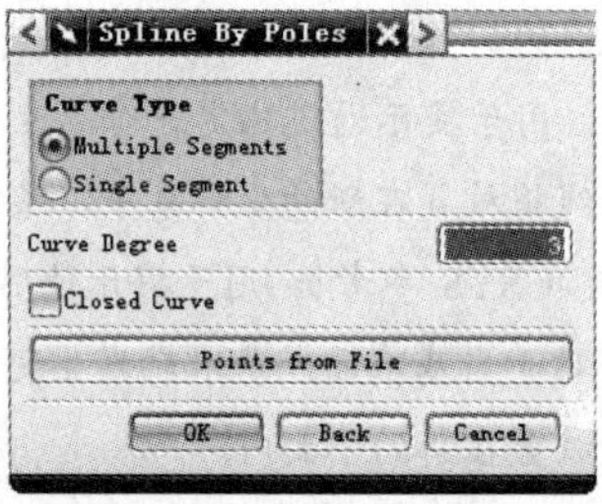

图 4-42 Spline By Poles 对话框

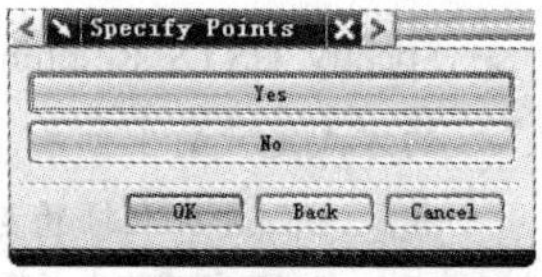

图 4-43 Specify Points 对话框

2）Through Points（通过点） 该功能用于通过所有的指定点来生成样条曲线，单击该功能按钮后，系统弹出如图 4-44 所示的 Spline Through Points（通过点生成样条曲线）对话框。该对话框中各参数的意义与 Spline By Poles 对话框中基本相同，但应注意此种方式下通过 Points from File 选项输入的点，该文件除了包括点的坐标外，还需包括斜率和曲率，其他参数主要如下。

➢ Assign Slopes（赋斜率）：用于设置样条曲线通过该点处的斜率。

➢ Assign Curvatures（赋曲率）：用于设置样条曲线通过该点处的曲率。

在 Spline Through Points 对话框中设置完 Curve Type、Curve Degree 及生成曲线是否是 Closed Curve 后，单击 OK 按钮，系统弹出如图 4-45 所示的 Spline 对话框以设定通过指定点生成样条曲线的方式，主要有以下几种。

➢ Chain from All（全部成链）：用于将视图区域内所有已经存在的点连接起来。其基本操作步骤为，系统提示用户选择样条曲线的起点和终点；指定完起点和终点后，系统自动把起点和终点之间的所有点连接起来并弹出如图 4-44 所示对话框；在图 4-44 所示对话框中选择 Assign Slopes 或 Assign Curvatures 选项后，系统弹出如图 4-46 所示 Assign Slope 对话框或如图 4-47 所示 Assign Curvature 对话框，以设置样条曲线各点的斜率或曲率；设定完后依次单击 OK 按钮，即可生成所需样条曲线。

图 4-46 所示 Assign Slope 对话框中各参数的意义如下。

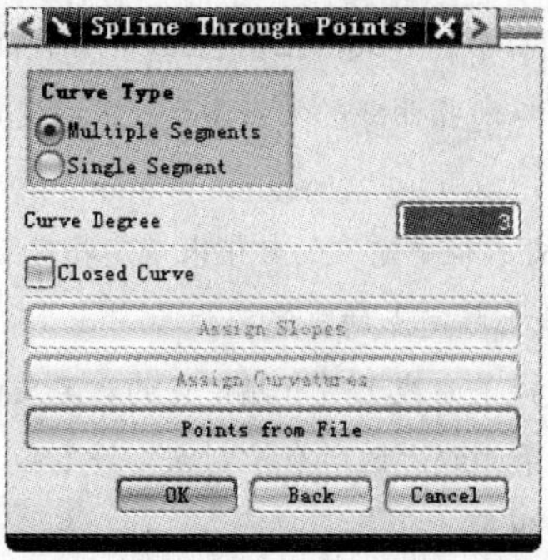

图 4-44　Spline Through Points 对话框

图 4-45　Spline 对话框

✧ Slope Method（斜率方式）：用于设置生成斜率的方式，主要包括以下几种方式。

❖ Automatic Slope（自动斜率）：用于系统自动确定指定点的斜率。

❖ Vector Component（矢量分量）：用于根据在 DXC、DYC、DZC 文本框中输入的数值来确定指定点的斜率。

❖ Direction to Point（指向一点的方向）：用于在窗口中再选定一个点，系统根据当前点与指定点的连线矢量方向来确定该点的切线矢量，系统根据切线矢量自动计算斜率。

❖ Vector to Point（指向一个点的矢量）：用于在窗口中另外选定一个矢量方向，系统根据该矢量自动计算斜率。

❖ Slope of Curve（曲线的斜率）：用于根据窗口所指定曲线的端点值来指定该点的斜率，此时需在视图平面内选择一条存在的曲线。

❖ Angle（角度）：用于根据角度文本框中输入的值来指定该点的斜率。

✧ Remove Slope（移除斜率）：用于删除样条曲线上指定点的自定义斜率。

✧ Remove All Slopes（移除所有斜率）：用于删除样条曲线上所有指定点的自定义斜率。

✧ Redisplay Data（重新显示数据）：用于重新显示样条曲线上的所有控制点、斜率和曲率等。

✧ Undo（撤销）：用于撤销前一次对指定点的自定义斜率。

图 4-47 所示 Assign Curvature 对话框中各参数的意义如下。

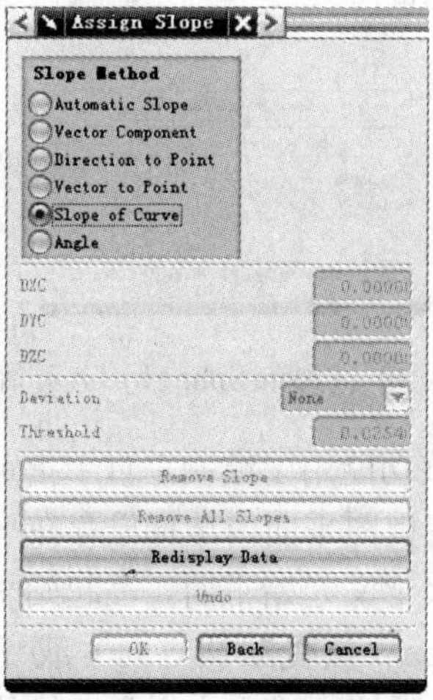

图 4-46　Assign Slope 对话框

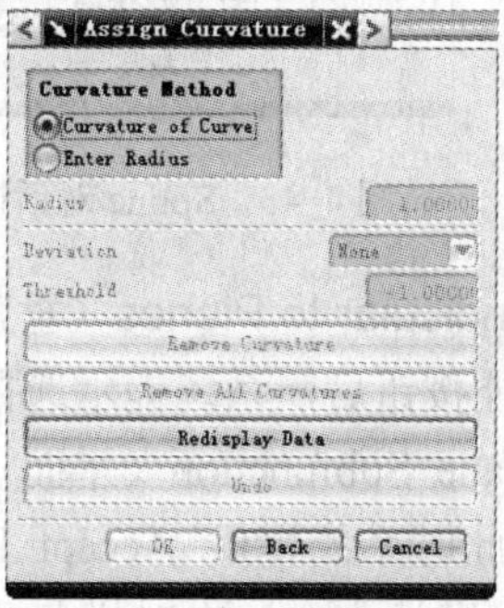

图 4-47　Assign Curvature 对话框

✧ Curvature Method（曲率方式）：用于设置指定生成曲率的方式，主要包括以下两种方式。

❖ Curvature of Curve（曲线的曲率）：用于根据窗口所指曲线的端点曲率值来指定该点的曲率，此时需在视图平面内选择一条存在的曲线。

❖ Enter Radius（输入半径）：用于根据在 Radius 文本框中输入的数值来确定指定点的曲率。

✧ Remove Curvature（移除曲率）：用于删除样条曲线上指定点的自定义曲率。

✧ Remove all Curvatures（移除所有曲率）：用于删除样条曲线上所有指定点的自定义曲率。

✧ Redisplay Data（重新显示数据）：用于重新显示样条曲线上的所有控制点、斜率和曲率等。

✧ Undo（撤销）：用于撤销前一次对指定点的自定义曲率。

➢ Chain within Rectangle（在矩形内的对象成链）：用于通过矩形框选择点方式将所选点连接起来。其基本操作步骤为，通过矩形框选择欲成链的点；系统提示用户选择样条曲线的起点和终点；指定完起点和终点后，系统自动将其他点连接起来并弹出如图 4-44 所示对话框；在图 4-44 所示对话框中通过 Assign Slopes 或 Assign Curvatures 方式设置样条曲线各点的斜率或曲率；设定完后依次单击 OK 按钮即可生成所需样条曲线。

➢ Chain within Polygon（在多边形内的对象成链）：用于通过多边形框选择点方式将所选点连接起来，其他操作与 Chain within Rectangle 方式一样。

➢ Point Constructor（点构造器）：用于通过创建新构造点来作为样条控制点。

3）Fit（拟合） 该功能用于通过拟合的方式绘制样条曲线，单击该功能按钮后，系统弹出如图 4-48 所示的 Spline 对话框，选择通过指定点生成样条曲线的方式。指定完样条控制点后，系统要求指定样条曲线的起点和终点，指定完起点和终点后系统弹出如图 4-49 所示的 Create Spline by Fit（用拟合方式生成样条曲线）对话框，其 Fit Method（拟合方式）包括 By Tolerance（根据公差）、By Segments（根据分段）、By Template（根据模板）3 种，分别通过设定的容差值、段数和指定的模板来拟合样条曲线。另外，还可以根据需要单击 Change Weights（改变权值）按钮来对输入点进行编辑。

图 4-48 Spline 对话框

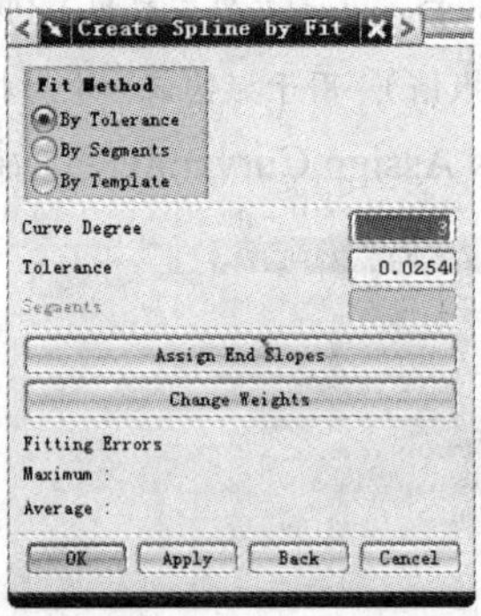

图 4-49 Create Spline by Fit 对话框

4）Perpendicular to Planes（垂直于平面） 该功能用于绘制垂直于指定平面的样条曲线，单击该功能按钮后，系统提示选择起始平面，在视图平面内选择已存在平面作为起始平面，或通过 Plane Subfunction（平面子功能）选项来定义起始平面。在起始平面上选择一点作为起始点，此时系统提供 Accept Default Direction（接受默认方向）或 Reverse Default Direction（反向默认方向）来对样条曲线的方向进行设置，确定完样条曲线的前进方向后，继续指定样条曲线的控制平面即可生成样条曲线。

13. 点集

点集功能用于根据现有几何对象来创建点的集合，选择【Insert（插入）】→【Datum/Point（基准/点）】→【Point Set（点集）】命令或单击 Feature 工具栏上的按钮，系统弹出如图 4-50 所示的 Point Set 对话框，其各项参数的意义如下。

- Type（类型）：该功能用于定义在何种对象上生成点，包括 Curve Points（曲线上的点）、Spline Points（样条曲线上的点）和 Face Points（面上的点）3 种方式。
- Subtype（子类型）：该功能用于针对不同对象类型对其进行细化，以便于选择点集。对于 Curve Points 类型，如图 4-50 所示，可主要根据 Equal Arc Length（等弧长）、Equal Parameters（等参数）、Projecting Points（投影点）和 Curve Percentage（弧百分比）等来定义；对于 Spline Points 类型，如图 4-51 所示，可主要通过 Defining Points（样条曲线定义点）、Knot Points（样条曲线的节点）和 Poles（样条曲线的极点）来定义点集；对于 Face Points 类型，如图 4-52 所示，可主要通过 Face Percentage（曲面上的百分点）、Pattern（现有面上的点）和 B-Surface Poles（B-曲面极点）3 种方式来定义点集。

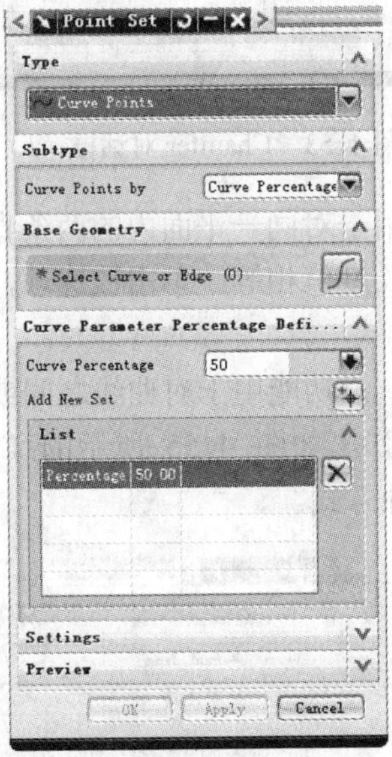

图 4-50 Point Set 对话框

图 4-51 Point Set 对话框——Spline Points

- Base Geometry（基本几何对象）：该功能用于根据前面所选的类型来选择欲生成点集的对象，包括曲线、边线、样条曲线或面。

之后对于不同的 Subtype，其后续的选项也不一样，在此不再讲述。在进行相关的设置之后，可以单击 Preview（预览）来对生成的点集进行观察，若是用户所需的点则单击 OK 按钮即可生成所需点集，若不是，则返回对话框重新进行设置。

14. 曲线倒斜角

曲线倒斜角功能用于对两直线或共面的两曲线倒斜角。选择【Edit（编辑）】→【Curve

（曲线）】→【Chamfer…（曲线倒角）】命令或单击 Curve 工具栏上的按钮，系统弹出如图 4-53 所示的 Chamfer 对话框，其各选项的意义如下。

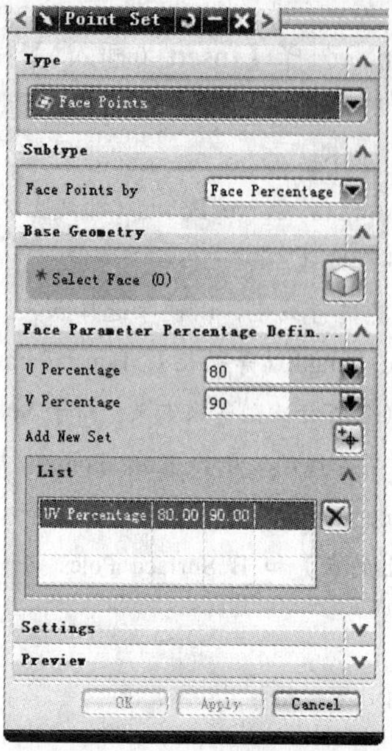

图 4-52 Point Set 对话框——Face Points

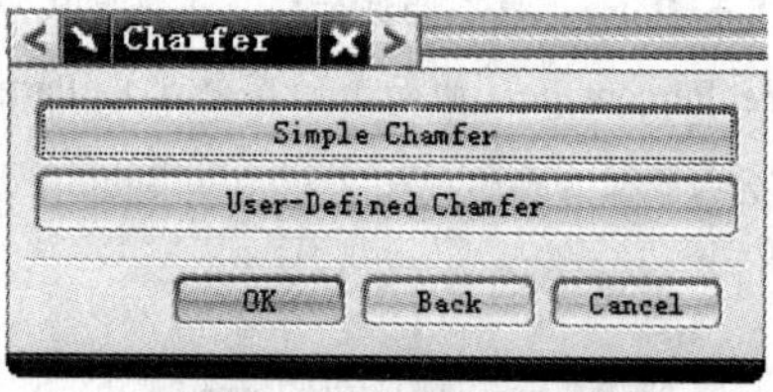

图 4-53 Chamfer 对话框（1）

（1）Simple Chamfer（简单倒斜角）：该功能只能用于对同一平面内的两条直线进行倒斜角，且系统默认其倒角度数为 45°，即两条直线倒角长度值相等。单击该选项，系统弹出如图 4-54 所示的对话框，提示用户设置倒角长度值。

（2）User-Defined Chamfer（用户自定义倒斜角）：该功能用于对曲线之间或同一平面内根据用户的设置值进行倒斜角，单击该选项后，系统弹出如图 4-55 所示的 Chamfer 对话框，以设置对倒斜角边曲线的修剪方式，包括以下几种方式。

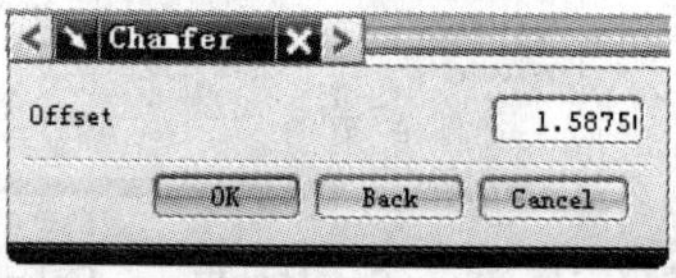

图 4-54 Chamfer 对话框（2）

图 4-55 Chamfer 对话框（3）

- Automatic Trim（自动修剪）：用于对两倒角曲线进行自动修剪，单击该选项后，系统弹出如图 4-56 所示对话框，提示用户对倒角参数进行设置。在此对话框中可对偏置值和角度进行设置，也可以单击对话框中的 Offset Values 选项，在系统弹出的如图 4-57 所示对话框中对两曲线各自的偏置值进行设置。
- Manual Trim（手工修剪）：用于通过用户自定义是否对两倒角曲线进行修剪，操作方式与 Automatic Trim 相同。
- No Trim（不修剪）：用于不对两倒角曲线进行修剪，操作方式与 Automatic Trim 相同。

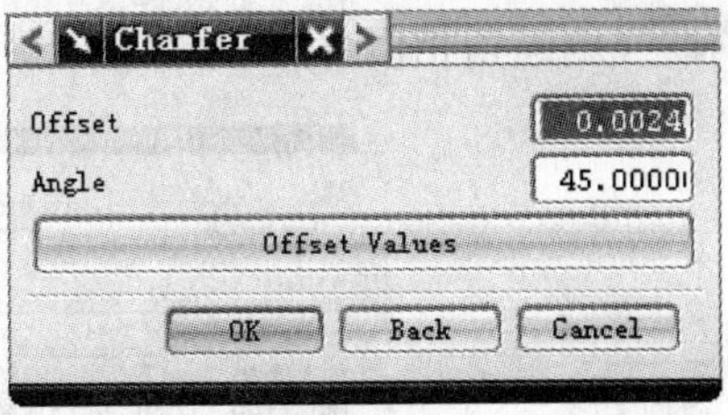

图 4-56　Chamfer 对话框（4）

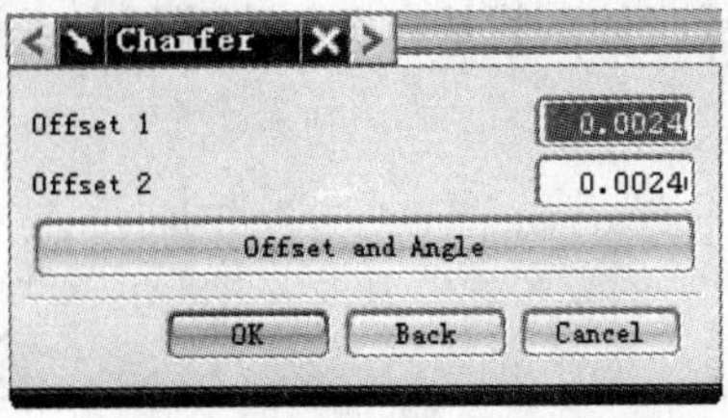

图 4-57　Chamfer 对话框（5）

4.2　曲线编辑

在绘制完曲线后，常需对现有曲线进行编辑，主要包括 Edit Curve（编辑曲线）、Trim Curve（修剪曲线）、Trim Corner（修剪拐角）、Divide Curve（分割曲线）、Stretch Curve（拉长曲线）、Curve Length（曲线长度）、Smooth Curve（光顺曲线）。本节主要讲述曲线编辑功能，选择【Edit（编辑）】→【Curve（曲线）】命令，系统打开如图 4-58 所示下拉菜单，或直接在图 4-59 所示的 Edit Curve 工具栏上单击相应的命令即可使用该功能。

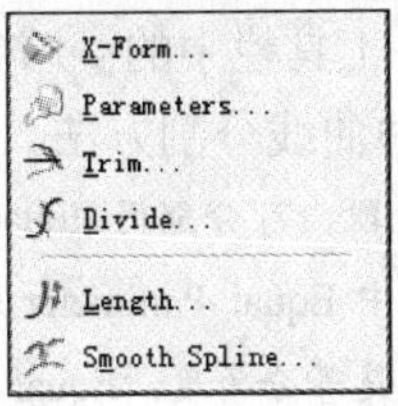

图 4-58　Edit Curve 下拉菜单

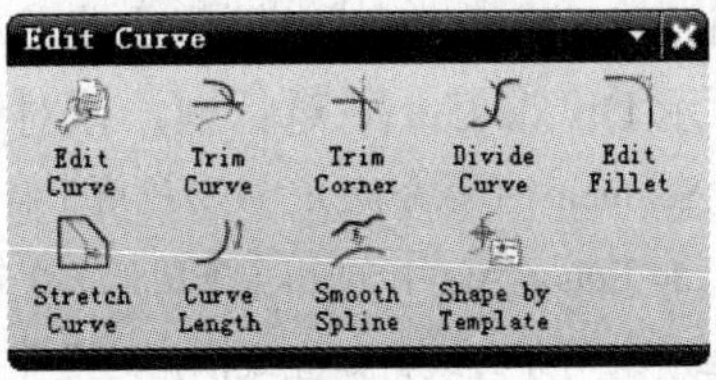

图 4-59　Edit Curve 工具栏

1. 编辑曲线

编辑曲线功能用于对曲线的相关参数进行编辑，单击工具栏上的按钮，系统弹出如图 4-60 所示的 Edit Curve Parameters 对话框，提示用户选择需要进行编辑的曲线。对于不同的曲线，其之后的操作也不一样，图 4-61 和图 4-62 分别为选择样条曲线和圆弧曲线后系统弹出的对话框，根据提示进行后续的操作即可，由于曲线类型不同，在此不再分别讨论。

2. 修剪曲线

修剪曲线功能用于修剪曲线的多余部分到指定的边界对象，或者延长曲线到指定的边界对象，该功能在 Basic Curve 部分已经讲过，此处不再重复。

3. 修剪角

修剪角功能用于对两互不平行的曲线拐角进行修剪，使两相交曲线在交点处裁剪或使两不相交曲线延伸到拐角处。单击 Edit Curve 工具栏上的按钮，系统提示选择修剪拐角，应注意在选择曲线时光标必须同时选中要裁剪的两条曲线，系统根据选择的位置自动对曲线进行裁剪或延伸，其基本操作步骤与表 4-1 中讲述的曲线倒圆角相似。

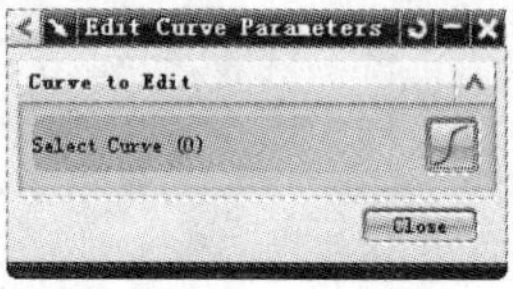

图 4-60　Edit Curve Parameters 对话框

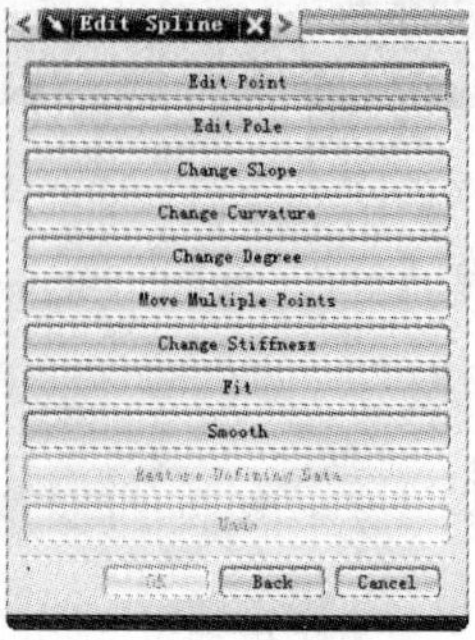

图 4-61　Edit Spline 对话框

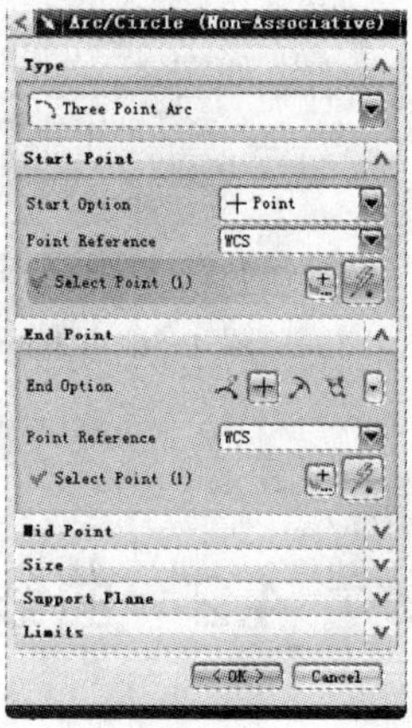

图 4-62　Edit Arc/Circle 对话框

4. 分割曲线

分割曲线功能用于将视图平面中的曲线按不同的方式分割为不同的段，每一段都为一个独立的曲线，新的曲线与原曲线处于同一个图层中。选择【Edit（编辑）】→【Curve（曲线）】→【Divide Curve（分割曲线）】命令或单击 Edit Curve 工具栏中的按钮，系统弹出如图 4-63 所示 Divide Curve 对话框，该对话框提供了以下几种曲线分割方法。

➢ Equal Segments（等分段）：该功能用于将曲线分成长度相等的几段，可分别用 Equal Parameter（等参数）和 Equal Arc Length（等圆弧长）两种方式进行分割。其中 Equal Parameter 表示根据曲线的参数性质来均分曲线，如直线依据的是等分段，圆弧或圆依据的是等分角度；Equal Arc Length 表示按等分圆弧长来分割曲线。其基本操作步骤为，在如图 4-63 所示对话框中选择 Equal Segments 选项，系统提示选择分割曲线；在视图平面内选择分割曲线；在 Segment Length 选项下选择分割方式，并在 Number of Segments（分段数）文本框中输入均分曲线的段数；单击 OK 或 Apply 按钮，即可将曲线分割。

➢ By Bounding Objects（根据边界对象分段）：该功能用于根据边界对象将曲线分为多段曲线段，该分界对象可以为点、曲线，也可以为平面或对象表面，如图 4-64 所示。其基本操作步骤为，在如图 4-63 所示对话框中选择 By Bounding Objects 选项，系统提示选择分割曲线；在视图平面内选择分割曲线；在 Bounding Object 的 Object 选项下选择分割方式，包括以下几种方式。

✧ Existing Curve（存在曲线）：用于通过存在的曲线将曲线在二者的交点处予以分割。

✧ Project Point（投影点）：用于通过指定点在该曲线上的投影将曲线分割，选择该选项后，系统弹出 Point Constructor 对话框以供选择点。

✧ Line By 2 Points（由两点定义的直线）：用于通过直线将曲线分割，选择该选项后，系统弹出 Point Constructor 对话框以供选择生成直线的点。

✧ Point and Vector（点和矢量）：用于通过指定点和一个矢量方向将曲线分割，分割点为过点和矢量方向平行的直线与曲线的相交点。

✧ By Plane（通过平面）：用于通过指定平面将曲线分割。

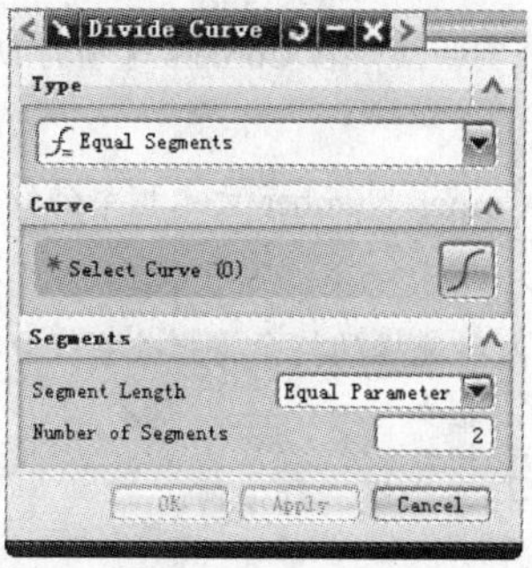

图 4-63　Divide Curve 对话框（1）

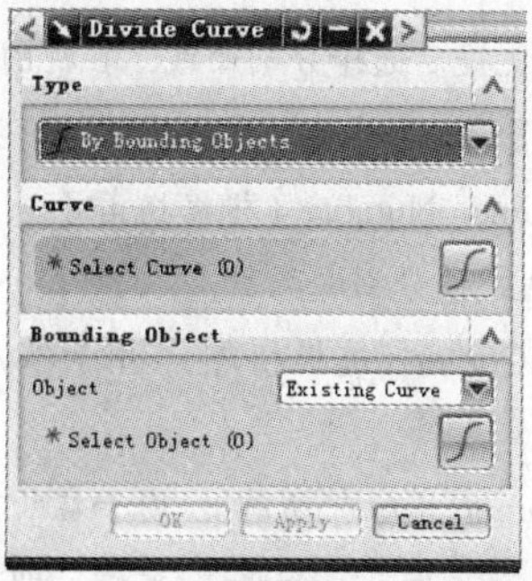

图 4-64　Divide Curve 对话框（2）

然后单击 OK 或 Apply 按钮，即可将曲线分割。

➢ Arc Length Segments（输入弧长段）：该功能用于将曲线根据输入的圆弧长度值进行分割。其分割原理为：系统根据曲线总长度除以用户设置的分段弧长值得到一个整数，不足的分段弧长部分划为尾段。该方法的基本操作步骤为，在如图 4-63 所示对话框中选择 Arc Length Segments 选项，系统提示选择分割曲线；在视图平面内选择分割曲线；在 Arc Length 文本框中设置分段弧长，系统自动将所选曲线进行分段，并得出 Number of Segments（分割段数）和 Partial Length（曲线的剩余长度），如图 4-65 所示；单击 OK 或 Apply 按钮，即可将曲线分割。

➢ At Knot Point（在节点上）：该选项用于将曲线在控制点处分割成多段，该选项只对样条曲线有效。其基本操作步骤为，在如图 4-63 所示对话框中选择 At Knot Point 选项，系统提示选择分割曲线；在视图平面内选择分割曲线；在 Knot Points 选项的 Method 中选择分割方式，如图 4-66 所示，系统提供以下几种分割方式。

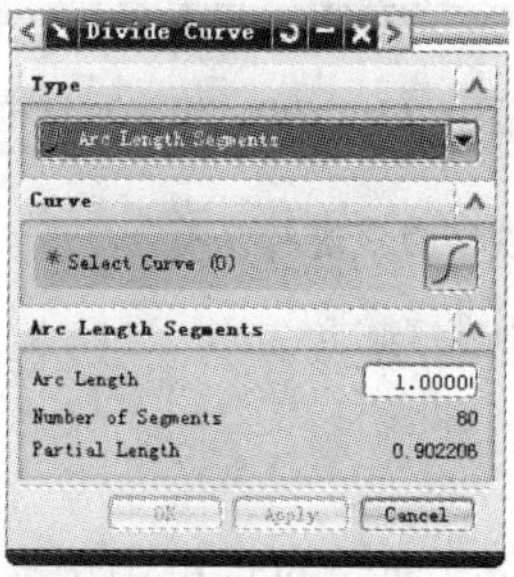

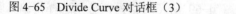

图 4-65　Divide Curve 对话框（3）

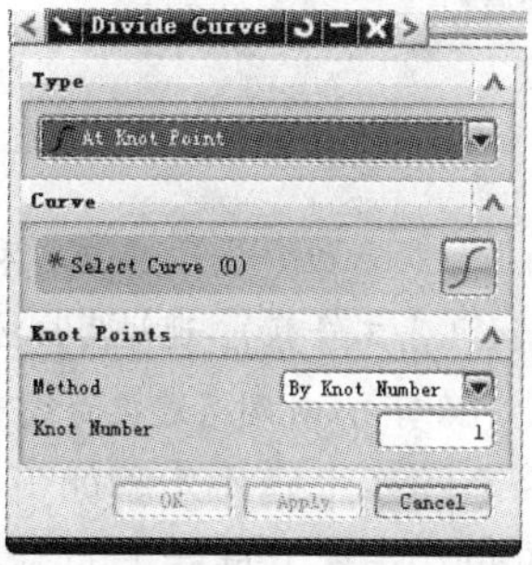

图 4-66　Divide Curve 对话框（4）

✧ By Knot Number（根据节点号）：用于根据在 Knot Number 文本框中的数值将曲线分割，注意该值不得大于样条曲线的控制点数，且此时曲线被分割成两段。

✧ Select Knot Point（选择节点）：用于根据在视图平面内所选择的节点将样条曲线分割，可以选择多个节点。

✧ All Knot Points（所有节点）：用于通过曲线上所有的节点将样条曲线进行分割，分割段数为所有节点数减 1。

然后单击 OK 或 Apply 按钮，即可将曲线分割。

➢ At Corners（在拐角上）：该功能用于将曲线在其拐角处进行分割，即在其一阶不连续点处将曲线进行分割，且该曲线只能为样条曲线。其基本操作步骤为，在如图 4-63 所示对话框中选择 At Corners

选项，系统提示选择分割曲线；在视图平面内选择分割曲线；在 Corners 选项的 Method 中选择分割方式，如图 4-67 所示，系统提供以下几种分割方式。

- ✧ By Corner Number（根据拐角号）：用于根据在 Corner Number 文本框中的数值将曲线分割，且此时曲线被分割成两段。
- ✧ Select Corner（选择拐角）：用于根据在视图平面内所选择的拐角将样条曲线分割，可以选择多个拐角。
- ✧ All Corners（所有拐角）：用于在所有的拐角处将样条曲线进行分割。

然后单击 OK 或 Apply 按钮，即可将曲线分割。

5. 编辑圆角

编辑圆角功能用于对已存在的圆角进行编辑，选择【Edit（编辑）】→【Curve（曲线）】→【Fillet…（编辑倒角）】命令或单击 Edit Curve 工具栏上的按钮，系统弹出如图 4-68 所示的 Edit Fillet 对话框，该对话框中 3 个参数的意义分别如下。

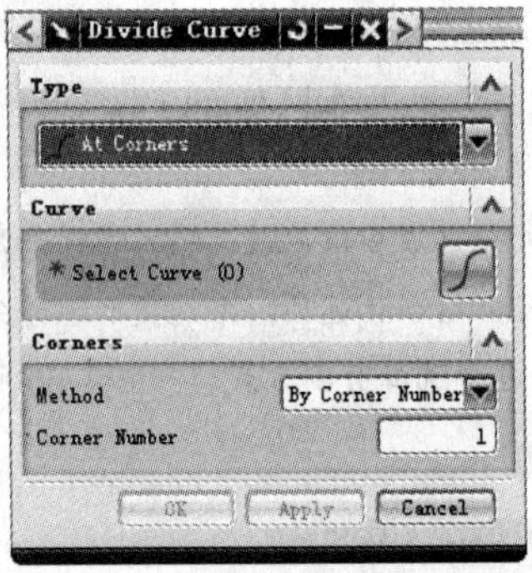

图 4-67 Divide Curve 对话框（5）

图 4-68 Edit Fillet 对话框（1）

- ➢ Automatic Trim（自动修剪）：系统自动根据圆角对两条连接曲线进行修剪。
- ➢ Manual Trim（手工修剪）：通过用户控制对两条连接曲线进行修剪。
- ➢ No Trim（不修剪）：对两条连接曲线不进行修剪。

编辑圆角命令的基本操作步骤如下。

（1）单击 Edit Curve 工具栏上的按钮，并在图 4-68 所示对话框中选择修剪方式。

（2）选择完修剪方式后，系统弹出如图 4-69 所示对话框，分别选择待编辑圆角的第一条边、待编辑圆角和待编辑圆角的第二条边。

（3）系统弹出如图 4-70 所示对话框，该对话框中主要参数的意义如下。

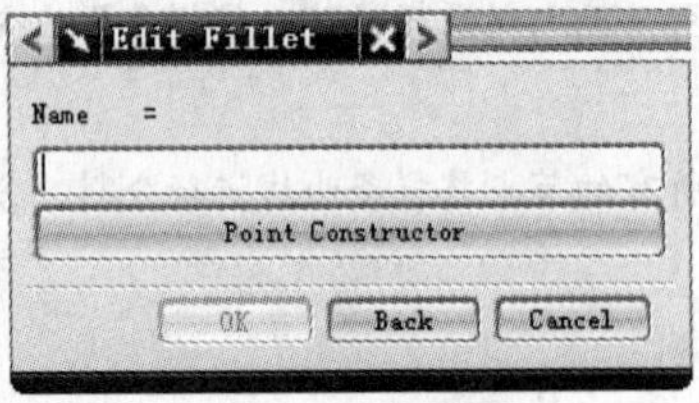

图 4-69 Edit Fillet 对话框（2）

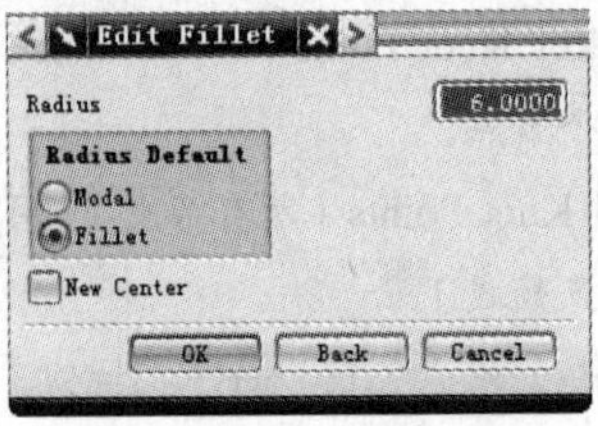

图 4-70 Edit Fillet 对话框（3）

➢ Radius（半径）：用于设置新的圆角半径，默认为所选圆弧的半径或上一次操作时的半径值。

➢ Radius Default（半径默认值）：半径的默认方式，包括 Modal（模态的）和 Fillet（圆角）两种。其中 Modal 指 Radius 文本框内的数值在下次操作时保持不变直到输入一个新的半径值；Fillet 指 Radius 文本框中的数值根据所选的编辑圆角值变化。

➢ New Center（新的中心）：用于控制在进行圆角编辑过程中，是否指定一个新的大致位置作为新的圆弧中心。

（4）单击 OK 或 Apply 按钮，即可将曲线分割。

6．拉长曲线

拉长曲线功能用于对所选曲线沿不同方向同时进行拉伸或缩短，可以对多种类型的对象进行选择，但在拉伸过程中只对直线进行拉伸或缩短，系统默认对圆弧或别的对象不进行该操作。选择【Edit（编辑）】→【Curve（曲线）】→【Stretch…（拉长曲线）】命令或单击 Edit Curve 工具栏上的按钮，系统弹出如图 4-71 所示的 Stretch Curve 对话框，在视图区域选择需拉伸或缩短的曲线，并在该对话框中进行参数设置后单击 OK 按钮即可，该对话框中主要参数的意义如下。

➢ Delta XC、Delta YC、Delta ZC（XC 增量、YC 增量、ZC 增量）：用于对 XC、YC 和 ZC 方向的增量进行设置。

➢ Reset Values（重置值）：用于对 Delta XC、Delta YC、Delta ZC 文本框中的数值置零。

➢ Point to Point（点到点）：用于通过点到点的矢量关系来定义 XC 增量、YC 增量、ZC 增量值。选择该选项后，在视图区域选择两个点，系统自动将两点之间的矢量增量作为伸长或缩短值。

7．曲线长度

曲线长度功能用于对所选曲线在端点处延长或收缩一定的长度，使其达到总的曲线长度。选择【Edit（编辑）】→【Curve（曲线）】→【Length…（曲线长度）】命令或单击 Edit Curve 工具栏上的按钮，系统弹出如图 4-72 所示的 Curve Length 对话框，在视图区域选择要延长或收缩的曲线，再在该对话框中设置相关参数并单击 OK 按钮即可，该对话框中主要参数的意义如下。

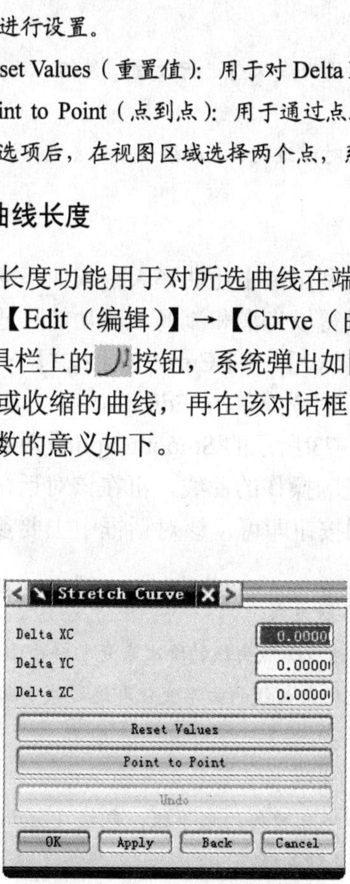

图 4-71　Stretch Curve 对话框

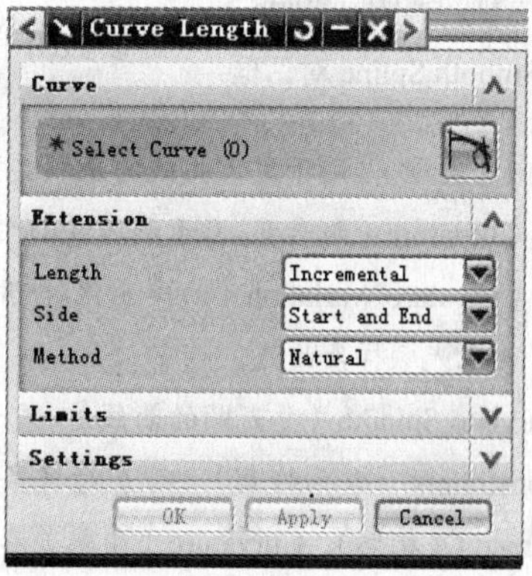

图 4-72　Curve Length 对话框

➢ Extension（延伸）：用于对延长或收缩的方式和位置进行设置。

✧ Length（长度）：用于设置延长的长度是按 Incremental（增量）还是 Total（全部）的方式计算。其中 Incremental 表示根据曲线的长度增量值延长或收缩原曲线，Total 则表示根据曲线新设置的总长值延长或收缩原曲线。

✧ Side（侧）：用于延长或收缩曲线的侧，包括 Start and End（起点和终点）和 Symmetric（对称）两种。其中 Start and End 指在起点和终点位置同时对原曲线进行延长或收缩，而 Symmetric 表示在原曲线的起点和终点位置同时延长或收缩相同的长度。

✧ Method（方法）：用于对曲线的延长或收缩方式进行设置，包括 Natural（自然的）、Linear（线性的）和 Circular（圆的）三种。其中 Natural 指以曲线端点处的自然延长方式延长或收缩原曲线；Linear 表示按线性方式对原曲线进行延长或收缩；Circular 表示按圆方式对原曲线进行延长或收缩。

➢ Limits（限制）：通过限制 Start（起点）、End（终点）和 Total（全部）来延长或收缩原曲线。其中 Start 选项表示设置在原曲线起点处的延长或收缩值；End 选项表示设置在原曲线终点处的延长或收缩值；Total 选项表示设置在延长或收缩后的整条曲线的长度。

➢ Settings（设置）：用于对修改后的曲线状态进行设置。

✧ Associative（相关性）：用于设置延长或收缩后的曲线与原曲线的相关性，使得修改后的曲线会因原曲线的参数变化而自动更新。

✧ Input Curves（输入曲线）：用于对延长或收缩的原曲线状态进行设置，包括 Keep（保留）、Delete（删除）和 Replace（代替）3 种。

✧ Tolerance（容差）：用于对曲线延长或收缩长度公差进行设置。

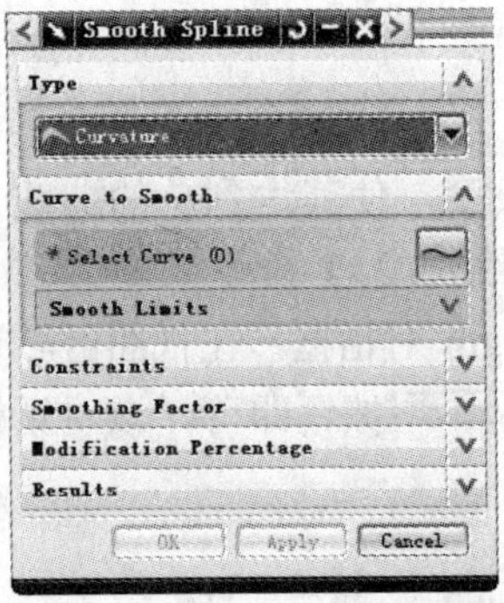

图 4-73　Smooth Spline 对话框

8. 光顺样条

光顺样条功能用于利用最小化曲率大小或曲率变化来去除曲线的突变点，使样条得以光滑和流畅，该功能只适用于样条曲线。选择【Edit（编辑）】→【Curve（曲线）】→【Smooth Spline...（光顺样条）】命令或单击 Edit Curve 工具栏上的按钮，系统弹出如图 4-73 所示的 Smooth Spline 对话框，在视图区域内选择要进行光顺操作的曲线，再在该对话框中设置相关参数并单击 OK 按钮即可，该对话框中主要参数的意义如下。

➢ Type（类型）：用于定义曲线的光顺类型，包括以下 3 种方式。

✧ Curvature（曲率）：用于利用最小曲率值的大小即通过降低曲线的阶次来光顺样条曲线。

✧ Curvature Variation（曲率变化）：用于利用最小化整条曲线的曲率变化即通过减小曲线的曲率变化来光顺样条曲线。

➢ Curve to Smooth（要光顺的曲线）：用于选择要光顺的曲线。

➢ Constraints（边界约束）：用于对样条曲线的起点和终点增加约束等级，包括 Position（位置）、Tangent（相切）、Curvature（曲率）和 Flow（流线）4 种等级。

➢ Smoothing Factor（光顺因子）：用于设置光顺操作次数。

➢ Modification Percentage（修改百分比）：用于对应用到曲线上的光顺操作的百分比进行设置。

4.3 思考与练习

（1）简述曲线与草图的区别。

（2）来自曲线集的曲线操作功能主要有哪些？它们是否为相关的？

（3）何为规律曲线？它常用于哪些场合？

（4）试创建如图 4-74 所示的曲线。

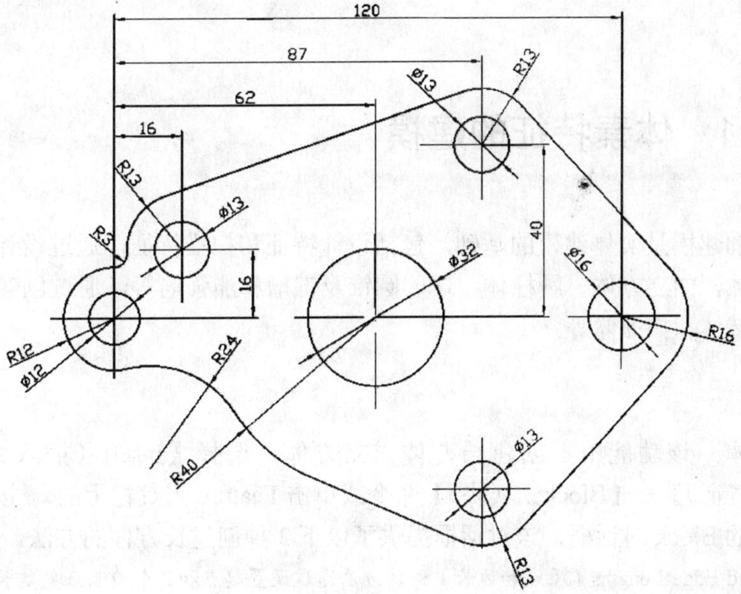

图 4-74　练习曲线

第5章　零件建模方法

本章主要介绍实体建模方法，首先介绍如何利用体素特征进行实体建模及体素特征的编辑功能，然后对参数化建模工具中的表达式和 WAVE 几何链接工具进行介绍，最后对装配建模进行详细介绍。

5.1　体素特征的建模

体素特征的建模是实体建模的基础，包括设计特征和扫描特征，通过设计特征可以创建各种基本的实体，如立方体、圆柱体、球、圆锥及键槽和加强筋等，通过创建特征还可以生成拉伸体、回转体和扫掠体等。

1. 设计特征

1）**长方体**　该功能用于创建长方体或立方体，选择【Insert（插入）】→【Design Feature（设计特征）】→【Block...（块）】命令或单击 Feature 工具栏上的按钮，系统弹出如图 5-1 所示的 Block 对话框，该对话框提供了以下 3 种创建长方体的方法。

- Origin and Edge Lengths（原点和边长）：该方法通过设置起点和 3 个边长来创建长方体，所创建的长方体以指定点为原点，分别以 XC、YC 和 ZC 值作为长方体的长、宽、高。其基本操作步骤为，单击 Feature 工具栏上的按钮打开 Block 对话框，在 Type 选项下选择 Origin and Edge Lengths 选项，如图 5-1 所示，系统提示选择一点作为长方体的基点；在对话框的 Dimensions（尺寸）下的 XC、YC、ZC 文本框中分别输入数值作为长方体的长、宽、高，并在 Boolean（布尔操作）选项下选择一项布尔操作类型与视图区域中现有的对象建立关系；可以通过单击 Preview（预览）选项下的按钮来对操作结果进行预览，若是所需的结果，则单击 OK 按钮即可，若不是，返回到对话框中重新设置。
- Two Points and Height（两点和高度）：该方法通过定义长方体底面上的两个顶点和一个高度值来创建长方体，所创建的长方体以第一个指定点作为原点，长方体的长和宽为两点的连线分别在 XC 和 YC 上的投影长度。其基本操作方法为，单击 Feature 工具栏上的按钮打开 Block 对话框，在 Type 选项下选择 Two Points and Height 选项，如图 5-2 所示，系统提示选择两点作为长方体的对角点；在该对话框的 Dimensions（尺寸）下的 ZC 文本框中输入数值作为长方体的高，并在 Boolean（布尔操作）选项下选择一项布尔操作类型与视图区域中现有的对象建立关系；可以通过单击 Preview（预览）选项下的按钮来对操作结果进行预览，若是所需的结果，则单击 OK 按钮即可，若不是，返回到对话框中重新设置。
- Two Diagonal Points（两对角点）：该方法通过设置不在同一平面上的两点以创建长方体，所创建的长方体以第一个指定点为原点，分别以两对角点的连线在 XC、YC 和 ZC 轴上的投影作为长方体的长、宽、高。其基本操作步骤为，单击 Feature 工具栏上的按钮打开 Block 对话框，在 Type 选项下选择 Two Diagonal Points 选项，如图 5-3 所示，系统提示选择两点作为长方体的对角点；可以通过单击 Preview（预览）选项下的按钮来对操作结果进行预览，若是所需的结果，则单击 OK 按钮即可，若不是，返回到对话框中重新设置。

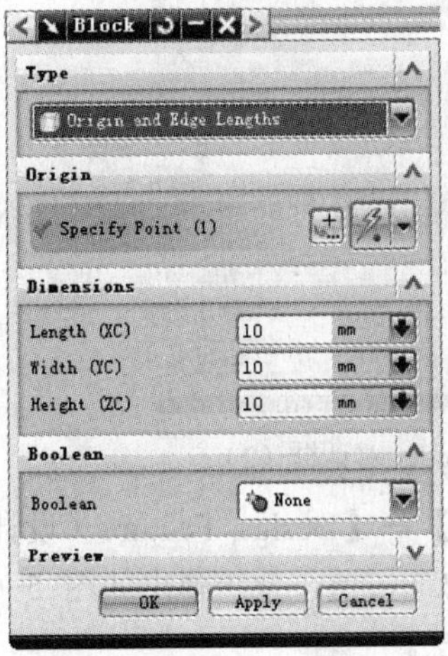

图 5-1　Block 对话框（1）

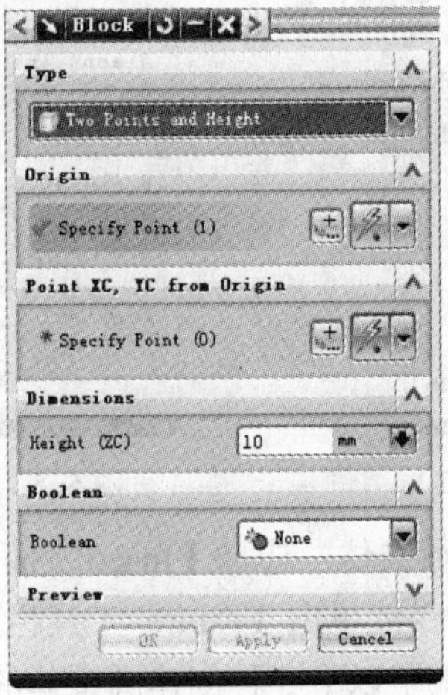

图 5-2　Block 对话框（2）

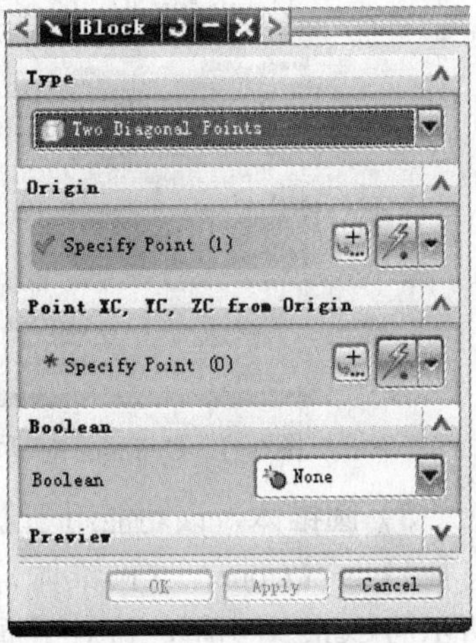

图 5-3　Block 对话框（3）

2）圆柱体　该功能用于创建圆柱体，选择【Insert（插入）】→【Design Feature（设计特征）】→【Cylinder…（圆柱体）】命令或单击 Feature 工具栏上的按钮，系统弹出如图 5-4 所示的 Cylinder 对话框，该对话框提供了以下两种创建圆柱体的方法。

- Axis，Diameter，and Height（轴，直径和高度）：该方法通过设置轴线矢量、圆柱体直径和高度值来创建圆柱特征，所创建的圆柱以指定点为原点，以指定矢量作为圆柱体的轴线方向。其基本操作步骤为，单击 Feature 工具栏上的按钮打开 Cylinder 对话框，在 Type 选项下选择 Axis，Diameter，and Height 选项，如图 5-4 所示，系统提示定义一矢量作为圆柱体的轴线方向；在视图区域选择一矢量，再可根据需要单击来改变轴线方向，再在视图区域选择一点作为圆柱体的底面圆心；在 Dimensions 选项的 Diameter 和 Height 文本框中分别输入圆柱体的直径和高度值，并在 Boolean（布尔操作）选项下选择一项布尔操作类型与视图区域中的现有对象建立关系；可以通过单击 Preview（预览）选项下的按钮来对操作结果进行预览，若是所需的结果，则单击 OK 按钮即可，若不是，返回到对话框中重新设置。
- Arc and Height（圆弧和高度）：该选项通过选择圆弧和输入高度值创建圆柱体，所生成的圆柱体以指定圆弧作为底面圆。其基本操作步骤为，单击 Feature 工具栏上的按钮打开 Cylinder 对话框，在 Type 选项下选择 Arc and Height 选项，如图 5-5 所示，系统提示选择一圆弧作为圆柱体的底面圆；在 Dimensions 选项的 Height 文本框中输入圆柱体的高度值，并在 Boolean（布尔操作）选项下选择一项布尔操作类型与视图区域中现有的对象建立关系；在视图区域选择一矢量，用户还可根据需要单击来改变生成圆柱体的轴线方向；可以通过单击 Preview（预览）选项下的按钮来对操作结果进行预览，若是所需的结果，则单击 OK 按钮即可，若不是，返回到对话框中重新设置。

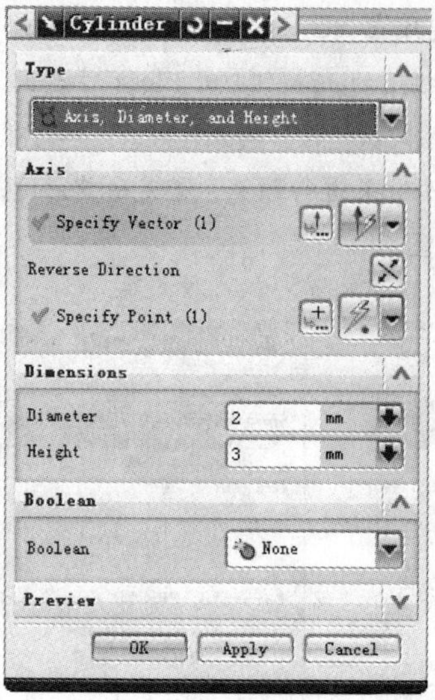

图 5-4 Cylinder 对话框（1）

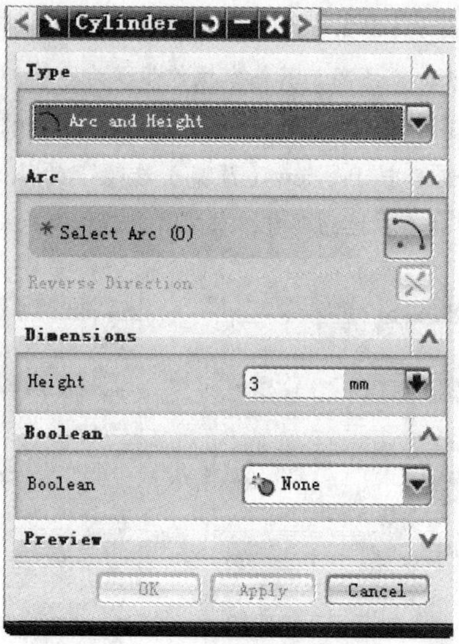

图 5-5 Cylinder 对话框（2）

3）**圆锥体** 该功能用于创建圆锥体，选择【Insert（插入）】→【Design Feature（设计特征）】→【Cone…（圆锥体）】命令或单击 Feature 工具栏上的按钮，系统弹出如图 5-6 所示的 Cone 对话框，该对话框提供了以下 5 种创建圆锥体的方法。

- Diameters and Height（直线和高度）：该方法通过输入圆锥的底部圆中心点、轴线方向、顶部和底部圆直径、高度来创建圆锥体特征。其基本操作步骤为，单击 Feature 工具栏上的按钮打开 Cone 对话框，在 Type 选项下选择 Diameters and Height 选项，如图 5-6 所示，系统提示定义一点和一矢量作为圆锥体底部圆的中心点和圆锥体的轴线方向，并可根据需要单击来改变轴线方向；在 Dimensions 选项的 Base Diameter、Top Diameter 和 Height 文本框中分别输入圆锥体的底部圆直径、顶部圆直径和高度值，并在 Boolean（布尔操作）选项下选择一项布尔操作类型与视图区域中现有的对象建立关系；可以通过单击 Preview（预览）选项下的按钮来对操作结果进行预览，若是所需的结果，则单击 OK 按钮即可，若不是，返回到对话框中重新设置。
- Diameters and Half Angle（直径和半角）：该方法通过输入圆锥的底部圆中心点、轴线方向、顶部和底部圆直径、半角来创建圆锥体特征，半角是指沿圆锥体上的任一母线与轴线的夹角。其基本操作步骤为，单击 Feature 工具栏上的按钮打开 Cone 对话框，在 Type 选项下选择 Diameters and Half Angle 选项，如图 5-7 所示，系统提示定义一点和一矢量作为圆锥体底部圆的中心点和圆锥体的轴线方向，并可根据需要单击来改变轴线方向；在 Dimensions 选项的 Base Diameter、Top Diameter 和 Half Angle 文本框中分别输入圆锥体的底部圆直径、顶部圆直径和半角值，并在 Boolean（布尔操作）选项下选择一项布尔操作类型与视图区域中现有的对象建立关系；可以通过单击 Preview（预览）选项下的按钮来对操作结果进行预览，若是所需的结果，则单击 OK 按钮即可，若不是，返回到对话框中重新设置。
- Base Diameter，Height and Half Angle（底部直径、高度和半角）：该方法通过输入圆锥的底部圆中心点、轴线方向、底部圆直径、高度和半角来创建圆锥体特征。其基本操作步骤为，单击 Feature 工具栏上的按钮打开 Cone 对话框，在 Type 选项下选择 Base Diameter，Height and Half Angle 选项，如图 5-8 所示，系统提示定义一点和一矢量作为圆锥体底部圆的中心点和圆锥体的轴线方向，并可根据需要单击来改变轴线方向；在 Dimensions 选项的 Base Diameter、Height 和 Half Angle

文本框中分别输入圆锥体的底部圆直径、高度值和半角值，并在 Boolean（布尔操作）选项下选择一项布尔操作类型与视图区域中现有的对象建立关系；可以通过单击 Preview（预览）选项下的按钮来对操作结果进行预览，若是所需的结果，则单击 OK 按钮即可，若不是，返回到对话框中重新设置。

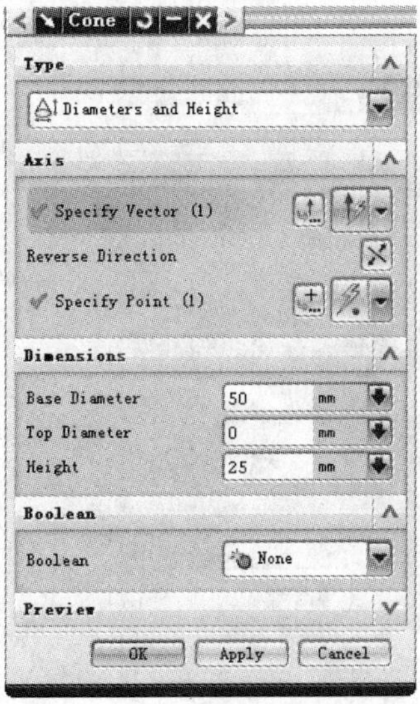

图 5-6 Cone 对话框（1）

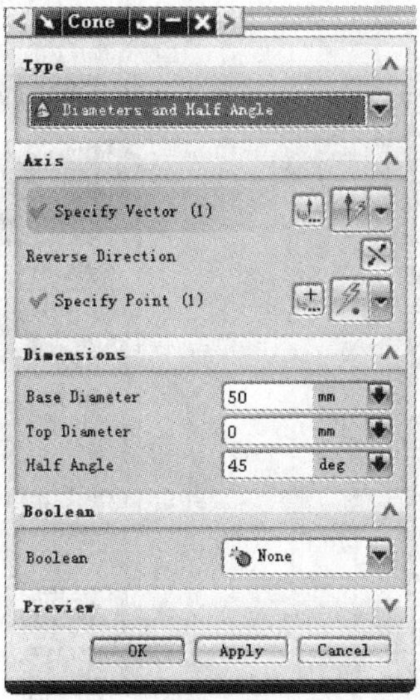

图 5-7 Cone 对话框（2）

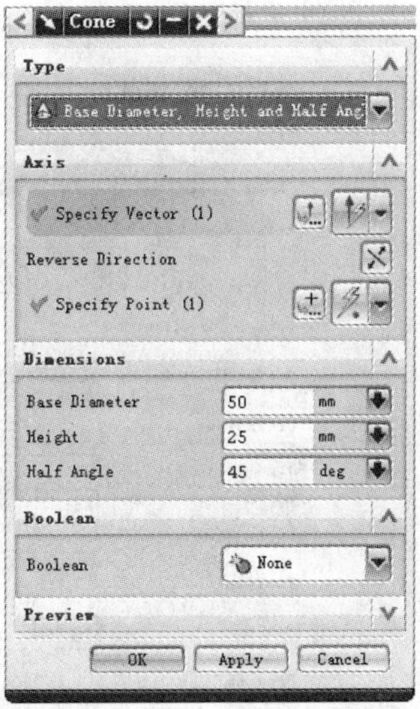

图 5-8 Cone 对话框（3）

- Top Diameter，Height and Half Angle（顶部直径，高度和半角）：该方法通过输入圆锥的底部圆中心点、轴线方向、顶部圆直径、高度和半角值来创建圆锥体特征。其基本操作步骤为，单击 Feature 工具栏上的按钮打开 Cone 对话框，在 Type 选项下选择 Top Diameter，Height and Half Angle 选项，如图 5-9 所示，系统提示定义一点和一矢量作为圆锥体底部圆的中心点和圆锥体的轴线方向，并可根据需要单击来改变轴线方向；在 Dimensions 选项的 Top Diameter、Height 和 Half Angle 文本框中分别输入圆锥体的顶部圆直径、高度值和半角值，并在 Boolean（布尔操作）选项下选择一项布尔操作类型与视图区域中现有的对象建立关系；可以通过单击 Preview（预览）选项下的按钮来对操作结果进行预览，若是所需的结果，则单击 OK 按钮即可，若不是，返回到对话框中重新设置。
- Two Coaxial Arcs（两个共轴的圆弧）：该方法通过输入两段共轴线的参考圆弧来创建圆锥体特征，所生成的圆锥体分别以两段圆弧作为其底圆和顶圆。其基本操作步骤为，单击 Feature 工具栏上的按钮打开 Cone 对话框，在 Type 选项下选择 Two Coaxial Arcs 选项，如图 5-10 所示，系统提示定义两段圆弧作为圆锥体的底圆和顶圆，并在 Boolean（布尔操作）选项下选择一项布尔操作类型与视图区域中现有的对象建立关系；可以通过单击 Preview（预览）选项下的按钮来对操作结果进行预览，若是所需的结果，则单击 OK 按钮即可，若不是，返回到对话框中重新设置。

4）球 该功能用于创建球体，选择【Insert（插入）】→【Design Feature（设计特征）】→【Sphere…（球）】命令或单击 Feature 工具栏上的按钮，系统弹出如图 5-11 所示的 Sphere 对话框，该对话框提供了以下两种创建球体的方法。

- Center Point and Diameter（中心点和直径）：该方法通过输入球的中心点和直径值来创建球体特征。其基本操作步骤为，单击 Feature 工具栏上的按钮打开 Sphere 对话框，在 Type 选项下选择

Center Point and Diameter 选项，如图 5-11 所示，系统提示选择一点作为球体的中心点；在 Dimensions 选项的 Diameter 文本框中输入球体的直径值，并在 Boolean（布尔操作）选项下选择一项布尔操作类型与视图区域中现有的对象建立关系；可以通过单击 Preview（预览）选项下的按钮来对操作结果进行预览，若是所需的结果，则单击 OK 按钮即可，若不是，返回到对话框中重新设置。

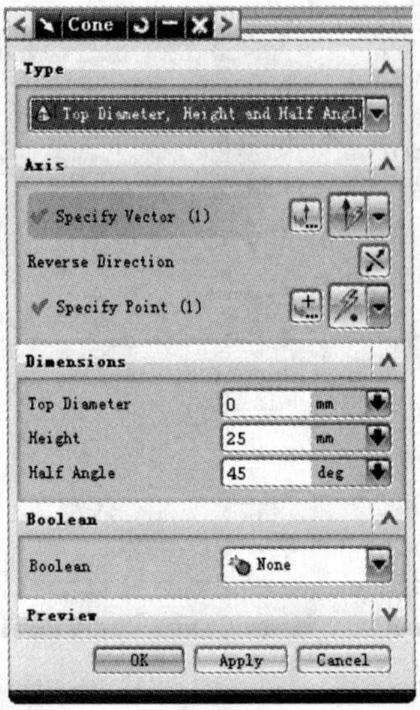

图 5-9　Cone 对话框（4）

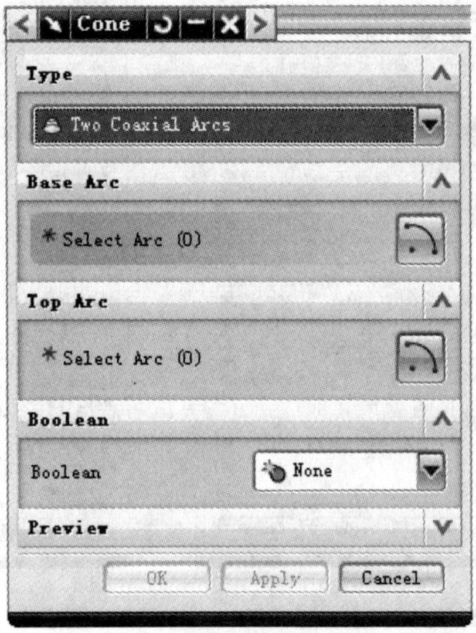

图 5-10　Cone 对话框（5）

➢ Arc（圆弧）：该方法根据所选圆弧来创建球体特征，生成的球体以圆弧的圆心作为球体的中心点，球体的直径为所选圆弧的直径。其基本操作步骤为，单击 Feature 工具栏上的按钮打开 Sphere 对话框，在 Type 选项下选择 Arc 选项，如图 5-12 所示，系统提示选择一圆弧；在视图区域选择一圆弧，并在 Boolean（布尔操作）选项下选择一项布尔操作类型与视图区域中现有的对象建立关系；可以通过单击 Preview（预览）选项下的按钮来对操作结果进行预览，若是所需的结果，则单击 OK 按钮即可，若不是，返回到对话框中重新设置。

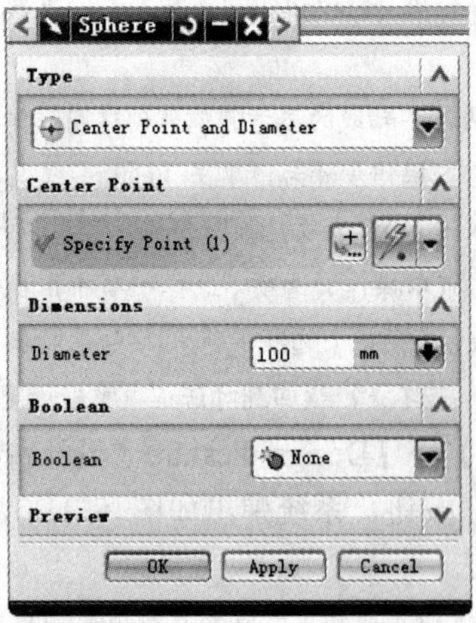

图 5-11　Sphere 对话框（1）

图 5-12　Shpere 对话框（2）

5）孔　该功能用于在实体模型上创建孔特征，选择【Insert（插入）】→【Design Feature（设计特征）】→【Hole...（孔）】命令或单击 Feature 工具栏上的按钮，系统弹出如图 5-13 所示的 Hole 对话框，如图 5-14 所示，系统提供了以下几种类型孔的创建方法。

- General Hole（普通孔）：该方法用于创建普通孔，其基本操作步骤为，在 Type 选项下选择 General Hole 选项，如图 5-13 所示，系统提示定义孔的放置位置，可以直接在视图区域选择一点或多个点，也可以选择一个平面，系统自动进入草图模块，在草图模块中通过 Point 命令定义孔放置的位置，定义完孔后单击草图模块中的Finish Sketch（完成草图）按钮，系统返回到 Modeling 模块继续其他参数的设置；在视图区域选择一平面或一矢量来定义孔的方向，即 Normal to Face（面的法向方向）和 Along Vector（沿矢量方向）两种方法，此时孔轴线分别沿所选面的法向方向和与所选的矢量方向平行；定义孔的形式并进行该种形式的孔相关参数的设置，如图 5-15 所示，包括 Simple（简单孔）、Counterbored（沉头孔）、Countersunk（埋头孔）和 Tapered（销孔）4 种形式。

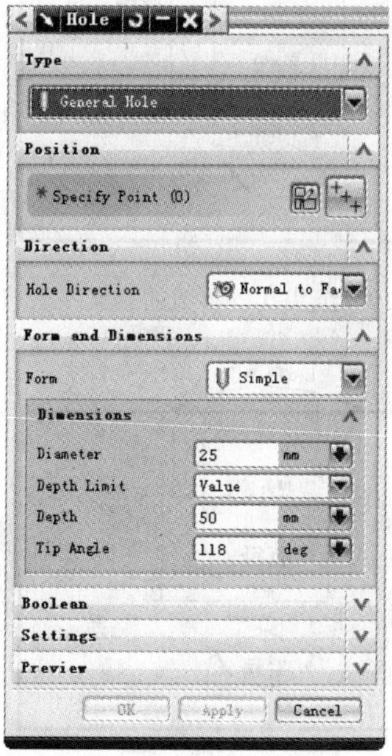

图 5-13　Hole 对话框

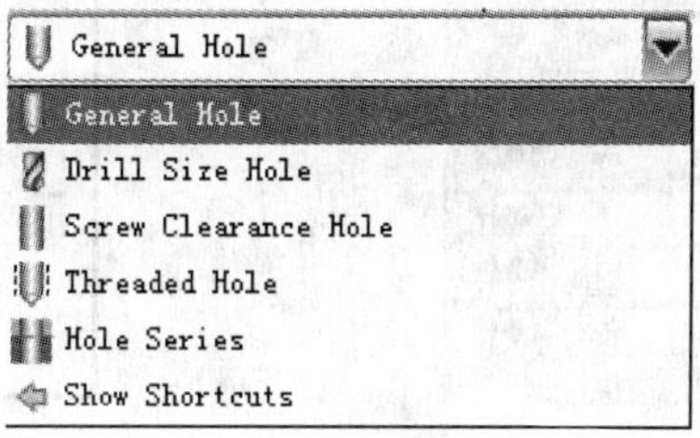

图 5-14　孔的类型

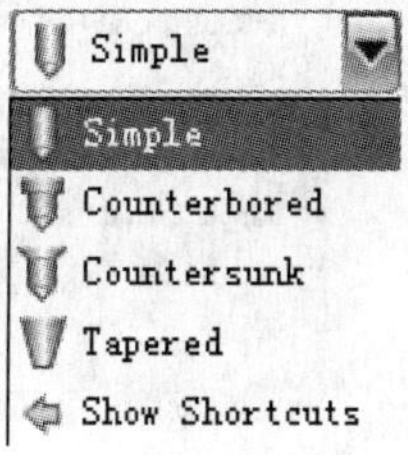

图 5-15　孔的形式

- ✧ Simple：该功能用于在已存在特征上创建简单孔，当该孔贯通实体时称为通孔，反之称为盲孔。对于该种类型孔，其所需设置的参数如图 5-16 所示，各参数的意义如图 5-17 所示，孔的深度可以通过 Value（指定值）、Until Selected（直到所选面）、Until Next（直到下一个面）和 Through Body（贯穿体）来限制，再根据需要在 Depth（深度）和 Tip Angle（尖角）文本框中设置一数值或选择一平面来限制孔的深度，最后在 Diameter（直径）文本框中输入孔的直径值即可。
- ✧ Counterbored：该功能用于在已存在特征上创建沉头孔，其所需设置的参数如图 5-18 所示，孔深度的设置方法与简单孔的设置方法相同，其中 C-Bore Diameter（C-沉头直径）、C-Bore Depth（C-沉头深度）等参数的意义如图 5-19 所示。
- ✧ Countersunk：该功能用于在已存在特征上创建埋头孔，其所需设置的参数如图 5-20 所示，孔深度的设置方法与简单孔的设置方法相同，其中 C-Sink Diameter（C-埋头直径）、C-Sink Angle

（C-埋头角度）等参数的意义如图 5-21 所示。

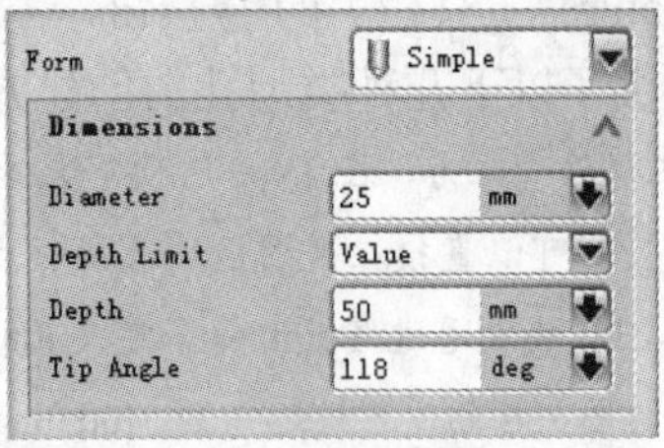

图 5-16 简单孔的参数设置

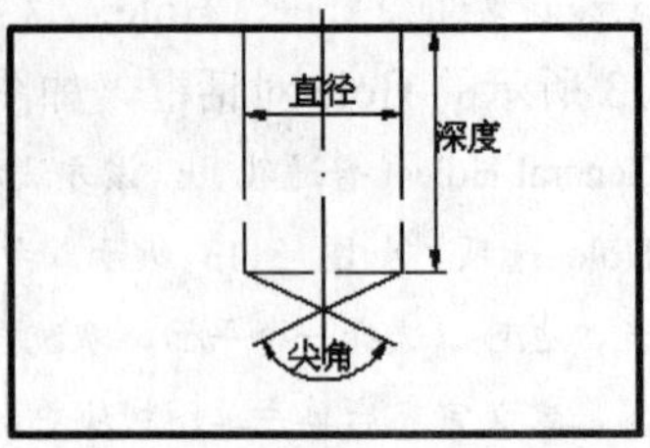

图 5-17 简单孔各参数的意义

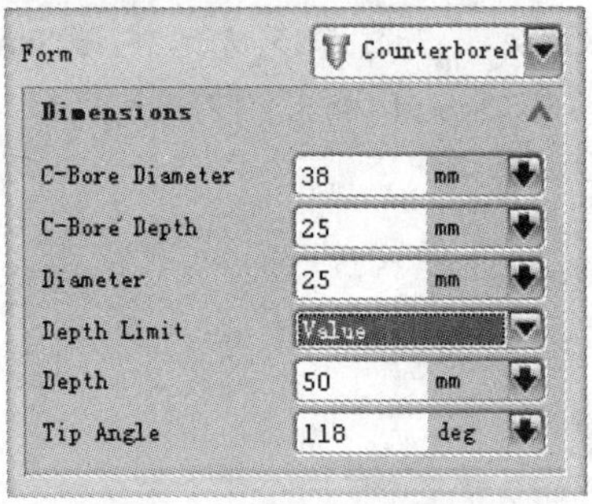

图 5-18 沉头孔的参数设置

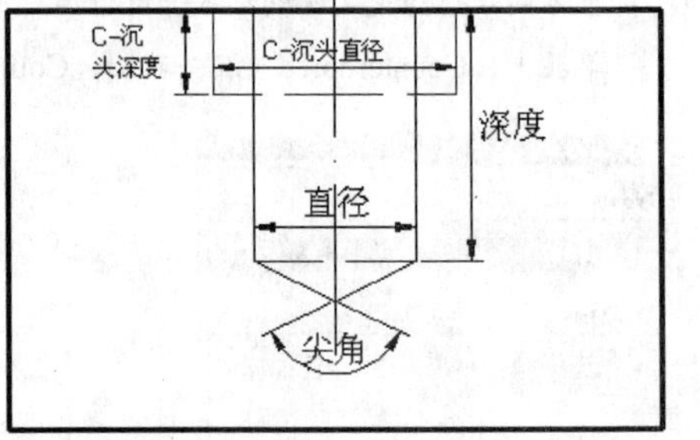

图 5-19 沉头孔各参数的意义

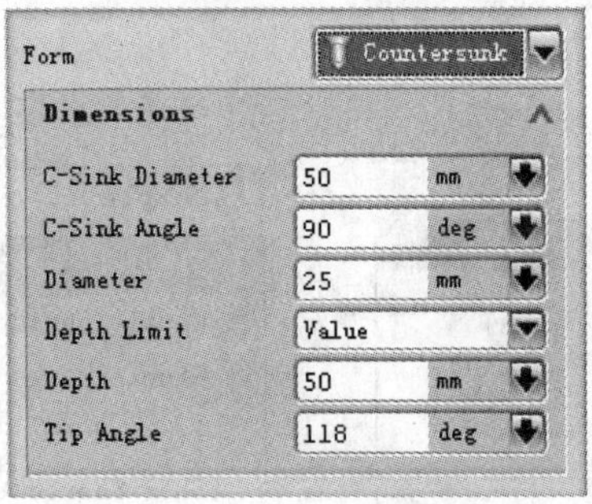

图 5-20 埋头孔的参数设置

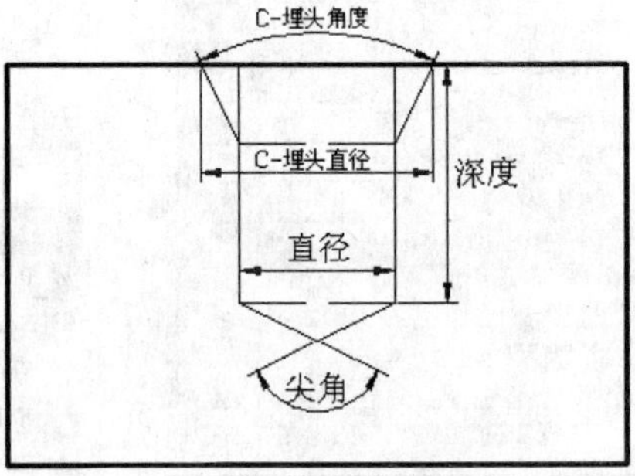

图 5-21 埋头孔各参数的意义

✧ Taped：该功能用于在已存在特征上创建销孔，其所需设置的参数如图 5-22 所示，孔深度的设置方法与简单孔的设置方法相同，其中 Diameter（直径）、Taper Angle（拔锥角度）等参数的意义如图 5-23 所示。

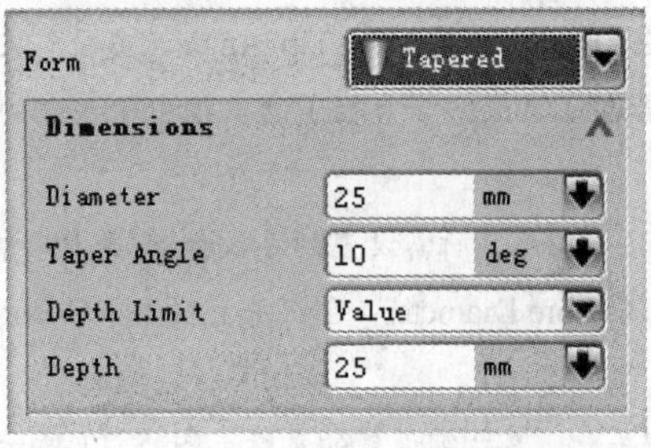

图 5-22 销孔的参数设置

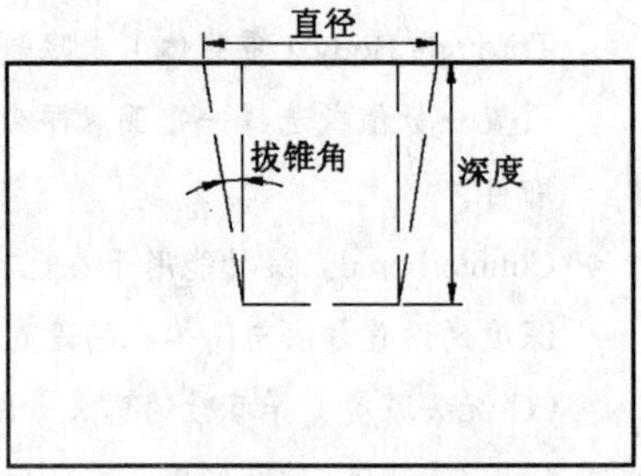

图 5-23 销孔各参数的意义

设置好参数后，单击 OK 按钮或 Apply 按钮即可生成孔。

➢ Drill Size Hole（钻孔）：该方法用于创建钻孔特征，其基本操作步骤为，在 Type 选项下选择 Drill Size Hole 选项，如图 5-24 所示，系统提示定义孔的放置位置，可以直接在视图区域选择一个点或多个点，也可以选择一个平面，系统自动进入草图模块，在草图模块中通过 Point 命令定义孔放置的位置，定义完孔后单击草图模块中的 Finish Sketch（完成草图）按钮，系统返回到 Modeling 模块继续其他参数的设置；在视图区域选择一平面或一矢量来定义孔的方向，即 Normal to Face（面的法向方向）和 Along Vector（沿矢量方向）两种方法，此时孔轴线分别沿所选面的法向方向和与所选的矢量方向平行；定义孔的大小和孔的拟合方式，还可以对孔的 Start Chamfer（起始倒角）和 End Chamfer（终止倒角）进行设置；设置好参数后，单击 OK 按钮或 Apply 按钮即可生成孔。

➢ Screw Clearance Hole（铰孔）：该方法用于创建铰孔特征，其基本操作步骤为，在 Type 选项下选择 Screw Clearance Hole 选项，如图 5-25 所示，系统提示定义孔的放置位置，可以直接在视图区域选择一个点或多个点，也可以选择一个平面，系统自动进入草图模块，在草图模块中通过 Point 命令定义孔放置的位置，定义完孔后单击草图模块中的 Finish Sketch（完成草图）按钮，系统返回到 Modeling 模块继续其他参数的设置；在视图区域选择一平面或一矢量来定义孔的方向，即 Normal to Face（面的法向方向）和 Along Vector（沿矢量方向）两种方法，此时孔轴线分别沿所选面的法向方向和与所选的矢量方向平行；定义孔的形式并进行该种形式孔的相关参数设置，包括 Simple（简单孔）、Counterbored（沉头孔）和 Countersunk（埋头孔）3 种形式；设置好参数后，单击 OK 按钮或 Apply 按钮即可生成孔。

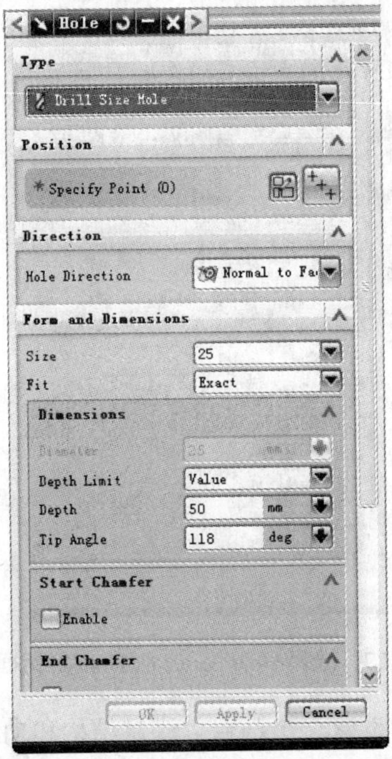

图 5-24　选择 Drill Size Hole 的 Hole 对话框

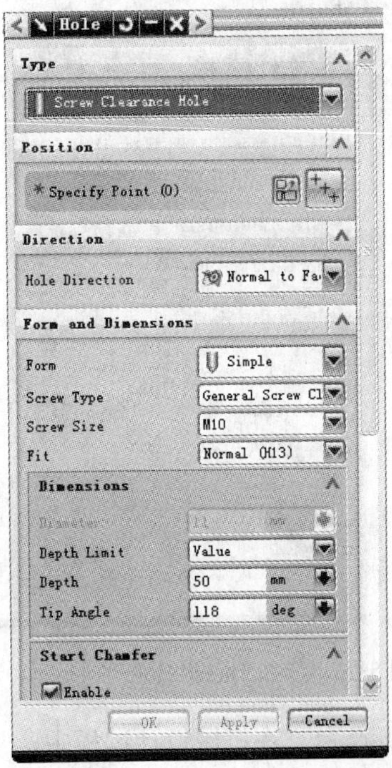

图 5-25　选择 Screw Clearance Hole 的 Hole 对话框

➢ Threaded Hole（螺纹孔）：该方法用于创建螺纹孔特征，其基本操作步骤为，在 Type 选项下选择 Threaded Hole 选项，如图 5-26 所示，系统提示定义螺纹孔的放置位置，可以直接在视图区域选择一个点或多个点，也可以选择一个平面，系统自动进入草图模块，在草图模块中通过 Point 命令定义孔放置的位置，定义完孔后单击草图模块中的Finish Sketch（完成草图）按钮，系统返回到 Modeling 模块继续其他参数的设置；在视图区域选择一平面或一矢量来定义螺纹孔的方向，即 Normal to Face（面的法向方向）和 Along Vector（沿矢量方向）两种方法，此时孔轴线分别沿所选面的法向方向和与所选的矢量方向平行；定义螺纹孔的形式并进行该种形式孔相关参数的设置，如孔的深度、螺纹的长度和起始斜面，另外还可以对螺纹的 Rotation（旋向）进行设置；设置好参数后，单击 OK 按钮或 Apply 按钮即可生成孔。

Hole Series（孔系列）：该选项用于创建普通孔，其基本操作步骤为，在 Type 选项下选择 Hole Series 选项，如图 5-27 所示，系统提示定义孔的放置位置，可以直接在视图区域选择一个点或多个点，也可以选择一个平面，系统自动进入草图模块，在草图模块中通过 Point 命令定义孔放置的位置，定义完孔后单击草图模块中的Finish Sketch（完成草图）按钮，系统返回到 Modeling 模块继续其他参数的设置；在视图区域选择一平面或一矢量来定义孔的方向，即 Normal to Face（面的法向方向）和 Along Vector（沿矢量方向）两种方法，此时孔轴线分别沿所选面的法向方向和与所选的矢量方向平行；定义孔的形式并进行该种形式孔相关参数的设置；设置好参数后，单击 OK 按钮或 Apply 按钮即可生成孔。

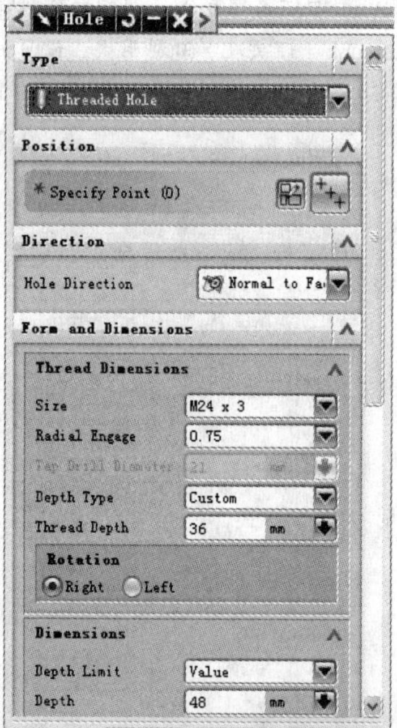

图 5-26 选择 Thread Hole 的 Hole 对话框

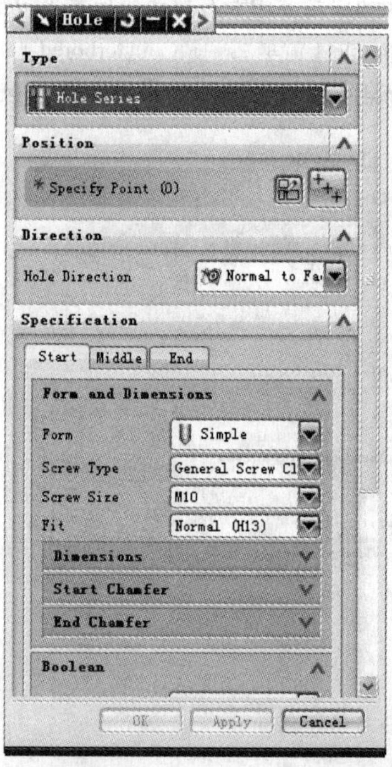

图 5-27 选择 Hole Series 的 Hole 对话框

6）**凸台** 在机械设计过程中，常需在一个结构上设置一个凸台以满足结构和功能上的要求。凸台功能可以快速在实体模型上创建凸台特征，选择【Insert（插入）】→【Design Feature（设计特征）】→【Boss...（凸台）】命令或单击 Feature 工具栏上的按钮，系统弹出如图 5-28 所示的 Boss 对话框。凸台功能的基本操作步骤为，先在 Boss 对话框中设置凸台的参数；选择一实体面或基准平面作为凸台的放置面后单击 OK 按钮；根据选择的放置平面不同，系统将弹出包括不同选项的 Positioning 对话框，如图 5-29 所示为选择一长方体面后系统弹出的 Positioning 对话框；通过该选项中的功能按钮对凸台进行特征定位，具体定位方式前面已经讲述过，此处不再重复；对其进行特征定位后，单击 OK 按钮即可生成凸台。

图 5-28　Boss 对话框

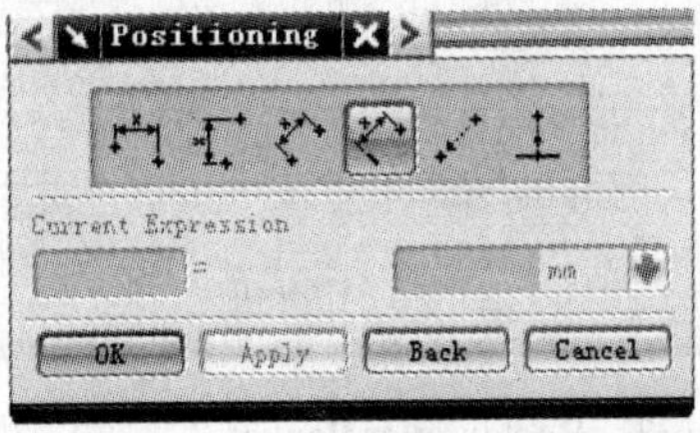

图 5-29　Positioning 对话框

7）腔体　该功能用于在实体模型上创建腔体特征，即从实体模型上移除材料或沿矢量对截面进行投影生成的面来修改片体，选择【Insert（插入）】→【Design Feature（设计特征）】→【Pocket...（腔体）】命令或单击 Feature 工具栏上的按钮，系统弹出如图 5-30 所示的 Pocket 对话框，在该对话框中可以生成 Cylindrical（圆柱形）、Rectangular（矩形）和 General（一般）三种类型的腔体，此处只对前两种类型的使用方法进行阐述。

➢ Cylindrical（圆柱形腔体）：该功能用于在实体模型上生成圆柱形腔体，其基本操作步骤为，在图 5-30 所示对话框中单击 Cylindrical 按钮，系统弹出如图 5-31 所示的 Cylindrical Pocket 对话框；在视图区域选择一平面或基准平面作为圆柱形腔体的放置面，系统弹出如图 5-32 所示对话框；在图 5-32 所示对话框中设置圆柱形腔体的主要参数，主要有 Pocket Diameter（腔体直径）、Depth（深度）、Floor Radius（底面半径）和 Taper Angle（拔模角）；设置好参数后，系统弹出 Positioning 对话框为所创建的圆柱形腔体进行定位，定位后单击 OK 按钮，即可生成圆柱形腔体。

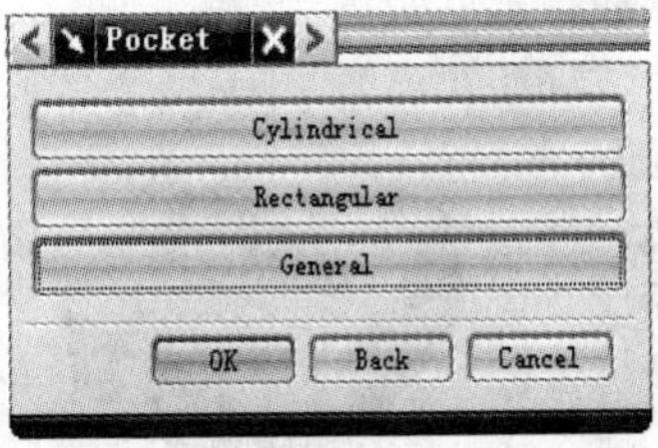

图 5-30　Pocket 对话框

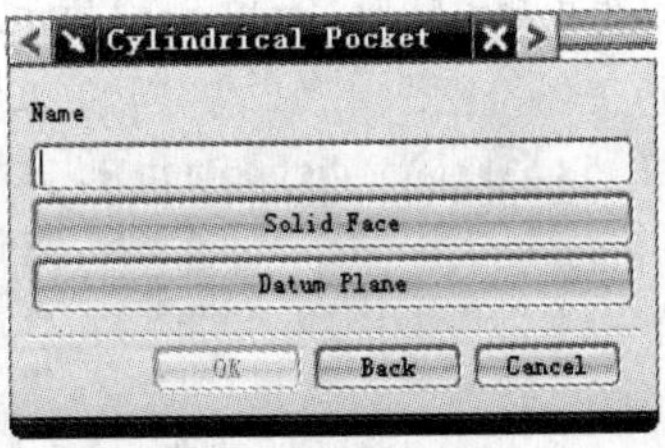

图 5-31　Cylindrical Pocket 对话框

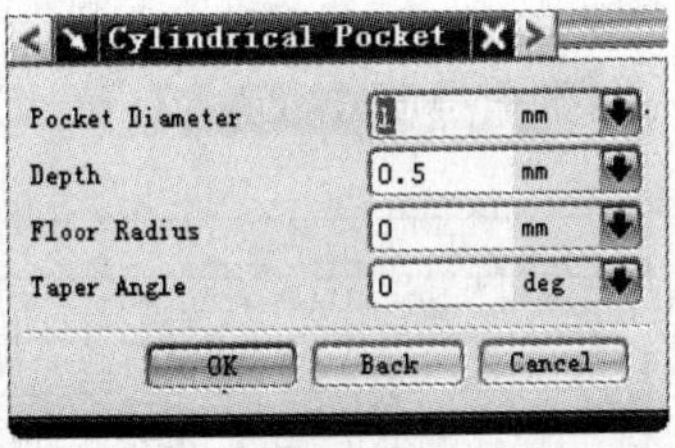

图 5-32　Cylindrical Pocket 参数设置

➢ Rectangular（矩形腔体）：该功能用于在实体模型上生成矩形腔体，其基本操作步骤为，在图 5-30 所示对话框中单击 Rectangular 按钮，系统弹出如图 5-33 所示的 Rectangular Pocket 对话框；在视图区域选择一平面或基准平面作为矩形腔体的放置面，系统弹出如图 5-34 所示的 Horizontal Reference 对话框；在视图区域选择一点、面、基准轴或基准面作为水平参考；在系统弹出的如图 5-35 所示对话框中设置矩形腔体的主要参数，主要有 Length（腔体长度）、Width（腔体宽度）、Depth（深度）、Corner Radius（拐角半径）、Floor Radius（底面半径）和 Taper Angle（拔模角）；设置好参数后，系统弹出 Positioning 对话框为所创建的矩形腔体进行定位，定位后单击 OK 按钮，即可生成矩形腔体。

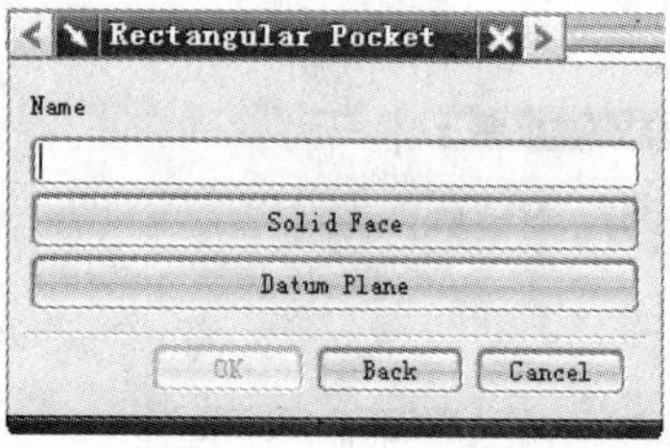

图 5-33 Rectangular Pocket 对话框

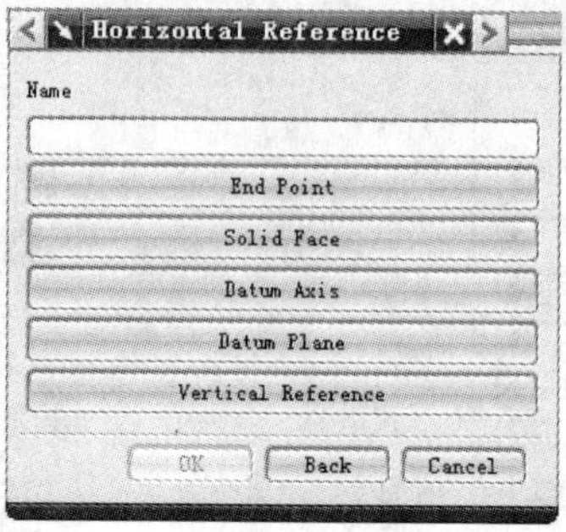

图 5-34 Horizontal Reference 对话框

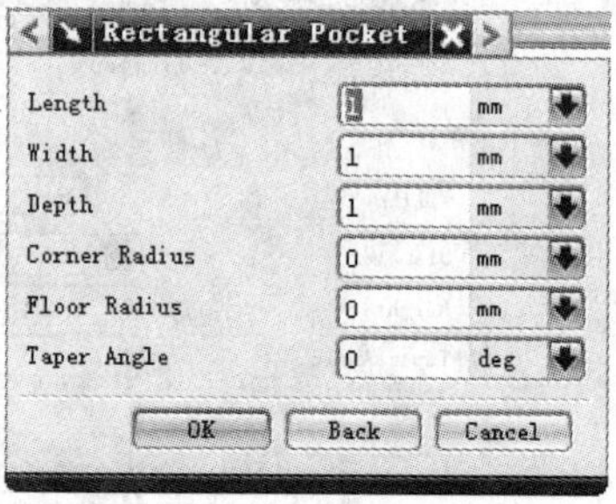

图 5-35 Rectangular Pocket 参数设置

8）**键槽** 该功能用于在实体模型上创建键槽特征，选择【Insert（插入）】→【Design Feature（设计特征）】→【Slot（键槽）】命令或单击 Feature 工具栏上的按钮，系统弹出如图 5-36 所示的 Slot 对话框，系统提供了以下几种类型键槽的创建方法。

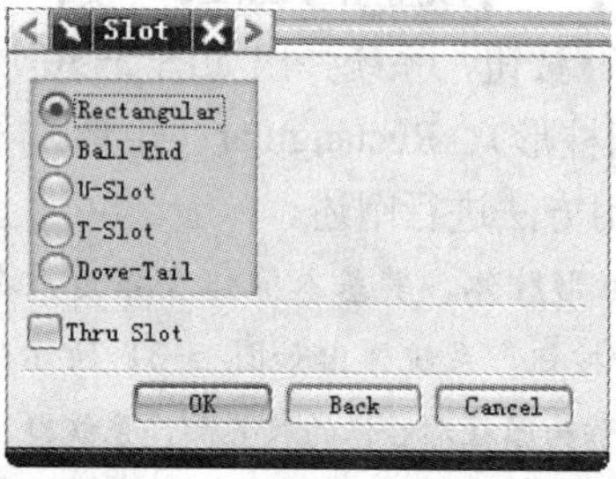

图 5-36 Slot 对话框

➢ Rectangular（矩形键槽）：该功能用于在实体模型上生成矩形键槽，其基本操作步骤为，在图 5-36 所示对话框中选择 Rectangular 选项，系统弹出如图 5-37 所示的 Rectangular Slot 对话框；在视图区域选择一平面或基准平面作为矩形键槽的放置面，系统弹出如图 5-34 所示的 Horizontal Reference 对话框；在视图区域选择一点、面、基准轴或基准面作为水平参考，系统弹出如图 5-38 所示的 Rectangular Slot 对话框；在该对话框中设置矩形键槽的主要参数，包括矩形键槽的长、宽和深度；设置好参数后，系统弹出 Positioning 对话框为所创建的矩形键槽进行定位，之后单击 OK 按钮，即可生成矩形键槽，如图 5-39 所示。

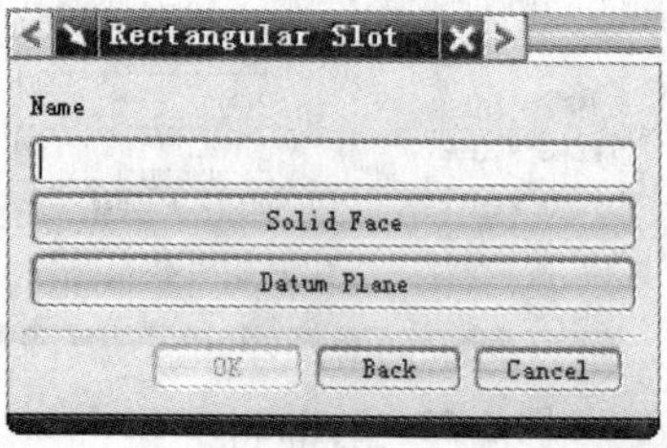

图 5-37 Rectangular Slot 对话框

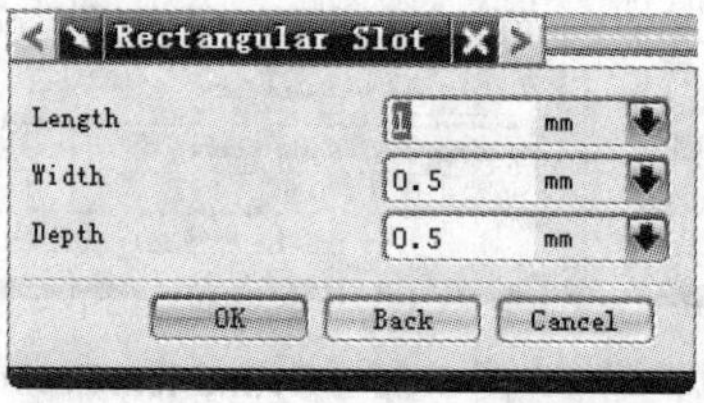

图 5-38 Rectangular Slot 参数设置

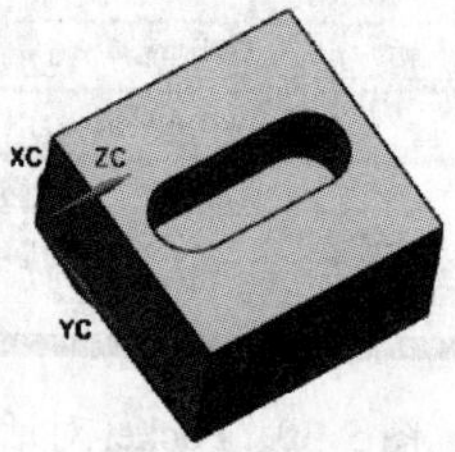

图 5-39 Rectangular Slot 实例

➢ Ball-End（球形键槽）：该功能用于在实体模型上生成球形键槽，其基本操作步骤为，在图 5-36 所示对话框中选择 Ball-End 选项，系统弹出如图 5-40 所示的 Ball Slot 对话框；在视图区域选择一平面或基准平面作为球形键槽的放置面，系统弹出如图 5-34 所示的 Horizontal Reference 对话框；在视图区域选择一点、面、基准轴或基准面作为水平参考，系统弹出如图 5-41 所示的 Ball Slot 对话框；在该对话框中设置球形键槽的主要参数，包括 Ball Diameter（球直径）、深度和长度；设置好参数后，系统弹出 Positioning 对话框为所创建的球形键槽进行定位，之后单击 OK 按钮，即可生成球形键槽，如图 5-42 所示。

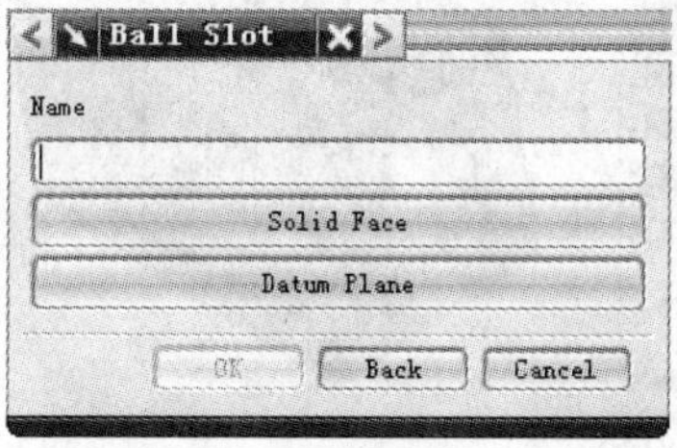

图 5-40　Ball Slot 对话框

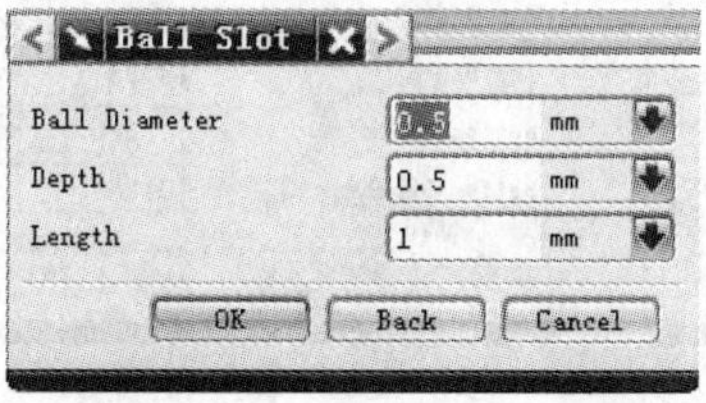

图 5-41　Ball Slot 参数设置

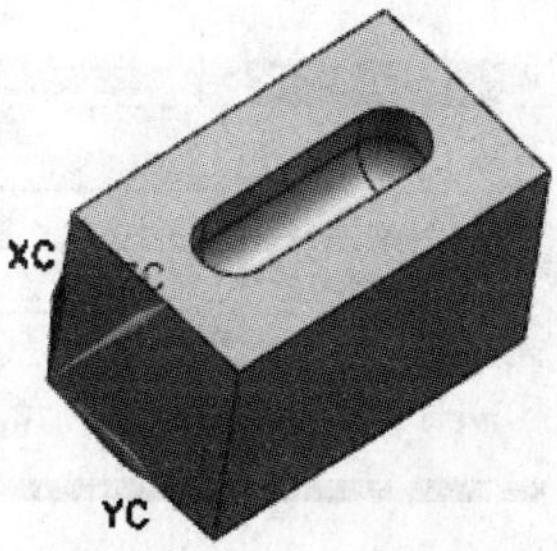

图 5-42　Ball Slot 实例

➢ U-Slot（U 形键槽）：该功能用于在实体模型上生成 U 形键槽，其基本操作步骤为，在图 5-36 所示对话框中选择 U-Slot 选项，系统弹出如图 5-43 所示的 U Slot 对话框；在视图区域选择一平面或基准平面作为 U 形键槽的放置面，系统弹出如图 5-34 所示的 Horizontal Reference 对话框；在视图区域选择一点、面、基准轴或基准面作为水平参考，系统弹出如图 5-44 所示的 U Slot 对话框；在该对话框中设置 U 形键槽的主要参数；设置好参数后，系统弹出 Positioning 对话框为所创建的 U 形键槽进行定位，之后单击 OK 按钮，即可生成 U 形键槽，如图 5-45 所示。

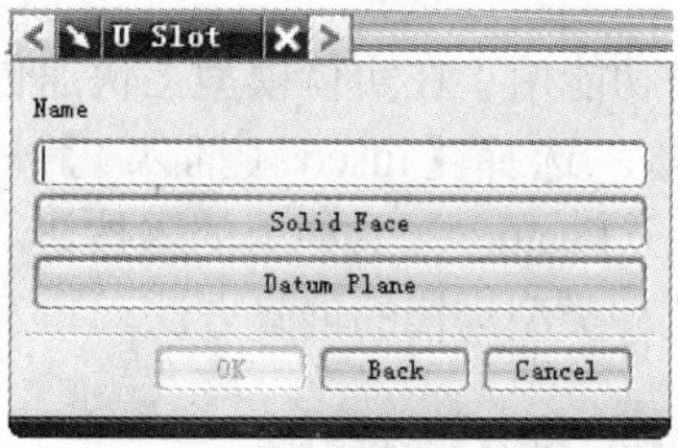

图 5-43　U Slot 对话框

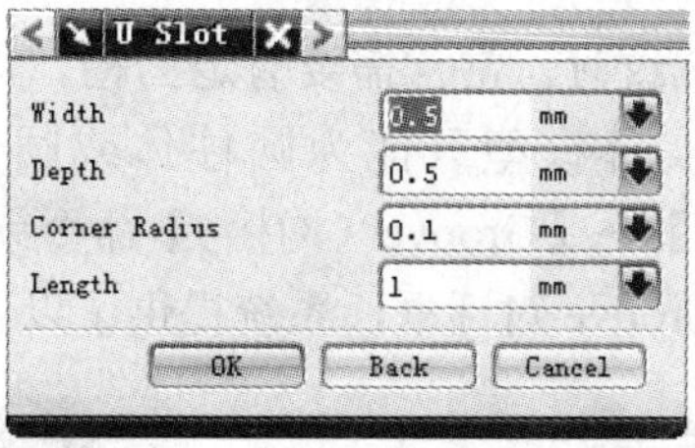

图 5-44　U Slot 参数设置

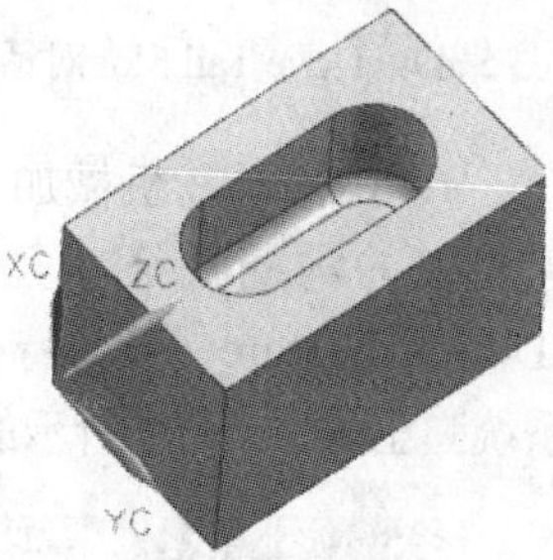

图 5-45　U Slot 实例

➢ T-Slot（T 形键槽）：该功能用于在实体模型上生成 T 形键槽，其基本操作步骤为，在图 5-36 所示对话框中选择 T-Slot 选项，系统弹出如图 5-46 所示的 T Slot 对话框；在视图区域选择一平面或基准平面作为 T 形键槽的放置面，系统弹出如图 5-34 所示的 Horizontal Reference 对话框；在视图区域选择一点、面、基准轴或基准面作为水平参考；再在视图区域选择两个平面作为 T 形键槽的起始面和终止面，系统弹出如图 5-47 所示的 T Slot 对话框；在该对话框中设置 T 形键槽的主要参数；设置好参数后，系统弹出 Positioning 对话框为所创建的 T 形键槽进行定位，之后单击 OK 按钮，即可生成 T 形键槽，如图 5-48 所示。

➢ Dove-Tail（燕尾形键槽）：该功能用于在实体模型上生成燕尾形键槽，其基本操作步骤为，在图 5-36 所示对话框中选择 Dove-Tail 选项，系统弹出如图 5-49 所示的 Dove Tail Slot 对话框；在视图区域选择一平面或基准平面作为燕尾形键槽的放置面，系统弹出如图 5-34 所示的 Horizontal Reference 对话框；在视图区域选择一点、面、基准轴或基准面作为水平参考；再在视图区域选择两个平面作为燕尾形键槽的起始面和终止面，系统弹出如图 5-50 所示的 Dove Tail Slot 对话框；在该对话框中设置燕尾形键槽的主要参数；设置好参数后，系统弹出 Positioning 对话框为所创建的燕尾形键槽进行定位，之后单击 OK 按钮，即可生成燕尾形键槽，如图 5-51 所示。

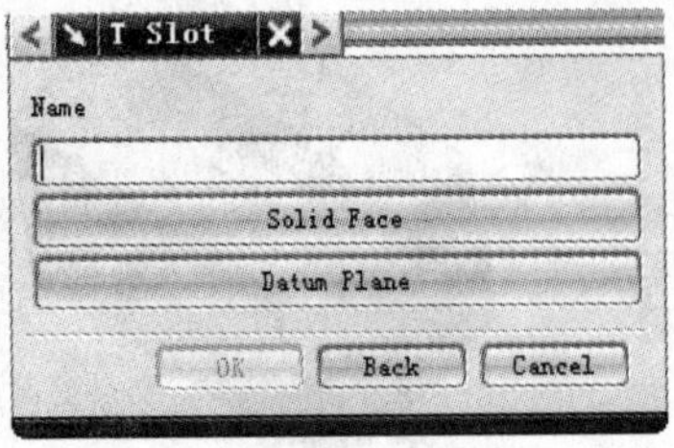

图 5-46 T Slot 对话框

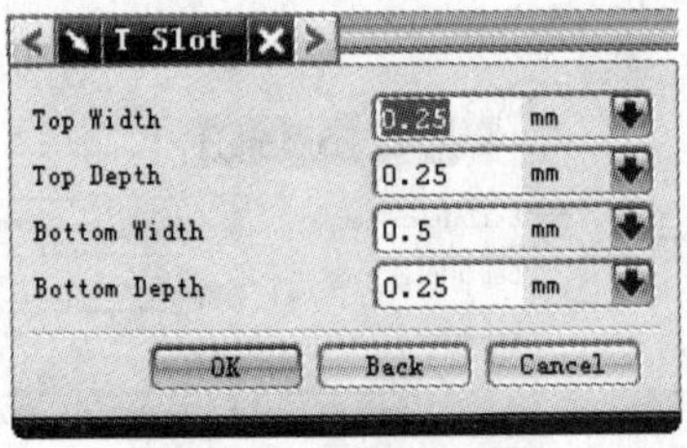

图 5-47 T Slot 参数设置

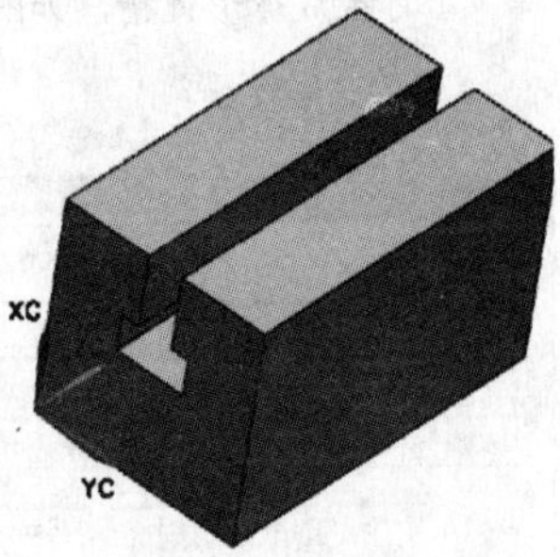

图 5-48 T Slot 实例

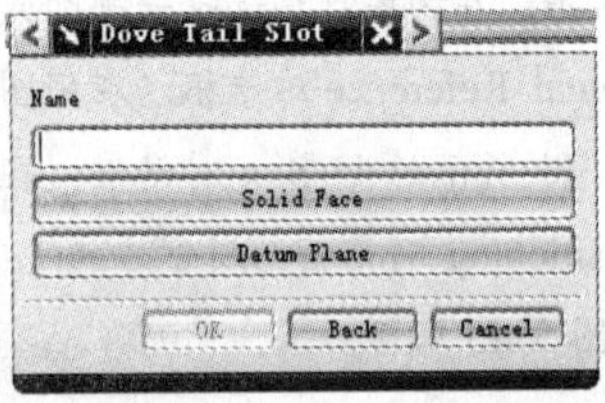

图 5-49 Dove Tail Slot 对话框

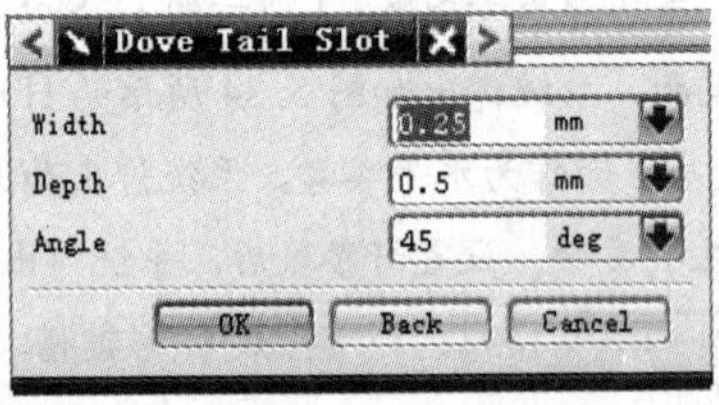

图 5-50 Dove Tail Slot 参数设置

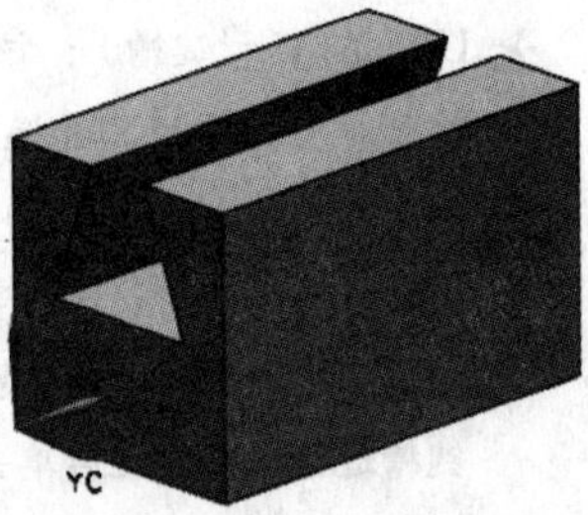

图 5-51 Dove Tail Slot 实例

9）**沟槽** 在机械加工螺纹时，常常需要有退刀槽，沟槽功能用于在实体模型上快速创建类似的沟槽特征，且该实体模型只能为圆柱体或圆锥体。选择【Insert（插入）】→【Design Feature（设计特征）】→【Groove（沟槽）】命令或单击 Feature 工具栏上的按钮，系统弹出如图 5-52 所示的 Groove 对话框，系统提供了以下几种类型沟槽的创建方法。

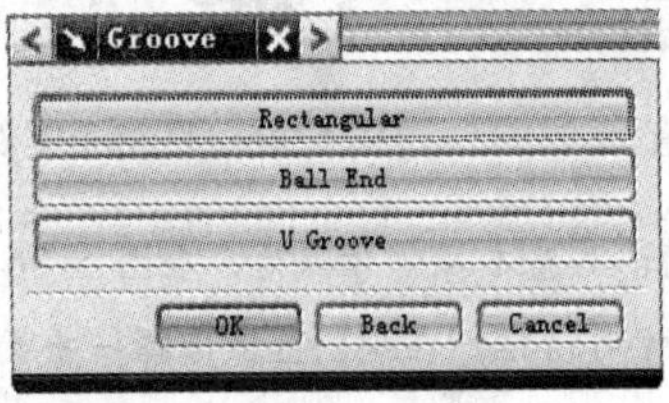

图 5-52 Groove 对话框

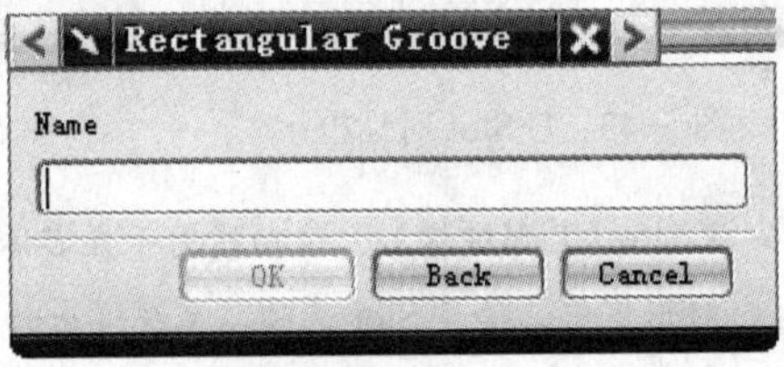

图 5-53 Rectangular Groove 对话框

- Rectangular（矩形沟槽）：该功能用于在圆柱体或圆锥体上生成矩形沟槽，其基本操作步骤为，在图 5-52 所示对话框中单击 Rectangular 按钮，系统弹出如图 5-53 所示的 Rectangular Groove 对话框；在视图区域选择圆柱面或圆锥面作为矩形沟槽的放置面，系统弹出如图 5-54 所示的 Rectangular Groove 参数设置对话框；在该对话框中设置矩形沟槽的主要参数，包括矩形沟槽的直径和宽度；设置好参数后，系统弹出如图 5-55 所示的 Position Groove 对话框，为所创建的矩形沟槽定位，单击 OK 按钮，即可生成矩形沟槽，如图 5-56 所示。
- Ball End（球形沟槽）：该功能用于在圆柱体或圆锥体上生成球形沟槽，其基本操作步骤为，在图 5-52 所示对话框中单击 Ball End 按钮，系统弹出如图 5-57 所示的

Ball End Groove 对话框；在视图区域选择圆柱面或圆锥面作为球形沟槽的放置面，系统弹出如图 5-58 所示的 Ball End Groove 参数设置对话框；在该对话框中设置球形沟槽的主要参数，包括球形沟槽的直径和球直径；设置好参数后，系统弹出如图 5-55 所示的 Position Groove 对话框，为所创建的球形沟槽定位，单击 OK 按钮，即可生成球形沟槽，如图 5-59 所示。

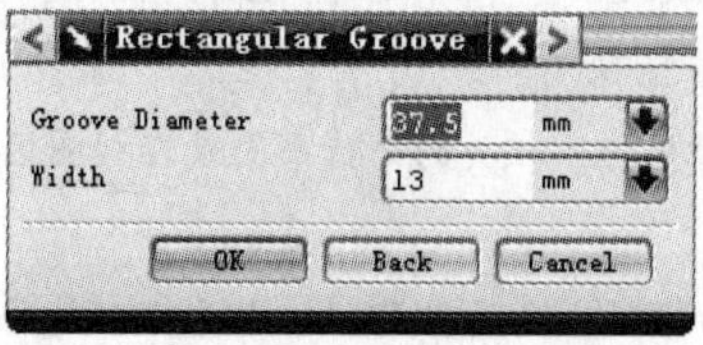

图 5-54　Rectangular Groove 参数设置

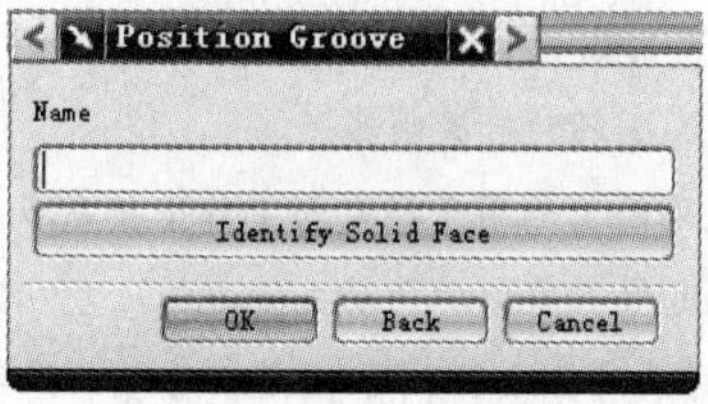

图 5-55　Position Groove 对话框

图 5-56　Rectangular Groove 实例

图 5-57　Ball End Groove 对话框

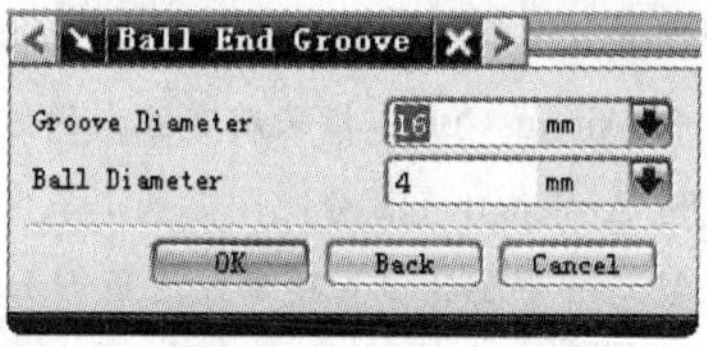

图 5-58　Ball End Groove 参数设置

图 5-59　Ball End Groove 实例

- U Groove（U 形沟槽）：该功能用于在圆柱体或圆锥体上生成 U 形沟槽，其基本操作步骤为，在图 5-52 所示对话框中单击 U Groove 按钮，系统弹出如图 5-60 所示的 U Groove 对话框；在视图区域选择圆柱面或圆锥面作为 U 形沟槽的放置面，系统弹出如图 5-61 所示的 U Groove 参数设置对话框；在该对话框中设置 U 形沟槽的主要参数，包括 U 形沟槽的直径、宽度和拐角半径；设置好参数后，系统弹出如图 5-55 所示的 Position Groove 对话框，为所创建的 U 形沟槽定位，单击 OK 按钮，即可生成 U 形沟槽，如图 5-62 所示。

图 5-60　U Groove 对话框

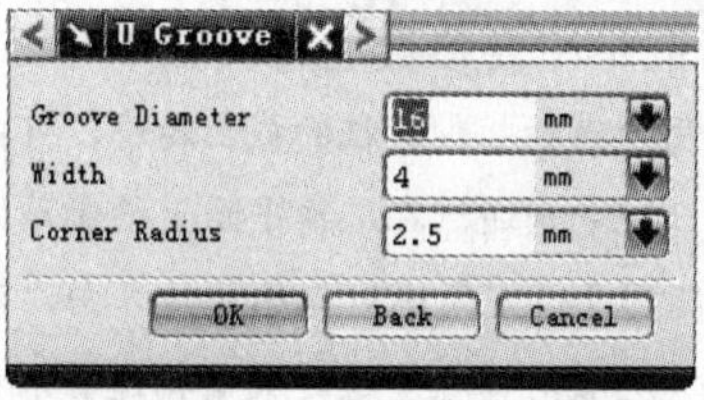

图 5-61　U Groove 参数设置

图 5-62　U Groove 实例

本书所讲解的都是针对外沟槽面，故在设置 Groove Diameter 时，其值都要小于放置面的直径值，对于要生成内沟槽时，注意 Groove Diameter 值应大于放置面的直径值，其方法一样，不再重复。

10）三角形加强筋 该功能用于在两组相交面之间创建三角形加强筋特征，选择【Insert（插入）】→【Design Feature（设计特征）】→【Dart（三角形加强筋）】命令或单击Feature工具栏上的按钮，系统弹出如图5-63所示的Dart对话框，该对话框中各项参数的意义如下。

- First Set（第一组）：用于选择欲创建的三角形加强筋的第一组放置面。
- Second Set（第二组）：用于选择欲创建的三角形加强筋的第二组放置面。
- Location Curve（位置曲线）：用于当两个相交面之间的交线大于1时以选择两组面多条交线中的一条交线作为三角形加强筋的位置曲线。
- Location Plan（位置平面）：用于指定与工作坐标系或绝对坐标系相关的平行平面或在视图区指定一个已存在的平面来定位三角形加强筋。
- Orientation Plane（方向平面）：用于指定三角形加强筋的倾斜方向的平面，该平面可以是已存在平面或基准平面，系统默认为已选两组平面的法向平面。
- Filter（过滤器）：用于过滤选择方向。
- Trim Option（修剪选项）：用于设置当所生成的三角形加强筋超过壁面时的裁剪方法，包括No Trim（不修剪）和Trim and Sew（修剪和缝合）两种，其中No Trim指不修剪，而Trim and Sew指对加强筋沿着壁面进行修剪并与壁面缝合在一起。
- Method（方法）：用于设置三角形加强筋的定位方法，包括Along Curve（沿曲线）和Position（位置）两种定位方法。其中Along Curve指采用交互式的方法在两面相交的曲线上选择一点，再通过Arclength（圆弧长）或% Arclength（百分比圆弧长）来定位；而Position则在绝对坐标系或工作坐标系中定义三角形加强筋与一平面的偏置距离或三角形加强筋中心线位置。
- ：用于对三角形加强筋的截面尺寸进行设置。

2．扫描特征

扫描特征也称为由曲线建立实体特征，是主要以草图和曲线等截面几何体作为依据，通过拉伸、旋转、扫掠等操作将截面几何体沿一定的方向进行扫描而生成特征的方法。

1）拉伸 该功能用于将截面轮廓草图进行拉伸生成实体或片体，其截面轮廓可以是封闭的也可以是不封闭的，可以由一个或多个封闭环组成，封闭环之间不能自交但可嵌套，如果存在嵌套的封闭环，在生成添加材料的拉伸特征时，系统自动将该截面轮廓区域进行拉伸，即把里面的封闭环当做孔特征。选择【Insert（插入）】→【Design Feature（设计特征）】→【Extrude（拉伸）】命令或单击Feature工具栏上的按钮，系统弹出如图5-64所示的Extrude对话框，该对话框中主要参数的意义如下。

- Section（截面）：该功能用于选择拉伸特征的截面轮廓，可以通过Sketch Section（草图截面）或Curve（曲线）来定义，即分别通过在工作平面上绘制草图或指定已有草图来创建拉伸特征。
- Direction（方向）：该功能用于设定所选对象的拉伸方向，可以通过选择现有矢量作为拉伸方向或单击Vector Dialogue（矢量对话框）通过矢量构造器来创建拉伸方向。
- Limits（限制）：该功能用于设定拉伸的起始面和终止面，设置方法共有以下几种，即Value（值）、Symmetric Value（对称值）、Until Next（直至下一个）、Until Selected（直至选定对象）、Until Extended（直到被延伸）、Through All（贯通）。其中Value指以相对于拉伸对象在拉伸方向上的距离来确定起始面和终止面；Symmetric Value指同时向两个方向拉伸，且两个方向上的拉伸值可以单独设置；Until Next 指拉伸直到遇到下一个几何体为止；Until Selected 指拉伸至指定的面或几何体；Until Extended 指拉伸到选定的面的延伸部分；Through All 指拉伸将贯穿拉伸路径上的所有几何体。

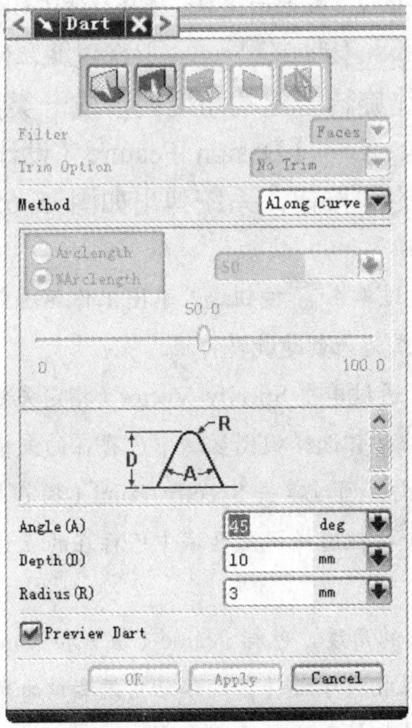

图 5-63　Dart 对话框

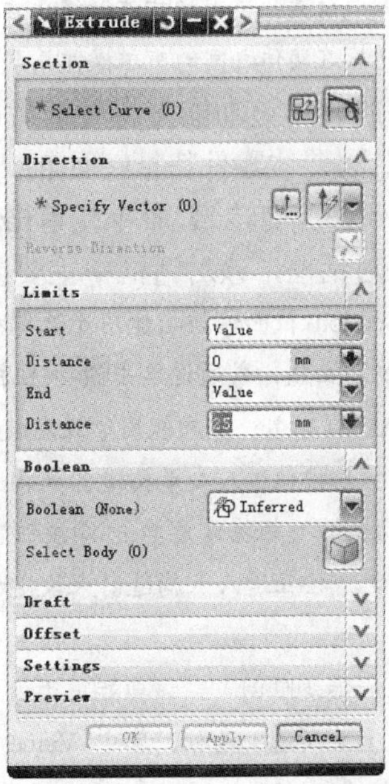

图 5-64　Extrude 对话框

- Boolean（布尔操作）：该功能用于建立拉伸体与视图中已存在所选的几何体之间的关系，包括 None（无）、United（并集）、Subtract（差集）和 Intersect（交集）。其中 None 表示拉伸体与所选几何体之间相互独立；United 表示将拉伸体与所选几何体合为一体；Subtract 表示将拉伸体与所选几何体的交集部分删除；Intersect 表示取拉伸体与所选几何体的交集部分。
- Draft（拔模）：该功能用于设置拉伸体的拔模角度及拔模方式，且该拔模角小于 90°，包括 None（无）、From Start Limit（从起始限制）、From Section（从截面）、From Section-Asymmetric Angle（从截面-非对称角）、From Section-symmetric Angle（从截面-对称角）和 From Section-Matched Ends（从截面-匹配的端部）等项。其中 None 表示对拉伸体不拔模；From Start Limit 表示将拉伸体从端面开始拔模；From Section 表示将从一个或多个侧面拔模；From Section-Asymmetric Angle 表示在拉伸方式为两边对称拉伸时两端面同时不对称拔模；From Section-symmetric Angle 表示在拉伸方式为两边对称拉伸时两端面同时对称拔模；From Section-Matched Ends 表示在拉伸方式为两边对称拉伸时两端面同时拔模，但拔模角会自动修改以使两端的端面相同。
- Offset（偏置）：该功能用于设置拉伸体在垂直于拉伸方向上的延伸，包括 None（无）、Single-Sided（单边）、Two-Sided（双边）和 Symmetric（对称）。其中 None 表示在拉伸过程中不做偏置处理；Single-Sided 表示在截面曲线一侧生成拉伸特征，以结束值与起始值之差作为实体的厚度；Two-Sided 表示在截面曲线两侧生成拉伸特征，以结束值和起始值之差作为实体的厚度；Symmetric 表示在截面曲线的两侧生成对称的拉伸特征，其中每一侧的拉伸长度为总长度的一半。
- Settings（设置）：该功能用于设置生成拉伸体的类型，包括 Solid（实体）和 Sheet（片体），即拉伸体分别为实体和薄片体。

➢ Preview（预览）：该功能用于在拉伸过程中预览绘图工作区的临时实体的生成状态，以便及时修改和调整。其基本操作步骤为，在图 5-64 所示对话框中选择按钮或按钮进入草图工作环境或直接选择视图区域的一条曲线作为拉伸的截面轮廓；选择已存在的矢量或进入矢量构造器构造矢量作为拉伸方向；设置拉伸起始方法和终止方法，并进行相应的拉伸值设置或曲面选取；选择拉伸体与视图区域中已存在实体之间的布尔操作关系；预览视图，单击 OK 按钮或 Apply 按钮完成拉伸操作。

2）**旋转** 该功能是将特征截面曲线绕旋转中心线旋转一定的角度而形成一类特征，适合于构造回转体零件特征，如轴。选择【Insert（插入）】→【Design Feature（设计特征）】→【Revolve（旋转）】命令或单击 Feature 工具栏上的按钮，系统弹出如图 5-65 所示的 Revolve 对话框，该对话框中主要参数的意义如下。

➢ Section 截面：该功能用于选取旋转曲线轮廓，可以通过单击按钮进入草图工作环境来创建旋转特征曲线，或通过单击按钮指定已有的草图、曲线或边来创建旋转特征。

➢ Axis（轴）：该功能用于设定旋转方向和旋转中心点，通过单击 Specify Vector（指定矢量）选项下的按钮进入矢量构造器来构造旋转方向，或单击按钮选择视图区域中已存在的矢量作为旋转方向，可根据需要单击按钮来使当前的旋转方向反向；通过单击 Specify Point（指定点）选项下的按钮进入点构造器来设定旋转中心点，或单击按钮选择视图区域中已存在的点作为旋转中心点。

➢ Limits（限制）：该功能用于设定旋转起始面和终止面的角度，包括 Value（值）和 Until Selected（直至所选）两种。其中 Value 表示通过指定旋转对象相对于旋转轴的起始角度和结束角度来生成旋转体；Until Selected 表示通过指定对象来确定旋转的起始角度和结束角度。

➢ Offset（偏置）：该功能用于设置旋转体在垂直于旋转轴上的延伸，包括 None（无）、Single-Sided（单边）、Two-Sided（双边）和 Symmetric（对称）。其中 None 表示直接以截面曲线生成旋转特征；Single-Sided 表示在截面曲线一侧生成旋转特征，以结束值和起始值之差作为实体的厚度；Two-Sided 表示在截面曲线两侧生成旋转特征，以结束值和起始值之差作为实体的厚度；Symmetric 表示在截面曲线的两侧生成对称的旋转特征，其中每一侧的拉伸长度为总长度的一半。

➢ Settings（设置）：该功能用于设置生成旋转体的类型，包括 Solid（实体）和 Sheet（片体），即生成旋转体分别为实体和薄片体。

➢ Preview（预览）：该功能用于在旋转过程中预览绘图工作区的临时实体的生成状态，以便及时修改和调整。其基本操作步骤为，在图 5-65 所示对话框中选择按钮或按钮进入草图工作环境或直接选择视图区域的一条曲线作为旋转特征的截面轮廓；选择已存在的矢量或进入矢量构造器构造矢量作为旋转方向；选择已存在的点或进入点构造器构造点作为旋转中心点；设置旋转起始方法和终止方法，并进行相应的旋转角度值设置或起始曲面和终止曲面的选取；选择旋转体与视图区域中已存在实体之间的布尔操作关系；预览视图，单击 OK 按钮或 Apply 按钮完成旋转特征操作。

3）**扫掠** 该功能用于通过一条或多条截面曲线形状沿一条或多条引导线扫掠成实体或片体，其截面曲线最少为 1 条，但不超过 400 条，引导线为 1～3 条。选择【Insert（插入）】→【Sweep（扫描）】→【Swept…（扫掠）】命令或单击 Surface 工具栏上的按钮，系统弹出如图 5-66 所示的 Swept 对话框，该对话框中主要参数的意义如下。

➢ Sections（截面）：该功能用于选择扫掠的曲线、边或草图，可以为 1 条或多条，但最多不能超过 400 条，所选曲线将在 List（列表）中显示，用户也可以在该列表框中将不需要的曲线删除。

➢ Guides（引导线）：该功能用于设置引导线，最多不超过 3 条，由单段或多段曲线组成，可以是单独绘制的曲线，也可以是实体边缘线，但必须是光滑的曲线。在扫掠成型过程中，当只选择一条引导线时，还需要给定截面曲线沿着引导线移动时其方位和尺寸的变化规律；当选择两条引导线时，截面曲线沿着引导线移动时的方位由两条引导线各自对应点之间连线的方向唯一确定，但是其尺寸会适当缩放以保证截面曲线与两条引导线始终保持接触；当选择三条引导线时，截面曲线沿着引导线移动时其方位和尺寸被完全确定，无须额外指定方向和比例。

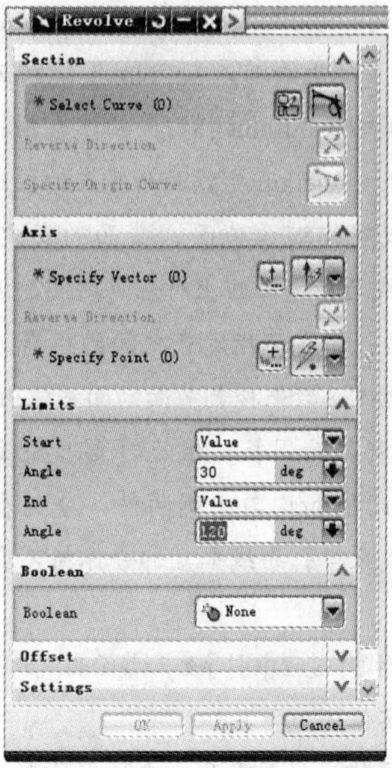

图 5-65 Revolve 对话框

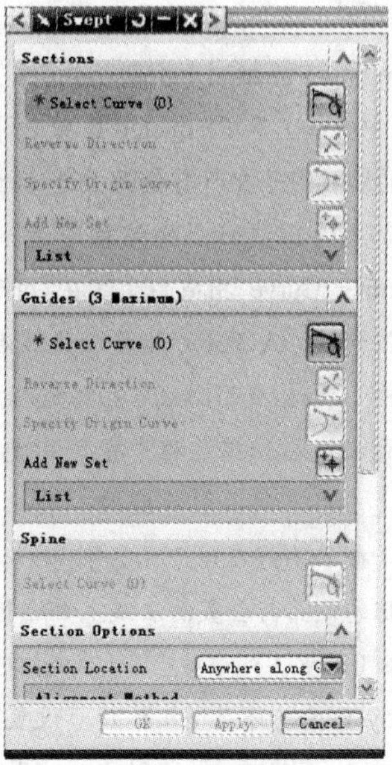

图 5-66 Swept 对话框

- Spine（脊线）：该功能用于选择一条曲线作为脊线以控制扫掠实体中的各个截面方位，从而避免由于引导线的参数不均衡而引起扭曲变形，注意脊线最好设置在与截面垂直的位置上。
- Section Options（截面选项）：该功能用于确定截面的位置、插值方式等。
  - ✧ Section Location（截面位置）：该选项用于只选择一组截面曲线时指定剖面位置，即截面曲线位置，包括 Anywhere along Guides（沿导线任何位置）和 Ends of Guides（导线末端）两种方式。其中 Anywhere along Guides 表示当截面曲线位于引导线中间的任何位置时都能沿引导线的两个方向生成扫掠体；Ends of Guides 表示截面曲线必须在引导线的端部才能生成扫掠体。
  - ✧ Alignment Method（对齐方法）：该选项用于设置扫掠特征中截面曲线上点的间隔方式，包括 Parameter（参数）、Arc Length（圆弧长）和 By Point（根据点）三种方式，分别表示按等参数间隔、按等圆弧长间隔和按曲线上的拐点间隔。
  - ✧ Orientation Method（方位方法）：该选项用于设置只选择一条引导线时指定截面曲线沿引导线过程中其方向的变化规则，包括 Fixed（固定的）、Face Normals（面的法向）、Vector Direction（矢量方向）、Another Curve（另一曲线）、A Point（一个点）、Angular Law（角度规律）和 Forced Direction（强制方向）7 项。其中 Fixed 表示截面曲线在沿着引导线扫掠过程中将保持固定方位，且相互平行；Face Normals 表示截面曲线在沿着引导线扫掠过程中，局部坐标系的第二轴在引导线上的每一点都对齐指定面的法线方向；Vector Direction 表示截面曲线在沿着引导线扫掠过程中，局部坐标系的第二轴始终与指定的矢量对齐，但注意指定的矢量不能与引导线相切；Another Curve 表示截面曲线在沿着引导线扫掠过程中，用另一条曲线或实体的边缘线来控制曲线的方位；A Point 表示截面曲线在沿着引导线扫掠过程中，用一条通过指定点与引导线变换规律相似的曲线来控制截面曲线的方位；Angular Law 表示截面曲线在沿着引导线扫掠过程中，以给定的函数规律来设定方位的旋转角度；Forced Direction 表示截面曲线在沿着引导线扫掠过程中，使用一个矢量方向来强制固定截面曲线的方位。

✧ Scale Method（比例方法）：该选项用于设置只选择一条引导线和两条引导线时指定截面曲线沿引导线过程中的变化规律。当只存在一条引导线时，其比例方法包括 Constant（恒定的）、Blending Function（倒圆函数）、Another Curve（另一曲线）、A Point（一个点）、Area Law（面积规律）和 Perimeter Law（周长规律）6 种，其中 Constant 指截面曲线在扫掠过程中根据指定的缩放因子在所有截面上进行比例缩放；Blending Function 指截面曲线在扫掠过程中根据开始截面或终止截面上的缩放因子按线性或三次曲线规律缩放截面，截面的变化为均匀过渡；Another Curve 指截面曲线在扫掠过程中根据引导线与指定曲线上对应点之间的连线长度来进行比例缩放；A Point 指截面曲线在扫掠过程中根据引导线与指定点之间的距离进行比例缩放；Area Law 指截面曲线在扫掠过程中根据所指定的规律函数来控制截面的面积；Perimeter Law 指截面曲线在扫掠过程中根据指定的规律函数来控制截面周长，但此时要求截面曲线为封闭曲线。当存在两条引导线时，其比例方法包括横向比例和均匀比例两种，分别表示在扫掠过程中，截面曲线在位于两条引导线之间的部分被缩放且与引导线垂直部分保持不变与截面曲线在扫掠的侧面与垂直面法线上都进行均匀缩放。

➢ Settings（设置）：该功能用于生成扫掠体的类型和对扫掠操作过程中引导线和截面曲线的状态进行设置。

✧ Body Type（体类型）：用于设置生成的扫掠体为实体还是薄片体。

✧ Preserve Shape（保留形状）：用于设置进行扫掠操作后原截面曲线中的尖角变化情况，选择保留形状则表示保持截面曲线中的尖角，若不选则系统自动将截面曲线中的曲线段融合成一个曲线进行扫掠。

✧ Rebuild（重新构建）：用于重新定义引导线的阶次和段数量以便创建高质量的扫掠面，包括 None（无）、Manual（手工的）和 Advanced（高级的）三种。其中 None 表示不对引导线进行重建；Manual 表示输入引导线的阶次对引导线进行重建；Advanced 表示输入引导线的阶次和段数对原引导线进行重建。

扫掠的基本操作步骤为，单击在视图区域选择曲线、边缘线或边作为截面线串；单击在视图区域选择曲线线串作为引导线串；根据需要分别为 Section Options 下的参数进行设置；预览视图，单击 OK 按钮或 Apply 按钮完成扫掠特征操作。

4）沿引导线扫掠 该功能用于创建由截面曲线沿引导线扫描而形成一类特征，是 Swept 功能的一种特例，即单个截面曲线沿单条引导线进行扫掠。选择【Insert（插入）】→【Sweep（扫描）】→【Sweep Along Guide...（沿引导线扫描）】命令或单击 Surface 工具栏上的按钮，系统弹出如图 5-67 所示的 Sweep Along Guide 对话框，该对话框中各参数的意义与 Swept 对话框中各参数的意义相同，此处不再赘述。其基本操作步骤为，在对

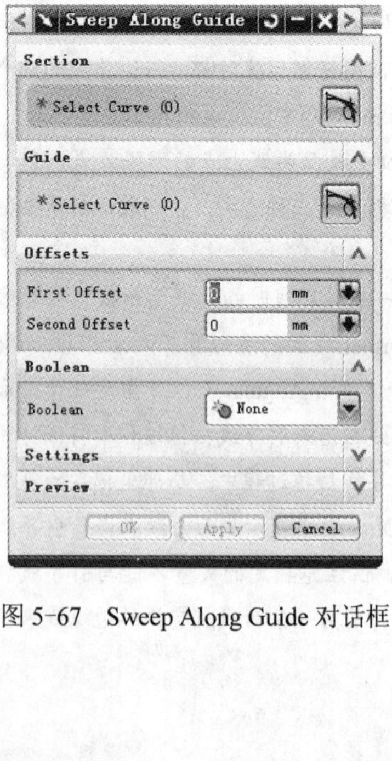

图 5-67 Sweep Along Guide 对话框

话框中单击按钮，在视图区域选择一截面线串；单击按钮，在视图区域选择一引导线串；分别在 Offsets 选项中的 First Offset（第一偏置）和 Second Offset（第二偏置）文本框中输入截面曲线扫掠过程中沿两侧的偏置值；选择旋转体与视图区域中已存在实体之间的布尔操作关系；预览视图，单击 OK 按钮或 Apply 按钮完成沿引导线扫掠特征操作。

5.2 体素特征的操作

1. 体素特征的编辑

在进行实体建模过程中，有时建立的实体模型可能在形状或尺寸上不一定符合要求，或是对于类似产品，用户只需对已建立的实体模型在某些位置进行适当的调整和修改即可得到所需产品以节省时间的情况下，体素特征的编辑就起到极为重要的作用。Edit Feature 工具栏如图 5-68 所示，也可通过选择【Edit（编辑）】→【Feature（特征）】命令得到如图 5-69 所示的下拉菜单，在 Edit Feature 工具栏或该下拉菜单中单击相应的选项以对已有特征进行编辑。

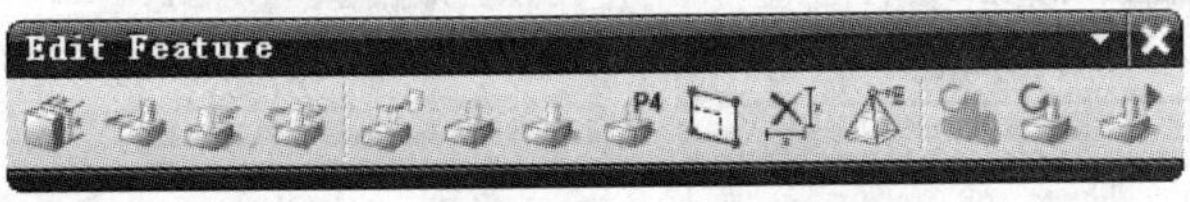

图 5-68 Edit Feature 工具栏

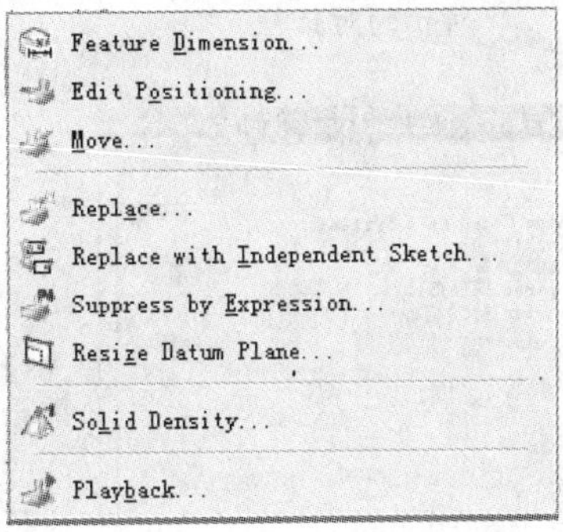

图 5-69 Edit Feature 下拉菜单

1）**编辑特征参数** 该功能用于对特征参数进行编辑，创建实体特征时所输入的参数大多可以利用此功能来修改。选择【Edit（编辑）】→【Feature（特征）】→【Edit Feature Parameters（编辑特征参数）】命令或单击 Edit Feature 工具栏上的按钮，系统弹出如图 5-70 所示的 Edit Parameters 对话框，该对话框的特征列表中已经显示了当前视图中的所有特征名称，选择需要进行参数编辑的特征名称，或是在绘图区直接选择要进行参数编辑的特征后单击 OK 按钮，即可进入编辑参数对话框，同时在图形中显示此特征的当前参数。随着选择特征的不同，进入的编辑参数对话框形式也不一样。根据编辑各特征参数对话框的相似性，可将编辑特征参数分为一般实体特征参数的编辑、扫掠特征参数的编辑、阵列特征参数的编辑等。

- 一般实体特征参数的编辑：一般实体是指基本体素、成型特征与用户自定义特征等，包括 Block（矩形体）、Cylinder（圆柱体）、Hole（孔）、Slot（键槽）、Chamfer（倒斜角）和 User Defined

Feature（用户自定义特征）等。它们的编辑特征参数对话框类似，如单击键槽特征时，系统将弹出如图 5-71 所示的 Edit Parameters 对话框，其中 Feature Dialog（特征对话框）用于编辑特征的存在参数，单击该按钮，系统弹出所选特征在创建时的参数对话框，根据需要对其参数进行修改即可；Reattach（重新附着）表示用于重新定义所选特征的附着平面，即把建立在一个平面上的特征重新附着到新的特征上去，而且在新的平面上可以重新对其参考方向、参考边和定位尺寸进行定义；Change Type（更改类型）用于编辑或更改成型特征的类型，即将一个成型的特征更改为这个特征的其他类型，如将矩形键槽改为 T 型键槽。

➢ 扫掠特征参数的编辑：编辑扫掠特征参数时，既可以通过修改与扫掠特征相关联的曲线、草图、面和边缘进行编辑，也可以通过修改这些特征的创建参数进行编辑。扫掠特征包括 Extruded Body（拉伸实体）、Revolved Body（旋转实体）、Swept（扫掠）和 Sweep Along Guide（沿轨迹扫掠）4 种。在视图区域单击扫掠特征时，系统将弹出创建该特征时各自的对话框，可以在对应的对话框中对相应的参数进行修改。

➢ 阵列特征参数的编辑：该功能用于对阵列特征参数进行编辑，如矩形阵列和环形阵列等。对于矩形阵列来说，当选择目标特征时，系统弹出如图 5-72 所示的 Edit Parameters 对话框，其中 Feature Dialog 用于编辑阵列特征中目标特征的相关参数；Instance Array Dialog 用于编辑阵列的创建方式，单击该按钮时，系统弹出创建矩形特征时的对话框；Reattach 用于重新定义特征的附着面。当选择复制后的特征时，系统弹出如图 5-73 所示对话框，其中 Clock Instance（更改单一阵列）用于对其中的一个阵列特征进行重新定义，单击该按钮，系统将弹出如图 5-74 所示的对话框。

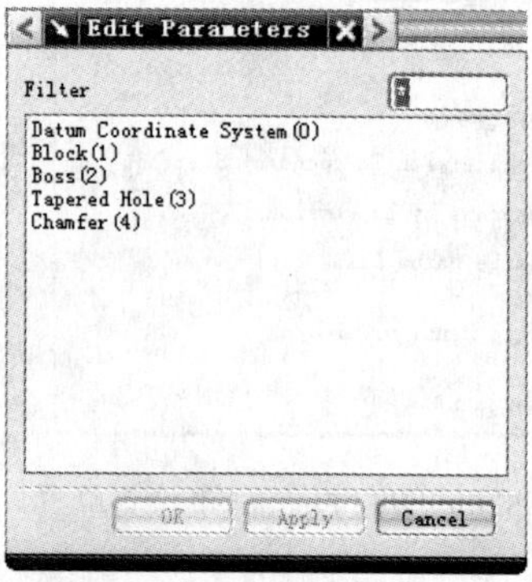

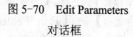

图 5-70 Edit Parameters 对话框

图 5-71 Edit Parameters 对话框（键槽）

图 5-72 Edit Parameters 对话框（选择目标特征）

对于编辑特征参数，在实际操作过程中为节省时间提高效率，可以直接在视图区域单击需要进行参数编辑的特征，对在系统弹出的对话框中或绘图区中显示的参数进行相应的修改后单击 OK 按钮即可。

2）**编辑定位** 该功能用于通过对定位参数进行编辑以改变实体的位置，如对键槽、凸台和沟槽等的位置进行编辑。选择【Edit（编辑）】→【Feature（特征）】→【Edit Positioning（编辑定位）】命令或单击 Edit Feature 工具栏上的按钮，在绘图区域选择需要进行定位操作的特征后，系统自动弹出如图 5-75 所示的 Positioning 对话框，通过该对话框可对所选特征的位置进行编辑。

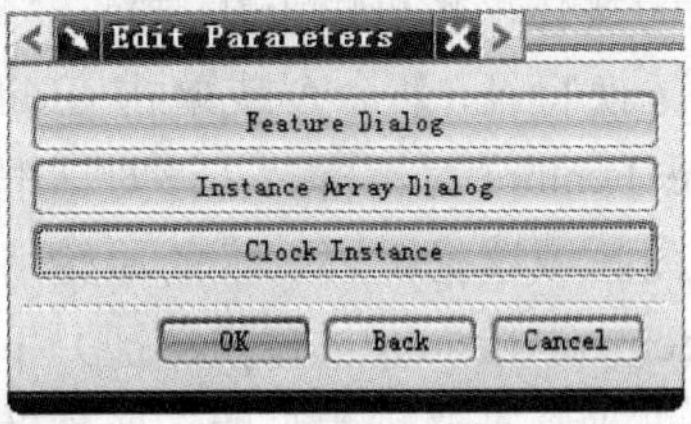

图 5-73　Edit Parameters 对话框
（选择复制后的特征）

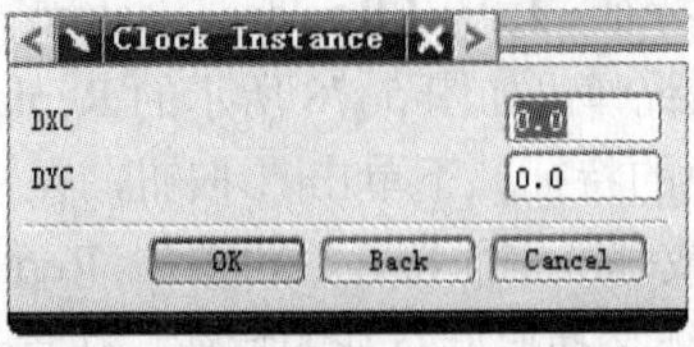

图 5-74　Edit Parameters 对话框
（更改单一阵列）

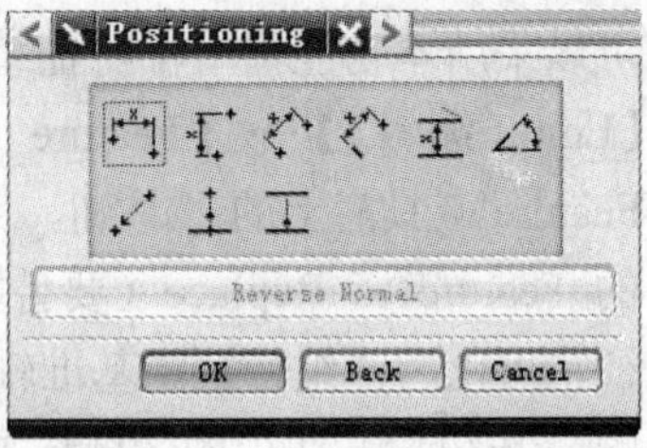

图 5-75　Positioning 对话框

3）**移动特征**　该功能用于将尚未定位的特征移动到一个新的位置，注意对于已经被定位的尺寸，此功能不能使用。选择【Edit（编辑）】→【Feature（特征）】→【Move Feature（移动特征）】命令或单击 Edit Feature 工具栏上的按钮，在绘图区域选择需要移动的特征，系统弹出如图 5-76 所示的 Move Feature 对话框，通过该对话框可对所选特征的位置进行编辑，该对话框中各参数的意义如下。

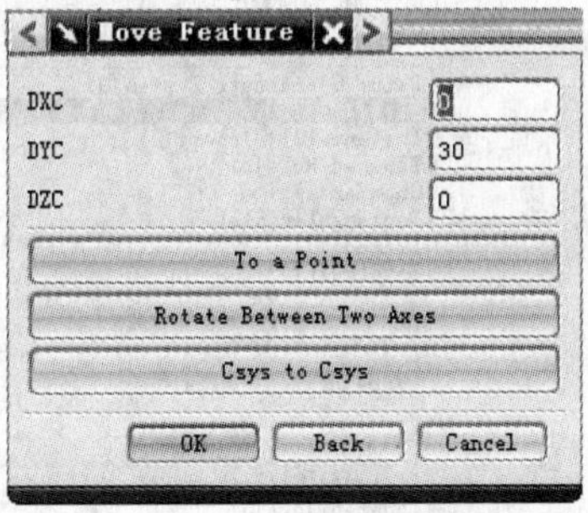

图 5-76　Move Feature 对话框

- DXC、DYC、DZC（XC、YC 和 ZC 方向的增量）：该功能用于在 DXC、DYC、DZC 文本框中设置所选特征沿 XC、YC 和 ZC 方向移动的增量。
- To a Point（至一点）：该功能用于将所选特征移动一定的距离，该距离矢量由参考点指向目标点决定。单击该按钮后，系统弹出 Point Constructor 对话框，并提示定义参考点和目标点。
- Rotate Between Two Axes（在两轴间旋转）：该功能用于将所选特征绕指定点按矢量方向进行旋转，该矢量方向由两参考矢量决定，即参考矢量指向目标矢量。单击该按钮后，系统弹出 Point Constructor 对话框用于指定旋转点，定义完旋转点后，系统弹出 Vector 对话框用于定义参考矢量和目标矢量。
- Csys to Csys（坐标系至坐标系）：该功能用于将所选特征从参考坐标系中的相对位置移动到目标坐标系中的同一位置。单击该按钮后，系统弹出 CSYS 构造器用于定义参考坐标系和目标坐标系。

4）**重排序特征**　在进行实体建模时，系统将用户创建的各个特征按操作先后顺序进行自动排序，该功能用于将所建立的特征进行重新调整，但注意一旦特征的顺序发生了改变，模型的形状可能也会发生变化，甚至无法生成所需实体，所以应该慎用。选择【Edit（编辑）】→【Feature（特征）】→【Reorder Feature（重排序特征）】命令或单击 Edit Feature 工具栏上的按钮，系统弹出如图 5-77 所示的 Reorder Feature 对话框，在该对话框的 Filter 列表中选择需要进行重排序的特征，再单击 Choose Method（改变方法）中的 Before（在前面）或 After（在后面）单选按钮将其在特征列表中的顺序进行调整，调整后的特征顺序将在 Reposition Features（复位特征）列表中显示，调整好顺序后单击 OK 按钮即可。在操作过程中，为节省时间，可直接在 Part Navigator 中用鼠标单击需要重排序的特征将其移动至指定位置。

5）**替换特征**　对于需要从其他系统的旧版本模型进行更新时，为节省时间提高效率，可以采用本功能用一个特征替换另一个特征，替换的特征可以为实体，也可以为基轴。选择【Edit（编辑）】→【Feature（特征）】→【Replace Feature（替换特征）】命令或单击 Edit Feature 工具栏上的按钮，系统弹出如图 5-78 所示的 Replace Feature 对话框，在该对话框的 Feature to Replace（要替换的特征）下单击按钮，在视图区域选择需要替换的原始特征，可以为一组特征、基准轴或基准平面特征，再单击 Replacement Feature（替换特征）下的按钮，并在视图区域选择要替换原始特征的特征，注意该替换特征必须为与所选要替换的特征在同一零件中的不同特征上的相同特征，然后再对 Mapping（映射）关系进行设置，最后单击 OK 按钮即可。

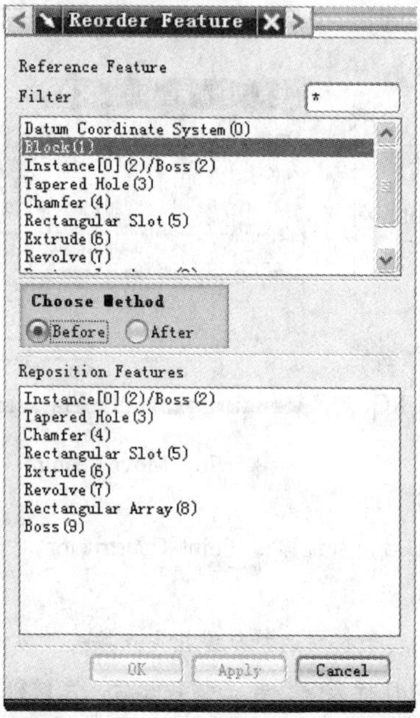

图 5-77 Reorder Feature 对话框

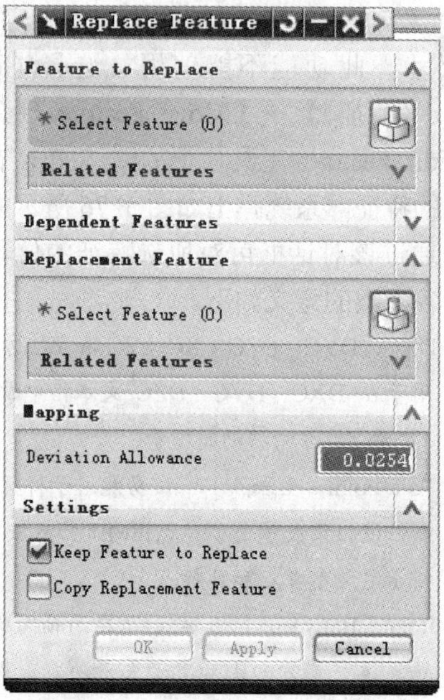

图 5-78 Replace Feature 对话框

6）**抑制特征** 该功能用于将所选特征暂时抑制，即让该特征在视图区域中暂时不显示，这样做有诸多好处，如在进行有限元分析前，将一些可以忽视的细节特征暂时抑制有助于加快有限元速度，但值得注意的是该特征在图形界面中并未被删除。选择【Edit（编辑）】→【Feature（特征）】→【Suppress Feature（抑制特征）】命令或单击 Edit Feature 工具栏上的按钮，系统弹出如图 5-79 所示的 Suppress Feature 对话框，在该对话框中选择需要被抑制的特征，单击 OK 按钮或 Apply 按钮即可。

在操作过程中，也可以直接在 Part Navigator 中选择需要被抑制的对象并单击鼠标右键，在弹出的快捷菜单中选择 Suppress 将特征抑制，如图 5-80 所示。

7）**释放特征** 该功能用于将已被抑制的特征释放，是抑制特征的反操作，即在图形窗口中重新显示被抑制了的特征。选择【Edit（编辑）】→【Feature（特征）】→【Unsuppress Feature（释放特征）】命令或单击 Edit Feature 工具栏上的按钮，系统弹出如图 5-81 所示的 Unsuppress Feature 对话框，在该对话框中选择需要被释放的特征，单击 OK 按钮或 Apply 按钮即可。在操作过程中，也可以直接在 Part Navigator 中选择被抑制的对象并单击鼠标右键，在弹出的快捷菜单中选择 Unsuppress 将特征释放。

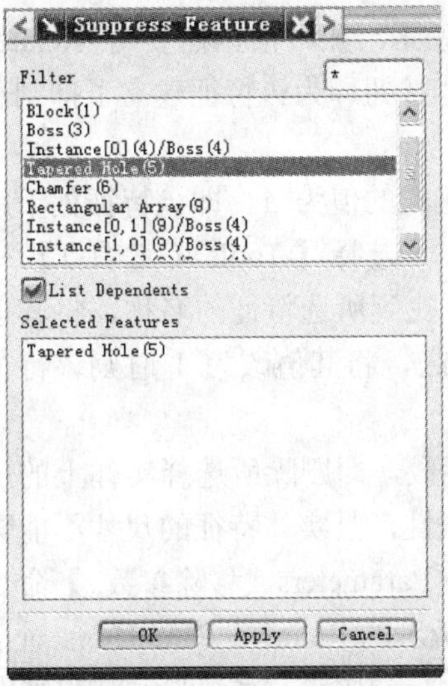

图 5-79 Suppress Feature 对话框

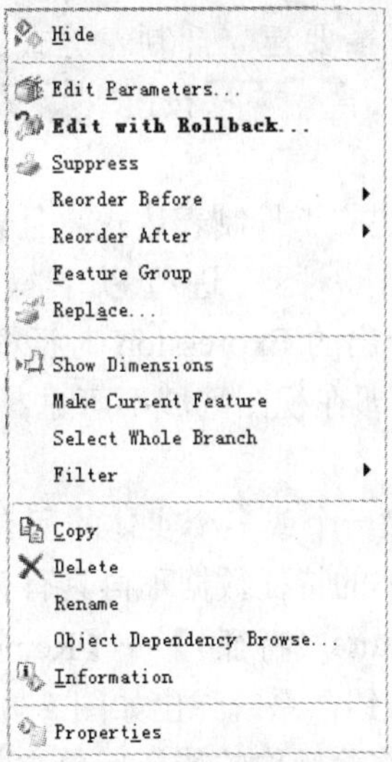

图 5-80 快捷菜单

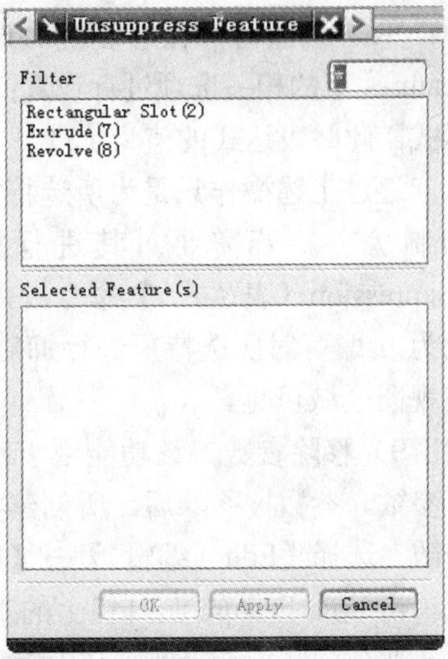

图 5-81 Unsuppress Feature 对话框

8）**通过表达式抑制特征** 该功能为所选特征建立抑制表达式，并利用表达式来抑制实体特征，通过设置表达式的值为 0 或 1 来控制特征的抑制状态，0 表示此表达式为抑制状态，1 表示此表达式为解抑制状态。利用这种抑制方式，可以控制选择输出不同造型的特征样式，且它比 Suppress 功能更为灵活。选择【Edit（编辑）】→【Feature（特征）】→【Suppress By Expression（通过表达式抑制特征）】命令或单击 Edit Feature 工具栏上的按钮，系统弹出如图 5-82 所示的 Suppress By Expression 对话框，其中各参数的意义如下。

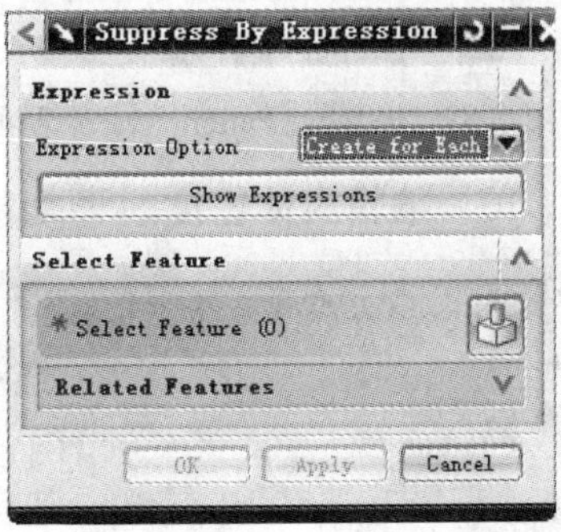

图 5-82 Suppress By Expression 对话框

- Expression Option（表达式选项）：该功能用于对特征的表达式进行操作，包括 Create for Each（建立抑制表达式）、Create Shared（创建共享抑制表达式）、Delete for Each（删除抑制表达式）和 Delete Share（删除共享抑制表达式）4 项。其中 Create for Each 表示为所选择的特征分别建立单个抑制表达式，各特征的抑制状态由相应的抑制表达式控制；Create Shared 表示为所选择的多个特征建立共享抑制表达式，各特征的抑制状态由同一个抑制表达式控制；Delete for Each 表示删除已建立的单个抑制表达式；Delete Share 表示删除已建立的共享抑制表达式。
- Show Expressions（显示表达式）：该功能用于显示已经建立的抑制表达式，单击该按钮，系统将弹出 Information 信息框，在该信息框中已经将所抑制特征的表达式值显示出来。
- Select Feature（选择特征）：该功能用于在绘图区域或直接在 Related Features 列表框中选择需要抑制的特征，还可以对 Add Dependent Features（添加相互依赖的特征）和 Add All Features in Body（添加体中的所有特征）将与所选特征有依赖关系的特征或将所选体特征中的所有特征都建立抑制表示式。

通过表达式抑制特征功能的基本操作步骤为，在图 5-82 所示对话框的 Expression Option 选项下选择一种操作方式，建立抑制表达式时一般都选 Create for Each 或 Create Shared 选项；单击按钮，在绘制区域选择需要建立抑制表达式的特征，并可根据需要对 Related Features 下的相关选项进行设置；单击 OK 按钮或 Apply 按钮即为该特征建立了抑制表达式，此时表达式的值为 1。

通过上述操作只是为所选特征建立了抑制表达式，且表达式的值为 1，即该特征处于解抑制状态。若需要对其进行抑制，还需进行以下操作，选择【Tools（工具）】→【Expression（表达式）】命令，在弹出的 Expression 对话框中找到所选特征的名称，将其值改为 0 即可对所选特征进行抑制，即在视图区域不可见；反之，将其值改为 1 时则该特征在视图区域可见。

9）移除参数 该功能用于移除一个或多个实体的所有参数，即删除所选择实体上的所有参数。参数被移除后，所创建实体的特征数据不再具有关联性，且实体特征的尺寸不能再修改。选择【Edit（编辑）】→【Feature（特征）】→【Remove Parameters（移除参数）】命令或单击 Edit Feature 工具栏上的按钮，系统弹出如图 5-83 所示的 Remove Parameters 对话框，在视图区域选择需要进行参数移除操作的特征后单击 OK 按钮，系统自动弹出如图 5-84 所示的 Remove Parameters 警告信息（此操作将从选定的对象上移除参数，您要继续吗？），以供用户确定是否进行此操作，单击 OK 按钮即可将实体特征的参数删除。

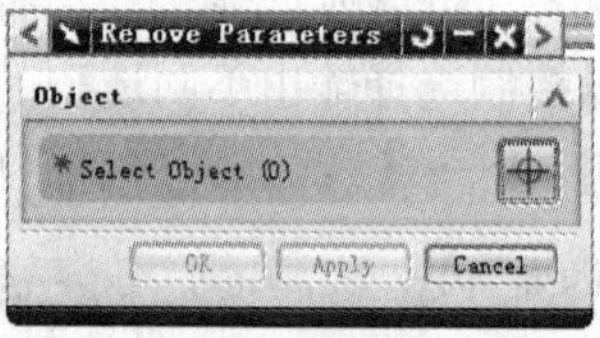

图 5-83 Remove Parameters 对话框

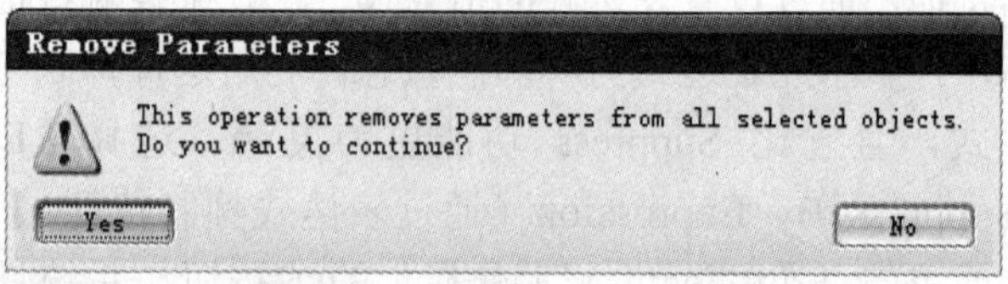

图 5-84 Remove Parameters 警告信息

10）编辑实体密度 该功能用于将所选特征的实体密度进行编辑。选择【Edit（编辑）】→【Feature（特征）】→【Edit Solid Density（编辑实体密度）】命令或单击 Edit Feature 工具栏上的按钮，系统弹出如图 5-85 所示的 Assign Solid Density 对话框，在视图区域选择需要进行实体密度编辑的特征后单击 OK 按钮，在该对话框的 Density（密度）选项下编辑密度的数值和单位即可。

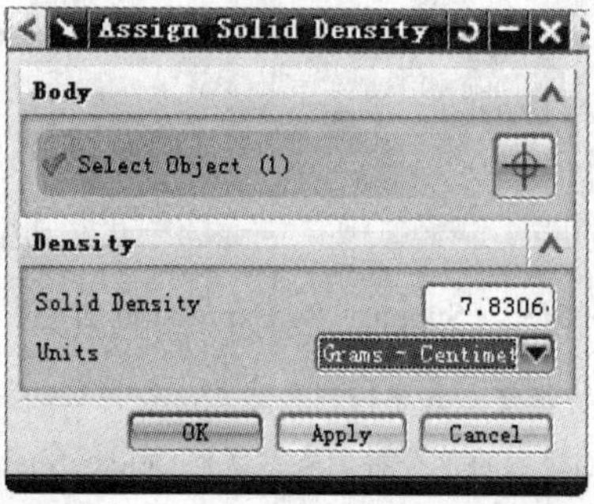

图 5-85 Assign Solid Density 对话框

11）延迟更新模型 该功能用于在建立特征编辑时暂时不更新模型，该功能与 Update（更新）功能一起搭配使用。单击 Edit Feature 工具栏上的按钮，则在打开延迟更新与关闭延迟更新之间切换，此时按钮凹显或凸显。当按钮凹显时，表示打开延迟更新，做完实体编辑操作时，系统并不立即将修改后的模型显示出来，而必须等到单击 Update 按钮时才显示更新后的模型；当按钮凸显时，表示关闭延迟更新，每做完一次修改就会立即显示修改后的模型。

当打开延迟更新时，Replace Feature（替换特征）、Suppress Feature（抑制特征）、Unsuppress Feature（解抑特征）、Suppress by Expression（用表达式抑制）和 Remove Parameters（移除参数）等功能均不能使用。

12）更新模型 该功能与 Delayed Update on Edit（延迟更新）功能一起搭配使用，用于对延迟更新状态下修改的参数进行更新模型操作。单击 Edit Feature 工具栏上的按钮，则对延迟更新状态下修改的参数进行更新。在用此功能前，Delayed Update on Edit 按钮必须是凹显，而且实体模型进行过特征编辑；在 Delayed Update on Edit 按钮凸显时，该按钮呈灰显。

13）**特征回放**　该功能用于观看模型的生成过程，并可以在观看过程中修改特征参数。选择【Edit（编辑）】→【Feature（特征）】→【Playback（特征回放）】命令或单击 Edit Feature 工具栏上的按钮，系统弹出如图 5-86 所示的 Edit During Update（在更新时编辑）对话框，则回放模型的第一个特征后，系统重新返回 Edit during Update（在更新时编辑）对话框，通过对话框中的按钮和选项，可以逐步观察模型的生成过程，并可编辑各特征参数和删除、抑制特征。在特征回放的过程中，可以编辑模型，可以前后移动到任何特征进行尺寸和位置参数的编辑。

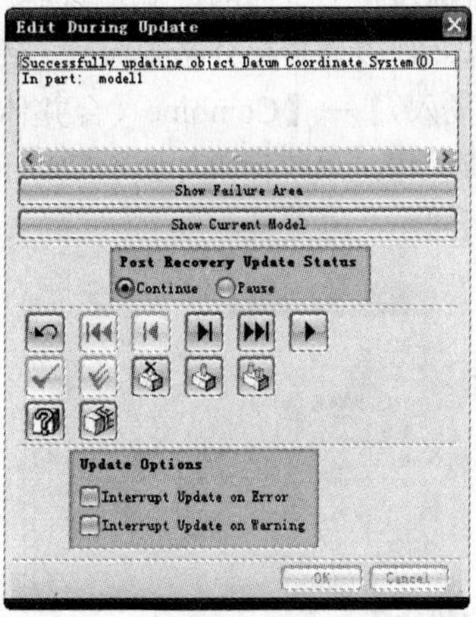

图 5-86　Edit During Update 对话框

2．体素特征的布尔操作

在前面章节中常常涉及当前生成特征与视图区域中已经存在的特征之间的关系，即需要在建立特征时进行 Boolean（布尔操作）设置。布尔操作的作用是将存在的实体或片体通过求和、求差和求交操作组合成一个整体。灵活运用实体间的布尔操作功能，可以将复杂形体分解为若干个基本的体，也可以将若干个简单的体合并为一个复杂的实体模型。

在进行布尔操作时，可根据该操作对结果的影响不同，将布尔操作所涉及的实体分为目标体和工具体，目标体指在进行布尔操作时选择的第一个实体，而工具体指从第二次选择开始以后所选的实体，包括第二次选择的实体。在进行同一次布尔操作过程中，目标体只有一个，而工具体可以有多个。

1）**求和**　该功能用于将目标体与工具体结合在一起组成一个实体，即求目标体和工具体的并集。需要注意的是目标体与工具体之间必须有公共部分才能进行求和运算，否则系统将弹出对话框提示错误信息。选择【Insert（插入）】→【Combine（合并体）】→【Unite…（求和）】命令或单击 Feature 工具栏上的按钮，系统弹出如图 5-87 所示的 Unite 对话框，该对话框中主要参数的意义如下。

- Target（目标体）：该功能用于选择进行求和运算的目标体，单击按钮在视图区域选择目标体即可，注意只能选择一个实体。
- Tool（工具体）：该功能用于选择进行求和运算的工具体，单击按钮在视图区域选择工具体即可，可选择多个工具体。
- Settings（设置）：该功能用于对进行求和运算后的目标体和工具体的状态进行设置，包括 Keep Target（保留目标体）和 Keep Tool（保留工具体）两个选项，分别表示在进行完求和运算后保留完整的目标体和保留完整的工具体。

2）**求差**　该功能用于将工具体从目标体中去掉生成一个新的体，即求目标体和工具体的差集。需要注意的是目标体与工具体之间必须有公共部分才能进行求差运算，且该公共部分必须为体，不能为边，否则系统将弹出对话框提示错误信息。选择【Insert（插入）】→【Combine（合并体）】→【Subtract...（求差）】命令或单击 Feature 工具栏上的按钮，系统弹出如图 5-88 所示的 Subtract 对话框，该对话框中参数的意义与 Unite 对话框相同，不再重复。

3）**求交**　该功能用于将工具体与目标体中的相交部分重新组合生成一个新的体，即求目标体和工具体的交集。需要注意的是目标体与工具体之间必须有公共部分才能进行求交运算，且该公共部分必须为体，不能为边，否则系统将弹出对话框提示错误信息。选择【Insert（插入）】→【Combine（合并体）】→【Intersect...（求交）】命令或单击 Feature 工具栏上的按钮，系统弹出如图 5-89 所示的 Intersect 对话框，该对话框中参数的意义与 Unite 对话框相同，不再重复。

图 5-87　Unite 对话框

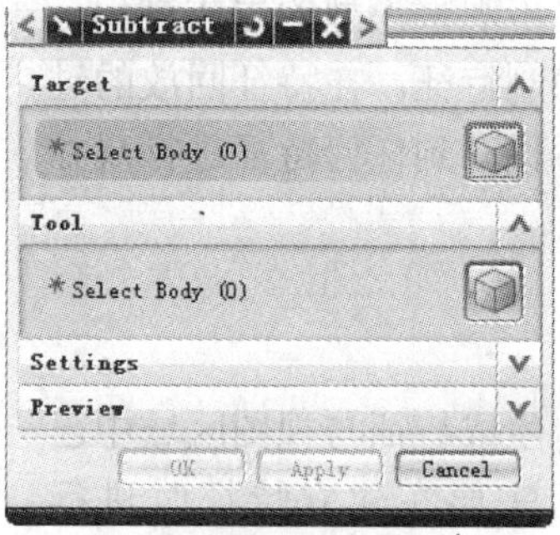

图 5-88　Subtract 对话框

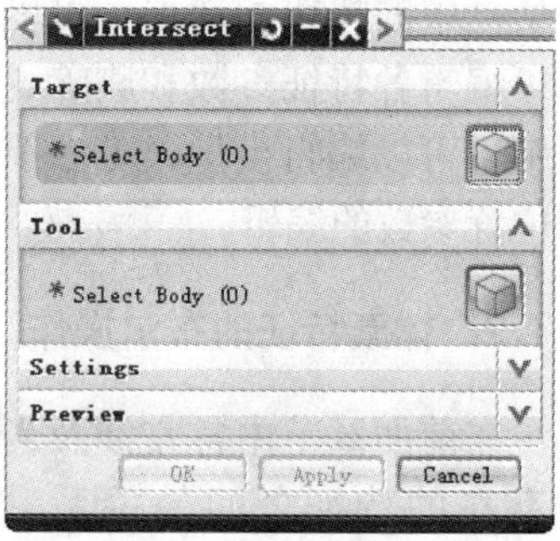

图 5-89　Intersect 对话框

下面结合一个实例来说明求和、求差和求交运算。假设存在一个立方体与一个球体，球体的球心位于立方体的一个面上，且球体的直径等于立方体的边长，即二者存在公共部分，图 5-90、图 5-91、图 5-92 分别表示二者经过求和、求差和求交运算后的实体状态，注意进行完操作后并没有保留目标体和工具体。

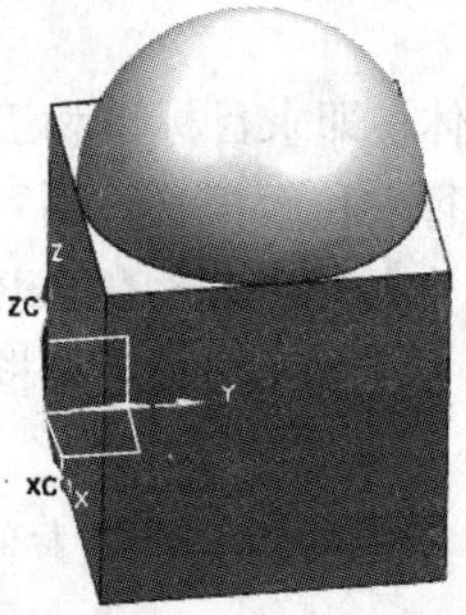

图 5-90　求和运算结果

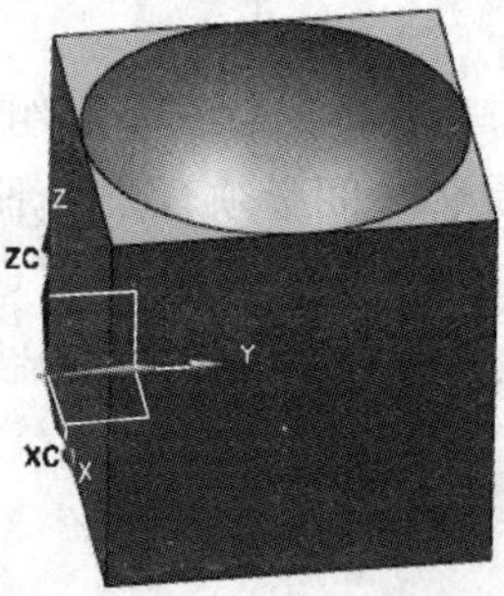

图 5-91　求差运算结果

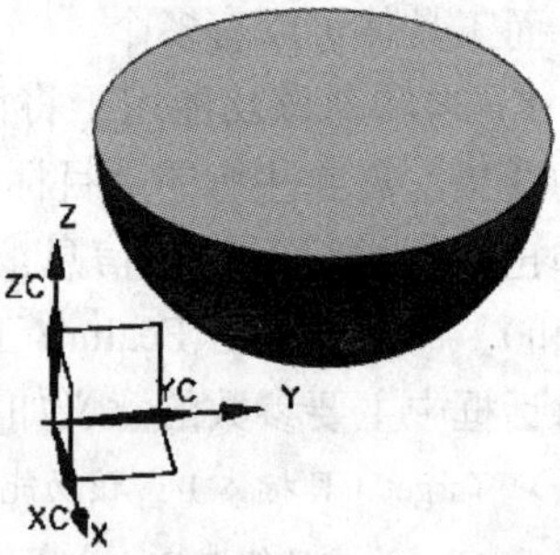

图 5-92　求交运算结果

3. 体素特征的细节特征操作

在建立完一些基本实体特征（如长方体）后，常需对该实体特征进行进一步操作，如倒圆角、倒斜角和生成螺纹等，这些后续操作的特征被称为细节特征。体素特征的细节操作指对已经存在的实体或特征进行各种更为复杂的特征操作以满足设计的要求，本小节将主要讲述拔模、倒圆角、倒斜角和抽壳等细节特征操作。

1）**拔模**　该功能用于使存在的特征实体、曲面或边缘按指定方向产生一个倾斜的拔模造型，即对一个实体或特征的一个或多个表面或边缘，相对指定方向进行拔锥。选择【Insert（插入）】→【Detail Feature（细节特征）】→【Draft...（拔模）】命令或单击 Feature 工具栏上的按钮，系统弹出如图 5-93 所示的 Draft 对话框，该对话框中提供了以下几种拔模方式。

➢ From Plane（从平面）：该功能用于从参考平面开始，与拔模方向成拔模角度，对指定的实体表面进行拔模，其对话框如图 5-93 所示，主要参数的意义如下。

　✧ Draw Direction（拔模方向）：用于确定拔模方向，可以通过单击按钮进入矢量构造器构造一矢量或单击按钮在视图区域选择已有矢量作为拔模方向。

　✧ Stationary Plane（固定平面）：用于确定在拔模过程中几何形状和尺寸均不发生变化的平面，即参考平面。

　✧ Faces to Draft（要拔模的面）：用于选择需要拔模的面，在 Angle 文本框中输入拔模角，可以单击按钮添加新的拔模面，所选的拔模面将在 List 列表框中显示出来。

用该方法进行拔模操作的基本步骤为，在图 5-93 所示对话框的 Type 选项下选择 From Plane 选项；单击按钮进入矢量构造器或单击按钮直接在视图区域选择一矢量方向作为拔模方向；单击按钮在视图区域选择一平面作为参考平面；单击按钮在视图区域选择需要进行拔模操作的面，并设置拔模角度；通过 Preview 功能在视图区域观察拔模情况，如图 5-94 所示，然后单击 OK 按钮，即可生成拔模体。

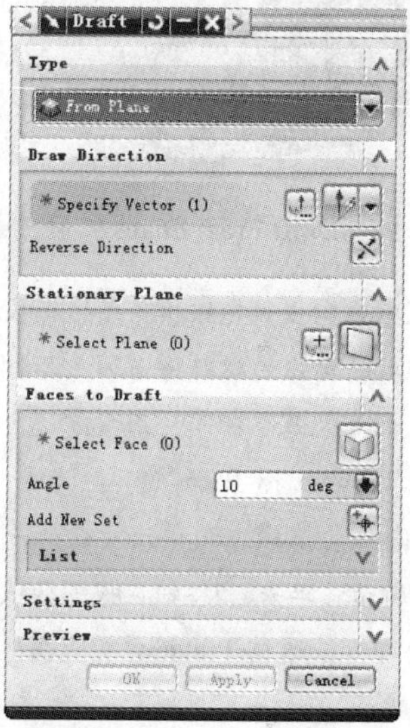

图 5-93　Draft-From Plane 对话框

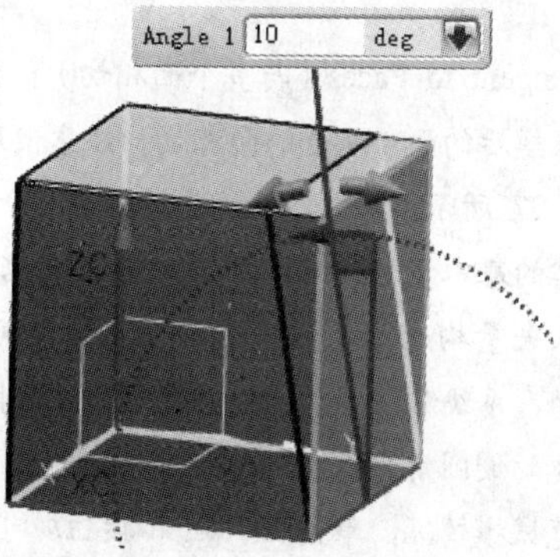

图 5-94　Draft-From Plane 实例

➢ From Edges（从边）：该功能用于将实体边作为起始边，与拔模方向成拔模角度，对指定的实体表面进行拔模，其对话框如图 5-95 所示，基本参数的意义与 From Plane 对话框中各参数的意义基本相同，其他主要参数的意义如下。

　✧ Variable Draft Points（变拔模点）：用于设置所选拔模边上不同点上具有不同的拔模角度，即变角度拔模方式。使用该选项需先在所选拔模边上的大致位置选择若干个点，再通过 Location 选项下的 Arc Length 或%Arc Length 来精确定位拔模点，然后分别设置不同点的拔模角度。

✧ Settings（设置）：用于对拔模方式进行设置，包括 Isocline Draft（等斜度拔模）和 True Draft（真实拔模）两种拔模方式。其中 Isocline Draft 指实体严格按照拔模角度进行拔模；True Draft 则以几何定义方法来满足设置的拔模角度。

用该方法进行拔模操作的基本步骤为，在图 5-93 所示对话框的 Type 选项下选择 From Edges 选项；单击按钮进入矢量构造器或单击按钮直接在视图区域选择一矢量方向作为拔模方向；单击按钮在视图区域选择一条边作为参考边，即形状和尺寸不变的边；在 Angle 文本框中输入拔模角，根据需要在 Variable Draft Points 选项下选择变角度拔模的点，并分别设置各点的拔模角；通过 Preview 功能在视图区域观察拔模情况，单击 OK 按钮即可生成拔模体，如图 5-96 所示为对立方体的边进行变拔模角操作后生成的拔模体。

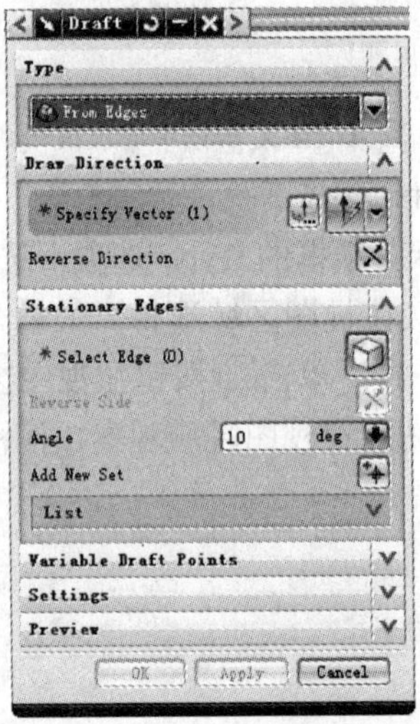

图 5-95 Draft-From Edges 对话框

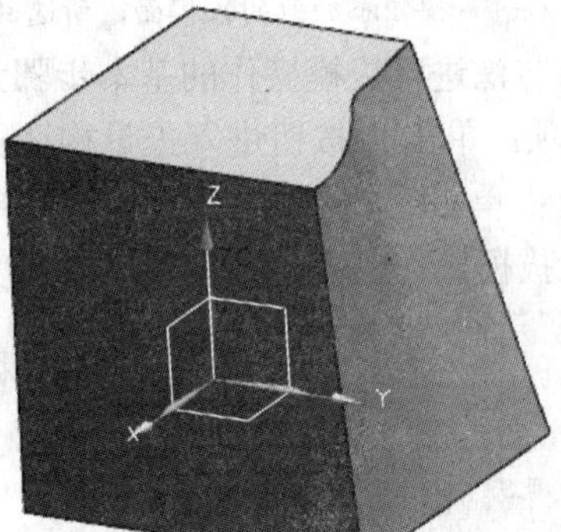

图 5-96 Draft-From Edges 实例

➢ Tangent to Faces（与多个面相切）：该功能用于使实体沿拔模方向成一定拔模角度进行拔模，且使拔模后的面与所选的面相切。注意使用此方法进行拔模操作后的实体的材料将增加，其对话框如图 5-97 所示，基本参数的意义与 From Plane 对话框中各参数的意义基本相同。用该方法进行拔模操作的基本步骤为，在图 5-93 所示对话框的 Type 选项下选择 Tangent to Faces 选项；单击按钮进入矢量构造器或单击按钮直接在视图区域选择一矢量方向作为拔模方向，此处选择一立方体的面，系统默认将该面的法向方向作为拔模方向，如图 5-98 所示；单击按钮在视图区域选择立方体的倒圆角面作为相切面，在 Angle 对话框中设置一拔模角即可；通过 Preview 功能在视图区域预览拔模情况，单击 OK 按钮即可生成拔模体。

➢ To Parting Edges（至分型面）：该功能用于从所选参考面开始，与拔模方向成拔模角度，且在保证分型边不发生改变的情况下，沿指定的分割边对实体进行拔模。该功能在进行模具设计时常用到，其对话框如图 5-99 所示，基本参数的意义与 From Plane 对话框中各参数的意义基本相同。用该方法进行拔模操作的基本步骤为，在图 5-93 所示对话框的 Type 选项下选择 To Parting Edges 选项；单击按钮进入矢量构造器或单击按钮直接在视图区域选择一矢量方向作为拔模方向；单击按钮在视图区域选择立方体的一面作为参考面；单击按钮在视图区域选择一边作为分割边，在 Angle 对话框中设置一拔模角即可；通过 Preview 功能在视图区域预览拔模情况，单击 OK 按钮即可生成拔模体，如图 5-100 所示。

图 5-97　Draft-Tangent to Faces 对话框

图 5-98　Draft-Tangent to Faces 实例

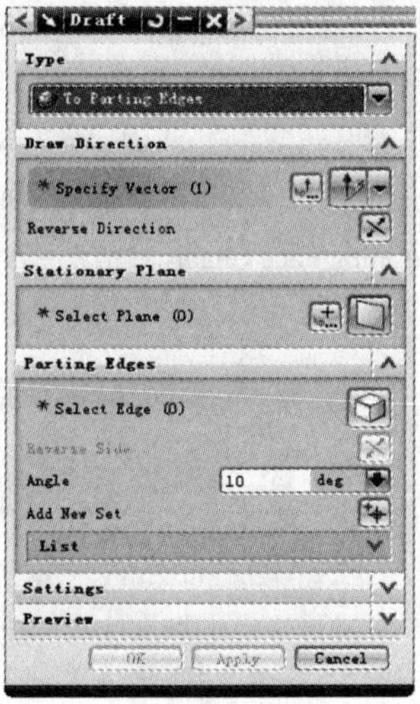

图 5-99　Draft-To Parting Edges 对话框

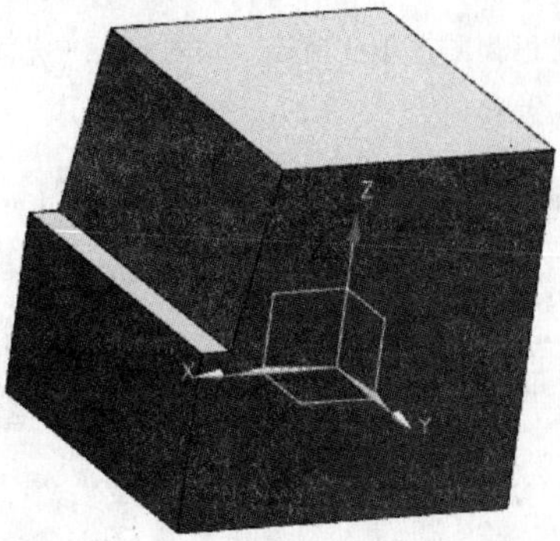

图 5-100　Draft-To Parting Edges 实例

2）面倒圆　该功能用于创建与两组面相切的复杂圆角，选择【Insert（插入）】→【Detail Feature（细节特征）】→【Face Blend...（面倒圆）】命令或单击 Feature 工具栏上的按钮，系统弹出如图 5-101 所示的 Face Blend 对话框，该对话框中提供了以下两种类型的面倒圆方法。

- Two Defining Face Chains（两个定义面链）：该功能用于通过定义两个面链进行面倒圆操作，其对话框如图 5-101 所示，该对话框中主要参数的意义如下。
  - ✧ Face Chains（面链）：用于定义进行面倒圆操作的两个面串，可根据需要将面串进行反向操作。
  - ✧ Blend Cross Section（倒圆圆角横截面）：用于定义倒圆圆角横截面的生成方法和圆角形状及倒圆角半径值等，主要包括以下几个选项。
    - ❖ Specify Orientation（定义方位）：用于定义圆角横截面的生成方法，包括 Rolling Ball（滚动球）和 Swept Section（扫掠截面）两种。其中 Rolling Ball 指倒圆截面曲线沿着两侧面的交线一直与两侧面保持相切状态；Swept Section 表示沿着一条曲线路径对圆角进行扫掠生成倒圆。

- ❖ Shape（形状）：用于定义截面曲线的形状，包括 Circular（圆形的）和 Cubic（二次曲线）两种形状，其中 Circular 指通过定义指定好的圆角与倒圆面相切来进行倒圆操作。
- ❖ Radius Method（半径方式）：用于设置半径的变化方式，当 Shape 选择 Circular 形状时，半径方式包括 Constant（恒定的）、Law Controlled（规律控制的）和 Tangency Constraint（相切约束）三种。其中 Constant 指圆角的半径为恒定值；Law Controlled 指通过规律曲线来控制圆角路径上若干个点的圆角半径值；Tangency Constraint 指圆角面始终与两个倒圆角面上的曲线或边相切。当 Shape 选择 Cubic 形状时，可同时对偏置 1 和偏置 2 的方法及偏置距离进行设置；另外，Rho Method（Rho 方法）用于设置二次曲面拱高与弦高之比，其值必须小于或等于 1，且 Rho 值越接近 1 倒角越尖锐。
- ❖ Radius（半径）：用于设置当 Shape 选择 Circular 形状时的圆角半径值。

✧ Constraining and Limiting Geometry（限制与几何）：用于设置在倒圆角时圆角面与其他几何体发生干涉时的处理情况，可分别将重合边和相切边定义在第一面串和第二面串上。

✧ Trim and Sew Options（修剪与缝合选项）：用于对倒圆角面后的曲面串的连接情况进行设置，对于圆角面选项，可设置为 Trim to All Input Faces（修剪到所有的输入面）、Trim to Short Input Faces（修剪到短输入面）、Trim to Long Input Faces（修剪到长输入面）和 Do not Trim Blend Faces（不修剪圆角面），如图 5-102 所示。

➢ Three Defining Face Chains（三个定义面链）：该功能用于通过定义三个面链进行面倒圆操作，其对话框如图 5-103 所示，该对话框中基本参数的意义与 Two Defining Face Chains 对话框中参数的意义基本相同。

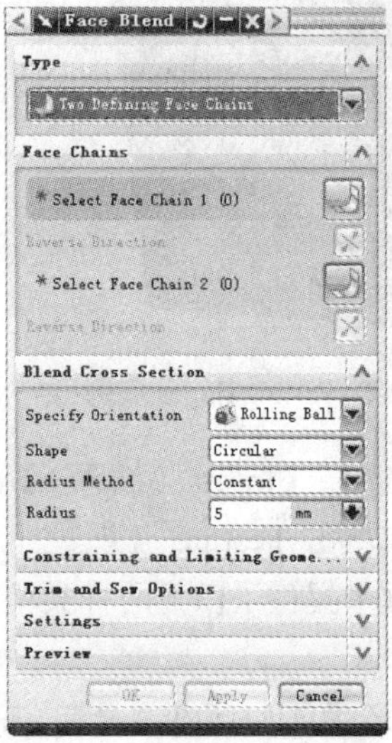

图 5-101 Face Blend 对话框（两个面链）

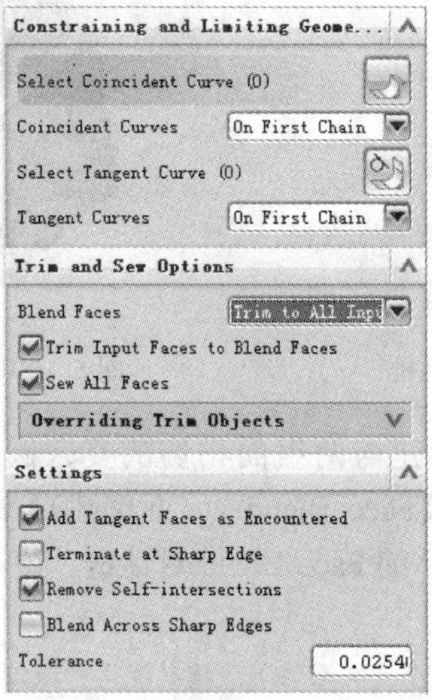

图 5-102 Face Blend 子选项

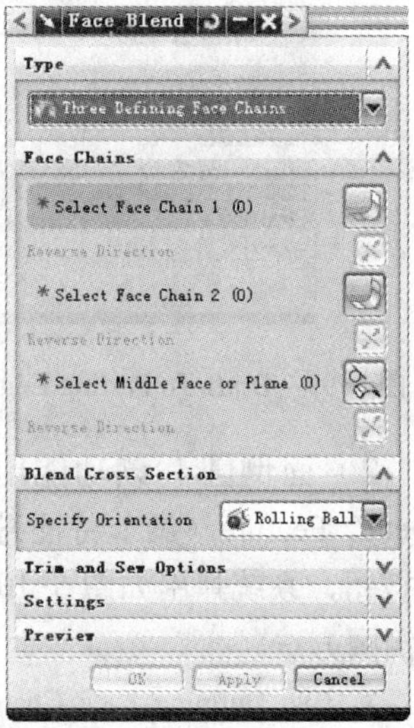

图 5-103 Face Blend 对话框（三个面链）

3）**边倒圆** 该功能用于在实体上沿边缘去除材料或添加材料，使实体上的尖锐边缘变成圆滑表面。选择【Insert（插入）】→【Detail Feature（细节特征）】→【Edge Blend...（边倒圆）】命令或单击 Feature 工具栏上的按钮，系统弹出如图 5-104 所示的 Edge Blend 对话框，该对话框中主要参数的意义如下。

➢ Edge to Blend（要倒圆角的边）：该功能用于选择要倒圆角的边，可在 Radius1 文本框中输入圆角的半径值，所选择的边都在 List 列表框中显示，在该列表框中可添加或删除边。

➢ Variable Radius Points（可变半径的点）：该功能用于设置所选边上的不同点具有不同的半径值，先在所选倒圆角边上大体位置定义若干个点，再通过该选项下的 Location 选项采用 Arc Length 或%Arc Length 的方式对所选点进行精确定位，并在所定义的每一个点上输入对应的半径值，如图 5-105 所示为通过变半径的方法创建的圆角边。

图 5-104 Edge Blend 对话框

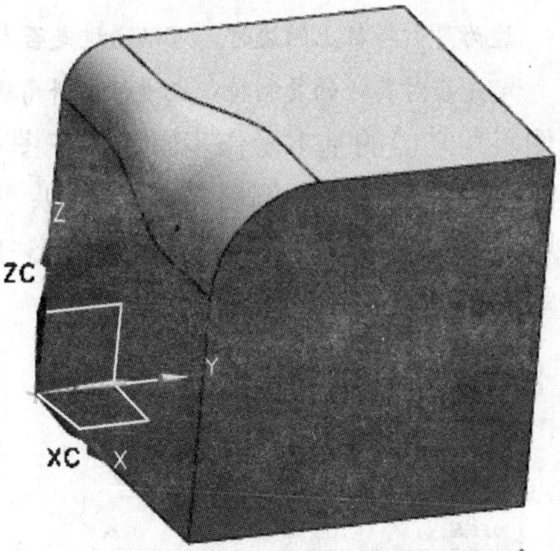

图 5-105 变半径边倒圆角

➢ Corner Setback（拐角倒角）：该功能用于在相对顶点增加偏置点，调整它们到顶点的距离以便在顶点处生成球形半径，常用于钣金加工中。

➢ Stop Short of Corner（拐角突然停止）：该功能用于设置在圆角的附近突然终止倒圆角操作，先在所选的倒圆角边上选择一个终点，再通过设置距离终点的距离来定义停止位置。

➢ Overflow Resolutions（溢出解决方案）：该功能用于处理圆角的边与实体上其他边相遇时的情况，包括 Roll Over Smooth Edges（在光顺边上滚动）、Roll On Edges（在边上滚动，光顺或尖锐）和 Maintain Blend and Move Sharp Edges（保持圆角并移动尖锐边缘）三种方法。其中 Roll Over Smooth Edges 指保持圆角在实体上的光顺关系，Roll On Edges 表示允许圆角面与实体之间不保持相切关系，并与所遇到的边相连接，而 Maintain Blend and Move Sharp Edges 将移除所有遇到的边缘以保持与输入实体面的相切关系。

4）**倒斜角** 该功能用于对实体边进行倒斜角操作，选择【Insert（插入）】→【Detail Feature（细节特征）】→【Chamfer…（倒斜角）】命令或单击 Feature 工具栏上的按钮，系统弹出如图 5-106 所示的 Chamfer 对话框，该对话框中各参数的意义如下。

➢ Edge（边）：该功能用于选择需要倒斜角的边，直接在视图区域选择边即可。

➢ Offsets（偏置）：该功能用于设置倒斜角的偏置方式和距离值，其 Cross Section（横截面）包括以下三种方式。

✧ Symmetric（对称的）：用于设置使与倒角边相邻的两个面上采用同一偏置值来创建倒角，选择此选项只需在 Distance 文本框中输入一个数值即可。

✧ Asymmetric（非对称的）：用于设置使与倒角边相邻的两个面上采用不同的偏置值来创建倒角，选择此选择需分别指定两个面上的偏置距离。

✧ Offset and Angle（偏置和角度）：用于通过一个偏置距离和一个角度来创建倒斜角，选择此选项需分别在 Distance 和 Angle 文本框中输入偏置值和角度值。

➢ Settings（设置）：该功能用于对偏置方式进行设置，包括 Offset Edges along Faces（沿着表面偏置边）和 Offset Faces and Trim（偏置面并修剪）两种偏置方式。其中 Offset Edges along Faces 指在对简单的形状进行倒斜角时，其偏置距离根据选择边的位置来测量，而 Offset Faces and Trim 主要是针对复杂形状的边倒斜角而言，如倒角边的两相邻面不相互垂直，此时距离测量的方法是将先选择的面进行偏置，然后通过测量偏置后的面之间的交线距离进行倒斜角操作。另外如果所选倒斜角的边为复制特征上的边时，可以通过是否勾选 Chamfer All Instances（对所有的实例进行倒斜角）来确定是否对其他的复制特征也进行倒斜角操作。

倒斜角功能的基本操作步骤为，在图 5-106 所示对话框中先选择一种倒斜角的方式；在视图区域选择需要进行倒斜角操作的边；根据所选不同类型的倒斜角方式对其相应的参数进行设置后单击 OK 按钮即可，如图 5-107 所示为通过 Offset and Angle 方式进行倒斜角操作的实例。

图 5-106　Chamfer 对话框

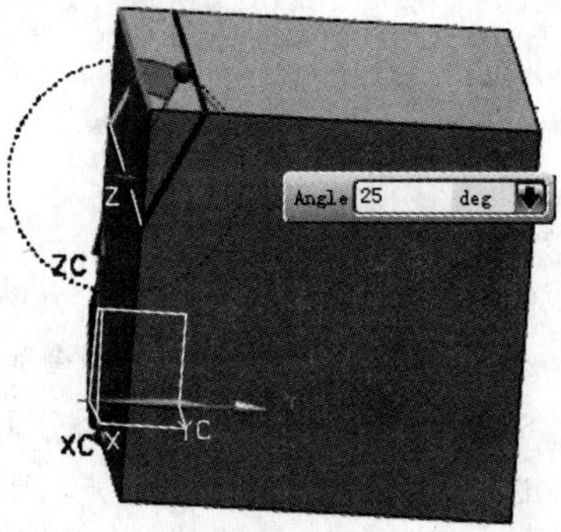

图 5-107　角度和距离偏置倒斜角实例

5）抽壳　该功能用于根据设定的厚度将所选实体挖空或将所选实体去掉某些面生成薄壳体。选择【Insert（插入）】→【Offset/Scale（偏置/比例）】→【Shell…（抽壳）】命令或单击 Feature 工具栏上的按钮，系统弹出如图 5-108 所示的 Shell 对话框，该对话框中各参数的意义如下。

➢ Type（类型）：该功能用于设置进行抽壳操作的类型，包括 Remove Faces，Then Shell（移除面，然后抽壳）和 Shell All Faces（对所有的面进行抽壳）。其中 Remove Faces，Then Shell 表示将所选面先删除，然后再对实体上的其他面进行抽壳操作；Shell All Faces 表示对整个实体上的面都进行抽壳操作，而不删除边。

➢ Face to Pierce（要冲孔的面）：该功能用于当实体抽壳方式为 Remove Faces，Then Shell 时选择需要删除的边，而当实体抽壳方式为 Shell All Faces 时，该选项为 Body to Shell（要抽壳的体），即用于选择需要进行实体抽壳操作的实体。

➢ Thickness（厚度）：该功能用于设置壳体的厚度，系统默认为此处的厚度值是以原实体的表面作为抽壳后空心实体的外表面，用户可根据需要单击按钮将原实体表面作为抽壳后实体的内表面。

➢ Alternate Thickness（备选厚度）：该功能用于对实体中不同的面设置不同的抽壳厚度，在视图区域选择面后，在对应的Thickness文本框中设置不同的厚度值即可。

抽壳功能的基本操作步骤为，在图 5-108 所示对话框中先选择一种抽壳方式；根据抽壳方式不同在视图区域选择一个或多个需要去除的面，或选择一个或多个实体；在 Thickness 文本框中设置抽壳体的厚度，可以根据需要对不同的面设置不同的抽壳厚度，然后单击 OK 按钮即可，图 5-109 和图 5-110 分别为变厚度抽壳和实体抽壳的实例。

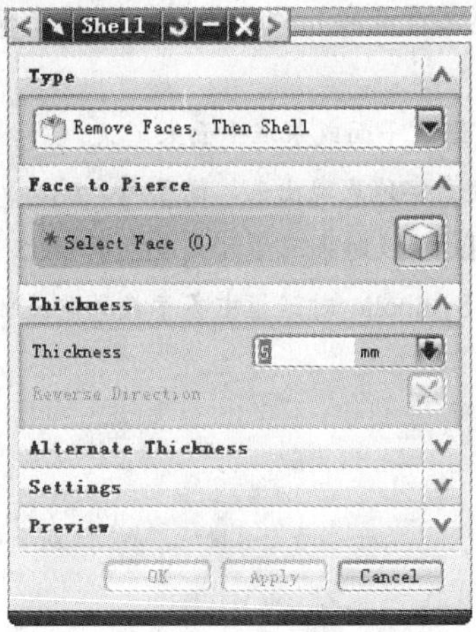

图 5-108　Shell 对话框

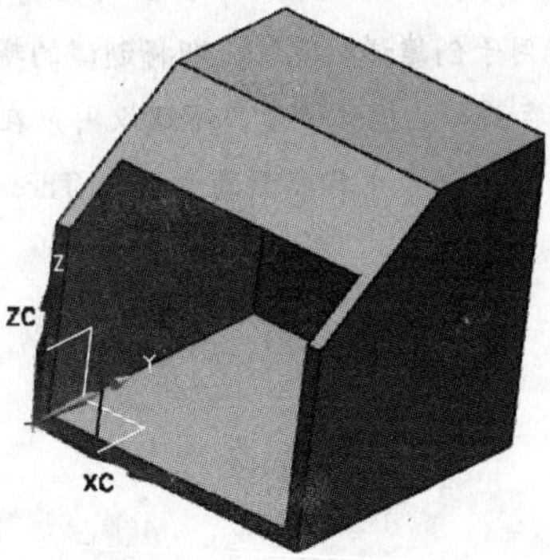

图 5-109　变厚度抽壳实例

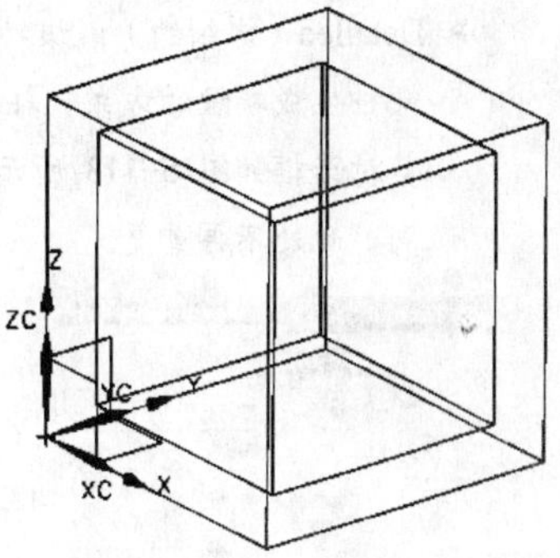

图 5-110　实体抽壳实例

6）**螺纹**　该功能用于在圆柱面、圆锥面或孔内创建外螺纹或内螺纹特征，选择【Insert（插入）】→【Design Feature（设计特征）】→【Thread…（螺纹）】命令或单击 Feature 工具栏上的按钮，系统弹出如图 5-111 所示的 Thread 对话框，该对话框提供了以下两种创建螺纹的方式。

➢ Symbolic（符号的）：该功能用于创建符号螺纹，即将创建的螺纹用虚线的形式表示出来。此种方式生成的螺纹具有节省内存和加快运算速度等优势，建议用户在创建螺纹时采用该方式来表示螺纹，其对话框如图 5-111 所示，该对话框中各参数的意义如下。

✧ Major Diameter（大径）：用于设置螺纹的大径尺寸。

✧ Minor Diameter（小径）：用于设置螺纹的小径尺寸。

✧ Pitch（螺距）：用于设置螺纹的螺距。

✧ Angle（角度）：用于设置螺纹的牙型角，系统默认牙型角为 60°。

✧ Callout（标注）：用于设置前面对螺纹操作后的标记情况。

✧ Tapped Drill Size（螺纹钻尺寸）：用于设置轴的外螺纹尺寸或孔的内螺纹尺寸。

✧ Method（方法）：用于设定螺纹的加工方法，包括 Cut（剪切）、Rolled（滚压）、Ground（磨削）和 Milled（铣削）4 种加工方法。

✧ Form（成型）：用于指定螺纹的种类，如 Metric（英制）。

✧ Number of Starts（螺纹头数）：用于设置螺纹的头数，即创建单头螺纹还是多头螺纹。

✧ Tapered（已拔模）：用于创建拔锥螺纹。

✧ Full Thread（完整螺纹）：用于设置螺纹的长度，选择该复选框则为整个表面上都生成螺纹，也可以在 Length 文本框中输入螺纹的长度值。

✧ Manual Input（手工输入）：由于以上选项都是系统根据所选的圆柱面或圆锥面自动生成的参数，无须用户自己输入，此时勾选 Manual Input 选项后，则用户可以自己对这些参数进行定义。

✧ Choose from Table（从表格中选取）：选择该功能按钮，系统将弹出如图 5-112 所示的螺纹列表，便于用户从中选择螺纹的规格。

✧ Include Instances（包括实例）：若当前操作是针对实例特征中的一个实体而进行的，勾选此选项后，系统将默认将其他实例特征也进行生成螺纹操作。

✧ Rotation（旋向）：用于设置螺纹的旋向，包括 Right Hand（右手旋向）和 Left Hand（左手旋向）两种。

✧ Select Start（选择起始）：用于手动设置螺纹的起始位置，可通过平面或基准平面来定义。

➢ Detailed（详细的）：该功能用于创建详细螺纹，即将创建的螺纹真实地表现出来，便于用户观察。此种生成螺纹的方式较耗内存并影响操作速度，不建议用户在创建螺纹时采用该方式来表示螺纹，其对话框如图 5-113 所示，该对话框中各参数的意义与 Thread-Symbolic 对话框中各参数的意义相同，此处不再重复。

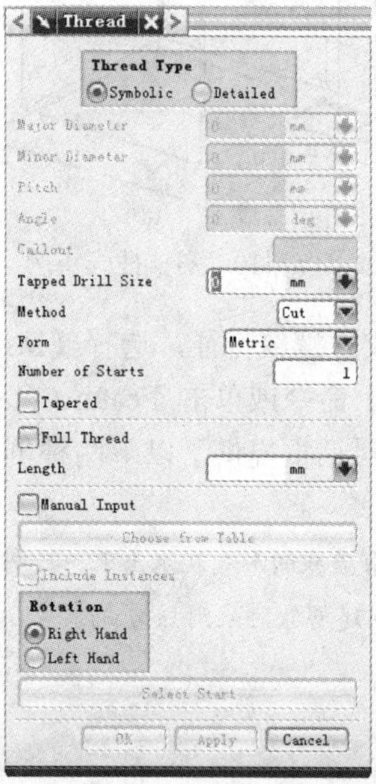

图 5-111 Thread-Symbolic 对话框

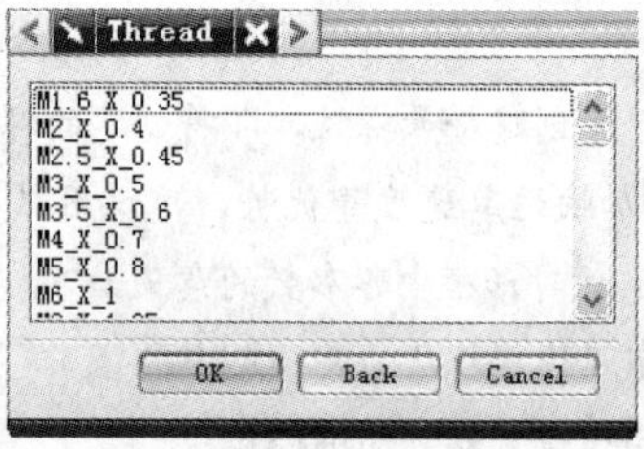

图 5-112 螺纹列表

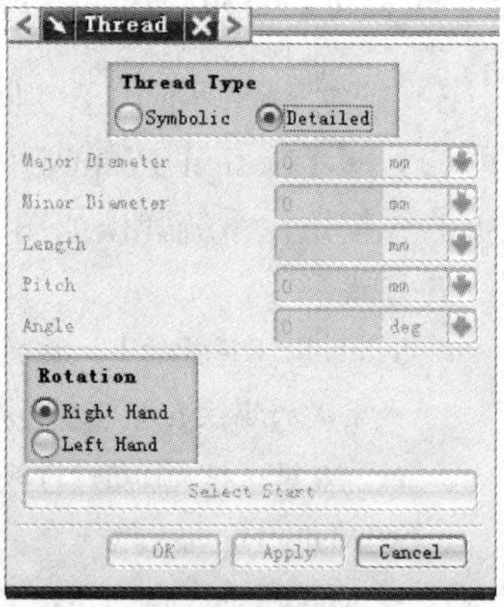

图 5-113 Thread-Detailed 对话框

螺纹功能的基本操作步骤为，在图 5-111 所示对话框中先选择一种生成螺纹的方式；在视图区域选择一圆柱面或圆锥面；根据需要在对话框中对系统自动生成的螺纹参数进行修改后单击 OK 按钮，图 5-114 和图 5-115 分别为生成的 Symbolic 螺纹和 Detailed 螺纹。

7）**镜像特征** 该功能用于将实体上的某些特征关于一基准面或平面镜像以生成对称的特征，选择【Insert（插入）】→【Associative Copy（关联复制）】→【Mirror Feature…（镜像特征）】命令或单击 Feature 工具栏上的按钮，系统弹出如图 5-116 所示的 Mirror Feature 对话框，该对话框中各参数的意义如下。

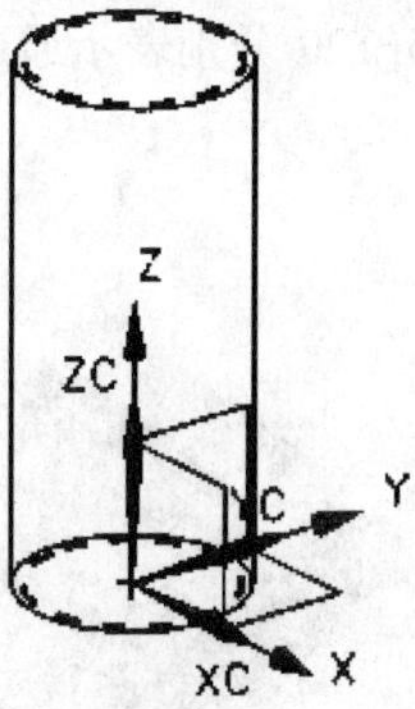

图 5-114　Symbolic 螺纹

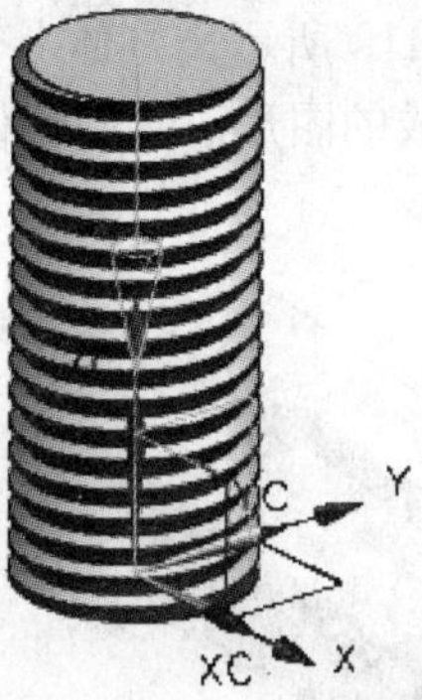

图 5-115　Detailed 螺纹

➢ Feature（特征）：该功能用于选择需要进行镜像操作的特征，可以在视图区域内选择，也可以在 Related Features（相关特征）选项下的列表框中选择，还可以根据需要将 Related Features 下的 Add Dependent Features（添加相关特征）和 Add All Features in Body（添加体中的全部特征）选上，以将与所选需镜像的相关特征都进行镜像和将所选镜像的特征所在实体中的所有特征都一起进行镜像。

➢ Mirror Plane（镜像平面）：该功能用于定义镜像平面，可以选择已经存在的平面，或通过平面构造器新建镜像平面。

镜像特征功能的基本操作步骤为，在图 5-116 所示的对话框中单击按钮，在视图区域选择需要镜像的特征；在视图区域选择一存在平面或通过平面构造器构造一镜像平面；单击 OK 按钮即可将所选特征镜像。

8）**镜像体**　该功能用于将所选实体关于一基准面或平面镜像以生成对称的实体，选择【Insert（插入）】→【Associative Copy（关联复制）】→【Mirror Body...（镜像实体）】命令或单击 Feature 工具栏上的按钮，系统弹出如图 5-117 所示的 Mirror Body 对话框，该对话框各参数的意义与 Mirror Feature 对话框中各参数的意义基本相同。其基本操作步骤为，在图 5-117 所示对话框中单击按钮，在视图区域选择需要镜像的实体；单击按钮，在视图区域选择一存在平面或基准平面作为镜像平面；单击 OK 按钮即可将所选实体镜像。

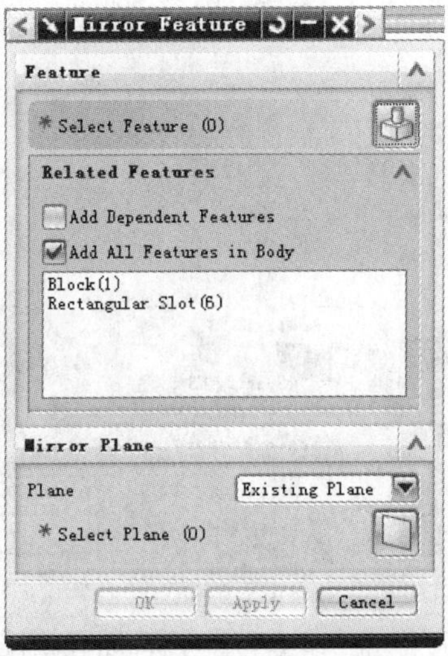

图 5-116　Mirror Feature 对话框

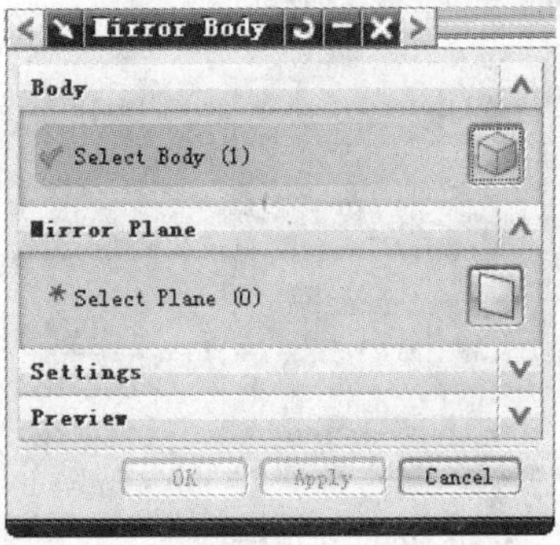

图 5-117　Mirror Boby 对话框

如图 5-118 所示长方体上有一矩形键槽，图 5-119 和图 5-120 分别表示通过镜像特征和镜像实体生成的图形，其中镜像特征所选的特征为长方体。

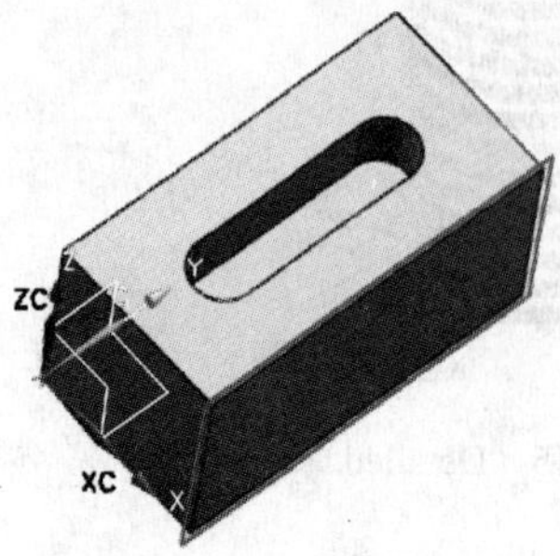

图 5-118　镜像前实体

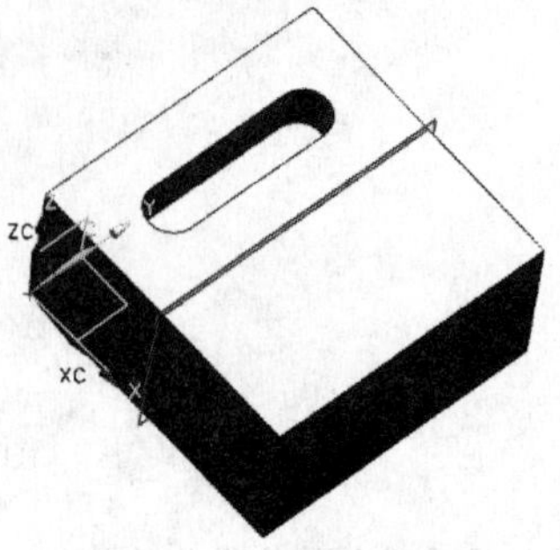

图 5-119　Mirror Feature 操作后实体

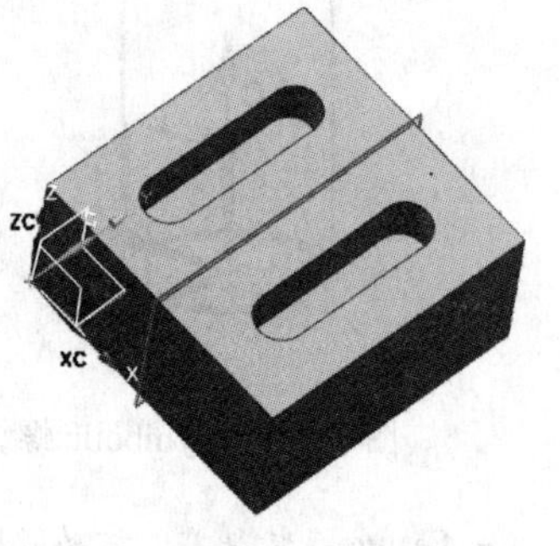

图 5-120　Mirror Boby 操作后实体

9）比例体　该功能用于对所选实体按不同方式进行比例缩放，选择【Insert（插入）】→【Offset/Scale（偏置/比例）】→【Scale Body…（比例体）】命令或单击 Feature 工具栏上的按钮，系统弹出如图 5-121 所示的 Scale Body 对话框，该对话框中各参数的意义如下。

- Type（类型）：该功能用于设置比例体进行缩放的方式，包括 Uniform（均匀缩放）、Axisymmetric（轴向方式缩放）和 General（一般缩放）三种。其中 Uniform 指通过指定一个参考点，所选实体根据比例因子在坐标系的所有方向进行均匀缩放；Axisymmetric 指通过指定的参考点，沿参考轴方向和与参考轴垂直的方向进行比例缩放；General 指所选对象在参考坐标系内分别按 X、Y、Z 方向设置的比例进行比例缩放。
- Body（实体）：该功能用于选择需要进行比例缩放的实体。
- Scale Point（比例点）：该功能用于当采用 Uniform 方式进行比例缩放时选择参考点，并在 Scale Factor 选项下设置比例缩放值；当采用 Axisymmetric 方式进行缩放时，其设置参数如图 5-122 所示，需指定一参考矢量和一参考点，并分别对沿轴向和与轴向垂直的方向上的比例缩放值进行设置；当采用 General 方式进行缩放时，其设置参数如图 5-123 所示，需定义一参考坐标系，并分别对 X 向、Y 向和 Z 向的比例值进行设置。

图 5-121　Scale Body 对话框

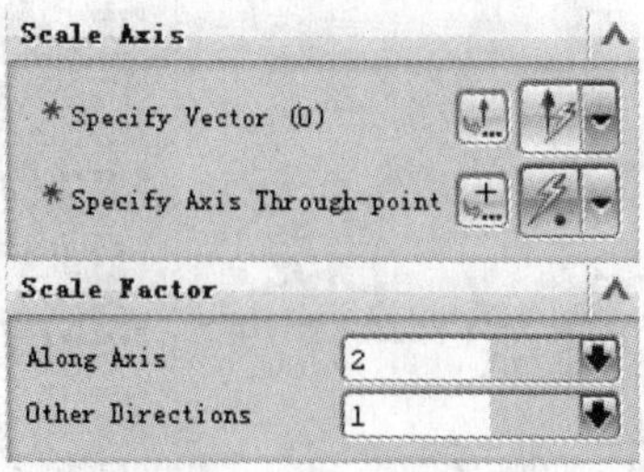

图 5-122　Axisymmetric 比例体设置参数

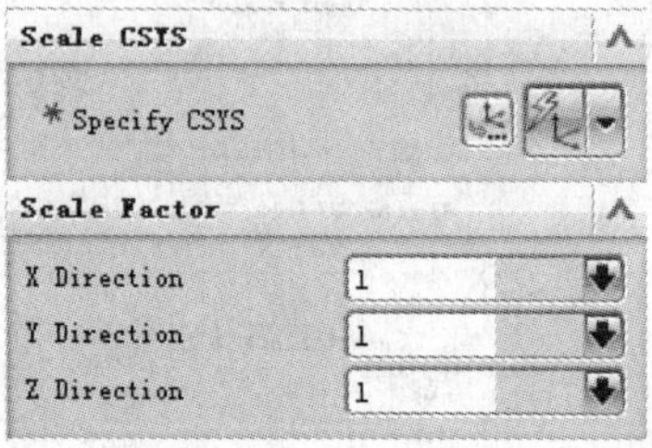

图 5-123　General 比例体设置参数

比例体功能的基本操作步骤为，在图 5-121 所示对话框中选择一种比例缩放方式；单击按钮，在视图区域选择需要进行比例操作的实体；根据所选比例缩放类型的不同对其相应参数进行设置后单击 OK 按钮即可。

10）实例特征 该功能用于对所选特征进行复制，且复制后所得的特征与源特征之间具有关联性，即当源特征或经实例特征操作后所得特征中的任意一个成员发生改变时，通过实例特征操作后所得的成员及源特征都将发生相应的变化，这种对已有特征进行有规律的复制可以大大提高建模效率。选择【Insert（插入）】→【Associative Copy（关联复制）】→【Instance Feature…（实例特征）】命令或单击 Feature 工具栏上的按钮，系统弹出如图 5-124 所示的 Instance 对话框，该对话框中包括以下几种实例特征方式。

- Rectangular Array（矩形阵列）：该功能用于将所选特征按矩阵的形式平行于 XC 和 YC 轴进行复制，复制后的特征成一维或二维的矩形排列，注意此时的引用特征必须位于原实体上，否则系统将提示错误信息。单击图 5-124 所示对话框中的 Rectangular Array 选项，系统弹出如图 5-125 所示的实例特征列表框以供用户选择需要进行矩形阵列的对象，选择完对象后单击 OK 按钮，系统进入如图 5-126 所示的 Enter Parameters 对话框，在该对话框中可对矩形阵列的相关参数进行设置，该对话框中各参数的意义如下。

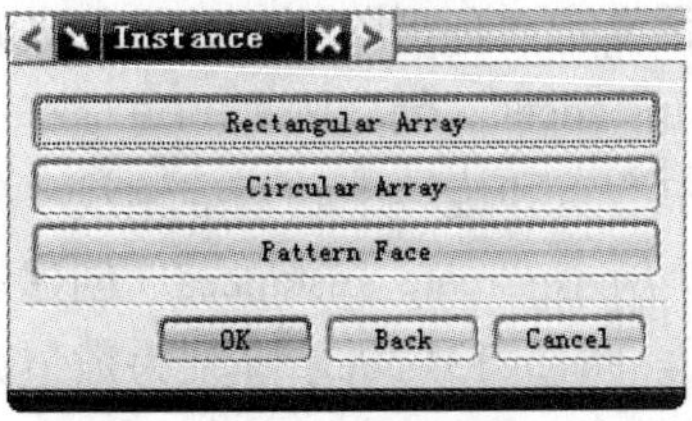

图 5-124　Instance 对话框

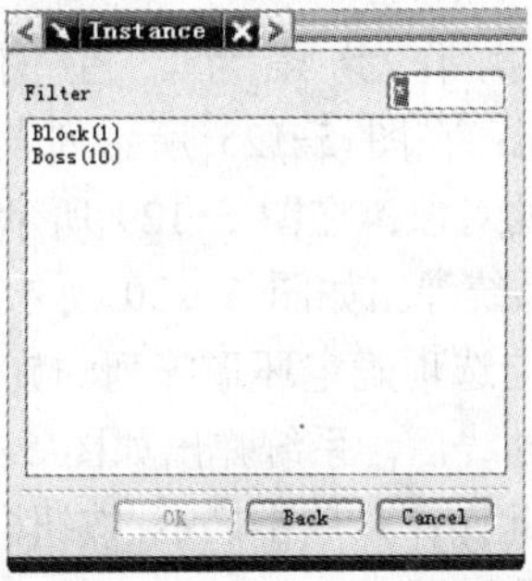

图 5-125　Instance 对象列表

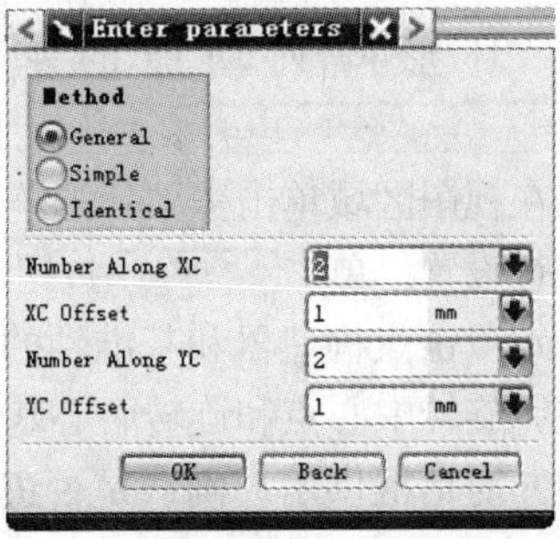

图 5-126　Enter Parameters 对话框

- ✧ Method（方法）：用于定义矩形阵列的创建方法，包括 General（一般）、Simple（简单）和 Identical（相同的）三种方法。其中 General 表示为系统默认选项，即在建立矩形阵列时将检查所有的几何对象，允许超过表面边缘从一个表面到另一个表面；Simple 与 General 方法相似，但该方法通过消除额外的数据检验和操作以加速阵列的建立过程；Identical 表示系统进行尽可能少的分析和验证从而以最快速度建立阵列，常用于复制的数量比较大且要确保复制后每个成员的特征完全一样时。
- ✧ Number Along XC/YC（XC 向/YC 向的数量）：分别用于输入沿 XC 向和 YC 向阵列后成员的总数目。
- ✧ XC Offset/ YC Offset（XC 偏置/YC 偏置）：分别用于输入沿 XC 向和 YC 向相邻两成员之间的间隔距离。

矩形阵列功能的基本操作步骤为，在图 5-124 所示对话框中单击 Rectangular Array 按钮；在图 5-125 所示列表框中选择需要进行矩形阵列的对象或在视图区域单击需要矩形阵列的对象；在图 5-126 所示对话框中对矩形阵列参数进行设置；单击 OK 按钮，系统弹出如图 5-127 所示 Create Instances（创建阵列）对话框供用户确认是否进行此操作，单击 Yes 按钮即可，图 5-128 表示一个 2×4 的矩形阵列。

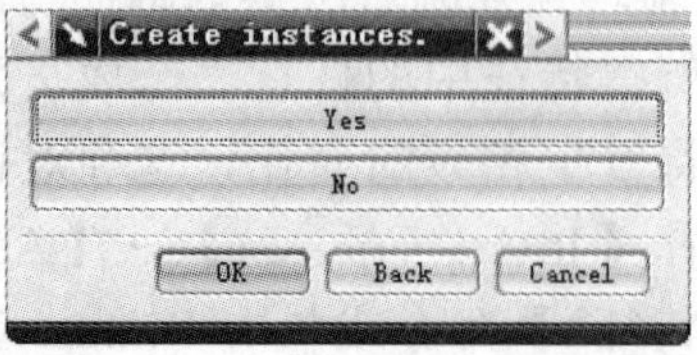

图 5-127　Create Instances 对话框

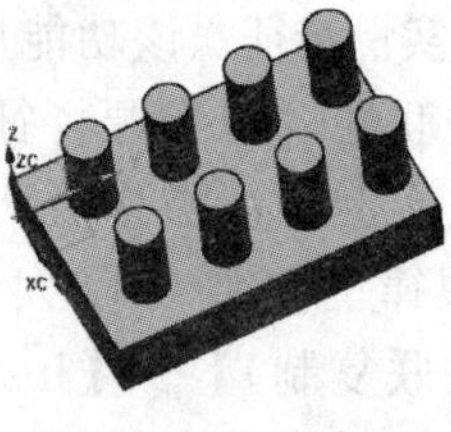

图 5-128　矩形阵列操作实例

➢ Circular Array（环形阵列）：该功能用于将所选特征按圆形阵列的方式进行复制，复制后的对象将成环形排列，注意此时的引用特征必须位于原实体上，否则系统将提示错误信息。单击图 5-124 所示对话框中的 Circular Array 选项，系统弹出如图 5-125 所示 Instance 列表框以供用户选择需要进行环形阵列的对象，选择完对象后单击 OK 按钮，系统进入如图 5-129 所示 Instance 对话框，在该对话框中可对环形阵列的相关参数进行设置。该对话框中各参数的意义与 Rectangular Array 对话框中各参数的意义基本相同，另外，Number（数目）和 Angle（角度）分别表示阵列后成员特征的总数目及相邻两成员特征之间的周向夹角。

环形阵列功能的基本操作步骤为，在图 5-124 所示对话框中单击 Circular Array 按钮；在图 5-125 所示列表框中选择需要进行环形阵列的对象或在视图区域单击需要环形阵列的对象；在图 5-129 所示对话框中对环形阵列的数目和夹角进行设置；单击 OK 按钮，系统弹出如图 5-130 所示的 Instances（创建阵列）对话框；分别单击点构造器和基准轴的方向选项确定环形阵列的旋转中心点和旋转中心基准轴线；确定完旋转中心点和旋转中心基准轴线后，系统弹出如图 5-127 所示 Create Instances（创建阵列）对话框供用户确认是否进行此操作，单击 Yes 按钮即可，图 5-131 所示阵列为数量为 5、夹角为 60° 的一环形阵列结果。

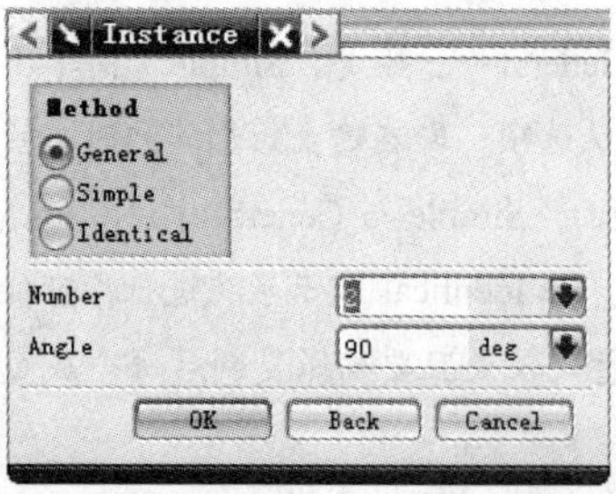

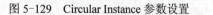

图 5-129　Circular Instance 参数设置

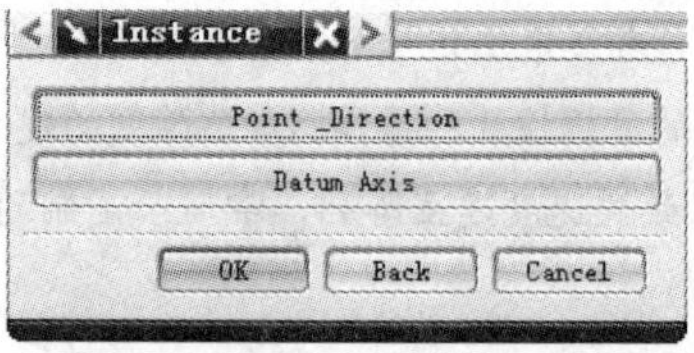

图 5-130　Instance 对话框

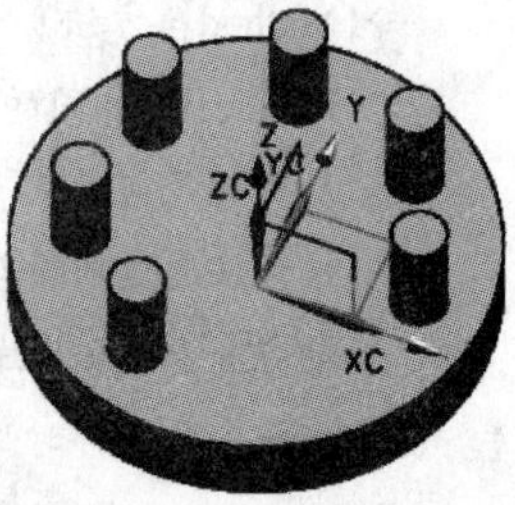

图 5-131　环形阵列操作实例

➢ Pattern Face（图样面）：该选项用于对图样面进行复制，单击图 5-124 所示对话框中的 Pattern Face 按钮，系统弹出如图 5-132 所示 Pattern Face 对话框，该对话框提供了 Rectangular Pattern（矩阵图样）、Circular Pattern（环形图样）和 Mirror（镜像图样）三种类型的图样复制方法，其各自的操作方法与矩形阵列、环形阵列和镜像特征的操作相同，此处不再重复。

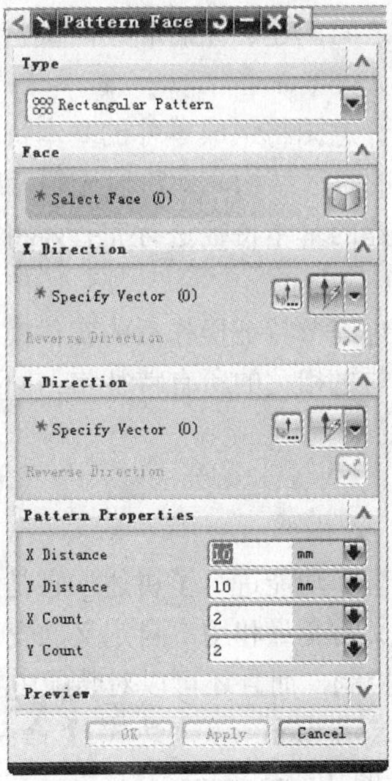

图 5-132　Pattern Face 对话框

5.3　参数化建模工具

UG NX 8.0 是一个基于特征的参数化实体建模设计工具，它具有 Windows 的图形用户界面和易于掌握的优点，用户可以创建完全关联的三维实体模型，带有或不带有约束，可以利用自动的或用户自定义的关联来捕捉设计意图。此处特征是产品设计与制造者最关注的对象，是产品局部信息的集合，它包括产品的特定几何形状、拓扑关系、典型功能、绘图表示方式、制造技术和公差要求等。基于特征的设计把特征作为产品设计的基本单元，利用较高层次的、语义丰富的特征来代替简单的、原始的几何元素，并将产品描述成特征的有机集合，在设计过程中能把很多后续环节要使用的有关信息集成到数据库中，有助于实现并行工程，使设计、计算分析、工艺设计和加工制造等后续环节工作都能协调起来。

参数化主要是指对零件上的各种特征施加各种约束形式，这些用于创建特征的尺寸和关系可以捕捉并存于模型中，且这些特征的几何形状与尺寸大小都用变量的方式表示，如果其中的某个变量发生了改变，则零件这个特征的几何形状与尺寸大小也将随着参数的改变而改变，这样不仅有助于用户快速捕捉设计意图，而且还能使用户快捷地修改模型。参数化特征造型设计的实质是实现人机交互的智能化设计，其主要内容是在不同的集合元素或特征信息之间建立尺寸关联或集合特征的约束关系，设计本质上是通过提取特征有效的约束来建立约束模型并进行约束求解。

参数化特征建模一般需遵循以下几个基本步骤。

（1）规划设计意图：规划出零件设计的基本思路，对零件的结构进行分析，确定零件由哪些主要特征组成，以及各特征之间创建的先后顺序，做出几套设计方案，对各方案进行对比分析并从中选择一套较优的设计方案。

（2）创建基本特征：根据设计意图将组成零件的基本特征先建立起来，在创建过程中尽可能用最简单的特征来表达零件的整体结构，此阶段无须考虑局部细节特征。

（3）创建细节特征：对所创建的基本特征进行完善，将零件的细节结构添加上去，如倒角、键槽和孔等。

（4）修改参数化特征：对经过细节特征操作后的实体模型进行相应的位置约束或几何尺寸上的约束，则所修改的特征及与之相关的所有特征将一同被修改，从而体现参数化建模的优势。

1．表达式编辑器

前面章节已经对表达式的概念和功能进行了讲述，它是用变量来对特征进行表达的，包括在特征建立过程中系统自动定义的变量和用户自定义的变量，通过表达式不仅可以对特征之间的相互尺寸与位置关系进行控制，而且还可以对装配中各部件之间的关系进行控制。

选择【Tools（工具）】→【Expression…（表达式）】命令或单击 Standard 工具栏上的 = 按钮，系统弹出如图 5-133 所示的 Expressions 对话框，在视图区域单击实体模型，或通过 Listed Expressions（列出的表达式）选项下相应的过滤器可将系统已经建立的和用户自定义的表达式都显示出来，该对话框中各参数的意义在前面已经讲述过，此处不再重复。

2．WAVE 几何链接工具

参数化特征建模是基于零部件的技术，即参数的相关性在于单个零件中，而对于产品装配设计的相关性技术，则主要采用变量化方法，即采用数学公式，在装配中的两个零部件的参数关联性，可以采用表达式来满足相关性设计要求，在 UG NX 8.0 中将 WAVE（What-if Alternative Value Engineering）技术引入到装配中，该技术是指采用关联复制几何体方法来控制总体装配结构（在不同的组件之间关联性复制几何体），从而保证整个装配和零部件的参数关联性，适用于复杂产品的几何界面相关性、产品系列化和变型产品的快速设计，是参数化建模工具与系统工程的有机结合。它具有易于实现模型总体装配的快速自动更新、数据的关联性使装配位置和精度得到严格的技术保证、易于实现产品的系列化和变型产品的快速设计等优点。

WAVE 技术把概念设计与详细设计的变化自始至终地贯穿到整个产品的设计过程中，它主要应用于以下几个场合。

- 相关的部件间建模：这是 WAVE 技术的最基本用法，主要用于简单产品的设计，可以在产品装配结构中间建立两个或多个组件之间的相关性。
- 自顶向下设计：主要是用总体概念设计控制细节的结构设计，适用于中等复杂产品的设计，特别适合于新产品开发和产品的系列化设计，用概念设计控制结构设计和使用参数化的草图来控制整个装配中所有零部件的基本形状、尺寸和装配位置。
- 系统工程：主要是采用控制结构的方法实现系统建模，即采用控制结构定义产品的总体装配结构，再将总体装配结构分为若干个子系统或子装配系统，用于进行分组并行设计。

在装配环境下选择【Assemblies（装配）】→【WAVE…】命令或单击 Assemblies 工具栏

上的按钮，系统弹出如图 5-134 所示的 WAVE Geometry Linker 对话框，在该对话框中选择一种链接几何体的类型，再在视图区域选择要复制的几何体，对复制几何体进行操作并编辑目标组件即可实现关联性复制几何体，该功能可在任意两个组件之间进行，可以是同级组件间，也可以是上下组件间。

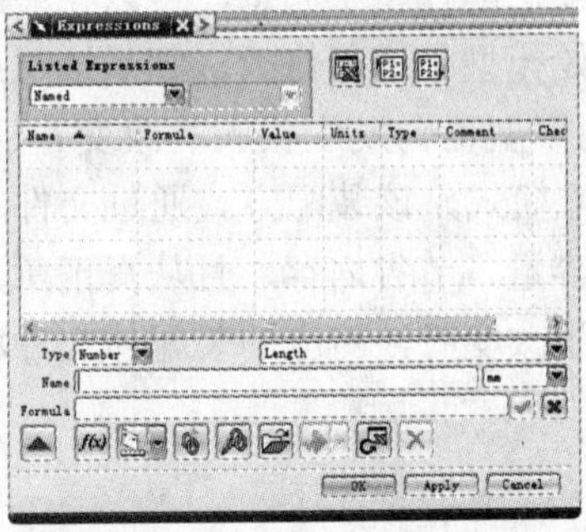

图 5-133 Expressions 对话框

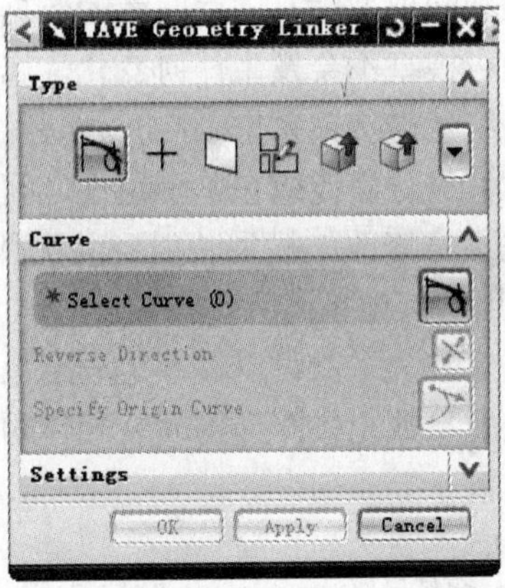

图 5-134 WAVE Geometry Linker 对话框

图 5-134 所示 WAVE Geometry Linker 对话框中各参数的意义如下。

➢ Type（类型）：该功能用于定义链接几何体的类型，主要包括以下几种类型。

Point（点）：用于将装配体另一部件中的点、曲线进行关联性复制。

Datum（基准）：用于将装配体另一部件中的基准面进行关联性复制。

Sketch（草图）：用于将装配体另一部件中的草图进行关联性复制。

Face（面）：用于将装配体另一部件中的一个或多个表面进行关联性复制。

Region of Faces（面域）：用于将装配体另一部件中的面域进行关联性复制。

Body（体）：用于将装配体另一部件中的整个体进行关联性复制。

Mirror Body（镜像体）：用于将装配体另一部件中的整个体进行关联性复制以建立对称件。

Routing Object（管路对象）：用于将装配体另一部件中的单个或多个管路对象进行关联性复制。

➢ Curve、Point 等（曲线、点等）：该功能用于根据前面链接类型的不同，在视图区域链接不同的几何体。

➢ Settings（设置）：该功能用于对链接几何对象进行设置，包括以下几个选项。

✧ Associative（关联性）：用于选择是否建立与原几何体的关联性。

✧ Hide Original（隐藏原先的）：用于选择是否在进行关联性复制几何体后，将原始几何体对象隐藏，但注意不能将物体的边缘隐藏。

5.4 装配建模

在对单个零件进行设计后，常常需要将各个零件或组件的模型装配成一个最终的产品模型，即将所建立的零件通过某种关系进行组装，再对该组件进行编辑与重定位，这种所谓的组装就是指零件之间的装配关系，即零件在装配过程中的位置约束关系。

1. 装配功能基本概述

装配包括多组件装配和虚拟装配，其中多组件装配是指在装配时将所用组件的所有数据复制到装配模型中，此后两者的数据间不存在任何联系，即当被引用组件修改时，其装配体中的相应模型不会发生任何变化，属于非智能装配；而虚拟装配指的是组件在装配过程中仅仅利用组件链接关系来确立一种映射关系，即如果对装配后的模型不满意，可以在装配体中直接对其进行修改或在单个组件之间进行修改，若在原始模型中进行修改，则系统通过这种映射关系将修改的模型映射到装配体中，即装配体中的模型也会发生相应的改变。UG NX 8.0 采用的装配模式为虚拟装配模式，相对于多组件装配模式，该装配方式通过文件之间的映射来建立关系，可以在一定程度上减少装配体文件的容量，节省内存，且从真正意义上实现了装配参数化，即当构成装配体的某个组件的参数发生改变时，对应的装配体文件将自动进行更新。

2. 装配方法

根据装配体与零件之间的引用关系不同，UG NX 8.0 软件提供了以下三种装配方法，分别为自底向上装配、自顶向下装配和混合装配。

- 自底向上装配：自底向上装配是指在装配过程中，先对装配中的各个部件进行设计，再将所生成的部件直接添加到产品装配模型中，或先将部件模型组合为更高级别的组件装配模型（即子装配），再将各组件装配模型装配成产品模型。此种装配方法思路较为简单、操作较为方便，被广大设计人员所采用。
- 自顶向下装配：自顶向下装配是指在装配过程中，先创建组件装配体，然后对各组件模型进行详细设计，即创建零部件模型，此种装配方式通过对装配模型先进行整体布局概念设计，再通过约束关系来确定各个组件的空间位置关系。这种装配方法能真实反映一个产品的设计过程，可以减少不必要的重复设计操作。
- 混合装配：混合装配是指将自底向上装配和自顶向下装配结合在一起的装配方法，例如，先创建几个主要组件模型，并将其装配在一起，然后在装配中设计其他组件。在产品实际设计过程中，可以根据需要在两个模式之间相互切换。

3. 装配主菜单与工具栏

由于装配模型是一个独立的模块，故装配操作需在装配环境下进行，在 UG NX 8.0 的建模环境下，在 Standard 工具栏上选择【Start（开始）】→【Assemblies（装配）】命令或直接单击 Application 工具栏上的按钮，即可进入到装配环境。在该环境下，单击主菜单上的 Assemblies 选项，可获得如图 5-135 所示的下拉菜单，通过单击上面的命令即可进行相应的操作，或在如图 5-136 所示的 Assemblies 工具栏上直接单击相应的命令按钮进行操作。

图 5-136 所示 Assemblies 工具栏上主要命令按钮的意义如下。

Set Work Part（设置为工作部件）：用于将所选部件指定为工作部件。

Set Displayed Part（设置为显示部件）：用于将所选部件指定为显示部件。

Show Product Outline（显示产品轮廓）：用于显示产品轮廓或定义产品轮廓。

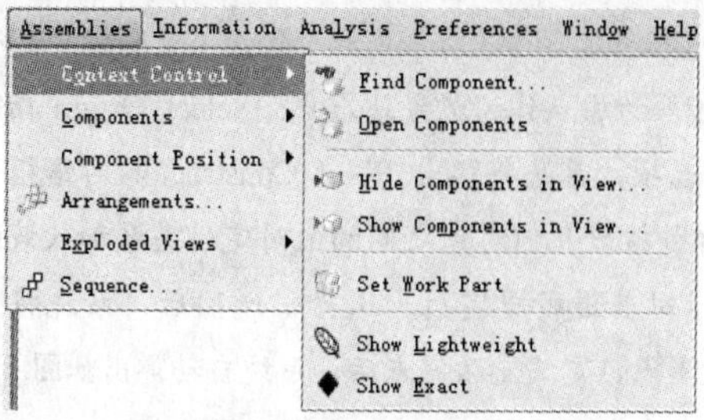

图 5-135　Assemblies 下拉菜单

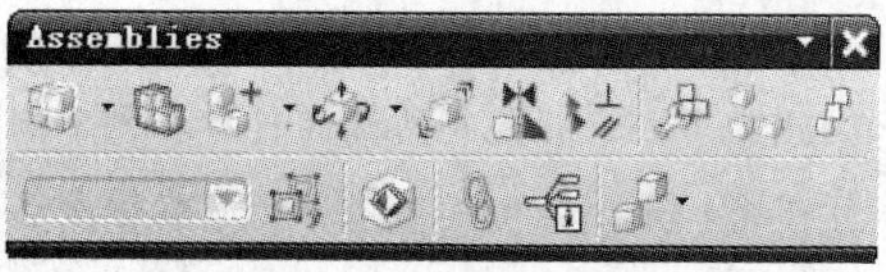

图 5-136　Assemblies 工具栏

Add Component（添加组件）：用于将已存组件添加到当前装配模块中。

Create New Component（创建新组件）：用于创建一个新组件并将其添加到当前装配模块中。

Create New Parent（创建新的父子关系）：用于为当前显示部件创建一个新的父子关系。

Replace Component（替换组件）：用于替换装配模型中的某一个组件。

Mirror Assembly（镜像装配）：用于将当前装配体关于某一平面进行复制。

Edit Suppression State（编辑抑制状态）：用于对当前装配体中的某些组件是否显示进行编辑。

Move Component（移动组件）：用于对单个或多个组件进行重定位。

Assembly Constraints（装配约束）：用于将某一组件与其他组件建立约束。

Show and Hide Constraints（显示和隐藏约束）：用于将组件中的约束情况显示或隐藏。

Remember Assembly Constraints（记住装配约束）：用于将指定组件约束情况记住并显示出来，以供后续对其进行操作。

Show Degrees of Freedom（显示自由度）：用于显示指定组件的自由度。

Exploded Views（爆炸视图）：用于打开或关闭爆炸视图工具栏，在爆炸工具栏中可进行创建爆炸视图、编辑爆炸视图等操作。

Assembly Sequence（装配顺序）：用于查看装配顺序，并可对该顺序进行编辑。

Replace Reference Set（替换引用集）：用于将指定组件改变到可用的引用集。

Replace Reference Set（替换引用集）：用于定义和改变引用集。

WAVE Geometry Linker（WAVE 几何链接器）：用于在工作部件中建立非相关几何。

4. 自底向上设计方法

在自底向上装配时，将已经存在的组件逐个添加到装配部件中，第一个被添加到装配部件中的组件将采用绝对坐标的定位方式添加，后续添加的各组件都将与装配部件中的组件通过配对关系添加。

1）添加已存在的组件到装配体中　选择【Assemblies（装配）】→【Components（组件）】→【Add Component...（添加组件）】命令或直接单击 Assemblies 工具栏上的按钮，系统弹出如图 5-137 所示的 Add Component 对话框，该对话框中各参数的意义如下。

- Part（部件）：该功能用于选择要添加到装配体中的部件，可以在 Loaded Parts（已加载的部件）、Recent Parts（最近访问的部件）中选取系统自动加载的部件或最近刚使用过的部件，或单击从磁盘目录中选取已存在部件。若要同时添加多个同一部件，可以在 Duplicates（复制）选项下的 Count（数量）文本框中输入要重复添加组件的数量。
- Placement（放置）：该功能用于设置所选部件放置到装配体中的定位方式，包括 Absolute Origin

（绝对原点）、Select Origin（选择原点）、By Constraints（通过约束）和 Move（重定位）4 个选项。其中 Absolute Origin 指所选部件将以绝对坐标系的原点作为放置基准点；Select Origin 指所选部件将以用户所指定的点作为放置基准点，选择该选项，系统将弹出 Point Constructor 对话框供用户在坐标系中选择基准点；By Constraints 指所选部件按照几何对象之间的配对定位关系加入装配体中；Move 指先将所选组件加入到装配体中，然后对其进行重定位，选择该选项后，系统将弹出 Point Constructor 对话框用于在坐标系中选择一个放置点，定义完放置点后，系统自动弹出如图 5-138 所示的 Move Component（重定位组件）对话框用于对刚加入的组件进行重定位操作。

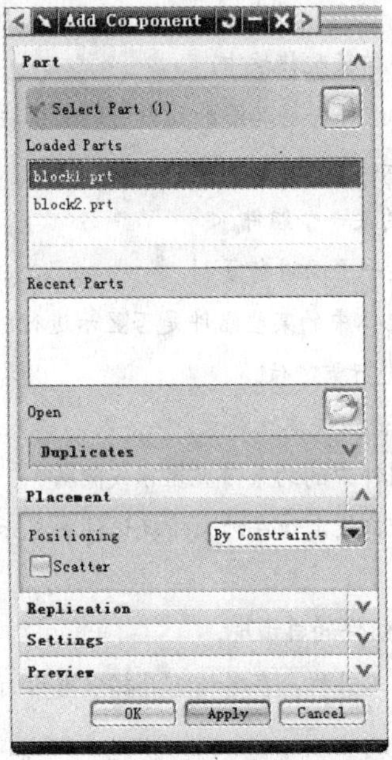

图 5-137 Add Component 对话框

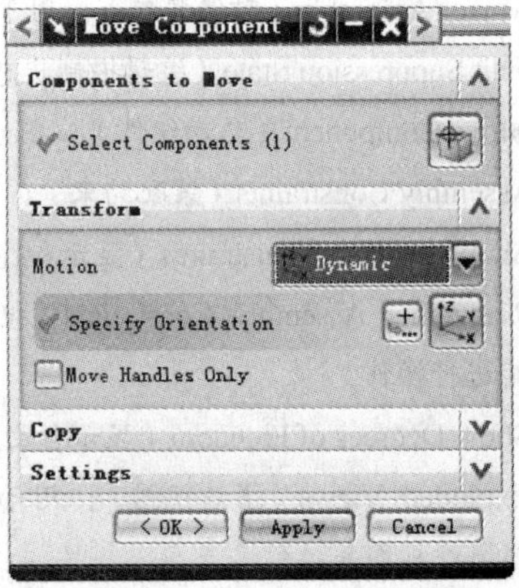

图 5-138 Move Component 对话框

- Replication（重复）：该功能用于设置是否重复加入被选组件，当选择重复加入时，其添加方式包括 Repeat After Add（添加后重复）和 Array After Add（添加后排列）。其中 Repeat After Add 表示添加完组件后将重复添加所选组件，直至取消为止；Array After Add 表示添加所选组件，并对其按指定方式进行排列。
- Settings（设置）：该功能用于设置所添加模型在装配体中的名称和图层等。该选项中的 Reference Set（引用集）用于设置组件的引用集，指用户在零部件中定义的部分几何对象，它代表相应的零部件参与装配，在装配过程中系统可分别将 Model（模型）、Entire Part（整个零件）和 Empty（空）加入引用集，Model 代表只添加所选组件模型到装配体中，Entire Part 指将添加所选组件的所有几何参数到装配体中，Empty 指不添加所选组件的任何几何参数到装配体中。该选项下的 Layer Option（图层选项）用于设置所选组件将添加到哪个图层中，包括 Origin（原先的）、Work（工作的）和 As Specified（定义的）三种，其中 Origin 指将指定的组件放置在该组件原来的图层中，Work 指将所选组件放置在当前工作层中，As Specified 指将所选组件放置在用户在 Layer 文本框中输入的图层中。

2）通过配对关系添加组件到装配体中 如前所述，自底向上装配方式中第一个添加到装配体中的组件是采用绝对坐标的方式加入的，接下来讲述后续通过配对关系将组件添加到装配体中。在装配体中配对关系主要包括完全约束和欠约束，其中完全约束指对组件的全部自由度都进行了约束，而欠约束指组件中还存在自由度没有被限制，此种现象在装配体中是允许的。

从添加第二个组件开始，在图 5-137 所示对话框中将其定位方式选择为 By Constraints，单击 OK 按钮后，系统弹出如图 5-139 所示的 Assembly Constraints（装配配对）对话框，在该对话框中可对添加组件与装配体的配对关系进行设置。该对话框提供了以下几种配对类型，如图 5-140 所示。

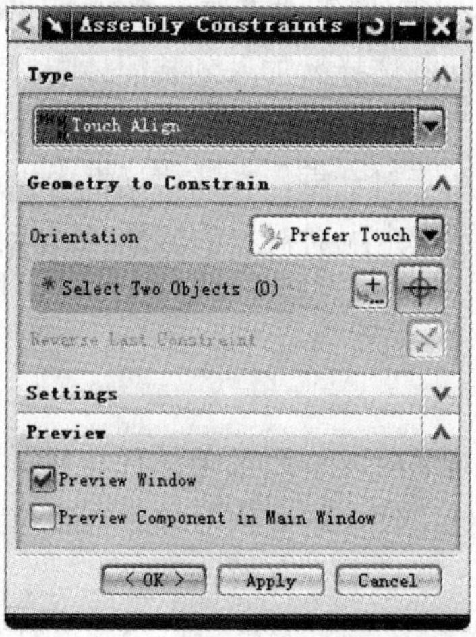

图 5-139　Assembly Constraints 对话框

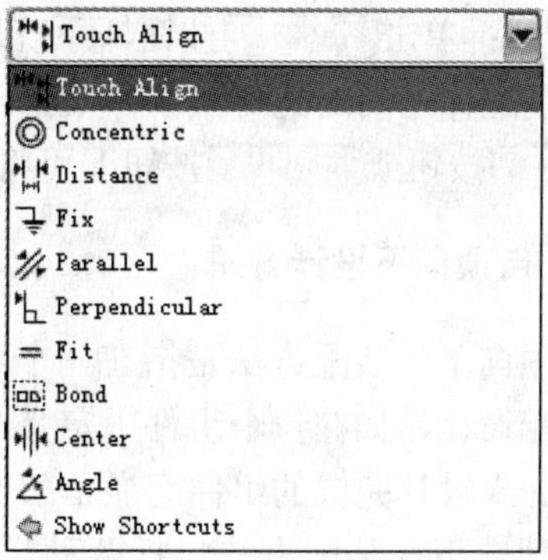

图 5-140　配对类型

Touch Align（匹配与对齐）：该功能用于定义两个实体之间为匹配还是对齐，系统根据所选对象自动判断为匹配还是对齐的方式，用户也可事先在 Orientation 选项下定义配对类型。

针对匹配而言，要求所指定的两个对象为同类对象，对于所选对象不同，其含义不一样。对两个平面进行配对操作时，指两平面对象共面且法线方向相反；对两个圆柱面进行配对操作，要求配对组件的表面直径相等，即两圆柱表面重合，且轴线一致；对于两个圆锥面配对而言，要求配对组件的表面直径和锥角都相等，即两圆锥表面重合，且轴线一致；对于两个直线或边界线配对，则要求两个对象完全重合。

针对对齐而言，也要求所指定的两个对象为同类对象，对于所选对象不同，其含义也不一样。对于两个平面而言，所选定两平面共面且法线方向相同；对于圆柱、圆锥和圆环面而言，所选定的两对象其轴线一致；对于两边缘线或边界线对齐，指两者共线。

Concentric（同心）：该功能主要针对圆柱体和圆锥体而言，指所选两对象同心共轴线。

Distance（距离）：该功能用于约束两配对对象间的距离，此距离既可以为正值也可以为负值，正负号表示配对对象在目标对象的哪一侧。

Fix（固定）：该功能用于将所选对象固定在装配体中。

Parallel（平行）：该功能用于约束两个对象的方向矢量彼此平行，可执行此操作的对象组合有直线与直线、直线与平面、轴线与轴线、轴线与平面、平面与平面等。

Perpendicular（垂直）：该功能用于约束两个对象的方向矢量彼此垂直，可执行此操作的对象组合有直线与直线、直线与平面、轴线与轴线、轴线与平面、平面与平面等。

Center（中心）：该功能用于约束两个对象的中心且使其对齐，即使一个对象处于另一个对象或两个对象的中心或使两个对象处于另外两个对象的中心，所以包括 1 to 1、1 to 2、2 to 1 和 2 to 2 四种类型。其中 1 to 1 指将相配组件中的一个对象定位到目标组件中一个对象的中心上，其中一个对象必须是圆柱体或轴对称实体；1 to 2 指将相配组件中的一个对象定位到目标组件中两个对象的中心上；2 to 1 表示将相配组件中的两个对象定位到基础组件中一个对象的中心上，并使其对称；2 to 2 表示将相配组件中的两个对象定位到基础组件中的两个对象上，并使其呈对称布置。

Angle（角度）：该功能用于约束两个具有方向矢量的对象之间的夹角大小，逆时针为正。

对于通过配对关系添加对象到装配体中的基本操作步骤为，选择【Assemblies（装配）】→【Components（组件）】→【Add Component…（添加组件）】或直接单击 Assemblies 工具栏上的按钮，通过系统弹出的如图 5-137 所示的对话框选择欲加入到装配体中的对象；在该对话框中将 Positioning 选项设定为 By Constraints 类型，并将 Layer Option 选项设置为 Work 类型；单击 OK 按钮，系统进入如图 5-139 所示对话框，在该对话框中先选择添加对象与装配体之间的配对关系；根据配对类型不同分别指定配对对象的源面和目标面等；单击 OK 按钮或 Apply 按钮即可将所选对象通过配对关系添加到装配体中。

5．自顶向下设计方法

自顶向下的装配方法是指在一个部件中定义几何对象时，引用其他部件几何对象的环境进行装配设计，如在一个组件中定义孔时需要引用其他组件中的几何对象进行定位，且工作部件是尚未设计完成的组件而显示部件是装配件时，该方法十分有效。

自顶向下的装配方法包括两种，第一种方法为先建立装配关系，但不建立任何一种模型，此时装配体中没有任何几何对象，然后将其中的某个组件设置为工作部件，在该组件中建立几何模型，再依次使其他组件成为工件部件并在该组件中建立几何对象，即在上下文中进行设计，边设计边装配；第二种方法为先在装配体中建立几何模型，再建立组件即建立装配关系，并将几何模型添加到组件中。

在装配的上下文设计中，当工作部件是装配中的一个组件而显示部件是装配体时，定义工作部件的几何对象时可以引用显示部件中的几何对象，即引用装配件中其他组件的几何对象，建立和编辑几何对象只能在工件部件中进行，但是显示部件中的几何对象是可以选择的。

6．装配导航器

为方便用户对装配组件进行管理，UG NX 8.0 提供了一个装配结构的图形显示界面，即 Assembly Navigator（装配导航器），该窗口以树状图形方式显示了装配体中的所有装配结构，每个装配组件为一个节点，用户可以对任何装配组件进行显示、隐藏、删除、编辑等操作。在装配环境下，在窗口的左侧单击按钮，可打开如图 5-141 所示的某一装配体的装配导航器结构示意图。

该窗口采用不同的按钮来区别装配体中的子装配和组件，且各零部件的装载状态也用不同的按钮表示。其中按钮表示装配或子装配，当该按钮为黄色时，表示该装配在工作部件内；当该按钮为黑色实线时，表示该装配不在工作部件内；当该按钮为灰色虚线时，表示该装配已经被关闭。窗口中的按钮表示装配体中各组件的装配关系，单击前面的+按钮，可将装配体中的所有装配关系都显示出来。窗口中的按钮表示装配体中的组件，当该按钮为黄色时，表示此组件在工作部件内；当该按钮为黑色实线时，表示该组件不在工作部件内；当该按钮为灰色虚线时，表示该组件已经被关闭。

在 Assembly Navigator 窗口中选中任一组件后单击鼠标右键，即可弹出如图 5-142 所示的菜单，可通过该菜单快速对组件进行相应的操作，如将所选组件设置为工作部件、设置为显示部件、显示与该部件有关的父子关系、替换引用集等。

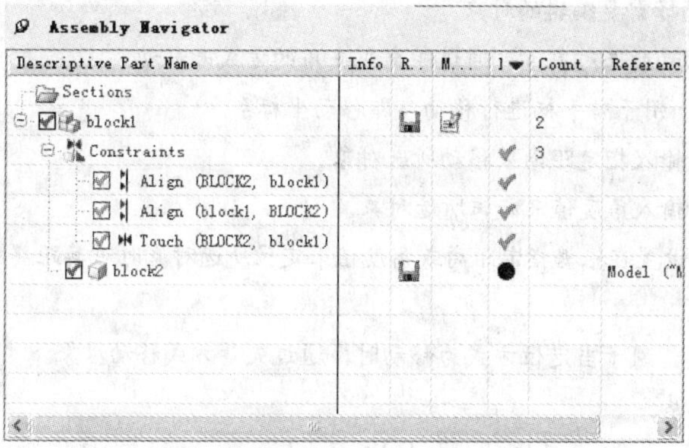

图 5-141　某装配体的装配导航器结构示意图

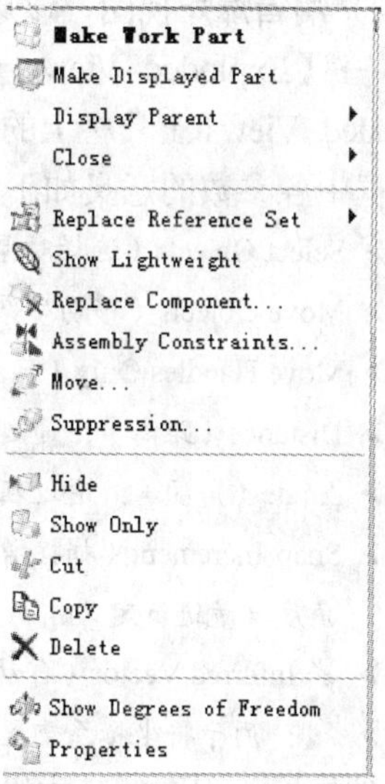

图 5-142　组件右键菜单

7．装配爆炸视图

装配爆炸视图是指按一定的方式将装配体中的各个组件或一组组件从各自的位置根据装配关系偏离原来的装配位置，以便于用户更好地观察装配体的组成状况。装配体的爆炸视图是一个已经命名的视图，一个模型中可以有多个爆炸视图，且爆炸后的视图通过某个命令又能装配在一起。选择【Assemblies（装配）】→【Exploded Views（爆炸视图）】命令，系统弹出如图 5-143 所示的下拉菜单，通过单击该下拉菜单上的某个按钮或直接单击如图 5-144 所示 Exploded Views 工具栏上的某个按钮即可实现爆炸视图上的某些功能。

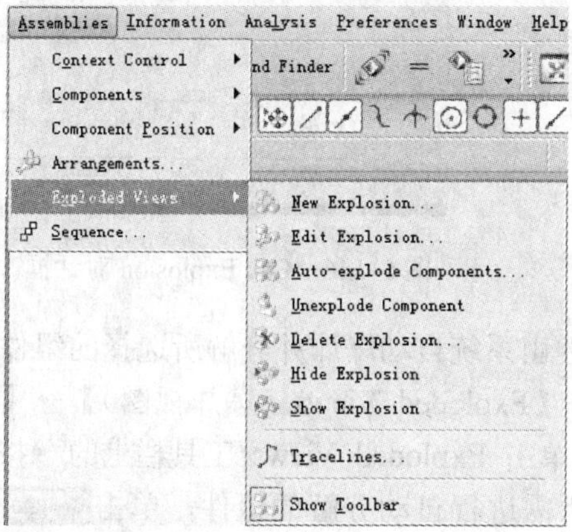

图 5-143　Exploded Views 下拉菜单

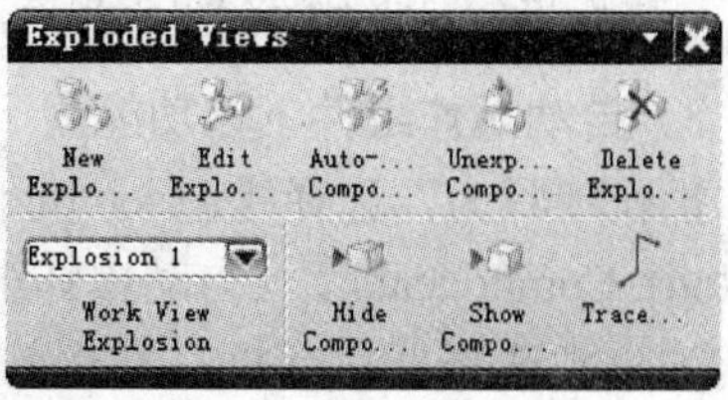

图 5-144　Exploded Views 工具栏

1）**创建爆炸视图** 该功能用于命名并创建一个新的爆炸视图，但不定义具体的参数，后续用户可以通过编辑爆炸视图命令对当前生成的爆炸视图进行操作。其基本操作步骤为，选择【Assemblies（装配）】→【Exploded Views（爆炸视图）】→【New Explosion…（新建爆炸视图）】命令或单击Exploded Views工具栏上的按钮，系统弹出如图5-145所示的New Explosion对话框；在该对话框中输入新建爆炸视图的名称；单击OK按钮，即可生成爆炸视图。

2）**编辑爆炸视图** 该选项用于对已经生成的爆炸视图进行编辑，选择【Assemblies（装配）】→【Exploded Views（爆炸视图）】→【Edit Explosion（编辑爆炸视图）】命令或单击Exploded Views工具栏上的按钮，系统弹出如图5-146所示的Edit Explosion对话框，该对话框中各参数的意义如下。

- Select Objects（选择对象）：用于选择需要编辑的对象。
- Move Objects（移动对象）：用于移动所选对象，可通过距离或夹角的方式来移动。
- Move Handles Only（只移动手柄）：用于对手柄进行移动，即移动坐标系。
- Distance（距离）：通过在文本框中输入指定距离来移动所选对象。
- Angle（角度）：通过在文本模型中输入角度值来旋转所选对象。
- Snap Increment（捕捉增量）：用于设置在根据指定距离或角度值来定位所选对象时对其距离增量或角度增量进行定义。
- Inferred Vector（自动判断矢量）：用于当定位方式为移动时，通过矢量方式移动对象。
- ：用于将坐标系重置到绝对坐标系。

编辑爆炸视图的基本操作步骤为，在图5-146所示Edit Explosion对话框中选择Select Objects选项后在视图区域选择组件或对象装配体；在对话框中选择Move Objects选项或Move Handles Only选项后，视图区域中的坐标系高亮显示；选择移动把手、旋转把手或原点把手，在视图区域直接拖动或旋转所选组件或移动手柄即可对所选组件进行重定位，也可以通过在选择移动把手或旋转把手后在Distance和Angle文本框中输入数值来对所选组件进行重定位；单击OK按钮，便可生成编辑后的爆炸视图。

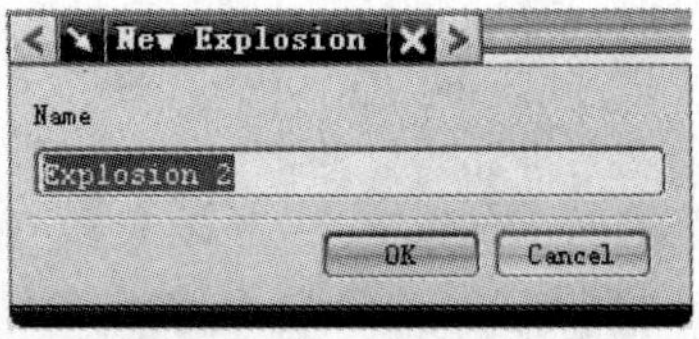

图5-145 New Explosion对话框

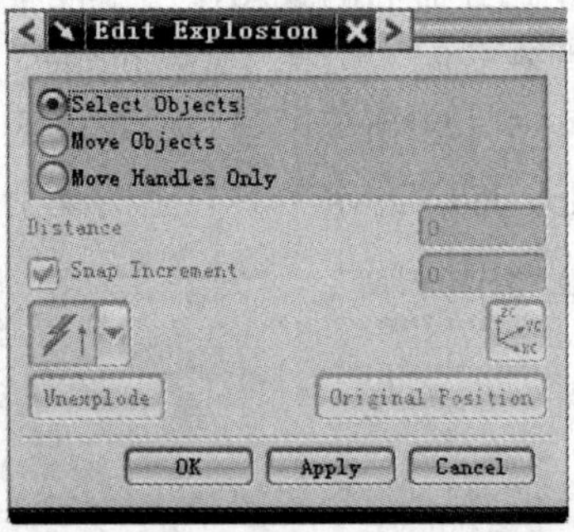

图5-146 Edit Explosion对话框

3）**自动爆炸组件** 该功能用于根据配对条件由系统自动爆炸并分解所选择的组件，其基本操作步骤为，选择【Assemblies（装配）】→【Exploded Views（爆炸视图）】→【Auto Explode Components…（自动爆炸组件）】命令或单击Exploded Views工具栏上的按钮，系统弹出类选择器对话框；在爆炸视图中选择所需进行自动分解的组件，单击OK按钮；系统弹出如图5-147所示Auto-explode Components对话框，在该对话框中对爆炸距离进行设置后单击 OK 按钮，即可生成自动爆炸视图。

4）组件不爆炸　该功能用于将已经爆炸的组件返回其装配位置，选择【Assemblies（装配）】→【Exploded Views（爆炸视图）】→【Unexploded Components…（组件不爆炸）】命令或单击 Exploded Views 工具栏上的按钮，系统弹出类选择器对话框，在已经创建的爆炸视图中选择需要恢复的组件后单击 OK 按钮即可。

5）删除爆炸视图　该功能用于将已经创建的爆炸视图删除，选择【Assemblies（装配）】→【Exploded Views（爆炸视图）】→【Delete Explosion…（删除爆炸视图）】命令或单击 Exploded Views 工具栏上的按钮，系统弹出爆炸视图列表框，在该列表框中选择需要删除的爆炸视图后单击 OK 按钮即可。

6）显示工作爆炸视图　当用户已经建立多个爆炸视图后，通过该功能可指定某个视图为工作视图。选择【Assemblies（装配）】→【Exploded Views（爆炸视图）】→【Workview Explosion…（工作爆炸视图）】命令或单击 Exploded Views 工具栏上的 Explosion 1 按钮，在下拉菜单中选择需要进入的爆炸视图即可。

7）隐藏/显示视图中的组件　该功能用于将工作爆炸视图中的某些组件隐藏，选择【Assemblies（装配）】→【Exploded Views（爆炸视图）】→【Hide Components in View…（隐藏爆炸视图中的组件）】/【Show Components in View…（显示爆炸视图中的组件）】命令或单击 Exploded Views 工具栏上的按钮，系统弹出 Hide Components in View 对话框/Show Components in View 对话框，在视图区域选择需要隐藏的组件或隐藏后需要重新显示的组件后单击 OK 按钮即可。

8．创建部件阵列

创建部件阵列功能用于在装配多个同参数的部件且关联地装配一个部件时，采用对应的关联条件通过线性阵列或环形阵列快速生成多个组件。选择【Assemblies（装配）】→【Components（组件）】→【Create Component Array…（创建部件阵列）】命令或单击 Assemblies 工具栏上的按钮，系统弹出类选择器对话框，在视图区域选择装配体中需要进行阵列的组件或子装配体，系统弹出如图 5-148 所示的 Create Component Array 对话框，该对话框主要提供了以下两种创建部件阵列的方法。

图 5-147　Auto-explode Components 对话框

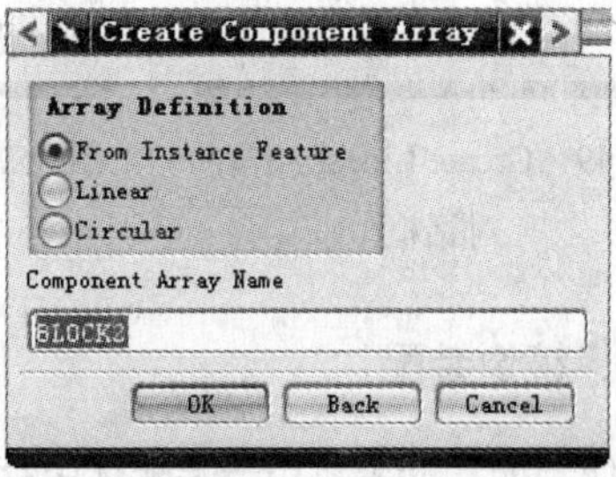

图 5-148　Create Component Array 对话框

➢ Linear（线性）：该功能用于对所选部件创建矩形阵列，其基本操作步骤为，在视图区域的装配体中选择需要创建阵列的组件或子装配体；在图 5-148 所示对话框中选择 Linear 选项后，单击 OK 按钮，系统弹出如图 5-149 所示对话框；在该对话框中选择定义阵列的 XC 方向和 YC 方向的方法，包括 Face Normal（面法向）、Datum Plane Normal（基准平面法向）、Edge（边）和

Datum Axis（基准轴）；根据所选择的定义方向选项，在视图区域选择面、基准平面、边缘线或基准轴，并在对话框中对矩阵两个方向上阵列后的总数目和两成员之间的间距进行设置；单击 OK 按钮，即可生成组件的矩形阵列。

➢ Circular（环形）：该功能用于对所选部件创建环形阵列，其基本操作步骤为，在视图区域的装配体中选择需要创建阵列的组件或子装配体；在图 5-148 所示对话框中选择 Circular 选项后，单击 OK 按钮，系统弹出如图 5-150 所示对话框；在对话框中选择定义旋转轴的方法，包括 Cylindrical Face（圆柱面）、Edge（边）和 Datum Axis（基准轴）；根据所选择的定义旋转轴方法不同，在视图区域选择圆柱面、边或基准轴，并在对话框中对矩阵阵列后的总数目和两成员之间圆周方向的夹角进行设置；单击 OK 按钮，即可生成组件的环形阵列。

9. 编辑部件阵列

编辑部件阵列功能用于对装配体中已经存在的部件阵列进行编辑，选择【Assemblies（装配）】→【Components（组件）】→【Edit Component Arrays...（编辑部件阵列）】命令或单击 Assemblies 工具栏上的按钮，系统弹出如图 5-151 所示的 Edit Component Arrays 对话框，在该对话框列表中选择阵列组件后，可分别进行组件的名称编辑、组件样板编辑、替换阵列中的组件、编辑组件阵列参数、删除阵列组件与装配体之间的配合关系和删除组件阵列特征操作，具体操作过程较为简单，此处不再赘述。

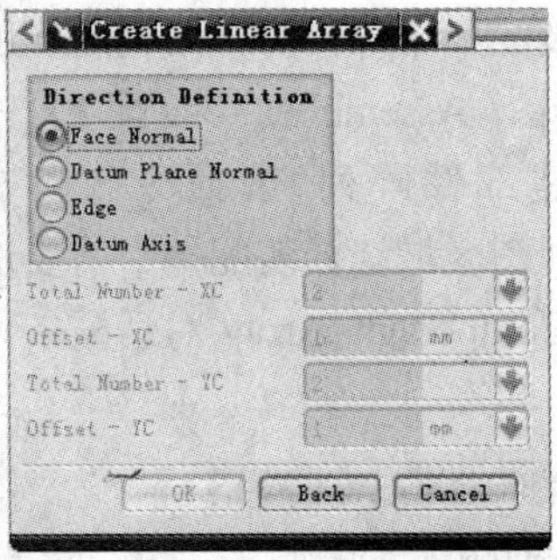

图 5-149 Create Linear Array 对话框

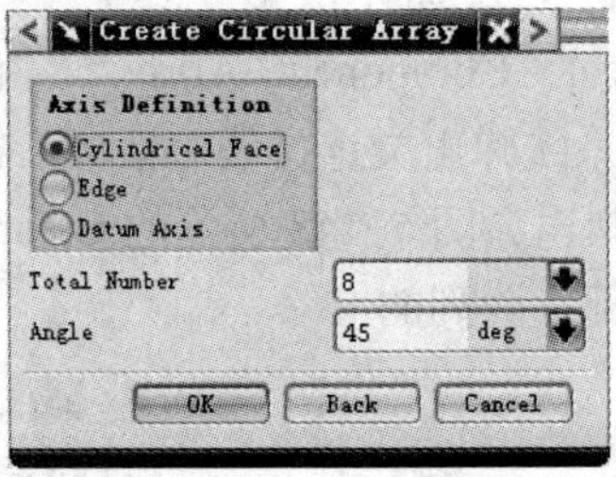

图 5-150 Create Circular Array 对话框

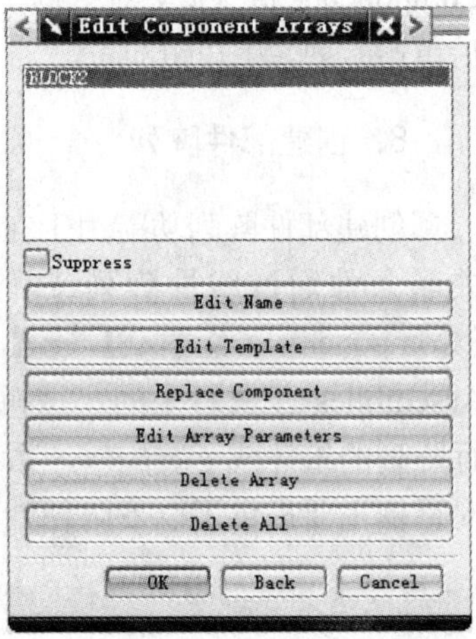

图 5-151 Edit Component Arrays 对话框

10. 镜像装配

镜像装配功能主要用于装配体中存在对称结构情况下的装配，此种情况下，用户只需建立产品任意一侧的装配特征，然后利用该功能建立另一侧的装配即可。该功能的基本操作步骤如下。

（1）选择【Assemblies（装配）】→【Components（组件）】→【Mirror Assembly...（镜像装配）】命令或单击 Assemblies 工具栏上的按钮，系统弹出如图 5-152 所示的 Mirror Assemblies Wizard 对话框。

（2）单击对话框中的 Next > 按钮，系统弹出如图 5-153 所示对话框，提示在视图区域选择要镜像的组件。

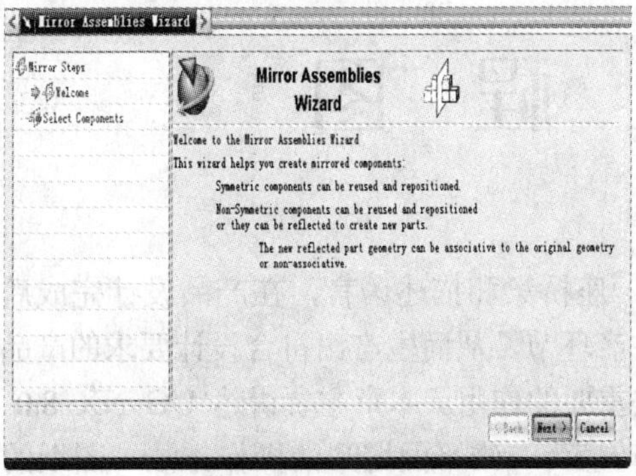

图 5-152　Mirror Assemblies Wizard 对话框（1）

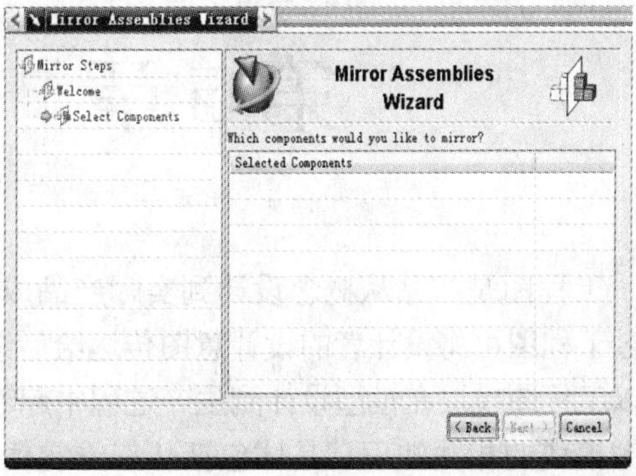

图 5-153　Mirror Assemblies Wizard 对话框（2）

（3）定义完要镜像的组件后，单击 Next > 按钮，系统弹出如图 5-154 所示对话框，提示选取镜像平面。

（4）在视图区域选择已经存在的平面或通过创建新平面作为镜像平面后，单击 Next > 按钮，系统弹出如图 5-155 所示对话框，在该对话框中可对哪些组件参与镜像操作，以及对其镜像后的组件的关联性进行设置。

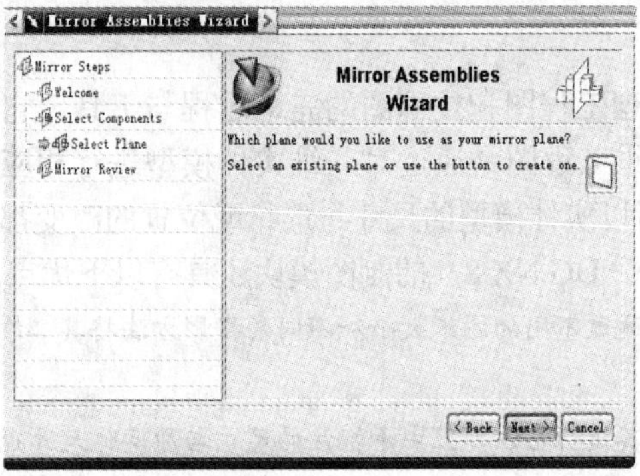

图 5-154　Mirror Assemblies Wizard 对话框（3）

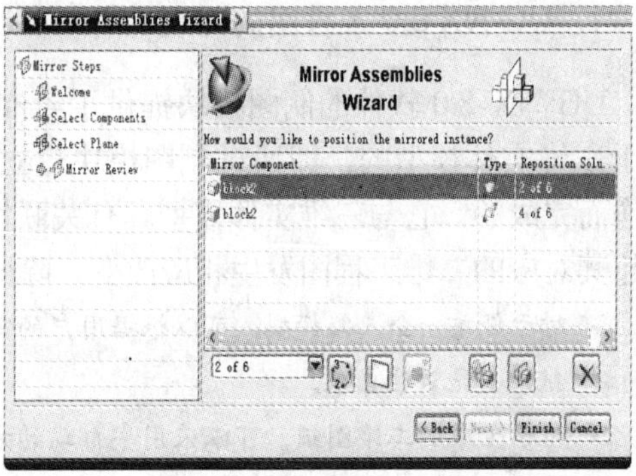

图 5-155　Mirror Assemblies Wizard 对话框（4）

（5）单击对话框中的 Finish 按钮，即可执行镜像装配操作。

5.5　思考与练习

（1）什么是体素特征？在 UG NX 8.0 中体素特征主要包括哪些？

（2）孔的类型主要包括哪些？

（3）UG NX 8.0 装配具有什么特点？它是如何与数据之间实现相关性的？

（4）在 UG NX 8.0 中创建装配体的方法主要有哪些？它们各自具有什么特点？各用于什么场合？

（5）什么是装配爆炸图？它主要应用于什么场合？

（6）什么是镜像装配？它主要应用于什么场合？

第6章 工 程 图

工程图是产品从概念设计到实际产品成型的一座桥梁和描述语言，在产品设计完成后，通过工程图可将设计者的设计意图传达给后续的生产环节，从而生产出符合设计要求的产品，所以工程图模块在模型设计到生产过程中起着至关重要的作用。本章主要讲述 UG NX 8.0 工程图模块的相关知识，具体包括从三维实体模型转换为二维平面图形的操作方法、图纸的建立、图纸的编辑及尺寸标注等相关知识。

6.1 工程图概述

1. UG NX 8.0 工程图的特点

UG NX 8.0 软件的制图模块提供了绘制和管理工程图和技术图的完整过程与工具，它是基于三维实体模型的，即通过制图模块建立的二维工程图是通过对三维实体模型进行相应的操作而完成的。它与三维实体模型具有关联性，所以实体模型的尺寸、形状或位置的改变都将引起其对应的二维工程图发生相应改变。除此之外，UG NX 8.0 的制图模块还具有以下优点。

- 对于任意一个三维模型，可以根据用户的需要，通过不同的图纸大小和不同的投影方法将其二维图纸清楚地表述出来。
- 对于生成的二维图纸，可以采用半自动的方法对其进行标注，且由于标注的尺寸与原实体尺寸也具有相关性，所有原尺寸的变化也将引起标注尺寸发生相应的变化，而无须用户重新回到二维图纸中对其标注进行修改。
- 可以使用 UG NX 8.0 所提供的绘图模块，直接在其标题栏中加入相关的文字说明。
- 生成的二维图纸可以直接通过打印机、绘图仪等输出设备输出工程图纸。

在产品的设计过程中，为保证产品数据的共享和设计数据的安全，以及保证产品数据的完整性、有效性和正确性，引入了主模型概念。简单来说，在制图环境里引用主模型方法，就是要创建一个仅包含单个部件的装配件。由于在当今大部分的产品都是并行设计完成的，它要求不同专业的人员以团队形式协同工作，所以为了保护设计者的设计意图，防止设计后续的各个环节（如制图、分析和加工等）无意间破坏了设计者的数据，通过主模型的方法对后续各个环节用户的使用权限进行限制，规定他们在装配文件中有写的权限，但对于主模型只有读的权限，即模型只能被他们在工作中引用，而不能对其进行更改，但他们可以将意见和建立反馈给主模型的建立人员。

应用主模型方法可以使相互关联的不同设计过程能访问同一个几何主体，这样，整个部件的创建过程就变得更有效率，允许许多学科同时工作，并且一旦主模型做了修改，非主模型部件会自动更新引用了主模型的那部分数据。UG NX 8.0 的制图模块就是将其实体建模功能创建的零件和装配主模型引用到制图模块中，从而快速生成平面工程图。

2. UG NX 8.0 工程图的建立流程

使用 UG NX 8.0 的制图模块生成工程图的基本步骤如下。

（1）设定图纸：包括对图纸的尺寸、绘图比例和投影方式等参数进行设置。

（2）设置首选项：根据用户需要对制图模块的绘图环境进行设置。

（3）添加基本视图：添加主视图、俯视图和左视图等基本视图。

（4）添加其他视图：根据需要添加投影视图、局部放大视图和剖视图等。

（5）视图布局：包括视图移动、复制、对齐、删除和定义视图边界等。

（6）视图编辑：包括添加曲线、擦除曲线、修改剖视符号、自定义剖面线等。

（7）插入制图符号：包括插入各种中心线、偏置点和交叉符号等。

（8）图纸标注：包括对图纸的尺寸、公差、表面粗糙度和文字注释进行标注，以及建立明细栏和标题栏等信息。

（9）输出图纸：通过打印机、绘图仪等输出设备将生成的工程图纸输出。

6.2 工程制图应用参数预设置

为适应不同用户的制图要求，常常需要在创建工程图前根据用户的需求对工程环境进行预设置。

1. 制图参数首选项

在制图模块中，选择【Preferences（首选项）】→【Drafting...（制图）】命令，系统弹出如图 6-1 所示的 Drafting Preferences（制图首选项）对话框，该对话框主要包括以下几个选项卡。

- General（一般）：该选项卡主要用于对制图的工作流程和图形模板进行设置，如图 6-1 所示，Automatically Start Insert Sheet Command（自动启动插入图纸命令）指在进入草图环境时，系统自动弹出图纸定义命令供用户新建图纸，从而节省用户时间。此属性页下的选项不建议用户对其进行修改，所以此处不再讲述。
- Preview（预览）：该选项卡主要用于在建立图纸的过程中对视图进行动态预览，如图 6-2 所示，包括 View（视图）选项和 Annotation（注释）选项。其中 View 用于对模型的显示情况进行设置，有线框形式、着色形式、隐藏不可见边框形式等；Annotation 选项用于设置在创建工程图时对象在不同视图中的投影情况是否进行自动对齐。
- View（视图）：该选项卡主要用于对图形的边界、更新情况等进行设置，如图 6-3 所示，该对话框中主要参数的意义如下。
  - ✧ Update（更新）：用于设置在进入制图模块时，是否根据三维模型的变化情况自动更新各个视图，包括 Delay View Update（延迟视图更新）和 Delay Update on Creation（创建时延迟更新）。其中 Delay View Update 指图纸在初始化时不立即对视图进行更新，这样可以提高操作速度；而 Delay Update on Creation 指在图纸初始化时更新视图。

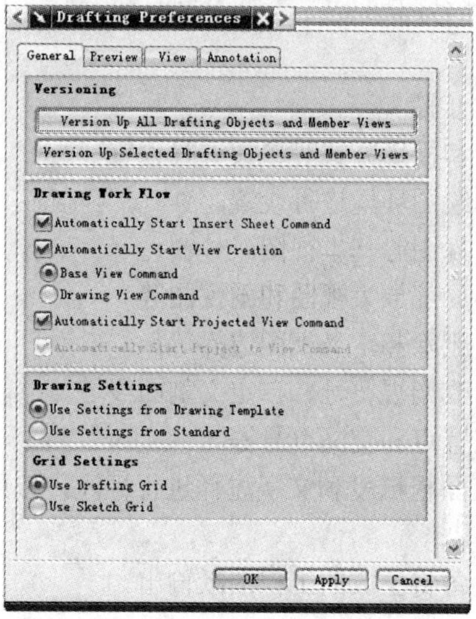

图 6-1 Drafting Preferences 对话框（1）

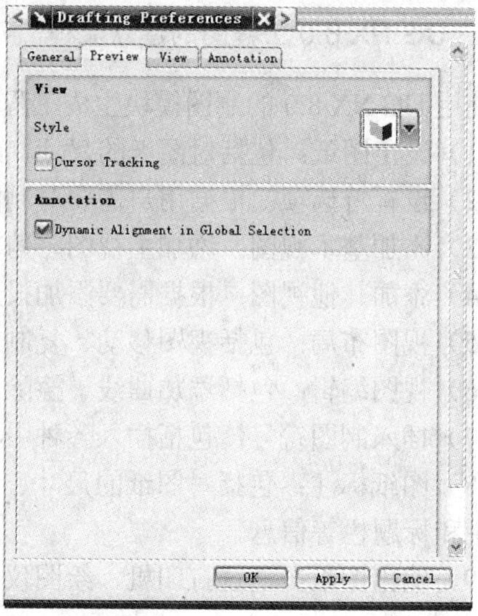

图 6-2 Drafting Preferences 对话框（2）

✧ Borders（边界）：用于对视图中所有视图的边界线进行设置，Display Borders（显示边界）用于将当前所有视图的边界线按指定的颜色显示出来，其颜色可通过单击 Border Color（边界颜色）后的颜色按钮进行设置。

✧ Extracted Edge Face Display（显示抽取边缘的面）：用于对抽取边缘的显示情况进行设置，其中 Display and Emphasize（显示和突出）指强调显示抽取的边缘线和表面，Curves Only（仅曲线）指仅显示抽取的边缘线。

✧ Load Component（加载组件）：该选项下的 On Faceted View Selection（小平面视图上的选择）和 On Faceted View Update（小平面视图上的更新）分别指在选择视图进行操作和在更新视图时加载小平面组件。

✧ Visual（可视化）：用于对视图的透明性及小平面边界的显示情况进行设置。

➢ Annotation（注释）：该选项卡主要用于对 Retained Annotations（保留注释）情况进行设置，该功能决定了当模型改变时绘图注释（类似于尺寸、符号、标记、剖面线）是否被删除。如图 6-4 所示，系统默认选中 Retained Annotations 选项，指在实体修改以后，与之相关联的注释依然保留，还可以通过后面的颜色、线形和线宽选项来对保留注释的颜色、线形和线宽情况进行设置。该对话框中的 Delete Retained Annotations（删除保留的注释）指将当前图纸中除了剖面线符号以外的所有保留注释全部删除，单击该按钮时，系统将弹出 Delete Retained Objects（删除保留对象）警告信息对话框，以供用户确定是否执行此操作，在使用过程中也可以通过选择【Edit（编辑）】→【Delete…（删除）】命令将个别保留对象进行删除。

2. 视图参数预设置

在制图模块中，选择【Preferences（首选项）】→【View…（视图）】命令，系统弹出如图 6-5 所示的 View Preferences（视图首选项）对话框，在该对话框中用户可定义和编辑隐藏线的显示、外形、光顺边缘及剖视图背景线等，该对话框主要包括以下几个选项卡。

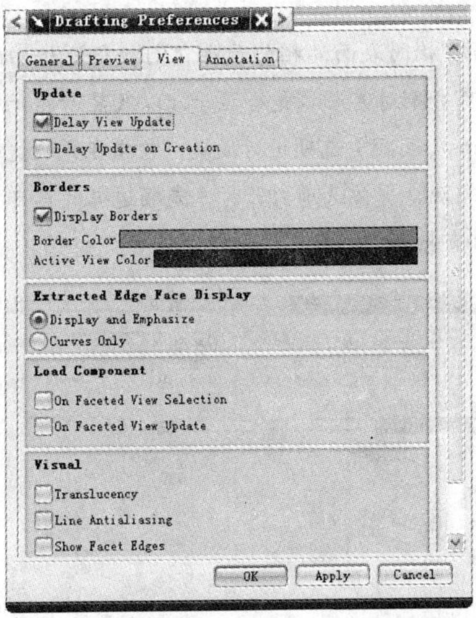

图 6-3　Drafting Preferences 对话框（3）

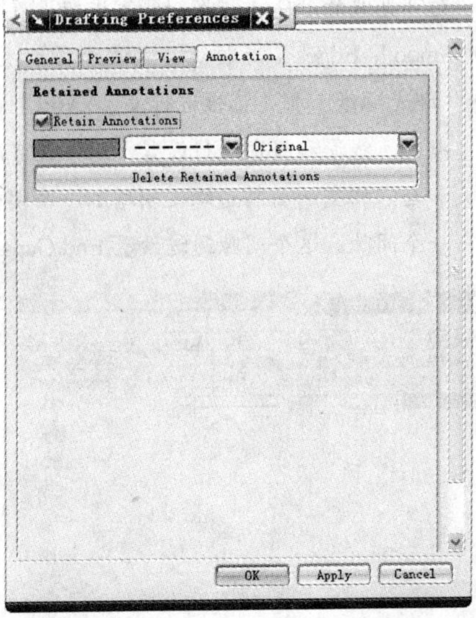

图 6-4　Drafting Preferences 对话框（4）

➢ General（一般）：该选项卡主要用于对基本显示对象进行设置，如图 6-5 所示，包括是否显示 Silhouettes（轮廓线）、是否将视图转化为（Reference）参考视图、是否将控制视图中的 UV Grid（UV 栅格）显示、实体模型在更改后是否对其进行 Automatic Update（自动更新）、是否在新建视图时自动添加模型的中心线，以及是否对边界状态进行自动检查等。但应注意 Automatic Update 选项不会作用于剖视图，或由剖视图生成的局部视图。

➢ Hidden Lines（隐藏线）：该选项卡主要用于对隐藏线的相关属性进行设置，如图 6-6 所示，包括是否显示隐藏线及对隐藏线的颜色、可见性和线宽进行设置。Reference Edges Only（仅参考边）指仅显示被引用的隐藏线，如标注和定位参考边等；Edges Hidden by Edges（被边隐藏的边）指系统只显示被其他边隐藏起来的边，以便后续对这些隐藏边进行相关操作等。

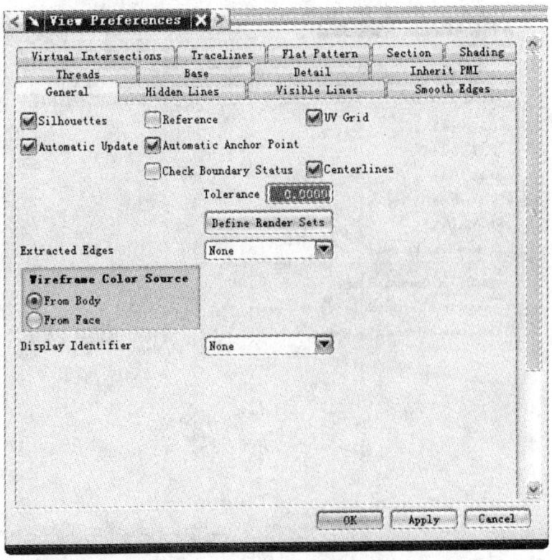

图 6-5　View Preferences 对话框（1）

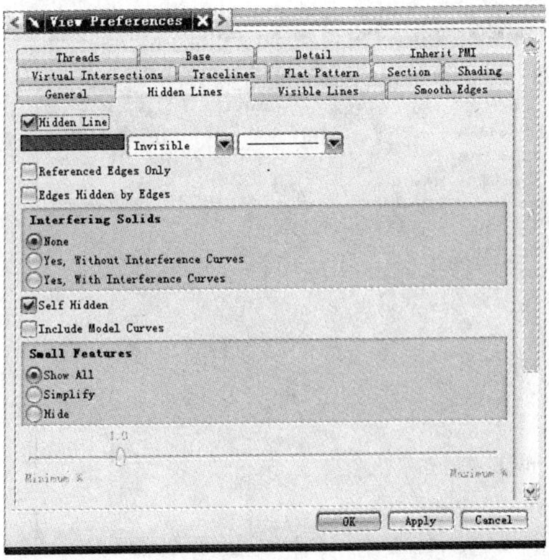

图 6-6　View Preferences 对话框（2）

➢ Visible Lines（可见线）：该选项卡主要用于对可见线的相关属性进行设置，如图 6-7 所示，可分别对可见线的颜色、线形和线宽进行设置。

➢ Smooth Edges（光顺线）：该选项卡主要用于对具有相同表面的相邻面在它们相交处相切的边缘（即光顺线）相关属性进行设置，如图 6-8 所示，可分别对光顺线是否显示，以及显示的光顺线的颜色、线形和线宽进行设置；用户也可以对 End Gaps（间距）选项进行设置，它指在光顺边缘曲线和与它相交的面的边缘之间增加一个用户自定义的间隙，当该选项打开时，光顺边缘的端部将出现一个间隙，这个间隙通过设置 End Gaps 文本框中的值来确定。

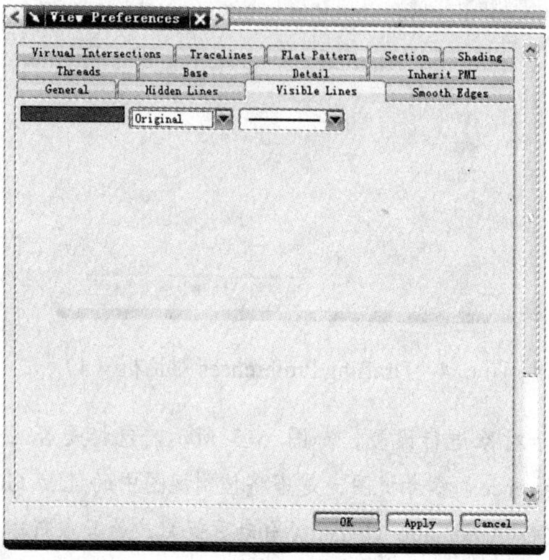

图 6-7　View Preferences 对话框（3）

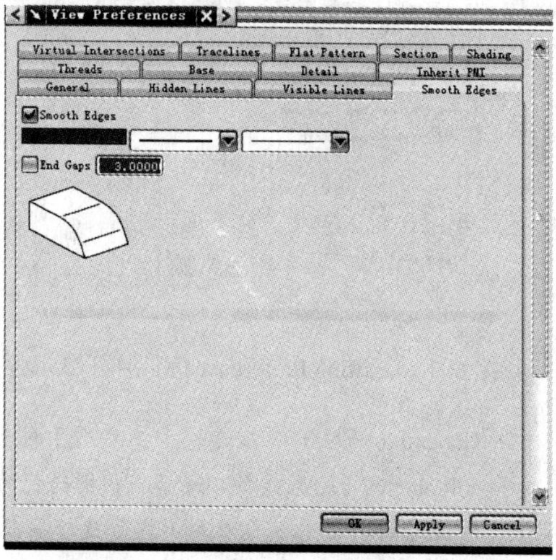

图 6-8　View Preferences 对话框（4）

➢ Threads（螺纹）：该选项卡主要用于对螺纹的相关属性进行设置，如图 6-9 所示，可分别对 Thread Standard（螺纹的标准）、Minimum Pitch（最小节距）等进行设置，其中螺纹标准包括 ISO 和 ANSI，其显示方式可为 Simplified（简化型）和 Detailed（详细型）。

➢ Section（剖面）：剖视图指描绘一个物体被切去一部分后以展示其内部结构的视图，而 Section 选项卡主要用于对剖面的相关属性进行设置，如图 6-10 所示。其中 Background（背景）指在显示实

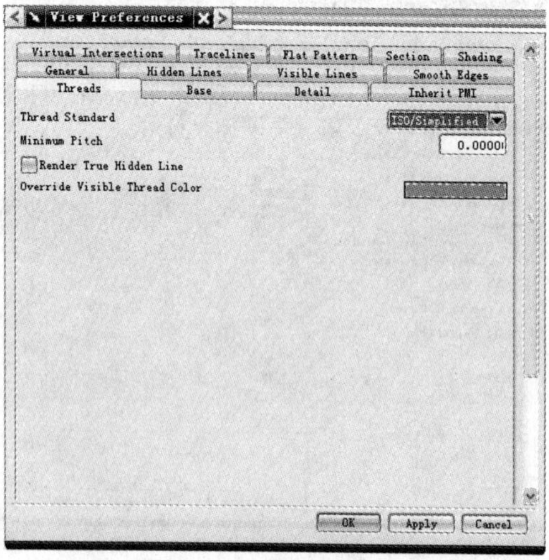

图 6-9　View Preferences 对话框（5）

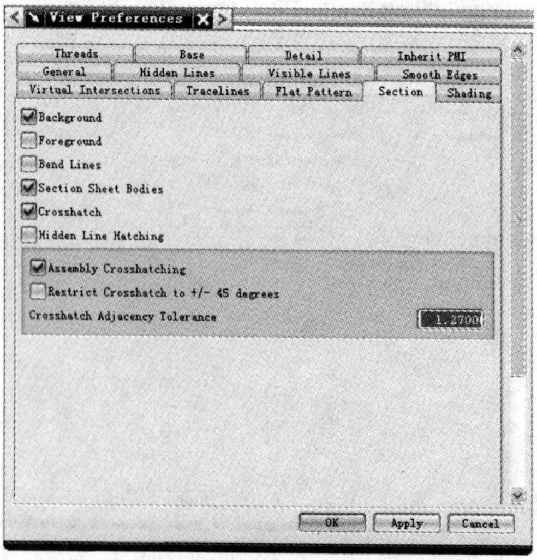

图 6-10　View Preferences 对话框（6）

体与剖切面相接触的曲线和剖面线时，是否显示剖切面后面的边缘线；Foreground（前景）指在显示实体与剖切面相接触的曲线和剖面线时，是否显示剖切面前面的边缘线；Bend Lines（折弯线）指在剖视图中是否显示折弯线；Section Sheet Bodies（剖切体）指在剖视图中是否显示其后的曲线；Crosshatch（剖面线）指在剖视图中是否显示剖面线。

3．注释参数预设置

在对生成的二维图形进行标注之前，常需对其注释参数进行设置，它除了可以用于随后的注释工作，也可以修改已有的注释。在制图模块中，选择【Preferences（首选项）】→【Annotation…（注释）】命令，系统弹出如图 6-11 所示的 Annotation Preferences（注释首选项）对话框，对话框中包括若干个按钮，每一个按钮对应一种注释的类型，选择一个按钮后系统将显示关于该类型注释的相应选项和设置表。该对话框主要包括以下几个注释类型。

➢ Dimensions（尺寸）：该选项卡主要用于对尺寸放置类型、箭头及延伸线、公差类型、精度和公差选项、尺寸方向及单位进行设置，如图 6-11 所示。

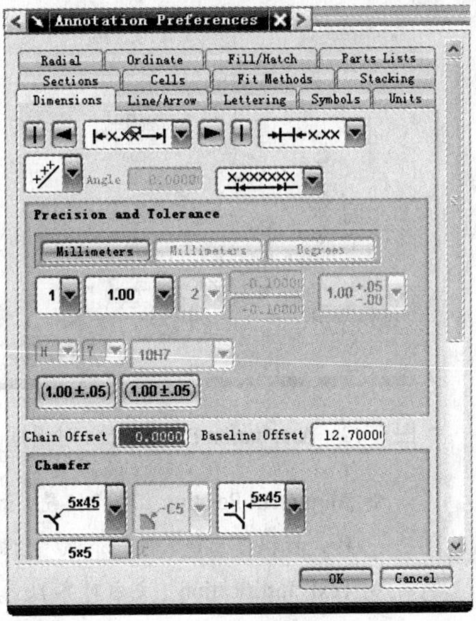

图 6-11　Annotation Preferences 对话框（1）

✧ ：该选项用于对尺寸的引出线/箭头显示和文本放置类型进行设置，两边的 4 个按钮代表对尺寸两边的延伸线和箭头的设置，中间选项用于对尺寸的放置类型进行设置，包括尺寸自动对中放置、尺寸手动放置且箭头在延伸线之外、尺寸手动放置且箭头在延伸线之内 3 种形式。

✧ ：该选项用于对箭头之间的尺寸线是否显示进行设置。

✧ ：该选项用于对文本相对于尺寸线的方向进行设置，包括 Horizontal（文本水平）、Aligned（文本与尺寸线对齐）、Text Over Dimension Line（文本在尺寸线上）、Perpendicular（文本与尺寸线垂直）和 Text At Angle（文本与尺寸线成一定角度）5 种方式。当选择 Text At Angle 选项时，需在后面的角度文本框中设置文本与尺寸线之间的夹角。

✧ ：该选项用于对尺寸线修剪进行设制，包括 Don't Trim Dimension Line（不修剪尺寸线）和 Trim Dimension Line（修剪尺寸线）两种方式。

✧ Precision and Tolerance（精度与公差）：该选项用于对尺寸的单位、精度及公差进行设置。中第一项用于定义尺寸的精度，其数字代表小数点的位数；第二项用于控制尺寸及其公差值的显示方式；第三项用于控制公差的精度，其中数字代表小数点后的位数；第四项用于设置上下偏差。用于定义当下偏差值为零时的公差显示情况。

✧ Chamfer（倒斜角）：该选项用于设置倒斜角的标注方式，其中用于设置倒角的类型，用于设置文本的位置，用于设置引导线的位置，用于设置符号的位置。

✧ Narrow（窄尺寸）：该选项用于对窄尺寸的标注类型、文本方向、箭头方式、文本偏置值和指引线角度进行设置。

➢ Line/Arrow（线/箭头）：该选项卡主要用于对箭头显示、线和箭头的显示参数、延伸线和箭头的颜色、线形和线宽等进行设置，如图 6-12 所示。其中用于设置左、右标注尺寸的箭头类型；用于指定与文本相关的引导线的位置，包括从顶部引导、从中部引导和从底部引导三种。

➢ Lettering（文字）：该选项卡主要用于对字体参数进行预设置，包括尺寸、附加文本、公差等，如图 6-13 所示。

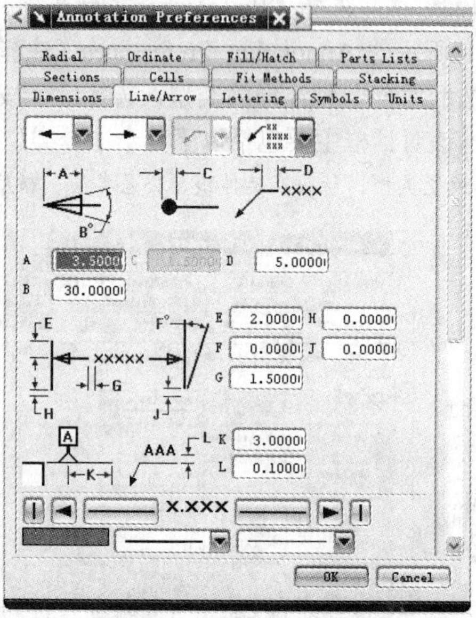

图 6-12　Annotation Preferences 对话框（2）

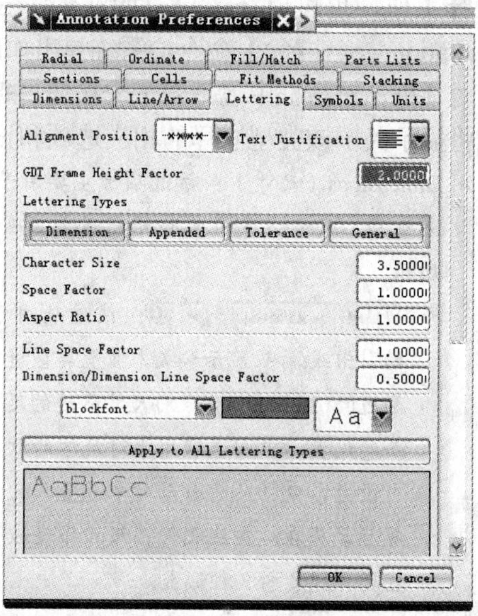

图 6-13　Annotation Preferences 对话框（3）

✧ Alignment Position（对齐位置）：该选项用于定义一个相对于文本的定位位置，文本（尺寸、注释、标识符号等）被一个假想的矩形框包围，指定的矩形框上的点与显示屏上的点相一致。

✧ Text Justification（文本对齐）：该选项用于定义文本的对齐方式，包括左对齐、中间对齐和右对齐三种。

✧ Lettering Types（字体类型）：该选项用于指定不同类型文本的字体，要编辑不同的文本类型，首先用户要指定类型，然后定义其相应选项，预览窗里显示了该设置的字体显示效果。要在所有的字体类型中应用用户所指定的字体设置，可以在定义完以后单击 Apply to All Lettering Types 按钮。

✧ 文本类型：其中的 Character Size 用于通过英尺或毫米来定义文本字符的高度；Space Factor 用于定义文本里字符之间的距离；Aspect Ratio 用于指定文本字符尺寸的长度和高度的比例；Line Space Factor 用于定义分配线的距离值，作为当前字体下的多重标准间距。

➢ Symbols（符号）：该选项卡主要用于对符号的颜色、线形、线宽等参数进行预设置，包括 ID、Centerline（中心线）、Intersection（交点）、Target（目标）、Surface Finish（表面粗糙度）和 GDT（形位公差）等类型符号，如图 6-14 所示。

➢ Units（单位）：该选项卡主要用于设置单位，也可以控制用单重或双重尺寸格式生成的尺寸，如图 6-15 所示。

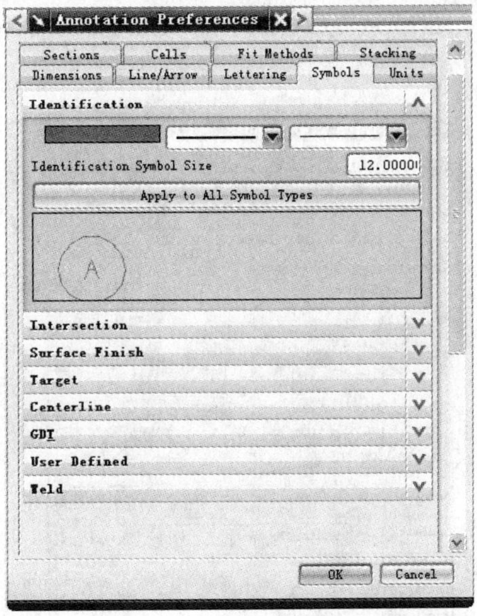

图 6-14　Annotation Preferences 对话框（4）

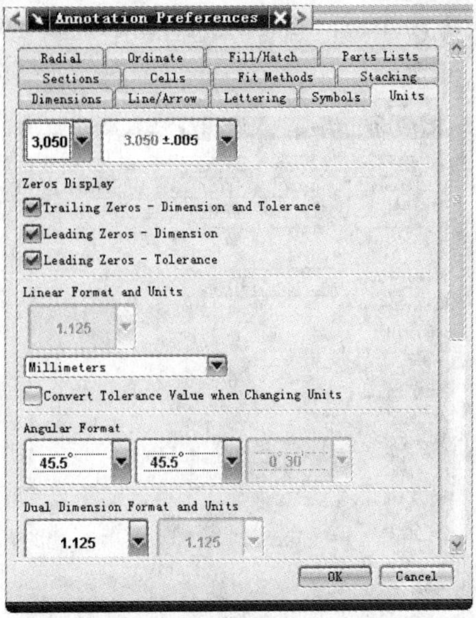

图 6-15　Annotation Preferences 对话框（5）

✧ 3,050：该选项用于设置尺寸中小数点的符号。

✧ 3.050 ±.005：该选项用于设置公差的位置。

✧ Zeros Display（零的显示）：该选项用于设置小数点后尾零的显示情况，包括 Trailing Zeros-Dimension and Tolerance（尺寸和公差中的尾零都显示）、Leading Zeros-Dimension（显示尺寸中的尾零）和 Leading Zeros-Tolerance（显示公差中的尾零）3 项。

✧ Linear Format and Units（小数分数文本格式）：该选项用于用户指定使用小数、分数文本来表示尺寸值，它可以用于指定分数的尺寸、全尺寸、半尺寸和三分之二尺寸。

✧ Millimeters：该选项用于设置主尺寸的单位。

✧ Convert Tolerance Value when Changing Units：该选项用于对单位进行变更时，同时对其公差值进行转换。

✧ Angular Format（角度尺寸格式）：该选项用于设置小于 1° 的角度值，用度、分和秒表示，以及角度尺寸中首零和尾值的显示格式。

✧ Dual Dimension Format and Unites（双尺寸格式和单位）：该选项用于定义在一个位置标注双尺寸时的尺寸格式和尺寸的单位。

➢ Radial（半径）：该选项卡主要用于直径和半径符号的显示及文本位置的参数预设置，如图 6-16 所示。

✧ Ø1.0：该选项用于指定带相关尺寸文本的直径和半径符号的位置，用户可以在尺寸的上下前后显示这个符号，或是不显示这个符号。

✧ Diameter Symbol/Radius Symbol（直径符号/半径符号）：该选项用于指定直径/半径符号的类型，这个直径/半径的符号被用于直径尺寸注释中，用户也可以通过自定义输入多达 6 个字符的字符串来定义直径/半径符号，但不允许输入<、>、*和$等符号。

✧ ：该选项用于指定文本是在引导线末端的后面还是上面。

✧ 符号和尺寸之间的参数选项：其中的和用于设置和编辑符号与符号之间的距离 A 及折线符号的角度 B。

➢ Fill/Hatch（区域填充与剖面线）：该选项卡主要用于进行区域填充/剖面线的参数预设置，如图 6-17 所示。

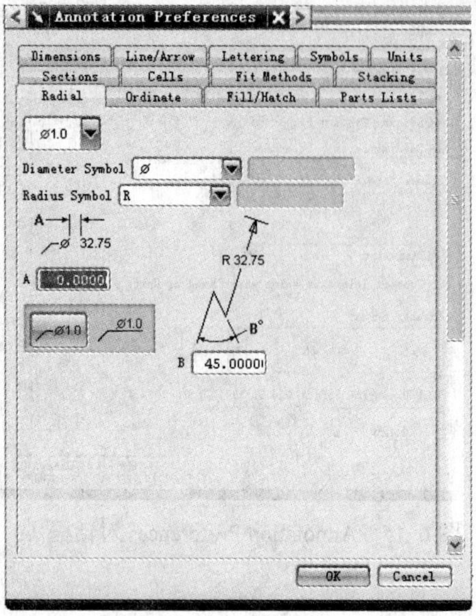

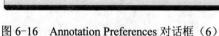

图 6-16　Annotation Preferences 对话框（6）

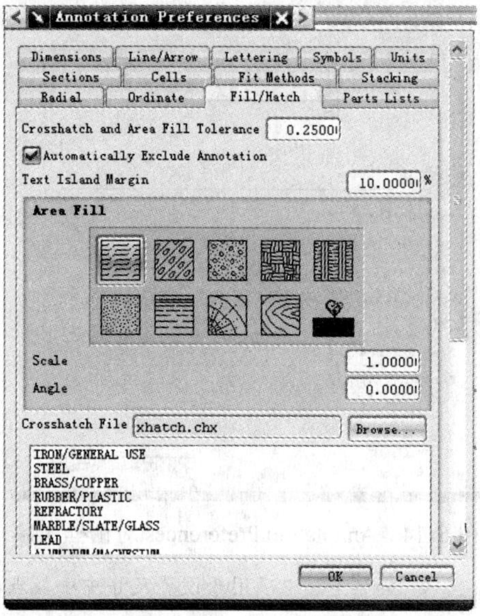

图 6-17　Annotation Preferences 对话框（7）

✧ Crosshatch and Area Fill Tolerance（剖面线和区域填充公差）：该选项用于设定剖面线边界与剖面线之间的最大弦高，输入的数值越小，剖面线边界与曲线将越接近，但系统计算的时间越长。

✧ Area Fill（区域填充）：该选项用于对区域填充的样式进行设置，用户也可以自定义区域填充图案。

✧ Scale/Angle（比例/角度）：该选项用于对所选区域填充样式的比例和旋转角度进行设制。

✧ Crosshatch File（剖面线文件）：该选项用于将用户自定义的剖面线样式加载并进行填充，单击 Browse 按钮，在弹出的文件选项中找到欲加载的填充图样后单击 OK 按钮即可。

6.3　新建与编辑图纸

1. 创建新图纸

在用户进入到制图环境下时，系统将自动弹出如图 6-18 所示的 Sheet 对话框供用户创建新图纸，用户也可以通过选择【Insert（插入）】→【Sheet...（图纸）】命令或单击 Drawing 工具栏上的按钮打开该对话框，从而在当前模型文件内新建一张或多张指定名称、尺寸、比例和投影角的图纸。系统主要提供以下三种创建新图纸的方法。

➢ Use Template（使用模板）：该功能用于通过使用 UG NX 8.0 中现有的图纸模板来新建图纸，如图 6-18 所示，这些模板可以是系统自带的（主要包括 A0、A1、A2、A3、A4 五种型号），也可以是用户自定义的。

➢ Standard Size（标准尺寸）：该功能用于通过标准的图纸尺寸来新建图纸，如图 6-19 所示，其对话框中主要参数的意义如下。

 ✧ Size（尺寸）：用于选择标准尺寸的图纸，包括 A0、A1、A2、A3、A4 五种。

 ✧ Scale（比例）：用于设置绘图比例，表示图纸中的长度∶实际长度，系统默认为 1∶1。用户可以直接在文本框中对比例进行修改，也可以在以后使用编辑当前图纸命令来修改。

 ✧ Name（名称）：用于输入新建图纸的名称，系统默认为 Sheet 1、Sheet 2……，用户也可以自己输入图纸名称，但输入字符最多不超过 30 个，且不能含有空格，系统对输入的字母不区分大小写。

 ✧ Units（单位）：用于设置图纸的度量单位，包括 Millimeters（毫米）和 Inches（英寸）两种。

 ✧ Projection（投影）：用于设置图纸的投影角度，系统根据世界各国所使用绘图标准的不同，提供了两种投影角度方式供选择，对于中国标准，常用第一象限角度投影方式，对于美国标准，常用第三象限角度投影方式。

➢ Custom Size（定制尺寸）：该功能通过用户分别在高度和长度文本框中输入数值来自定义图纸的尺寸，如图 6-20 所示。

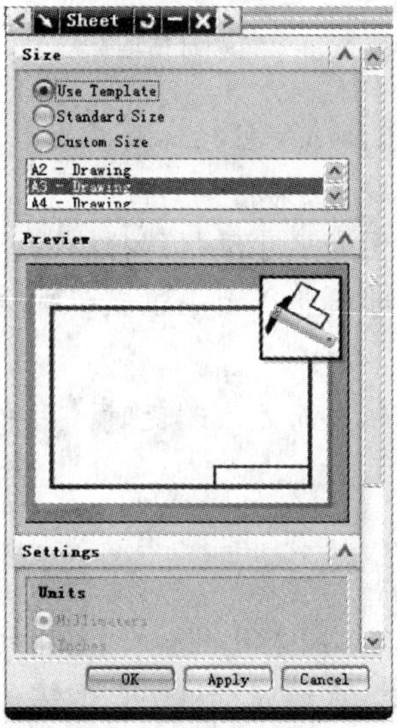

图 6-18　Sheet 对话框（1）

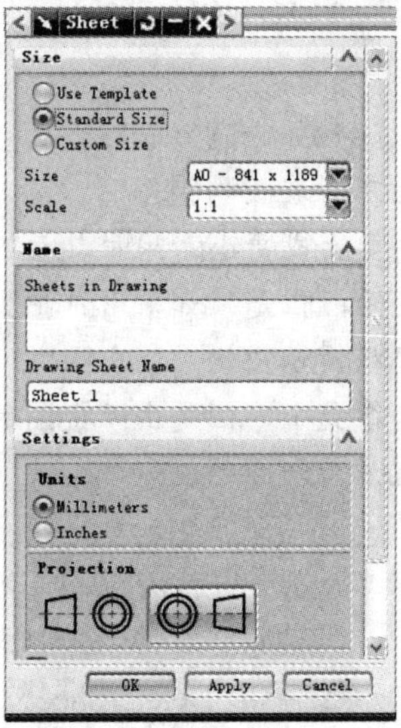

图 6-19　Sheet 对话框（2）

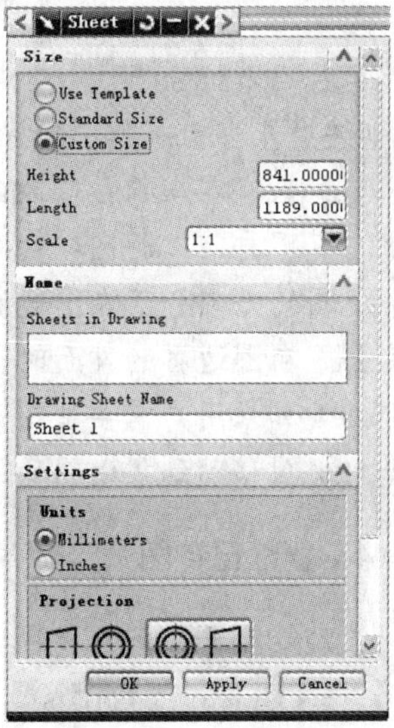

图 6-20　Sheet 对话框（3）

2. 打开已存图纸

欲打开已存在图纸，用户可以通过在先前已创建的图纸清单中选择打开或在 Selection 区域内输入一个指定图纸名称来打开图纸。单击 Drawing 工具栏上的按钮，系统弹出如图 6-21 所示的 Open Sheet（打开图纸）对话框，选择需要打开的图纸即可，如果在部件中有多张图纸，用户可以通过设置包含一个指定图系列的 Filter（过滤器）来过滤图纸清单以加快选择。但要注意，当打开一个图纸时，原先打开的图纸将自动关闭。

3. 编辑已存图纸

该功能用于对存在图纸的名称、图幅大小、图幅比例、绘图单位或投影角度等参数进行编辑。选择【Edit（编辑）】→【Sheet…（图纸）】命令或单击 Drawing 工具栏上的按钮，系统弹出如图 6-22 所示的 Edit Sheet 对话框，在该对话框中选取需要修改的图纸，对其相应参数进行修改后单击 OK 按钮即可。

图 6-21 Open Sheet 对话框

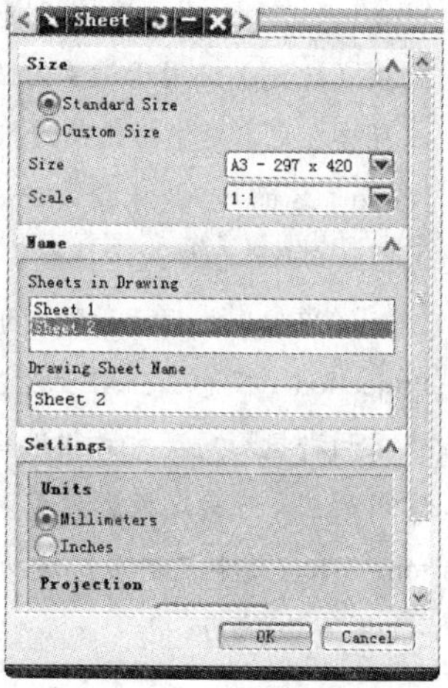

图 6-22 Edit Sheet 对话框

〖注意〗当前工作图的显示内容会影响有些编辑选项是否可用，主要包括以下几点。

（1）只有在当前被修改的图上不存在投影视图时，才可以改变投影角。

（2）用户可以把图的尺寸变得更大或更小，用户甚至可以把图的尺寸编辑得很小以至于一个视图的一部分落在图边界的外面，但是，如果用户把图的尺寸编辑得太小以至于部分视图完全落在图边界的外面时，系统将提示出错。

（3）如果用户需要把图尺寸变得更小，但是由于视图的当前位置而无法改变时，用户应该先把视图移动到靠近图原点的地方，即图的左下方。

4. 删除已存图纸

该功能用于将已存在图纸删除，但注意该命令不能删除当前工作图纸。选择【Edit（编辑）】→【Delete…（删除）】命令，系统弹出 Delete Sheet 对话框，在该对话框中选取需要删除的图纸，单击 OK 按钮后系统自动弹出一信息窗口提示用户是否确定此操作，在该窗口中单击 OK 按钮即可将所选图纸删除。一旦用户删除了图纸，图纸上的视图及任何与视图相关联的制图对象将同时被删除。如果用户需将当前工作图纸删除，可以通过选择 Display Drawing 选项，用模型显示替代图纸显示，然后执行删除命令。

6.4 添加视图

用户创建好图纸后，便可通过相关操作向图纸中添加视图，这些添加的视图包括输入的模型视图，也包括正交视图、向视图、局部放大视图和剖切视图等。当视图成员被添加到图纸中时，也可以调整视图的比例、位置、名称和状态等。

1. 添加基本视图

在图纸中添加视图主要分为以下几种情况。

- 父视图：父视图是被用来当做参考的，一个新添加的视图（子视图）就是参考父视图进行投射、对齐和定位的，一个父视图可以是输入视图、正交视图、截面视图、轴侧视图或局部放大视图。
- 投射视图：投射视图是基于正交投射规则创建的，这些视图生成时与父视图正交，它包括正交视图和轴侧视图。
- 非投射视图：与投射视图相对应的是非投射视图，它指不是基于正交投射规则创建的视图，它们被置于图上一个指定的位置。这些视图主要包括局部放大视图和外部输入的视图。

选择【Insert（插入）】→【View（视图）】→【Base…（基本视图）】命令或单击Drawing 工具栏上的按钮，系统弹出如图 6-23 所示的 Base View（基本视图）对话框，该对话框中主要参数的意义如下。

- Part（零件）：该功能用于选择需生成视图操作的零件。
- View Origin（视图起点）：该功能用于设置创建视图的基本视图，之后创建的投射视图是在此处创建视图的基础上建立起来的，用户可以通过定义 Placement（放置）选项下的 Method（方法）来定义鼠标在视图区域里沿 Horizontal（水平）、Vertical（垂直）和 Infer（自动）移动。
- Model View（模型视图）：该功能用于定义所创建的基本视图为何种模型视图类型，包括主视图、俯视图、左视图、右视图、后视图、仰视图、正等侧视图和正二侧视图 8 种视图。
- Scale（比例）：该功能用于定义视图比例，这个比例可以不同于在图纸生成时设置的原始图幅比例，这一比例将影响后续生成的正交或轴侧投射视图。另外，用户还可以通过 Expression（表达式）来定义视图的比例，即设置表达式的值。

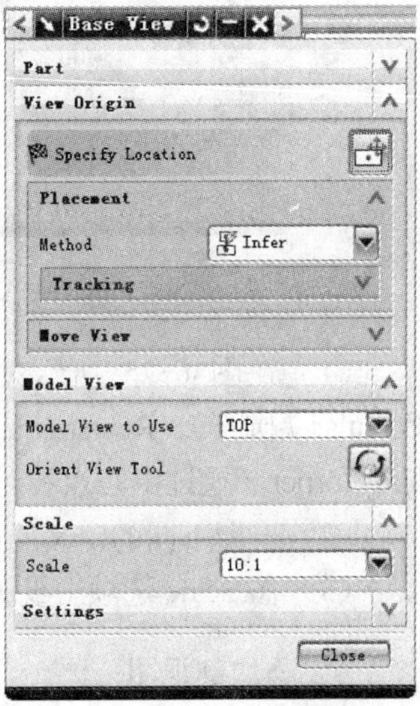

图 6-23　Base View 对话框

添加基本视图的主要操作步骤为，进入如图 6-23 所示对话框后，在视图区域选择需进行视图操作的零件；在 Placement 选项下选择一种基本视图的放置方法，在 Model View 选项下设置基本视图的类型；在所生成的图纸上选择一个合适的位置放置基本视图。

2. 添加投影视图

投影视图是指从一个已经存在的父视图沿某一方向观察实体模型而得到的视图。当在图纸上输入第一个视图后，系统将自动弹出如图 6-24 所示的 Projected View 对话框以供用户输入另外的视图，用户可以继续输入任何方向的视图，但这些视图不会与任何其他的视图存在投射关系或自动对齐。为了生成一个正交视图，用户必须先指定一个视图，再把光标移到父视图附近的正交视图走廊带中的某个位置。用户也可以在一个打开的图纸中通过选择【Insert（插入）】→【View（视图）】→【Projected…（投影视图）】命令或单击 Drawing 工具栏上的按钮得到如图 6-24 所示的对话框，该功能的基本操作步骤如下。

（1）在图 6-24 所示对话框中单击按钮后在图纸中选择一个视图作为投影视图的父视

图，系统默认将主视图作为父视图。

（2）确定父视图后，投影链接线、投影方向和投影视图立即显示出来，将光标移动到某个位置后即可自动生成投影视图，也可以通过在 Placement 选项下对 Method 选项进行设置以便精确定位投影视图。

3．添加局部放大视图

把在已有图纸中对视图的局部进行放大的视图称为局部放大视图，它主要是为了显示在当前视图比例下无法清楚表示的细节部分。选择【Insert（插入）】→【View（视图）】→【Detailed...（细节视图）】命令或单击 Drawing 工具栏上的按钮，得到如图 6-25 所示的 Detail View 对话框，该功能的基本操作步骤如下。

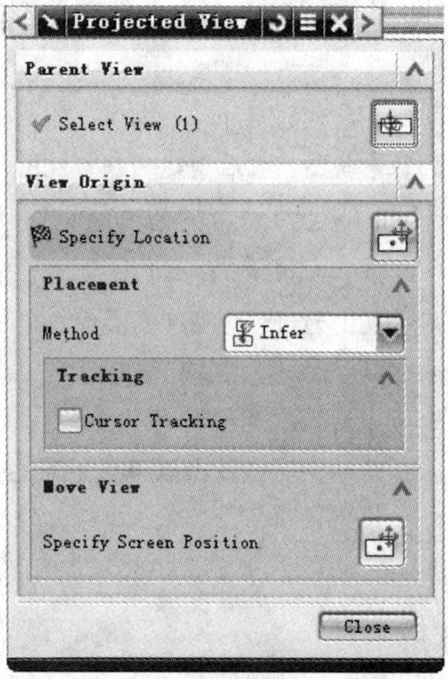

图 6-24　Projected View 对话框

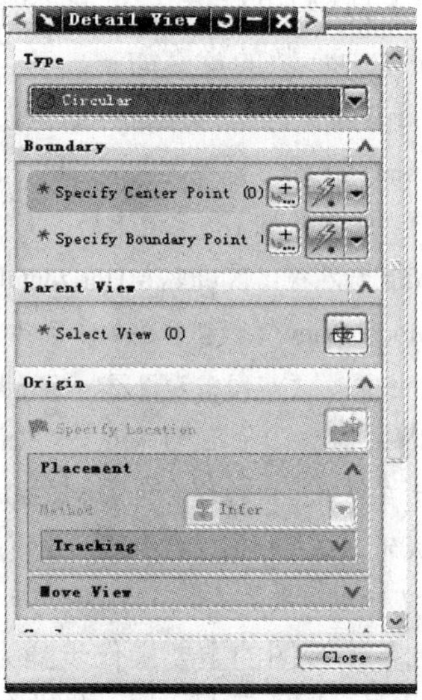

图 6-25　Detail View 对话框

（1）在图 6-25 所示对话框的 Type 选项下选项一种定义局部放大视图的类型，包括 Circular（圆形）、Rectangular by Corners（通过对角点定义的矩形）和 Rectangular by Center and Corner（通过中心点和对角点定义的矩形）3 种类型。

（2）根据不同的定义局部放大视图的类型选择点的位置以定义欲进行局部放大的区域。

（3）在 Scale 选项下设置放大比例，再将局部放大视图移动到相应的位置即可。

4．添加剖视图

剖视图描绘了一个物体被切去一部分之后所展示的内部结构，剖切线为一条线段，用这条线段来表示剖切平面及剖视图方向。剖视图与在父视图中的剖切线符号及实体模型相关联，剖切线符号或实体改动会引起剖视图的重建，以反映出各自所做的更改。当从图纸上移去一个剖视图时，剖视图的相关性也会被删除。从图纸上删除一个剖视图，也将引起父视图中的剖切线符号被删除。

当剖切线符号的线段被定位于实体模型的特征上时，它们就与这些特征相关联，则当实体模型被更改后，它们也会被自动更新。

1）**添加全剖视图** 全剖视图是使用一个单一的剖切平面来分割一个部件而得到的视图。选择【Insert（插入）】→【View（视图）】→【Section...（全剖视图）】命令或单击Drawing工具栏上的按钮打开Section View对话框，该功能的基本操作步骤如下。

（1）在图纸中选择一个视图作为全剖视图的父视图。

（2）利用向量功能定义剖视图的铰链线，系统显示剖视图的方向，如图6-26所示，用户可以利用按钮切换投影方向。

（3）定义要做剖视的位置点（可以利用锁点模式辅助选取）。

（4）可根据需要对截面线的样式进行修改，将光标移动到图纸适当位置单击鼠标左键即可生成全剖视图。

2）**添加阶梯剖视图** 阶梯剖视图类似于全剖视图，所不同的是，阶梯剖在剖切线位置创建许多线性的阶梯，而全剖视图在剖切位置不提供线性阶梯。阶梯剖视图通过指定多个剖切段、弯边段和箭头段来产生阶梯剖切，如图6-27所示。选择【Insert（插入）】→【View（视图）】→【Stepped Section...（阶梯剖视图）】命令，其基本操作步骤如下。

（1）在图纸中选择一个视图作为阶梯剖视图的父视图。

（2）利用向量功能定义剖视图的铰链线，只需在父视图中选择任何一条显示为水平的边缘线即可。

（3）系统显示剖视图的方向，用户可以利用按钮切换投影方向。

（4）定义阶梯剖切位置，另外还可根据需要对截面线的样式进行修改。

（5）将光标移动到图纸适当位置单击鼠标左键即可生成阶梯剖视图。

3）**添加旋转剖视图** 旋转剖视图是通过绕一个轴旋转剖切，如图6-28所示。其剖切线可以是一条或两条剖切线折线，且每条折线沿单个箭头段方向可能包括多个剖切段及弯边段，剖切线的折线相当于一个共有的旋转点，这个旋转点确定了剖切视图的旋转轴。选择【Insert（插入）】→【View（视图）】→【Revolved...（旋转剖视图）】命令或单击Drawing工具栏上的按钮打开Revolved View对话框，该功能的基本操作步骤如下。

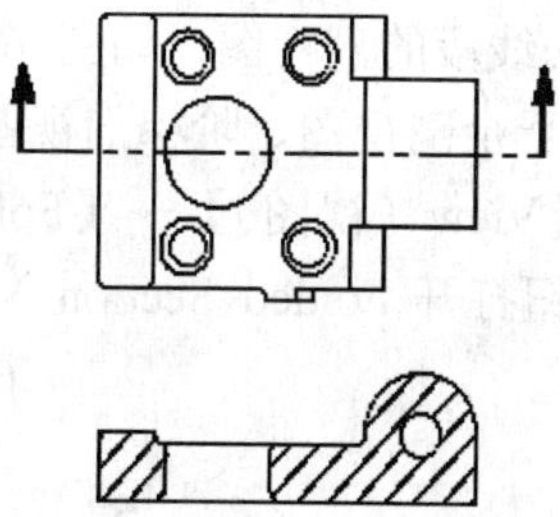

图6-26 全剖视图实例

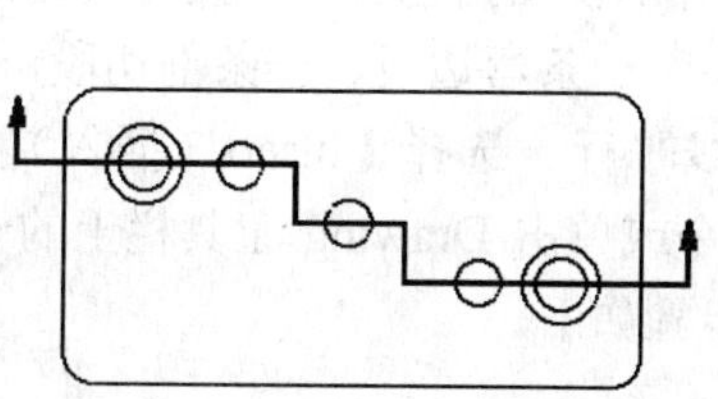

图6-27 阶梯剖视图实例

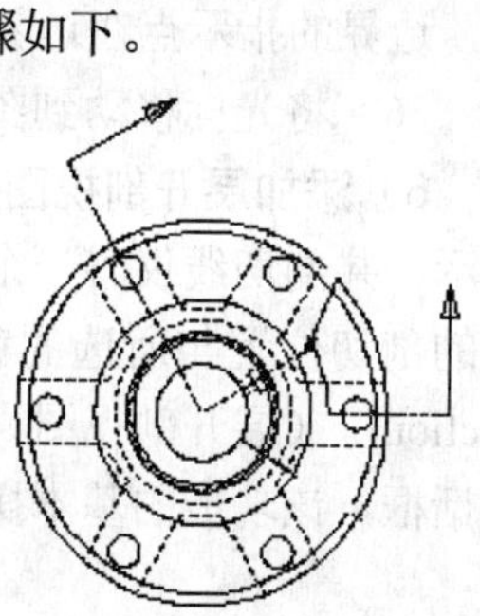

图6-28 旋转剖视图实例

（1）在图纸中选择一个视图作为旋转剖视图的父视图。

（2）利用向量功能定义剖视图的铰链线，只需在父视图中选择任何一条显示为水平的边缘线即可。

（3）系统显示剖视图的方向，用户可以利用按钮切换投影方向。

（4）定义旋转点。

（5）定义剖切线段的位置。

（6）将光标移动到图纸适当位置单击鼠标左键即可生成旋转剖视图。

4）添加半剖视图 半剖视图指一半剖一半不剖，如图 6-29 所示。共剖切线仅有一个箭头、一条弯边段、一条剖切段，类似于全剖视图、阶梯剖视图，它的剖切位置与所选的铰链线平行。选择【Insert（插入）】→【View（视图）】→【Half…（半剖视图）】命令或单击 Drawing 工具栏上的按钮打开 Half Section View 对话框，该功能的基本操作步骤如下。

（1）在图纸中选择一个视图作为半剖视图的父视图，系统立即显示剖切线与剖切方向，用户可以利用按钮切换投影方向。

（2）指定边缘线的中心点作为剖切位置，系统提示指定弯折位置。

（3）指定边缘线的中心作为弯折位置。

（4）将光标移动到图纸适当位置单击鼠标左键即可生成半剖视图。

5）添加局部剖视图 局部剖视图用来表示对零件的局部区域进行剖视，剖视区域由所定义的剖切曲线来决定，且是由一段封闭的局部剖切线定义的，如图 6-30 所示。

选择【Insert（插入）】→【View（视图）】→【Break-out Section…（局部剖视图）】命令或单击 Drawing 工具栏上的按钮打开 Break-out Section View 对话框，该功能的基本操作步骤如下。

（1）在图纸中选择一个视图，该视图将成为局部剖视图的父视图，并且曲线必须是与视图相关联的对象。

（2）定义局部剖切线沿拉伸矢量扫描的起始参考点，即基准点。

（3）指定拉伸矢量或接受默认矢量，系统根据基准点自动选择一个拉伸矢量。

（4）选取定义局部剖视图的边界曲线，可以选择一系列封闭的曲线或让系统自动连接曲线，如果第二条曲线与第一条曲线不连续，在第二条曲线附近移动光标系统将自动生成一段直线。

（5）根据需要修改边界点，若进行此操作，边界线将建立和基准点及所有指示点的相关性，边界的指示点在边界曲线上用一个小圆显示。

（6）将光标移动到图纸适当位置单击鼠标左键即可生成局部剖视图。

6）添加展开剖视图 展开剖视图指包含多条没有转角的剖切线段的剖视图，如图 6-31 所示。共剖切线仅有一个箭头、一条弯边段、一条剖切段，类似于全剖视图、阶梯剖视图，它的剖切位置与所选的铰链线平行。选择【Insert（插入）】→【View（视图）】→【Folded Section…（展开剖视图）】命令或单击 Drawing 工具栏上的按钮打开 Folded Section View 对话框，该功能的基本操作步骤如下。

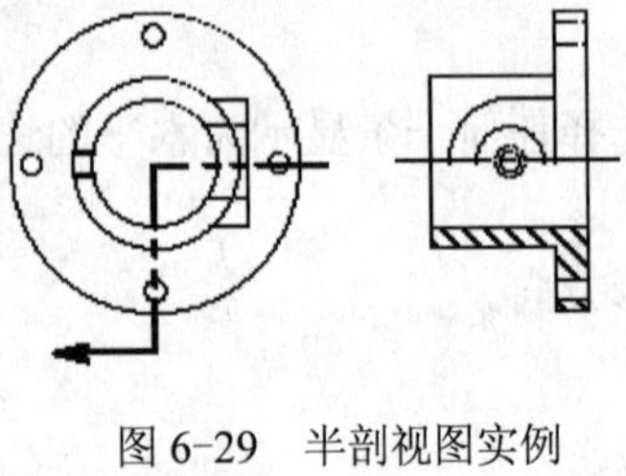

图 6-29 半剖视图实例

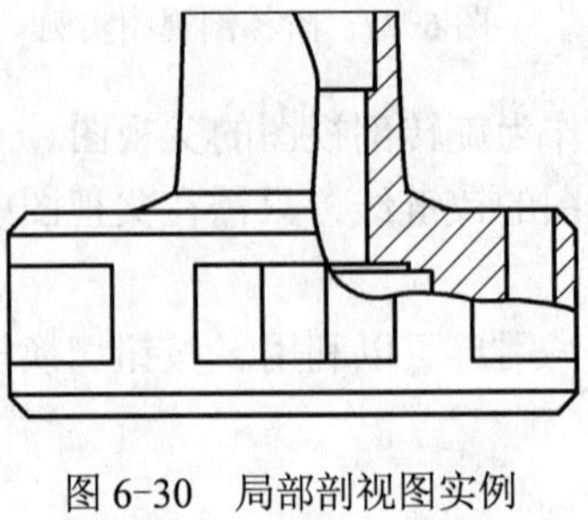

图 6-30 局部剖视图实例

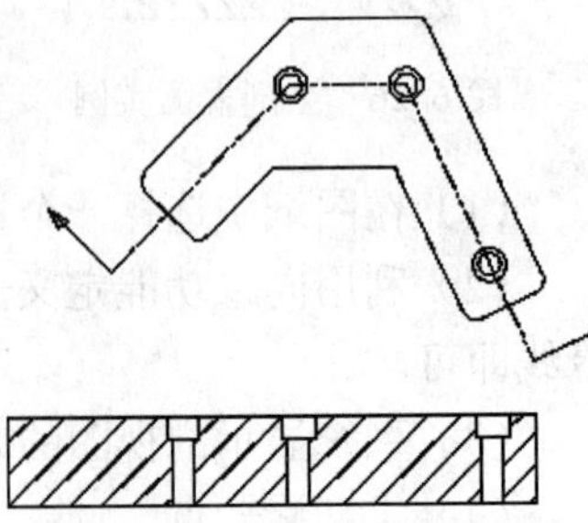

图 6-31 展开剖视图实例

（1）在图纸中选择一个视图作为展开剖视图的父视图，系统立即显示剖切线与剖切方向，用户可以利用按钮切换投影方向。

（2）依次指定剖切线段的起点和终点。

（3）将光标移动到图纸适当位置单击鼠标左键即可生成展开剖视图。

6.5 视图管理

对于在图纸中生成的视图常常不容易被理解，尤其是比较复杂的模型，所以需要对已经生成的视图作一些修改，如移动视图、复制视图和对齐视图等。

1. 移动/复制视图

任何视图都可以通过移动和复制命令改变它在图纸中的位置或生成多个同样的视图，而通过复制移动和复制视图命令还可以在当前视图或同一文件下的另一张视图上复制现有视图。当复制视图时，视图的注释（尺寸、标记等）将连同所有视图相关编辑都被复制到新的视图中。

当多个视图被复制后，复制视图将保持原视图中所有的父、子视图关系，例如，复制一个剖切视图和它的父视图，则剖切线符号也会被复制到新的父视图中，并且复制剖视图成为那个新视图的子视图。但如果分别复制其中的单个视图，则这些视图间将不再存在父、子视图关系，例如，单独复制一个局部视图所产生的剖切视图，以及单独复制一个带有剖切线的视图，则复制视图中不会存在剖切线。

选择【Edit（编辑）】→【View（视图）】→【Move/Copy View...（移动/复制视图）】命令或单击Drawing工具栏上的按钮，系统自动弹出如图6-32所示的Move/Copy View对话框，系统默认进行的是移动视图操作。该对话框中提供了以下几种移动/复制视图的方式。

To a Point（至一点）：用于通过在当前图纸边界内任意位置指定一点，将所选视图移动或复制到该点。

Horizontally（水平）：用于通过在当前图纸边界内水平方向上指定一点，将所选视图移动或复制到该点。

Vertically（垂直）：用于通过在当前图纸边界内垂直方向上指定一点，将所选视图移动或复制到该点。

Perpendicular to a Line（与一直线垂直）：用于通过在当前图纸边界内所指定的直线的垂直线方向上指定一点，将所选视图移动或复制到该点。

To a Another Drawing（至另一图纸）：用于将当前图纸内所选视图移动或复制到同一文件下的另一张图纸上。

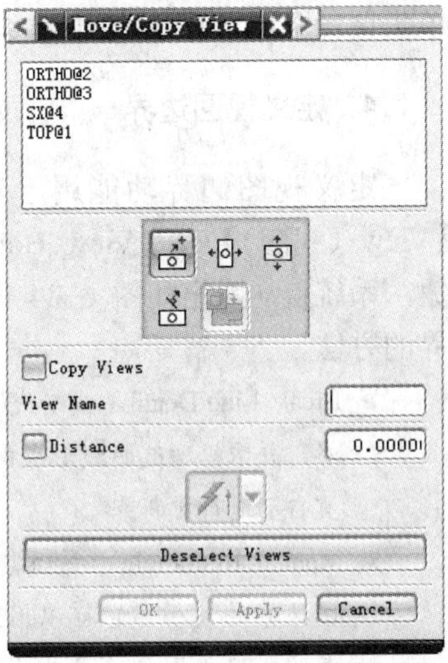

图6-32 Move/Copy View对话框

该功能的基本操作步骤如下。

（1）在图纸区域内选择单个或多个视图或在图6-32所

示对话框的列表框中选择需移动的视图，若误选或多选了还可以通过单击该对话框中的 Deselect Views（取消选择视图）按钮将所选视图取消。

（2）定义移动所选视图的方法。

（3）根据指定的移动方向在视图内选择点或直线，或直接在 Distance 文本框中输入需要移动的距离值。

（4）系统默认进行的是移动视图操作，若要对视图进行复制，则将 Copy Views 前面的复选框选上。

（5）在移动或复制视图的同时，还可以在 View Name 文本框中输入用户自定义的视图名称，否则视图将采用系统定义的名称。

（6）单击 OK 按钮即可完成移动或复制视图操作。

2. 对齐视图

对齐视图功能用于对齐图纸内的现有视图，选择【Edit（编辑）】→【View（视图）】→【Align View...（对齐视图）】命令或单击 Drawing 工具栏上的按钮，系统自动弹出如图 6-33 所示的 Align View 对话框，该对话框中提供了以下几种对齐视图的方式。

Overlay（覆盖）：用于将所选视图按基准点重合的方式对齐。

Horizontally（水平）：用于将所选视图按基准点在水平方向上对齐的方式对齐。

Vertically（垂直）：用于将所选视图按基准点在垂直方向上对齐的方式对齐。

Perpendicular to a Line（与一直线垂直）：用于将所选视图按基准点在垂直于所选直线方向上对齐的方式对齐。

Infer（自动判断）：用于系统根据所选取的基准点的类型不同，采用自动判断方式对齐视图。

3. 删除视图

删除视图功能用于将图纸中不需要的视图删除，与删除其他对象的操作一样，选中需要删除的对象后，单击工具栏上的按钮或直接按 Delete 键，也可以在选择需要删除的视图后单击鼠标右键，在弹出的快键菜单中选择 Delete 命令。

4. 定义视图边界

定义视图边界功能用于对已有视图的边界重新进行定义，选择【Edit（编辑）】→【View（视图）】→【View Boundary...（视图边界）】命令或单击 Drawing 工具栏上的按钮，系统自动弹出如图 6-34 所示的 View Boundary 对话框，该对话框中提供了以下定义边界的方法。

- Break Line/Detail（截断线/局部）：该方式用于通过一系列在成员视图内生成的线框曲线来定义边界，并依据所选曲线形成视图的边界形状，当编辑或移动这些曲线时，视图边界会根据曲线新的位置自动进行更新。
- Manual Rectangle（手动定义矩形）：该方式指用户通过拖动两个对角点生成的矩形来自定义视图边界的大小，它可以用来改变现有局部视图的大小或用来隐藏投射视图中不需要的部分。但是，一旦视图的边界改为手动定义矩形，边界将不再具有相关性，并且不会随部件模型的变化而自动更新。

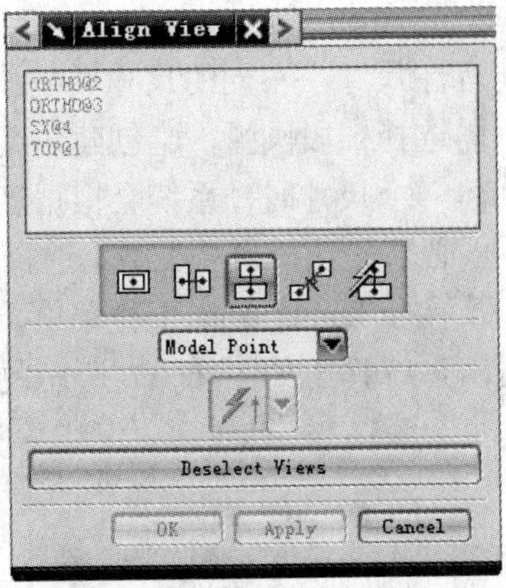

图 6-33 Align View 对话框

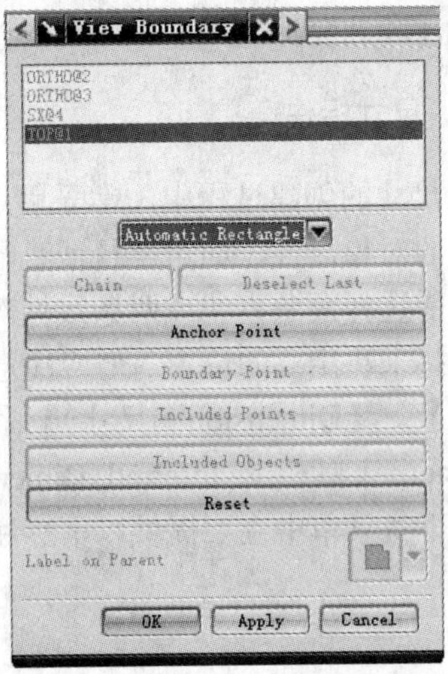

图 6-34 View Boundary 对话框

➢ Automatic Rectangle（自动定义矩形）：该方式为系统默认选项，是添加视图、正交视图、辅助视图或剖切视图的系统默认边界。它与部件的几何外框相关，当外框变化时，视图的边界将自动调整以容纳整个部件，该选项可用于恢复边界和部件几何外框之间的相关性。

➢ Bound By Objects（由对象定义边界）：该方式指通过选择一个单独的边缘或模型上边缘和点的组合，沿这些对象创建一个矩形作为视图的边界，这个边界与所选择的物体相关，并且当物体改变大小或移动位置时，边界也会随之调整，当图更新后，它们在视图内依然可见。另外，也可以通过选择一系列模型的边缘线来定义视图边界，这个边界与所选的边缘线相关，因此当部件的几何形状发生变化时，视图边界也会随之自动更新。

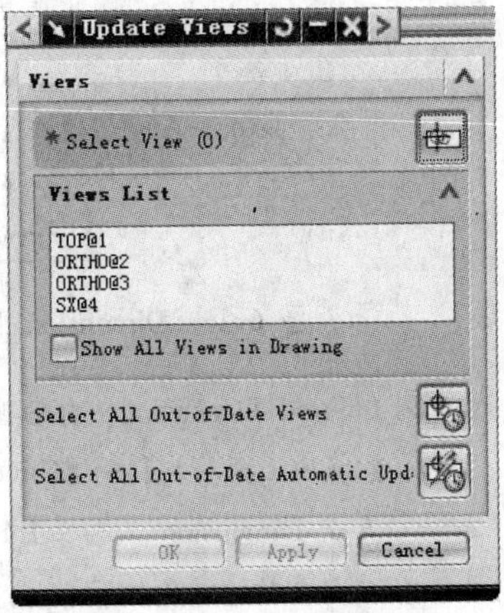

图 6-35 Update Views 对话框

5. 显示与更新视图

当用户需要对生成的二维视图进行修改，对某些细节不太确定需查看三维模型时，可以通过【View（视图）】→【Display Sheet（显示视图）】命令来进行二维工程图与三维模型间的切换。

更新视图功能用于当模型发生改变需对其进行更新时，选择【Edit（编辑）】→【View（视图）】→【Update Views...（更新视图）】命令或单击 Drawing 工具栏上的按钮，系统弹出如图 6-35 所示的 Update Views 对话框，在该对话框中选择需要进行更新的视图并单击 OK 按钮即可。

6.6 图纸标注

在对视图进行相关编辑后，常常需根据需要对其进行标注，主要包括尺寸标注、表面粗糙度标注和注释标注等。

1．尺寸标注

在尺寸的创建过程中，常采用点定位的方式来创建标注尺寸，不同的尺寸类型被用于定义不同的对象属性，如对半径或直径尺寸进行标注时，需选择一段圆弧，当创建角度尺寸标注时，需选择两条直线或两条线性对象。当使用点来创建一个尺寸时，系统会根据当前点的定位选择来决定点的位置，但应注意在创建尺寸标注时，必须先选择尺寸类型。选择【Insert（插入）】→【Dimension（尺寸）】命令弹出如图 6-36 所示的 Dimension 下拉菜单，或单击 Dimension 工具栏上 Inferred Dimension 后的下拉按钮，系统弹出如图 6-37 所示的下拉菜单，该下拉菜单中主要提供以下标注方式。

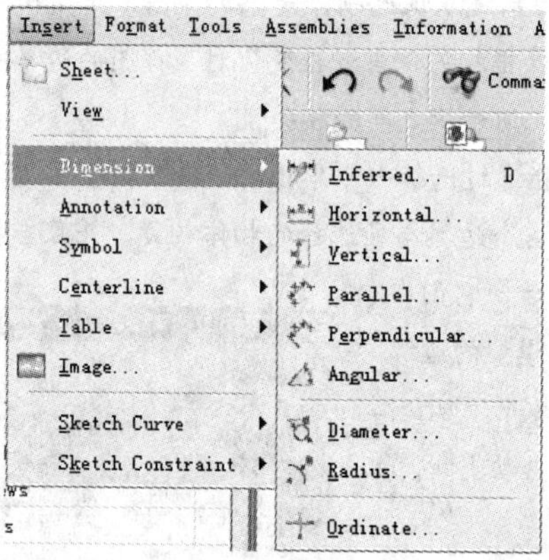

图 6-36　Dimension 下拉菜单（1）

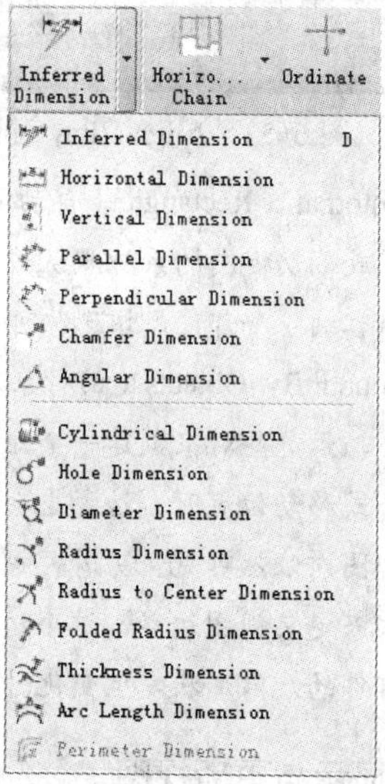

图 6-37　Dimension 下拉菜单（2）

➢ Inferred Dimension（自动判断尺寸标注）：该功能用于根据系统自动判断的方式来标注尺寸。选择【Insert（插入）】→【Dimension（尺寸）】→【Inferred Dimension（自动判断尺寸标注）】命令或单击 Dimension 工具栏上的按钮，系统自动弹出如图 6-38 所示的尺寸标注工具条，该工具条上主要参数的意义如下。

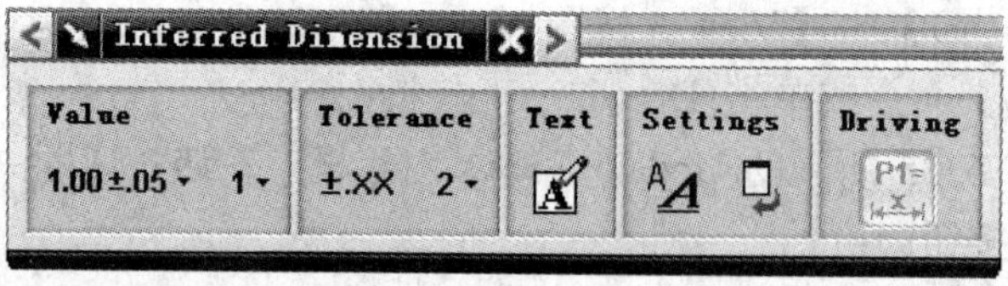

图 6-38　尺寸标注工具条

✧ Value（值）：用于设置尺寸标注样式和标注尺寸的精度，后面的数字表示小数点后的位数。

✧ Tolerance（公差）：用于当标注尺寸包含公差时设置公差值大小及公差的位数。

✧ Text（文本样式）：用于对文本样式进行设置，单击该选项后，系统弹出如图 6-39 所示的 Text Editor 对话框，可设置在尺寸文本的前、后、上、下添加文本注释。

✧ Settings（设置）：用于对尺寸样式进行设置，单击该选项后，系统弹出如图 6-40 所示的 Dimension Style 对话框，可对尺寸、直线/箭头、文字、单位、半径等进行设置。

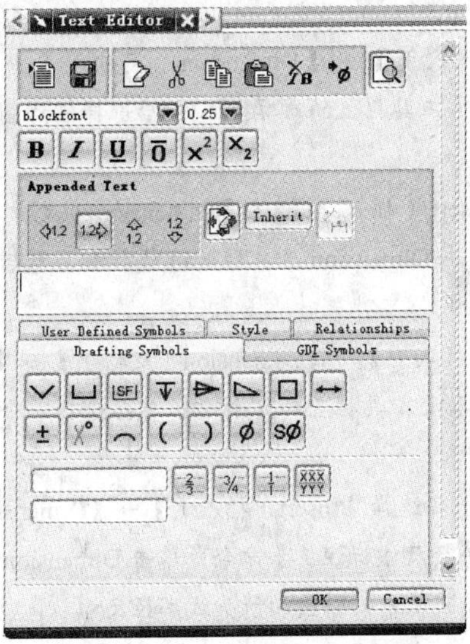

图 6-39 Text Editor 对话框

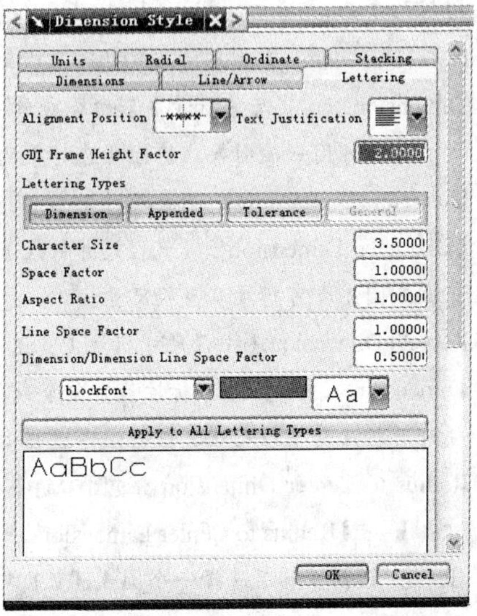

图 6-40 Dimension Style 对话框

后续进行每一种类型的尺寸标注时，都将弹出如图 6-38 所示的尺寸工具条，建议在标注尺寸前根据需要对其进行预设置。

➢ Horizontal Dimension（水平尺寸标注）：选择【Insert（插入）】→【Dimension（尺寸）】→【Horizontal Dimension...（水平尺寸标注）】命令或单击 Dimension 工具栏上的按钮，然后选择一条直线、两条平行线或依次选择两点即可标注水平方向尺寸。

➢ Vertical Dimension（竖直尺寸标注）：选择【Insert（插入）】→【Dimension（尺寸）】→【Vertical Dimension...（竖直尺寸标注）】命令或单击 Dimension 工具栏上的按钮，然后选择一条直线或依次选择两点即可标注竖直方向尺寸。

➢ Parallel Dimension（平行尺寸标注）：选择【Insert（插入）】→【Dimension（尺寸）】→【Parallel Dimension...（平行尺寸标注）】命令或单击 Dimension 工具栏上的按钮，然后选择一条直线或依次选择两点即可标注平行于标注对象的尺寸。

➢ Perpendicular Dimension（垂直尺寸标注）：选择【Insert（插入）】→【Dimension（尺寸）】→【Perpendicular Dimension...（垂直尺寸标注）】命令或单击 Dimension 工具栏上的按钮，然后选择一条直线和一个点即可标注点到直线的垂直距离。

➢ Chamfer Dimension（倒斜角尺寸标注）：选择【Insert（插入）】→【Dimension（尺寸）】→【Chamfer Dimension...（倒斜角尺寸标注）】命令或单击 Dimension 工具栏上的按钮，然后选择需要标注的倒斜角边即可对倒斜角尺寸进行标注。

➢ Angular Dimension（角度尺寸标注）：选择【Insert（插入）】→【Dimension（尺寸）】→【Angular Dimension...（角度尺寸标注）】命令或单击 Dimension 工具栏上的按钮，然后选择两条相互不平行的直线即可对角度尺寸进行标注，角度的大小为选择的第一条直线沿逆时针旋转到所选择的第二条直线的夹角。

➢ Cylindrical Dimension（圆柱尺寸标注）：选择【Insert（插入）】→【Dimension（尺寸）】→

【Cylindrical Dimension…（圆柱尺寸标注）】命令或单击 Dimension 工具栏上的按钮，然后选择两个对象或两个点即可对圆柱形尺寸进行标注，该功能与水平尺寸的差别是在尺寸前面多了一个直径符号。

- Hole Dimension（孔尺寸标注）：选择【Insert（插入）】→【Dimension（尺寸）】→【Hole Dimension…（孔尺寸标注）】命令或单击 Dimension 工具栏上的按钮，然后选择任意圆形对象的边缘即可用一段引导线标注所选对象的孔尺寸。
- Diameter Dimension（直径尺寸标注）：选择【Insert（插入）】→【Dimension（尺寸）】→【Diameter Dimension…（直径尺寸标注）】命令或单击 Dimension 工具栏上的按钮，然后选择一个圆或圆弧即可标注其直径尺寸。
- Radius Dimension（半径尺寸标注）：选择【Insert（插入）】→【Dimension（尺寸）】→【Radius Dimension…（半径尺寸标注）】命令或单击 Dimension 工具栏上的按钮，然后选择一个圆或圆弧即可标注其半径尺寸，但标注不过圆心。
- Radius to Center Dimension（过圆心的半径尺寸标注）：选择【Insert（插入）】→【Dimension（尺寸）】→【Radius to Center Dimension…（过圆心的半径尺寸标注）】命令或单击 Dimension 工具栏上的按钮，然后选择一个圆或圆弧即可标注从圆或圆弧中心引出的箭头线半径尺寸。
- Folded Radius Dimension（带折线的半径尺寸标注）：选择【Insert（插入）】→【Dimension（尺寸）】→【Folded Radius Dimension…（带折线的半径尺寸标注）】命令或单击 Dimension 工具栏上的按钮，然后选择一个圆或圆弧即可标注圆或圆弧的半径，该选项主要用于标注大圆弧的半径尺寸，并用折线来缩短尺寸线的长度。
- Thickness Dimension（厚度尺寸标注）：选择【Insert（插入）】→【Dimension（尺寸）】→【Thickness Dimension…（厚度尺寸标注）】命令或单击 Dimension 工具栏上的按钮，然后选择两条曲线即可标注两条曲线之间的距离，该选项主要用于标注圆弧之间的半径差值。
- Arc Length Dimension（弧长尺寸标注）：选择【Insert（插入）】→【Dimension（尺寸）】→【Arc Length Dimension…（弧长尺寸标注）】命令或单击 Dimension 工具栏上的按钮，然后选择一段圆弧即可标注该圆弧的弧长。
- Horizontal Chain Dimension（水平链尺寸标注）：选择【Insert（插入）】→【Dimension（尺寸）】→【Horizontal Chain Dimension…（水平链尺寸标注）】命令或单击 Dimension 工具栏上的按钮，然后依次选择水平方向尺寸链各标注点，视图中出现鼠标拖动的水平尺寸链，在适合的位置单击鼠标左键即可生成水平链尺寸标注，如图 6-41 所示。
- Vertical Chain Dimension（竖直链尺寸标注）：选择【Insert（插入）】→【Dimension（尺寸）】→【Vertical Chain Dimension…（竖直链尺寸标注）】命令或单击 Dimension 工具栏上的按钮，然后依次选择竖直方向尺寸链的各标注点，视图中出现鼠标拖动的竖直尺寸链，在适合的位置单击鼠标左键即可生成竖直链尺寸标注，如图 6-42 所示。
- Horizontal Baseline Dimension（水平基线尺寸标注）：选择【Insert（插入）】→【Dimension（尺寸）】→【Horizontal Baseline Dimension…（水平基线尺寸标注）】命令或单击 Dimension 工具栏上的按钮，然后依次选择水平方向尺寸链的各标注点，视图中出现鼠标拖动的水平尺寸链，在适合的位置单击鼠标左键即可生成水平基线尺寸标注。该方法与水平尺寸标注的不同之处在于，水平基线标注方式将所选的第一个标注点作为尺寸基本线，如图 6-43 所示。

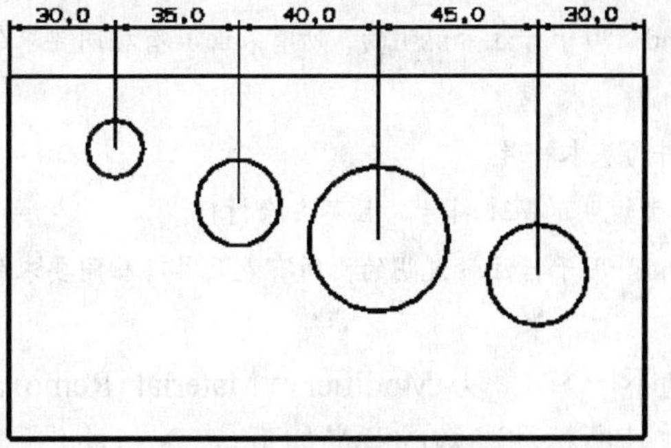

图 6-41　水平链尺寸标注

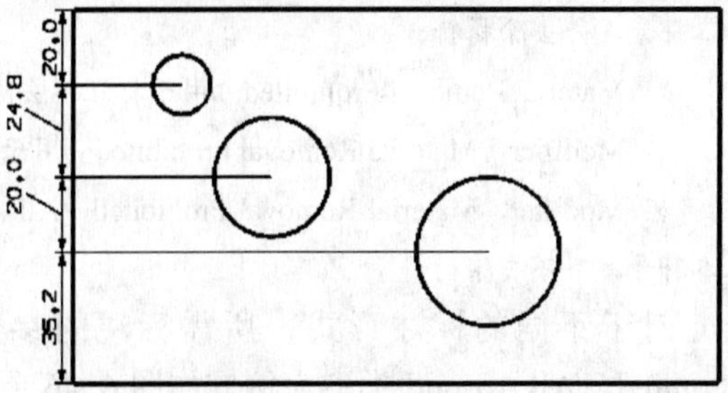

图 6-42　竖直链尺寸标注

➢ Vertical Baseline Dimension（竖直基线尺寸标注）：选择【Insert（插入）】→【Dimension（尺寸）】→【Vertical Baseline Dimension...（竖直基线尺寸标注）】命令或单击 Dimension 工具栏上的按钮，然后依次选择竖直方向尺寸链的各标注点，视图中出现鼠标拖动的竖直尺寸链，在适合的位置单击鼠标左键即可生成竖直基线尺寸标注。该方法与竖直尺寸标注的不同之处在于，竖直基线标注方式将所选的第一个标注点作为尺寸基本线，如图 6-44 所示。

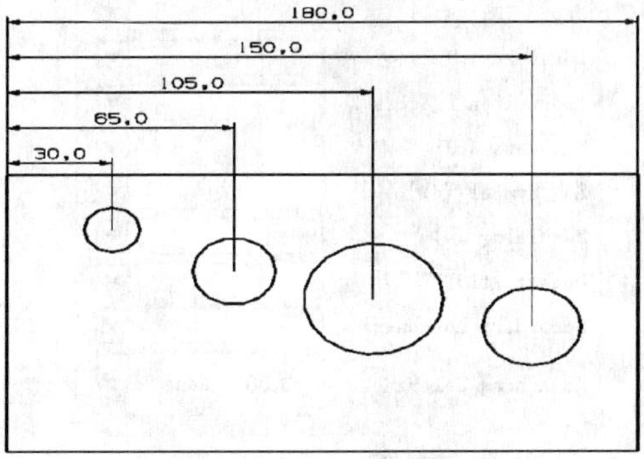

图 6-43　水平基线尺寸标注

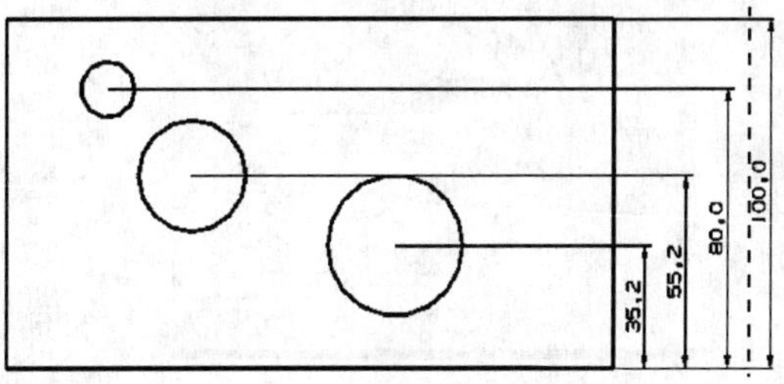

图 6-44　竖直基线尺寸标注

2．表面粗糙度标注

选择【Insert（插入）】→【Annotation（注释）】→【Surface Finish Symbol...（表面粗糙度符号）】命令或单击 Annotation 工具栏上的按钮，系统弹出如图 6-45 所示的 Surface Finish 对话框，该对话框中主要参数的意义如下。

➢ Origin（原点）：该功能用于定义表面粗糙度的放置位置。

➢ Leader（引线）：该功能用于设置表面粗糙度的引线的格式。

➢ Attributes（属性）：该功能用于设置所标注的表面粗糙度的类型，以及对各参数进行设置。该选项主要提供了以下几种表面粗糙度的标注类型。

√ Open：用于标注基本符号。

√ Open，Modifier：用于标注带说明的基本符号。

√ Modifier，All Around：用于标注带说明的、所有表面具有相同要求的基本符号。

√ Material Removal Required：用于标注去除材料的基本符号。

√ Modifier，Material Removal Required：用于标注带说明的、去除材料的基本符号。

Modifier，Material Removal Required，All Around：用于标注带说明的、所有表面具有相同要求的基本符号，并去除材料。

Material Removal Prohibited：用于标注不去除材料的基本符号。

Modifier，Material Removal Prohibited：用于标注带说明的基本符号，且不去除材料。

Modifier，Material Removal Prohibited，All Around：用于标注带说明的、所有表面具有相同要求的基本符号，且不去除材料。

对于不同的标注形式，所需标注的参数也不一样，以 Modifier，Material Removal Required，All Around 类型为例，如图 6-46 所示，其所标注参数的意义如下。

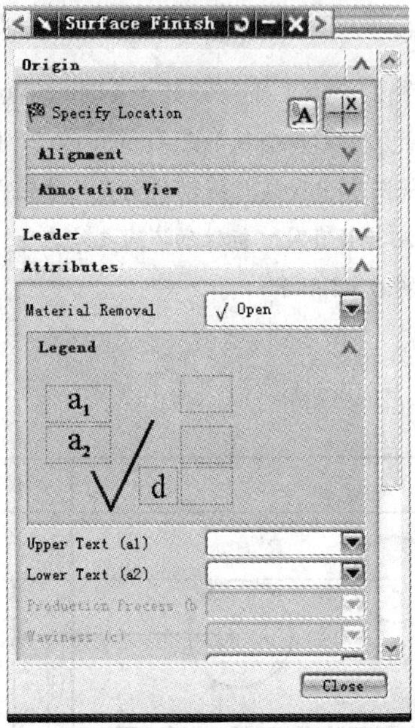

图 6-45 Surface Finish 对话框

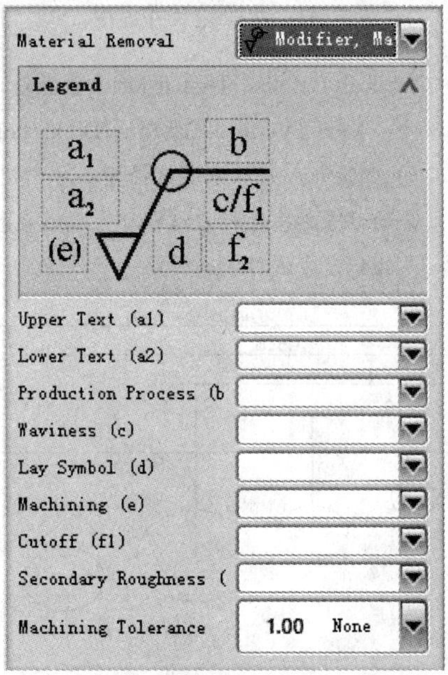

图 6-46 表面粗糙度各参数意义

➢ a1、a2：表示粗糙度值，单位为粗糙度等级或微米。

➢ b：表示生产方式，处理、涂层或生产流程所含的其他要求。

➢ c：表示波峰高度，单位为微米，位于相应的参数符号前；或者表示取样高度，单位为微米。

➢ d：表面图形。

➢ e：表示加工的公差值。

➢ f1、f2：表示粗糙度值，不同的 Ra，单位为微米，位于相应的参数符号前。

〖注意〗若在所打开的 UG NX 8.0 中找不到该命令，可以通过在 UG 安装文件夹中找到环境变量设置文件“ugii_env.dat”，用记事本的形式打开，找到“UGII_SURFACE_FINISIH=OFF”，将 OFF 改为 ON，并将文件保存后，重新运行该软件即可。

3．注释编辑器

注释编辑器功能用于创建由文本和制图符号构成的注释图标，可以包括制图符号、分数和两行文本、形位公差符号、用户自定义符号、表达式值及部件和对象的属性等。选择【Insert（插入）】→【Annotation（注释）】→【Note…（注释编辑器）】命令或单击

Annotation 工具栏上的A按钮，系统弹出如图 6-47 所示的 Note 对话框，该对话框中各参数的意义较为简单，不再重复，该功能的操作步骤如下。

（1）对标注引线的类型和样式进行定义。

（2）在 Text Input 文本框中输入注释内容，当注释内容中包含形位公差和公差等符号内容时，在 Symbol 的下拉框中选择对应的符号加入即可，但应注意当注释内容包括中文时，需在 Settings 选项下对文本的样式进行设置。另外，用户也可将磁盘中已存有的注释内容直接导入或将当前已经编辑的注释内容保存到磁盘中。

（3）设置好相关内容后，在视图区域选择需要添加注释的位置单击鼠标左键即可。

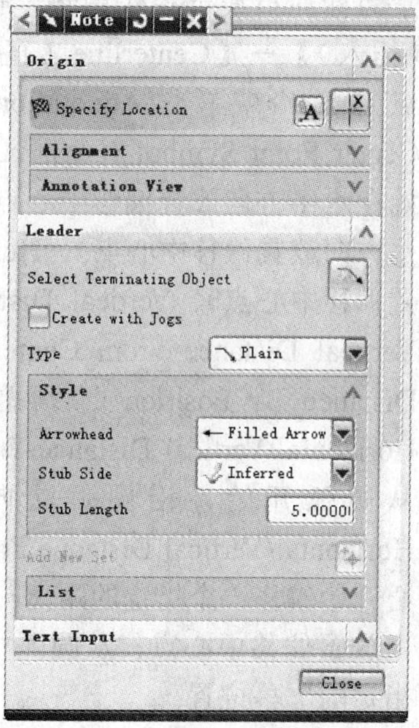

图 6-47　Note 对话框

4．实用符号标注

实用符号主要指各种各样的中心线、偏移中心点、目标点及交线符号等。

1）标注中心线　线性中心线是一条笔直的直线，它经过被选择的点或圆弧，在每个位置上还有一根垂线，通常把一条线性中心线穿越单一的点或圆弧的线称为中心线。选择【Insert（插入）】→【Centerline（直线中心线）】→【Center Mark…（中心线）】命令或单击 Annotation 工具栏上的按钮，系统弹出如图 6-48 所示的 Center Mark 对话框，在视图区域选择一个圆或圆弧即可生成所选圆或圆弧的中心线。

2）标注螺栓圆中心线　该功能用于生成整个螺栓圆或部分螺栓圆的中心线，选择【Insert（插入）】→【Centerline（直线中心线）】→【Bolt Circle Centerline…（螺栓圆中心线）】命令或单击 Annotation 工具栏上的按钮，系统弹出如图 6-49 所示的 Bolt Circle Centerline 对话框，在视图区域选择螺栓圆即可生成所选整个螺栓圆或部分螺栓圆的中心线。该对话框提供了 Through 3 or More Points（通过 3 个或更多的点）和 Centerpoint（中心点）两种方式，其中 Through 3 or More Points 指通过指定 3 点或更多的点，中心点或螺栓圆将通过这些点，该方法使用户无须指定中心就可以生成螺栓圆，但注意应逆时针选择点；而 Centerpoint 指通过在螺栓圆上指定中心位置及相关的点来生成中心线，其半径值由中心和第一个点确定。

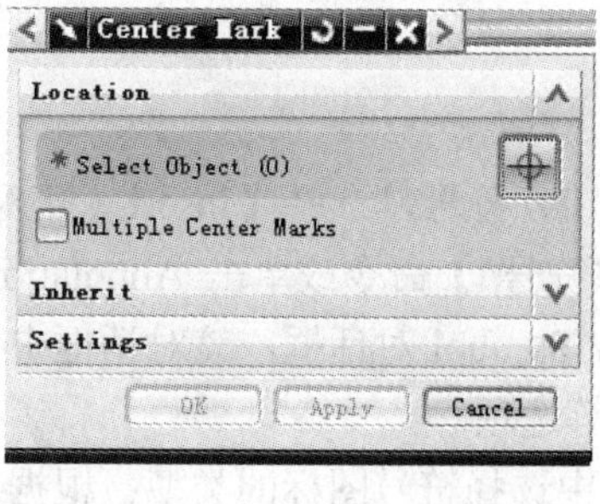

图 6-48　Center Mark 对话框

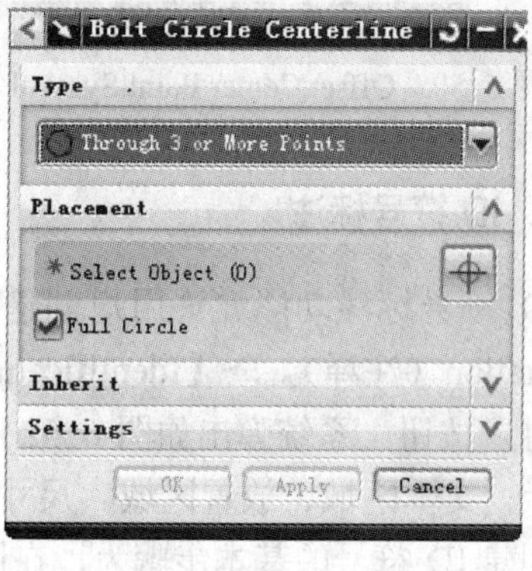

图 6-49　Bolt Circle Centerline 对话框

3）创建偏移中心点 该功能用于创建一个圆弧的偏移中心点和偏移中心线。该功能常为标注折线半径作铺垫，也常用于在图边界之外的某个位置标注注释。选择【Insert（插入）】→【Centerline（直线中心线）】→【Offset Center Point Center…（偏移中心点）】命令或单击 Annotation 工具栏上的按钮，系统弹出如图 6-50 所示的 Offset Center Point Symbol 对话框。该对话框中提供了 Horizontal Distance From Arc（从圆弧开始在水平方向放置偏移中心点）、Horizontal Distance From Center（从圆弧中心开始在水平方向放置偏移中心点）、Horizontal Distance By Position（从屏幕位置开始在水平方向放置偏移中心点）、Vertical Distance From Arc（从圆弧开始在竖直方向放置偏移中心点）、Vertical Distance From Center（从圆弧中心开始在竖直方向放置偏移中心点）和 Vertical Distance By Position（从屏幕位置开始在竖直方向放置偏移中心点）6 种偏移方法，其中 Horizontal/Vertical Distance From Arc 指在图的 XC/YC 轴上放置偏移中心点，偏移中心点从圆弧开始，沿圆弧法向（圆弧边缘）朝圆弧中心偏移一个指定的距离；Horizontal/Vertical Distance From Center 指在图的 XC/YC 轴上放置偏移中心点，从圆弧中心开始偏移一个指定的距离；Horizontal/Vertical Distance By Position 指在图的 XC/YC 轴上放置偏移中心点，从圆弧中心开始偏移一段距离，该距离是从圆弧中心开始计算到被指定的屏幕位置。

4）创建三维模型的中心线 该功能用于给三维柱形或锥形等环形模型创建中心线，如给一圆柱面或圆锥面创建中心线。选择【Insert（插入）】→【Centerline（直线中心线）】→【3D Centerline…（三维中心线）】命令或单击 Annotation 工具栏上的按钮，系统弹出如图 6-51 所示的 3D Centerline 对话框，在视图区域选择一圆柱面或圆锥面即可生成所选模型的中心线。

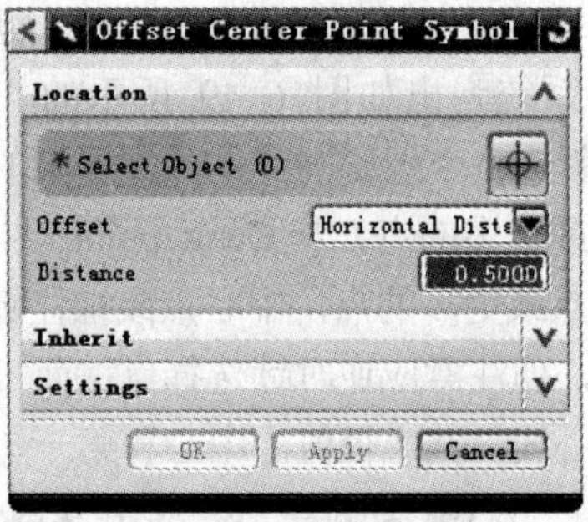

图 6-50 Offset Center Point Symbol 对话框

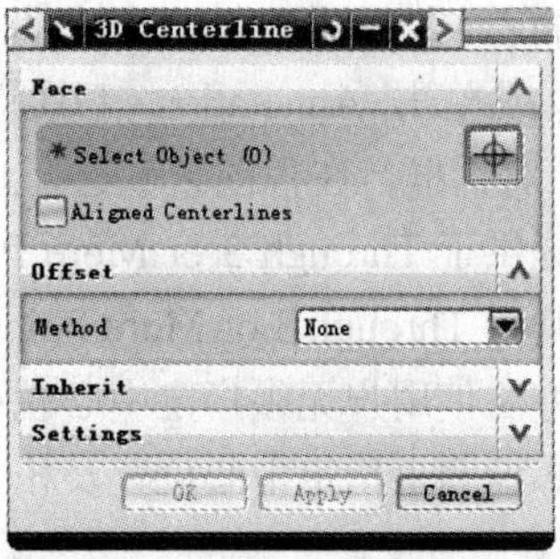

图 6-51 3D Centerline 对话框

5. ID 符号标注

ID 符号标注功能允许用户创建并编辑各种形状的 ID 符号，选择【Insert（插入）】→【Annotation（注释）】→【Identification Symbol…（标识符号）】命令或单击 Annotation 工具栏上的按钮，系统弹出如图 6-52 所示的 Identification Symbol 对话框，该对话框中包括符号图标、文本区域、放置区域、尺寸大小和参数预设置等选项。

创建 ID 符号的基本步骤为，在图 6-52 所示对话框中选择符号图标的类型；根据所选符号图标的类型，在文本区域输入图标内容；对引线的类型和样式及尺寸的大小等参数进行设置；在视图区域移动鼠标，到放置区域后单击鼠标左键即可。

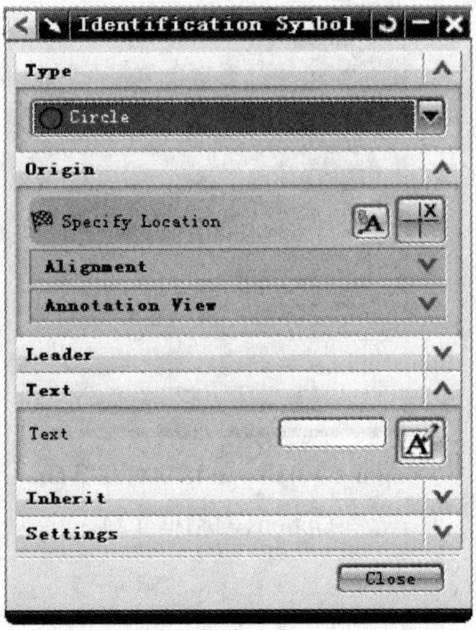

图 6-52　Identification Symbol 对话框

6.7　转移成 AutoCAD 图纸

UG NX 8.0 具有良好的数据转换接口，它可通过【File（文件）】→【Import…（导入）】命令将其他软件的数据输入到 UG NX 8.0 中，也可以通过【File（文件）】→【Export…（导出）】命令将当前的数据转换为其他软件可使用的数据文件，如对三维实体模型而言，常将实体模型转换为.igs 的格式，以供与其他三维模型的数据共享。对于工程图而言，在 UG NX 8.0 中生成的二维工程图常常需要转到 AutoCAD 中进行编辑，此时可将其数据转换成 AutoCAD 软件支持的.dwg 和.dxf 格式文件，其基本操作步骤如下。

（1）选择【File（文件）】→【Export（导出）】→【DXF/DWG…】命令，系统弹出如图 6-53 所示的 Export to DXF/DWG Options 对话框，在 Export from（从……导出）选项下选择 Displayed Part（显示部件），在 Export to（导出至）选项下选择 DWG，根据需要对其输出存储位置进行设置。

（2）在图 6-54 所示对话框中对输出模型的数据进行设置，包括 Curves（曲线）、Surfaces（曲面）、Solids（实体）和 Annotations（注释）等，一般采用系统默认的形式即可。

（3）根据需要在图 6-54 所示对话框中对要输出的图纸和视图进行选择。

（4）在图 6-55 所示对话框中对输入 AutoCAD 的版本进行设置，设置完后单击 OK 按钮，系统即可进行图纸的转换，转换后的图纸可以直接用 AutoCAD 软件打开。

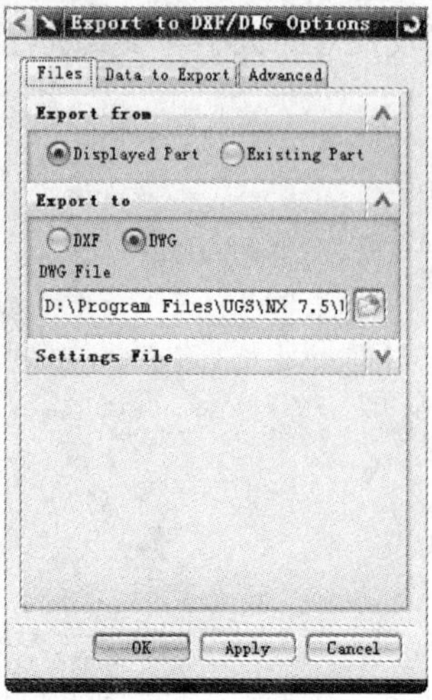

图 6-53 Export to DXF/DWG Options 对话框（1）

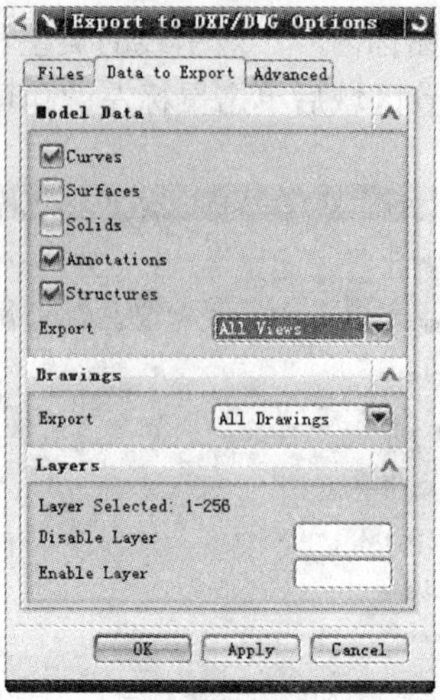

图 6-54 Export to DXF/DWG Options 对话框（2）

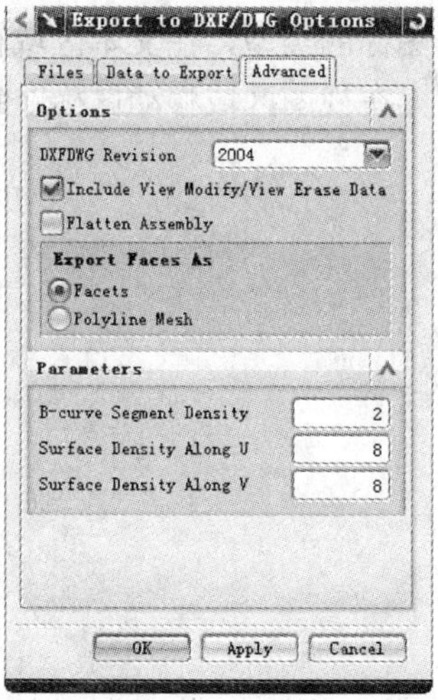

图 6-55 Export to DXF/DWG Options 对话框（3）

6.8 输出工程图

绘制好的二维工程图纸可以通过打印机或绘图仪等输出设备输出，以便后续使用。输出设备的设置与每个用户所使用的软件平台、输出设备的型号等因素有关。在将输出设备与计算机连接后，选择【File（文件）】→【Plot（绘图）】命令，系统弹出如图 6-56 所示的 Plot 对话框，输出图纸的一般过程如下。

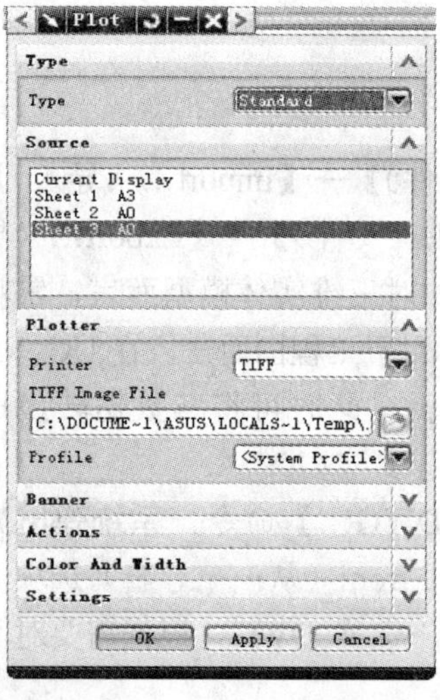

图 6-56 Plot 对话框

（1）选择输出设备：用户在列表框中选择系统默认的或前一次绘图时所用服务器节点上所有可用的绘图仪作为输出设备。

（2）定义绘图输出的选项：在 Source 选项下选择当前图形区的内容，可从当前部件文件的列表框中选择一张已经绘制好的二维工程图作为输出对象。

（3）对输出设备的相关参数进行设置：在后续的选项中对输出图形的线宽、颜色、比例和输出内容绕输出设备原点的旋转角度等参数进行设置。

（4）单击 OK 按钮后即可将所选图纸按设置的参数输出。

6.9 创建工程图实例

针对前面所讲述的工程图相关知识，本节结合图 6-57 所示的传动轴模型，对其创建工程图，基本操作步骤如下。

（1）启动 UG NX 8.0 软件，在磁盘中找到该文件并打开，选择【Start】→【Drafting…】命令或单击工具栏上的按钮，进入制图模块，系统弹出如图 6-58 所示的 Sheet 对话框，供用户对图纸进行设置。

（2）设置图纸幅面为 A3，比例为 1∶1，在 Projection 选项下选择第 1 视角，单击 OK 按钮。

（3）选择【Insert】→【View】→【Base…】命令或单击工具栏上的按钮，系统弹出如图 6-59 所示的 Base View 对话框，在该对话框的 Model View to Use 选项中选择 TOP 选项后，在图纸区域的合适位置单击鼠标左键，单击 Close 按钮，即可向图纸中添加俯视图，如图 6-60 所示。

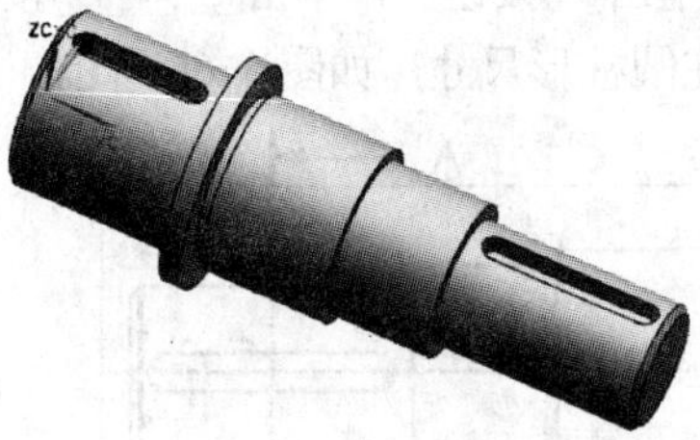

图 6-57　传动轴模型

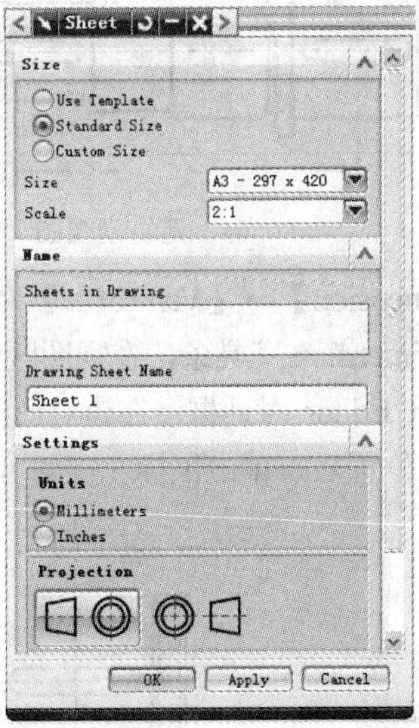

图 6-58　Sheet 对话框

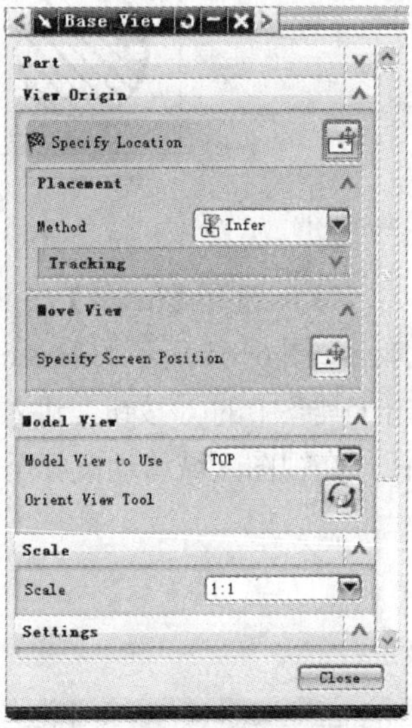

图 6-59　Base View 对话框

（4）选择【Insert】→【View】→【Section…】命令或单击工具栏上的按钮，系统弹出如图 6-61 所示的 Section View 工具条，提示选择父视图。

（5）在视图区域选择前一操作所创建的俯视图作为父视图，则剖切线和剖切方向立即显示并随光标移动，系统提示指定剖切位置，如图 6-62 所示。

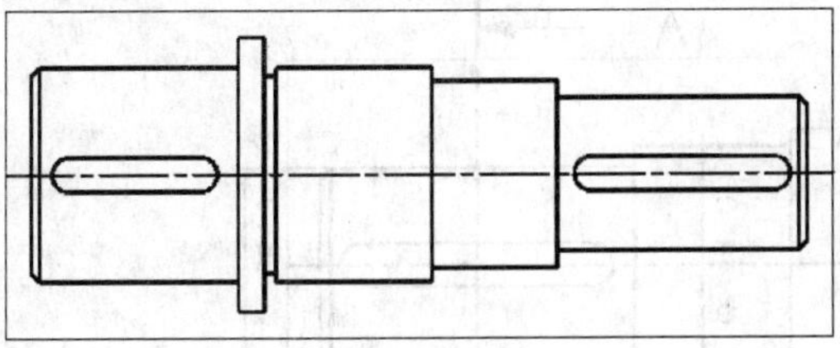

图 6-60　添加俯视图

图 6-61　Section View 工具条

（6）在视图区域指定右侧链槽边线的中心位置，如图 6-63 所示。

（7）向右移动鼠标到合适位置，单击鼠标左键，即可建立剖视图。以同样的方式在图纸左侧键槽位置处建立剖视图，如图 6-64 所示。

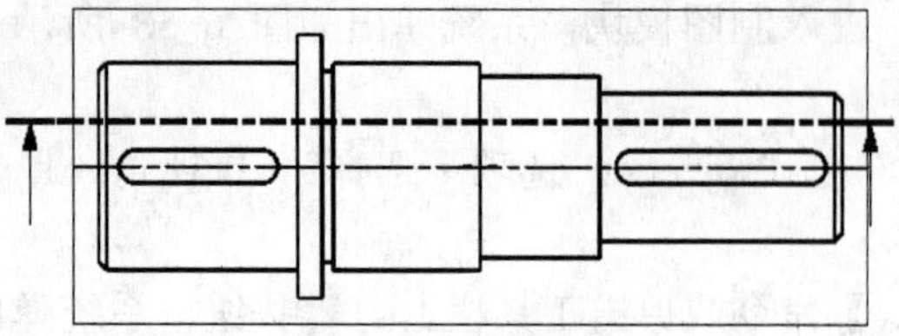

图 6-62 指定剖切位置

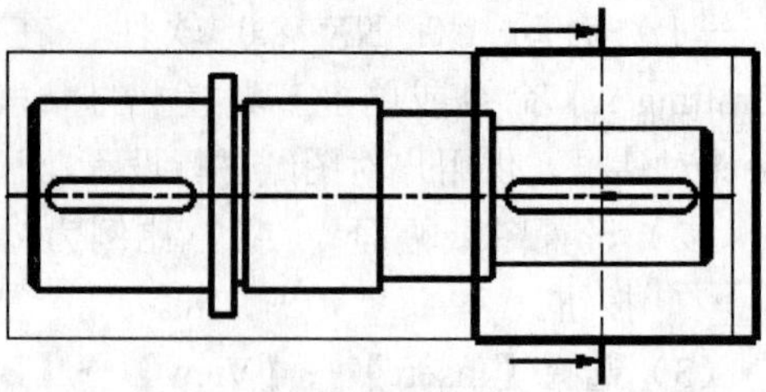

图 6-63 指定右侧链槽边线的中心位置

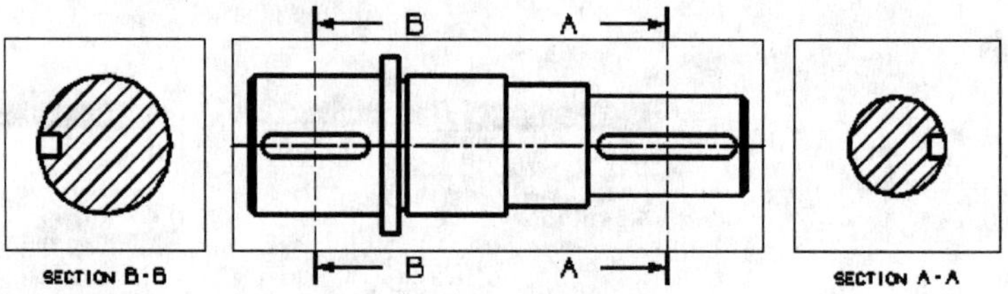

图 6-64 建立剖视图

（8）选择【Insert】→【Dimension】→【Vertical…】命令或单击工具栏上的按钮，系统弹出如图 6-65 所示的 Vertical Dimension 工具条，在视图区域选择左侧圆柱的上下两条边，再单击工具条中的按钮，进入 Text Editor 对话框。在该对话框中单击按钮后，单击 OK 按钮，在视图区域移动鼠标至合理位置后，单击鼠标左键即可标注圆柱形尺寸，如图 6-66 所示。

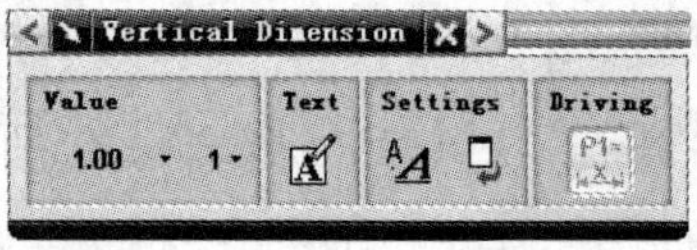

图 6-65 Vertical Dimension 工具条

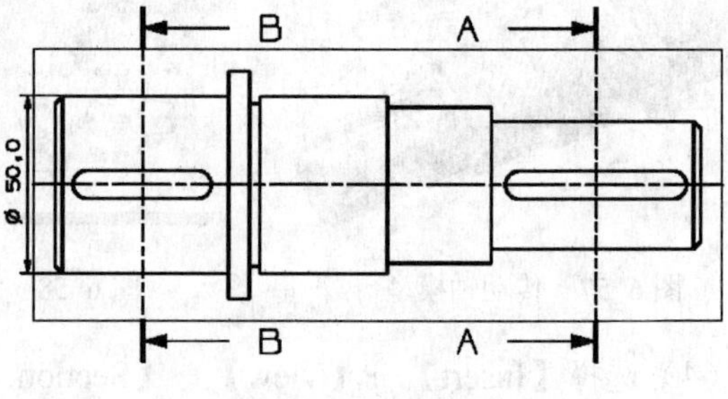

图 6-66 标注圆柱形尺寸

（9）以同样的方法标注其他圆柱形尺寸，其结果如图 6-67 所示。

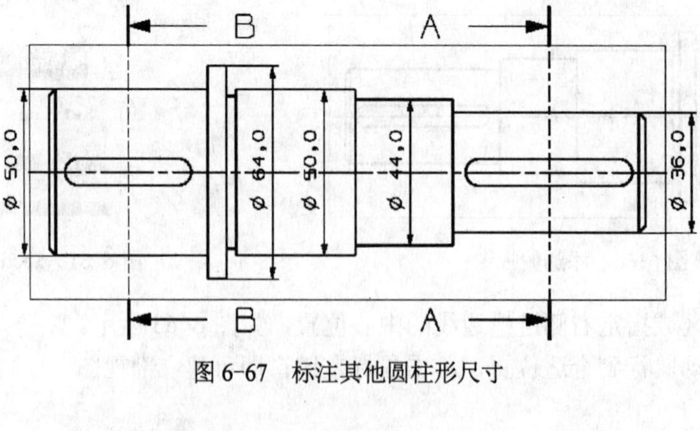

图 6-67 标注其他圆柱形尺寸

（10）选择【Insert】→【Dimension】→【Horizontal…】命令或单击工具栏上的按钮，对传动轴的水平尺寸进行标注（其标注过程较为简单，此处不再赘述），结果如图 6-68 所示。

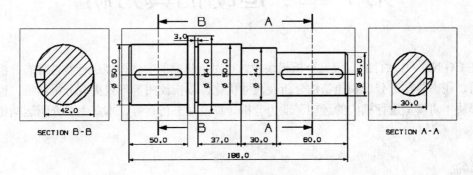

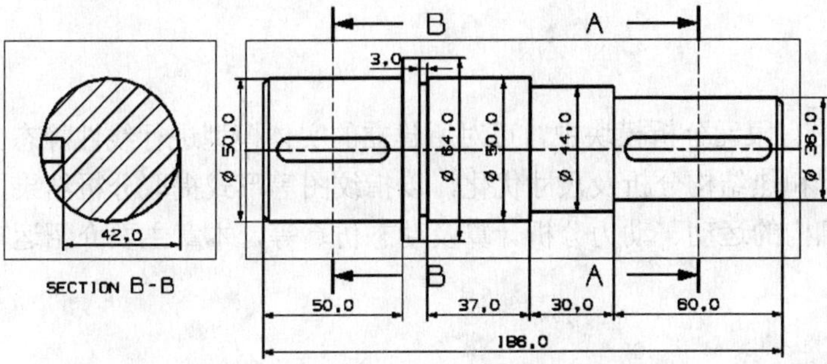

图 6-68　标注水平尺寸

（11）选择【Insert】→【Dimension】→【Chamfer…】命令或单击工具栏上的按钮，对传动轴的倒角尺寸进行标注，分别选择传动轴左右两侧的倒角，在合适位置单击鼠标左键即可，其结果如图 6-69 所示。

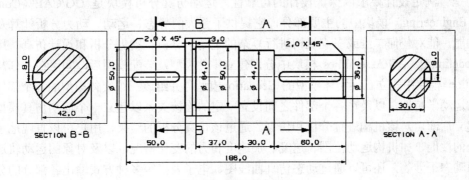

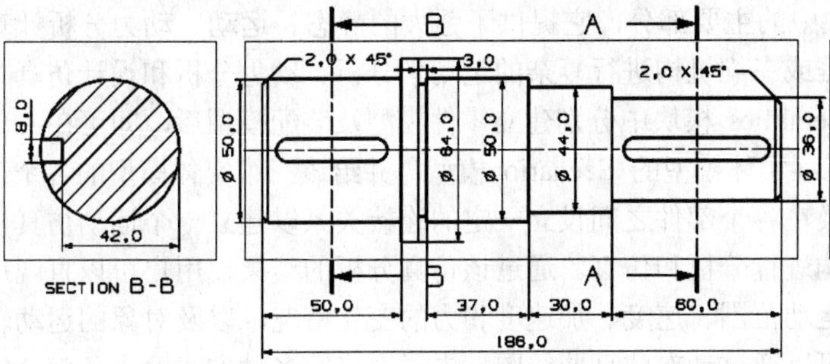

图 6-69　标注倒角尺寸

6.10　思考与练习

（1）使用 UG NX 8.0 进行生成工程图操作的基本步骤主要包括哪些？

（2）如何插入投影视图和局部放大视图？

（3）尺寸标注的一般操作方法和基本步骤主要包括哪些？

（4）绘制齿轮轴的平面工程图（源文件可到 http://yydz.phei.com.cn 上下载）。

（5）绘制泵体的平面工程图（源文件可到 http://yydz.phei.com.cn 上下载）。

第 7 章　运动仿真分析

在 UG NX 8.0 软件的有限元分析模块中，可对所建立的实体模型进行线性静态分析、模态分析、稳态热传导分析和热结构分析及尺寸优化，以指纹图等形式提取分析结果，也可在机构模块中对模型进行机构的运动、动力分析计算及动态仿真等，本章主要介绍运动仿真分析模块。

7.1　运动仿真分析概述

在工程设计中，常常需要对所设计的机构进行运动和动力学分析，从而预知所设计的传动机构是否满足设计要求以保证设计的可靠性。运动仿真分析模块是 UG/CAE（Computer Aided Engineering）模块中的主要部分，它提供了强大的静态、运动、动力分析计算及动态仿真功能，能对任何二维或三维机构进行复杂的运动学分析、动力分析和设计仿真。用户在 UG/Modeling 及 UG/Assemblies 模块中分别建立零件模型及装配模型后，即可在 UG/Motion Simulation 模块中建立三维实体模型的 Scenario 模型，并给该三维实体模型的各个部件赋予一定的运动学特性，以及在各个部件之间设立一定的连接关系以建立一个运动仿真模型，此模型建立后即可对该机构进行分析和仿真。通过该仿真分析的结果，用户可以直观地了解机构系统的性能，如机构运动范围、速度、加速度和力的变化情况，以及对象的运动轨迹跟踪和对象动态干涉等，还可以通过动态仿真曲线图、电子表格等多种方式输出各部分的分析结果，用户可通过对仿真分析结果进行分析，从而对机构进行优化等操作。

1．相关模型概念

在前面的章节中已经对主模型进行过讲述，它是指 UG NX 8.0 软件各模块共同引用的零件模型。在 UG Modeling 中建立的零件模型为主模型，可同时被工程图、装配、加工、机构分析和有限元分析等模块引用，当主模型修改时，相关应用将自动进行更新。而在机构仿真分析模型中，Scenario 模型是指基于主模型在各种不同条件下对机构进行分析计算的模型。一个主模型可根据需要建立多个 Scenario 模型，且各 Scenario 模型沿用主模型的几何信息，即其几何对象与主模型相关联。在各 Scenario 模型中，用户可以定义不同的分析条件，如定义不同的机构对象，可对模型参数作某些修改等，然后针对机构的各 Scenario 模型进行分析计算及评估。

Scenario 模型由大量的对象组成，机构对象包括构件、运动副、弹簧、阻尼、原动件、力和扭矩等。机构的 Scenario 模型与主模型具有参数化关联性，一旦修改主模型参数，机构的 Scenario 模型会自动更新，但反过来并不成立，即如果修改 Scenario 模型的参数，主模型不会自动更新。

2. 运动仿真分析的基本步骤

在使用 UG/Motion Simulation 模块对机构进行运动仿真时，其主要步骤如下。

（1）打开主模型文件。

（2）选择【Start（开始）】→【Motion Simulation...（运动仿真）】命令或单击 Application 工具栏上的按钮，进入 UG NX 8.0 的运动仿真模块。

（3）创建一个机构 Scenario 模型，指定机构分析环境为 Kinematics（运动学）还是 Dynamics（动力学），并对机构参数进行预设置。

（4）进行运动模型的构建，包括设置每个零件的连杆特性，设置两个连杆间的运动副和添加机构载荷。

（5）进行运动参数的设置，提交运动仿真模型数据，同时进行运动仿真动画的输出和运动过程的控制。

（6）根据需要选用合适的方法输出机构分析结果，如对机构进行动态仿真、输出动态仿真图像文件、输出某构件或构件上某标记点的运动曲线图和输出载荷图等。

7.2 运动仿真分析首选项

在运动仿真分析的模型中，当创建一个机构的 Scenario 模型进行分析前，可先对机构对象的相关参数进行预设置，如机构名称的显示、按钮比例、角度单位等，以控制显示参数、仿真文件及后处理参数等。

选择【Preferences（首选项）】→【Motion...（运动）】命令后，系统弹出如图 7-1 所示的 Motion Preferences 对话框，该对话框中主要参数的意义如下。

1）Motion Object Parameters（运动对象参数）

- Name Display（名称显示）：该功能用于设置在图形区域是否显示构件和运动副的名称，在创建或调试机构时，将该复选框选中。
- Icon Scale（按钮比例）：该功能用于在文本框中输入表示所有机构对象图像的显示比例，该比例值为实数。
- Angular Units（角度单位）：该功能用于控制角度输入或显示时的单位，包括 Degrees（度）和 Radians（弧度）两种单位选项，系统默认单位为 Degrees。
- List Units（列表单位）：该功能用于显示当前 Scenario 模型中的运动参数（如位移、速度和加速度）及动力参数（如扭矩、力、弹簧的刚度系统、黏性阻尼器的阻尼系数等）的单位信息，各参数单位取决于主模型中采用公制单位还是英制单位，注意列出的单位不能修改，只供用户查询求解器在求解时所用的单位。单击该按钮后，系统弹出如图 7-2 所示的 Information 对话框。

2）Analysis File Parameters（分析文件参数）

- Mass Properties（质量属性）：该功能用于控制是否将机构对象的质量特征写入分析文件，当选中该复选框后，系统将用户定义的质量特征写入分析文件，若用户事先没有对质量特征进行定义，则系统会自动计算各构件的质量特征，并将其写入分析文件。在机构的动力分析中，活动构件的质量特征非常重要，因此建议将该选项勾选上。

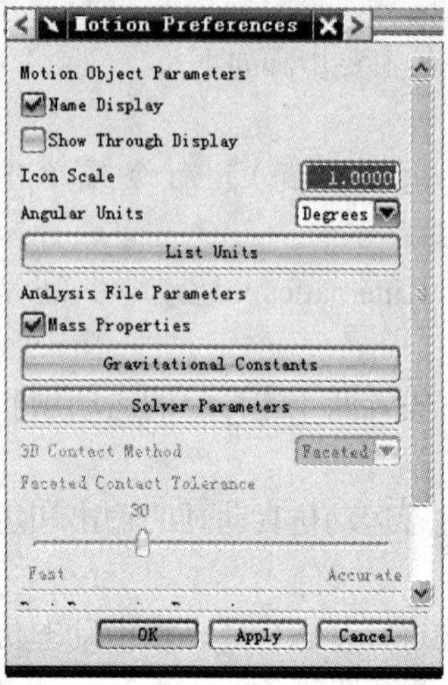

图 7-1　Motion Preferences 对话框

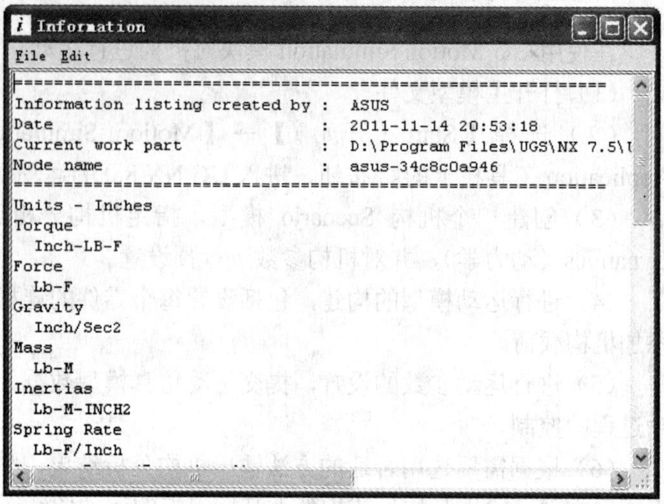

图 7-2　Information 对话框

- Gravitational Constants（重力常数）：该功能用于设置全局重力速度。选中该选项后，系统弹出如图 7-3 所示的 Global Gravitational Constants 对话框，用户可分别在 Gx、Gy、Gz 文本框中输入重力加速度在 X、Y、Z 方向的分量值，其正负号表示加速度的方向。系统弹出对话框中的默认值包括两种，一种为英制，其默认值为 Gx=0，Gy=0，Gz=−9 814.086mm/s^2；一种为公制，其默认值为 Gx=0，Gy=0，Gz=−386.088inch/s^2。是公制还是英制单位取决于 Scenario 模型所在部件文件中采用的单位。用户也可以根据需要对其值进行修改，分别在 Gx、Gy、Gz 文本框中输入对应的数值后单击 OK 按钮即可。
- Solver Parameters（求解器参数）：该功能用于在求解一个运动模型时，对积分器参数控制所用的积分和微分议程的求解精度等进行设置。通常情况下，精度越高，处理时间越长，对计算机处理能力的要求也越高。单击该选项后，系统弹出如图 7-4 所示的 Solver Parameters 对话框，该对话框中主要参数的意义如下。

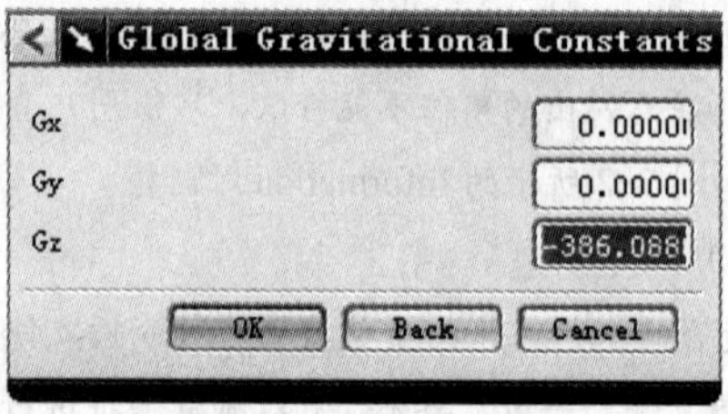

图 7-3　Global Gravitational Constants 对话框

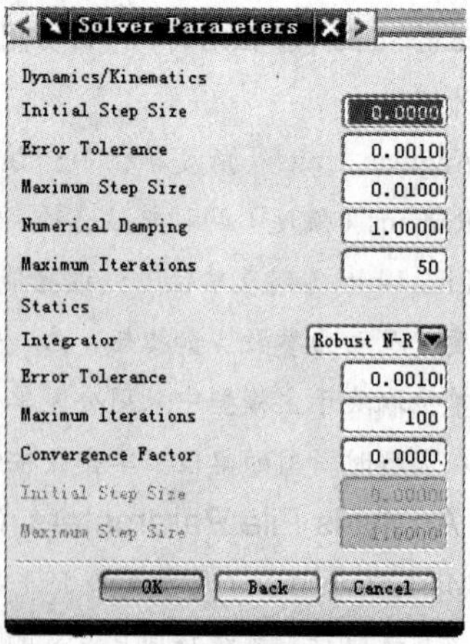

图 7-4　Solver Parameters 对话框

✧ Maximum Step Size（最大步长）：该功能用于设置解算器求解的最大步长，系统默认值为 0.01。在机构仿真过程中，如果载荷有较大波动（如载荷变化曲线刚性较大或曲率突变），为了避免解算器被锁住，建议用户将该数值设置为一个较小的值，如 1.0E-3 或 1.0E-4。

✧ Error Tolerance（误差容差）：该功能用于设置解算精度，即允许解算器在解算过程中出现的最大位移误差，系统默认值一般为 0.001。如果解算失败（即解算器不能在 25 次迭代后求得解），应将该值增大到 0.01 甚至 0.1，以获得一个定性的解。若要求得更为精确的解，则应将该数值减小，但注意该数值不宜太小，因为数值越小，解算器的求解时间越长。

✧ Maximum Iterations（最大迭代次数）：该功能用于设置静力分析或动力分析解算器收敛到一个解前的最多迭代次数。

3）Post-Processing Parameters（后处理参数） 后处理参数中的 Trace/Explosion to Master（追踪/爆炸到主模型）功能为，当选中该选项时，可将在 Scenario 模型中创建的任何跟踪或爆炸输出至主模型，该选项一般为关闭状态。

7.3 运动导航器

在机构应用中，Motion Navigator（运动导航器）可用于创建和管理仿真方案的部件文件，还可以设置机构分析环境、查询机构信息或输出动态仿真图像等。首次进入机构分析模块时，机构的运动导航器将自动显示在工作界面上，如图 7-5 所示。如果再次进入机构应用时找不到运动导航器，可先选择【View（视图）】→【Show Resource Bar（显示资源栏）】命令，然后在显示的资源栏上找到 Motion Navigator 项，该窗口中各参数的意义如下。

➢ Name（名称）：用于显示主模型和 Scenario 模型的名称，用户可在 Scenario 模型的名称上慢速双击鼠标左键，或单击鼠标右键从弹出的菜单中选择 Rename 菜单项，对 Scenario 模型的名称进行修改。但在运动导航器中不能对主模型的名称进行修改。

➢ Status（状态）：用于指示工作模型的状态，该部分的信息不能被编辑。

➢ Environment（环境）：用于显示机构 Scenario 模型当前的分析环境，该部分信息不能被编辑。

➢ Description（描述）：用于显示 Scenario 模型的相关说明，当 Scenario 模型为工作模型时，用鼠标慢速双击该区域，则进入文本编辑状态，可添加或修改文本内容。

图 7-5 所示的窗口为没有建立任何仿真方案时的状态，此时该窗口只显示一个节点，代表进入运动仿真模型前的装配主模型。在该节点上单击鼠标右键，弹出如图 7-6 所示的窗口，单击 New Simulation（新建仿真）选项后，系统弹出如图 7-7 所示的 Environment 对话框，供用户创建新的仿真方案装配文件，即设置分析环境。注意，该文件的仿真装配文件完全引用装配主模型的装配作为初始的装配结构。UG NX 8.0 的机构应用模块主要提供以下两种仿真分析方案。

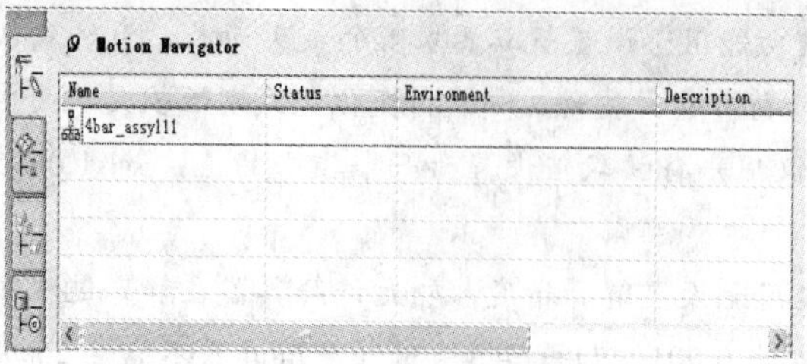

图 7-5 Motion Navigator 窗口

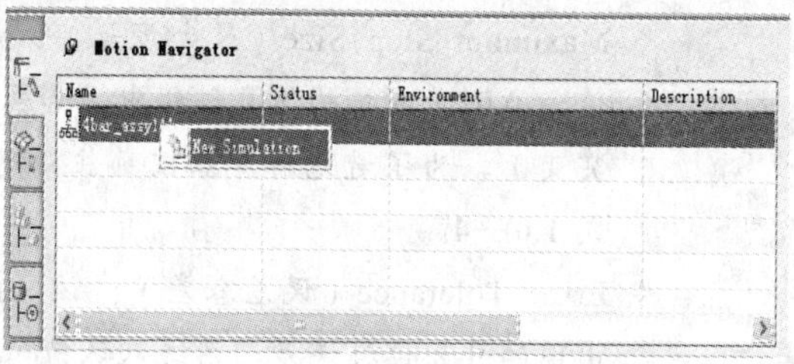

图 7-6 Motion Navigator 窗口（新建仿真）

➢ Kinematics（运动学）：该功能允许用户设计二维、三维连接，可调用 ADAMS Kinematics 解算器将运动仿真类型定义为运动学求解，即只分析物体的几何运动，如图 7-7 所示，但注意它只能对全约束的机构进行分析。

➢ Dynamics（动力学）：该功能提供动态运动与动力仿真功能，同时考虑力对运动的影响，可进行静力学和动力学分析，如图 7-8 所示。它可对自由度大于零的机构进行分析，即使在机构的设计过程中也可对其仿真，以便于在设计的同时查明并解决问题。

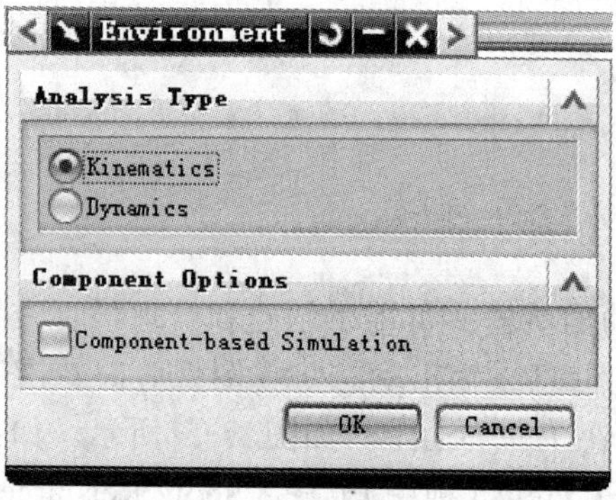

图 7-7 Environment 对话框- Kinematics

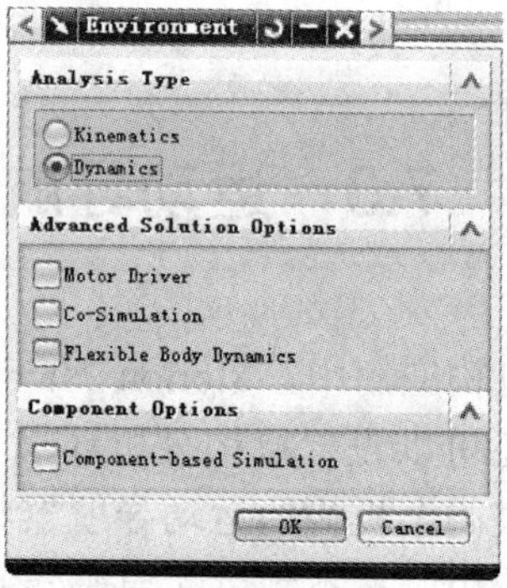

图 7-8 Environment 对话框- Dynamics

选择好分析环境后，单击 OK 按钮即可进入该环境进行相关设置。另外用户也可以直接在 Scenario 模型上单击鼠标右键，在弹出的菜单中选择相关命令以提高操作效率。如图 7-9 所示的菜单为在处于非工作状态的 Scenario 模型上单击鼠标右键时的弹出菜单，其各项参数的意义如下。

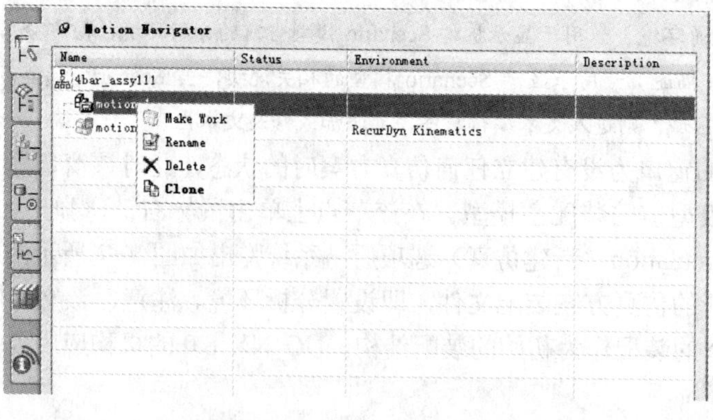

图 7-9 右键弹出菜单（非工作状态的 Scenario 模型）

➢ Make Work（作为工作层）：用于将当前所选 Scenario 模型作为工作模型，也可通过直接双击该 Scenario 模型来实现。

➢ Rename（更名）：在新建 Scenario 模型时，其默认名称为 motion_n，其中 n 为产生的 Scenario 模型的序号，该选项用于更改当前所选 Scenario 模型的名称。

➢ Delete（删除）：用于将当前所选的 Scenario 模型删除，即删除该运动仿真方案。

➢ Clone（克隆）：用于将当前所选的 Scenario 模型克隆出一个新的 Scenario 模型，新的 Scenario 模型包含原 Scenario 的运动对象和其他任何特征及存在于原仿真方案中的几何体。

当在处于工作状态的 Scenario 模型上单击鼠标右键时，系统弹出如图 7-10 所示的菜单，其主要参数的意义如下。

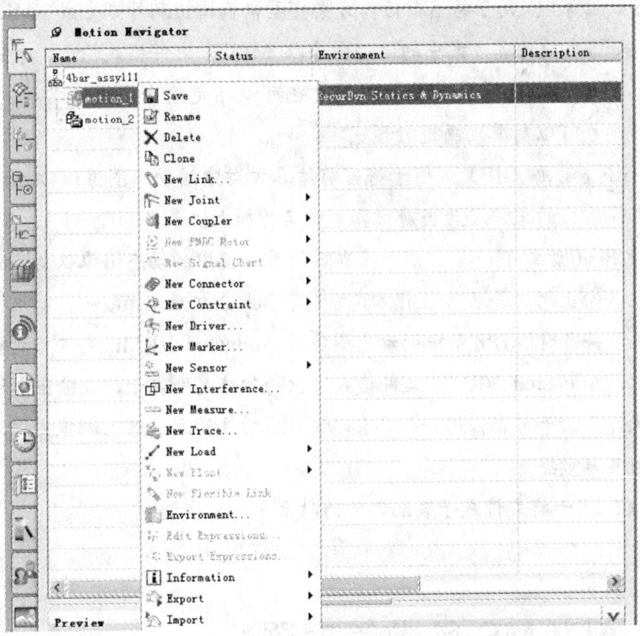

图 7-10　右键弹出菜单（工作状态的 Scenario 模型）

➢ Save（保存）：用于保存当前的仿真方案。

➢ Environment（环境）：用于设置当前 Scenario 模型的分析环境，即前面所提到的运动学和动力学解算器。

➢ Edit Expressions（编辑表达式）：用于修改模型中存在的表达式，选择该命令后，系统将弹出 Edit Expressions 对话框，该对话框将列出当前 Scenario 模型中存在的表达式，包括表达式的名称、当前值、原值及在何处使用该表达式等信息。在该对话框中选择需要修改的表达式之后，在其对应的文本框中输入表达式值即可，或通过单击 Reset All 按钮来恢复所有当前模型表达式的原值，最后单击 OK 按钮即可。注意此处所作的修改不会对主模型产生影响。

➢ Export Expressions（导出表达式）：用于将当前 Scenario 模型中编辑过的表达式导出到装配主模型中以实现对主模型的修改。

➢ Information（信息）：用于查看当前所选机构 Scenario 模型的相关信息，包括 Motion Connections 和 Modified Expression 两个选项。选择 Motion Connections 选项，系统将列出当前机构的整体信息，如机构名称、自由度数、活动构件数、各构件名称及其参与的运动副名称（若运动副为原动运动副，则列出其独立运动参数值），以及标记、弹簧、阻尼、力、扭矩等载荷数量；选择 Modified Expression 选项，系统将显示当前 Scenario 模型中已修改的表达式的相关信息，如表达式名称、当前值、原值及有关该表达式的描述信息等。

- Export（导出）：用于输出机构分析结果，以供其他系统调用。执行该命令后，系统展开 Export 子菜单，主要包括以下几种分析结果文件输出格式供用户选择。
  - ✧ RecurDyn Input（RecurDyn 输入）：用于将当前仿真方案导出到 RecurDyn，输出一个 RecurDyn 文件，该文件可被外部独立的 RecurDyn 求解软件使用。
  - ✧ Adams Input（Adams 输入）：用于将当前仿真方案导出到 Adams，输出一个 Adams 文件，其扩展名为.anl，该文件可被外部独立的 Adams 求解软件使用。
  - ✧ Mechanism（机构）：用于将当前仿真方案模型机构输出到外部生成 XML 文件。
  - ✧ MPEG：用于将当前仿真方案中的运动图像以 MPEG 文件格式输出，系统默认输出的文件名为当前仿真方案名称加上扩展名.mpg，用户也可以指定输出文件的名称。另外，用户在输出该 MPEG 文件前也可以对其动画进行预览。
  - ✧ Animated GIF（动画 GIF）：用于将当前仿真方案中的动态图像以 Animated GIF 文件格式输出，系统默认输出的文件名为当前仿真方案名称加上扩展名.gif。
  - ✧ Animated TIFF（动画 TIFF）：用于将当前仿真方案中的动态图像以 Animated TIFF 文件格式输出，系统默认输出的文件名为当前仿真方案名称加上扩展名.tif。
  - ✧ VRML：用于将当前仿真方案中的动态图像以 Animated VRML 文件格式输出。与之前的文件格式输出相比，Animated VRML 文件格式输出的独特之处在于，在输出文件过程中用户可对模型进行交互操作。由于可在任何一个具有 VRML 插件的浏览器上浏览文件，故该文件格式有助于用户在网上共享数据。
- Import（导入）：用于将文件或子装配定义的对象导入主模型中。

7.4 ADAMS 函数管理器

在进行运动仿真方案定义时，可以通过 ADAMS 函数管理器来定义和管理函数表达式，这些表达式可基于数学表达式来定义，也可基于 ADAMS 解算器解算结果或存在的表达式来定义，系统将定义好的表达式存储在机构模型中。

选择【Tools（工具）】→【Function Manager（函数管理器）...】命令或单击工具栏上的 f(x) 按钮后，系统弹出如图 7-11 所示的 XY Function Manager 对话框，可根据需要通过 Filters 在列表框中显示表达式，还可以通过对话框中相关的功能对表达式进行编辑、复制和删除操作。当用户需要新建一个表达式时，可以单击对话框中的按钮，系统弹出如图 7-12 所示的 XY Function Editor 对话框，用户先在 Purpose（目的）和 Function Type（函数类型）选项中选择创建函数的目的和函数表达式的类型，再在 Name 文本框中输入函数表达式的名称，其下方的表达式编辑窗口用于输入表达式的内容，可输入多行文本，最多可达 100 行，在输入过程中可通过插入系统自带的函数表达式以提高输入速度。在表达式编辑窗口中完成函数表达式的定义或编辑后，可通过单击按钮来对函数表达式进行语法检查，并通过一个信息列表框将语法检查结果反馈给用户，若无语法错误，则可继续进行下一个函数表达式的定义或编辑。当完成对所需表达式的定义或编辑后，单击 OK 按钮即可。

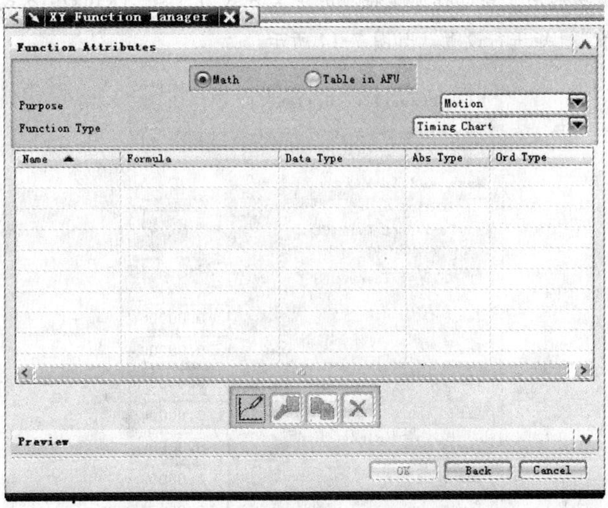

图 7-11 XY Function Manager 对话框

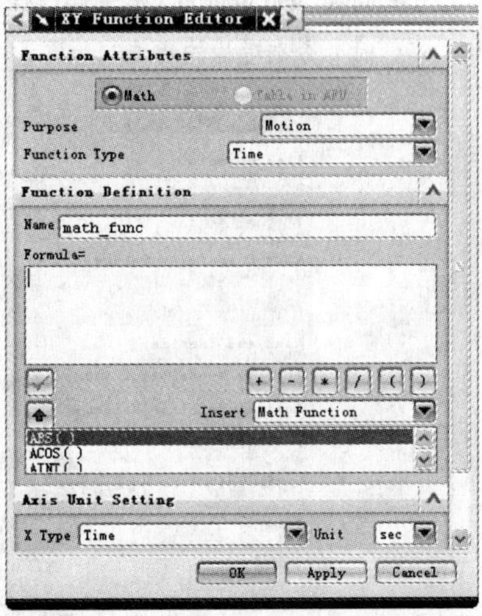

图 7-12 XY Function Editor 对话框

〖注意〗 在不同机构对象的创建和编辑过程中，系统提供进入 ADAMS 函数编辑器的方式也不同。

7.5 创建连杆特征

在机构应用中，机构由机构对象组成，要创建一个机构，应先创建 Scenario 模型，然后创建组成该机构的各构件、运动副、标记等；若需进行动力学分析，则应为各构件赋予质量特征，并在机构中添加相应的载荷对象。

利用 UG/Modeling 的功能建立一个三维实体模型后，并不能直接将各个部件按一定的连接关系连接起来，必须给各个部件赋予一定的运动学特性，即让其成为一个可以与别的有着相同特性的部件相连接的连杆构件（Link）。

选择【Insert（插入）】→【Link…（连杆）】命令或单击工具栏上的按钮，系统弹出如图 7-13 所示的 Link 对话框，该对话框中主要参数的意义如下。

- Link Objects（连杆对象）：该功能用于选择所需创建连杆的几何对象，可在视图区域依次选择一个或多个几何对象以创建连杆。
- Mass Properties Option（质量特征选项）：该功能用于设定构件质量特征的定义方法，在运动学仿真中，质量属性可以不考虑，但在进行动力学和静力学仿真时，必须定义质量属性。该选项提供了 Automatic（自动）、User Defined（用户自定义）和 None（无）三种定义方式，其定义分别如下。
  - ✧ Automatic（自动）：该方式为系统自动定义方式，即由系统根据原先赋予组成构件的各几何对象的材料特性来自动计算构件的质量特征。
  - ✧ User Defined（用户自定义）：该方式为用户自定义方式，即由用户定义构件的质量特征。

✧ None（无）：该方式指不对构件的质量特征进行定义，只对机构进行运动分析时可不定义构件的质量特征。

➢ Mass and Inertia（质量和惯性矩）：该功能用于当选择质量特征的定义方式为 User Defined 方式时，分别对构件的质心和质量、构件的惯性矩进行设置，如图 7-14 所示。

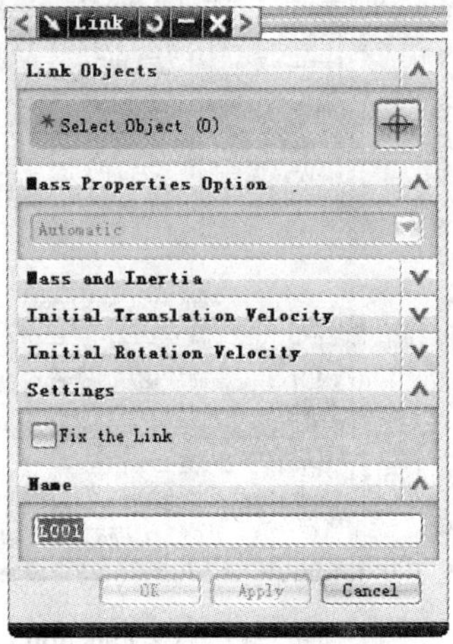

图 7-13　Link 对话框

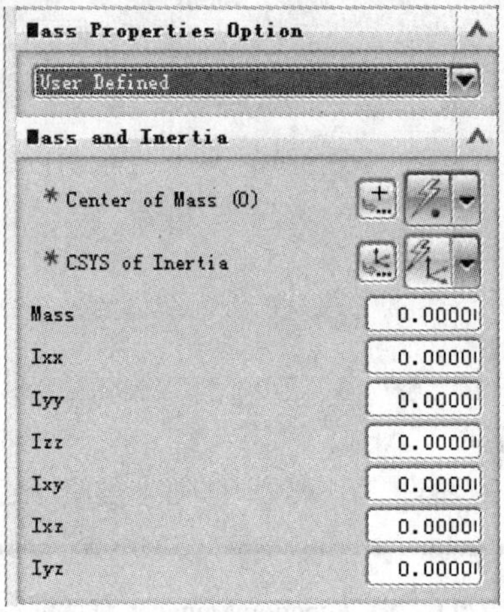

图 7-14　Mass and Inertia 选项

✧ Mass（质量）：单击[icon]按钮或通过选择特征点来定义连杆的质心位置，并在 Mass 文本框中输入连杆的质量值。

✧ Inertia（惯性矩）：分别利用[icon]和[icon]功能来定义惯性矩坐标系的原点和方向，然后分别在 Ixx、Iyy、Izz 文本框中输入质量惯性矩值和在 Ixy、Ixz、Iyz 文本框中输入质量惯性积值，注意输入的质量惯性矩值必须大于零，而质量惯性积值可以为任意值。

➢ Initial Translation Velocity（初始移动速度）：该功能用于对连杆的初始平移速度进行设置，如图 7-15 所示，先通过矢量构造器来定义矢量方向，还可根据需要通过单击[icon]选项使速度方向反向，再在 Translational Velocity 文本框中输入初始移动速度数值。

➢ Initial Rotation Velocity（初始旋转速度）：该功能用于对连杆的初始旋转速度进行设置，如图 7-16 所示，Velocity Type 用于设定初始旋转速度的输入方式，包括 Magnitude（幅值）和 Components（分量）两种方式。其中 Magnitude 方式通过设定一个矢量作为初始旋转速度的旋转轴，然后在 Rotational Velocity 文本框中输入构件的初始旋转速度大小，而 Components 方式则是通过输入初始速度的坐标分量值来设定构件的初始旋转速度。

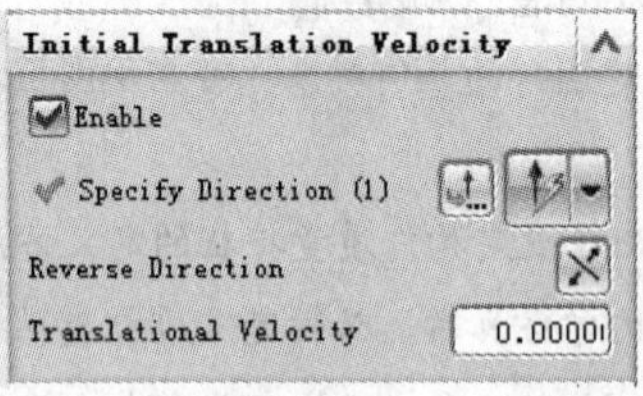

图 7-15　Initial Translation Velocity 选项

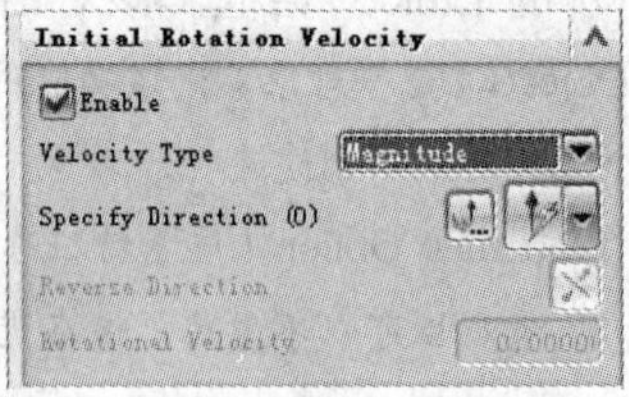

图 7-16　Initial Rotation Velocity 选项

➢ Name（名称）：该功能用于输入连杆的名称，系统默认的构件名称由字母 L+3 个数字组成，如“L001”。

另外，用户还可以根据需要对连杆的材料进行定义，选择【Tools（工具）】→【Material Properties...（材料属性）】命令进入 Assign Material（指定材料）对话框，在视图区域选择需定义材料的连杆后，对其材料特性进行设置即可。材料类型主要包括 Isotropic（各向同性）、Orthotropic（正交各向异性）和 Anisotropic（各项异性）3 种，其中 Isotropic 指沿 3 根轴线方向的材料属性为常数；Orthotropic 指沿 3 根轴线方向其材料属性不同；而 Anisotropic 指该材料主要由 21 个复杂的材料常数定义，主要有材料的弹簧模量、热膨胀系数和热传导系数等。

7.6　创建运动副

运动副用于定义两构件之间的连接方式。为了组成一个能运动的机构，必须把两个相邻构件（包括机架、原动件、从动件）以一定方式连接起来，这种连接必须是可动连接，而不能是无相对运动的固接（如焊接或铆接）。凡是使两个构件接触而又保持某些相对运动的可动连接即称为运动副。在 UG/Motion 中两个部件被赋予了连杆特性后，就可以用运动副（Joint）相连接，组成运动机构。

1. 运动副的类型

UG NX 8.0 提供了多种运动副类型供用户使用，如图 7-17 的工具栏所示，主要有铰链连接、齿轮齿条副和齿轮副等多种形式。

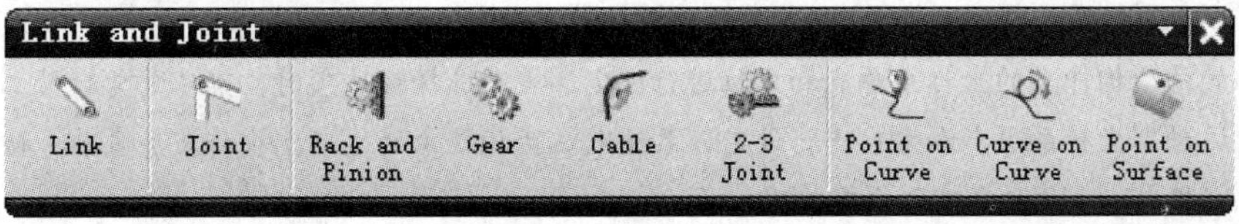

图 7-17　Link and Joint 工具栏

- Joint（铰链连接）：该功能用于指定当前创建运动副的类型。选择【Insert（插入）】→【Joint...（铰链连接）】命令或单击工具栏上的按钮，系统弹出如图 7-18 所示的 Joint 对话框，主要包括转动副、移动副和圆柱副等多种运动副，如图 7-19 所示，其主要参数的意义如下。
  - ✧ Action（第一个连杆）：该功能用于定义运动副中的第一个构件，以及对该运动副在第一个构件中的坐标系原点和方位进行定义。
  - ✧ Base（第二个连杆）：该功能用于定义运动副中的第二个构件，以及对该运动副在第二个构件中的坐标系原点和方位进行定义。

第一个连杆与第二个连杆的定义方式相同，在图形窗口中选择组成运动副的第一个或第二个构件的几何对象（如线、圆、椭圆、实体边或实体等），系统根据所选的线、圆、椭圆或实体边，自动获得运动副在第一、第二个构件上的坐标系原点和方位。如果系统自动获得的坐标系原点和方位是正确的，则不需再对其进行定义，若系统不能从所选几何对象中确定运动副的坐标系原点和方位，或系统自动获得的运动副坐标系原点和方位不正确，则需分别通过各自选项下的 Specify Origin 和 Specify Orientation 选项来确实运动副在第一、第二个构件中的坐标系原点和方位。

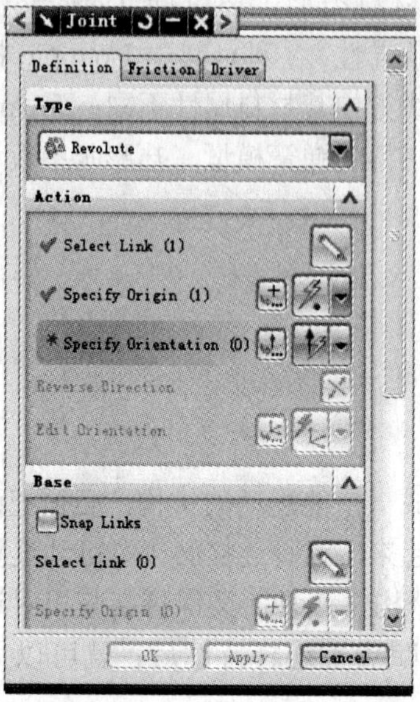

图 7-18 Joint 对话框

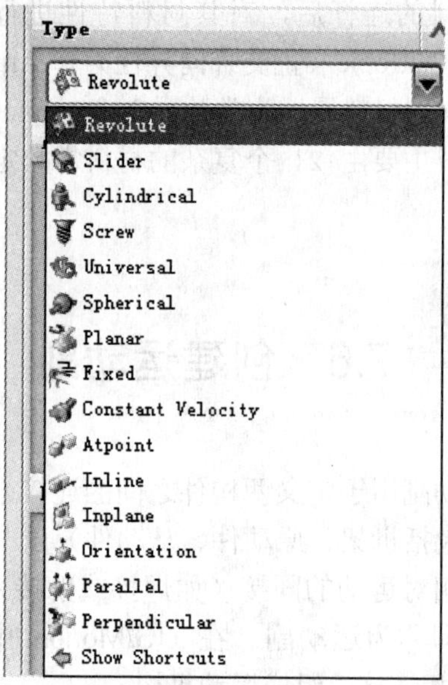

图 7-19 一般运动副类型

- ✧ Snap Links（啮合连杆）：该功能用于判断由不连接构件组成的运动副（万向节除外）在调用机构分析解算器时是否连接在一起。当选择该选项时，在机构分析中，解算器会根据运动副的约束条件将两构件连接起来，如对于球面副，按两构件的坐标原点将其连接起来，而对于转动副，则按两构件的坐标原点及 Z 轴分析重合将其连接起来，此种情况下，需分别对组成运动副的两个构件上的坐标系原点和方位进行设定。当未选择该选项时，则不需要对第二个构件中的运动副坐标系原点和方位进行设定，系统默认两构件中的运动副坐标系原点和方位一致，系统根据第一个构件的选取自动获得。
- ✧ Limits（限制）：该功能用于限定转动副的相对转动范围（仅在基于位移的动态仿真中有效）或用于限定移动副的相对移动范围。当限定转动副的相对转动范围时，分别在 Upper 和 Lower 文本框中输入相对转角的上限值和下限值。当限制移动副的相对移动范围时，分别在 Upper 和 Lower 文本框中输入相对位移的上限值和下限值。注意，输入的上限值应大于或等于零，而输入的下限值应小于或等于零。
- ✧ Display Scale（显示比例）：该功能用于输入运动副显示按钮的显示比例。
- ✧ Name（名称）：该功能用于设置运动副的名称，系统默认的运动副名称由字母 J+3 个数字组成，如“J001”。

对于铰链连接形式的运动副，主要有以下几种类型。

- ✧ Revolute（转动副）：该功能用于创建转动副，如图 7-20 所示，组成转动副的两构件之间允许具有一个绕 Z 轴作相对转动的自由度。

转动副主要有两种形式：一种是两个连杆绕同一轴作相对的转动，另一种是一个连杆绕固定在机架上的一根轴进行旋转，如图 7-21 所示。

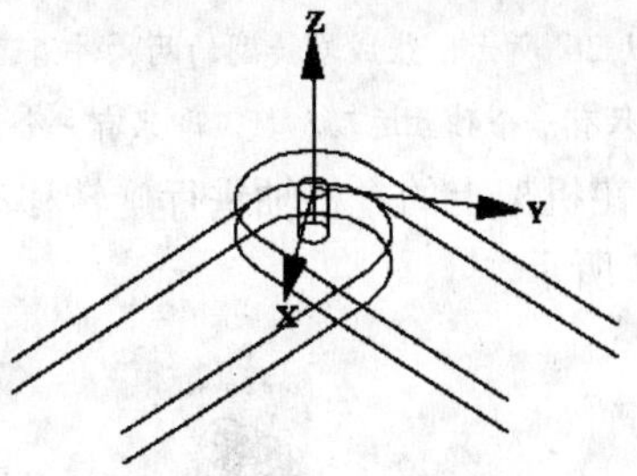

图 7-20　转动副

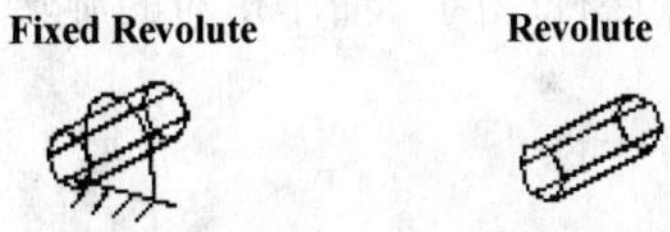

图 7-21　转动副的两种形式

〖注意〗 在确定组成转动副的两个构件的坐标系原点和方位时，应注意 Z 轴为旋转轴。另外，当 Snap Links 选项为关闭状态时，组成转动副两构件中的坐标系原点必须重合，且组成转动副两构件中的坐标系与 Z 轴必须同方向（当 Snap Links 选项为关闭状态时，必须共线）。

✧ Slider（移动副）：该功能用于创建移动副，如图 7-22 所示，组成移动副的两构件之间允许存在一个沿 Z 轴方向作相对移动的自由度。

移动副主要有两种形式：一种是滑块为一个自由滑块，在另一部件上产生相对滑动；另一种是滑块连接在机架上，在静止表面上滑动，如图 7-23 所示。

〖注意〗 在确定组成移动副的两个构件的坐标系原点和方位时，应注意组成移动副的两构件是沿坐标系 Z 轴方向作相对移动的，两构件坐标系与 Z 轴必须共线且方向相同。

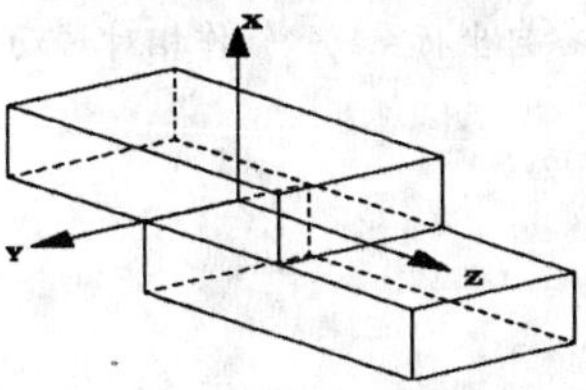

图 7-22　移动副

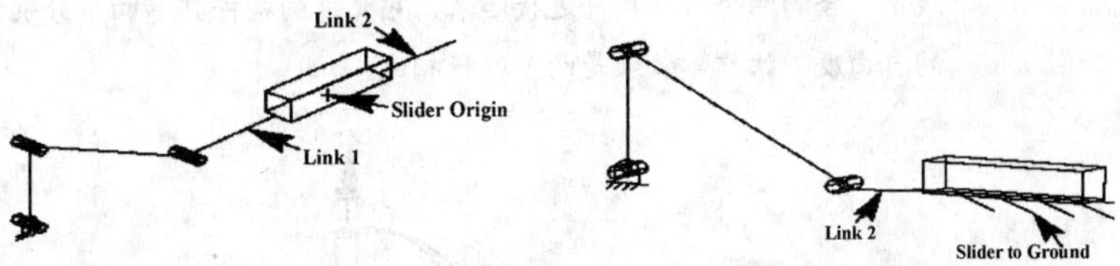

图 7-23　移动副的两种形式

✧ Cylindrical（圆柱副）：该功能用于创建圆柱副，如图 7-24 所示。组成圆柱副的两构件之间允许具有两个自由度，一个沿 Z 轴方向作相对移动，一个绕 Z 轴作相对转动。

圆柱副主要有两种形式：一种是两个部件相连，另一种是一个部件连接在机架上，如图 7-25 所示。

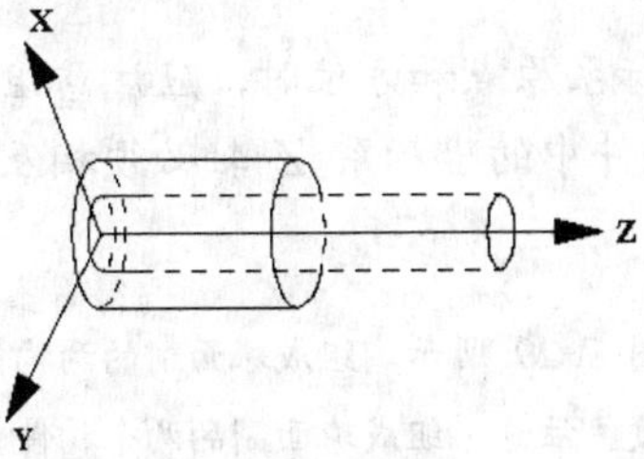

图 7-24　圆柱副

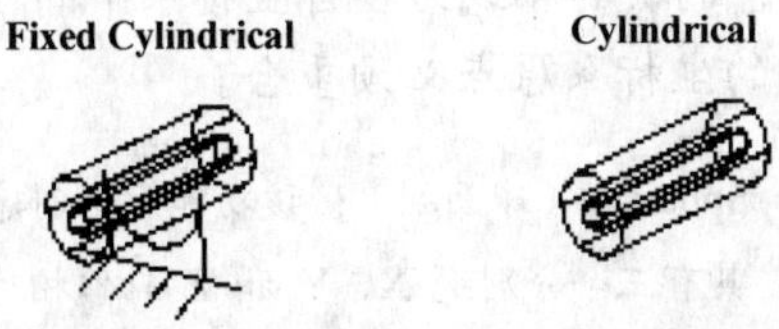

图 7-25　圆柱副的两种形式

〖注意〗 在确定组成圆柱副的两个构件的坐标系原点和方位时，应注意组成圆柱副的两构件是沿坐标系 Z 轴方向作相对移动和绕 Z 轴作相对转动的，两构件中的坐标系与 Z 轴必须共线且方向相同。

✧ Screw（螺旋副）：该功能用于创建螺旋副，如图 7-26 所示，组成螺旋副的两构件沿运动副坐标系 Z 轴作相对移动并绕 Z 轴作相对转动，两者之间只有一个独立运动参数，即只有一个自由度。

螺旋副主要有两种形式：一种是一个连杆绕固定在机架上的一根轴进行旋转移动，另一种是两个连杆绕同一轴作相对的旋转移动，如图 7-27 所示。

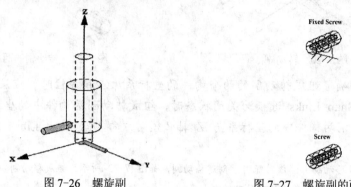

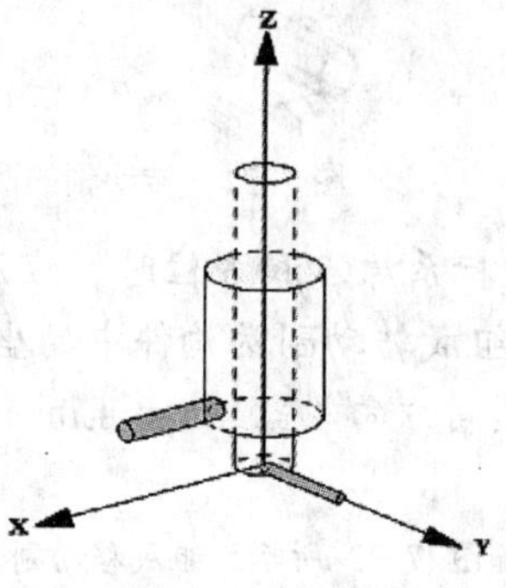

图 7-26　螺旋副

图 7-27　螺旋副的两种形式

〖注意〗　在确定组成螺旋副的两个构件的坐标系原点和方位时，应注意组成螺旋副的两构件是沿坐标系 Z 轴方向作相对移动和绕 Z 轴作相对转动的，两构件中的坐标系与 Z 轴必须共线且方向相同。

✧ Universal（万向联轴节）：该功能用于创建万向联轴节，如图 7-28 所示。万向联轴节用于将轴线不重合的两个回转构件连接起来，它允许两构件具有两个分别绕各自坐标系 X 轴作相对转动的自由度。注意，必须是两个连杆相连。

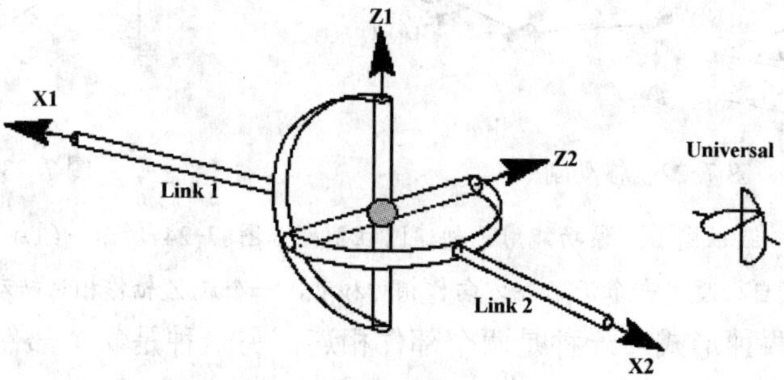

图 7-28　万向联轴节

〖注意〗　在确定组成万向联轴节的两个构件的坐标系原点和方位时，应注意组成万向联轴节两构件的旋转轴线为各自坐标系中的 X 轴和两构件中的坐标系 Z 轴必须相互垂直，且两构件中的坐标系原点必须重合。

✧ Spherical（球面副）：该功能用于创建球面副，如图 7-29 所示，组成球面副的两构件之间允许具有三个分别绕 X、Y 和 Z 轴作相对转动的自由度。注意，组成球面副的两个构件的坐标系原点必须重合。

✧ Planer（平面运动副）：该功能用于创建平面运动副，如图 7-30 所示。组成平面运动副的两个构件之间允许有三个自由度存在，即两个沿两构件接触平面上的相对移动和绕接触平面法线的相对转动。

〖注意〗 在确定组成平面运动副的两个构件的坐标系原点和方位时，应注意组成平面运动副的两构件的X-Y平面必须相互平行。

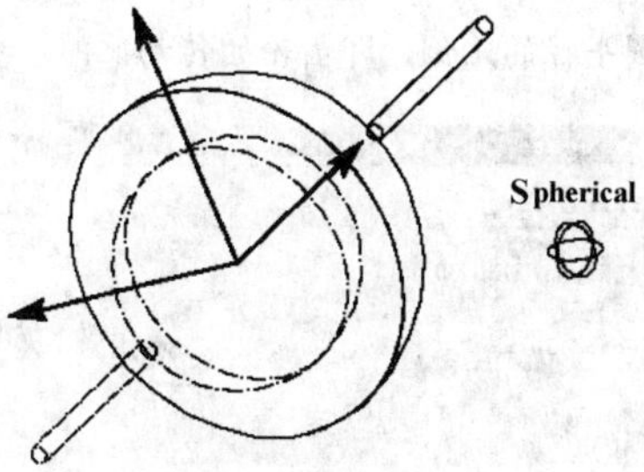

图 7-29　球面副

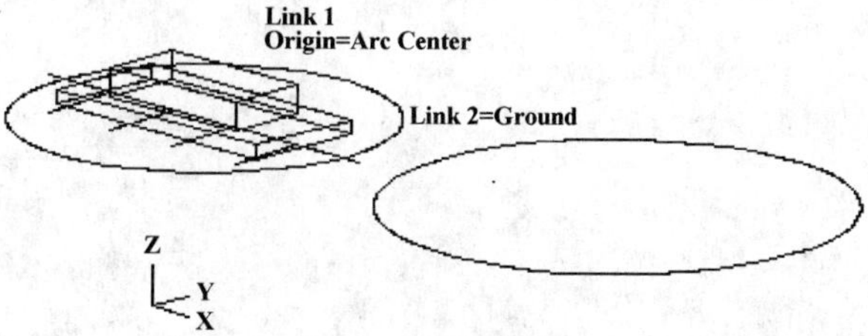

图 7-30　平面运动副

➢ Rack and Pinion（齿轮齿条副）：该功能用于创建齿轮齿条运动副以模拟齿轮齿条的啮合传动，如图 7-31 所示。在创建齿轮齿条副之前，需先定义一个移动副（由齿条和除齿轮外的另一个构件组成）和一个转动副（由齿轮和除齿条外的另一个构件组成）。选择【Insert（插入）】→【Couple（耦合）】→【Rack and Pinion...（齿轮齿条副）】命令或单击工具栏上的按钮，系统弹出如图 7-32 所示的 Rack and Pinion 对话框，该对话框中主要参数的意义如下。

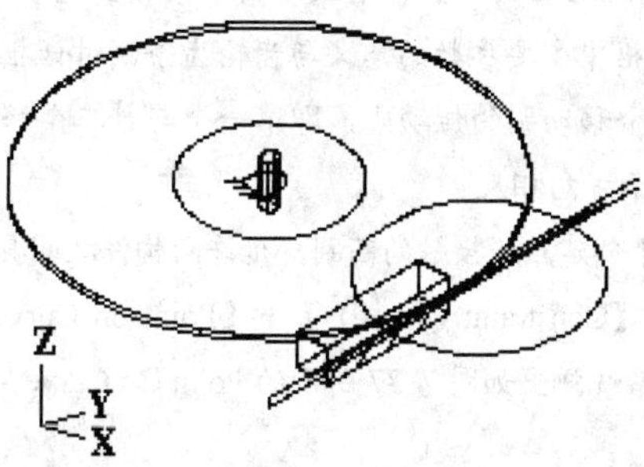

图 7-31　齿轮齿条副

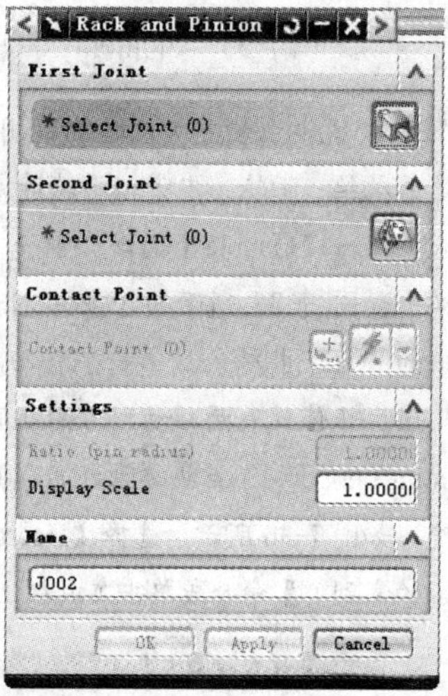

图 7-32　Rack and Pinion 对话框

✧ First Joint（第一个运动副）：用于定义一个移动副。

✧ Second Joint（第二个运动副）：用于定义一个转动副。

✧ Contact Point（节点）：用于定义齿轮齿条传动的节点，该节点应定义在通过转动副轴线且垂直于移动副轴线的直线上，可以直接在视图区域按鼠标左键并拖至节点位置设定，也可以利用 Ratio 文本框中的数值来设定。

✧ Ratio（比例）：用于设置齿轮的节圆半径，系统默认该值为齿轮转动轴线与齿条移动轴线之间的距离。

➢ Gear（齿轮副）：该功能用于创建齿轮副以模拟一对齿轮的啮合传动，如图 7-33 所示。在创建齿轮副之前，需先定义两个转动副或一个转动副与一个圆柱副（由两个齿轮分别与其他构件组成）。选择【Insert（插入）】→【Couple（耦合）】→【Gear...（齿轮副）】命令或单击工具栏上的按钮，系统弹出如图 7-34 所示的 Gear 对话框，该对话框中主要参数的意义与齿轮齿条副对话框相似，但 Ratio 是指被定义的第一个齿轮与第二个齿轮的节圆半径的比例，即齿轮的传动比。

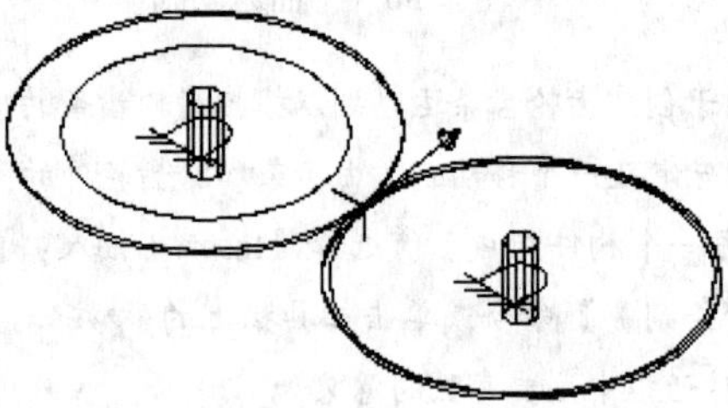

图 7-33　齿轮副

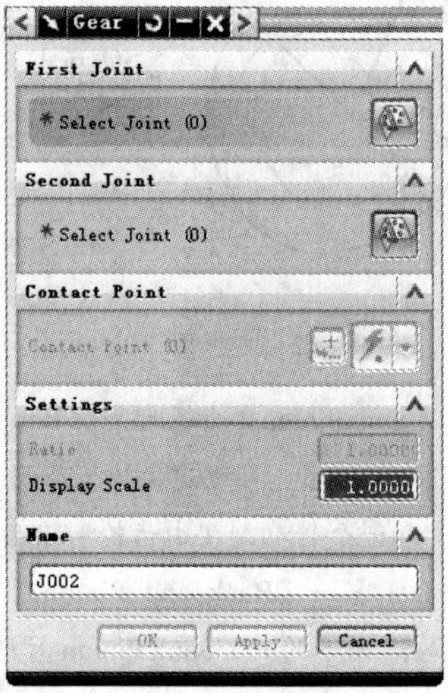

图 7-34　Gear 对话框

- Cable（缆绳运动副）：该功能用于定义滑动副之间的相互关系，构成缆绳运动副的构件对象可以是金属丝、带轮、皮带、滑轮等。在创建缆绳运动副之前，需先定义两个移动副。选择【Insert（插入）】→【Couple（耦合）】→【Cable...（缆绳运动副）】命令或单击工具栏上的按钮，系统弹出如图 7-35 所示的 Cable 对话框，该对话框中主要参数的意义与齿轮齿条副对话框相似，但其中的 Ratio 指输入的第一个移动副相对于第二个移动副的传动比，即第一个与第二个移动副位移的比值，正值代表两移动副方向相同，负值则表示方向相反。
- Point on Curve（点线接触的高副）：该功能用于创建点线接触的高副，允许两构件之间具有 4 个自由度，如图 7-36 所示。选择【Insert（插入）】→【Constraint（约束）】→【Point on Curve...（点线接触的高副）】命令或单击工具栏上的按钮，系统弹出如图 7-37 所示的 Point On Curve 对话框。

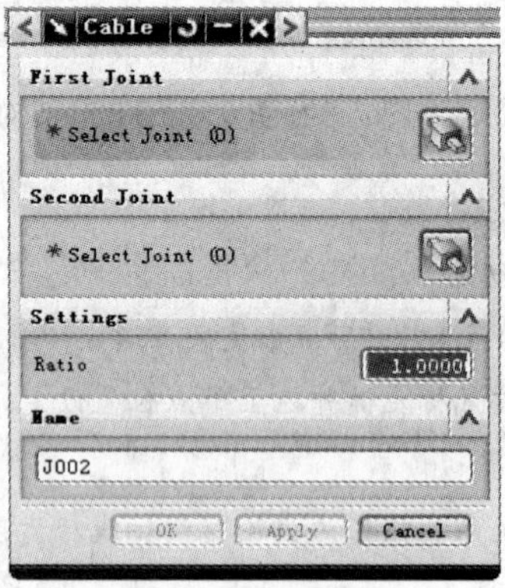

图 7-35　Cable 对话框

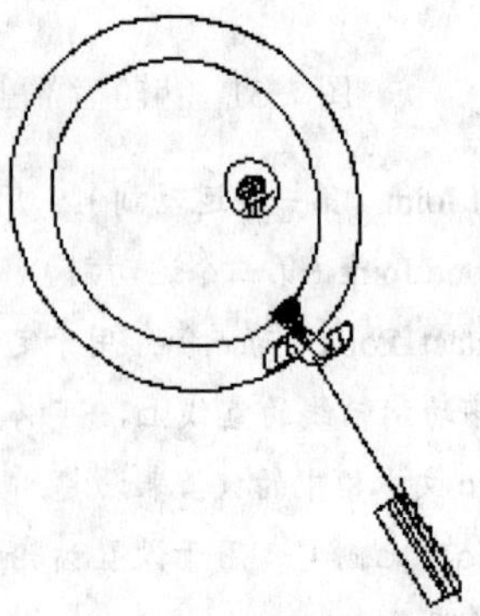

图 7-36　点线接触的高副

〖注意〗 在定义点和线时，点和线应属于不同的构件，点和线可以位于两个不同的活动构件上，也可以分别位于一个机架和一个活动构件上，如图 7-38 所示。

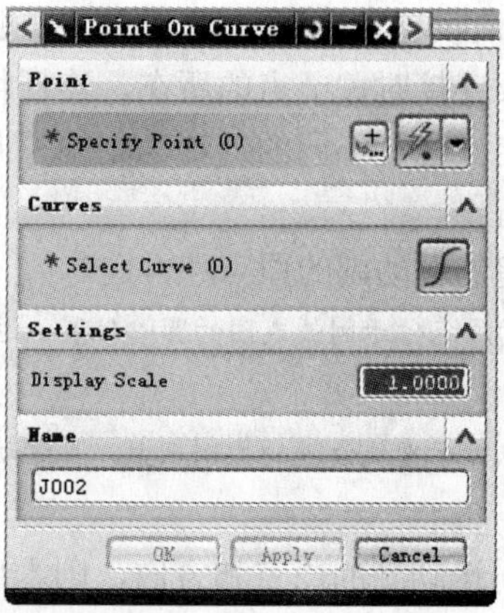

图 7-37　Point On Curve 对话框

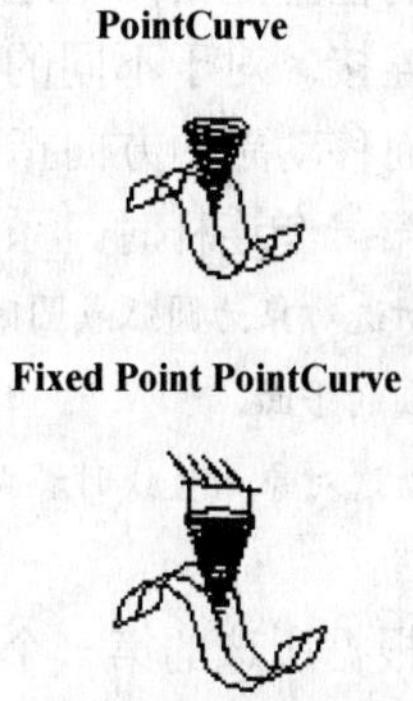

图 7-38　点线接触高副的两种形式

➢ Curve on Curve（线线接触的高副）：该功能用于创建线线接触的高副，允许两构件之间具有 4 个自由度。选择【Insert（插入）】→【Constraint（约束）】→【Curve on Curve…（线线运动副）】命令或单击工具栏上的按钮，系统弹出如图 7-39 所示的 Curve On Curve 对话框。在视图区域依次选择组成线线接触高副的两个构件上的平面曲线后单击 OK 按钮即可。

〖注意〗 在创建线线接触的高副时，应注意两条平面曲线可以是封闭曲线也可以是不封闭曲线，两条平面曲线可以位于两个不同的活动构件上也可以位于一个机架的活动构件上，但两条平面曲线必须共面，如图 7-40 所示。

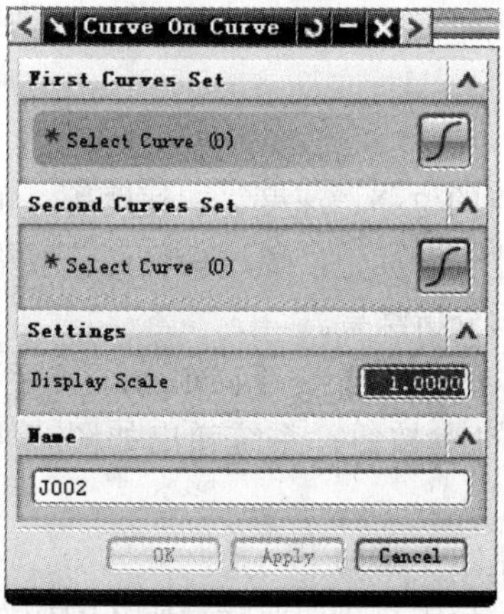

图 7-39　Curve On Curve 对话框

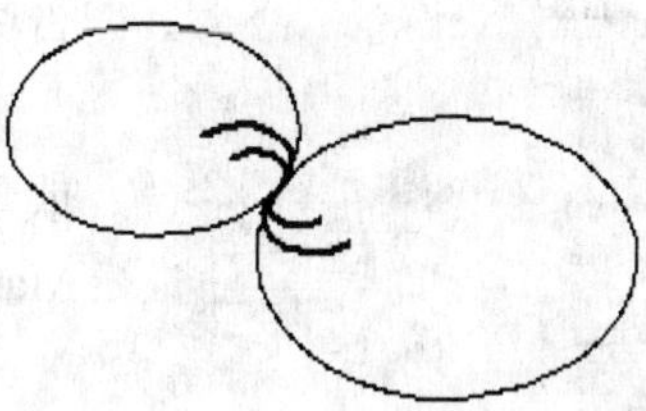

图 7-40　线线接触的高副

2．运动副的建立

在 UG/Motion 模块中，当用户选择不同的运动副类型时，其对话框也会发生变化，但主要创建方法基本相似，其主要创建步骤如下。

（1）定义运动副类型：在图 7-18 所示的 Joint 对话框中选择运动副的类型。

（2）定义运动副要约束的第一个连杆：选择要进行连接的第一个连杆，如果在 Snap Links 选项中空置，则该连杆将与机架连接在一起。

（3）定义运动副第一个连杆的方位：要求用户设置运动副在第一个连杆上的位置和方向。运动副的位置是指两个连杆连接或连杆与机架连接时关节点的所在，连杆将在此点与机架或连杆相连接。对于不同的运动副，其方向的定义也是不同的，转动副的方向指连杆转动的旋转轴，而移动副的方向指的是连杆平移的方向。

当选择第一个连杆时，系统自动推断出要创建的运动副的原点和方向。

- 对于所选对象为圆弧或圆时，系统推断其运动副的原点位于圆弧或圆的圆心位置，运动副的 Z 轴垂直于圆的平面。
- 对于所选对象为直线时，系统推断其运动副的原点位于直线最近的控制点上，且运动副的 Z 轴平行于直线。

若系统根据所选的第一个连杆能正确地推断出运动副的原点和方向，则本步无须进行，即可直接进入下一步骤进行相关操作。

（4）定义运动副要约束的第二个连杆：当 Snap Links 选项被选中时，在设置完运动副在第一个连杆上的相关参数后，需在图形区域中选择与第一个运动副相连接的第二个连杆。若所创建的运动副相对于地面运动，则可以跳过本步。

（5）定义运动副第二个连杆的方向：只有当 Snap Links 选项被选中时，才要求用户设置运动副在第二个连杆上的位置和方向。通常，如果装配是完全定义好的，每一个组件均根据配对条件定位在适当的位置，则本步是完全不必要的，当装配没有完全定义好时，则可用 Snap Links 选项使组件在进行仿真时咬合到一起。

7.7 创建标记

如果要了解构件上某点的机构分析结果，如某点的位移、速度、加速度等，可以在该构件上相应点处创建一个标记，通过标记可获取构件上标记点所在位置的机构分析结果。

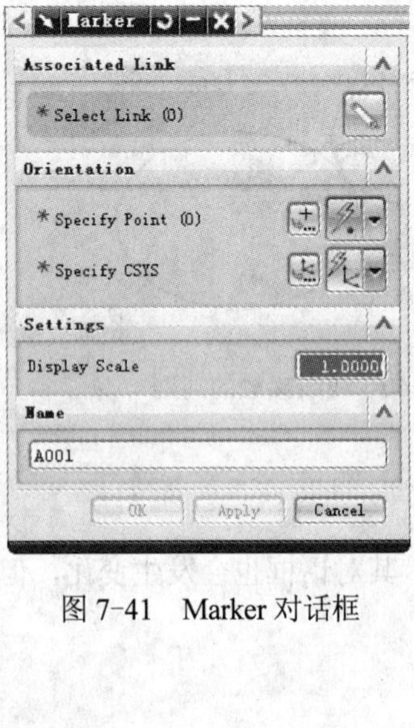

图 7-41 Marker 对话框

选择【Insert（插入）】→【Marker…（标记）】命令或单击工具栏上的按钮，系统弹出如图 7-41 所示的 Marker 对话框。

创建标记的基本步骤如下。

（1）在图形窗口中直接选取标记所在的构件。

（2）选取构件后，利用点构造器功能在所选构件上选择相应点来指定标记的位置，此时系统赋予该标记一个默认方位，即绝对坐标系。

（3）若用户选择使用系统赋予该标记的默认方位，则本步骤可跳过，否则利用坐标系构造器定义标记的方位。

（4）在 Name 文本框中输入所创建标记的名称，系统默认的运动副名称由字母 J+3 个数字组成，如“A001”。

（5）单击 OK 按钮，完成创建标记操作。

7.8　定义机构载荷

UG/Motion 的功能允许用户在机构的任意两个构件之间添加载荷，从而使整个运动模型工作在真实的工程状态下，尽可能地使其运动状态与真实的情况相吻合。载荷用于模拟零件间的弹性连接、弹簧、阻尼元件和控制力等。力和扭矩不会影响机构的运动，仅用于在动力分析中确定运动副中的作用力和反作用力。

一个被应用的力只能设置在运动机构的两个连杆之间、运动副上或连杆与机架之间，它可以用来模拟两个零件之间的弹性连接，模拟弹簧和阻尼的状态，以及传动力与原动力等多种零件之间的相互作用。

在 UG/Motion 模块中可通过选择【Insert（插入）】→【Connector...（连接）】命令的下拉菜单（如图 7-42 所示）和选择【Insert（插入）】→【Load...（载荷）】命令的下拉菜单（如图 7-43 所示），或单击如图 7-44 所示 Connector and Load 工具栏上的相应命令对载荷进行定义。

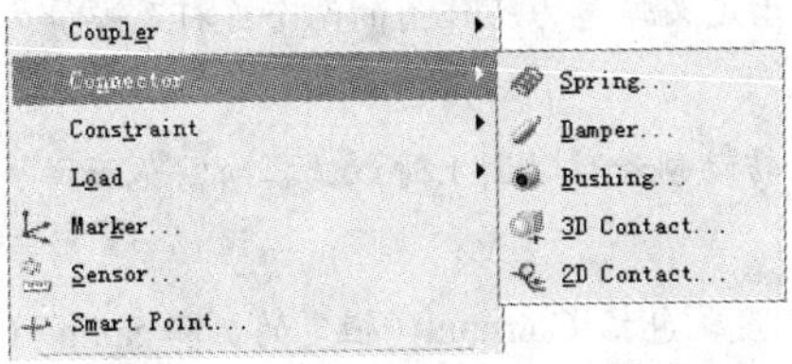

图 7-42　Connector 下拉菜单

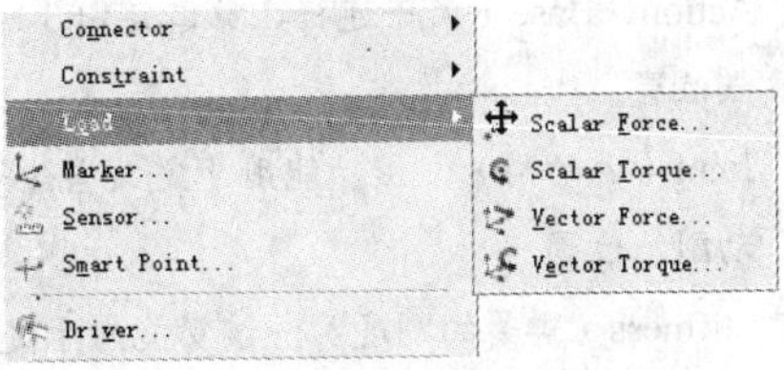

图 7-43　Load 下拉菜单

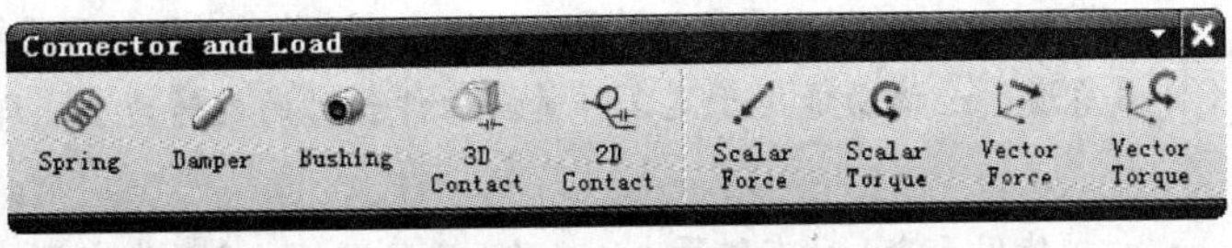

图 7-44　Connector and Load 工具栏

1. 添加弹簧力

弹簧用来创建一个柔性单元，在相距一定距离的两构件之间（如两个连杆之间、连杆与机架之间）或在可平移的运动副内添加力和力矩。选择【Insert（插入）】→【Connector（连接）】→【Spring...（弹簧）】命令或单击工具栏上的按钮，系统弹出如图 7-45 所示的 Spring 对话框，可将弹簧定义在不同的位置。当弹簧力附着在不同的对象上时，其操作步骤也各不一样，图 7-45、图 7-46 和图 7-47 分别为将弹簧力附着在连杆、滑动副和转动副上的对话框，这些对话框中主要参数的意义如下。

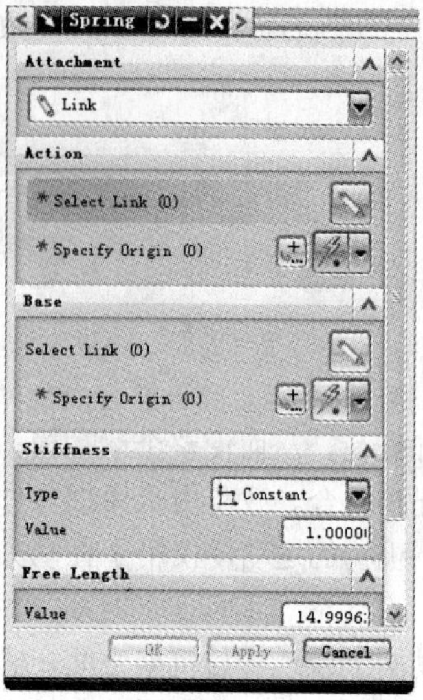

图 7-45　Spring 对话框（1）

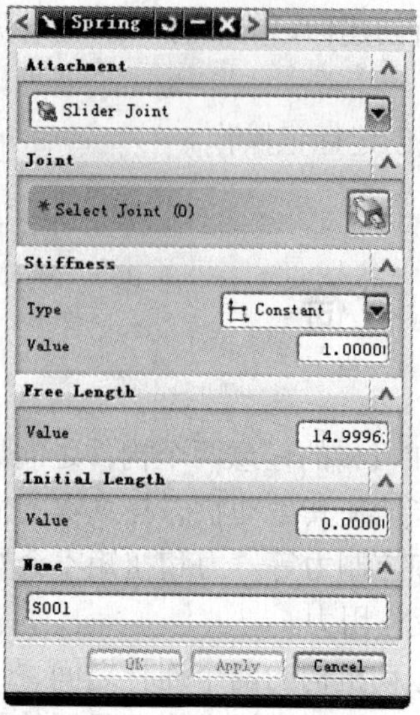

图 7-46　Spring 对话框（2）

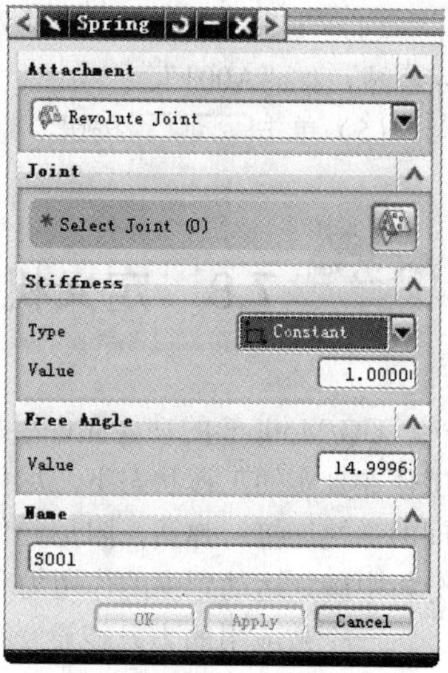

图 7-47　Spring 对话框（3）

➢ Attachment（依附）：该功能用于定义该弹簧力的附着位置，系统提供将弹簧力定义在 Link（连杆）、Revolute Joint（转动副）和 Slider Joint（移动副）上。其中 Link 和 Slider Joint 指在两个连杆之间或连杆与机架之间或是在运动副上的弹簧上施加弹簧力，即施加平移的弹簧力；Revolute Joint 指设置作用于转动副上的弹簧力，即施加扭转的弹簧力。

➢ Action、Base（第一连杆、第二连杆）：该功能用于定义弹簧力所作用的两个连杆及弹簧力的作用点位置。

➢ Joint（运动副）：该功能用于定义当弹簧力附着在转动副和移动副上时以选择所需施加弹簧力的运动副的位置。

➢ Stiffness（弹簧的刚度）：该功能用于定义弹簧的刚度，包括 Constant（恒定的）和 Spline（样条）两种类型。当指定类型为 Constant 时，直接在 Value 文本框中输入弹簧的刚度值即可；当指定类型为 Spline 时，需对其函数进行定义。

➢ Free Length（自由长度）：该功能用于定义弹簧自由伸长时的长度，即拉压弹簧的自由长度。

➢ Free Angle（自由角度）：该功能用于定义弹簧自由伸长时的旋转角度，即扭转弹簧的自由扭转角。

➢ Name（名称）：该功能用于输入所有弹簧力的名称，系统默认的名称由字母 S+3 个数字组成，如“S001”。

以两个连杆的连接为例，其基本操作步骤如下。

（1）在图 7-45 所示对话框中设置 Attachment 类型为 Link 类型。

（2）在图形窗口中选择第一个连杆，并以一定的方式定义弹簧力在第一个连杆上的作用点位置。

（3）同步骤（2）一样，选择第二个连杆，并定义弹簧力在第二个连杆上的作用点位置。

（4）输入弹簧的刚度、弹簧自由长度和自由旋转角度等参数。

（5）单击

按钮。

2．添加黏性阻尼器

黏性阻尼器可以添加在两个连杆之间、一个连杆与机架、一个可移动的运动副或一个转动副上。选择【Insert（插入）】→【Connector（连接）】→【Damper…（阻尼）】命令或单击工具栏上的按钮，系统弹出如图 7-48 所示的 Damper 对话框，可将黏性阻尼器定义在不同的位置。

图 7-48 所示对话框中各参数的意义与 Spring 对话框中各参数的意义基本相同，此处不再赘述。创建黏性阻尼器的基本步骤如下。

（1）在图 7-48 所示对话框中设置 Attachment 类型为 Link 类型、Slider Joint 类型或 Revolute Joint 类型。

（2）根据定义的黏性阻尼器类型的不同分别在图形窗口中指定阻尼器的固定方式及固定位置。

（3）设置阻尼器阻尼系统的定义方式为 Constant 或 Spline 方式，再分别在 Value 文本框中输入阻尼系数值或定义函数来指定阻尼系数。

（4）单击 OK 按钮。

3．添加衬套

套筒力是作用在有一定距离的两个构件之间的载荷，它可同时起到力和力矩的效果。衬套的定向是根据载荷的作用对象及施加对象的局部坐标系 Z 轴来确定的。选择【Insert（插入）】→【Connector（连接）】→【Bushing…（套筒）】命令或单击工具栏上的按钮，系统弹出如图 7-49 所示的 Bushing 对话框。该对话框中各参数的意义与 Spring 对话框中各参数的意义基本相同。添加衬套的基本步骤如下。

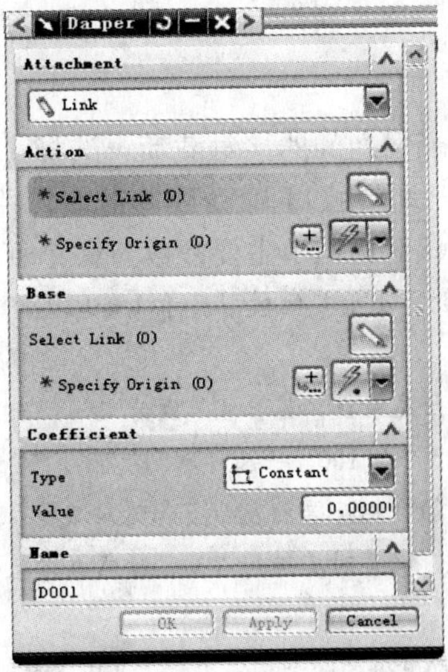

图 7-48　Damper 对话框

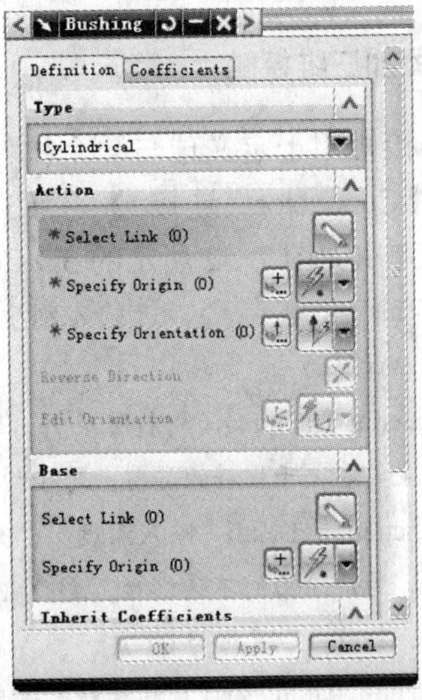

图 7-49　Bushing 对话框（1）

（1）在图 7-49 所示对话框中设置衬套的类型为 Cylindrical 或 General 类型。对于不同的参数，对应的 Coefficients 选项卡的内容也不一样。

> Cylindrical：该类型衬套为具有对称均匀材料的衬套，其 Coefficients 选项卡如图 7-50 所示，主要包括 Radial（径向）、Longitudinal（纵向）、Conical（环向）和 Torsional（扭转）的 Stiffness Coefficients（刚度系数）与 Damping Coefficients（阻尼系数）。

> General：该类型衬套为具有一般材质的衬套，如图 7-51 所示，其参数设置较为复杂，需对每一个自由度（移动和转动）各设置一个刚度系数、一个阻尼系数和一个预设值。

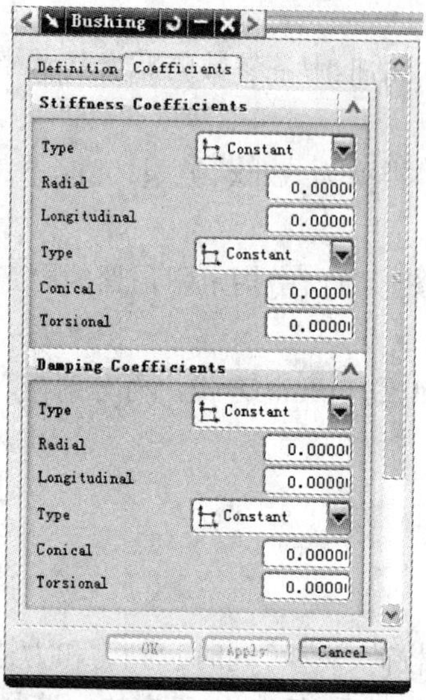

图 7-50　Bushing 对话框（2）

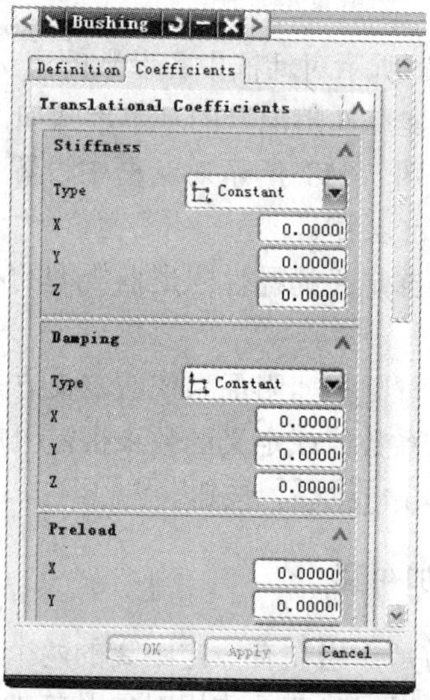

图 7-51　Bushing 对话框（3）

（2）确定载荷的作用对象、作用点及载荷作用对象的局部坐标系的 Z 轴方向。

（3）确定载荷的施加对象、起始点及载荷施加对象的局部坐标系的 Z 轴方向。

（4）单击 OK 按钮。

4．添加三维接触

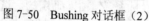

三维接触用于定义球与一个构件或机架的一组表面之间的接触载荷。选择【Insert（插入）】→【Connector（连接）】→【3D Contact…（三维接触）】命令或单击工具栏上的按钮，系统弹出如图 7-52 所示的 3D Contact 对话框，该对话框中主要参数的意义如下。

> Stiffness（刚度）：用于输入刚度系数，该刚度系数是基于其他模型尺寸（如球半径、模型尺寸等）计算的。

> Material Damping（材料阻尼）：用于输入最大黏性阻尼系数，其取值范围为 1～1 000。该值的选取主要取决于材料的类型，对于材料为钢-钢接触时，可取 100，一般可取刚度的 0.1%。

> Penetration Depth（陷入深度）：用于输入球与球接触时相互接触表面上的陷入深度，该值一般很小。为消除力的不连续性，避免 ADAMS 求解失败，必须对其进行设置，通常在单位制为米、千克、秒时，取其值为 0.001。

> Friction Parameter（摩擦参数）：用于设置静摩擦与动摩擦的两个相关参数。其中 Static Coefficient 和 Dynamic Coefficient 分别设置静摩擦系数和动摩擦系数，Stiction Velocity 和 Friction Velocity 分别设置与静摩擦系数相应的滑动速度和与动摩擦系数相应的滑动速度。

添加三维接触的基本步骤较为简单，首先分别在图形窗口中选取相互接触的两个构件，然后对其相关参数进行设置，最后单击 OK 按钮即可。

5．添加二维接触

二维接触用于在两个共面的曲线之间创建接触，以使附着到这些曲线上的连杆产生与材料有关的影响。它可定义组成曲线/曲线接触高副的两个构件之间的接触力，可在两个构件（即两条平面曲线分别所属的构件）之间添加弹性或非弹性冲击。选择【Insert（插入）】→【Connector（连接）】→【2D Contact...（二维接触）】命令或单击工具栏上的按钮，系统弹出如图 7-53 所示的 2D Contact 对话框，该对话框中主要参数的意义与 3D 接触对话框中参数的意义基本相同。添加二维接触的基本步骤如下。

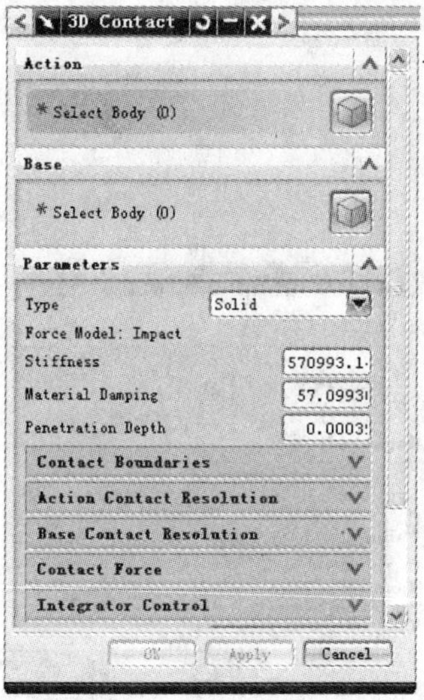

图 7-52　3D Contact 对话框

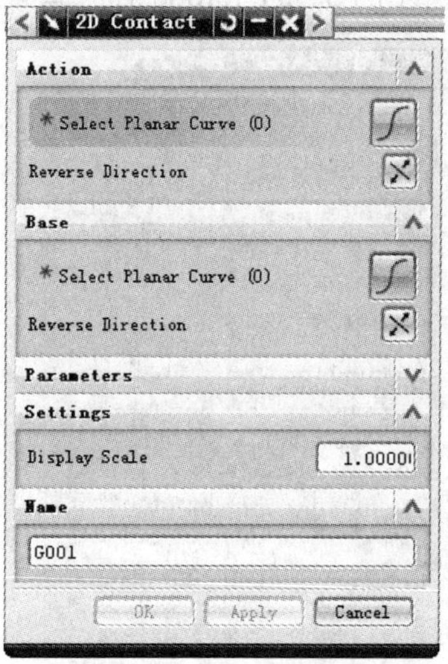

图 7-53　2D Contact 对话框

（1）单击图 7-53 所示对话框中的按钮，在视图区域选择第一组平面曲线，若所选曲线为封闭曲线，可单击对话框中的按钮以确定构件实体在曲线外部还是曲线内部。

（2）在视图区域选择第二组平面曲线，同样若所选曲线为封闭曲线，可通过单击对话框中的按钮以确定构件实体在曲线外部还是曲线内部。

（3）在对话框中输入二维接触的名称和刚度系数等。

（4）设置完相关参数后，单击 OK 按钮，即可在所选两组曲线之间创建二维接触。

6．添加标量力

添加标量力功能可在两个连杆之间或连杆与机架之间创建一个标量力。选择【Insert（插入）】→【Load（载荷）】→【Scalar Force...（标量力）】命令或单击工具栏上的按钮，系统弹出如图 7-54 所示的 Scalar Force 对话框。

添加标量力的基本步骤如下。

（1）在 Magnitude 选项下对标量力的大小进行设置，可以直接在 Value 文本框中输入一个标量力的值，也可以通过 Function 方式定义力的大小。

（2）在视图区域选取第一个连杆作为力的施加者，并通过一定方式在第一个连杆上创建一个点作为力的起始点。

（3）在视图区域选取第二个连杆作为力的受力体，并通过一定方式在第二个连杆上创建一个点作为力的作用点。

（4）单击 OK 按钮，即可在两点之间创建标量力，力的作用方向为指定的第一点指向第二点。

7．添加标量扭矩

添加标量扭矩功能用于在转动副的轴上创建一个标量扭矩。选择【Insert（插入）】→【Load（载荷）】→【Scalar Torque…（标量扭矩）】命令或单击工具栏上的按钮，系统弹出如图 7-55 所示的 Scalar Torque 对话框。

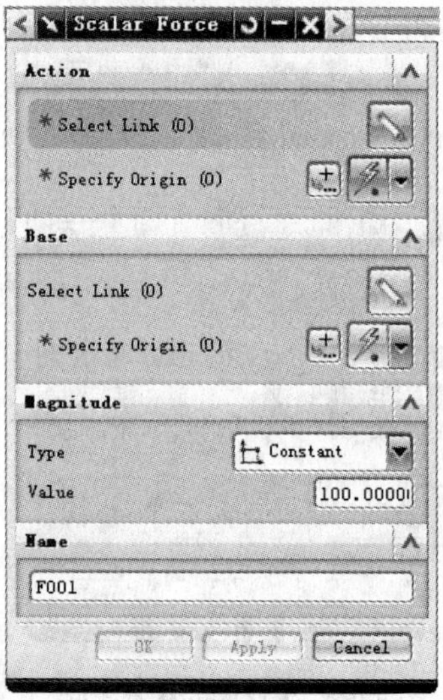

图 7-54　Scalar Force 对话框

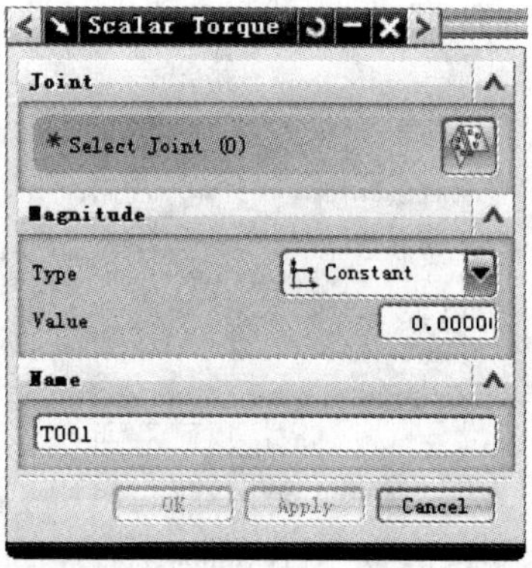

图 7-55　Scalar Torque 对话框

添加标量扭矩的方法与添加标量力的方法基本相同，首先在对话框的 Magnitude 选项下根据 Constant 或 Function 方式来设定标量扭矩的大小，然后在图形窗口中选择要添加扭矩的转动副，单击 OK 按钮即可，所添加的标量扭矩以绕所选转动副 Z 轴的逆时针为正。

8．添加矢量力

添加矢量力功能用于在两个连杆之间或连杆与机架之间创建一个力，力的方向可保持恒定或相对于某个移动体而变化。矢量力的所有分量都可以按绝对坐标系确定，或按指定的基准方向确定，而标量力与相应的构件相关联，其作用方向取决于所选构件及在构件上指定的位置。选择【Insert（插入）】→【Load（载荷）】→【Vector Force…（矢量力）】命令或单击工具栏上的按钮，系统弹出如图 7-56 所示的 Vector Force 对话框。

添加矢量力的基本步骤如下。

（1）在对话框的 Type 选项下选择定义矢量力的方法，主要有 Components（分量）和 Magnitude and Direction（力和方向）两种。其中 Components 方式指分别对 X、Y 和 Z 轴方向上的力进行定义，如图 7-56 所示；Magnitude and Direction 方式指直接对力的大小和方向进行定义，如图 7-57 所示。

（2）当选择矢量力的定义方式为 Components 时，在图 7-56 所示对话框的 Components 选项中通过 Constant 或 Function 方式对力在 X、Y 和 Z 轴方向的分力大小值进行定义。当选择矢量力的定义方式为 Magnitude and Direction 时，在图 7-57 所示对话框的 Magnitude 选项中通过 Constant 或 Function 方式对合力的大小值进行定义。

（3）当选择矢量力的定义方式为 Components 时，分别在视图区域选择施力连杆和受力连杆，以一定的点创建方式在所选连杆上选择力的作用点。当选择矢量力的定义方式为 Magnitude and Direction 时，对力的合力大小、合力作用点及合力的作用方向进行定义。

9．添加矢量扭矩

添加矢量扭矩功能用于在两个连杆之间或一个连杆和一个机架之间创建一个扭矩。选择【Insert（插入）】→【Load（载荷）】→【Vector Torque...（矢量扭矩）】命令或单击工具栏上的按钮，系统弹出如图 7-58 所示的 Vector Torque 对话框，该对话框中各参数的意义与 Vector Force 对话框中各参数的意义基本相同，且矢量扭矩的添加过程与矢量力的添加过程也基本相同，此处不再重复。

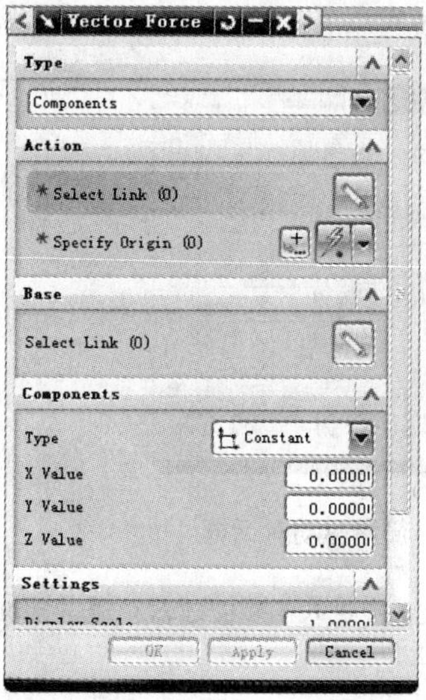

图 7-56　Vector Force 对话框（1）

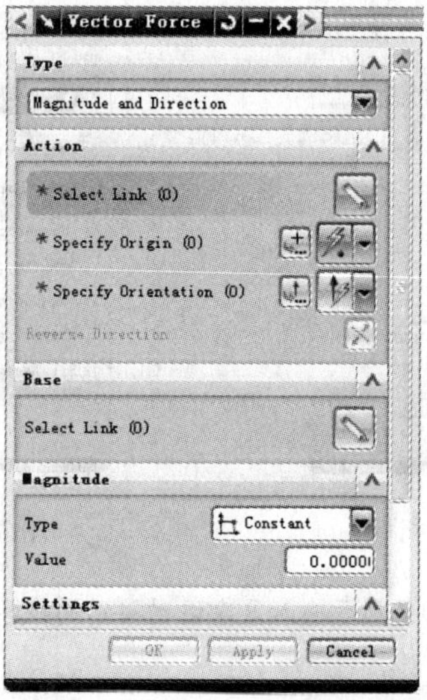

图 7-57　Vector Force 对话框（2）

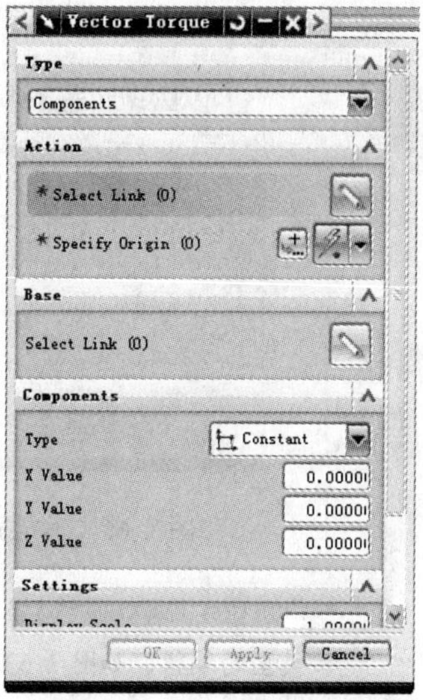

图 7-58　Vector Torque 对话框

7.9　运动驱动

对连杆和运动副进行定义后，需对机构施加一个动力，即定义运动驱动，机构才能运动。在创建运动副时，选择其 Driver 选项卡，如图 7-59 所示，系统主要提供了以下 5 种驱动类型，如图 7-60 所示。

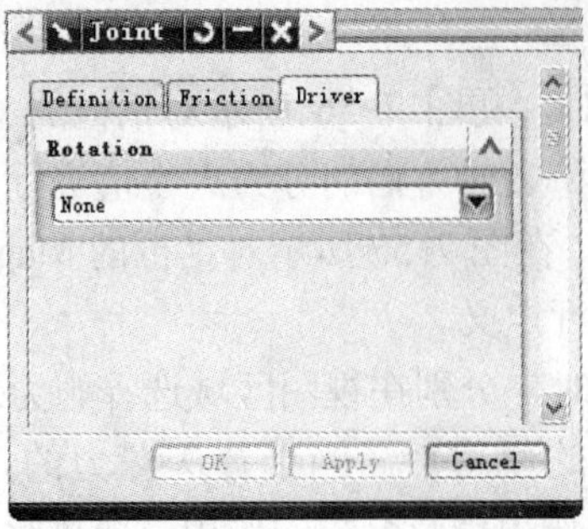

图 7-59 Joint 对话框 Driver 选项卡

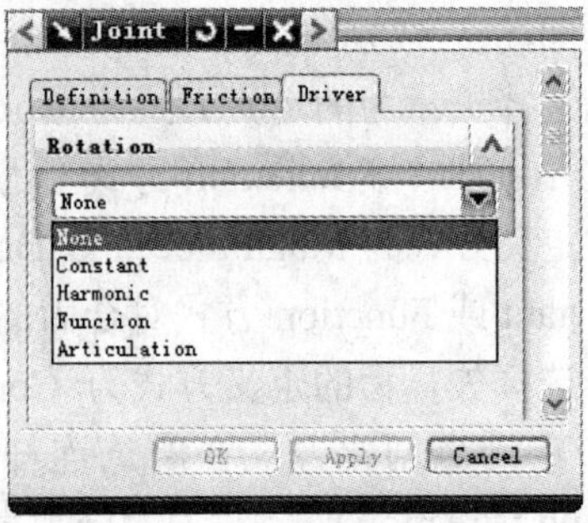

图 7-60 Driver 类型

- None（无驱动）：该选项指没有外加的运动驱动赋在运动副上。
- Constant（恒定驱动）：该选项指设置某一运动副为等常运动（旋转或线性位移），所需的输入参数是 Initial Displacement（初始位移）、Initial Velocity（初速度）和 Acceleration（加速度），如图 7-61 所示。
- Harmonic（简谐驱动）：该选项用于产生一个光滑的向前或向后的正弦运动，所需的输入参数是 Amplitude（振幅）、Frequency（频率）、Phase Angle（相位角）和 Displacement（位移），如图 7-62 所示。

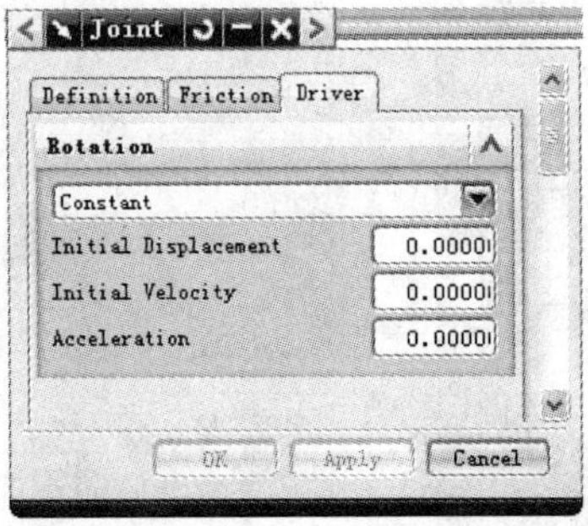

图 7-61 恒定驱动对话框

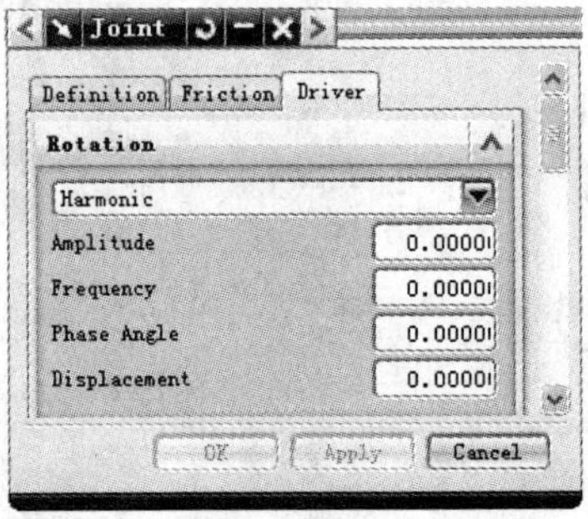

图 7-62 简谐驱动对话框

- Function（函数驱动）：该选项用于输入复杂运动驱动的数学函数，可进入函数管理器中进行函数类型的编辑，如图 7-63 所示。
- Articulation（关节运动驱动）：该选项指某一运动副以特定的步长（旋转或线性位移）和特定的步数运动，所需的输入参数为步长和步数，如图 7-64 所示。

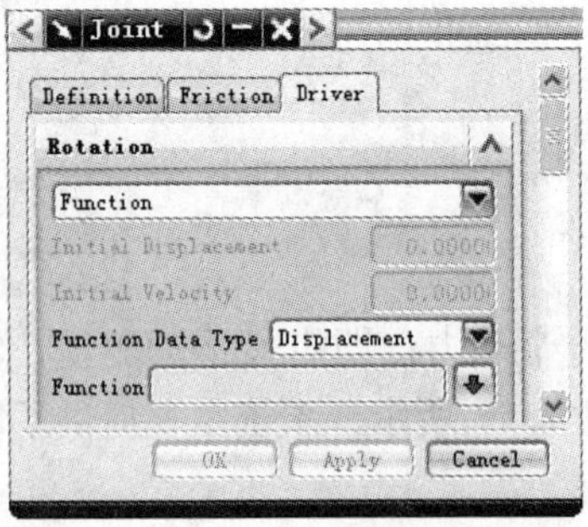

图 7-63 函数驱动对话框

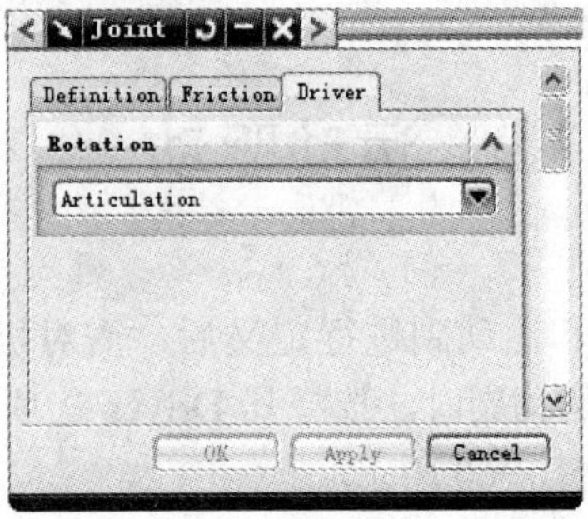

图 7-64 关节运动驱动对话框

7.10　运动仿真

1. 基于时间的机构动态仿真

用基于时间的机构仿真可控制 ADAMS 生成数据，主要用于当运动驱动类型为恒定驱动、运动函数和简谐运动时。单击 Motion Analysis 工具栏上的按钮，系统弹出如图 7-65 所示的 Animation 对话框，该对话框中主要参数的意义如下。

- Slider Mode（滑动模式）：包括 Time（Seconds）和 Steps 两个选项，其中 Time（Seconds）表示动画以时间为单位进行播放，Steps 表示动画以步数为单位进行连续播放。
- Animation Delay（动画延时）：当动画播放速度过快时，可设置动画每帧之间间隔的时间、每帧之间最长延迟时间为 1s。
- Play Mode（播放模式）：包括播放一次、循环播放和往返播放 3 种模式。
- List Measurements（列表测量值）：选择该选项，系统弹出一个信息列表框，其中列出了测量设置中两对象在各帧位置的最小距离或最小角度。
- Packaging Options（封装选项）：它包括以下 4 个复选框，选择不同的复选框，系统调用相应的封闭选项，并处理所要求的运算问题。
  - Measure（测量）：选中该复选框，则在动态仿真时系统根据 Packaging Options 对话框中所作的最小距离或最小角度设置，计算所选的两个对象在各帧位置的最小距离。
  - Trace（追踪）：选中该复选框，则在动态仿真时系统根据 Packaging Options 对话框中所作的跟踪设置，对所选构件或整个机构进行运动跟踪。
  - Interference（干涉）：选中该复选框，则在动态仿真时系统根据 Packaging Options 对话框中所作的干涉设置，对所选的两个构件进行干涉检查。
  - Pause on Event（暂停事件）：在进行动态分析或仿真时，如果发生干涉或测量的最小距离小于安全距离，该选项可控制在这些情况下是否停止分析或仿真。选中该复选框，若出现问题系统会弹出相应的对话框提示用户选择停止或继续进行分析或仿真。

2. 基于位移的机构动态仿真

基于位移的机构动态仿真允许用户通过控制一个或多个原动运动副的位移步长来进行机构动态仿真，主要用于当运动驱动为关节运动驱动时。单击 Motion 工具栏上的按钮，系统弹出如图 7-66 所示的 Articulation 对话框。

在该对话框的上部列出了机构中所有的原动运动副，每个运动副占一行，每一行有三列，分别为 Step Size（步长）、Displacement（位移）和 Joint（运动副名）。其中 Step Size 指原动运动副在仿真过程中的位移步长，该项只有在所在行对应的原动运动副复选框选中时才被激活；Displacement 为只读文本框，用于显示所在行对应的原动副在仿真过程中的位移。另外，用户可在 Number of Steps 文本框中输入机构运动的总帧数。

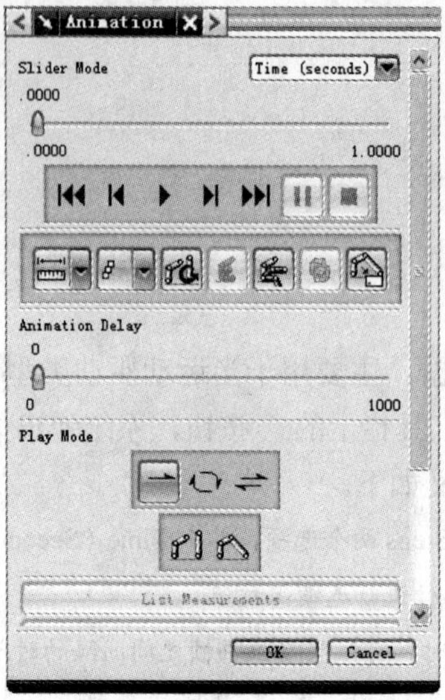

图 7-65 Animation 对话框

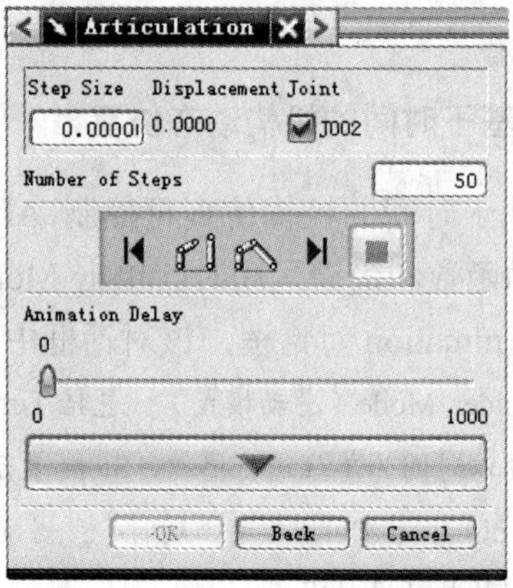

图 7-66 Articulation 对话框

7.11 思考与练习

（1）何为运动分析方案？运动分析模块能执行哪些类型的分析？

（2）简述静力学、动力学、机构运动学和机构动力学在机构学中的关系。

（3）如何观察一个运动分析方案并对其作运动仿真和关节运动仿真？

（4）简述 ADAMS 解算器在 UG NX 8.0 运动分析模块中的作用。

（5）如何创建机构的连杆？如何继承材料库的材料特性并赋给连杆？

（6）如何创建运动副并定义运动驱动？

（7）如何给运动驱动指定运动函数？

（8）如何更改运动分析方案中的部件几何体并将分析方案中修改好的部件几何体输出到原始装配主模型中？

应 用 篇

在前面的章节中对UG NX 8.0软件的主要功能、基本环境的设置方法及常用功能指令的使用方法进行了详细的讲解，本篇将主要结合机械产品中常用的零件来巩固这些命令，主要包括螺栓螺母的建模、齿轮与凸轮的建模、轴套类零件与轴承的建模和箱体类零件的建模，最后针对机械产品中经常用到的标准零件库的创建方法进行介绍。

第 8 章 螺栓螺母的三维造型设计

一般来说，在机械产品的结构设计过程中，应尽可能地选用标准件，这样不但可以减少设计工作量，还可以大幅度降低生产成本。螺栓、螺母和螺钉是常用的标准件，它们主要起到连接和紧固其他零件的作用，本章主要对其三维造型设计进行介绍。

8.1 六角螺栓的三维建模

通过查阅机械设计手册，对六角螺栓的结构特征和结构尺寸进行了了解，本节主要以 GB 5782—86 M10X80 为例，对其进行三维实体建模。查手册得其基本结构尺寸为：d=10mm，b=26mm，c=0.6mm，dw=14.6mm，e=17.77mm，k=6.4mm，s=16mm。

经分析得六角螺栓的建模基本思路为：先在草图环境下绘制螺栓头的截面草图，通过拉伸得到螺栓头部，再通过圆台命令创建螺杆，并在螺杆的头部倒圆角，最后在螺杆端部进行螺纹操作从而得到六角螺栓，其具体绘制步骤如下。

（1）启动 UG NX 8.0，选择【File】→【New】命令，在弹出的新建文件对话框中选择 Model 选项，在 Name 栏中输入部件的名称为 LuoShuan-M10-80 并设置文件的存储路径，如图 8-1 所示，注意文件名和存储路径中不能有中文出现。

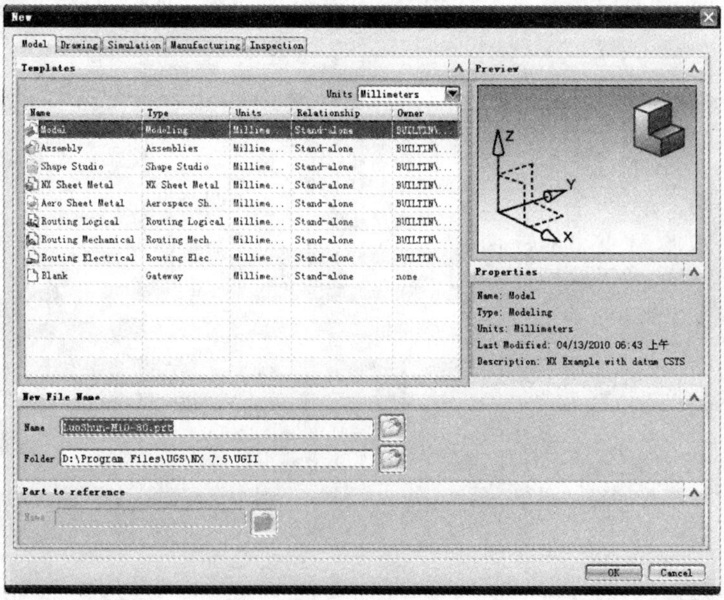

图 8-1 新建部件对话框

（2）进入 UG NX 8.0 建模环境下，选择【Insert】→【Design Feature】→【Extrude...】命令或单击工具栏上的按钮，系统弹出如图 8-2 所示的 Extrude 对话框，单击该对话框中的按钮，系统弹出如图 8-3 所示的 Create Sketch 对话框，直接在视图区域单击 XC-YC 坐标平面作为草图放置平面。

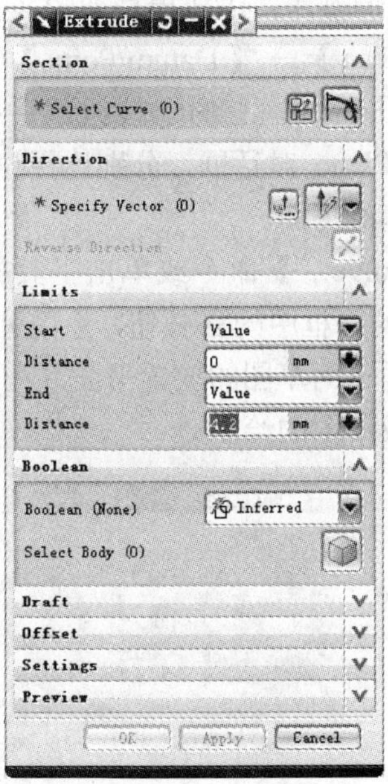

图 8-2　Extrude 对话框

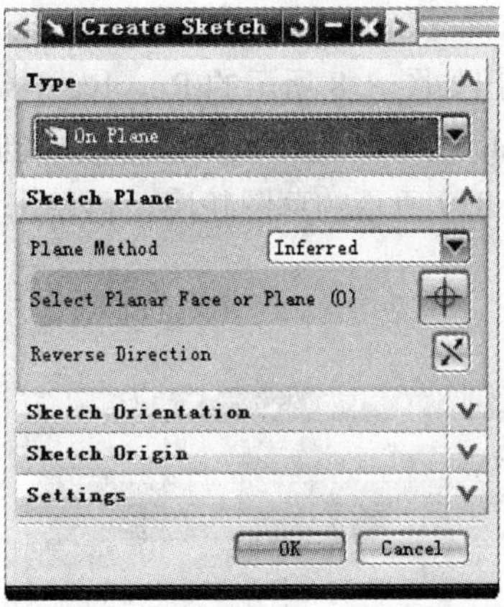

图 8-3　Create Sketch 对话框

（3）定义完草图放置平面后，选择【Insert】→【Curve】→【Polygon...】命令或单击工具栏上的按钮，系统弹出如图 8-4 所示的 Polygon 对话框，在该对话框中单击按钮，在弹出的 Point Constructor 对话框中设置坐标原点（0，0，0）作为多边形的中心，在 Number of Sides 文本框中输入六边形的边数为 6，在 Size 选项下选择六边形的生成方式为 Inscribed Radius，分别在内切圆半径和旋转角文本框中输入 8 和 30，单击 OK 按钮后得到如图 8-5 所示的多边形，再单击按钮，完成草图的绘制。

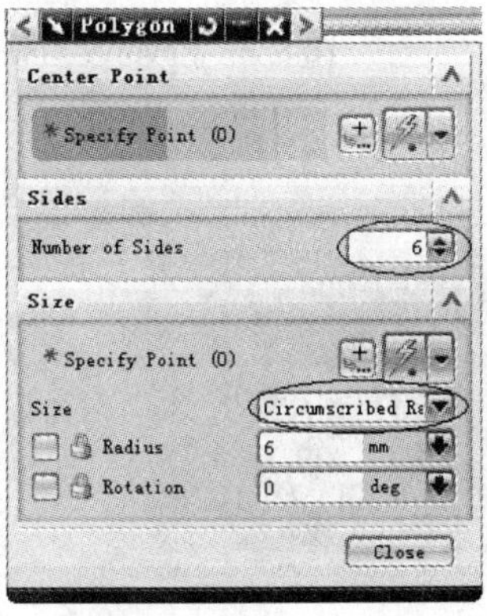

图 8-4　Polygon 对话框

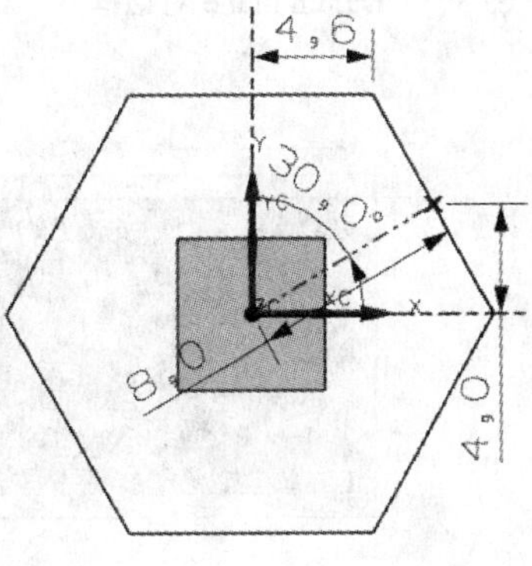

图 8-5　绘制多边形

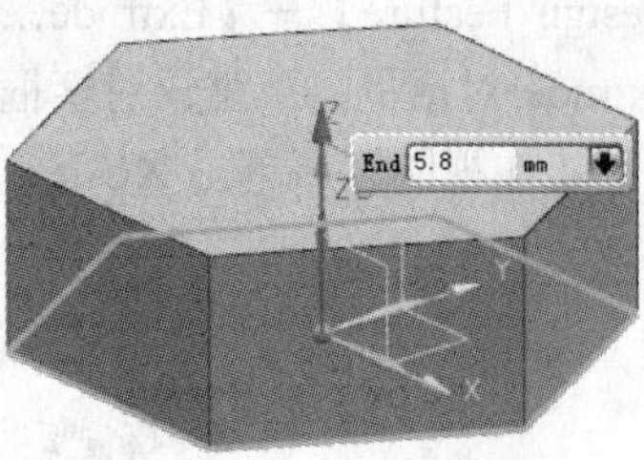

图 8-6 生成拉伸体

（4）系统返回图 8-2 所示的 Extrude 对话框中，系统默认 ZC 轴为拉伸方向，在该对话框中的 Limits 选项下将 Start 和 End 选项分别设置为以 Value 的形式创建拉伸体，并在对应的 Distance 文本框中输入 0 和 5.8，单击 OK 按钮完成拉伸操作，生成模型如图 8-6 所示。

（5）选择【Insert】→【Datum/Point】→【Datum Plane...】命令或单击工具栏上的按钮，系统弹出如图 8-7 所示的 Datum Plane 对话框，分别选择拉伸体沿 ZC 方向的两棱边生成基准平面。

（6）选择【Insert】→【Design Feature】→【Revolve...】命令或单击工具栏上的按钮，系统弹出如图 8-8 所示的 Revolve 对话框，单击该对话框中的按钮，系统弹出如图 8-3 所示的 Create Sketch 对话框，选择刚才创建的基准平面作为草图的放置平面，在该草图环境下创建如图 8-9 所示的草图轮廓，再单击按钮，完成草图的绘制。

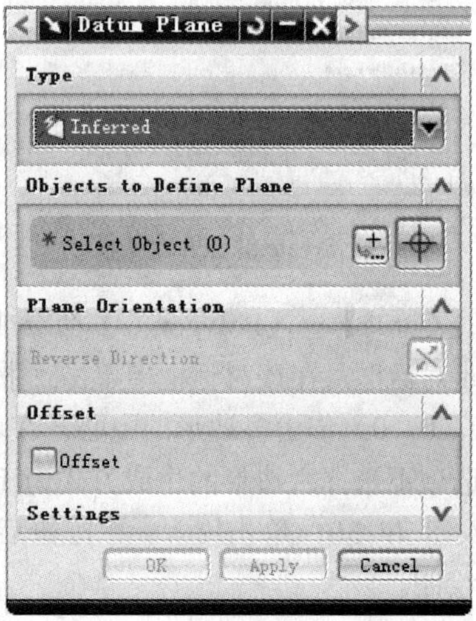

图 8-7 Datum Plane 对话框

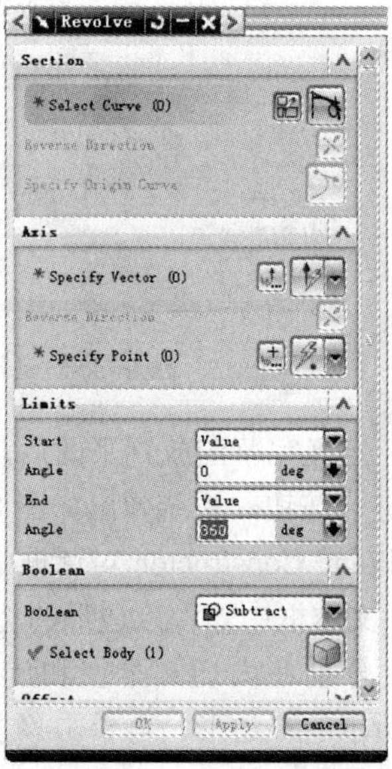

图 8-8 Revolve 对话框

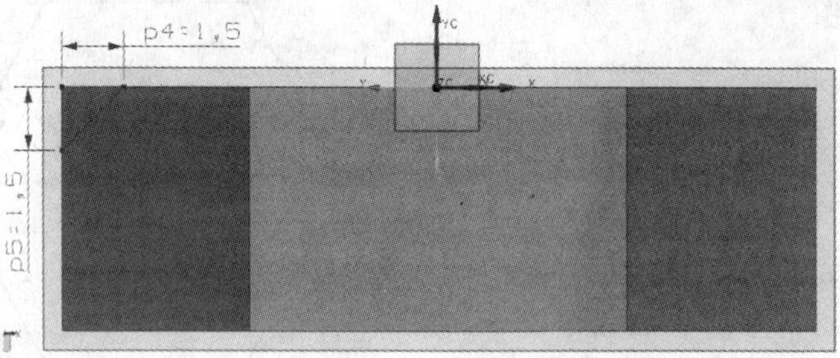

图 8-9 草图轮廓

（7）系统返回图 8-8 所示的 Revolve 对话框中，分别选择坐标原点和 ZC 轴作为旋转特征的旋转基准点和旋转轴，在 Limits 选项下设置 Start 和 End 采用 Value 的方式，并在对应的 Angle 文本框中分别输入 0 和 360，在 Boolean 选项下选择 Subtract 选项，系统提示选择进行求差的目标体。

（8）在视图区域选择拉伸体作为求差操作的目标体，单击 OK 按钮，再将生成的基准平面隐藏后，得到如图 8-10 所示的螺栓头。

（9）选择【Insert】→【Design Feature】→【Boss...】命令或单击工具栏上的按钮，系统弹出如图 8-11 所示的 Boss 对话框，在视图区域选择所生成的螺栓头底部作为圆台的放置平面后，分别在 Diameter 和 Height 文本框中输入圆台的直径值和高度值 10 和 73.6，然后单击 OK 按钮，系统弹出如图 8-12 所示的 Positioning 对话框。

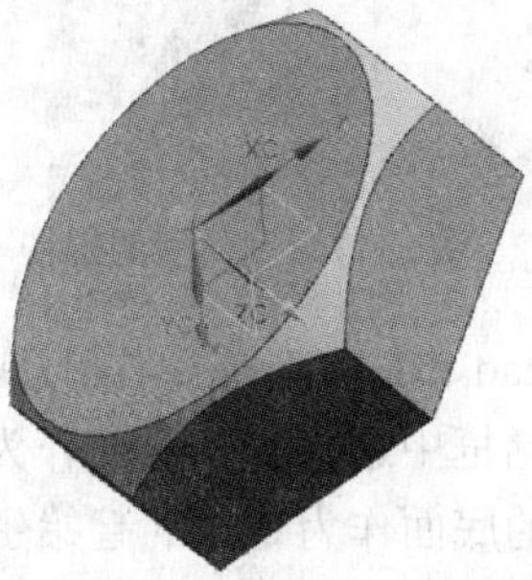

图 8-10　生成的螺栓头

图 8-11　Boss 对话框

（10）在该对话框中单击按钮，系统弹出如图 8-13 所示的 Point onto Point 对话框，在视图区域选择螺栓头的圆形轮廓后，系统弹出如图 8-14 所示的 Set Arc Position 对话框。

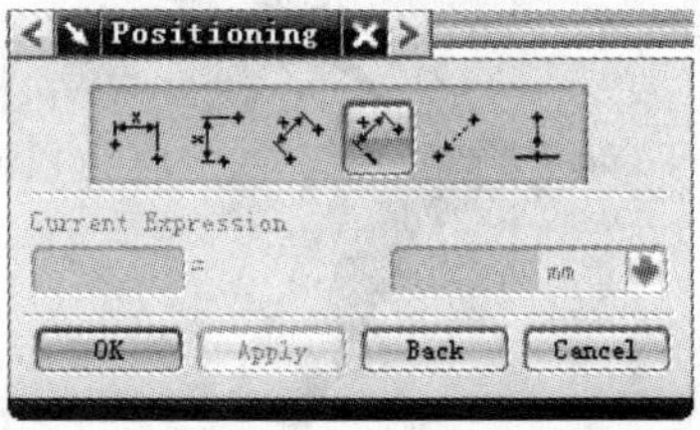

图 8-12　Positioning 对话框

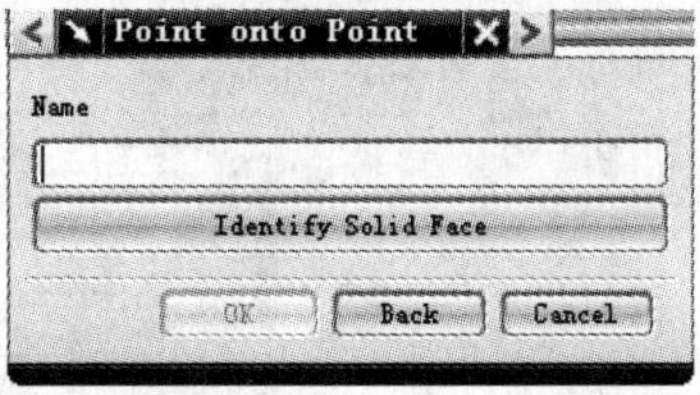

图 8-13　Point onto Point 对话框

（11）在该对话框中选择 Arc Center 选项后，系统生成如图 8-15 所示的螺杆。

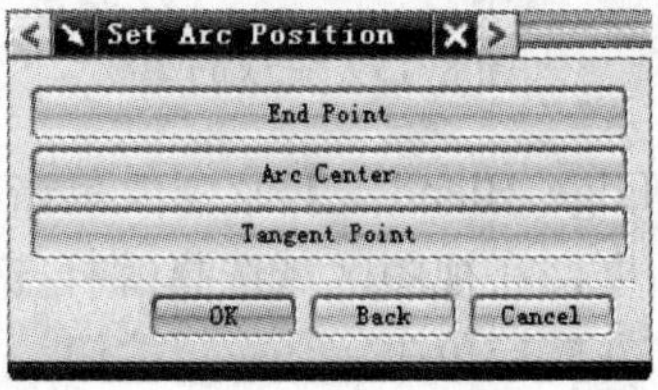

图 8-14　Set Arc Position 对话框

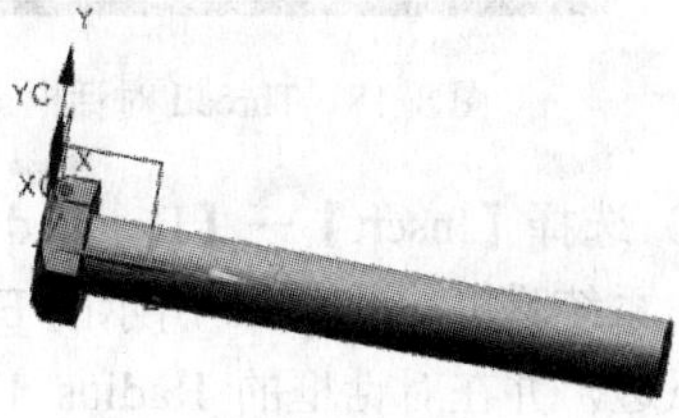

图 8-15　生成的螺杆

（12）选择【Insert】→【Detailed Feature】→【Chamfer...】命令或单击工具栏上的按钮，系统弹出如图 8-16 所示的 Chamfer 对话框，在视图区域选择螺杆的圆边，在 Cross Section 选项下选择 Symmetric 选项，并将其 Distance 值设置为 1 后，单击 OK 按钮即可得到如图 8-17 所示的螺杆。

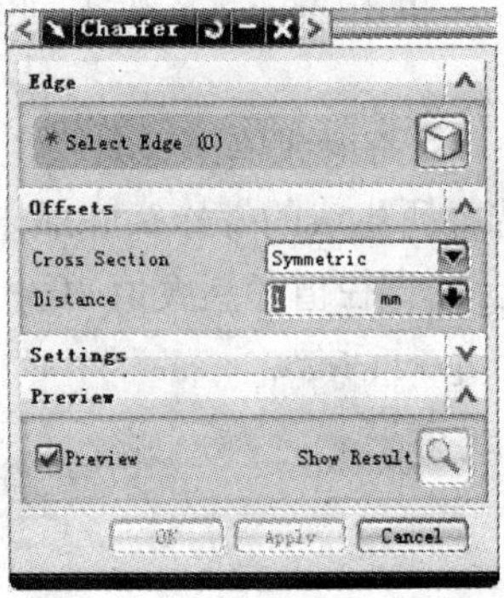

图 8-16 Chamfer 对话框

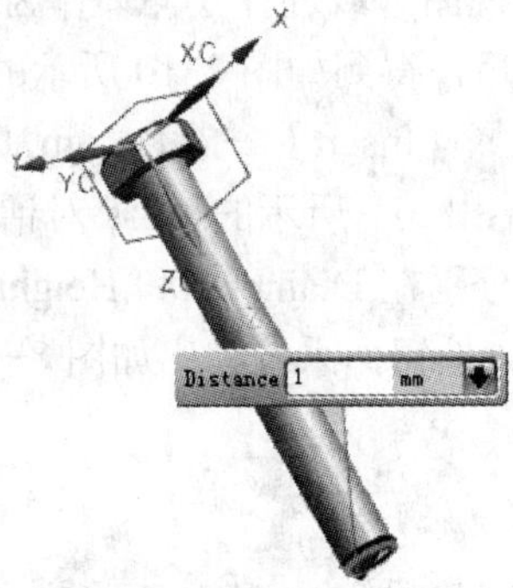

图 8-17 倒角后的螺杆

（13）选择【Insert】→【Design Feature】→【Thread...】命令或单击工具栏上的按钮，系统弹出如图 8-18 所示的 Thread 对话框，在该对话框中选择 Detailed 作为欲生成的螺纹类型，在视图区域选择螺杆的圆柱表面，再单击螺杆的底面作为螺纹的起始生成面，系统将自动生成螺纹的数据。可根据需要对数据作相应的修改，此处在 Length 文本框中输入 26 作为螺纹的长度，Rotation 选项选择 Right Hand，即生成的螺纹为右螺纹，单击 OK 按钮即可生成如图 8-19 所示的螺纹。

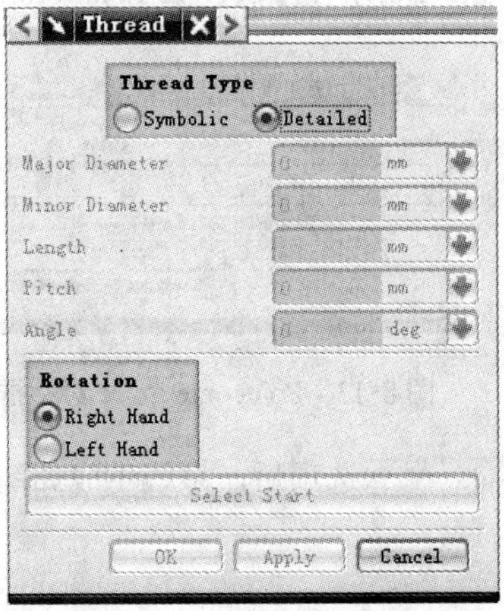

图 8-18 Thread 对话框

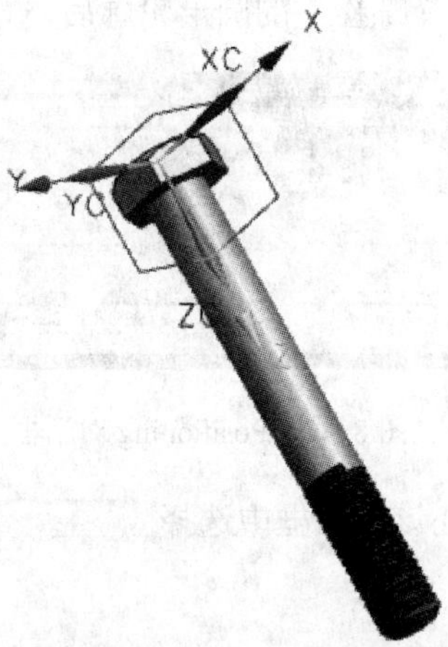

图 8-19 生成的螺纹

（14）选择【Insert】→【Detailed Feature】→【Edge Blend...】命令或单击工具栏上的按钮，系统弹出如图 8-20 所示的 Edge Blend 对话框，在视图区域选择螺杆与螺栓头连接处的圆弧边，并在对话框的 Radius 1 文本框中输入 0.5 后单击 OK 按钮，即可得到如图 8-21 所示的螺栓模型。

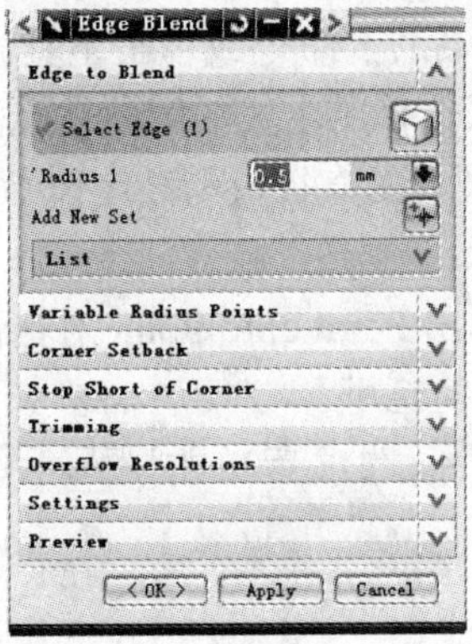

图 8-20　Edge Blend 对话框

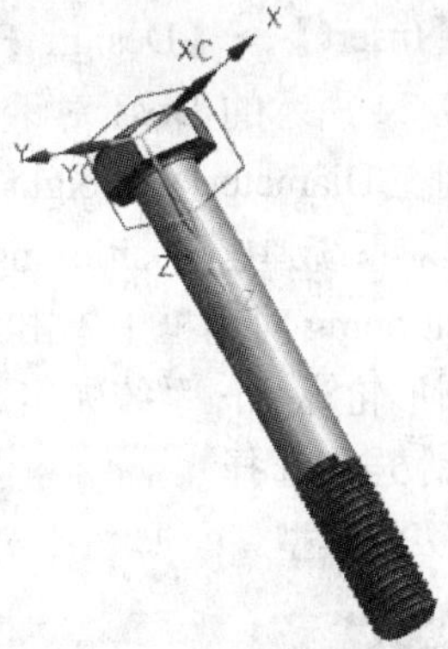

图 8-21　生成的螺栓模型

8.2　内六角螺钉的三维建模

通过查阅机械设计手册，对内六角螺钉的结构特征和结构尺寸进行了了解，本节主要以 GB 70—85 M16X60 为例，对其进行三维实体建模。查手册得其基本结构尺寸为：*d*=16mm，*b*=44mm，*t*=8mm，dk=24mm，*k*=16mm，*s*=14mm。

经分析得六角螺栓的建模基本思路为：先在建模环境下利用圆柱体功能绘制内六角螺栓头，通过凸台功能得到螺钉部分，再利用孔功能和草图功能创建内六角孔，并在螺钉的头部倒圆角，最后对螺钉端部进行螺纹操作，具体绘制步骤如下。

（1）启动 UG NX 8.0，选择【File】→【New】命令，在弹出的新建文件对话框中选择 Model，在 Name 栏中输入部件的名称为 Luoding-M16-60 并设置文件的存储路径。

（2）选择【Insert】→【Design Feature】→【Cylindrical...】命令或单击工具栏上的按钮，系统弹出如图 8-22 所示的 Cylinder 对话框，在 Type 选项下选择生成圆柱体的方式为 Axis，Diameter，and Height，在视图区域分别选择坐标原点和 ZC 轴作为圆柱体的中心点和轴线方向，并在 Diameter 和 Height 文本框中输入圆柱体的直径和高度值 24 和 16，单击 OK 按钮，得到如图 8-23 所示的圆柱体。

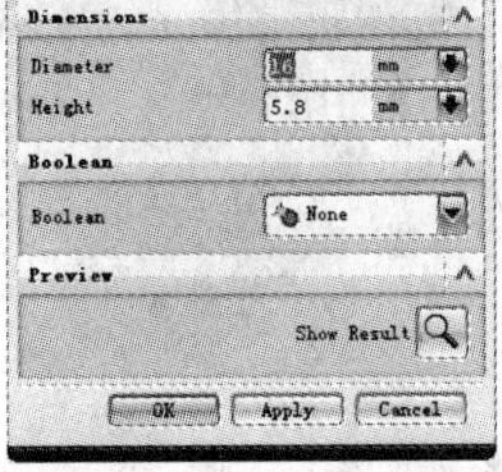

图 8-22　Cylinder 对话框

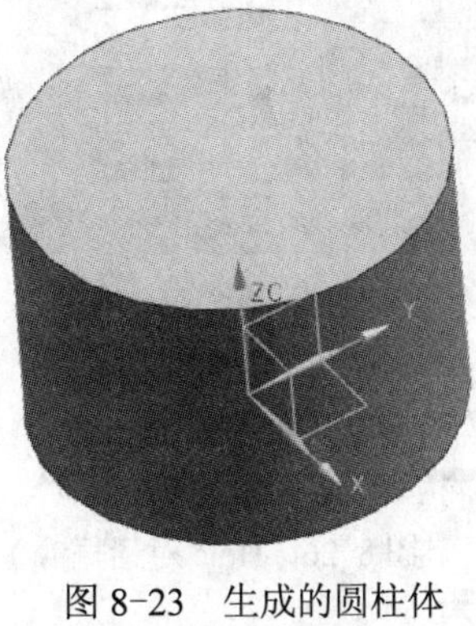

图 8-23　生成的圆柱体

（3）选择【Insert】→【Design Feature】→【Boss…】命令或单击工具栏上的按钮，系统弹出如图 8-24 所示的 Boss 对话框，在视图区域选择所生成的圆柱体底面作为圆台的放置平面后，分别在 Diameter 和 Height 文本框中输入圆台的直径值和高度值 16 和 60，然后单击 OK 按钮，系统弹出 Positioning 对话框。

（4）在 Positioning 对话框中单击按钮，系统弹出 Point onto Point 对话框，在视图区域选择圆柱体的圆形轮廓后，系统弹出 Set Arc Position 对话框。

（5）在对话框中选择 Arc Center 选项后单击 OK 按钮，得到如图 8-25 所示的实体模型。

图 8-24　Boss 对话框

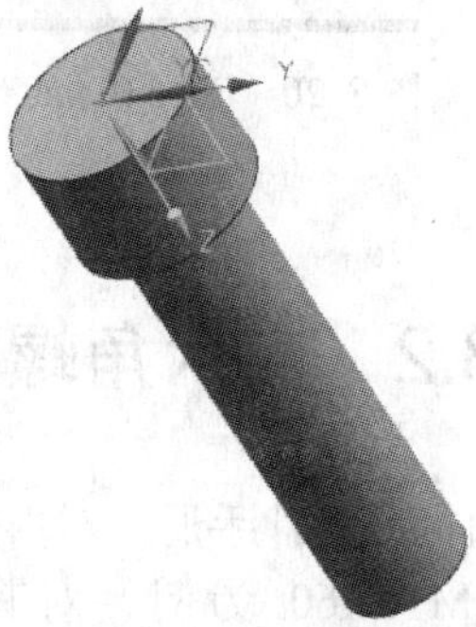

图 8-25　生成凸台

（6）选择【Insert】→【Design Feature】→【Hole…】命令或单击工具栏上的按钮，系统弹出如图 8-26 所示的 Hole 对话框，在视图区域选择圆柱体端面作为孔的放置平面后，系统进入草图模型环境并弹出 Sketch Point 对话框，或直接通过移动鼠标捕捉到圆柱端面的圆心位置后，选择孔的方向为 Normal to Face，孔的形式为 Simple，在孔的 Diameter 和 Depth 文本框中分别输入 16 和 8 后单击 OK 按钮，即可生成如图 8-27 所示的实体模型。

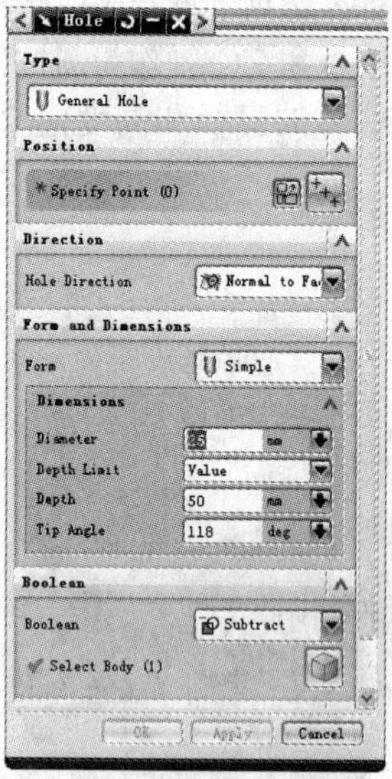

图 8-26　Hole 对话框

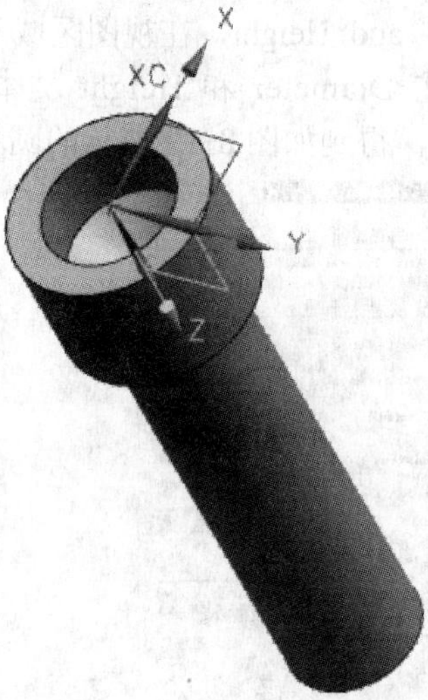

图 8-27　生成孔特征

（7）选择【Insert】→【Design Feature】→【Extrude...】命令或单击工具栏上的按钮，系统弹出 Extrude 对话框，单击该对话框中的按钮，以圆柱体的端面作为草图放置平面，单击 OK 按钮进入草图环境后，以孔的圆心为中心建立一内接六边形，内接六边形的半径值为 8mm，单击按钮，完成草图的绘制。

（8）系统返回 Extrude 对话框，在该对话框中设置拉伸的起始值为 0，终止值为 8mm，并将布尔操作设置为 Subtract，系统提示选择进行求差操作的目标体。

（9）选择圆柱部分作为求差操作的目标体，单击 OK 按钮，得到如图 8-28 所示的实体模型。

（10）选择【Insert】→【Detailed Feature】→【Edge Blend...】命令或单击工具栏上的按钮，系统弹出 Edge Blend 对话框，在视图区域选择孔特征的端面进行边倒圆，并设置圆角半径值为 0.5mm，生成模型如图 8-29 所示。

图 8-28　拉伸后的实体

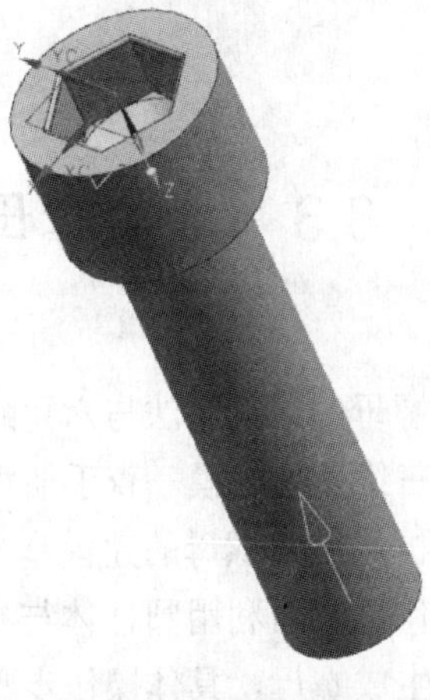
图 8-29　边倒圆后的实体

（11）选择【Insert】→【Detailed Feature】→【Chamfer...】命令或单击工具栏上的按钮，系统弹出 Chamfer 对话框，在视图区域选择凸台部分的圆边，在 Cross Section 选项下选择 Symmetric 选项，并将其 Distance 值设置为 1，单击 OK 按钮得到如图 8-30 所示的实体模型。

（12）选择【Insert】→【Design Feature】→【Thread...】命令或单击工具栏上的按钮，系统弹出 Thread 对话框，在该对话框中选择 Detailed 作为欲生成的螺纹类型，在视图区域选择凸台表面，再单击凸台的底面作为螺纹的起始生成面，系统将自动生成螺纹参数，根据需要对参数作相应的修改，此处在 Length 文本框中输入 44 作为螺纹的长度，Rotation 选项选择 Right Hand，即生成的螺纹为右螺纹，单击 OK 按钮即可生成如图 8-31 所示的螺纹。

（13）选择【Insert】→【Detailed Feature】→【Edge Blend...】命令或单击工具栏上的按钮，然后选择端面的圆作为倒圆角的边，设置其 Radius 值为 2，单击 OK 按钮可得如图 8-32 所示的内六角螺钉。

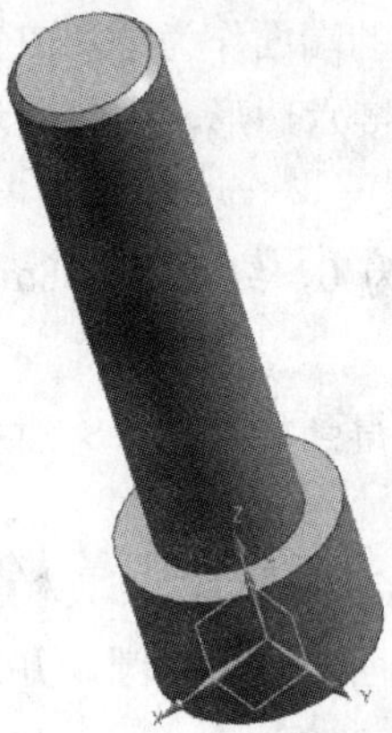

图 8-30　倒斜角后的实体

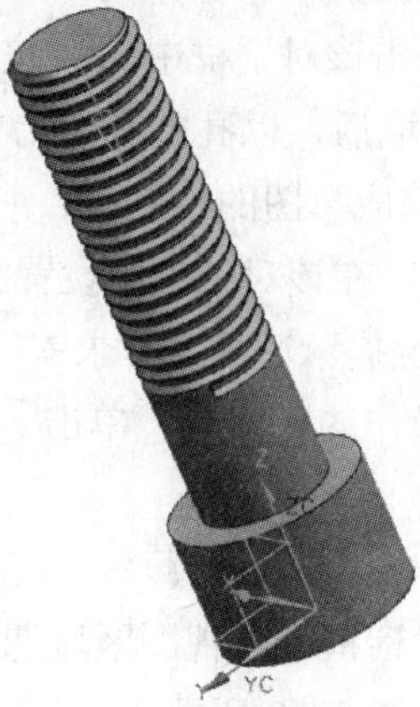

图 8-31　生成螺纹后的实体

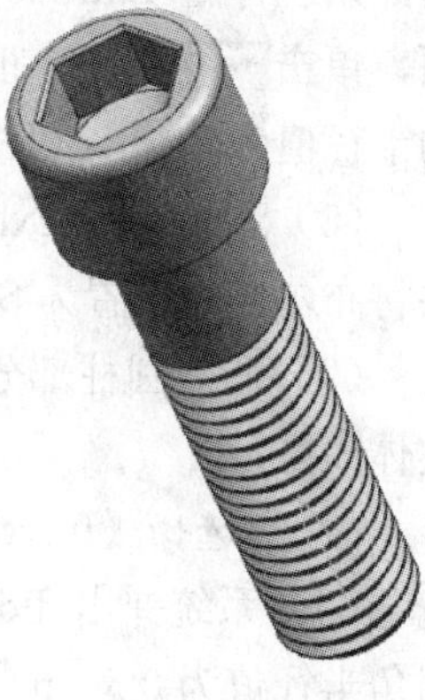

图 8-32　内六角螺钉

8.3 六角螺母的三维建模

六角螺母的绘制方法与六角螺栓的绘制方法相似，本节主要以 GB 6170—86 M6 为例，对其进行三维实体建模。查手册得其基本结构尺寸为：d=6mm，m=5.2mm，s=10mm。

经分析得六角螺母的建模基本思路为：先在草图环境下绘制螺母的六边形轮廓，进行拉伸实体操作，然后利用圆柱体与布尔操作功能建立螺母的头部，并绘制孔，对内孔表面进行螺纹操作生成螺母，具体操作步骤如下。

（1）启动 UG NX 8.0，选择【File】→【New】命令，在弹出的新建文件对话框中选择 Model，在 Name 栏中输入部件的名称为 LuoMu-M6 并设置文件的存储路径。

（2）选择【Insert】→【Design Feature】→【Extrude…】命令或单击工具栏上的按钮，系统弹出 Extrude 对话框，单击该对话框中的按钮，以 XC-YC 坐标平面作为草图放置平面，单击 OK 按钮进入草图环境。

（3）定义完草图放置平面后，选择【Insert】→【Curve】→【Polygon…】命令或单击工具栏上的按钮，系统弹出 Polygon 对话框，在该对话框中单击按钮，在弹出的 Point Constructor 对话框中设置坐标原点（0，0，0）作为多边形的中心，在 Number of Sides 文本框中输入六边形的边数为 6，在 Size 选项下选择六边形的生成方式为 Circumscribed Radius，分别在外接圆半径和旋转角文本框中输入 5 和 0，单击 OK 按钮后得到如图 8-33 所示的六边形，再单击按钮，完成草图的绘制。

（4）系统返回 Extrude 对话框中，系统默认 ZC 轴为拉伸方向，在该对话框中选择 Start 和 End 的控制方式为 Value，并分别在其对应的文本框中输入 0 和 5.2 作为拉伸起始值和终止值，单击 OK 按钮，得到如图 8-34 所示的拉伸体。

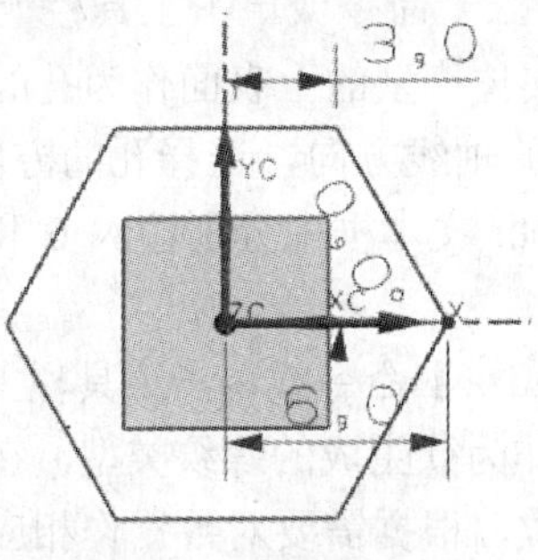

图 8-33　绘制六边形

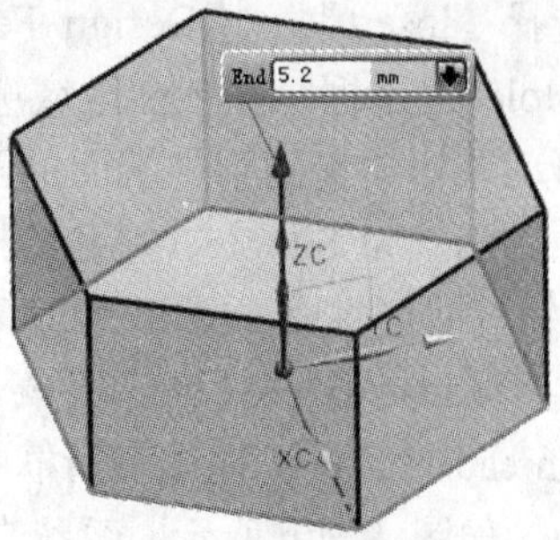

图 8-34　绘制拉伸体

（5）选择【Insert】→【Design Feature】→【Cylindrical…】命令或单击工具栏上的按钮，系统弹出 Cylinder 对话框，在 Type 选项下选择生成圆柱体的方式为 Axis，Diameter and Height，将坐标原点和 ZC 轴设置为圆柱体的中心位置和轴线方向，并在 Diameter 和 Height 文本框中分别输入 10 和 5.2 作为圆柱体的直径和高度，单击 OK 按钮，生成如图 8-35 所示的实体模型。

（6）选择【Insert】→【Detailed Feature】→【Chamfer…】命令或单击工具栏上的按钮，系统弹出 Chamfer 对话框，在视图区域选择生成圆柱体的上下两条边缘，在 Cross Section 选项下选择 Symmetric 选项，并将其 Distance 值设置为 1，单击 OK 按钮得到如图 8-36 所示的实体模型。

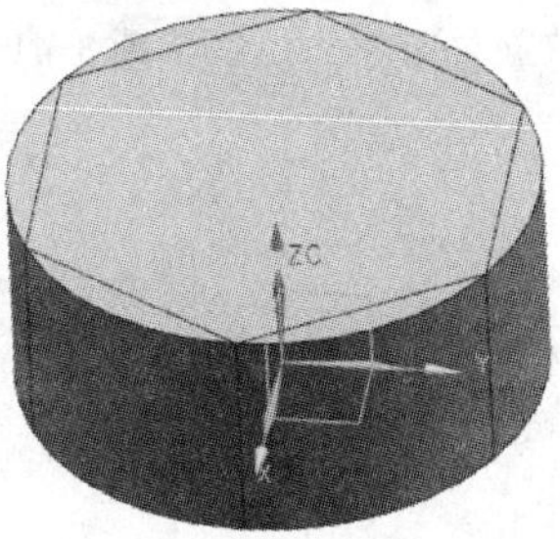

图 8-35　绘制圆柱体

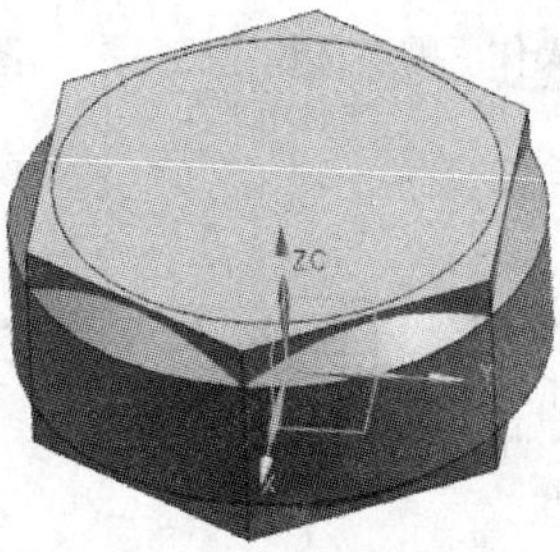

图 8-36　绘制倒角

（7）选择【Insert】→【Combine】→【Intersect…】命令或单击工具栏上的按钮，系统弹出如图 8-37 所示的 Intersect 对话框，在视图区域分别选择倒角后的圆柱体和正六边形，单击 OK 按钮，可得到如图 8-38 所示的实体模型。

图 8-37　Intersect 对话框

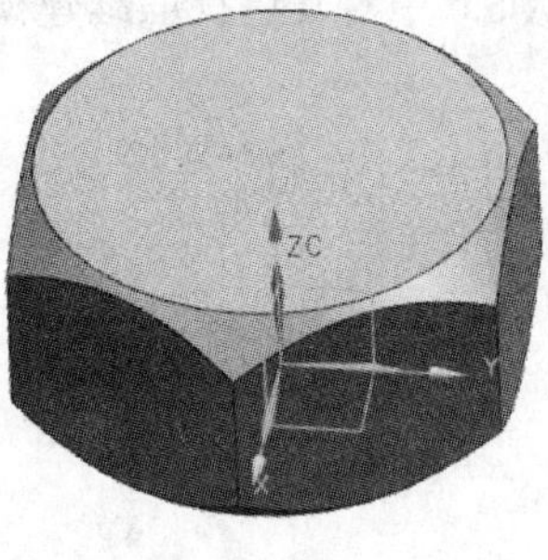

图 8-38　求交操作后的实体模型

（8）选择【Insert】→【Design Feature】→【Hole…】命令或单击工具栏上的按钮，系统弹出 Hole 对话框，在视图区域选择求交操作后实体模型的上表面作为孔的放置平面，直接通过移动鼠标捕捉到圆柱端面的圆心位置作为孔的轴线方向，选择孔的方向为 Normal to Face，孔的形式为 Simple，在孔的 Diameter 和 Depth 文本框中分别输入 6 和 5.2 后单击 OK 按钮，即可生成如图 8-39 所示的实体模型。

（9）选择【Insert】→【Design Feature】→【Thread…】命令或单击工具栏上的按钮，系统弹出 Thread 对话框，在该对话框中选择 Detailed 作为欲生成的螺纹类型，在视图区域选择内孔表面，如图 8-40 所示，系统自动生成螺纹参数，根据需要对数据作相应的修改，此处将 Rotation 选项选择为 Right Hand，即生成的螺纹为右螺纹，单击 OK 按钮即可生成如图 8-41 所示的螺母模型。

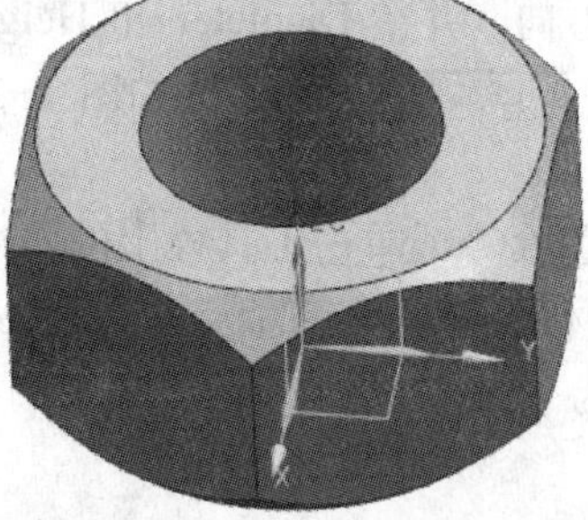

图 8-39　孔操作后的实体模型

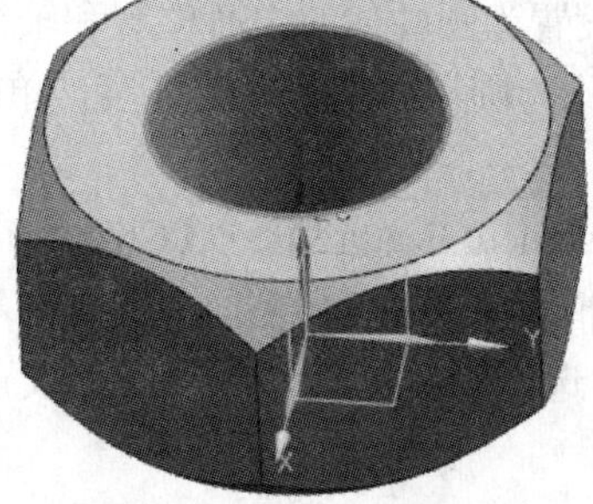

图 8-40　选择螺纹放置面

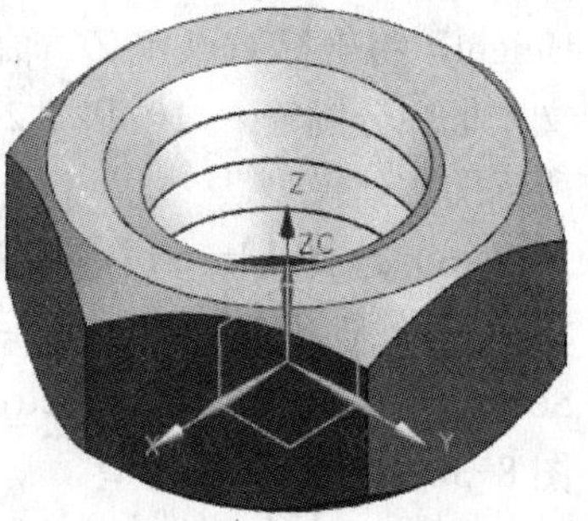

图 8-41　螺母模型

8.4　思考与练习

（1）螺纹类零件建模的基本步骤有哪些？

（2）在 UG NX 8.0 中，对于非标准螺纹，如千斤顶螺旋杆和螺套上的方形螺纹，可以通过什么方式来完成？

（3）双头螺柱是螺纹连接件中常用的标准件，在工程中的应用极为广泛，经查表得双头螺柱 GB/T898—1988 M12×30 的有关数据如下：d=12mm；b=16mm；bm=1.25d；l=30mm。试在 UG NX 8.0 中对其进行三维建模。

第 9 章　齿轮与凸轮的三维造型设计

齿轮传动和凸轮传动是机械结构中极为常见的传动部件，本章主要对常用的直齿圆柱齿轮、斜齿圆柱齿轮和凸轮进行三维造型设计。在齿轮的建模过程中，以渐开线齿轮为主，对其进行三维造型设计，其难点在于齿形的绘制。

9.1　直齿圆柱齿轮的三维建模

齿轮根据分类方式不同，其种类也不一样，根据齿轮轮廓曲线不同主要可将其分为渐开线齿轮、摆线齿轮和圆弧齿轮，其中最为常见的是渐开线齿轮。

本节以如图 9-1 所示的直齿圆柱齿轮结构为例，对其进行三维造型设计，其主要参数如下：齿轮的齿数 Z=24，模数 m=4，压力角为标准压力角 20°。

经分析得其主要设计思路为：先利用表达式建立渐开线齿轮的齿廓，并绘制齿侧轮廓，然后利用圆柱体功能生成齿轮齿胚，通过拉伸功能在齿轮齿胚上生成齿槽，再利用阵列功能生成所有齿槽，最后对轮毂进行造型设计，主要建模步骤如下。

（1）启动 UG NX 8.0，选择【File】→【New】命令，在弹出的新建文件对话框中选择 Model，然后在 Name 栏中输入部件的名称为 zhichilun，并设置文件的存储路径。

（2）选择【Tools】→【Expression…】命令或单击工具栏上的=按钮，系统弹出 Expressions 对话框，在对话框中依次输入直齿圆柱齿轮的以下主要参数（注意输入时的单位，若有误系统将提示错误信息），如图 9-2 所示。

图 9-1　直齿圆柱齿轮结构

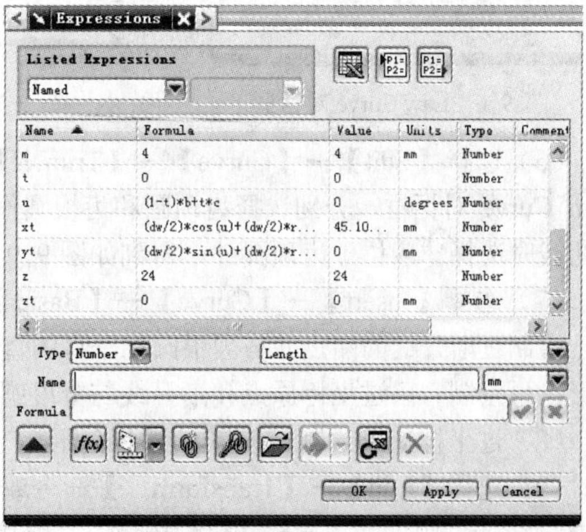

图 9-2　直齿圆柱齿轮的主要参数

m=4mm，z=24，da=m*(z+2)mm，df=m* (z−2.5)mm，dm=(m*z)mm，

dw=m*z*cos(20°)mm，b=0°，c=60°，a=360/(2*z)°，t=0，u=(1−t) *b+t*c，

xt=(dw/2) *cos(u)+(dw/2) *rad(u) *sin(u),

yt=(dw/2) *sin(u)+(dw/2) *rad(u) *cos(u)，zt=0。

（3）选择【Insert】→【Curve】→【Law Curve…】命令或单击工具栏上的按钮，系统弹出如图 9-3 所示的对话框，单击该对话框中的按钮，弹出如图 9-4 所示的对话框，要求指定定义 X 方向函数的基础变量，系统默认为 t，单击 OK 按钮，系统弹出如图 9-5 所示的对话框，要求指定 XC 坐标方向的变化规律，在表达式文本框中输入 xt，单击 OK 按钮后，XC 方向坐标分量的变化规律已经确定。用同样的方法可确定 YC 和 ZC 方向坐标分量的变化规律。

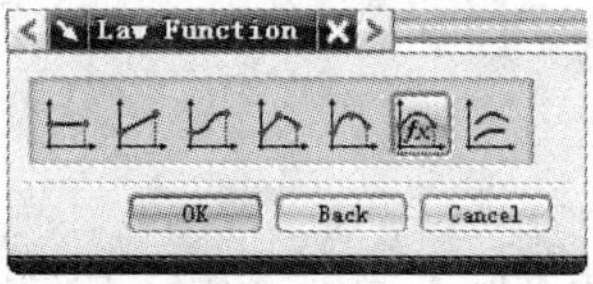

图 9-3 Law Function 对话框

图 9-4 Law Curve 对话框

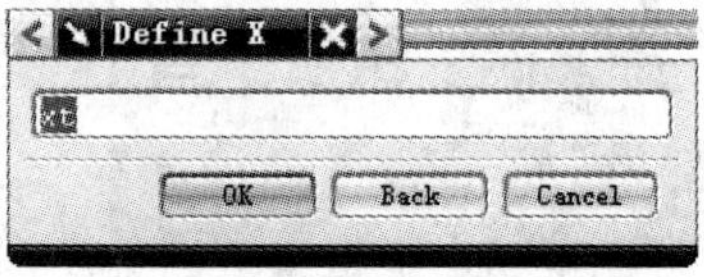

图 9-5 Define X 对话框

（4）确定完 XC、YC 和 ZC 坐标方向的变化规律后，系统弹出如图 9-6 所示对话框，在该对话框中选择 Define Orientation 选项，单击 OK 按钮，可生成如图 9-7 所示的渐开线。

（5）选择【Insert】→【Curve】→【Basic Curve…】命令或单击工具栏上的按钮，系统弹出 Basic Curve 对话框，单击该对话框中的按钮，在图形区域以坐标原点为圆心，分别以 dm、da 和 df 为直径绘制分度圆、齿顶圆和齿根圆，如图 9-8 所示。

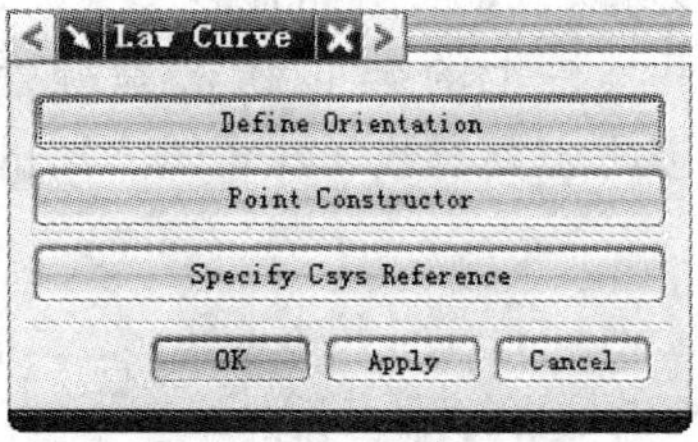

图 9-6 Law Curve 对话框

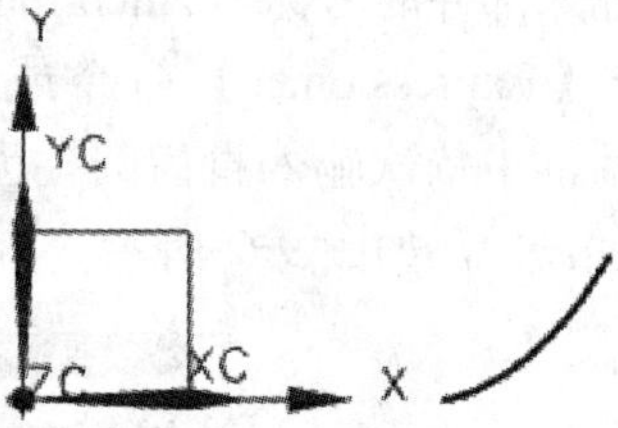

图 9-7 绘制渐开线

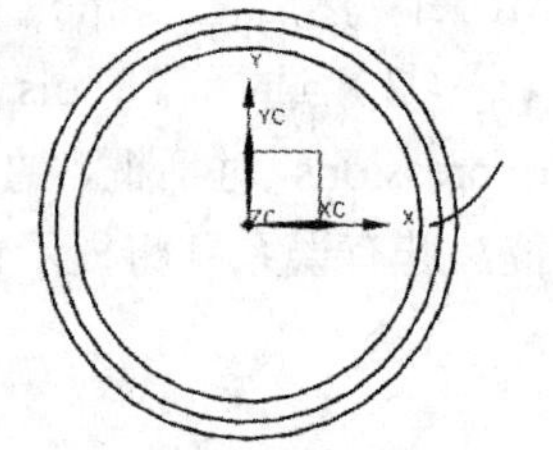

图 9-8 绘制圆

（6）选择【Edit】→【Curve】→【Trim…】命令或单击工具栏上的按钮，系统弹出 Trim Curve 对话框，分别选择齿顶圆和齿根圆作为边界对象对渐开线进行修剪，注意选择修剪曲线时选择球应位于齿顶圆外，得到如图 9-9 所示的图形。

（7）选择【Insert】→【Curve】→【Basic Curve…】命令，单击弹出对话框中的按钮，绘制过渐开线的端点并与齿根圆相垂直的直线，单击 Apply 按钮，得到如图 9-10 所示图形；再绘制一条过坐标原点和渐开线与分度圆的交线的直线，如图 9-11 所示。

（8）过坐标原点绘制一条与刚刚所绘直线夹角为-a/2 的直线，如图 9-12 所示。

（9）选择【Edit】→【Transform…】命令或单击工具栏上的按钮，系统弹出类选择对话框，选择齿廓曲线单击 OK 按钮，系统弹出如图 9-13 所示的 Transformations 对话框，在该对话框中选择 Mirror Through a Line 选项，在弹出的对话框中选择 Existing Line 选

项，然后在视图区域中选择步骤（8）绘制的直线作为镜像中心线，单击 OK 按钮，在弹出的对话框中选择 Copy 选项对齿廓曲线进行镜像操作，如图 9-14 所示。

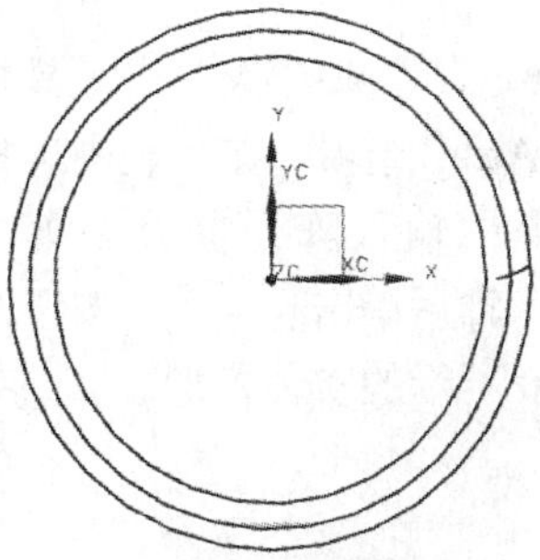

图 9-9　修剪渐开线

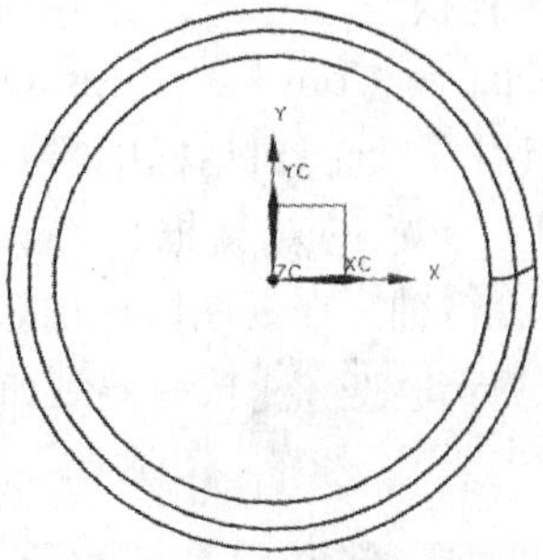

图 9-10　绘制与齿根圆垂直的直线

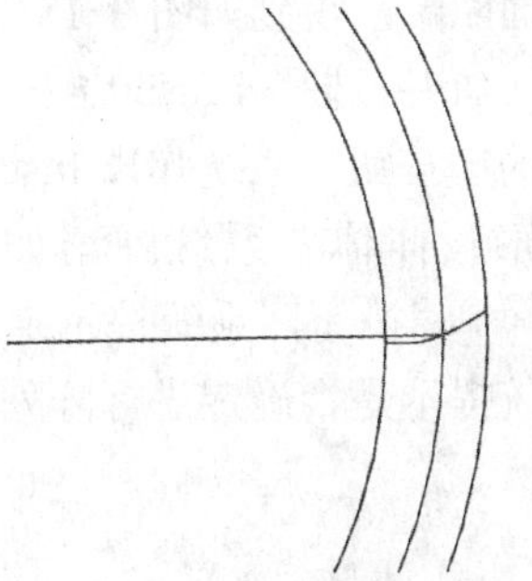
图 9-11　绘制辅助线

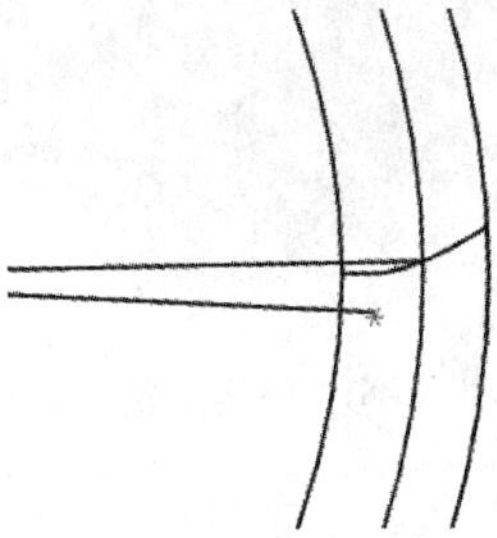
图 9-12　绘制另一条辅助线

图 9-13　Transformations 对话框

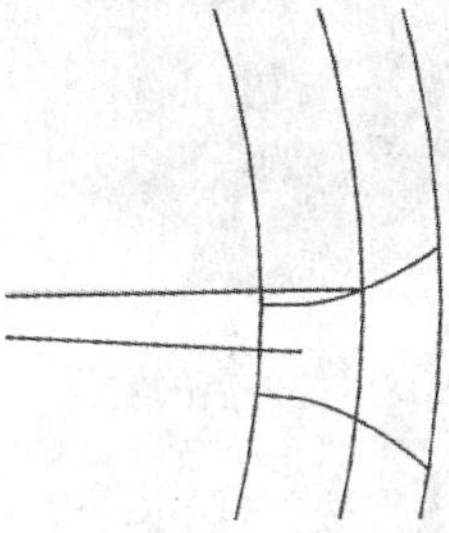
图 9-14　镜像齿廓曲线

（10）选择【Edit】→【Curve】→【Trim…】命令或单击工具栏上的按钮，对齿顶圆和齿根圆进行修剪，并将辅助线和分度圆隐藏，可得到如图 9-15 所示的齿廓截面。

（11）选择【Insert】→【Design Feature】→【Cylinder…】命令或单击工具栏上的按钮，系统弹出 Cylinder 对话框，在 Type 选项下选择生成圆柱体的方式为 Axis，Diameter，and Height，在视图区域分别选择坐标原点和 ZC 轴作为圆柱体的中心点和轴线方向，并在 Diameter 和 Height 文本框中输入圆柱体的直径和高度值 da 和 40，单击 OK 按钮，得到如图 9-16 所示的圆柱体。

（12）选择【Insert】→【Detailed Feature】→【Chamfer…】命令或单击工具栏上的按钮，系统弹出 Chamfer 对话框，在视图区域选择圆柱体的边，在 Cross Section 选项下选择 Symmetric 选项，并将其 Distance 值设置为 2，单击 OK 按钮得到如图 9-17 所示的实体模型。

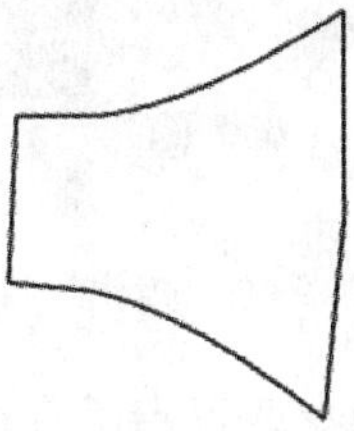
图 9-15　齿廓截面

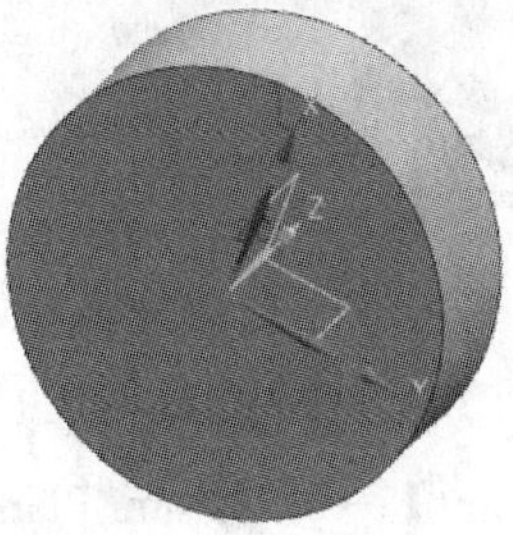
图 9-16　绘制齿坯

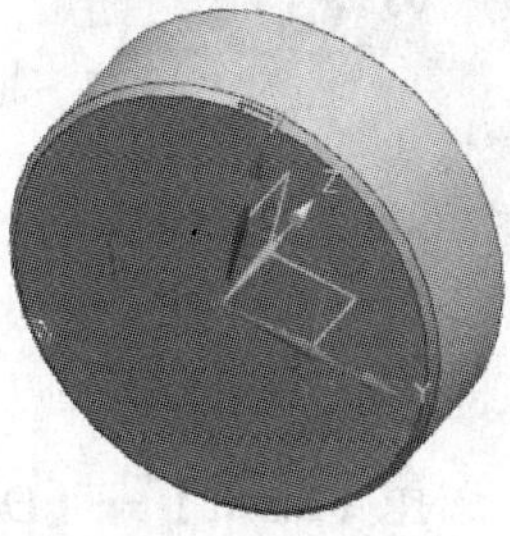
图 9-17　齿坯倒角

（13）选择【Insert】→【Design Feature】→【Extrude…】命令或单击工具栏上的按钮，系统弹出 Extrude 对话框，选择齿廓截面作为拉伸对象，与齿坯进行求差操作后将齿廓截面隐藏，得到如图 9-18 所示的实体模型。

（14）选择【Insert】→【Associative Copy】→【Instance Feature…】命令或单击工具栏上的按钮，系统弹出 Instance 对话框，选择对话框中的 Circular Array 选项，在列表中选择齿形拉伸体，系统弹出如图 9-19 所示的对话框，在该对话框中输入阵列参数后单击 OK 按钮，系统提示定义阵列旋转轴，在视图区域内选择 ZC 轴后单击 OK 按钮，系统提示是否确定进行阵列操作，单击 OK 按钮得到如图 9-20 所示的实体模型。

图 9-18　拉伸后的实体

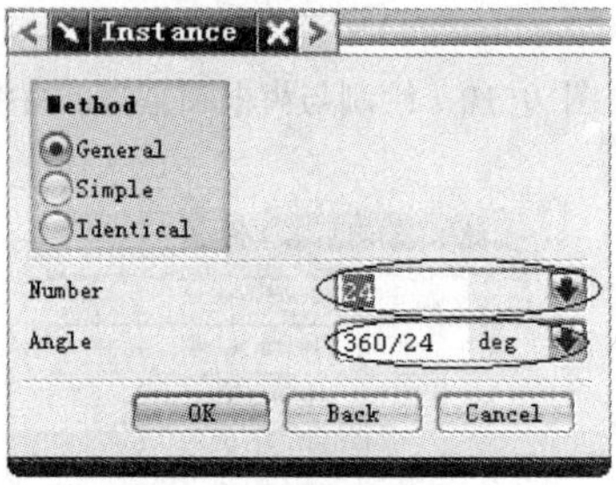

图 9-19　阵列参数设置

图 9-20　阵列后的实体模型

（15）选择【Insert】→【Design Feature】→【Extrude…】命令或单击工具栏上的按钮，系统弹出 Extrude 对话框，选择齿坯一端面作为草图放置平面，进入草图环境下，绘制如图 9-21 所示的草图轮廓，单击按钮退出草图。

（16）在 Extrude 对话框中设置拉伸切除材料，深度为 15mm，得到如图 9-22 所示的实体模型。

（17）选择【Insert】→【Detailed Feature】→【Draft…】命令或单击工具栏上的按钮，系统弹出 Draft 对话框，在视图区域选择-ZC 轴作为拉拔方向，选择凸台底边作为静止边，设置拉拔角为 3°，如图 9-23 所示，单击 OK 按钮完成拔模操作。

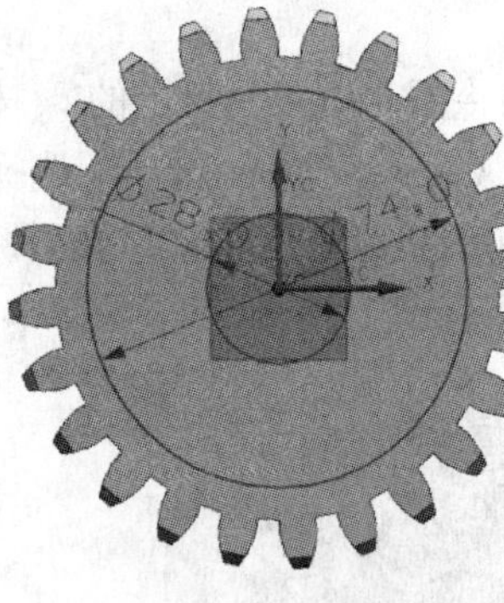

图 9-21　绘制草图

图 9-22　拉伸切除材料

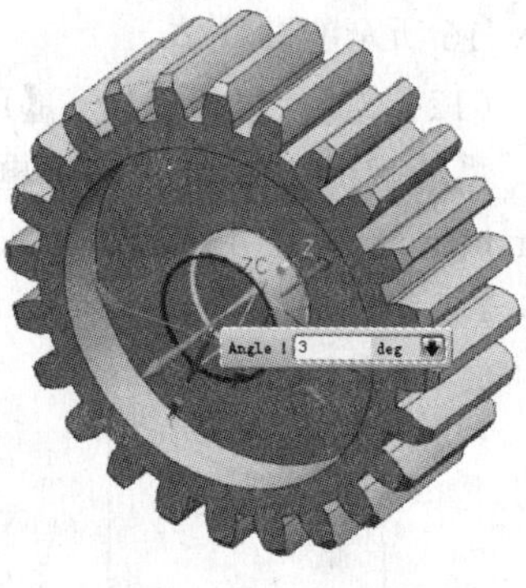

图 9-23　拔模参数设置

（18）选择【Insert】→【Datum/Point】→【Datum Plane…】命令或单击工具栏上的按钮，系统弹出 Datum Plane 对话框，选择齿坯的两端面，在两端面的中间建立一个基准平面，如图 9-24 所示。

（19）选择【Insert】→【Associative Copy】→【Mirror Feature...】命令或单击工具栏上的按钮，系统弹出 Mirror Feature 对话框，在对话框的列表中选择步骤（16）和（17）绘制的拉伸体和拔模体作为镜像对象，并选择步骤（18）创建的基准平面作为镜像平面，如图 9-25 所示，单击 OK 按钮，将基准平面隐藏后可得到如图 9-26 所示的实体模型。

图 9-24　生成基准平面

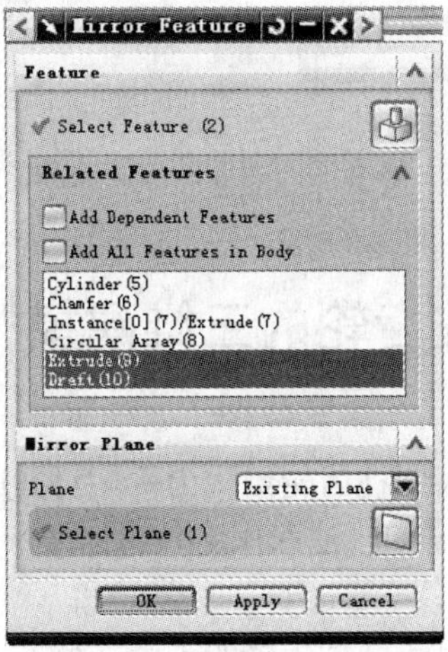

图 9-25　镜像特征对话框

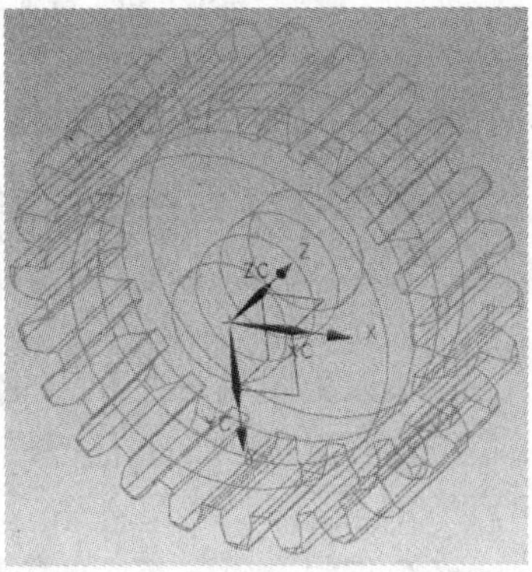

图 9-26　镜像特征后的实体

（20）利用拉伸实体操作，以凸起部分为草图放置面，绘制如图 9-27 所示的草图轮廓，在实体模型中切除实体后得到如图 9-28 所示的实体模型。

（21）选择【Insert】→【Detailed Feature】→【Hole...】命令或单击工具栏上的按钮，系统弹出 Hole 对话框，进入草图环境利用点功能确定孔的中心位置，设置孔的直径为 12mm 并为贯穿孔，单击 OK 按钮得到如图 9-29 所示的实体模型。

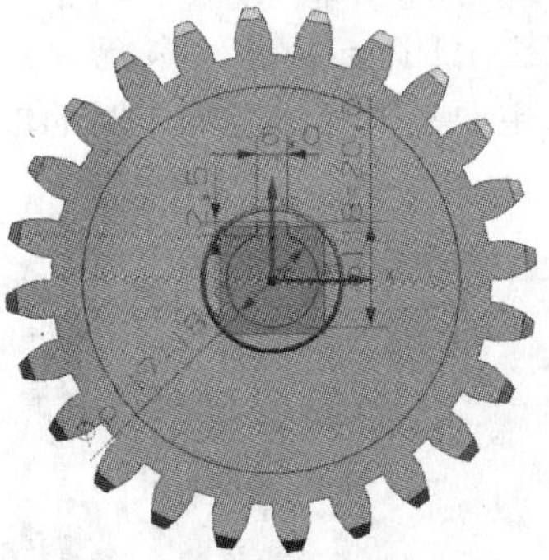

图 9-27　绘制草图轮廓

图 9-28　拉伸切除后的实体

图 9-29　孔操作后的实体

（22）选择【Insert】→【Associative Copy】→【Instance Feature...】命令或单击工具栏上的按钮，系统弹出 Instance 对话框，选择对话框中的 Circular Array 选项，在列表中选择上一步操作产生的孔，系统弹出 Instance 参数设置对话框，设置参数如图 9-30 所示，单击 OK 按钮，系统提示定义阵列旋转轴，在视图区域内选择 ZC 轴后单击 OK 按钮，系统提示是否确定进行阵列操作，单击 OK 按钮得到如图 9-31 所示的实体模型。

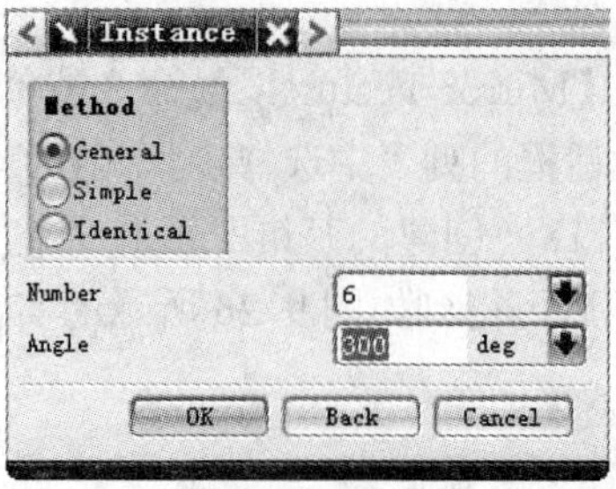

图 9-30 设置阵列参数

图 9-31 直齿圆柱齿轮模型

9.2 斜齿圆柱齿轮的三维建模

本节以如图 9-32 所示的斜齿圆柱齿轮结构为例，对其进行三维造型设计，主要参数如下：齿轮的齿数 Z=57，法面模数 m=4，法面压力角为标准压力角 20°，螺旋角为 9.214 17°，齿厚为 80mm。

经分析得，斜齿圆柱齿轮与直齿圆柱齿轮的不同之处在于，斜齿圆柱齿轮的齿面为空间渐开线螺旋面，且其端面齿形与法向齿形不同，所以在建模过程中不能像直齿圆柱齿轮那样简单地通过拉伸截面曲线获得齿槽，而应通过沿着螺旋曲线扫掠成齿槽的方法来创建斜齿模型。斜齿圆柱齿轮的主要设计思路为：先利用表达式建立渐开线齿轮的齿廓，并绘制齿侧轮廓，然后利用圆柱体功能生成齿轮齿胚，通过扫掠功能在齿轮齿胚上切除材料生成齿槽，再利用阵列功能生成所有的齿槽以创建所有的轮齿，最后对轮毂进行造型设计，其主要步骤如下。

（1）启动 UG NX 8.0，选择【File】→【New】命令，在弹出的新建文件对话框中选择 Model，在 Name 栏中输入部件的名称为 xiechilun，并设置文件的存储路径。

（2）选择【Tools】→【Expression...】命令或单击工具栏上的═按钮，系统弹出 Expressions 对话框，在对话框中依次输入斜齿圆柱齿轮的以下主要参数（注意输入时的单位，若有误系统将提示错误信息），如图 9-33 所示。

图 9-32 斜齿圆柱齿轮结构

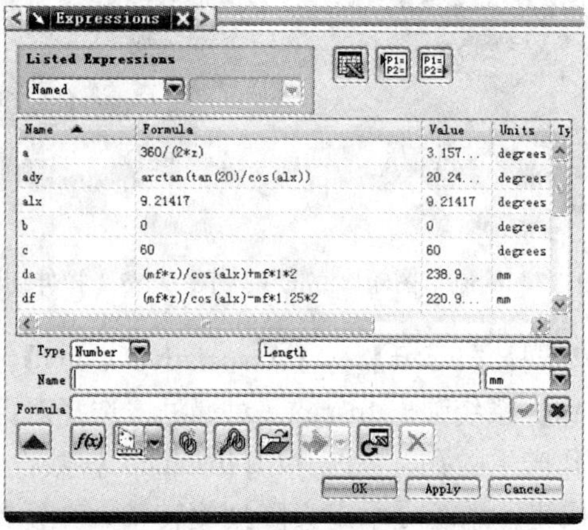

图 9-33 斜齿圆柱齿轮的主要参数

mf=4mm，alx=9.214 17°，md=mf/cos(alx)，z=57，ady=arctan(tan20°/cos(alx))，
dm=(mf∗z)/cos(alx)mm，dw=((mf∗z)/cos(alx)) ∗cos(ady)，
da=(mf∗z)/cos(alx)+mf∗1∗2mm，df=(mf∗z)/cos(alx)−mf∗1.25∗2mm，
b=0°，c=60°，a=360/(2∗z)°，t=0，u=(1−t) ∗b+t∗c，zt=0，
xt=(dw/2) ∗cos(u)+(dw/2) ∗rad(u) ∗sin(u)，
yt=(dw/2) ∗sin(u)−(dw/2) ∗rad(u) ∗cos(u)。

（3）选择【Insert】→【Curve】→【Law Curve…】命令或单击工具栏上的按钮，系统弹出 Law Curve 对话框，单击该对话框中的按钮，要求指定定义 X 方向函数的基础变量，系统默认为 t，单击 OK 按钮，系统要求指定 XC 坐标方向的变化规律，在表达式文本框中输入 xt，单击 OK 按钮后 XC 方向坐标分量的变化规律已经确定。用同样的方法可确定 YC 和 ZC 方向坐标分量的变化规律。

（4）确定完 XC、YC 和 ZC 坐标方向的变化规律后，系统弹出如图 9-6 所示的对话框，要求用户为坐标系统指定基点和方位，在该对话框中选择 Define Orientation 选项，单击 OK 按钮，可生成如图 9-34 所示的渐开线。

（5）选择【Insert】→【Curve】→【Basic Curve…】命令或单击工具栏上的按钮，系统弹出 Basic Curve 对话框，单击该对话框中的按钮，在图形区域以坐标原点为圆心，分别以 dm、da 和 df 为直径绘制分度圆、齿顶圆和齿根圆，如图 9-35 所示。

（6）选择【Edit】→【Curve】→【Trim…】命令或单击工具栏上的按钮，系统弹出 Trim Curve 对话框，分别选择齿顶圆和齿根圆作为边界对象对渐开线进行修剪，注意选择修剪曲线时选择球应位于齿顶圆外，得到如图 9-36 所示的图形。

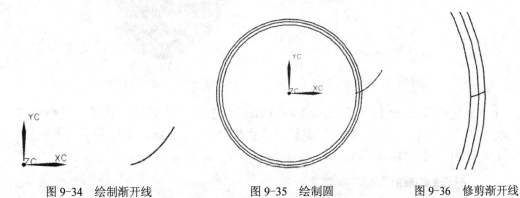

图 9-34　绘制渐开线

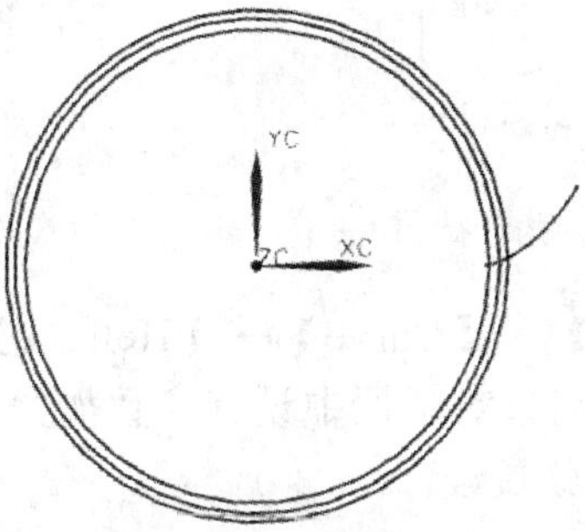

图 9-35　绘制圆

图 9-36　修剪渐开线

（7）选择【Insert】→【Curve】→【Basic Curve…】命令，单击弹出对话框中的按钮，绘制过坐标原点和渐开线与分度圆的交点的直线，单击 Apply 按钮，得到如图 9-37 所示图形；再过坐标原点绘制一条与刚绘制的辅助线夹角为−a/2 的直线，如图 9-38 所示。

（8）选择【Edit】→【Transform…】命令或单击工具栏上的按钮，系统弹出类选择对话框，选择齿廓曲线后单击 OK 按钮，系统弹出 Transformations 对话框，在该对话框中选择 Mirror Through a Line 选项，在弹出的对话框中选择 Existing Line 选项，然后在视图区域中选择步骤（7）绘制的辅助线作为镜像中心线，单击 OK 按钮，在弹出的对话框中选择 Copy 选项，生成如图 9-39 所示的镜像线后单击 OK 按钮。

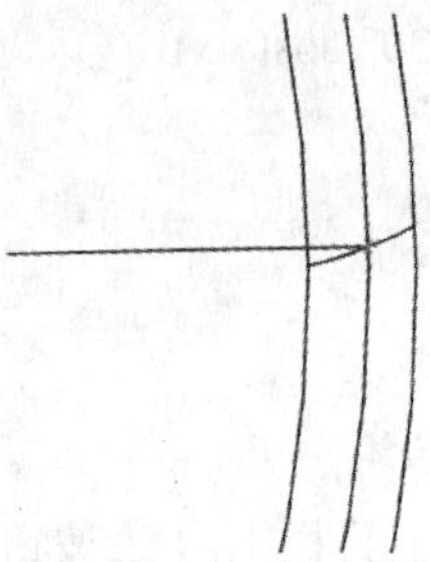

图 9-37 绘制辅助线

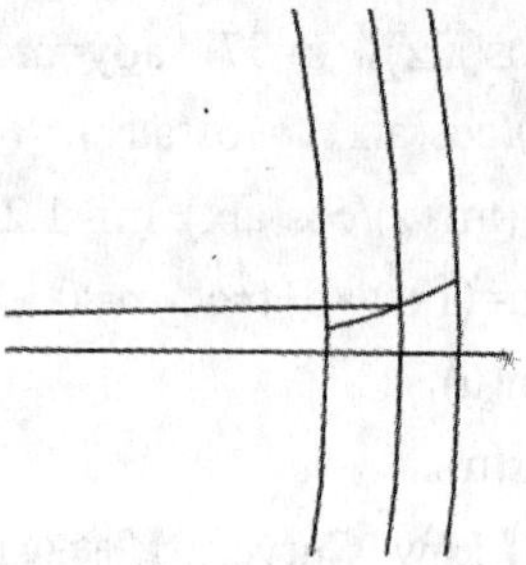

图 9-38 绘制另一条辅助线

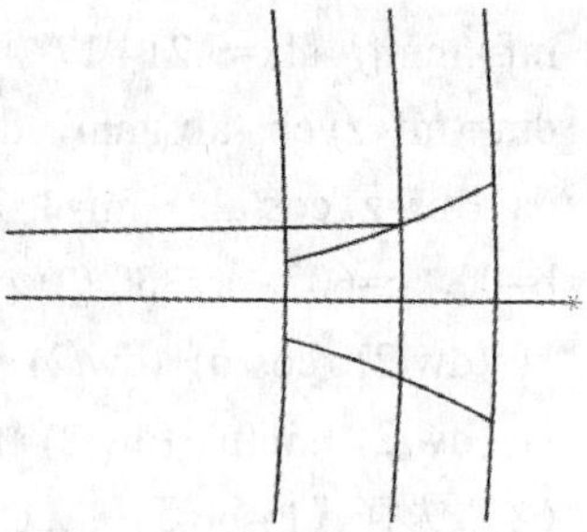

图 9-39 镜像渐开线

（9）选择【Edit】→【Curve】→【Trim…】命令或单击工具栏上的按钮，对齿顶圆和齿根圆进行修剪，并将辅助线和分度圆隐藏，可得到如图 9-40 所示的齿槽截面。

（10）选择【Insert】→【Design Feature】→【Cylinder…】命令或单击工具栏上的按钮，系统弹出 Cylinder 对话框，在 Type 选项下选择生成圆柱体的方式为 Axis，Diameter，and Height，在视图区域分别选择坐标原点和 ZC 轴作为圆柱体的中心点和轴线方向，并在 Diameter 和 Height 文本框中输入圆柱体的直径和高度值 da 和 80，单击 OK 按钮，得到如图 9-41 所示的圆柱体。

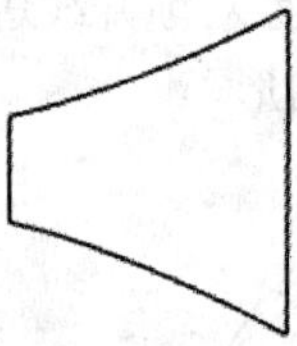

图 9-40 齿槽截面

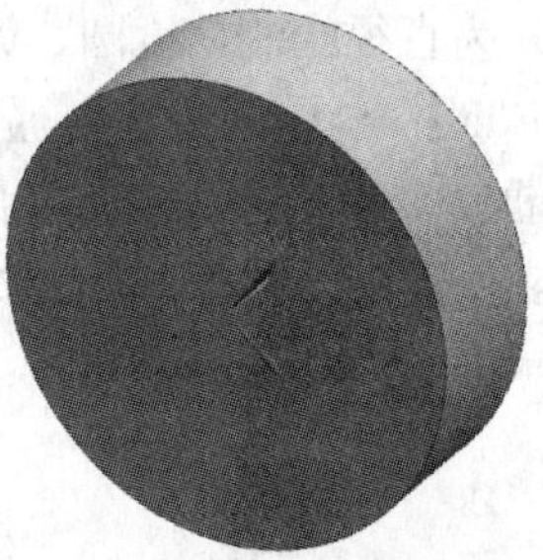

图 9-41 绘制圆柱体

（11）选择【Insert】→【Curve】→【Helix…】命令或单击工具栏上的按钮，系统弹出 Helix 对话框，在该对话框中设置参数如图 9-42 所示，单击 OK 按钮可得到如图 9-43 所示的分度圆螺旋线。

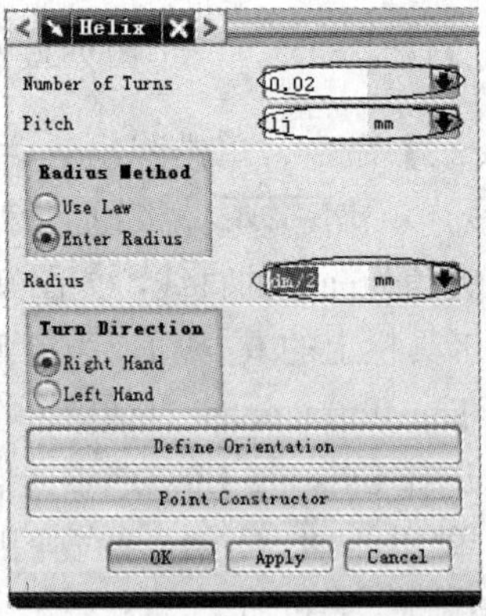

图 9-42 Helix 参数设置

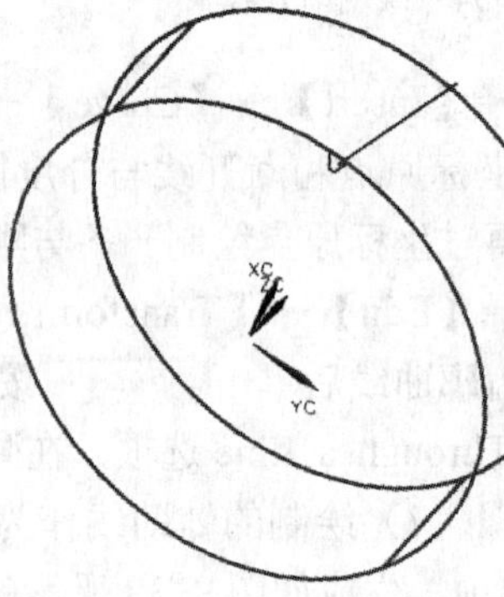

图 9-43 绘制分度圆螺旋线

（12）选择【Insert】→【Detailed Feature】→【Chamfer...】命令或单击工具栏上的按钮，系统弹出 Chamfer 对话框，在视图区域选择圆柱体的边，在 Cross Section 选项下选择 Symmetric 选项，并将其 Distance 值设置为 2，单击 OK 按钮得到如图 9-44 所示的实体模型。

（13）选择【Insert】→【Sweep】→【Sweep Along Guide...】命令或单击工具栏上的按钮，系统弹出 Sweep Along Guide 对话框，在视图区域中分别选择齿槽截面和螺旋线作为扫掠截面曲线和扫掠引导线，选择 Boolean 操作为 Subtract，然后在视图区域选择圆柱体，单击 OK 按钮并将齿槽曲线和螺旋线隐藏后即可得到如图 9-45 所示的齿槽。

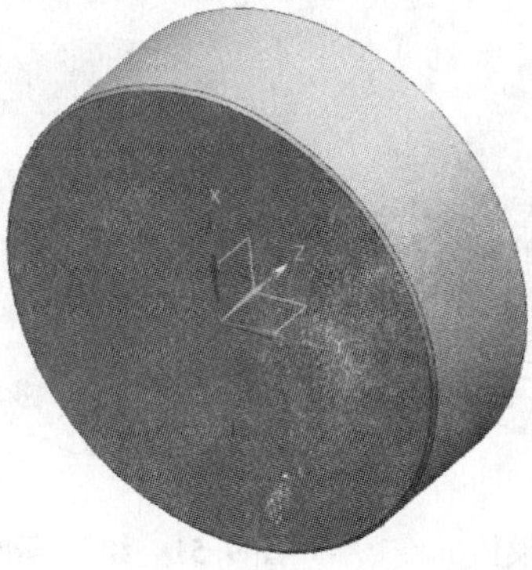

图 9-44　倒斜角

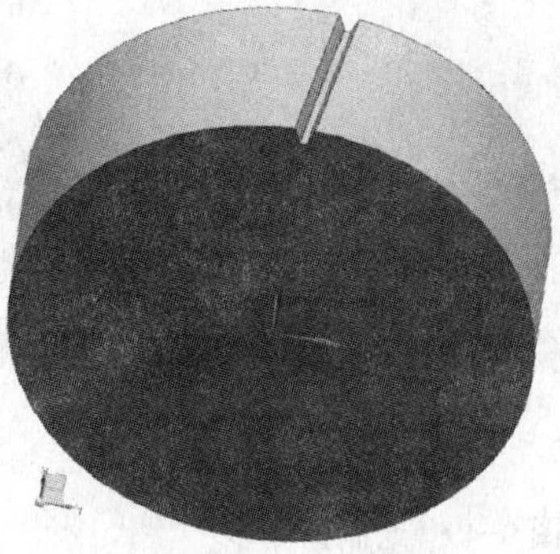

图 9-45　绘制齿槽

（14）选择【Insert】→【Associative Copy】→【Instance Feature...】命令或单击工具栏上的按钮，系统弹出 Instance 对话框，选择对话框中的 Circular Array 选项，在列表中选择齿槽扫掠体，系统弹出 Instance 参数设置对话框，在该对话框中输入如图 9-46 所示的阵列参数后单击 OK 按钮，系统提示定义阵列旋转轴，在视图区域选择 ZC 轴并单击 OK 按钮，系统提示是否确定进行阵列操作，单击 OK 按钮，得到如图 9-47 所示的实体模型。

（15）选择【Insert】→【Design Feature】→【Extrude...】命令或单击工具栏上的按钮，系统弹出 Extrude 对话框，选择齿坯一端面作为草图放置平面，进入草图环境下，绘制如图 9-48 所示的草图轮廓，单击按钮退出草图。

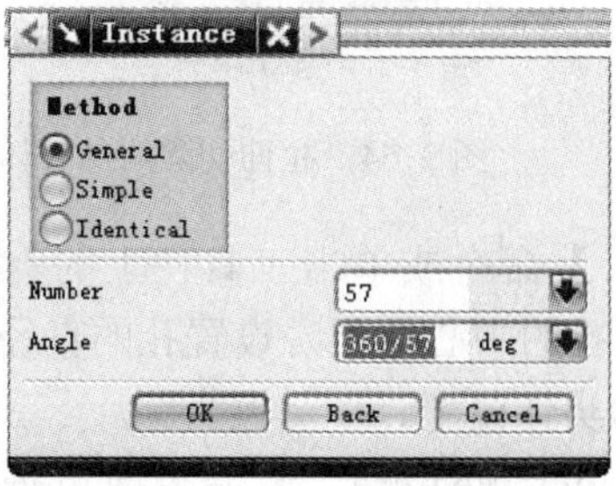

图 9-46　设置阵列参数

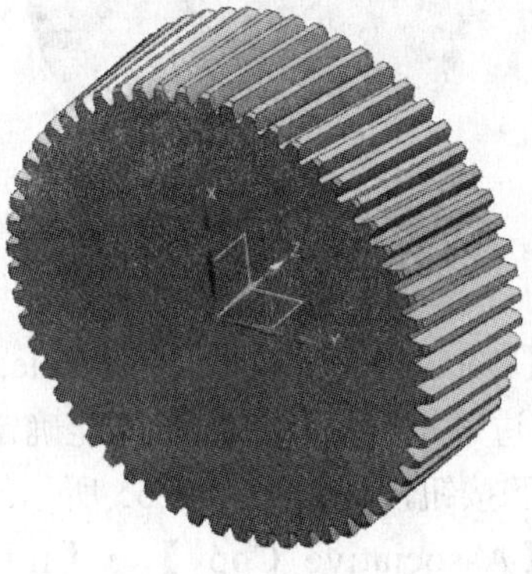

图 9-47　生成齿形

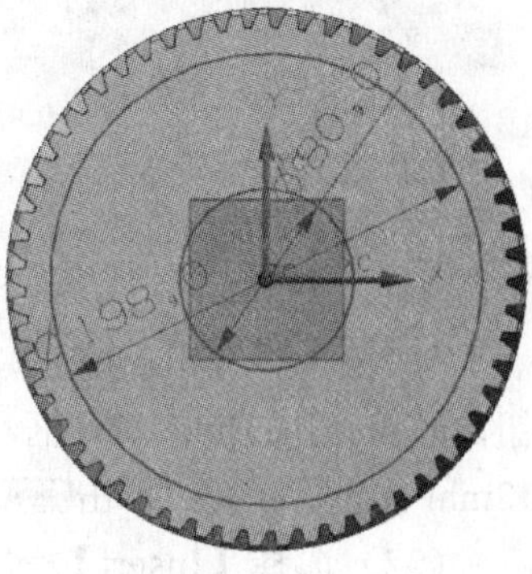

图 9-48　绘制草图

（16）在 Extrude 对话框中设置布尔操作为拉伸切除材料，深度为 25mm，得到如图 9-49 所示的实体模型。

（17）选择【Insert】→【Detailed Feature】→【Draft…】命令或单击工具栏上的按钮，系统弹出 Draft 对话框，在视图区域选择-ZC 轴作为拉拔方向，选择凸台底边作为静止边，设置拉拔角为 5°，如图 9-50 所示，单击 OK 按钮完成拔模操作。

（18）选择【Insert】→【Datum/Point】→【Datum Plane…】命令或单击工具栏上的按钮，系统弹出 Datum Plane 对话框，选择齿坯的两端面，在两端面的中间建立一个基准平面，如图 9-51 所示。

图 9-49　绘制拉伸体

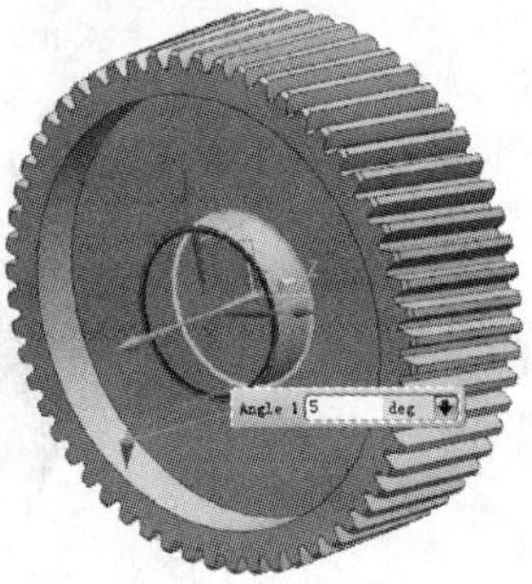

图 9-50　绘制拔模体

图 9-51　绘制基准平面

（19）选择【Insert】→【Associative Copy】→【Mirror Feature…】命令或单击工具栏上的按钮，系统弹出 Mirror Feature 对话框，在对话框的列表中选择步骤（16）和（17）绘制的拉伸体和拔模体作为镜像对象，并选择步骤（18）创建的基准平面作为镜像平面，单击 OK 按钮，将基准平面隐藏后可得到如图 9-52 所示的实体模型。

（20）选择拉伸命令，以凸起部分为草图放置面，绘制如图 9-53 所示的草图轮廓，在实体模型中切除实体后得到如图 9-54 所示的实体模型。

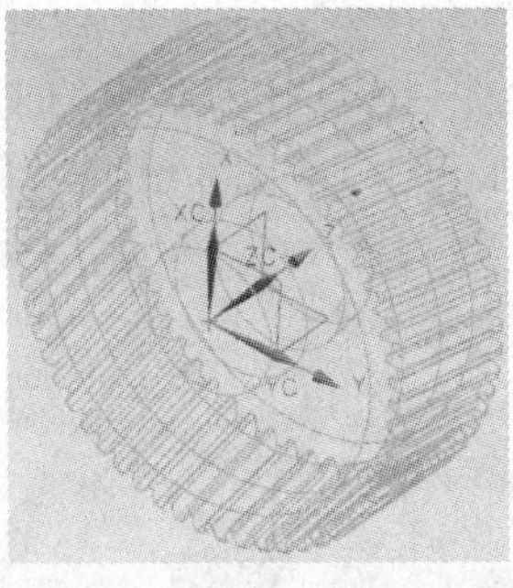

图 9-52　镜像特征后的实体

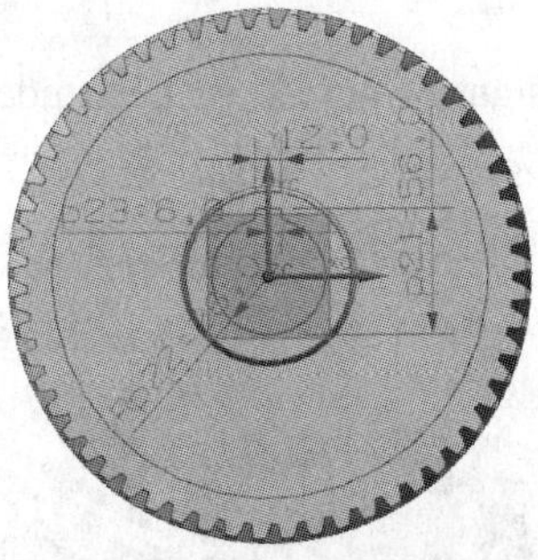

图 9-53　绘制草图轮廓

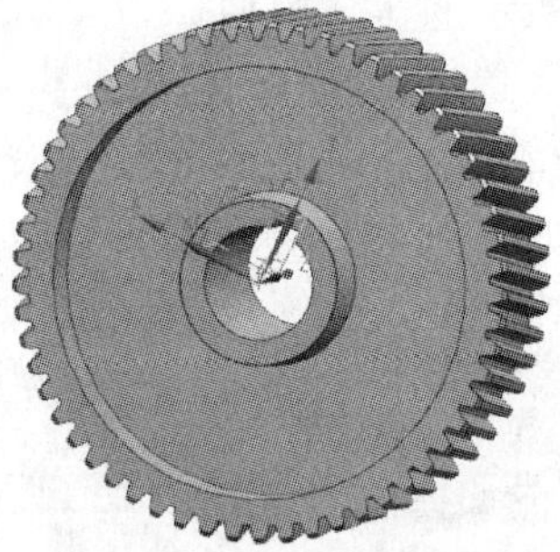

图 9-54　拉伸切除后的实体

（21）选择【Insert】→【Detailed Feature】→【Hole…】命令或单击工具栏上的按钮，系统弹出 Hole 对话框，进入草图环境利用点功能确定孔的中心位置，设置孔的直径为 12mm 并为贯穿孔，单击 OK 按钮，得到如图 9-55 所示的实体模型。

（22）选择【Insert】→【Associative Copy】→【Instance Feature…】命令或单击工具栏上的按钮，系统弹出 Instance 对话框，选择对话框中的 Circular Array 选项，在列表

中选择上一步操作产生的孔，系统弹出 Instance 参数设置对话框，设置参数如图 9-56 所示，单击 OK 按钮，系统提示定义阵列旋转轴，在视图区域内选择 ZC 轴后单击 OK 按钮，系统提示是否确定进行阵列操作，单击 OK 按钮得到如图 9-57 所示的实体模型。

图 9-55　孔操作后的实体

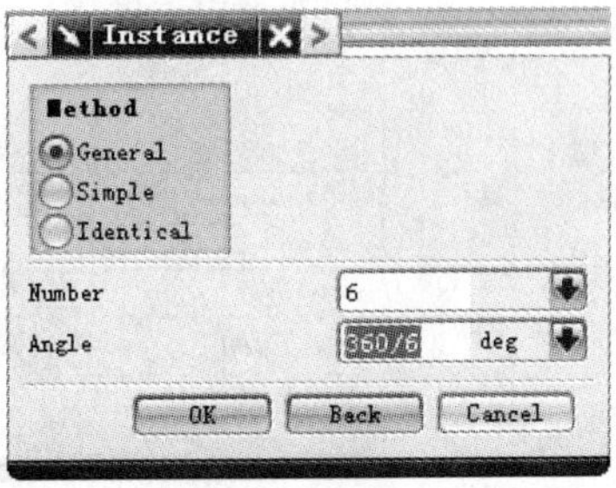

图 9-56　设置阵列参数

图 9-57　斜齿圆柱齿轮模型

9.3　凸轮的三维建模

凸轮机构由凸轮、从动件和机架组成，其中凸轮是一个具有曲线轮廓或凹槽的构件，通常作连续等速转动。在实际工程使用中，只要正确地设计和加工出凸轮的轮廓曲线，就能使凸轮的回转运动准确可靠地实现从动件所预期的具有复杂运动规律的运动。凸轮机构通常应用于传力不大的场合，尤其广泛应用于自动机械、仪表仪器和自动控制系统中。

本节以如图 9-58 所示的以推杆为从动件的对心盘形凸轮为例，对其进行三维实体建模。已知推杆的运动规律为：当凸轮转过 60°时，推杆等加速等减速上升 10mm；当凸轮继续转过 120°时，推杆停止不动；当凸轮再继续转过 60°时，推杆等加速等减速下降 10mm；当凸轮继续转过最后 120°时，推杆停止不动。假设凸轮按顺时针作等速旋转，其基圆半径为 50mm，推杆上的圆球直径为 16mm。

经分析其主要设计思路为：利用表达式功能建立凸轮的运动规律方程，并通过规律曲线功能生成凸轮的理论轮廓曲线，然后通过偏置曲线功能生成凸轮的实际轮廓曲线，并通过拉伸实体操作功能生成凸轮的三维实体模型，最后对凸轮进行孔和倒角操作，主要操作步骤如下。

（1）启动 UG NX 8.0，选择【File】→【New】命令，在弹出的新建文件对话框中选择 Model，在 Name 栏中输入部件的名称为 tulun，并设置文件的存储路径。

（2）选择【Tools】→【Expression...】命令或单击工具栏上的 = 按钮，系统弹出 Expressions 对话框，在对话框中依次输入凸轮的以下主要参数（注意输入时的单位，若有误系统将提示错误信息），如图 9-59 所示。

图 9-58 凸轮模型

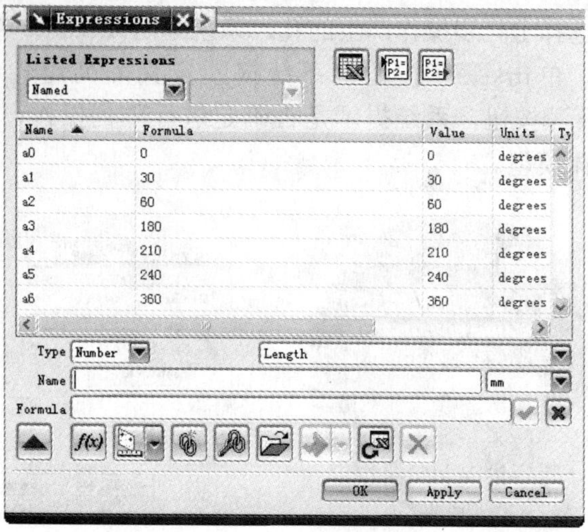

图 9-59 凸轮的主要参数

a0=0°，a1=30°，a2=60°，a3=180°，a4=210°，a5=240°，a6=360°，

h=10mm，t=1，p0=5mm，p1=0mm，p2=30mm，p9=2mm，p11=2mm，r0=50mm，

j1=(0* (1-t)+a1*t)°，j2=(a1* (1-t)+a2*t)°，j3=(a2* (1-t)+a3*t)°，

j4=(a3* (1-t)+a4*t)°，j5=(a4* (1-t)+a5*t)°，j6=(a5* (1-t)+a6*t)°，

je2=(60-j2)°，je4=(j4-180)°，je5=(180+60-j5)°，

tuijiao1=60，tuijiao2=120，tuijiao3=60，tuijiao4=120，

s1=2*h*j1*j1/(tuijiao1*tuijiao1)mm，s2=10-2*h*je2*je2/(tuijiao1*tuijiao1)mm，

s3= 10mm，s4= 10-2*h*je4*je4/(tuijiao3*tuijiao3)mm，

s5= 2*h*je5*je5/(tuijiao3*tuijiao3)mm，s6=0mm，

x1= (r0+s1) *sin(j1)mm，y1= (r0+s1) *cos(j1)mm，

x2= (r0+s2) *sin(j2)mm，y2= (r0+s2) *cos(j2)mm，

x3= (r0+s3) *sin(j3)mm，y3= (r0+s3) *cos(j3)mm，

x4= (r0+s4) *sin(j4)mm，y4= (r0+s4) *cos(j4)mm，

x5=(r0+s5) *sin(j5)mm，y5= (r0+s5) *cos(j5)mm，

x6= (r0+s6) *sin(j6)mm，y6= (r0+s6) *cos(j6)mm。

（3）选择【Insert】→【Curve】→【Law Curve...】命令或单击工具栏上的按钮，系统弹出 Law 对话框，单击该对话框中的按钮，要求指定定义 X 方向函数的基础变量，系统默认为 t，单击 OK 按钮，系统弹出对话框要求指定 XC 坐标方向的变化规律，在表达式文本框中输入 x1，单击 OK 按钮后 XC 方向坐标分量的变化规律已经确定。用同样的方法生成 YC 方向坐标分量的变化规律为 y1，最后将 ZC 方向坐标分量的变化规律设置为恒定变化且值为 0，可得如图 9-60 所示的第一段曲线，即凸轮转过 60°时产生的曲线。

（4）参考步骤（3），用同样的方法生成第二段、第三段、第四段、第五段及第六段曲线，可得如图 9-61 所示的凸轮理论轮廓曲线。

（5）选择【Insert】→【Curve from Curves】→【Offset Curve...】或单击工具栏上的

按钮，系统弹出 Offset Curve 对话框，在对话框中选择偏置曲线的类型为按 Distance 方式，再按顺序依次选择凸轮理论轮廓曲线的每一段，如图 9-62 所示，设置偏置方向为向外，设置偏置距离为 8mm（即推杆上圆球的半径值），单击 OK 按钮，可得到如图 9-63 所示的偏置曲线，即凸轮实际轮廓曲线。

图 9-60　第一段曲线

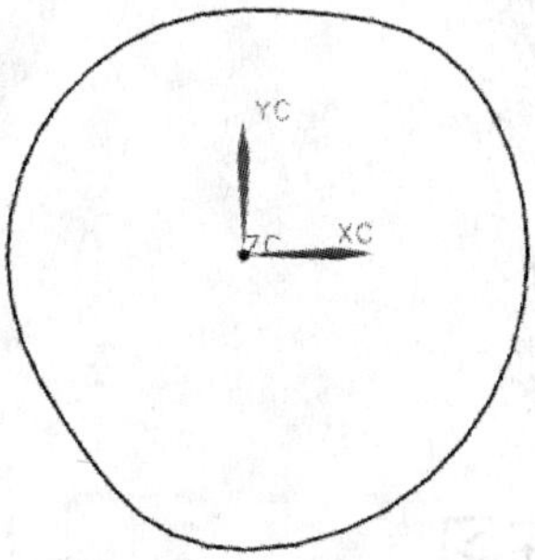

图 9-61　凸轮理论轮廓曲线

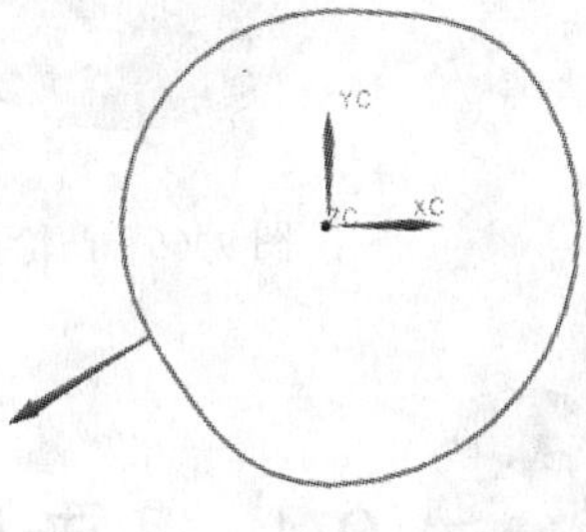

图 9-62　设置偏置方向

（6）选择【Insert】→【Design Feature】→【Extrude...】命令或单击工具栏上的按钮，系统弹出 Extrude 对话框，以凸轮轮廓作为拉伸对象，设置拉伸距离为 15mm，可得如图 9-64 所示的凸轮实体模型。

（7）选择【Insert】→【Detailed Feature】→【Edge Blend...】命令或单击工具栏上的按钮，系统弹出 Edge Blend 对话框，在视图区域选择生成凸轮实体的边，设置倒角半径为 2mm，单击 OK 按钮，可得到如图 9-65 所示的实体模型。

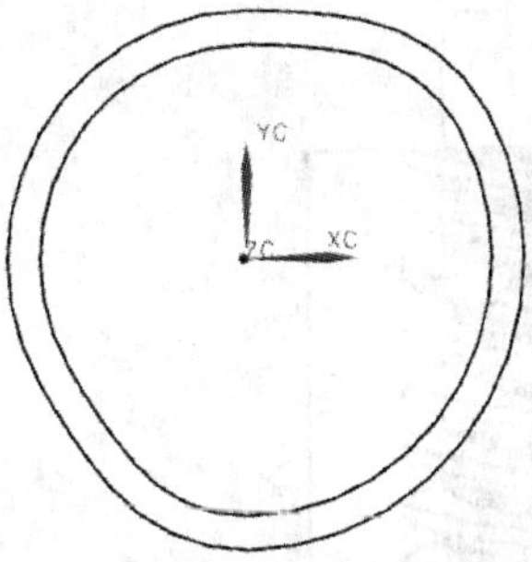

图 9-63　绘制凸轮实际轮廓曲线

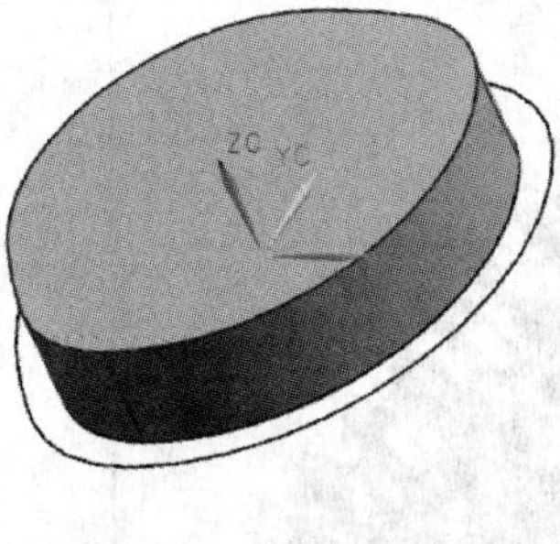

图 9-64　拉伸凸轮实体

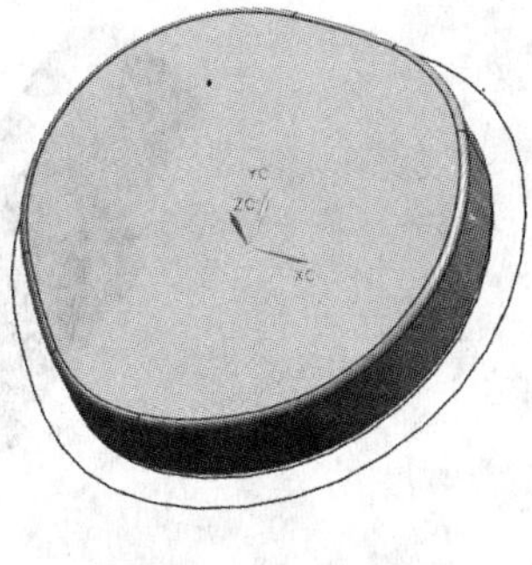

图 9-65　凸轮倒圆角

（8）选择【Insert】→【Detailed Feature】→【Hole...】命令或单击工具栏上的按钮，系统弹出 Hole 对话框，进入草图环境利用点功能确定孔的中心位置位于坐标原点，设置孔的直径为 50mm 并为贯穿孔，单击 OK 按钮，可得如图 9-66 所示的实体模型。

（9）选择【Insert】→【Detailed Feature】→【Chamfer...】命令或单击工具栏上的按钮，系统弹出 Chamfer 对话框，在视图区域选择孔的边缘，在 Cross Section 选项下选择 Symmetric 选项，并将其 Distance 值设置为 2，单击 OK 按钮，将凸轮的理论轮廓曲线和实际轮廓曲线隐藏，可得到如图 9-67 所示的凸轮模型。

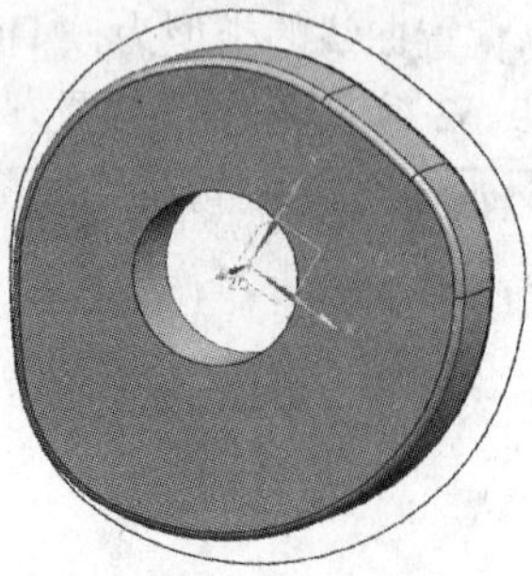

图 9-66 凸轮孔操作

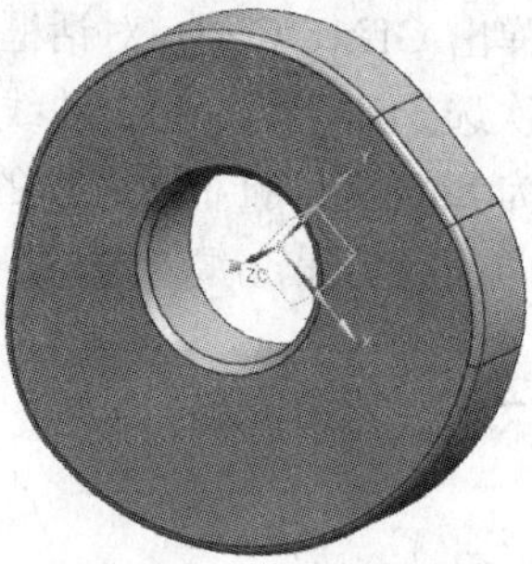

图 9-67 凸轮模型

9.4 思考与练习

（1）简述齿轮三维造型的设计思路与基本步骤。

（2）在绘制齿槽截面曲线时，为什么要用到分度圆和两条辅助直线？请从渐开线齿轮的形成分析其原因。

（3）如图 9-68 所示，已知阿基米德蜗杆的主要参数如下：模数为 4，头数为 2，直径系数为 10，传动中心距为 98，螺旋升角为 11.309 9°。试建立该阿基米德蜗杆的三维模型。

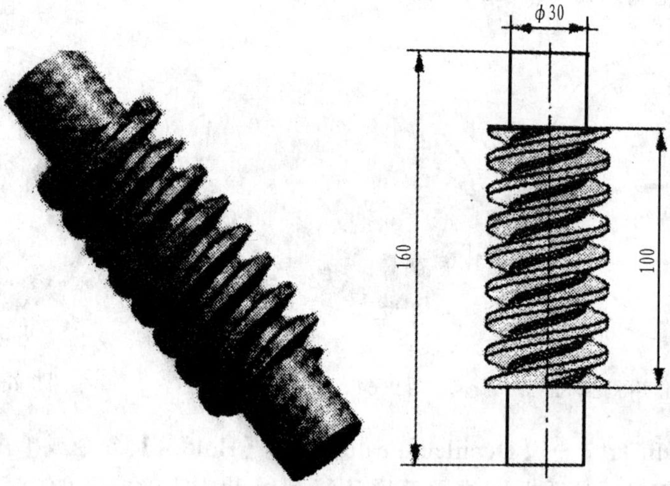

图 9-68 阿基米德蜗杆

第10章　轴套类零件与轴承的三维造型设计

本章主要介绍轴套类零件和轴承的三维造型设计，主要包括传动轴、齿轮轴、滑动轴承和滚动轴承。其基本设计思路为：首先对整个产品结构进行分析，将其按特征分为几个大区域，然后对每个区域用扫描特征或基本体素建立零件最原始的形状，之后对各部分进行详细设计，最后利用成型特征和特征操作（如孔、凸台、倒角等）对产品进行细节设计。

10.1　传动轴的三维建模

创建如图10-1所示的传动轴，创建方法主要有以下两种。

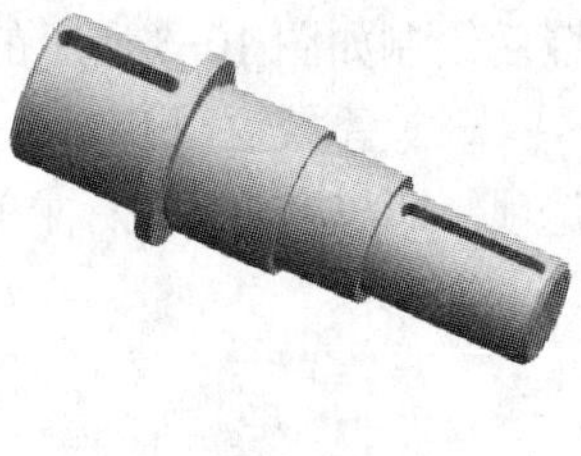

图10-1　传动轴

1. 草图法

草图法的主要思路为直接在草图环境下建立传动轴的基本形状，然后利用倒角功能对其进行细节设计，主要建模步骤如下。

（1）启动UG NX 8.0，选择【File】→【New】命令，在弹出的新建文件对话框中选择Model，在Name栏中输入部件的名称为chuandongzhou，并设置文件的存储路径。

（2）选择【Insert】→【Design Feature】→【Revolve...】命令或单击工具栏上的按钮，系统弹出Revolve对话框，在Revolve对话框中单击按钮。

（3）系统弹出Create Sketch对话框，在视图区域中选择XC-YC作为草图放置平面，进入草图环境下，绘制如图10-2所示的草图轮廓，单击按钮退出草图。

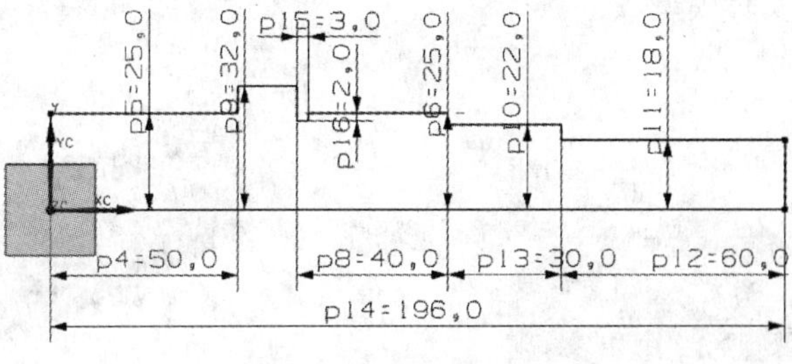

图10-2　绘制草图轮廓

（4）系统返回Revolve对话框，提示定义旋转轴，在视图区域中选择XC作为旋转轴，再在Start和End文本框中分别输入0和360作为旋转角度，单击OK按钮，得到如图

10-3 所示的旋转体。

（5）选择【Insert】→【Datum/Point】→【Datum Plane…】命令或单击工具栏上的按钮，系统弹出 Datum Plane 对话框，在 Type 选项下选择 XC-YC Plane 选项，在视图区域内的 Distance 文本框中输入 25，如图 10-4 所示，单击 OK 按钮可得到基准平面，即在左侧圆柱体上建立一个基准平面以供后续进行键槽操作。

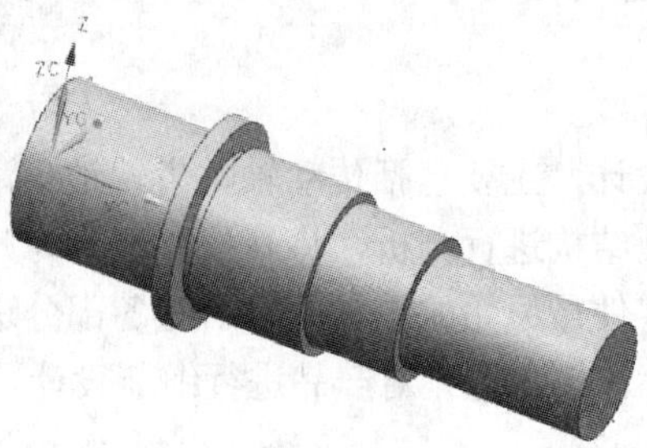

图 10-3 绘制旋转体

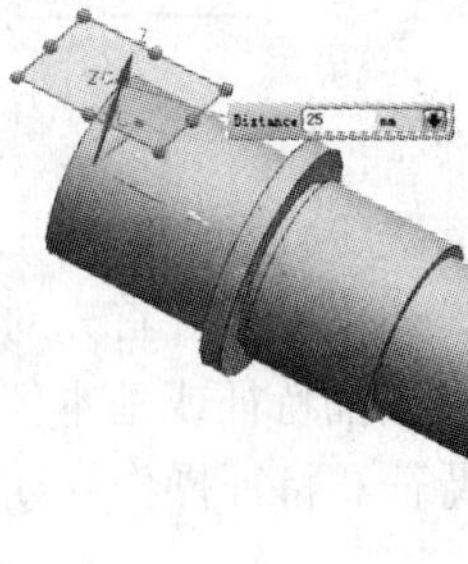

图 10-4 创建基准平面

（6）选择【Insert】→【Design Feature】→【Extrude…】命令或单击工具栏上的按钮，系统弹出 Extrude 对话框，在该对话框中单击按钮。

（7）系统弹出 Create Sketch 对话框，在视图区域选择刚才创建的基准平面，进入草图环境后绘制如图 10-5 所示的草图，单击按钮退出草图。

（8）系统返回 Extrude 对话框，在该对话框中设置拉伸距离为 8mm，且布尔操作为 Subtract 选项，即与旋转体进行求差操作，单击 OK 按钮，得到如图 10-6 所示的实体模型。

图 10-5 绘制键槽草图

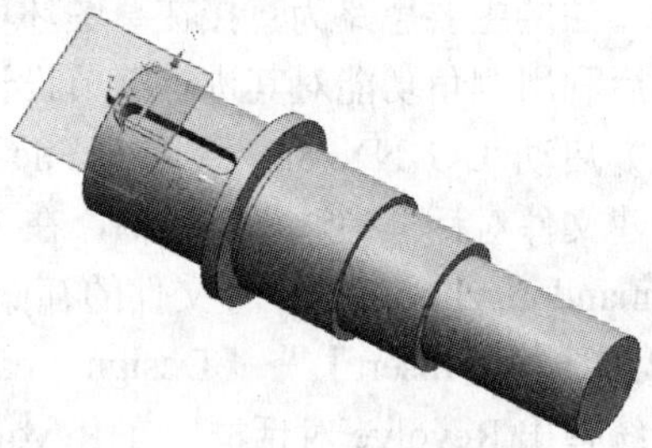

图 10-6 拉伸键槽

（9）参考步骤（5）～（8），在另一侧创建如图 10-7 所示的草图截面并进行拉伸操作，得到如图 10-8 所示的实体模型。

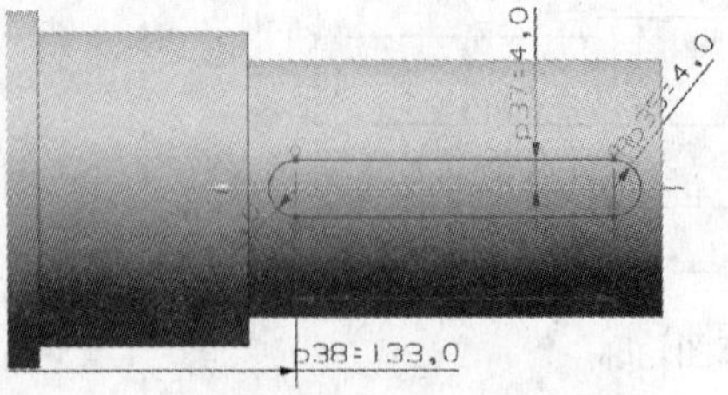

图 10-7 在另一侧绘制键槽草图

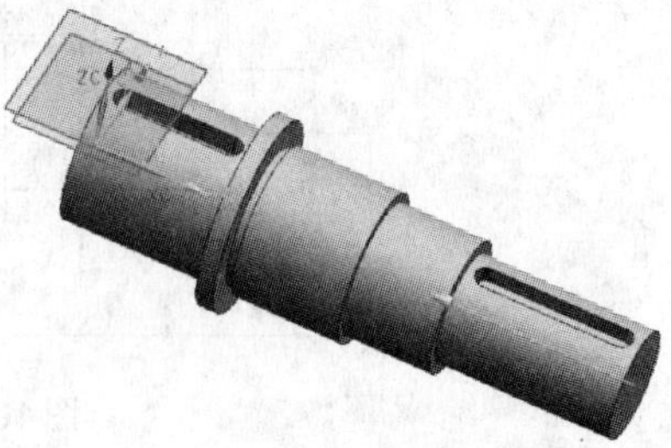

图 10-8 在另一侧拉伸键槽

（10）选择【Insert】→【Detailed Feature】→【Chamfer…】命令或单击工具栏上的按

钮，系统弹出 Chamfer 对话框，在视图区域选择旋转体的两侧边缘，在 Cross Section 选项下选择 Symmetric 选项，并将其 Distance 值设置为 2，单击 OK 按钮，将基准平面隐藏后即可得到如图 10-9 所示的传动轴模型。

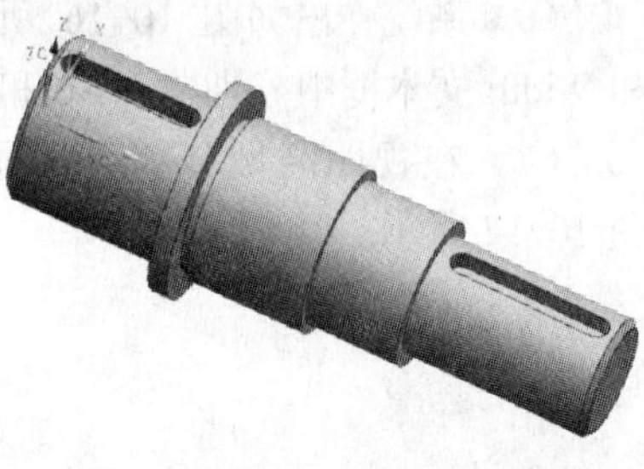

图 10-9　倒斜角后生成的传动轴模型

2. 实体建模法

实体建模法的主要思路是先用圆柱体功能生成一段圆柱，再利用凸台功能分别生成各个阶梯轴部分，然后利用键槽和沟槽成型特征生成键槽和沟槽，最后对模型进行倒斜角，其主要建模步骤如下。

（1）启动 UG NX 8.0，选择【File】→【New】命令，在弹出的新建文件对话框中选择 Model，在 Name 栏中输入部件的名称为 chuandongzhou，并设置文件的存储路径。

（2）选择【Insert】→【Design Feature】→【Cylinder...】命令或单击工具栏上的按钮，系统弹出 Cylinder 对话框，在视图区域选择 XC 轴作为生成圆柱体的轴线方向，分别在对话框的 Diameter 和 Height 文本框中输入 50，单击 OK 按钮，生成如图 10-10 所示的圆柱体。

（3）选择【Insert】→【Design Feature】→【Boss...】命令或单击工具栏上的按钮，系统弹出如图 10-11 所示的 Boss 对话框，在对话框中设置凸台的直径和高度分别为 60 和 6，在视图区域单击圆柱体的一个面，单击 OK 按钮，系统弹出 Positioning 对话框，在该对话框中利用 Point onto Point 中的 Arc Center 选项对凸台进行定位，可生成如图 10-12 所示的实体模型。

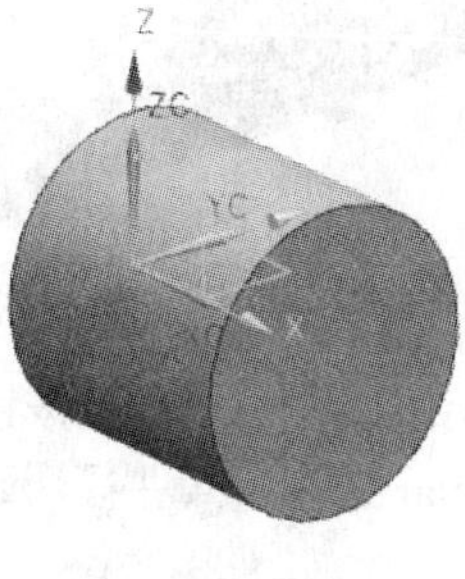

图 10-10　圆柱体

图 10-11　Boss 对话框

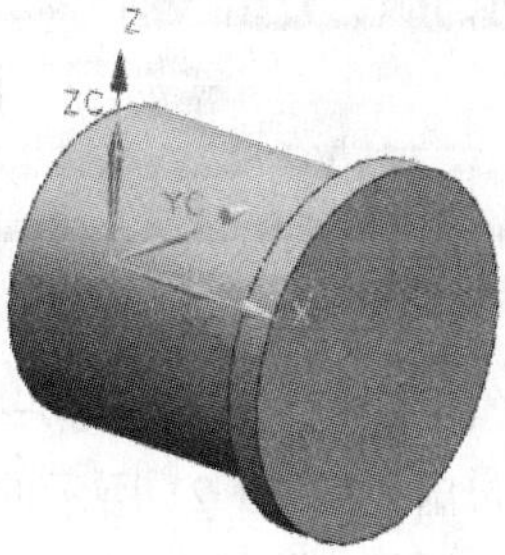

图 10-12　生成圆台

（4）用同样的方法可生成其他的凸台，得到如图 10-13 所示的实体模型。

（5）选择【Insert】→【Design Feature】→【Groove...】命令或单击工具栏上的按钮，系统弹出如图 10-14 所示的 Groove 对话框，在该对话框中选择 Rectangular 选项，系统提示选择沟槽放置面，选择如图 10-15 所示的圆柱平面。

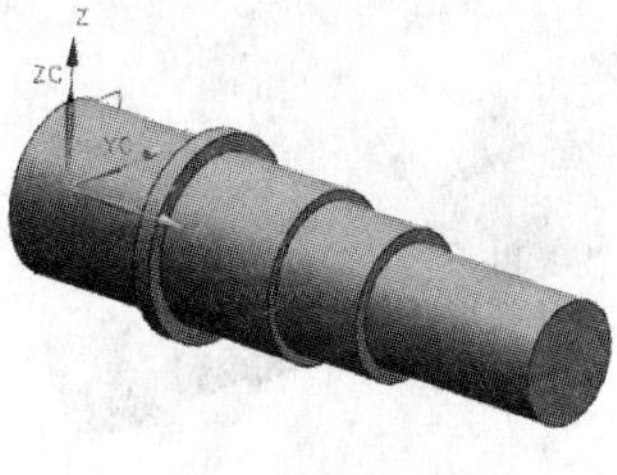

图 10-13　生成其他圆台

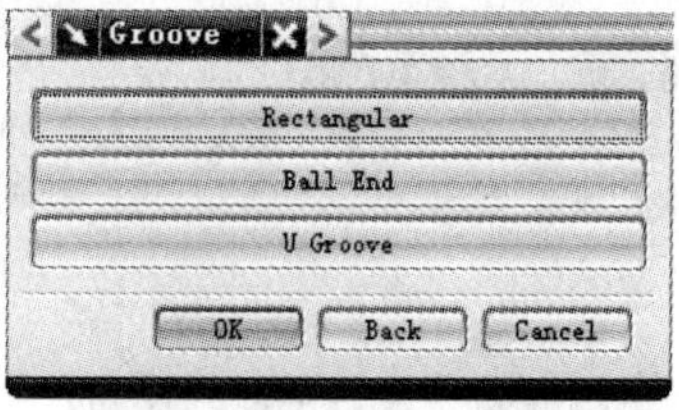

图 10-14　Groove 对话框

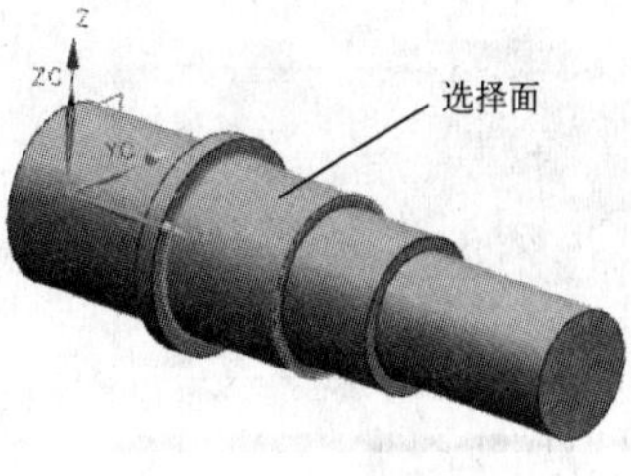

图 10-15　选取沟槽放置面

（6）系统弹出如图 10-16 所示的沟槽参数设置对话框，在该对话框的 Groove Diameter 和 Width 文本框中分别输入 36 和 3，单击 OK 按钮，系统提示选择目标边与工具边。

（7）在视图区域分别选择圆台上的边和沟槽预览体上的边作为目标边和工具边，如图 10-17 所示。

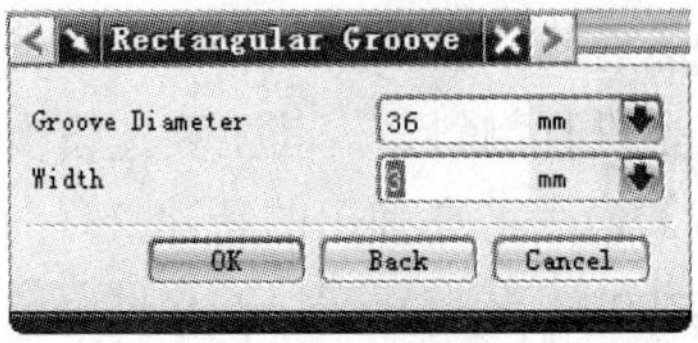

图 10-16 沟槽参数设置对话框

图 10-17 选择目标边和工具边

（8）定义目标边和工具边后，系统弹出如图 10-18 所示的 Create Expression 对话框，在对话框中输入 0，单击 OK 按钮，即可得到如图 10-19 所示的沟槽。

（9）选择【Insert】→【Datum/Point】→【Datum Plane…】命令或单击工具栏上的按钮，系统弹出 Datum Plane 对话框，在 Type 选项下选择 XC-YC Plane 选项，在视图区域内的 Distance 文本框中输入 25，单击 OK 按钮得到基准平面，如图 10-20 所示。

图 10-18 Create Expression 对话框

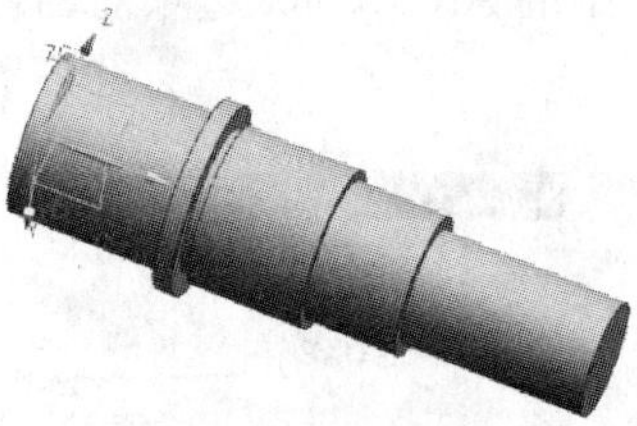

图 10-19 生成沟槽

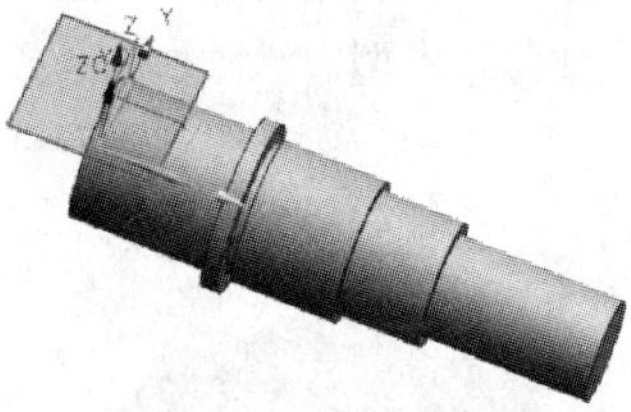

图 10-20 创建基准平面

（10）选择【Insert】→【Design Feature】→【Slot…】命令或单击工具栏上的按钮，系统弹出如图 10-21 所示的 Slot 对话框，在该对话框中选择 Rectangular 选项，单击 OK 按钮，系统提示选择键槽放置平面。

（11）选择创建的基准平面作为键槽放置平面，并定义 XC 轴为水平参考轴，系统弹出如图 10-22 所示的对话框。

（12）在图 10-22 所示对话框的 Length、Width 和 Depth 文本框中分别输入 44、8 和 8，单击 OK 按钮，系统弹出 Positioning 对话框，在该对话框中利用 Horizontal 和 Vertical 进行定位，可生成如图 10-23 所示的矩形键槽。

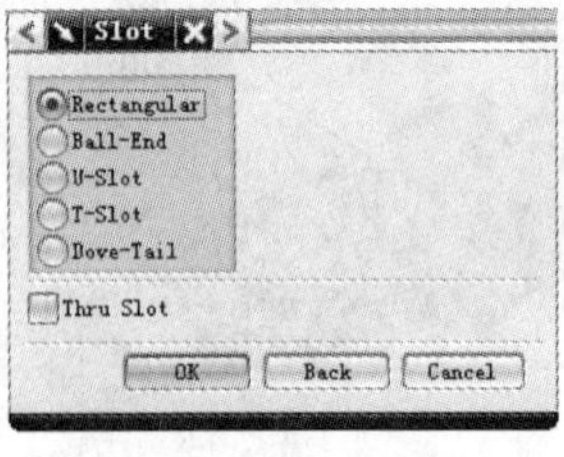

图 10-21 Slot 对话框

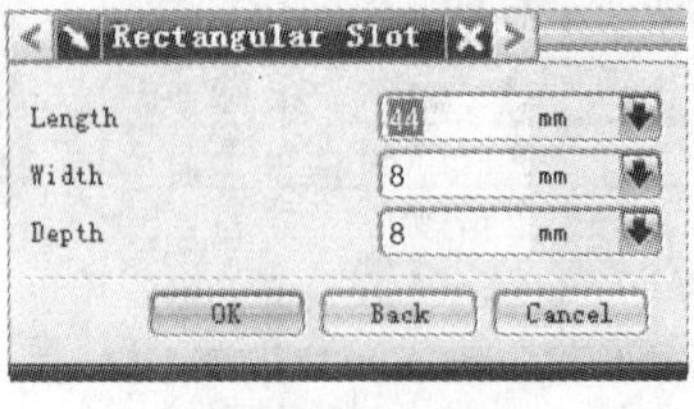

图 10-22 矩形键槽参数设置

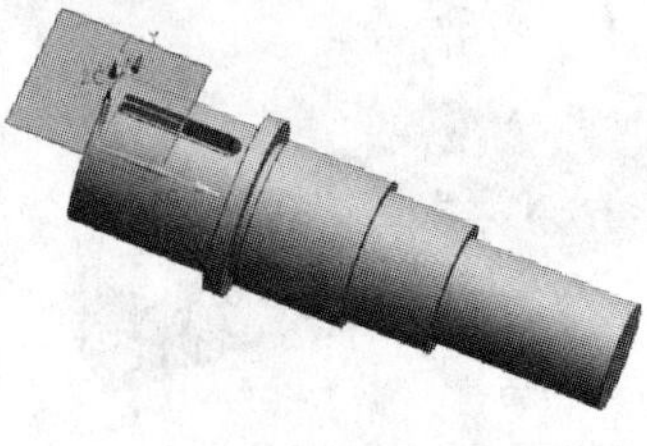

图 10-23 生成矩形键槽

（13）重复步骤（9）～（12）的操作，可得如图 10-24 所示的另一键槽。

（14）选择【Insert】→【Detailed Feature】→【Chamfer…】命令或单击工具栏上的按钮，系统弹出 Chamfer 对话框，在视图区域选择旋转体的两侧边缘，在 Cross Section 选项下选择 Symmetric 选项，并将其 Distance 值设置为 2，单击 OK 按钮，将基准平面隐藏后即可得到如图 10-25 所示的传动轴模型。

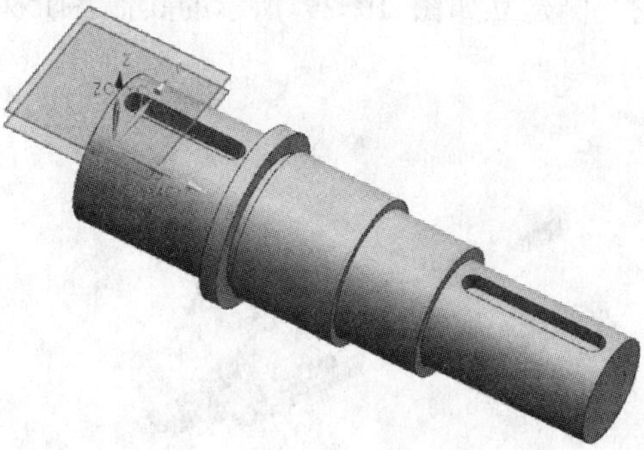

图 10-24　生成另一矩形键槽

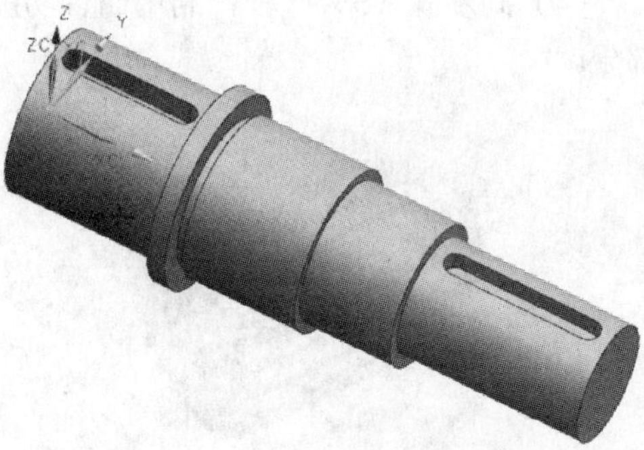

图 10-25　生成传动轴模型

10.2　齿轮轴的三维建模

本节以如图 10-26 所示的齿轮轴为例，对其进行三维实体建模。经分析，其基本建模思路为：先利用表达式和规律曲线功能获得齿槽轮廓，并用圆柱体功能及拉伸实体功能得到齿轮实体，然后利用凸台功能得到齿轮轴的各个阶梯轴部分，再通过键槽功能获得齿轮轴的键槽，最后利用倒斜角功能对其进行细节设计。其主要建模步骤如下。

（1）启动 UG NX 8.0，选择【File】→【New】命令，在弹出的新建文件对话框中选择 Model，在 Name 栏中输入部件的名称为 chilunzhou，并设置文件的存储路径。

（2）根据第 9 章中建立齿轮的方法，建立如图 10-27 所示的齿轮，齿轮的齿数 Z=24，模数 m=4，压力角为标准压力角 20°，齿轮的厚度为 100mm。

图 10-26　齿轮轴

图 10-27　齿轮

（3）选择【Insert】→【Design Feature】→【Boss…】命令或单击工具栏上的按钮，系统弹出 Boss 对话框，在对话框中设置凸台的直径和高度分别为 80 和 30，在视图区域单击齿轮的一个面，单击 OK 按钮，系统弹出 Positioning 对话框，在该对话框中利用 Point onto Point 中的 Arc Center 选项，然后在视图区域选择齿轮的圆心对凸台进行定位，可生成如图 10-28 所示的实体模型。

（4）同步骤（3）一样，利用凸台功能在齿轮两侧建立如图 10-29 所示的其他各阶梯轴部分。

图 10-28　生成凸台

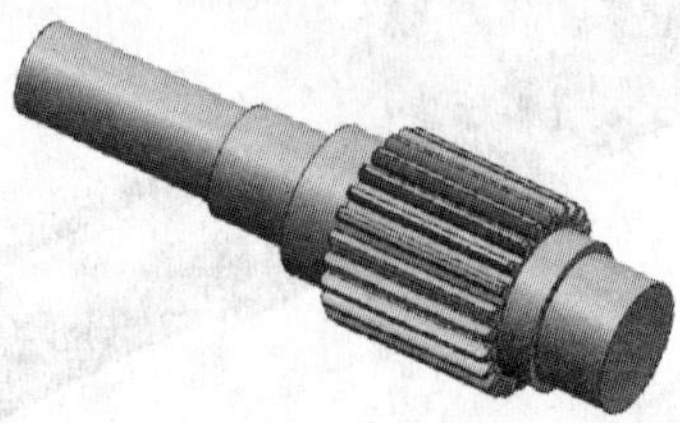

图 10-29　生成其他各阶梯轴部分

（5）选择【Insert】→【Datum/Point】→【Datum CSYS…】命令或单击工具栏上的按钮，系统弹出 Datum CSYS 对话框，在视图区域选择所建立实体模型左侧凸台部分的圆心，即在圆心位置建立基准坐标系，如图 10-30 所示。

（6）选择【Insert】→【Datum/Point】→【Datum Plane…】命令或单击工具栏上的按钮，系统弹出 Datum Plane 对话框，在 Type 选项下选择 YC-ZC Plane 选项，在视图区域内的 Distance 文本框中输入 25，单击 OK 按钮可得到基准平面，如图 10-31 所示。

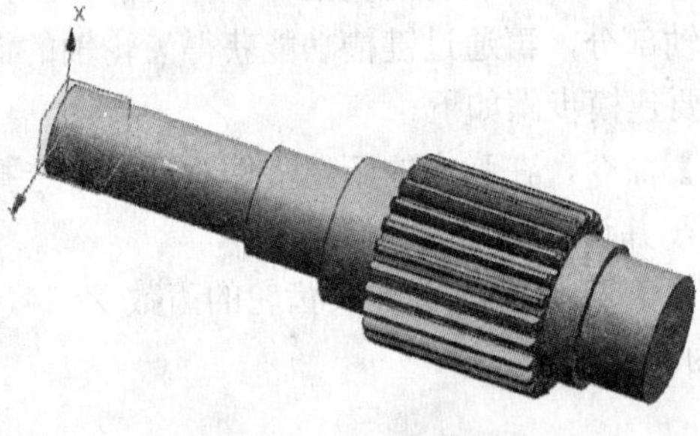

图 10-30　创建基准坐标系

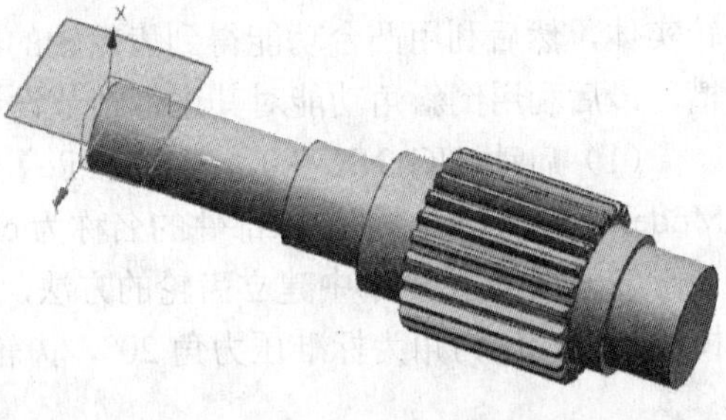

图 10-31　创建基准平面

（7）选择【Insert】→【Design Feature】→【Slot…】命令或单击工具栏上的按钮，系统弹出 Slot 对话框，在对话框中选择 Rectangular 选项，单击 OK 按钮，系统提示选择键槽放置平面。

（8）选择创建的基准平面作为键槽放置平面，并定义 ZC 轴为水平参考轴，系统弹出对话框供用户输入矩形键槽的参数值。

（9）在对话框的 Length、Width 和 Depth 文本框中依次输入 100、8 和 6，单击 OK 按钮，系统弹出 Positioning 对话框，在该对话框中利用 Horizontal 和 Vertical 选项进行定位，可生成如图 10-32 所示的矩形键槽。

（10）选择【Insert】→【Detailed Feature】→【Chamfer...】命令或单击工具栏上的按钮，系统弹出 Chamfer 对话框，在视图区域选择齿轮轴的两侧边缘，在 Cross Section 选项下选择 Symmetric 选项，并将其 Distance 值设置为 2，单击OK按钮，将基准平面隐藏后即可得到如图 10-33 所示的齿轮轴模型。

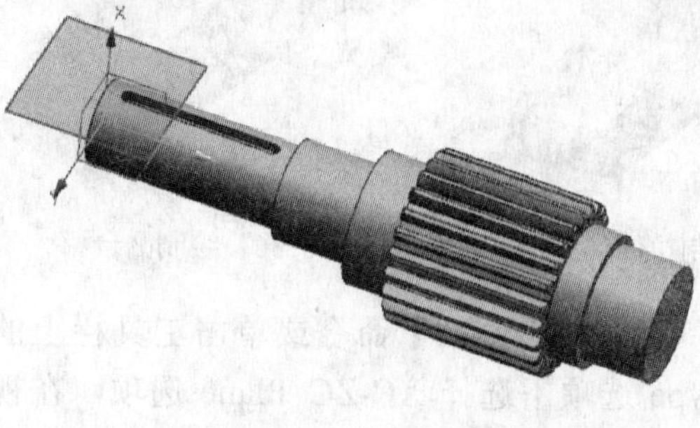

图 10-32　创建矩形键槽

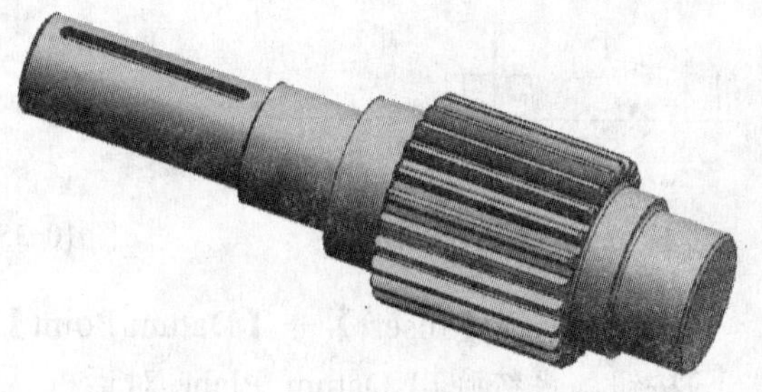

图 10-33　生成齿轮轴模型

10.3　轴承的三维建模

轴承主要用于支承轴及轴上的零件，以保持轴的旋转精度，从而减少转轴与支承之间的摩擦和磨损。根据支承处相对运动表面的摩擦性质，可将轴承分为滑动摩擦轴承和滚动摩擦轴承，即滑动轴承和滚动轴承。

1. 滑动轴承的三维建模

本小节主要对 JB 2560—91 式的整体有衬正滑动轴承座进行三维实体造型设计，其主要建模步骤如下。

（1）启动 UG NX 8.0，选择【File】→【New】命令，在弹出的新建文件对话框中选择 Model，在 Name 栏中输入部件的名称为 huadongzhoucheng，并设置文件的存储路径。

（2）选择【Insert】→【Design Feature】→【Extrude...】命令或单击工具栏上的按钮，系统弹出 Extrude 对话框，在该对话框中单击按钮，系统弹出 Create Sketch 对话框，在视图区域选择 XC-YC 平面作为草图绘制平面，进入草图环境后绘制如图 10-34 所示的草图，单击按钮退出草图。

（3）系统返回 Extrude 对话框，在该对话框中设置拉伸方式为 Symmetric，且拉伸值为 12.5，单击OK按钮，得到如图 10-35 所示的拉伸体。

（4）选择【Insert】→【Design Feature】→【Boss...】命令或单击工具栏上的按钮，系统弹出 Boss 对话框，在该对话框中设置凸台的直径和高度分别为 50 和 2.5，在视图区域单击拉伸体的圆面，单击OK按钮，系统弹出 Positioning 对话框，在该对话框中利用 Point onto Point 中的 Arc Center 选项对凸台进行定位。用同样的方法在另一侧生成凸台，得到如图 10-36 所示的实体模型。

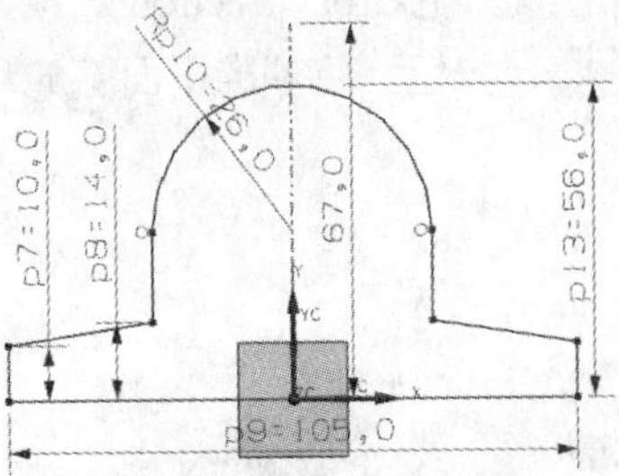

图 10-34 绘制草图轮廓

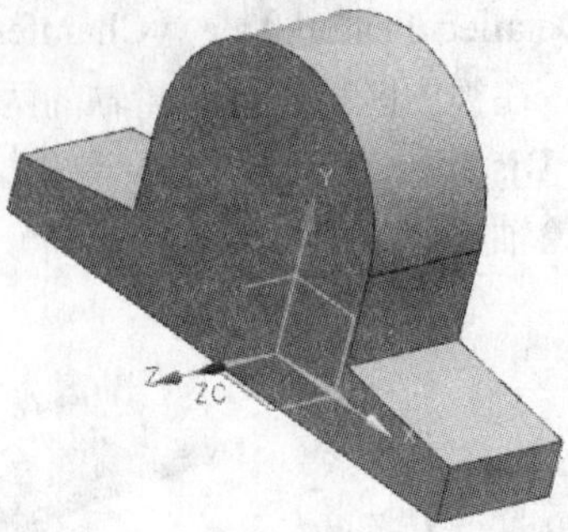

图 10-35 绘制拉伸体

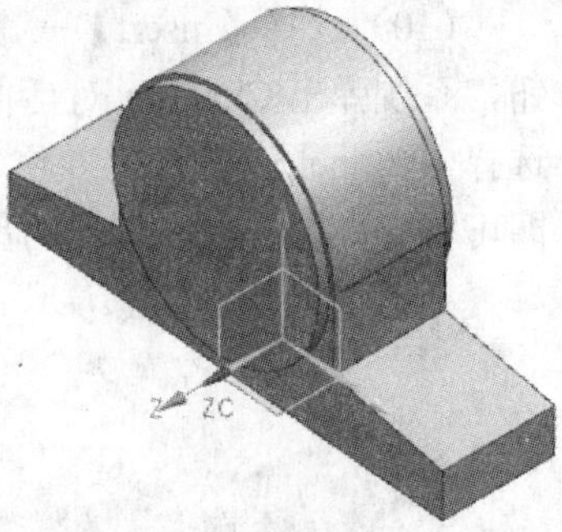

图 10-36 绘制凸台

（5）选择【Insert】→【Datum/Point】→【Datum Plane…】命令或单击工具栏上的按钮，系统弹出 Datum Plane 对话框，在 Type 选项下选择 XC-ZC Plane 选项，在视图区域内的 Distance 文本框中输入 58，如图 10-37 所示，单击 OK 按钮可得到基准平面。

（6）选择【Insert】→【Design Feature】→【Extrude…】命令或单击工具栏上的按钮，系统弹出 Extrude 对话框，选择刚才创建的基准平面作为草图放置平面，在草图中以坐标原点为圆心绘制一个直径为 18 的圆，单击按钮退出草图。

（7）返回 Extrude 对话框，在该对话框中设置拉伸终止方式为 Until Next，再在视图区域选择拉伸体的圆柱面，并设置布尔操作为 Unite 方式，单击 OK 按钮即可得到如图 10-38 所示的实体模型。

（8）重复步骤（6）和（7），在拉伸体的一侧建立如图 10-39 所示的拉伸体。

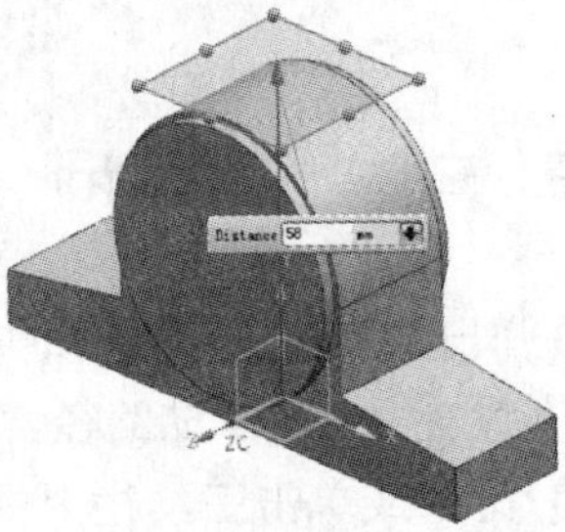

图 10-37 创建基准平面

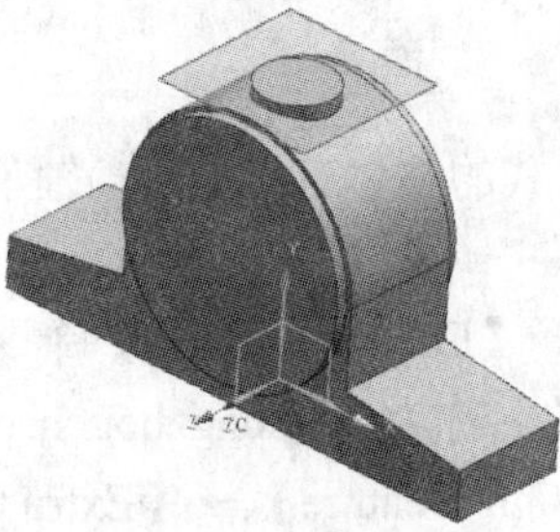

图 10-38 创建拉伸体

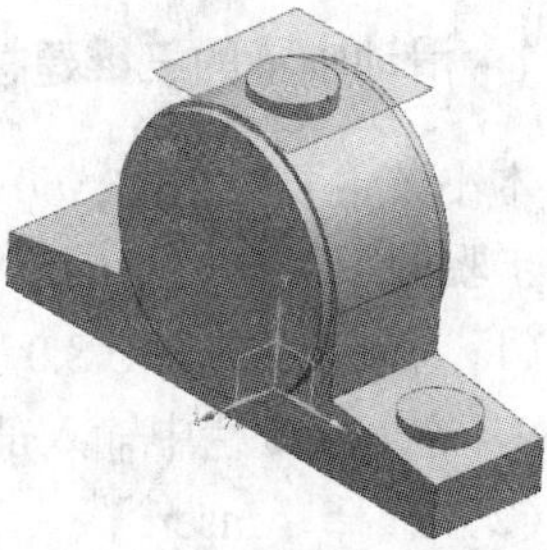

图 10-39 创建一侧拉伸体

（9）选择【Insert】→【Detailed Feature】→【Hole…】命令或单击工具栏上的按钮，系统弹出 Hole 对话框，用鼠标捕捉凸台的圆心位置以确定孔的中心位置，设置孔的直径为 28mm 并为贯穿孔，单击 OK 按钮得到如图 10-40 所示的实体模型。

（10）用同样的方法在步骤（7）和（8）所绘制的拉伸体上拉伸孔，孔的直径为 10mm，将基准平面隐藏后可得如图 10-41 所示的实体模型。

（11）选择【Insert】→【Associative Copy】→【Mirror Feature…】命令或单击工具栏上的按钮，系统弹出 Mirror Feature 对话框，在该对话框的列表中选择右侧的拉伸特征和孔特征，单击 OK 按钮后再选择 XC-YC 平面作为镜像特征的镜像平面，单击 OK 按钮，即可生成如图 10-42 所示的实体模型。

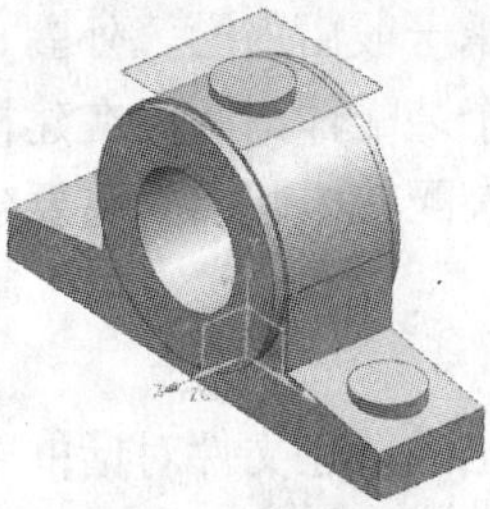

图 10-40　创建孔

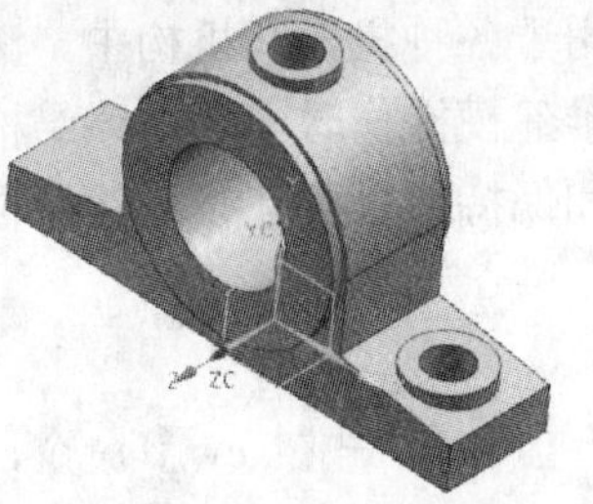

图 10-41　创建右侧孔

图 10-42　镜像特征

（12）选择【Insert】→【Design Feature】→【Pocket...】命令或单击工具栏上的按钮，系统弹出 Pocket 对话框，选择实体模型的底面作为腔体的放置平面，系统弹出如图 10-43 所示的 Edit Parameters 对话框，在该对话框中设置腔体的参数，单击 OK 按钮，系统弹出 Positioning 对话框，对所创建的腔体进行定位后单击 OK 按钮，即可生成如图 10-44 所示的实体模型。

（13）同步骤（11）一样，对腔体进行镜像特征操作，可得如图 10-45 所示的实体模型。

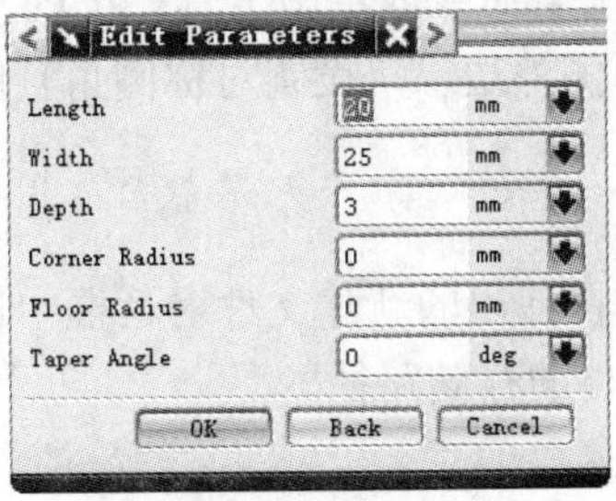

图 10-43　设置腔体参数

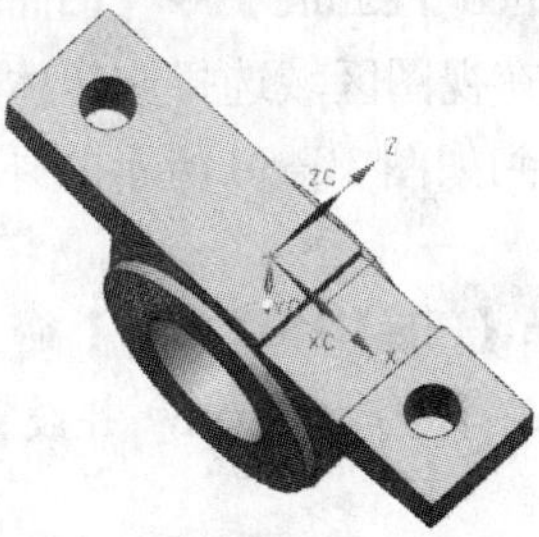

图 10-44　创建腔体

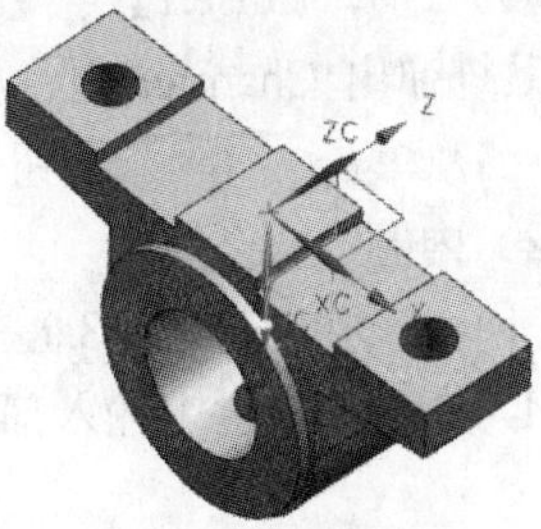

图 10-45　镜像腔体

（14）选择【Insert】→【Detailed Feature】→【Chamfer...】命令或单击工具栏上的按钮，系统弹出 Chamfer 对话框，在视图区域选择拉伸孔的两侧边缘，在 Cross Section 选项下选择 Symmetric 选项，并将其 Distance 值设置为 1.5，单击 OK 按钮，可得如图 10-46 所示的滑动轴承座模型。

（15）选择【Insert】→【Detailed Feature】→【Edge Blend...】命令或单击工具栏上的按钮，系统弹出 Edge Blend 对话框，在视图区域选择欲倒圆角的边，设置圆角的半径为 1，单击 OK 按钮，可得如图 10-47 所示的滑动轴承座模型。

图 10-46　倒斜角

图 10-47　滑动轴承座模型

2．滚动轴承的三维建模

与滑动轴承相比，滚动轴承具有摩擦阻力小、启动灵敏、效率高、旋转精度高、润滑简便和装拆方便等优点，被广泛应用于各种机器和机构中。滚动轴承一般由内圈、外圈、滚动体和保持架组成，在对其进行三维建模操作时，因为该结构是一个装配体，所以在建模过程中先分别对内圈、外圈、滚动体和保持架进行建模，然后再将其装配在一起。其主要建模步骤如下。

1）外圈

（1）启动 UG NX 8.0，选择【File】→【New】命令，在弹出的新建文件对话框中选择 Model，在 Name 栏中输入部件的名称为 waiquan，并设置文件的存储路径。

（2）选择【Insert】→【Design Feature】→【Revolve...】命令或单击工具栏上的按钮，系统弹出 Revolve 对话框，在 Revolve 对话框中单击按钮，在视图区域选择 XC-YC 平面作为草图绘制平面，进入草图环境后绘制如图 10-48 所示的草图，单击按钮退出草图。

（3）返回 Revolve 对话框，系统提示定义旋转轴，在视图区域选择 XC 轴作为旋转轴，在对话框中设置旋转范围为 0～360，得到如图 10-49 所示的外圈模型。

（4）选择【Insert】→【Detailed Feature】→【Chamfer...】命令或单击工具栏上的按钮，系统弹出 Chamfer 对话框，在视图区域选择旋转体的两侧外边缘，设置对称倒角且倒角值为 0.5，单击 OK 按钮，得到如图 10-50 所示的外圈。

2）内圈

（1）启动 UG NX 8.0，选择【File】→【New】命令，在弹出的新建文件对话框中选择 Model，在 Name 栏中输入部件的名称为 neiquan，并设置文件的存储路径。

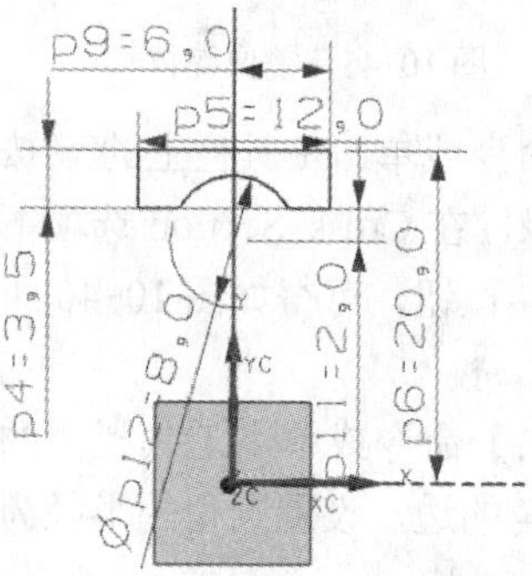

图 10-48　绘制外圈草图

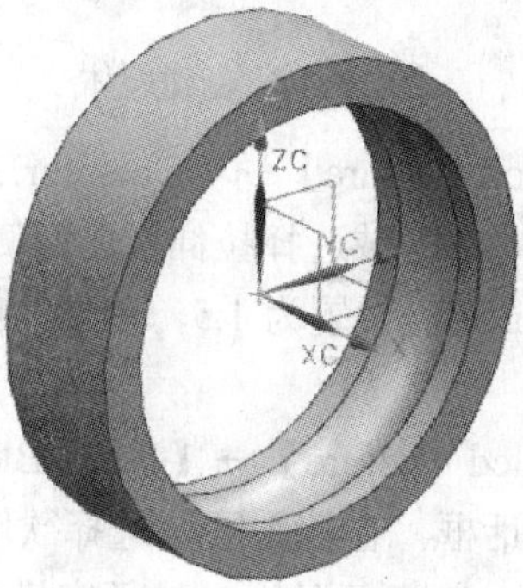

图 10-49　旋转体

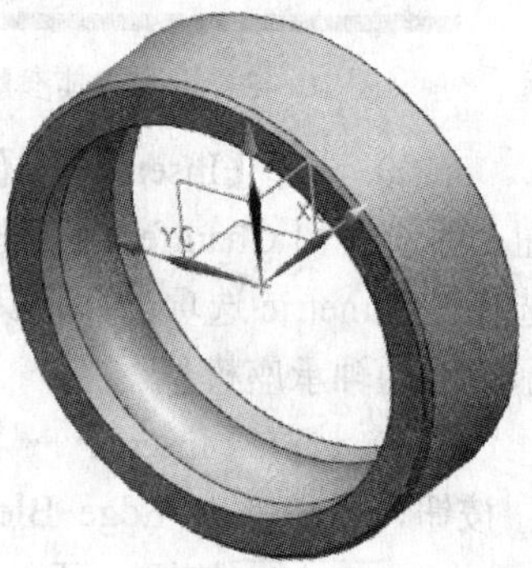

图 10-50　外圈

（2）选择【Insert】→【Design Feature】→【Revolve...】命令或单击工具栏上的按钮，系统弹出 Revolve 对话框，在 Revolve 对话框中单击按钮，在视图区域选择 XC-YC 平面作为草图绘制平面，进入草图环境后绘制如图 10-51 所示的草图，单击按钮退出草图。

（3）返回 Revolve 对话框，系统提示定义旋转轴，在视图区域选择 XC 轴作为旋转轴，在对话框中设置旋转范围为 0～360，得到如图 10-52 所示的内圈模型。

（4）选择【Insert】→【Detailed Feature】→【Chamfer...】命令或单击工具栏上的按钮，系统弹出 Chamfer 对话框，在视图区域选择旋转体的两侧内边缘，设置对称倒角且倒角值为 0.5，单击 OK 按钮，得到如图 10-53 所示的内圈。

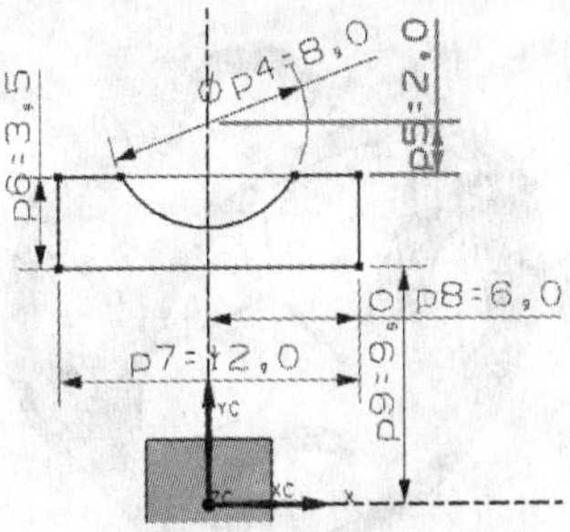

图 10-51　绘制内圈草图

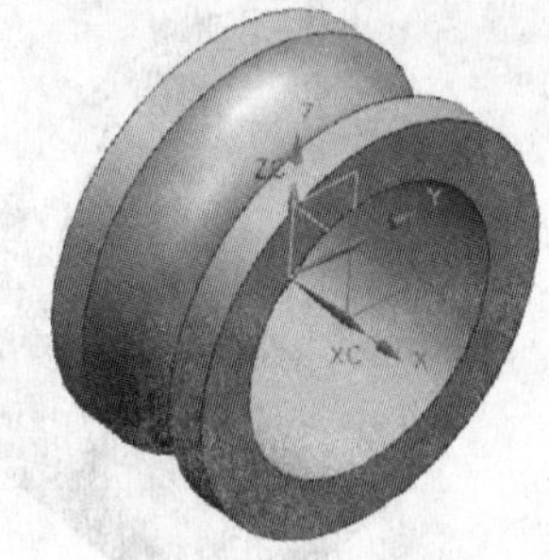

图 10-52　旋转体

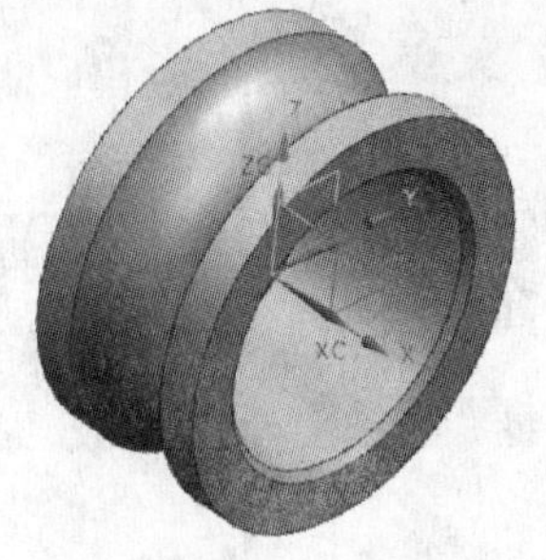

图 10-53　内圈

3）保持架

（1）启动 UG NX 8.0，选择【File】→【New】命令，在弹出的新建文件对话框中选择 Model，在 Name 栏中输入部件的名称为 baochijia，并设置文件的存储路径。

（2）选择【Insert】→【Design Feature】→【Extrude...】命令或单击工具栏上的按钮，系统弹出 Extrude 对话框，在 Extrude 对话框中单击按钮，在视图区域选择 XC-YC 平面作为草图绘制平面，进入草图环境后绘制如图 10-54 所示的草图，单击按钮退出草图。

（3）返回 Extrude 对话框，在对话框中设置拉伸方式为 Symmetric 方式，拉伸距离为 6mm，单击 OK 按钮得到如图 10-55 所示的拉伸体。

（4）选择【Insert】→【Datum/Point】→【Datum Plane...】命令或单击工具栏上的按钮，系统弹出 Datum Plane 对话框，在 Type 选项下选择 XC-ZC Plane 选项，在视图区域内的 Distance 文本框中输入 14.5，如图 10-56 所示，单击 OK 按钮得到基准平面。

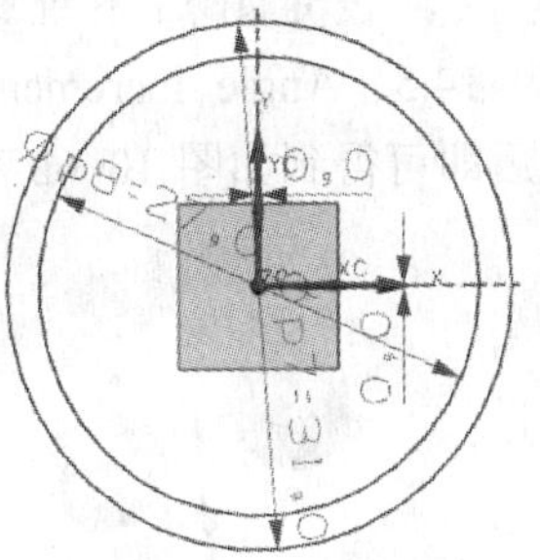

图 10-54　绘制草图

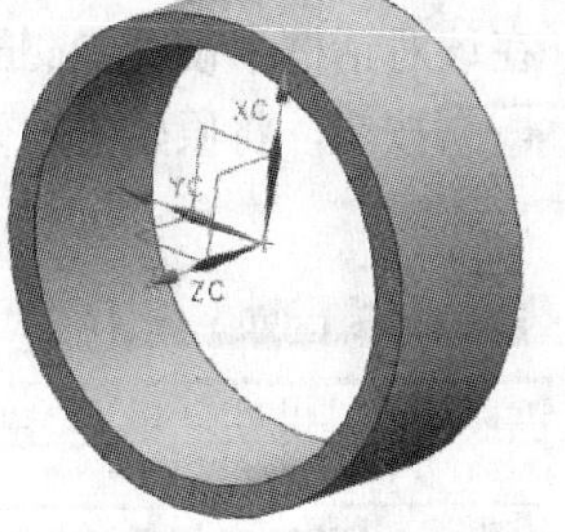

图 10-55　创建拉伸体

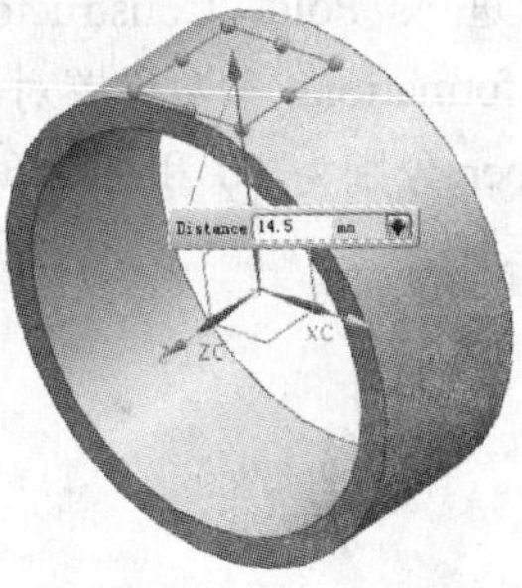

图 10-56　创建基准面

（5）选择【Insert】→【Design Feature】→【Extrude...】命令或单击工具栏上的按钮，系统弹出 Extrude 对话框，在视图区域选择刚创建的基准平面作为草图绘制平面，进入草图环境后绘制如图 10-57 所示的草图，单击按钮退出草图。

（6）返回 Extrude 对话框，在对话框中设置拉伸方式为 Symmetric 方式，拉伸距离为 8mm，并设置布尔操作为 Subtract，单击 OK 按钮得到如图 10-58 所示的拉伸体。

（7）选择【Insert】→【Associative Copy】→【Instance Feature...】命令或单击工具栏上的按钮，系统弹出 Instance 对话框，选择对话框中的 Circular Array 选项，在列表中选择上一步操作产生的拉伸孔，系统弹出 Instance 参数设置对话框，在对话框中设置阵列个数为 6，角度值为 60，单击 OK 按钮，系统提示定义阵列旋转轴，在视图区域内选择 ZC 轴后单击 OK 按钮，系统提示是否确定进行阵列操作，单击 OK 按钮，得到如图 10-59 所示的内圈模型。

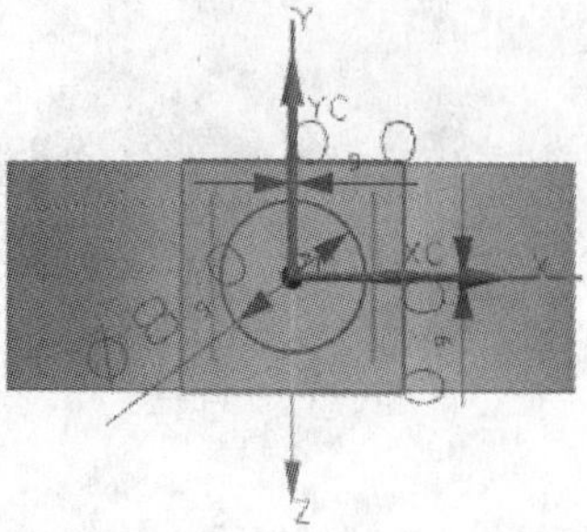

图 10-57 绘制草图

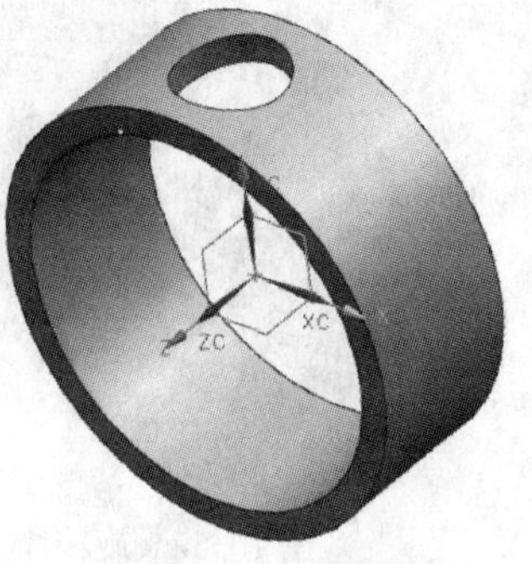

图 10-58 拉伸生成孔

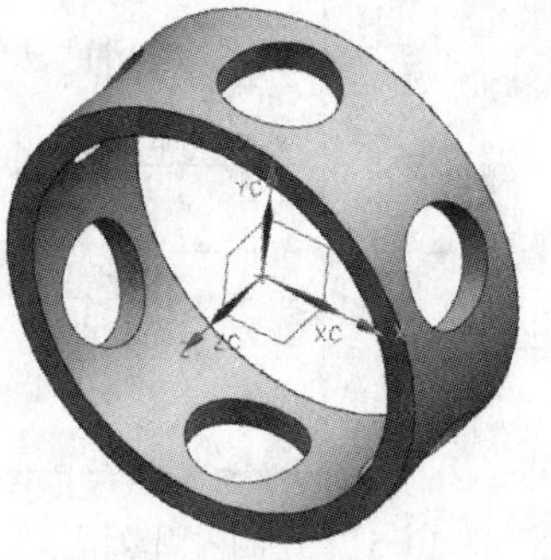

图 10-59 阵列孔生成内圈

4）滚动体

（1）启动 UG NX 8.0，选择【File】→【New】命令，在弹出的新建文件对话框中选择 Model，在 Name 栏中输入部件的名称为 gundongti，并设置文件的存储路径。

（2）选择【Insert】→【Design Feature】→【Sphere…】命令或单击工具栏上的按钮，系统弹出 Sphere 对话框，在 Sphere 对话框中单击按钮进入 Point Constructor 对话框中指定所需创建球体的球心位置为（0，0，0），返回 Sphere 对话框设置球体的直径为 8mm，单击 OK 按钮即可得到如图 10-60 所示的球体模型。

（3）选择【Edit】→【Transform…】命令或单击工具栏上的按钮，系统弹出类选择器对话框，在视图区域选择刚创建的球体并单击 OK 按钮，系统弹出如图 10-61 所示的 Transformations 对话框，单击该对话框中的 Circular Array 选项后，系统提示选择阵列参考点，进入 Point Constructor 对话框中设置坐标原点为参考点，设定好后系统弹出 Transformations 参数设置对话框，在该对话框中设置 Radius 值为 14.5、Angle Increment 和 Number 分别为 60 和 6，单击 OK 按钮，将原始的球体隐藏后即可得到如图 10-62 所示的滚动体。

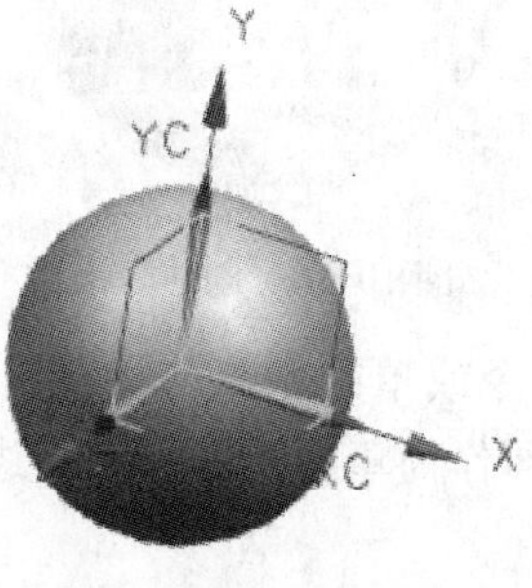

图 10-60 生成球体

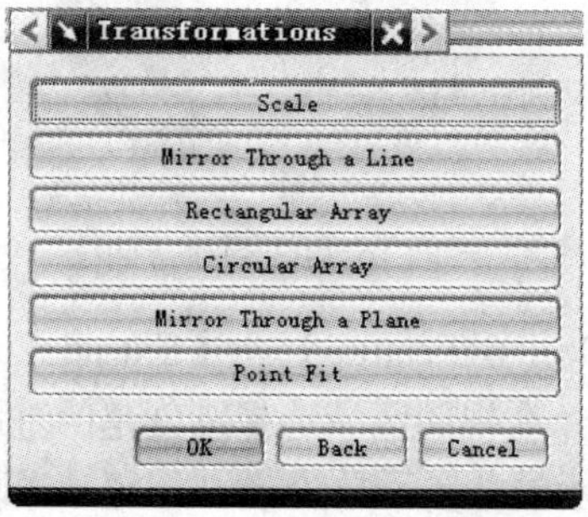

图 10-61 Transformations 对话框

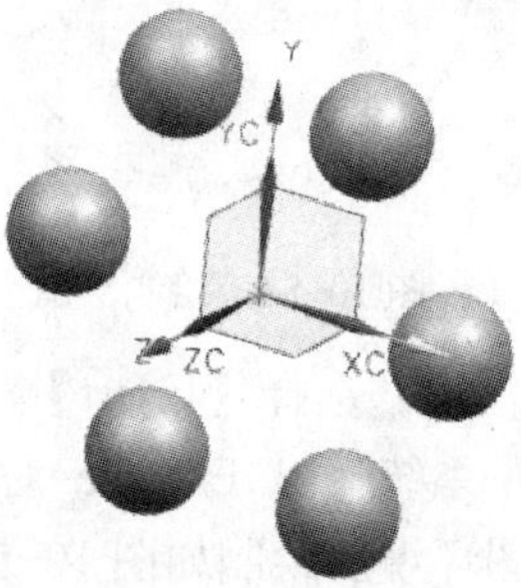

图 10-62 生成滚动体

5）装配生成滚动轴承

（1）启动 UG NX 8.0，选择【File】→【New】命令，在弹出的新建文件对话框中选择 Assembly，在 Name 栏中输入部件的名称为 gundongzhoucheng，并设置文件的存储路径。

（2）单击 OK 按钮后系统弹出 Add Components 对话框，单击对话框中的按钮，在磁盘目录下选择前面创建的 waiquan.prt 组件后，把 Placement 选项中的 Positioning 选项设置为 Absolute Original，其他选项接受系统默认设置即可，单击 OK 按钮得到如图 10-63

所示的模型。

（3）选择【Assemblies】→【Components】→【Add Component…】命令或单击工具栏上的按钮，系统弹出 Add Components 对话框，在对话框中单击按钮，在磁盘目录下找到 neiquan.prt 组件，利用选项下的 Touch 选项和选项进行装配，得到如图 10-64 所示的装配模型。

（4）重复步骤（3），分别添加 baochijia.prt 和 gundongti.prt 组件，得到如图 10-65 所示的滚动轴承模型。

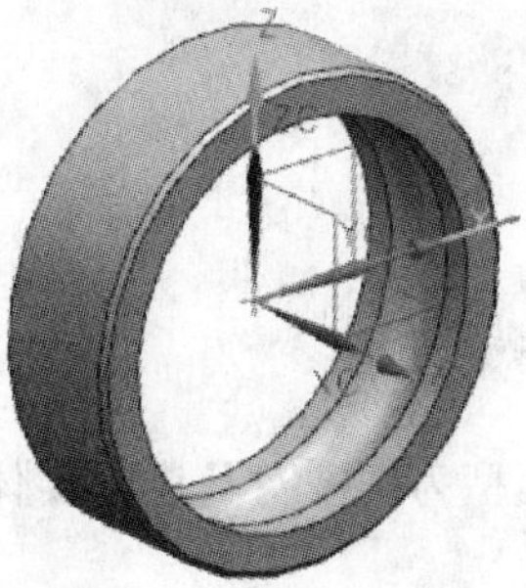

图 10-63　添加外圈组件

图 10-64　装配内圈组件

图 10-65　滚动轴承模型

10.4　思考与练习

（1）创建轴类零件的方法主要有哪些？它们各具有什么特点？

（2）滑动轴承具有什么特点？它主要用于哪些场合？

（3）滚动轴承由哪些构件组成？试简述其优缺点。

（4）如图 10-66 所示，完成 V 形带轮零件三维模型的创建。

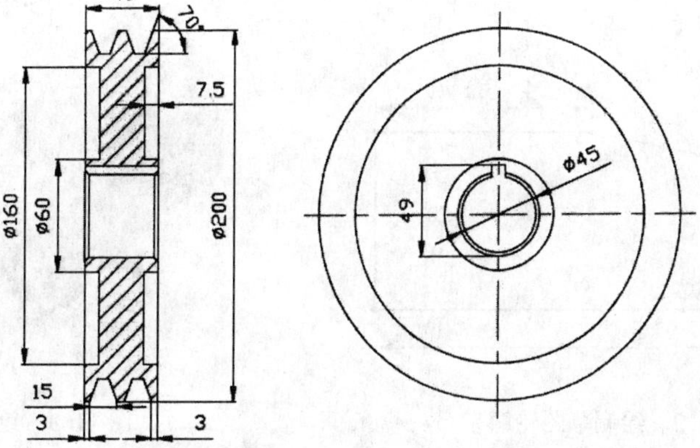

图 10-66　V 形带轮

（5）试创建圆锥滚子轴承 GB/T297—1994 30205 的三维建模，经查表得其主要参数如下：d=25，D=52，B=154，C=13，r=1。

第 11 章　箱体类零件的三维造型设计

本章以箱体类零件为例，对其进行三维造型设计，主要包括套筒的三维建模、泵体的三维建模和减速器箱盖的三维建模，通过对其进行设计，使读者更好地掌握坐标系的使用，以及拉伸、旋转、阵列等实体建模工具。

11.1　套筒的三维建模

图 11-1　套筒

本节以如图 11-1 所示的套筒模型为例，对其进行实体建模，基本建模步骤如下。

（1）启动 UG NX 8.0，选择【File】→【New】命令，在弹出的新建文件对话框中选择 Model，在 Name 栏中输入部件的名称为 taotong，并设置文件的存储路径。

（2）选择【Insert】→【Design Feature】→【Revolve…】命令或单击工具栏上的按钮，系统弹出 Revolve 对话框，在 Revolve 对话框中单击按钮。

（3）系统弹出 Create Sketch 对话框，在视图区域中选择 XC-YC 作为草图放置平面，进入草图环境下，绘制如图 11-2 所示的草图轮廓，单击按钮退出草图。

（4）系统返回 Revolve 对话框，提示定义旋转中心轴，选择 XC 轴作为旋转轴，旋转角为 0～360，即可得到如图 11-3 所示的旋转体。

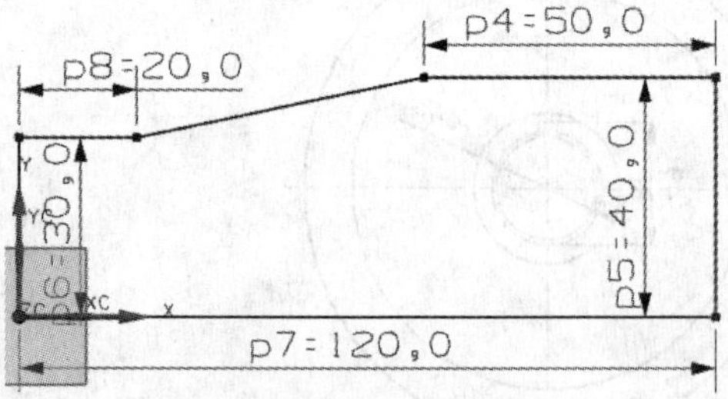

图 11-2　绘制草图轮廓

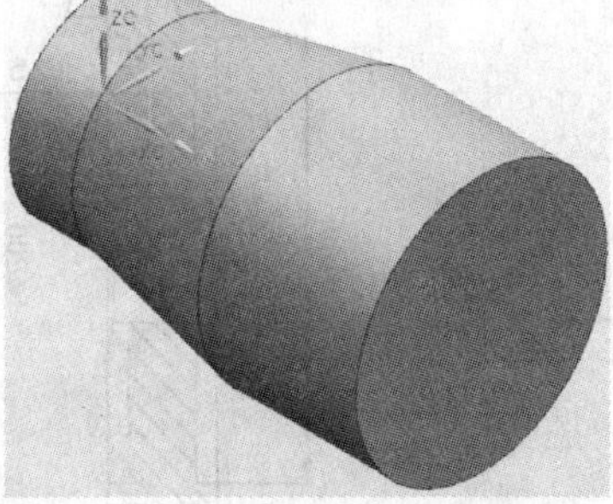

图 11-3　绘制旋转体

（5）选择【Insert】→【Datum/Point】→【Datum CSYS…】命令或单击工具栏上的按钮，在视图区域弹出如图 11-4 所示的参数设置对话框，在 X、Y 和 Z 的文本框中分别输入 90、0、80，即可得到如图 11-5 所示的基准坐标系。

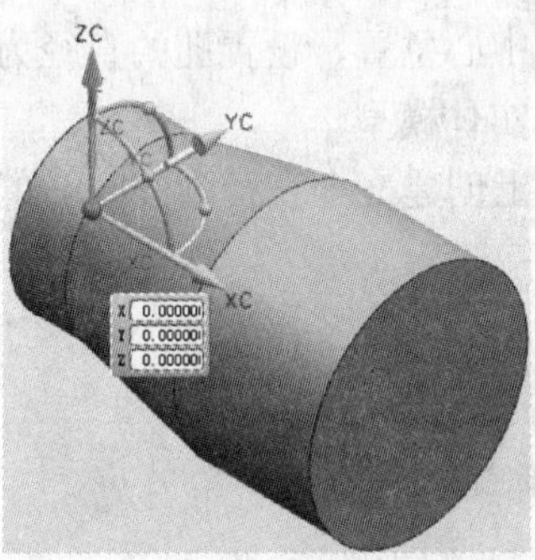

图 11-4　创建基准坐标系

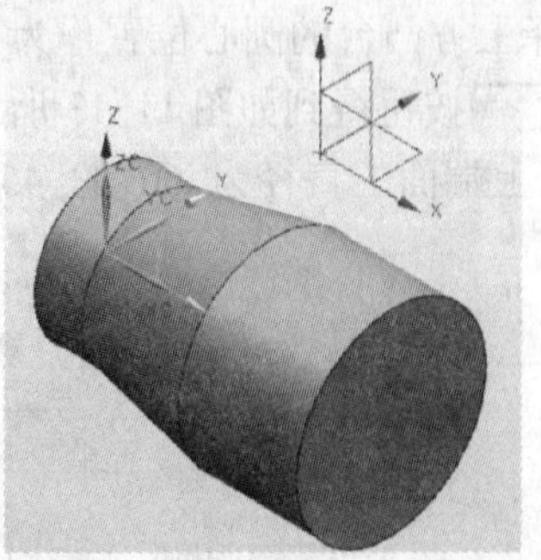

图 11-5　基准坐标系

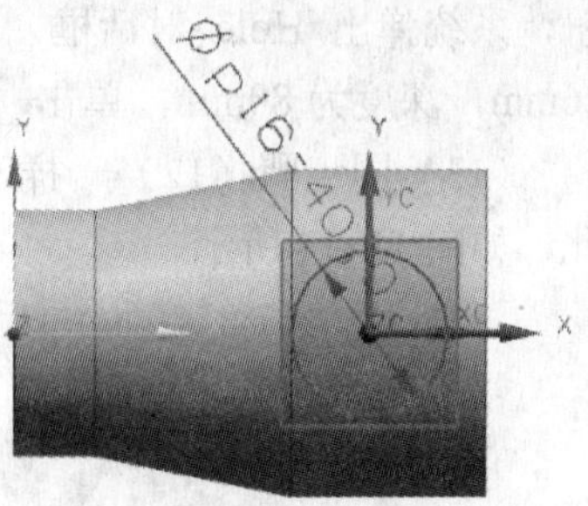

图 11-6　绘制草图

（6）选择【Insert】→【Design Feature】→【Extrude…】命令或单击工具栏上的按钮，系统弹出 Extrude 对话框，在视图区域选择所创建基准平面上的 XC-YC 平面作为草图绘制平面，进入草图环境后绘制如图 11-6 所示的草图，单击按钮退出草图。在 Extrude 对话框中设置拉伸距离为 60，且布尔操作为 Unite，得到如图 11-7 所示的实体模型。

（7）选择【Insert】→【Design Feature】→【Boss…】命令或单击工具栏上的按钮，系统弹出 Boss 对话框，在该对话框中设置凸台的直径和高度分别为 80 和 10，在视图区域选择步骤（6）中所创建圆柱体的上端面，单击 OK 按钮，系统弹出 Positioning 对话框，在该对话框中利用 Point onto Point 中的 Arc Center 选项对凸台进行定位，生成如图 11-8 所示的实体模型。

（8）同步骤（7）一样，分别在实体模型的左、右两端面上创建直径和高度为 120 和 10 的凸台，如图 11-9 所示。

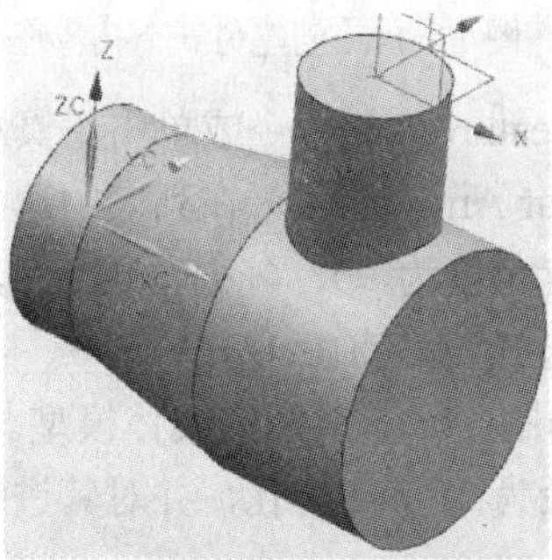

图 11-7　创建拉伸体

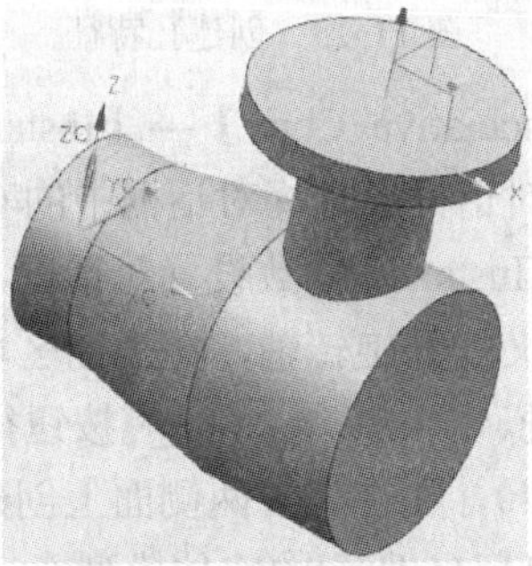

图 11-8　创建凸台

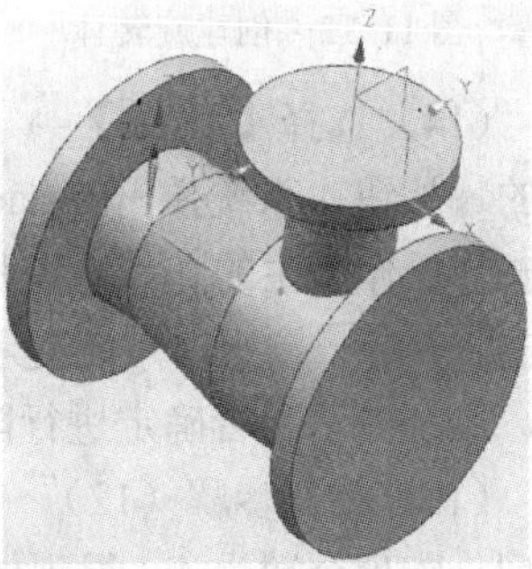

图 11-9　创建两端面凸台

（9）选择【Insert】→【Datum/Point】→【Datum CSYS…】命令或单击工具栏上的按钮，在视图区域选择左侧凸台端面的圆心位置，即在此处建立基准坐标系，如图 11-10 所示。

（10）选择【Insert】→【Design Feature】→【Revolve…】命令或单击工具栏上的按钮，系统弹出 Revolve 对话框，在 Revolve 对话框中单击按钮，在视图区域中选择步骤（9）所创建基准坐标系的 XC-YC 平面作为草图放置平面，进入草图环境下，绘制如图 11-11 所示的草图轮廓，单击按钮退出草图。

（11）返回 Revolve 对话框中，在该对话框中设置旋转角度为 0～360，且布尔操作为 Subtract，单击 OK 按钮得到如图 11-12 所示的实体模型。

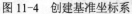

（12）选择【Insert】→【Detailed Feature】→【Hole…】命令或单击工具栏上的按

钮，系统弹出 Hole 对话框，选择上方凸台的圆心位置作为孔的中心位置，设置孔的直径为 26mm，深度为 80mm，单击 OK 按钮得到如图 11-13 所示的实体模型。

（13）同步骤（12）一样，在上端面的直径为 60 的 45° 线上创建一个直径为 8mm 的孔，如图 11-14 所示。

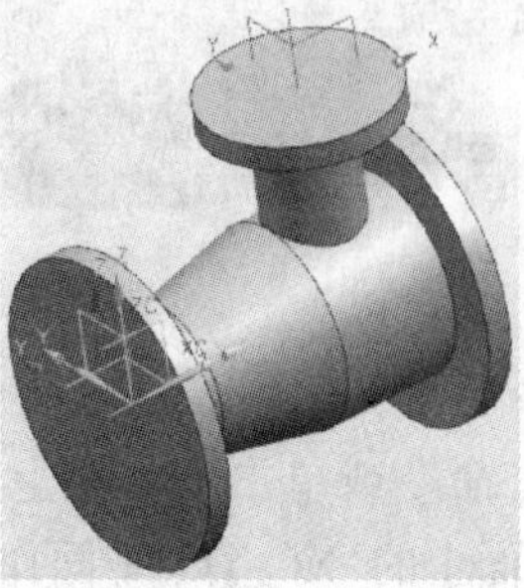

图 11-10 创建基准坐标系

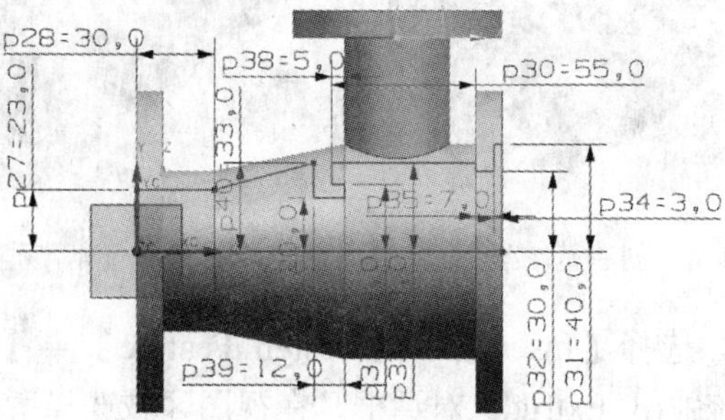

图 11-11 创建草图轮廓

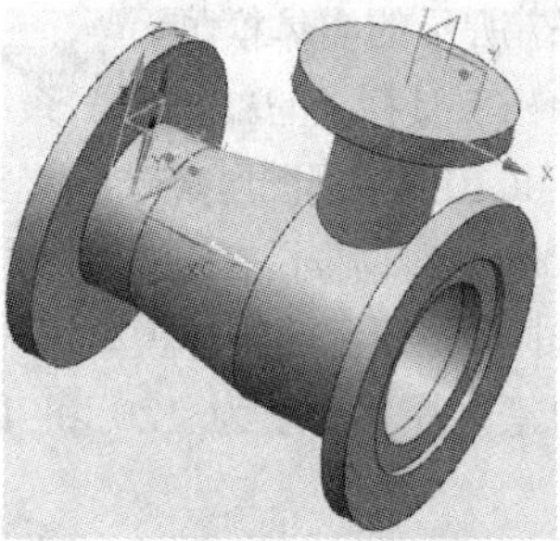

图 11-12 创建旋转体

图 11-13 创建孔特征

图 11-14 创建另一个孔特征

（14）选择【Insert】→【Associative Copy】→【Instance Feature…】命令或单击工具栏上的按钮，系统弹出 Instance 对话框，选择对话框中的 Circular Array 选项，在列表中选择上一步操作产生的孔，系统弹出 Instance 参数设置对话框，设置角度为 90，阵列个数为 4，单击 OK 按钮，系统提示定义阵列旋转轴，在视图区域内选择 ZC 轴后单击 OK 按钮，系统提示是否确定进行阵列操作，单击 OK 按钮得到如图 11-15 所示的实体模型。

（15）重复步骤（12）～（14），在左、右两侧面上创建直径为 10mm 的孔，并对其进行阵列，阵列个数为 4，得到如图 11-16 所示的实体模型。

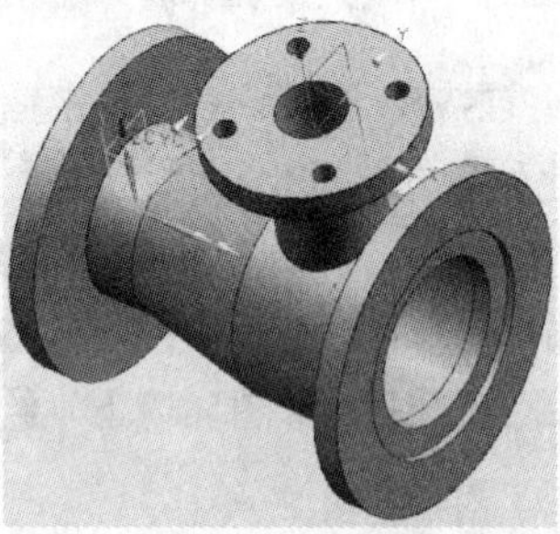

图 11-15 创建孔环形阵列

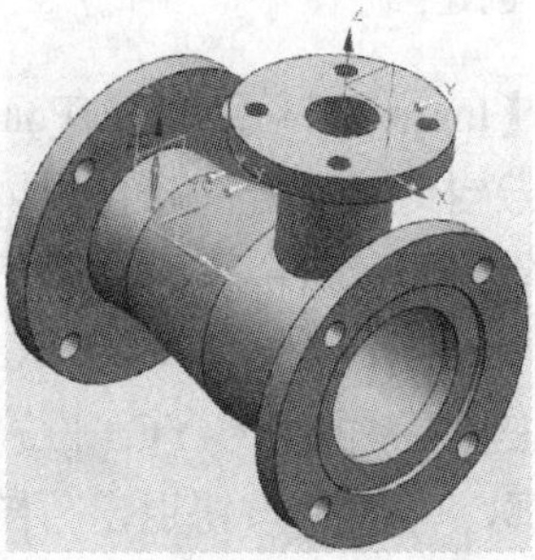

图 11-16 创建孔

（16）选择【Insert】→【Design Feature】→【Thread…】命令或单击工具栏上的按

钮，系统弹出 Thread 对话框，在该对话框中选择 Detailed 作为欲生成的螺纹类型，在视图区域选择右端面上创建的 4 个孔，并单击右端面作为螺纹的起始生成面，系统将自动生成螺纹的数据，根据需要对该数据作相应的修改，Rotation 选项选择 Right Hand，即生成的螺纹为右螺纹，单击 OK 按钮即可生成如图 11-17 所示的螺纹。

（17）选择【Insert】→【Detailed Feature】→【Edge Blend...】命令或单击工具栏上的按钮，系统弹出 Edge Blend 对话框，在视图区域选择欲倒圆角的边，并在对话框中的 Radius 文本框中输入 2 后单击 OK 按钮，可得到如图 11-18 所示的套筒模型。

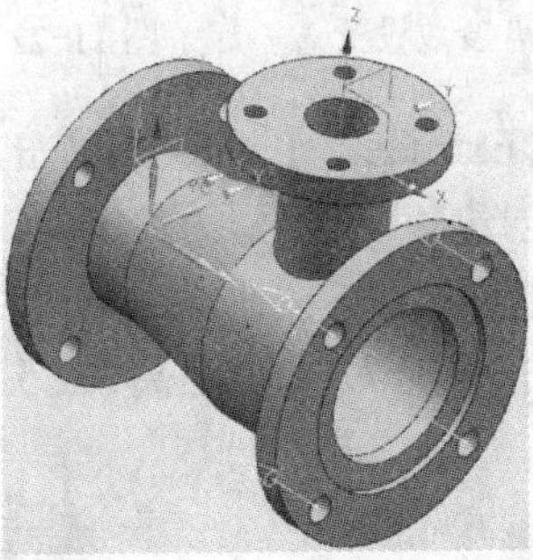

图 11-17　创建螺纹

图 11-18　套筒模型

11.2　泵体的三维建模

本节以图 11-19 所示的泵体为例，对其进行实体建模，基本建模步骤如下。

（1）启动 UG NX 8.0，选择【File】→【New】命令，在弹出的新建文件对话框中选择 Model，在 Name 栏中输入部件的名称为 bengti，并设置文件的存储路径。

图 11-19　泵体

（2）选择【Insert】→【Design Feature】→【Block...】命令或单击工具栏上的按钮，系统弹出 Block 对话框，在 Type 选项下选择 Origin and Edges Length 方式创建长方体，分别在 Length、Width 和 Height 文本框中输入 85、25 和 10，单击 OK 按钮，生成如图 11-20 所示的长方体。

（3）选择【Insert】→【Datum/Point】→【Datum CSYS...】命令或单击工具栏上的按钮，如图 11-21 所示的参数设置对话框用于设置新的坐标原点值，输入新的坐标原点为（42.5，12.5，50），即在此处建立基准坐标系，如图 11-22 所示。

（4）选择【Insert】→【Design Feature】→【Extrude...】命令或单击工具栏上的按钮，系统弹出 Extrude 对话框，在视图区域选择所创建基准平面上的 XC-ZC 平面作为草图绘制平面，进入草图环境绘制如图 11-23 所示的草图，单击按钮退出草图，返回 Extrude 对话框中，设置拉伸类型为 Symmetric 并在文本框中输入拉伸距离 12.5，且布尔操作为 Unite，即可得到如图 11-24 所示的实体模型。

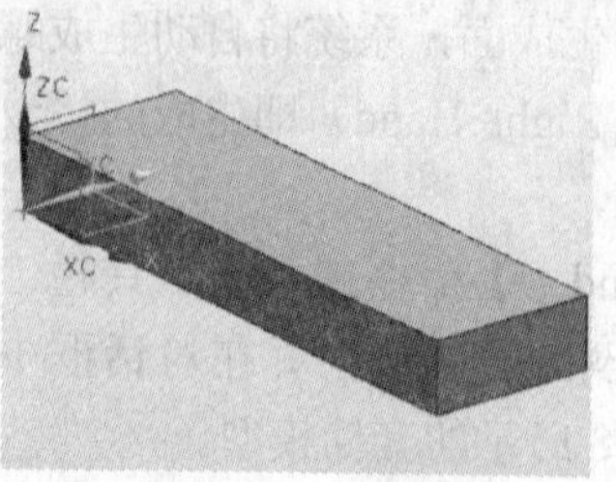

图 11-20 创建长方体

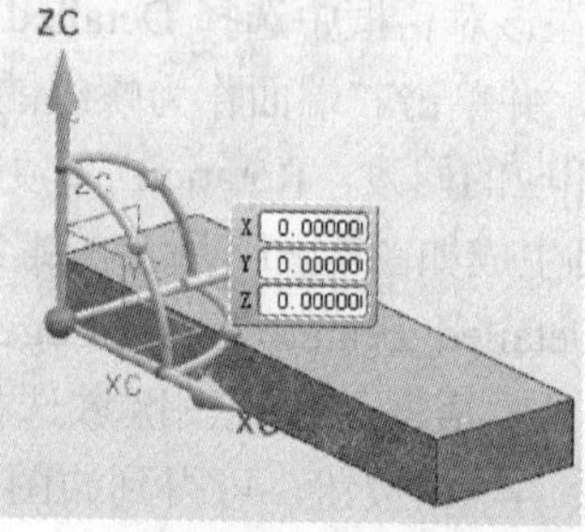

图 11-21 坐标原点参数设置

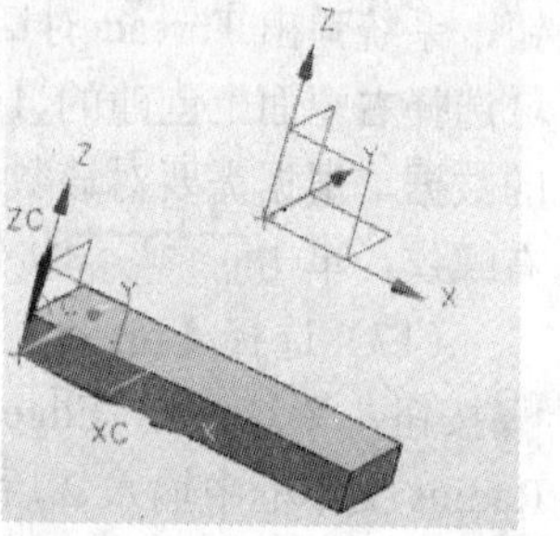

图 11-22 创建基准坐标系

（5）选择【Insert】→【Design Feature】→【Extrude…】命令或单击工具栏上的按钮，系统弹出 Extrude 对话框，在视图区域选择所创建基准平面上的 XC-ZC 平面作为草图绘制平面，进入草图环境绘制如图 11-25 所示的草图，单击按钮退出草图，返回 Extrude 对话框中，设置拉伸类型为 Symmetric 并在文本框中输入拉伸距离 12.5，且布尔操作为 Subtract，即可得到如图 11-26 所示的实体模型。

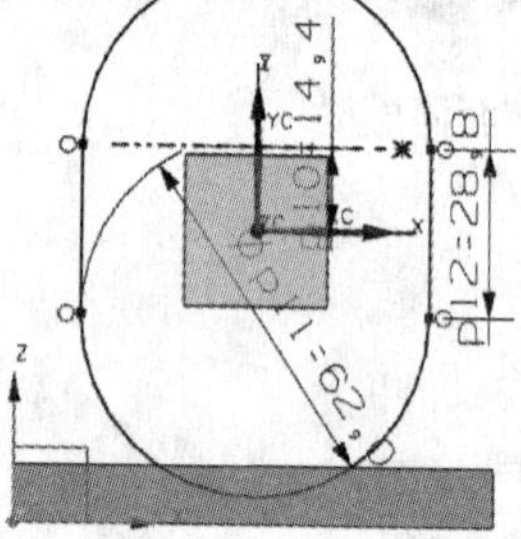

图 11-23 绘制草图

图 11-24 创建拉伸体

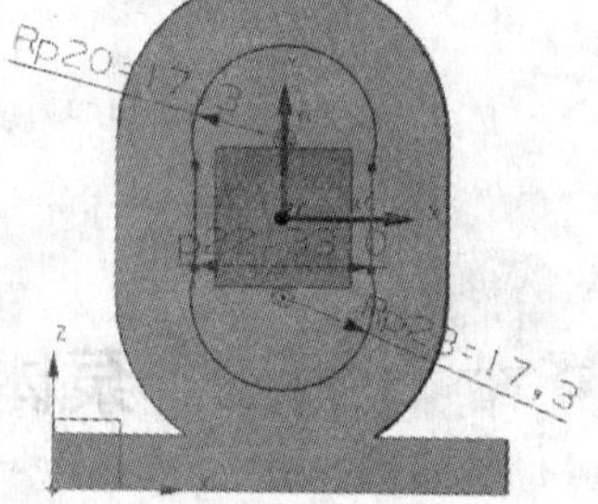

图 11-25 绘制草图

（6）选择【Insert】→【Design Feature】→【Boss…】命令或单击工具栏上的按钮，系统弹出 Boss 对话框，在对话框中设置凸台的直径和高度分别为 24 和 4。在视图区域选择拉伸体的侧面，单击 OK 按钮，系统弹出 Positioning 对话框，在该对话框中选择对凸台进行定位，将凸台的圆心定位在该侧面的中心位置，即可生成如图 11-27 所示的实体模型。

（7）选择【Insert】→【Detailed Feature】→【Hole…】命令或单击工具栏上的按钮，系统弹出 Hole 对话框，选择凸台的圆心位置作为孔的中心位置，设置孔的直径为 16mm，深度为 30mm，单击 OK 按钮得到如图 11-28 所示的实体模型。

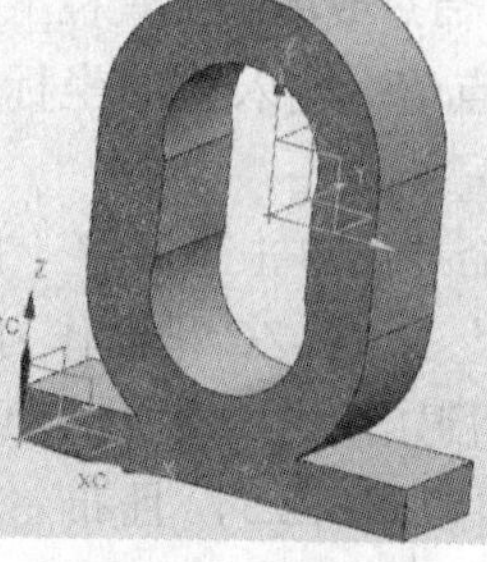

图 11-26 绘制拉伸体

图 11-27 创建凸台

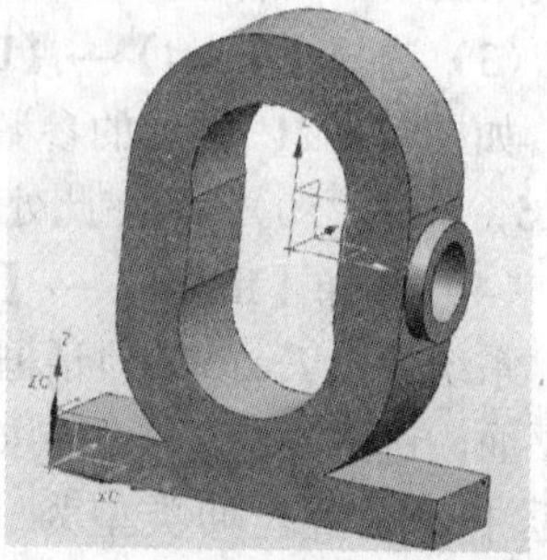

图 11-28 创建孔特征

（8）选择【Insert】→【Detailed Feature】→【Chamfer...】命令或单击工具栏上的按钮，系统弹出 Chamfer 对话框，在视图区域选择所创建孔特征的内边缘，在 Cross Section 选项下选择 Symmetric，并将其 Distance 值设置为 1.5，单击 OK 按钮，得到如图 11-29 所示的实体模型。

（9）选择【Insert】→【Design Feature】→【Thread...】命令或单击工具栏上的按钮，系统弹出 Thread 对话框，在该对话框中选择 Detailed 作为欲生成的螺纹类型，在视图区域选择孔的内表面，并单击凸台的表面作为螺纹的起始生成面，系统将自动生成螺纹的数据，根据需要对该数据作相应的修改，Rotation 选项选择 Right Hand，即生成的螺纹为右螺纹，单击 OK 按钮生成如图 11-30 所示的螺纹。

（10）选择【Insert】→【Detailed Feature】→【Hole...】命令或单击工具栏上的按钮，系统弹出 Hole 对话框，选择底座上距离两边界各为 12.5 的一点作为孔的中心位置，设置孔的直径为 7mm，深度为 30mm，单击 OK 按钮得到如图 11-31 所示的实体模型。

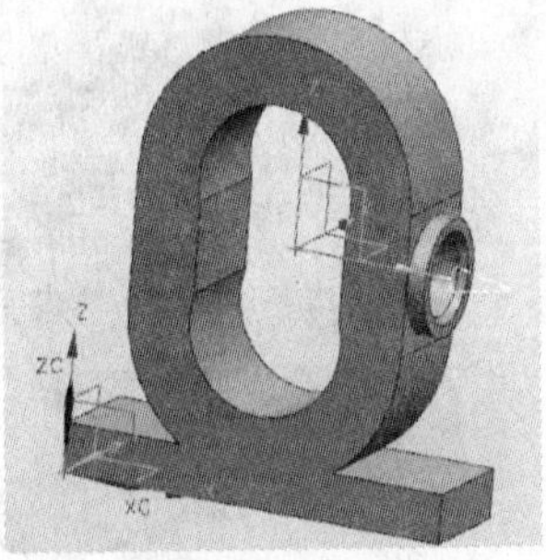

图 11-29　倒斜角

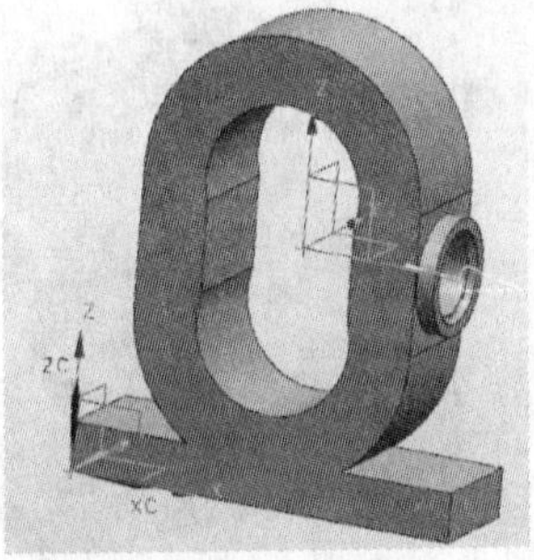

图 11-30　创建螺纹

图 11-31　创建孔特征

（11）选择【Insert】→【Detailed Feature】→【Pocket...】命令或单击工具栏上的按钮，系统弹出 Pocket 对话框，选择对话框中的 Cylindrical 选项，选择底座上表面作为圆柱腔体的放置面，设置孔的直径为 14mm，深度为 1mm，单击 OK 按钮后系统弹出 Positioning 对话框，单击对话框中的按钮，选择孔的边缘并在弹出的对话框中选择 Arc Center 选项，即可得到如图 11-32 所示的实体模型。

（12）选择【Insert】→【Datum/Point】→【Datum CSYS...】命令或单击工具栏上的按钮，在弹出的对话框中输入新的坐标原点（42.5，0，50），即在此处建立基准坐标系，如图 11-33 所示。

（13）选择【Insert】→【Detailed Feature】→【Hole...】命令或单击工具栏上的按钮，系统弹出 Hole 对话框，选择上一步生成的坐标系的 XC-ZC 平面为基准面，设置如图 11-34 所示孔的位置后，返回 Hole 对话框，设置孔为直径 6mm 的通孔，单击 OK 按钮可得如图 11-35 所示的实体模型。

（14）选择【Insert】→【Detailed Feature】→【Chamfer...】命令或单击工具栏上的按钮，系统弹出 Chamfer 对话框，在视图区域选择上一步所创建孔特征的内边缘，在 Cross Section 选项下选择 Symmetric 选项，并将其 Distance 值设置为 1，单击 OK 按钮，可得如图 11-36 所示的实体模型。

（15）选择【Insert】→【Design Feature】→【Thread...】命令或单击工具栏上的按钮，系统弹出 Thread 对话框，在该对话框中选择 Detailed 作为欲生成的螺纹类型，在视图区域选择上一步所生成两个孔的内表面，并单击实体表面，系统将自动生成螺纹的数据，根据需要对该数据作相应的修改，Rotation 选项选择 Right Hand 选项，即生成的螺纹为右螺纹，单击 OK 按钮生成如图 11-37 所示的螺纹。

图 11-32 创建腔体

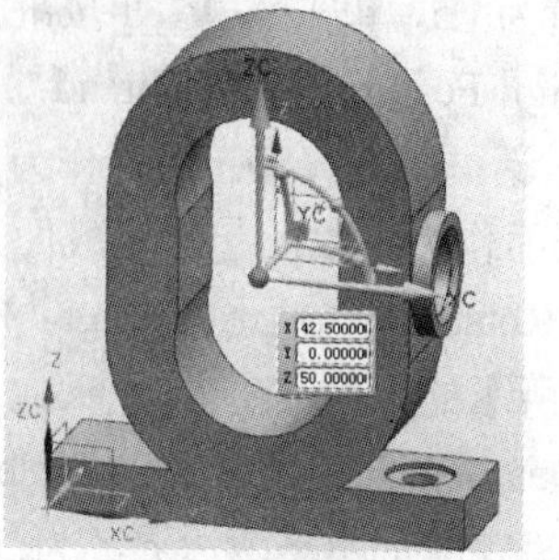

图 11-33 创建基准坐标系

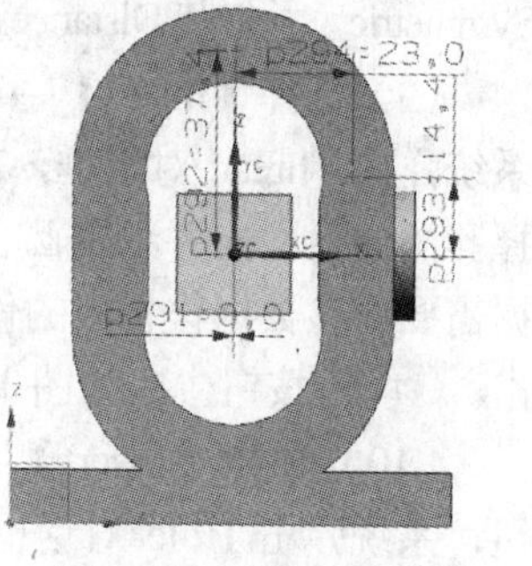

图 11-34 设置孔的位置

图 11-35 创建孔特征

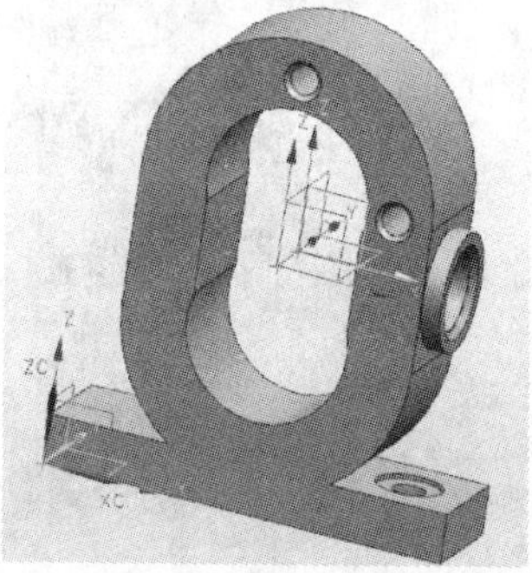

图 11-36 倒斜角

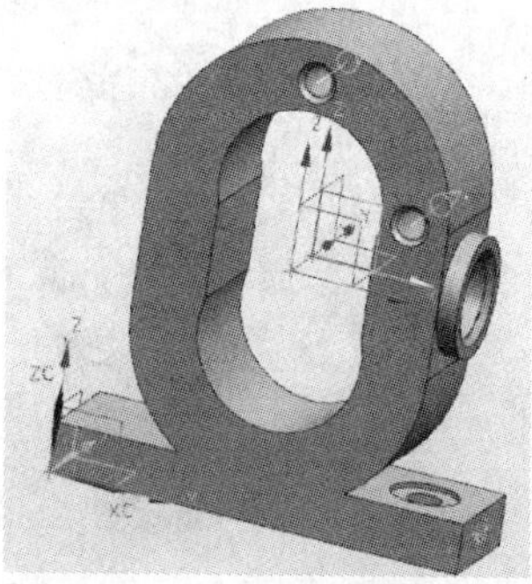

图 11-37 创建螺纹特征

（16）选择【Insert】→【Associative Copy】→【Mirror Feature…】命令或单击工具栏上的按钮，系统弹出 Mirror Feature 对话框，在该对话框的列表中选择前面所创建的孔特征、倒角特征和螺纹特征，单击 OK 按钮后再选择 XC-YC 平面作为镜像特征的镜像平面，单击 OK 按钮，即可生成如图 11-38 所示的实体模型。

（17）重复步骤（16），将前面所创建的凸台、孔特征和腔体特征关于 XC-ZC 平面进行镜像，得到如图 11-39 所示的实体模型。

（18）选择【Insert】→【Detailed Feature】→【Hole…】命令或单击工具栏上的按钮，系统弹出 Hole 对话框，选择步骤（12）生成的坐标系的 XC-ZC 平面为基准面，设置如图 11-40 所示孔的位置后，返回 Hole 对话框，设置孔为直径 5mm 的通孔，单击 OK 按钮可得如图 11-41 所示的实体模型。

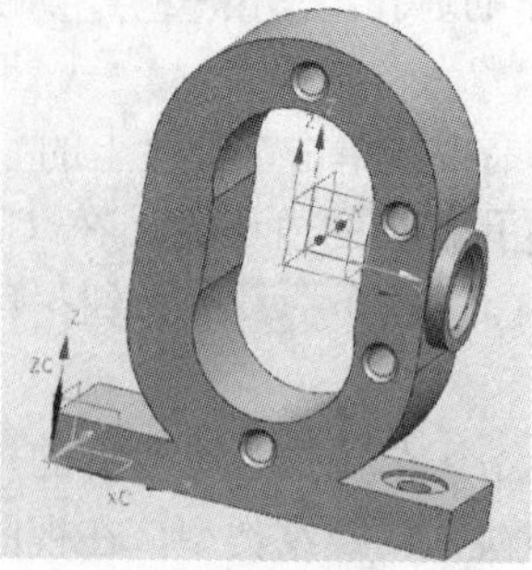

图 11-38 镜像特征（1）

图 11-39 镜像特征（2）

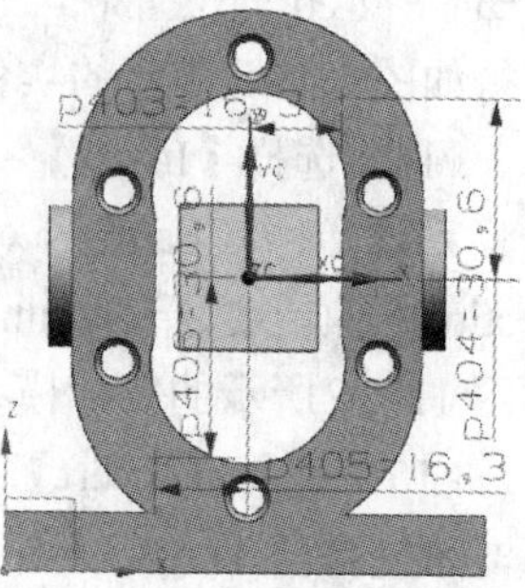

图 11-40 设置孔的位置

（19）选择【Insert】→【Detailed Feature】→【Pocket...】命令或单击工具栏上的按钮，系统弹出 Pocket 对话框，选择对话框中的 Rectangular 选项，选择底座底面作为矩形腔体的放置面，在弹出的 Rectangular Pocket 对话框中设置腔体的长度、宽度和深度分别为 45、25、3，单击 OK 按钮后系统弹出 Positioning 对话框，将腔体定位在底面的中心位置，得到如图 11-42 所示的实体模型。

（20）选择【Insert】→【Detailed Feature】→【Edge Blend...】命令或单击工具栏上的按钮，系统弹出 Edge Blend 对话框，在视图区域选择拉伸体与块体的两交线，设置圆角的半径为 5，单击 OK 按钮。以同样的方式设置腔体的两底线倒角半径为 3 和其他欲生成倒角的边线的半径为 2，即可得到如图 11-43 所示的泵体模型。

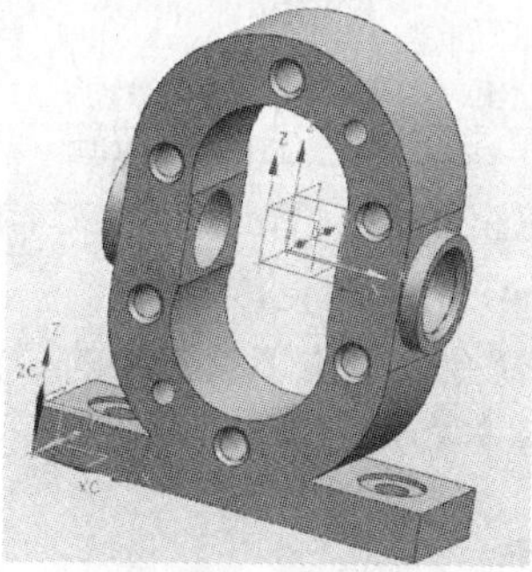

图 11-41　创建孔特征

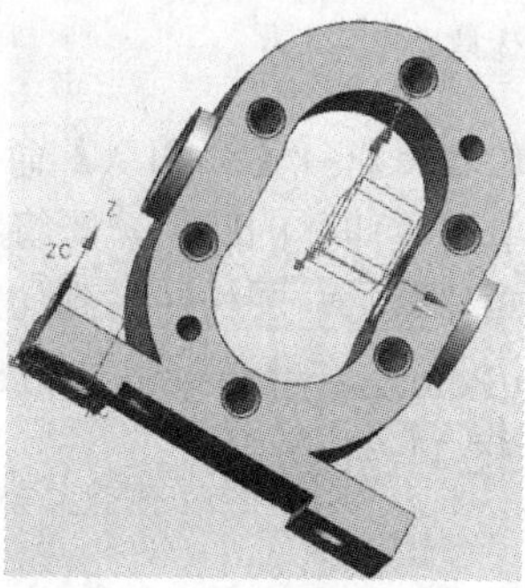

图 11-42　创建腔体特征

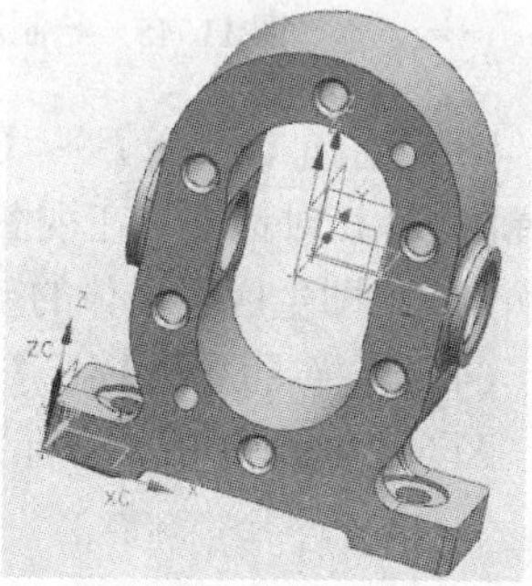

图 11-43　泵体模型

11.3　减速器箱盖的三维建模

本节以如图 11-44 所示的减速器箱盖为例，对其进行实体建模。减速器箱盖是减速器零件中外形比较复杂的部件，其上分布各种槽、孔、凸台、拔模面等，结构较为复杂，但减速器箱盖结构具有对称性，所以应充分应用镜像特征功能。经分析得其建模思路为：先采用拉伸功能绘制减速器箱盖的主体模型，再通过拉伸特征绘制出一侧的轴承座、轴承孔和安装孔，由于结构具有对称性，所以通过镜像功能将所创建的特征镜像到另一侧，然后创建吊耳和天窗，最后对其进行细节特征设计。基本建模步骤如下。

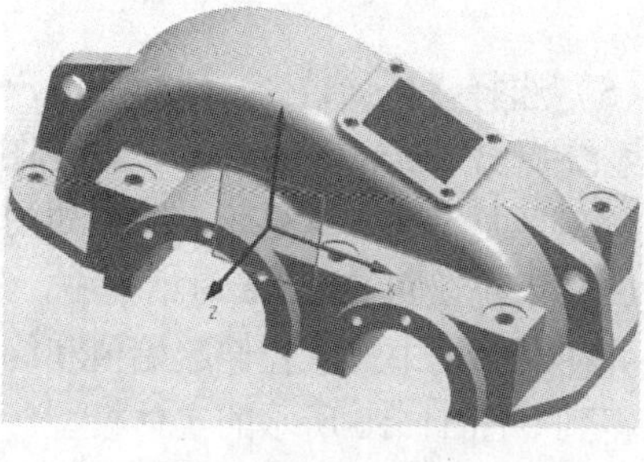

图 11-44　减速器箱盖

（1）启动 UG NX 8.0，选择【File】→【New】命令，在弹出的新建文件对话框中选择 Model，在 Name 栏中输入部件的名称为 xianggai，并设置文件的存储路径。

（2）选择【Insert】→【Design Feature】→【Extrude...】命令或单击工具栏上的按钮，系统弹出 Extrude 对话框，在视图区域选择 XC-YC 平面作为草图绘制平面，进入草图环境绘制如图 11-45 所示的草图，单击按钮退出草图，系统返回 Extrude 对话框中，选择

ZC 方向作为拉伸方向，设置拉伸方式为 Symmetric Value，并在对话框中设置拉伸距离为 51，得到如图 11-46 所示的实体模型。

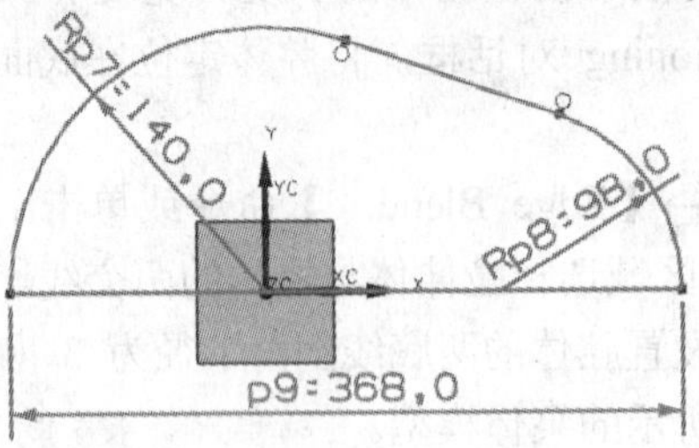

图 11-45 绘制箱盖主体草图

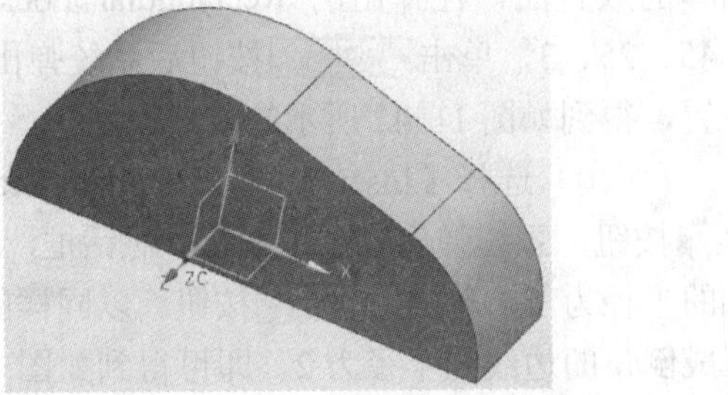

图 11-46 创建拉伸体

（3）选择【Insert】→【Offset/Scale】→【Shell…】命令或单击工具栏上的按钮，系统弹出 Shell 对话框，在视图区域单击拉伸体的底面，即将底面挖空，再在 Thickness 文本框中输入 8，即生成的壳体的壁厚，单击 OK 按钮得到如图 11-47 所示的壳体。

（4）选择【Insert】→【Datum/Point】→【Datum CSYS…】命令或单击工具栏上的按钮，即在此处建立基准坐标系，如图 11-48 所示。

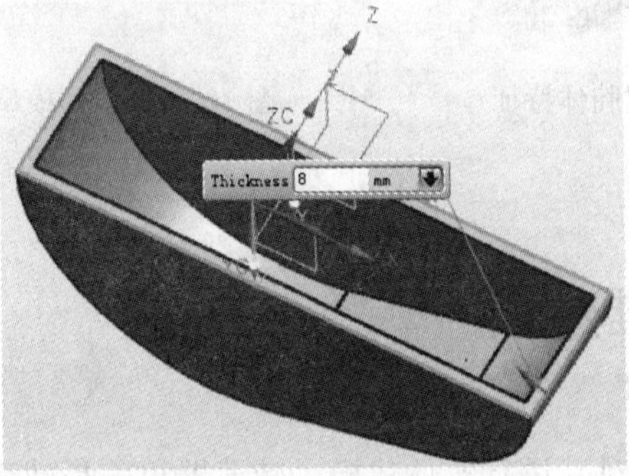

图 11-47 抽壳操作

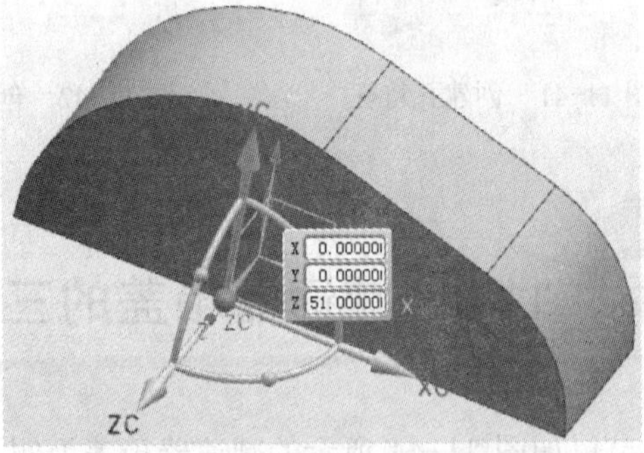

图 11-48 创建基准坐标系

（5）选择【Insert】→【Design Feature】→【Extrude…】命令或单击工具栏上的按钮，系统弹出 Extrude 对话框，在视图区域选择前面所创建基准坐标系的 XC-YC 平面作为草图绘制平面，进入草图环境绘制如图 11-49 所示的草图，单击按钮退出草图。

（6）系统返回 Extrude 对话框中，选择 ZC 方向作为拉伸方向，设置拉伸方式为 Value 方式，并在对话框中设置拉伸起始值和终止值分别为 0 和 50，另外设置布尔操作为 Unite 方式，得到如图 11-50 所示的实体模型。

（7）选择【Insert】→【Design Feature】→【Extrude…】命令或单击工具栏上的按钮，系统弹出 Extrude 对话框，在视图区域选择前面所创建基准坐标系的 XC-YC 平面作为草图绘制平面，进入草图环境绘制如图 11-51 所示的草图，单击按钮退出草图。

（8）系统返回 Extrude 对话框，选择 ZC 方向作为拉伸方向，设置拉伸方式为 Value 方式，并在对话框中设置拉伸起始值和终止值分别为 0 和 42，另外设置布尔操作为 Unite 方式，得到如图 11-52 所示的实体模型。

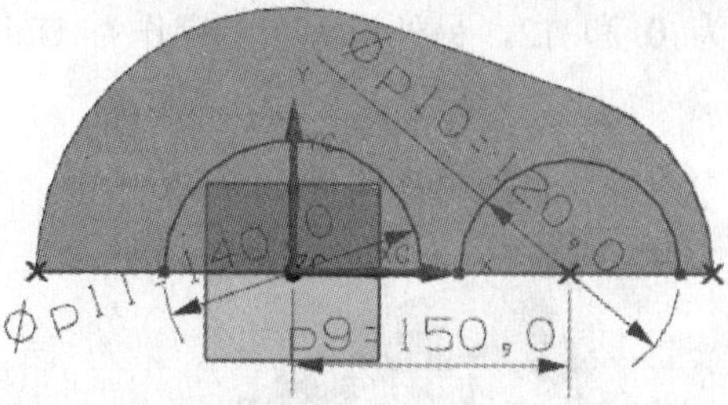

图 11-49　绘制草图

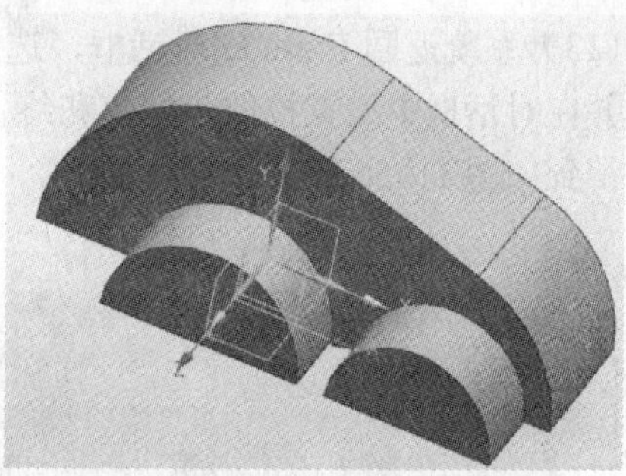

图 11-50　创建拉伸体

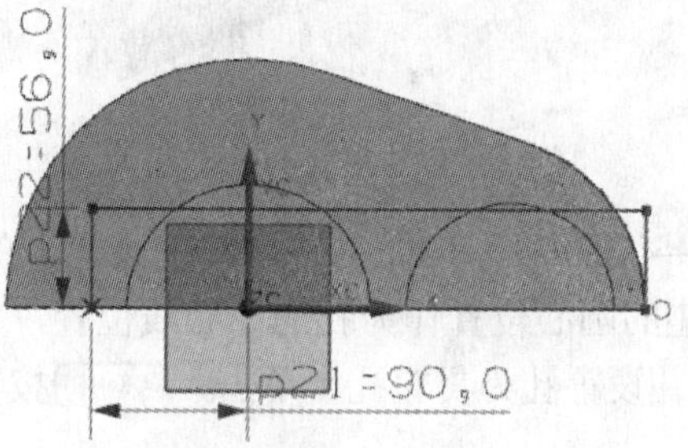

图 11-51　绘制草图

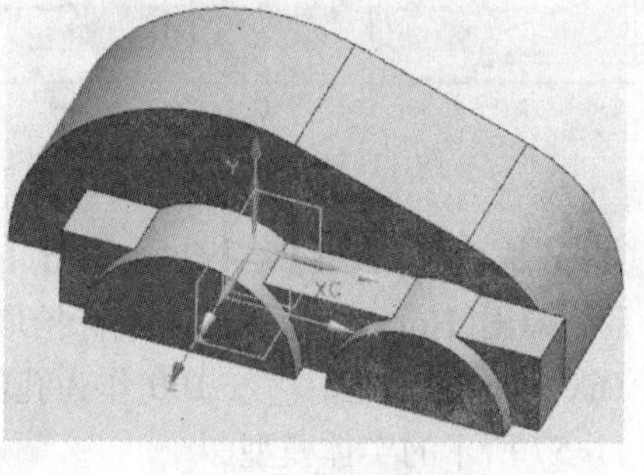

图 11-52　创建拉伸体

（9）选择【Insert】→【Associative Copy】→【Mirror Feature...】命令或单击工具栏上的按钮，系统弹出 Mirror Feature 对话框，在该对话框的列表中选择前面所创建的半圆柱体特征和块体特征，单击 OK 按钮后选择 XC-YC 平面作为镜像特征的镜像平面，单击 OK 按钮，生成如图 11-53 所示的实体模型。

（10）选择【Insert】→【Design Feature】→【Extrude...】命令或单击工具栏上的按钮，系统弹出 Extrude 对话框，选择基准坐标系的 XC-ZC 平面作为草图放置平面。

（11）在草图环境下，选择【Insert】→【Recipe Curve】→【Project Curve...】命令或单击工具栏上的按钮，系统弹出 Project Curve 对话框，在视图区域选择已创建实体上的部分边线，如图 11-54 所示，即从已有实体上析出部分线段，将其引用到本次草图中作为轮廓曲线。

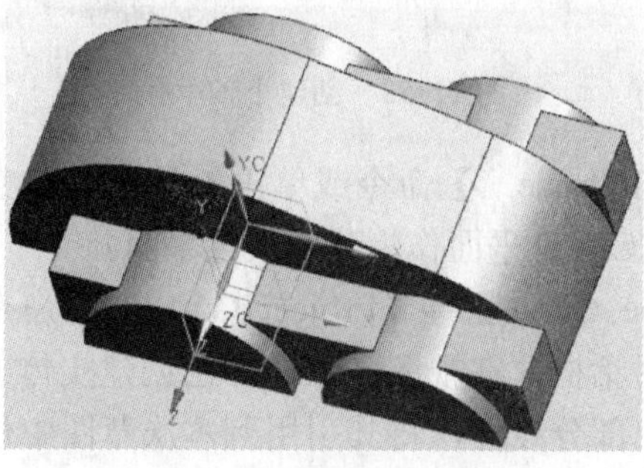

图 11-53　镜像特征

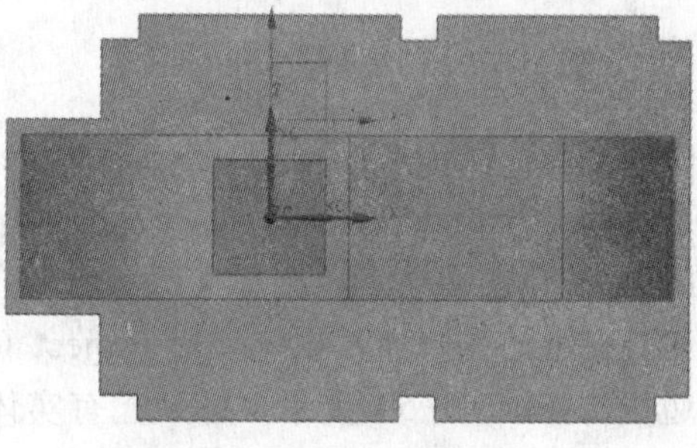

图 11-54　析出曲线

（12）在草图中绘制如图 11-55 所示的草图轮廓，单击按钮退出草图。

（13）系统返回 Extrude 对话框，选择-YC 方向作为拉伸方向，设置拉伸方式为 Value 方式，并在对话框中设置拉伸起始值和终止值分别为 0 和 12，另外设置布尔操作为 Unite 方式，得到如图 11-56 所示的实体模型。

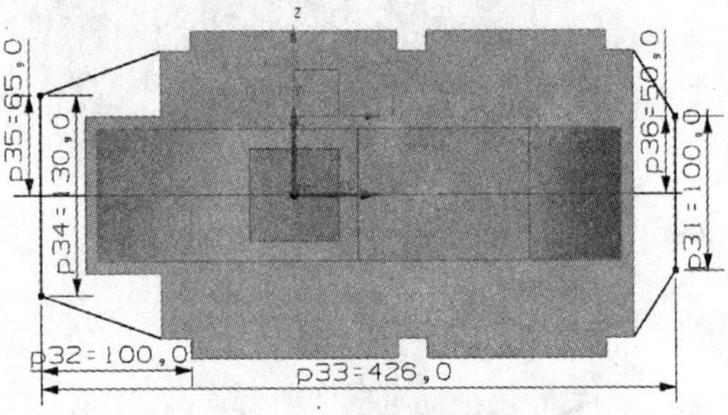

图 11-55 绘制草图

图 11-56 绘制拉伸体

（14）选择【Insert】→【Detailed Feature】→【Hole...】命令或单击工具栏上的按钮，系统弹出 Hole 对话框，用鼠标拾取大轴承座的圆心位置作为孔的中心线位置，在对话框的 Diameter 文本框中输入 100 作为孔的直径，并设置孔为贯穿孔，单击 OK 按钮得到如图 11-57 所示的实体模型。

（15）选择【Insert】→【Detailed Feature】→【Hole...】命令或单击工具栏上的按钮，系统弹出 Hole 对话框，用鼠标拾取小轴承座的圆心位置作为孔的中心线位置，在对话框的 Diameter 文本框中输入 80 作为孔的直径，并设置孔为贯穿孔，单击 OK 按钮得到如图 11-58 所示的实体模型。

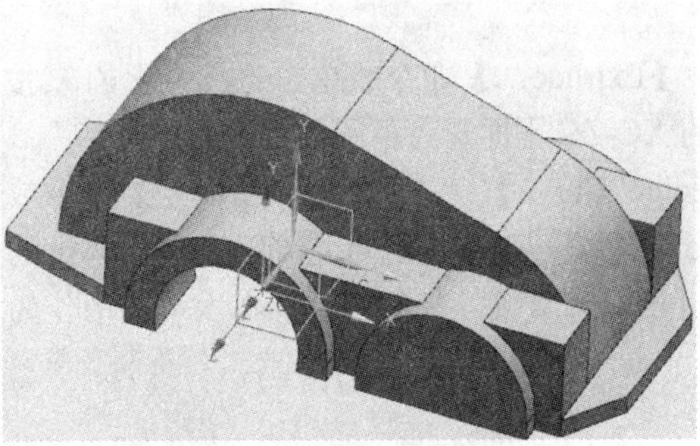

图 11-57 创建大轴承孔

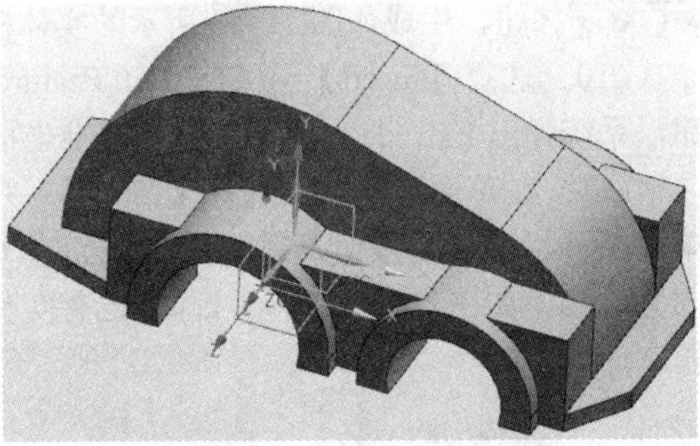

图 11-58 创建小轴承孔

（16）选择【Insert】→【Design Feature】→【Extrude...】命令或单击工具栏上的按钮，系统弹出 Extrude 对话框，选择基准坐标系的 XC-YC 平面作为草图放置平面。

（17）在草图环境下，选择【Insert】→【Recipe Curve】→【Project Curve...】命令或单击工具栏上的按钮，系统弹出 Project Curve 对话框，在视图区域选择已创建实体上的部分边线，如图 11-59 所示，即从已有实体上析出部分线段，将其引用到本次草图中作为轮廓曲线。

（18）在草图中绘制如图 11-60 所示的草图轮廓，单击按钮退出草图。

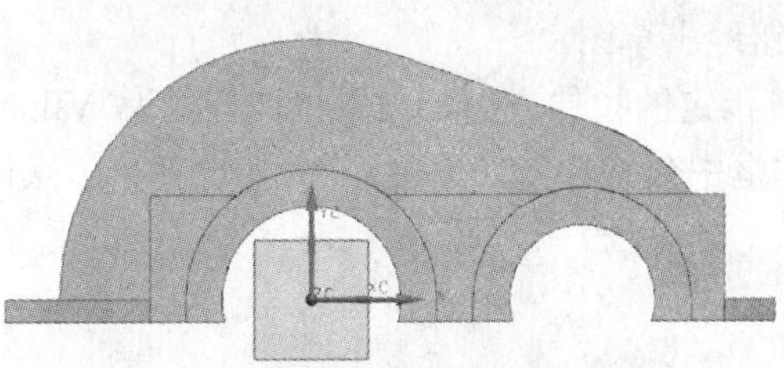

图 11-59　析出曲线

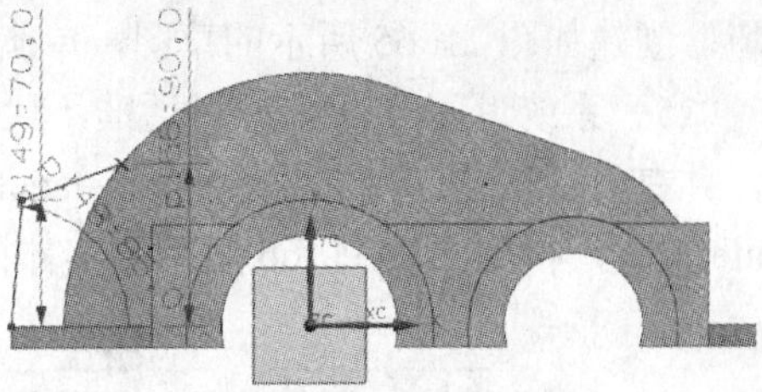

图 11-60　绘制草图

（19）系统返回 Extrude 对话框，选择 ZC 方向作为拉伸方向，设置拉伸方式为 Symmetric Value 方式，并在对话框的 Distance 文本框中输入 7.5，另外设置布尔操作为 Unite 方式，得到如图 11-61 所示的实体模型。

（20）选择【Insert】→【Design Feature】→【Extrude…】命令或单击工具栏上的按钮，系统弹出 Extrude 对话框，选择基准坐标系的 XC-YC 平面作为草图放置平面。

（21）在草图环境下，选择【Insert】→【Recipe Curve】→【Project Curve…】命令或单击工具栏上的按钮，系统弹出 Project Curve 对话框，在视图区域选择已创建实体上的部分边线，如图 11-62 所示，即从已有实体上析出部分线段，将其引用到本次草图中作为轮廓曲线。

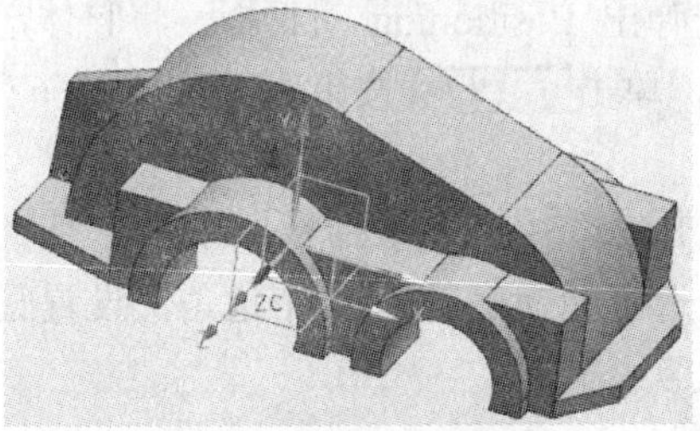

图 11-61　创建左吊耳

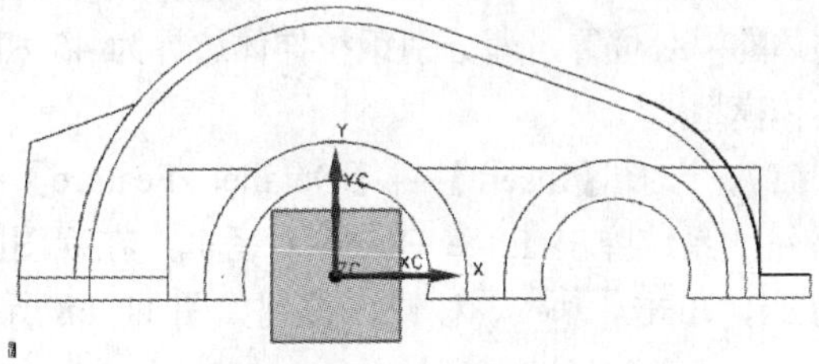

图 11-62　析出曲线

（22）在草图中绘制如图 11-63 所示的草图轮廓，单击按钮退出草图。

（23）系统返回 Extrude 对话框，选择 ZC 方向作为拉伸方向，设置拉伸方式为 Symmetric Value 方式，并在对话框的 Distance 文本框中输入 7.5，另外设置布尔操作为 Unite 方式，得到如图 11-64 所示的实体模型。

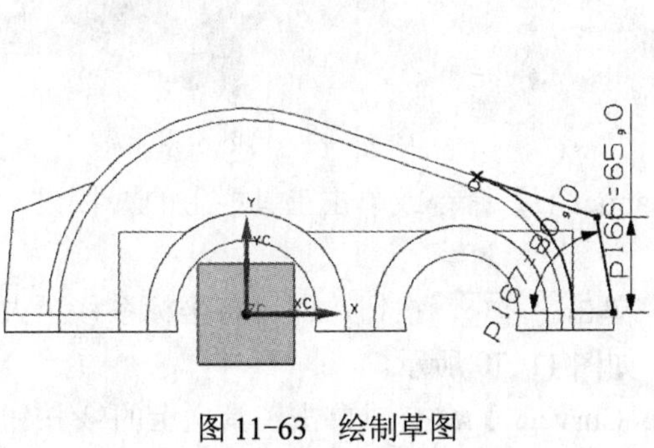

图 11-63　绘制草图

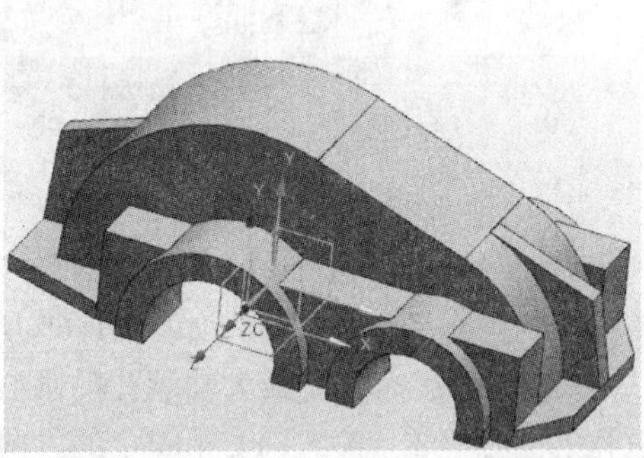

图 11-64　创建右吊耳

（24）选择【Insert】→【Design Feature】→【Extrude…】命令或单击工具栏上的按钮，系统弹出 Extrude 对话框，选择箱盖主体上斜面上的平面作为草图放置平面，进入草图环境，创建如图 11-65 所示的草图，单击按钮退出草图。

（25）系统返回 Extrude 对话框，默认系统指定的拉伸方向，设置拉伸方式为 Value 方式，并在对话框的起始和终止的 Distance 文本框中分别输入 0 和 5，另外设置布尔操作为 Unite 方式，得到如图 11-66 所示的实体模型。

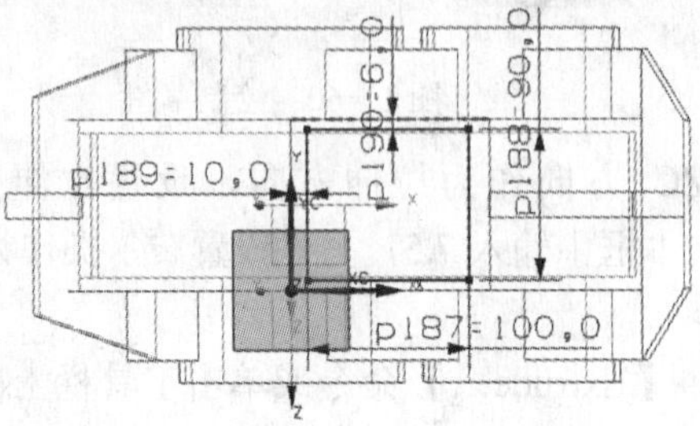

图 11-65　绘制草图

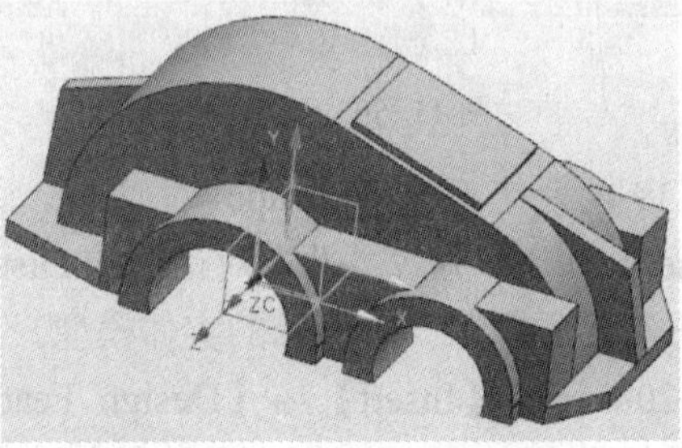

图 11-66　创建拉伸体

（26）选择【Insert】→【Detailed Feature】→【Pocket…】命令或单击工具栏上的按钮，系统弹出 Pocket 对话框，选择对话框中的 Rectangular 选项，选择上一步生成的拉伸体的上表面作为矩形腔体的放置面，在弹出的 Rectangular Pocket 对话框中设置腔体的长度、宽度和深度分别为 70、60、20，单击 OK 按钮后系统弹出 Positioning 对话框，将腔体定位在拉伸体的中心位置，即分别距拉伸体边界为 45 和 50，单击 OK 按钮得到如图 11-67 所示的实体模型。

（27）选择【Insert】→【Detailed Feature】→【Edge Blend…】命令或单击工具栏上的按钮，系统弹出 Edge Blend 对话框，在视图区域选择箱盖底部的 4 个边角，设置圆角半径为 44，单击 OK 按钮，得到如图 11-68 所示的实体模型。

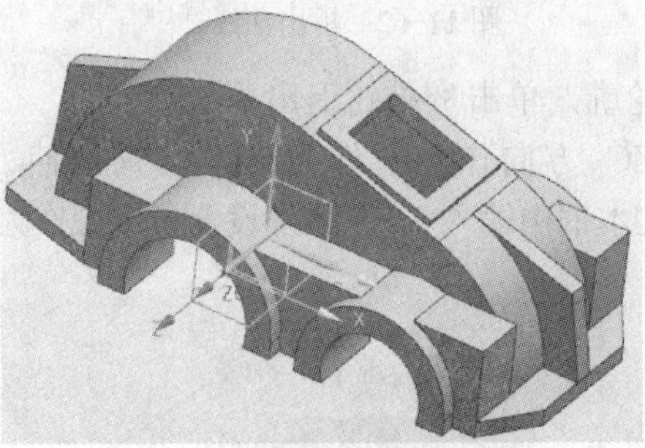

图 11-67　生成天窗

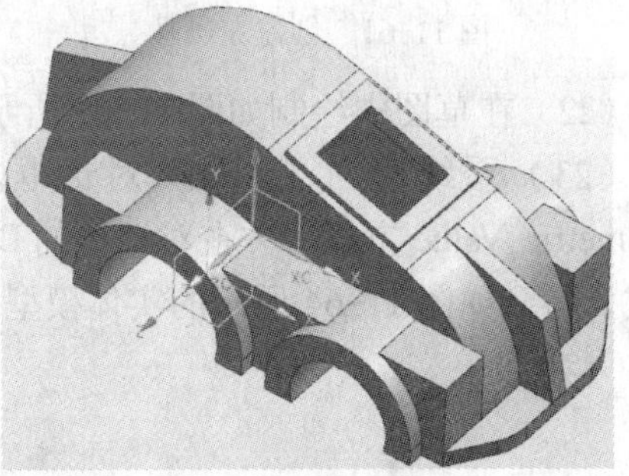

图 11-68　倒圆角

（28）选择【Format】→【WCS】→【Dynamics…】命令或单击工具栏上的按钮，视图区域的坐标系高亮显示，如图 11-69 所示。

（29）用鼠标捕捉到大轴承孔的圆心位置，单击 OK 按钮，即可将坐标系移至大轴承孔的圆心位置，XC、YC 和 ZC 的方向不变，如图 11-70 所示。

（30）选择【Insert】→【Curve】→【Basic Curve…】命令或单击工具栏上的按钮，系统弹出 Basic Curve 对话框，且视图区域显示出 Tracking Bar 工具条，在对话框中单击按钮，在工具栏中输入（0，0，0）作为直线的起点，然后输入直线的长度 60，角度也为 60，则可得到如图 11-71 所示的直线。

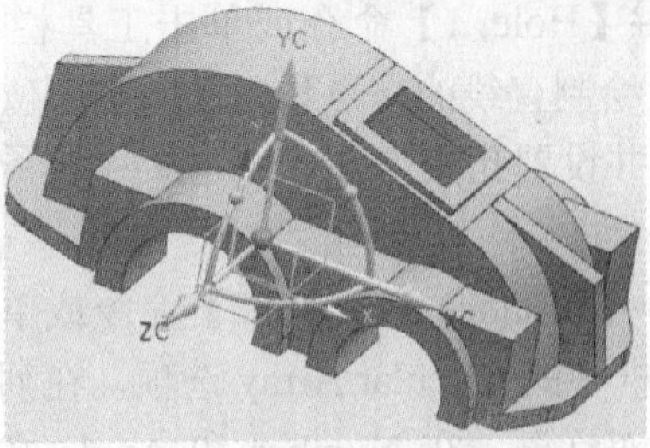

图 11-69　高亮显示坐标系

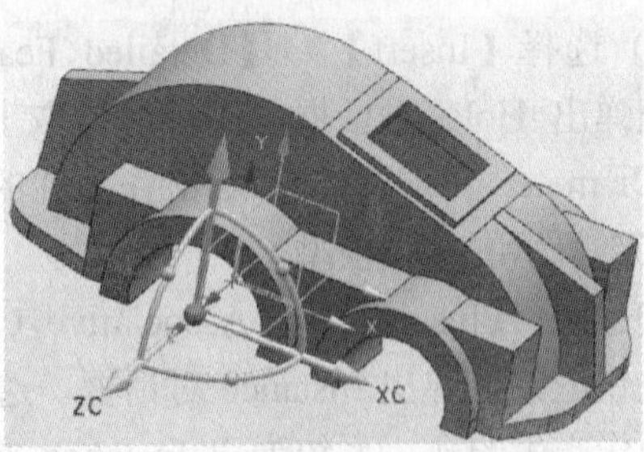

图 11-70　设定坐标系

（31）选择【Insert】→【Detailed Feature】→【Hole…】命令或单击工具栏上的按钮，系统弹出 Hole 对话框，用鼠标拾取上一步所绘制直线的端点作为孔的中心位置，在对话框的 Diameter 文本框中输入 8 作为孔的直径，并设置孔深为 15，单击 OK 按钮得到如图 11-72 所示的实体模型。

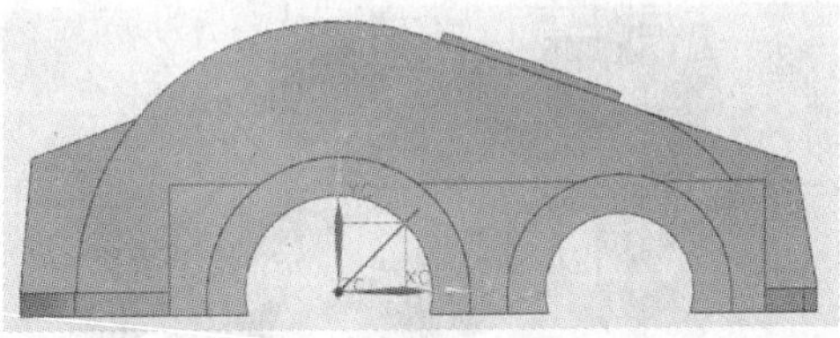

图 11-71　绘制直线

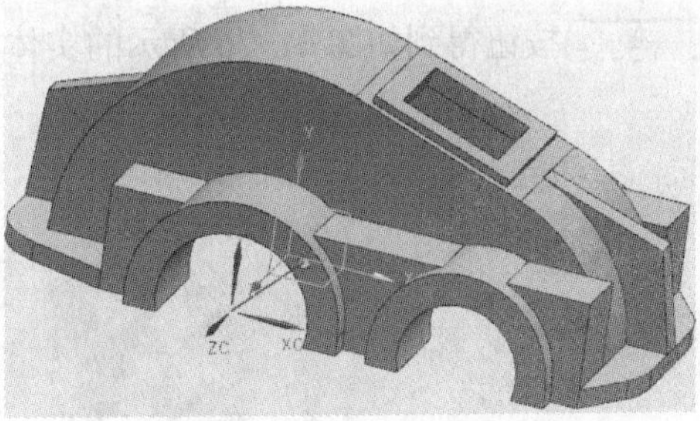

图 11-72　创建孔

（32）选择【Insert】→【Associative Copy】→【Instance Feature…】命令或单击工具栏上的按钮，系统弹出 Instance 对话框，选择对话框中的 Circular Array 选项，在列表中选择上一步操作产生的孔，系统弹出 Instance 参数设置对话框，在 Number 和 Angle 文本框中分别输入 3 和 45，单击 OK 按钮，系统提示定义阵列旋转轴，在视图区域内选择 ZC 轴后单击 OK 按钮，系统提示是否确定进行阵列操作，单击 OK 按钮得到如图 11-73 所示的实体模型。

（33）选择【Insert】→【Curve】→【Basic Curve…】命令或单击工具栏上的按钮，系统弹出 Basic Curve 对话框，且视图区域显示出 Tracking Bar 工具条，在对话框中单击按钮，在 Point Method 下拉列表中选择⊙选项，然后在视图区域用鼠标拾取小轴承孔的圆弧，系统自动选取圆弧的圆心作为直线的起点，输入直线的长度为 50，角度为 60，则可得到如图 11-74 所示的直线。

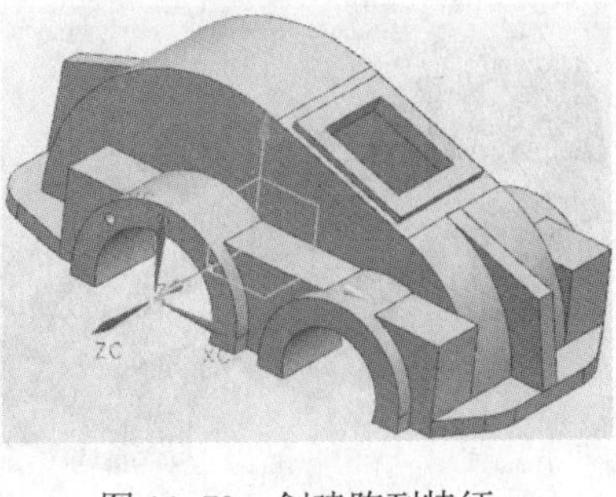

图 11-73　创建阵列特征

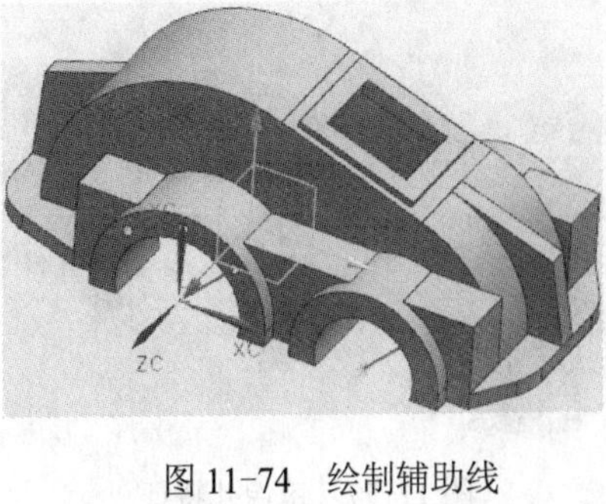

图 11-74　绘制辅助线

（34）选择【Insert】→【Detailed Feature】→【Hole…】命令或单击工具栏上的按钮，系统弹出 Hole 对话框，用鼠标拾取上一步所绘制直线的端点作为孔的中心位置，在对话框的 Diameter 文本框中输入 8 作为孔的直径，并设置孔深为 15，单击OK按钮得到如图 11-75 所示的实体模型。

（35）选择【Insert】→【Associative Copy】→【Instance Feature…】命令或单击工具栏上的按钮，系统弹出 Instance 对话框，选择对话框中的 Circular Array 选项，在列表中选择上一步操作产生的孔，系统弹出 Instance 参数设置对话框，在 Number 和 Angle 文本框中分别输入 3 和 45，单击OK按钮，系统提示定义阵列旋转轴，在对话框中选择 Point Direction 选项，即用点和方向来定义旋转轴，系统弹出 Vector 对话框提示定义旋转轴的方向，在视图区域选择 ZC 轴，单击OK按钮，系统弹出 Point Constructer 对话框并提示定义阵列参考点，在对话框的 Type 下拉列表中选择⊙Arc/Ellipse/Sphere Center 选项后，在视图区域内选择小轴承孔的上圆弧并单击OK按钮，系统提示是否确定进行阵列操作，单击OK按钮得到如图 11-76 所示的实体模型。

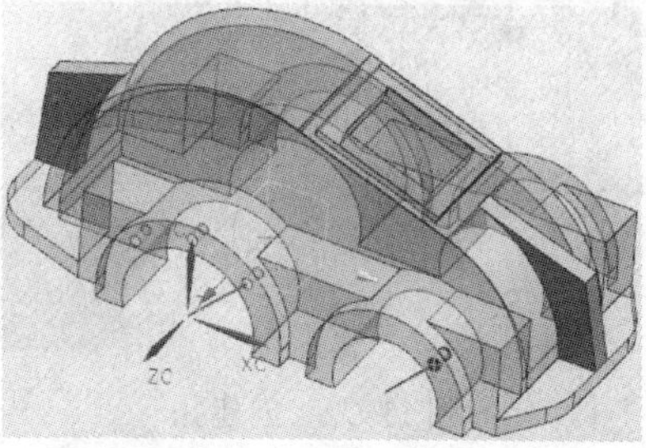

图 11-75　创建孔特征

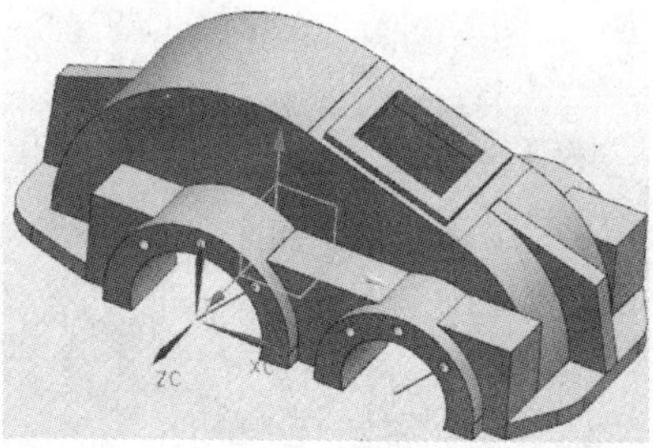

图 11-76　阵列孔

（36）选择【Insert】→【Associative Copy】→【Mirror Feature…】命令或单击工具栏上的按钮，系统弹出 Mirror Feature 对话框，在该对话框的列表中选择前面所创建的孔特征，单击OK按钮后选择 XC-YC 平面作为镜像特征的镜像平面，单击OK按钮，将绘制的辅助线隐藏，即可生成如图 11-77 所示的实体模型。

（37）选择【Insert】→【Design Feature】→【Thread…】命令或单击工具栏上的按钮，系统弹出 Thread 对话框，在该对话框中选择 Detailed 作为欲生成的螺纹类型，在视图区域选择轴承孔上创建的孔和镜像孔的内表面，并单击实体表面，系统将自动生成螺纹的数据，根据需要对该数据作相应的修改，Rotation 选项选择 Right Hand 选项，即生成的螺纹为右螺纹，单击OK按钮，即可生成如图 11-78 所示的螺纹。

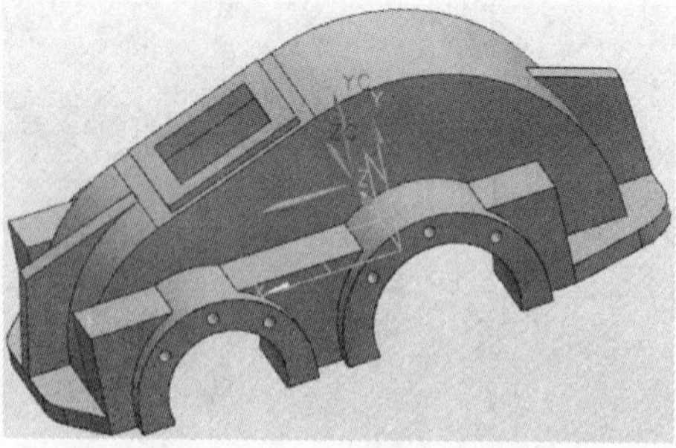

图 11-77　镜像孔特征

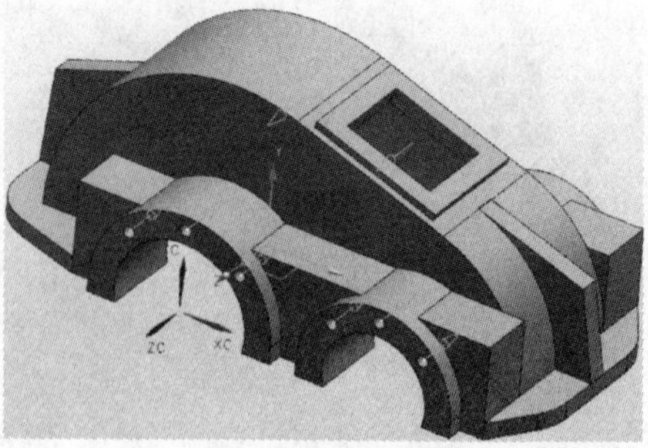

图 11-78　创建螺纹

（38）选择【Insert】→【Detailed Feature】→【Hole…】命令或单击工具栏上的按钮，系统弹出 Hole 对话框，在对话框的 Form 选项下选择孔的形式为 Counterbored，并设置孔的参数如图 11-79 所示，单击对话框中的按钮，选择 XC-YC 平面作为草图放置平面后，进入草图中绘制如图 11-80 所示的草图，单击按钮退出草图。

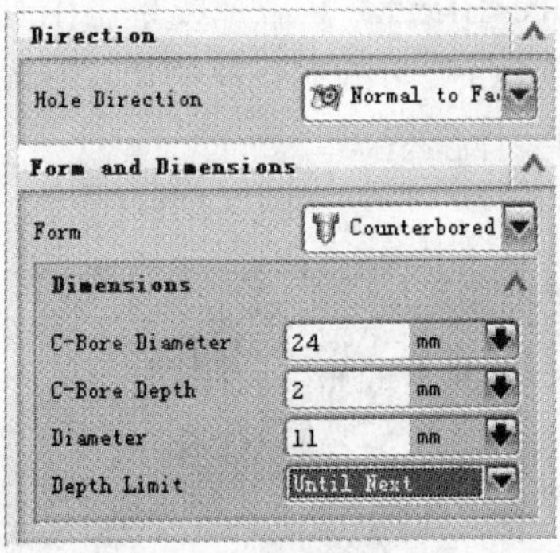

图 11-79　沉头孔参数设置

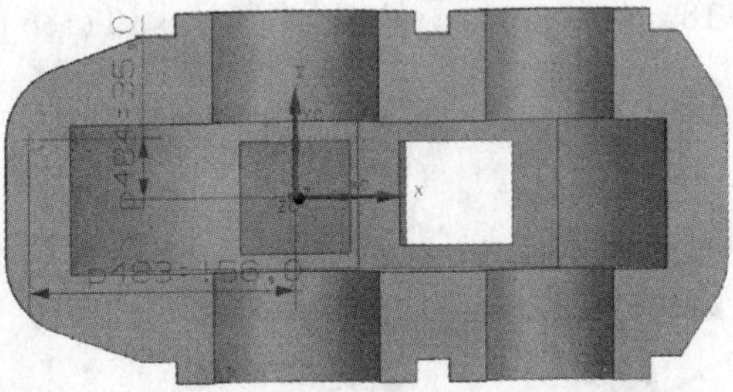

图 11-80　绘制草图

（39）返回 Hole 对话框，单击 OK 按钮，得到如图 11-81 所示的沉头孔。

（40）选择【Insert】→【Detailed Feature】→【Hole…】命令或单击工具栏上的按钮，系统弹出 Hole 对话框，在对话框的 Form 选项下选择孔的形式为 Counterbored，并设置孔的参数如图 11-82 所示，单击对话框中的按钮，选择 XC-YC 平面作为草图放置平面后，进入草图中绘制如图 11-83 所示的草图，单击按钮退出草图。

（41）返回 Hole 对话框，视图区域显示如图 11-84 所示的实体模型，单击 OK 按钮，即可创建所需的沉头孔。

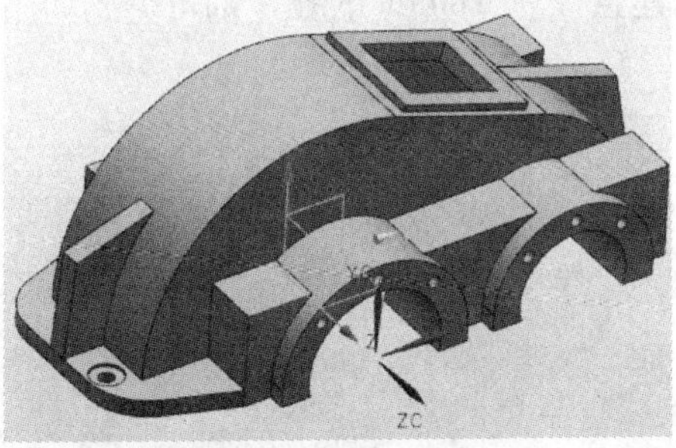

图 11-81　创建沉头孔

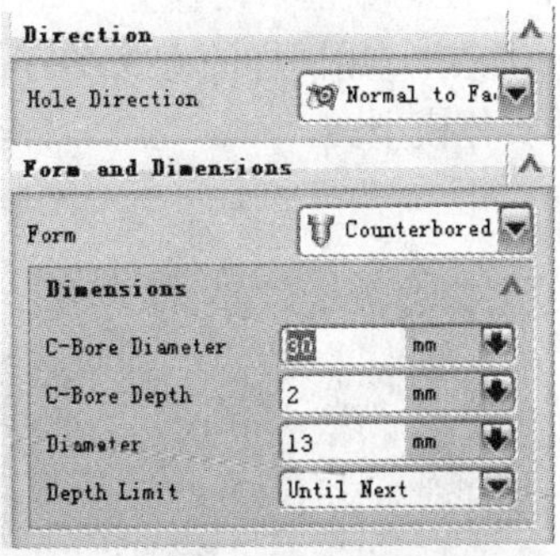

图 11-82　设置沉头孔参数

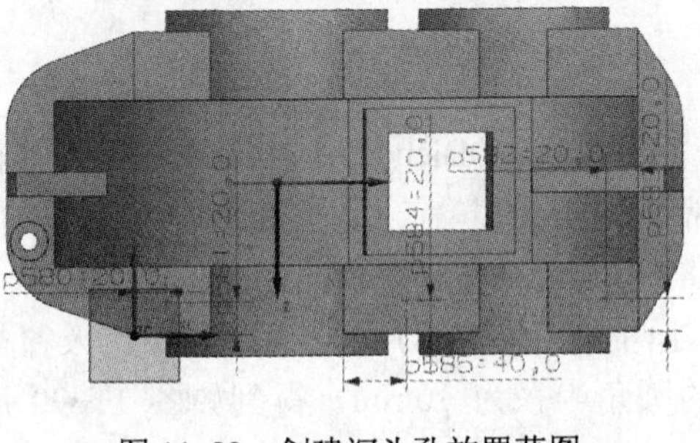

图 11-83　创建沉头孔放置草图

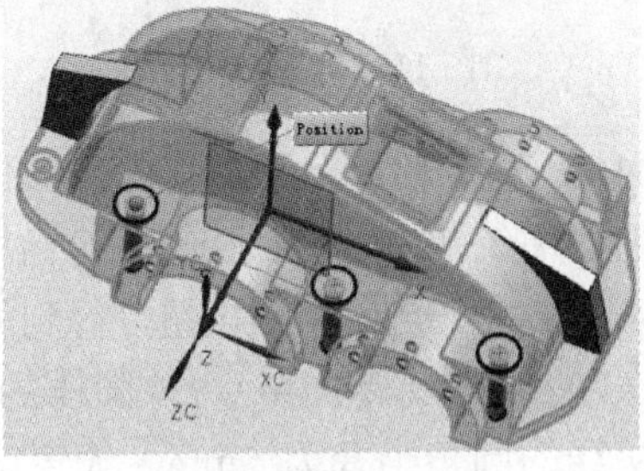

图 11-84　创建沉头孔

（42）选择【Insert】→【Associative Copy】→【Mirror Feature…】命令或单击工具栏上的按钮，系统弹出 Mirror Feature 对话框，在该对话框的列表中选择前面所创建的一侧的 4 个沉头孔特征，单击 OK 按钮后选择 XC-YC 平面作为镜像特征的镜像平面，单击 OK 按钮，即可生成如图 11-85 所示的实体模型。

（43）选择【Insert】→【Detailed Feature】→【Edge Blend…】命令或单击工具栏上的按钮，系统弹出 Edge Blend 对话框，在视图区域选择箱盖两侧加强筋的边缘，设置圆角半径为 18，单击 OK 按钮，得到如图 11-86 所示的实体模型。

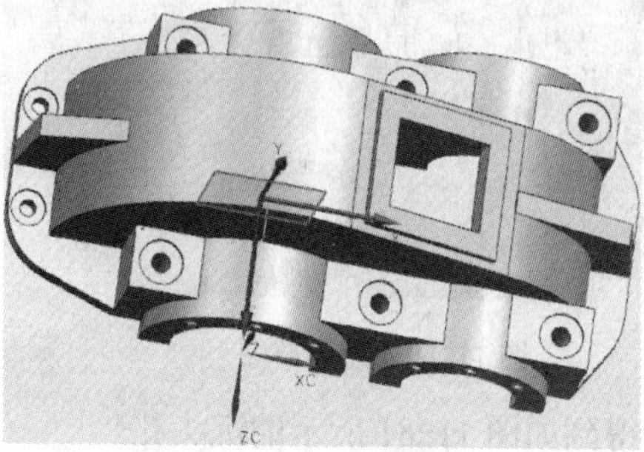

图 11-85 镜像沉头孔

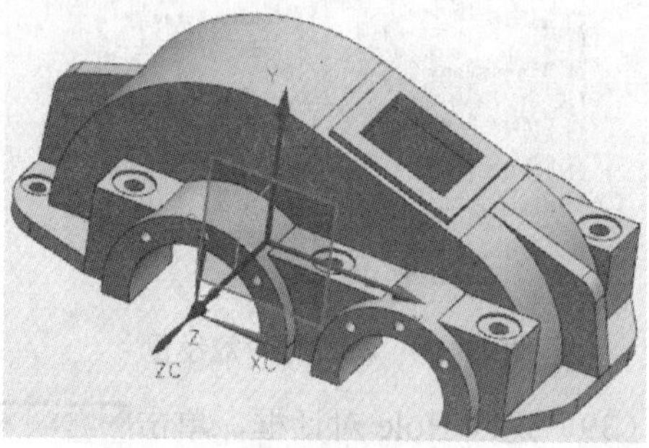

图 11-86 加强筋倒圆角

（44）选择【Insert】→【Detailed Feature】→【Hole…】命令或单击工具栏上的按钮，系统弹出 Hole 对话框，在对话框的 Form 选项下选择孔的形式为 Simple，然后用鼠标在视图区域捕捉上一步在加强筋上创建的倒圆角的圆弧，当系统默认选中圆弧的圆心时，如图 11-87 所示，单击鼠标左键。

（45）在对话框中设置孔的直径为 18mm，选择 Depth Limit 为 Until Next 的形式，单击 OK 按钮，用同样的方式在另一加强筋上创建直径为 18mm 的孔，则可得到如图 11-88 所示的实体模型。

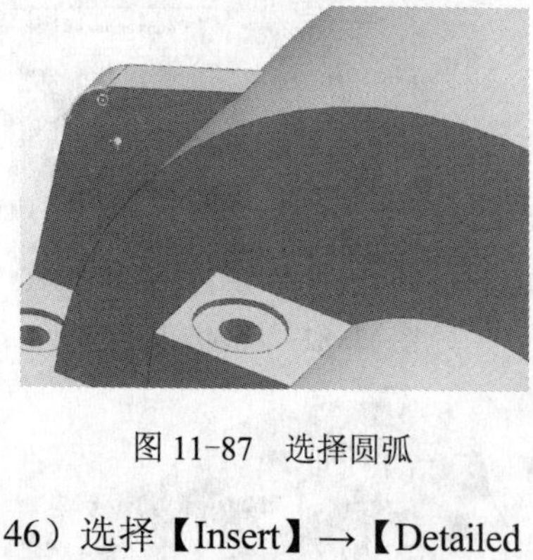

图 11-87 选择圆弧

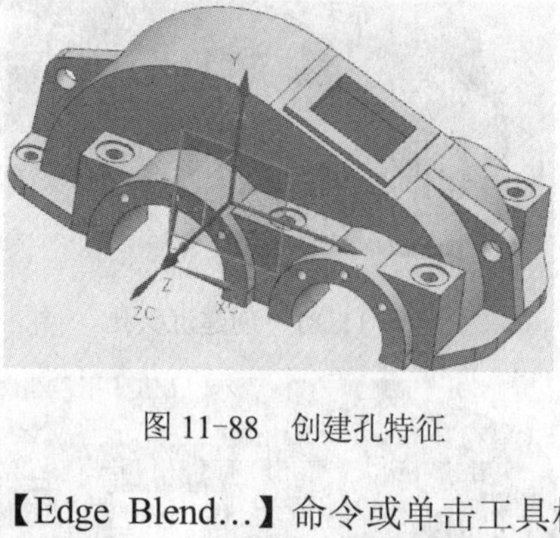

图 11-88 创建孔特征

（46）选择【Insert】→【Detailed Feature】→【Edge Blend…】命令或单击工具栏上的按钮，系统弹出 Edge Blend 对话框，在视图区域选择箱盖主体上两侧边边缘，设置圆角半径为 13，单击 OK 按钮，得到如图 11-89 所示的实体模型。

（47）参考步骤（46），以同样的方式创建两侧交线的圆角半径为 5mm、天窗与箱盖主体交线的圆角半径为 5mm、天窗 4 个角的圆角半径为 10mm，得到如图 11-90 所示的实体模型。

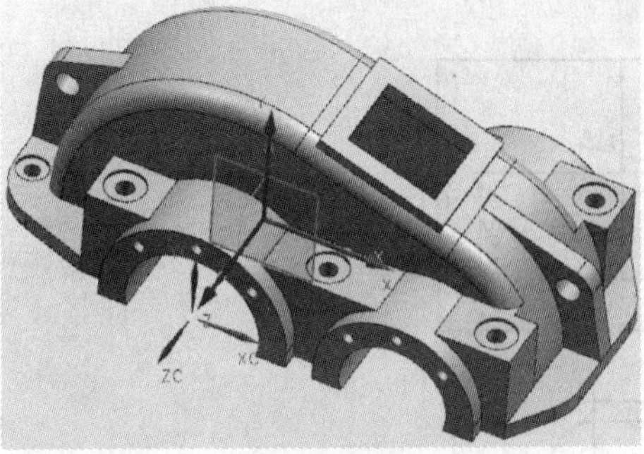

图 11-89　倒圆角（1）

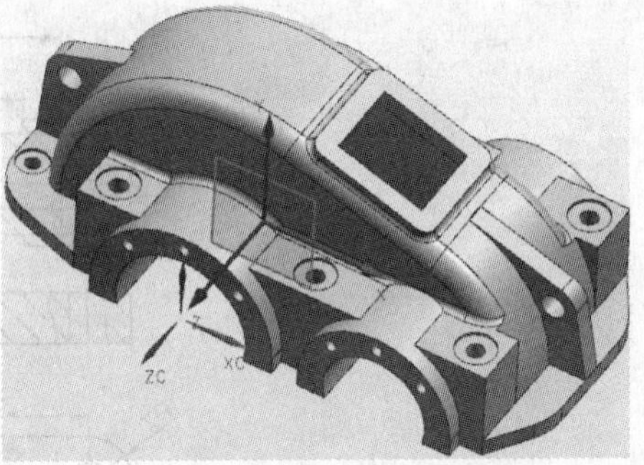

图 11-90　倒圆角（2）

（48）选择【Insert】→【Detailed Feature】→【Hole…】命令或单击工具栏上的按钮，系统弹出 Hole 对话框，在对话框的 Form 选项下选择孔的形式为 Simple，然后用鼠标在视图区域捕捉天窗上 4 个角倒圆角的圆弧，当系统默认选中圆弧的圆心时单击鼠标左键，在对话框中设置孔的直径为 8mm，选择 Depth Limit 为 Until Next 的形式，单击 OK 按钮，得到如图 11-91 所示的实体模型。

（49）选择【Insert】→【Design Feature】→【Thread…】命令或单击工具栏上的按钮，系统弹出 Thread 对话框，在该对话框中选择 Detailed 作为欲生成的螺纹类型，在视图区域选择天窗上 4 个孔的内表面，并单击天窗的上表面，系统将自动生成螺纹的数据，根据需要对该数据作相应的修改，Rotation 选项选择 Right Hand 选项，即生成的螺纹为右螺纹，单击 OK 按钮，即可生成如图 11-92 所示的螺纹。

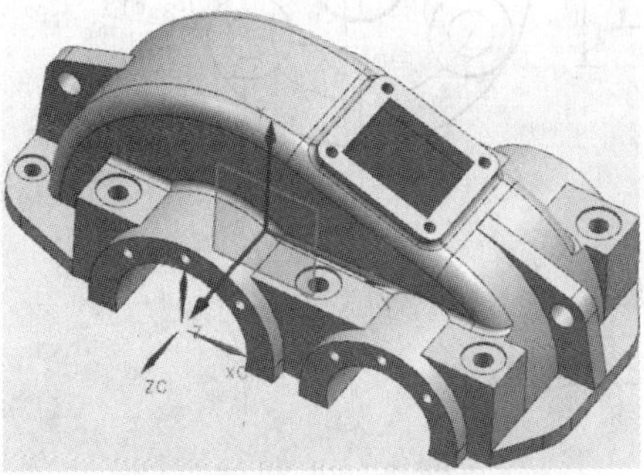

图 11-91　创建天窗上的孔

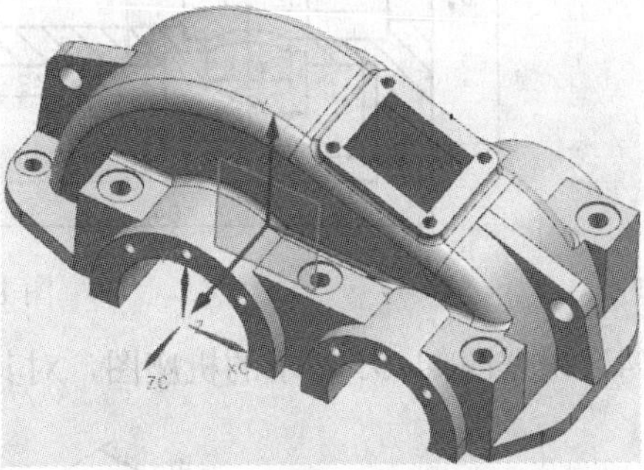

图 11-92　创建螺纹特征

最后根据需要对实体模型进行局部的细节设计即可得到所需的实体模型，此处不再重复。

11.4　思考与练习

（1）箱体类零件与叉架类零件的特点和常用的建模方法有哪些？

（2）根据图 11-93 所示的支架图，对其进行三维建模。

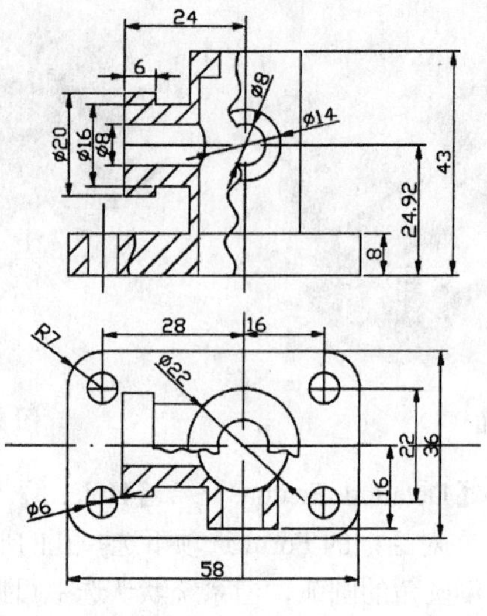

图 11-93 叉架

（3）根据图 11-94 所示的泵套图，对其进行三维建模。

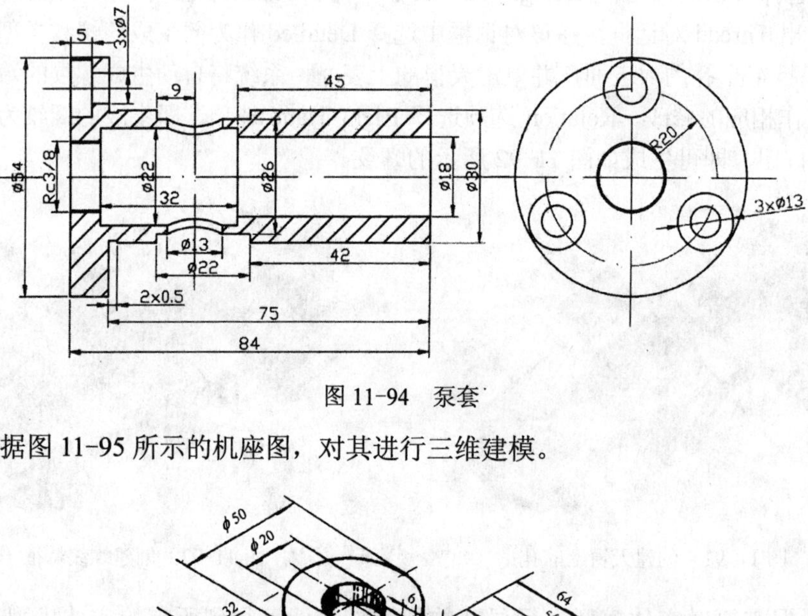

图 11-94 泵套

（4）根据图 11-95 所示的机座图，对其进行三维建模。

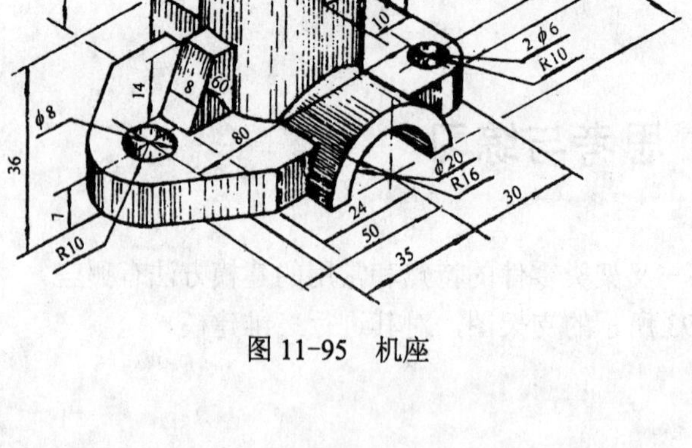

图 11-95 机座

第 12 章　标准零件库的创建

在机械产品的设计过程中，常常要用到一些标准件，如螺栓、螺母、键和齿轮等，这些零件的结构和尺寸都已经标准化和系列化，为避免设计人员花费大量时间进行重复性工作，提高设计产品的开发速度，降低产品的开发成本，并实现组件快速、准确地虚拟装配，有必要根据国家标准对标准件进行参数化建模，创建标准件的零件库，以供个人或企业使用，有助于并行设计且提高产品的开发速度。

12.1　标准零件库的建立原则

在建立标准零件库时，需遵循以下几项基本原则。

- 由于建立标准零件库的方式有多种，所以在用各种不同的方法建立零件库时，通常需要先对其相应的环境变量进行设置。
- 为给标准件用于后续装配等操作提供方便，在建立标准件时应使每个标准件都有一个中心基准（如基准点、基准轴或基准面），且坐标系（绝对坐标和相对坐标）应在所创建标准件的对称中心位置。
- 为降低模型的复杂度，在建立标准件时应尽量减少特征数，并且特征与特征之间的关系尽可能用关系表达式来表达。
- 对于如滚动轴承这类由几个标准零件装配在一起而组成的标准部件，要注意建立标准部件内各个标准零件之间的参数值传递，即建立各个标准零件之间的尺寸链接关系，并用一个主要的标准零件去控制和约束其他次要的标准零件。

12.2　标准零件库的创建方法

在使用 UG NX 8.0 建立标准零件库时，主要有以下几种方法。

1. 关系表达式法

在用关系表达式法建立标准零件时，用表达式对其特征参数进行控制，在调用同类型的其他零件时，只需通过对相应的表达式值进行修改即可建立相类似的零件模型。在前面章节建立螺栓螺母、齿轮和凸轮模型时都用到该方法，此处不再重复。

2. 电子表格法

在 UG NX 8.0 软件中，电子表格可以看做是高级的表达式编辑器，信息可以从部件抽取到电子表格中，通过修改后即可对部件进行更新。UG 软件提供了 Microsoft Excel 和 Xess 两种与 UG 系统之间的接口。UG NX 8.0 大致提供了以下三种创建电子表格的方法。

1）**通用电子表格** 此种方法可以在视图窗口没有部件时进行加载，且它不和任何部件相关。选择【Tools（工具）】→【Spreadsheets…（电子表格）】命令，系统弹出如图 12-1 所示的 Microsoft Excel 窗口，与 UG NX 8.0 相关的操作可以通过如图 12-2 所示 Tools 下拉菜单中的相关命令来传递 UG 和电子表格间的表达式值，主要命令的意义如下。

- Update NX Part（更新 NX 部件）：用于通过电子表格激活区的数据来更新 UG 中的部件。
- Extract Expr（抽取表达式）：用于将一个激活部件的所有表达式名称和值输出到电子表格中。
- Refresh Expr（更新表达式）：用于在 UG 表达式中对所激活部件的表达式进行更新。
- Save Part（保存部件）：用于保存部件。
- Save Part As（部件另存为）：用于执行部件另存为操作。
- Update Sym Tbl（更新系统表格）：用于在对 UG 中的模型作了修改后，将当前电子表格中的数据进行更新。
- Build Family（建立部件族）：用于通过电子表格激活区的数据建立一个部件族。

在电子表格中，还可以对从 UG NX 8.0 中输入的表达式的相关环境进行设置。在 Excel 中选择【Options（选项）】→【NX Preferences（NX 首选项）】命令，系统弹出如图 12-3 所示的 Preferences 对话框，该对话框中各参数的意义如下。

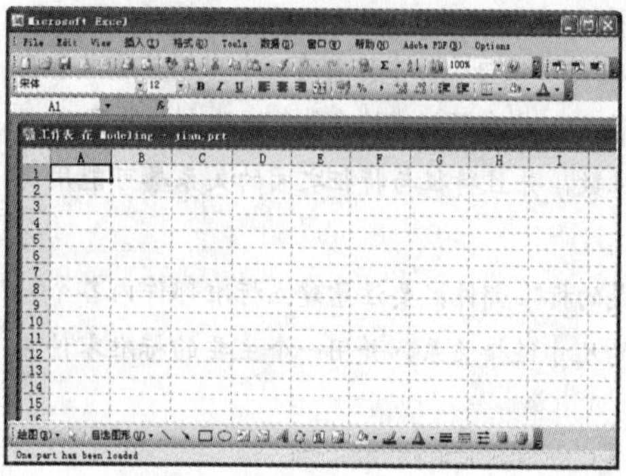

图 12-1 Microsoft Excel 窗口

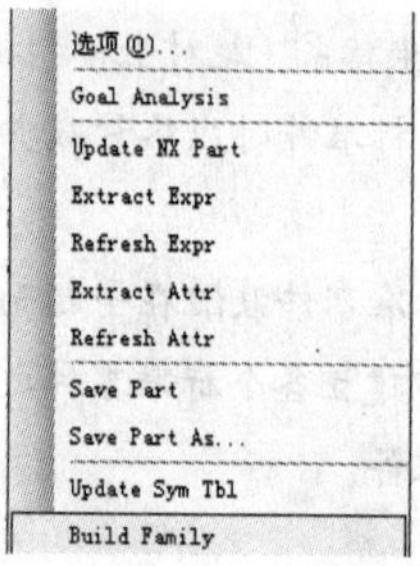

图 12-2 Tools 下拉菜单

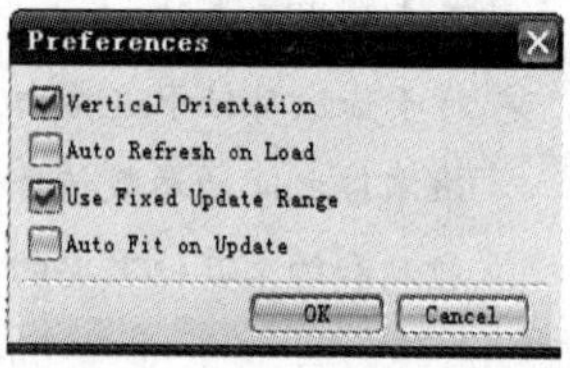

图 12-3 Preferences 对话框

- Vertical Orientation（垂直方向）：用于指定电子表格里数据的行、列摆放规律，当选中该复选框时，表达式名按竖直放置，右侧放对应的表达式值。
- Auto Refresh on Load（加载时自动更新）：用于当电子表格加载时，在激活区里将所有的 UG 表达式根据 UG 部件的数据进行自动更新。
- Use Fixed Update Range（用固定的更新范围）：用于激活或不激活光标的敏感区。
- Auto Fit on Update（更新时自动满屏）：用于当选择“更新 UG 部件”后，在部件被更新后是否执行图形满屏显示操作。

2）**编辑表达式电子表格** 该方法与表达式相关，在建模过程中，所有部件的表达式将自动加入到电子表格中，表格中有相应的列来表示表达式的名称和公式值。在表达式对话框中单击按钮即可进入如图 12-1 所示的电子表格中。

3）**建模应用电子表格** 该方法用于在 UG NX 8.0 中加载一个部件后，选择【Tools（工具）】→【Spreadsheet…（电子表格）】命令打开建模应用电子表格，该表格与部件一起存储，可用于抽取部件数据和表达式，保存部件有关的几何数据。

3. 部件族法

部件族法以部件为基础，使用电子表格工具，快速建立一系列形状相同但某些参数取值不同的部分，它特别适用于标准件或通用件的建立。使用此功能建立一系列部件时，不需要逐个建立部件，只要定义一个模板文件后，再用电子表格的方式定义每一个成员部件，即可一次建立完成。选择【Tools（工具）】→【Part Families…（零件家族）】命令，系统弹出如图 12-4 所示的 Part Families 对话框，在该对话框中可通过 Add Column（添加列）和 Remove Column（移除列）等对当前模板部件中可用的参数列进行编辑。另外，还可以通过 Create 按钮来创建一个新的部件族，当单击该按钮时，系统将自动启动建模电子表格。在电子表格中单击 PartFamily 按钮，系统弹出如图 12-5 所示的下拉菜单，该菜单中主要参数的意义如下。

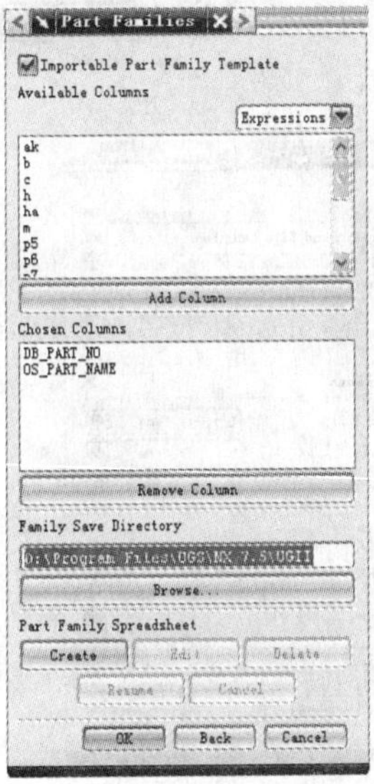

图 12-4　Part Families 对话框

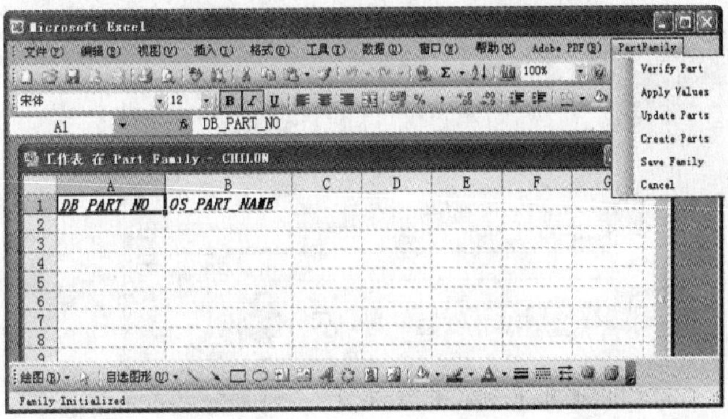

图 12-5　PartFamily 下拉菜单

- Verify Part（确定部件）：用于检验部件，根据当前的定义参数，检验选定参数行的部件族成员是否可以成功建立。
- Apply Values（应用值）：用于施加参数值，将当前定义的参数施加到部件族成员中。
- Update Parts（更新部件）：用于对部件进行更新，根据当前的部件族参数值更新部件族成员。
- Create Parts（创建部件）：用于建立部件，根据当前选定的部件族参数行建立其对应的成员部件并保存部件文件。
- Save Family（保存族）：用于保存部件族。

4. 二次开发

通过使用 UG/Open GRIP 或 UG/Open API 开发编辑实现标准件的生成和调用，该方法的优点是使用交互调入最方便，应用层次最高，但对编程人员的要求较高，且需要程序写入，工作量较大。

12.3 标准零件库的创建

本节以平键为例，通过实例说明如何建立标准零件库。首先建立平键模板，然后利用电子表格建立平键的标准零件库。

（1）启动 UG NX 8.0，选择【File】→【New】命令，在弹出的新建文件对话框中选择 Model，在 Name 栏中输入部件的名称为 pingjian，并设置文件的存储路径。

（2）选择【Tools】→【Expression...】命令或单击工具栏上的═按钮，系统弹出 Expressions 对话框，在对话框中依次输入平键的以下主要参数：*L*=30mm，*b*=10mm，*h*=8mm，*r*=*b*/2（注意输入时的单位，若有误系统将提示错误信息），如图 12-6 所示。

（3）选择【Insert】→【Design Feature】→【Block...】命令或单击工具栏上的按钮，系统弹出 Block 对话框，在对话框中设置如图 12-7 所示的参数，单击 OK 按钮得到如图 12-8 所示的块体。

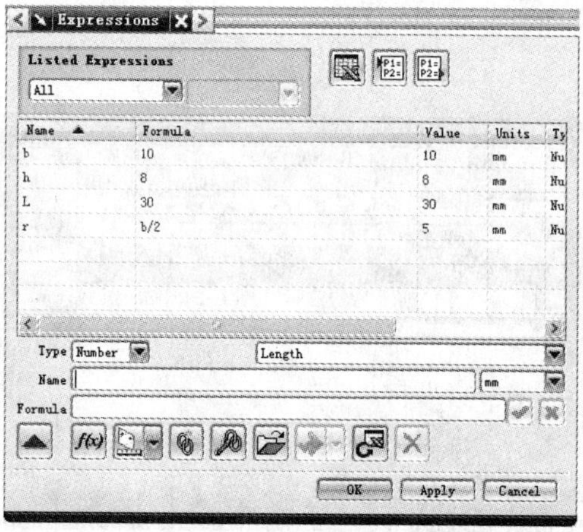

图 12-6 输入表达式

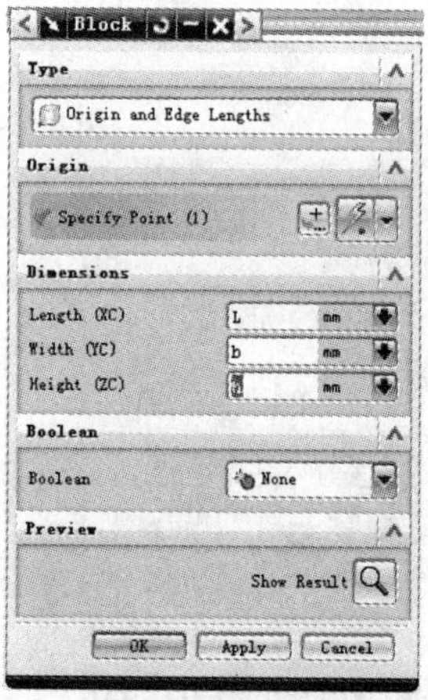

图 12-7 设置块体参数

（4）选择【Insert】→【Detailed Feature】→【Edge Blend...】命令或单击工具栏上的按钮，系统弹出 Edge Blend 对话框，在视图区域选择块体的 4 个棱边，在 Radius 文本框中输入 *r*，单击 OK 按钮即可得到如图 12-9 所示实体模型。

（5）选择【File】→【Save】命令或单击工具栏上的按钮，将当前生成的平键作为模块保存以完成模板的制作。

（6）选择【Tools】→【Part Families...】命令，系统弹出如图 12-10 所示的 Part Families 对话框，在 Available Columns 列表框中选择 *L*，单击 Add Column 按钮，可将平键的可变参数 *L* 添加到 Chosen Columns 列表框中。用同样的方法将平键的可变参数 *b* 和 *h* 也添加到 Chosen Columns 列表框中，将族保存为 D:\Program Files\UGS\NX 7.5\UGII\pingjian-GB1096-79，再单击对话框中的 Create 按钮，系统将启动 Microsoft Excel 程序，将刚才选中的数据自动添加到电子表格中，如图 12-11 所示。

（7）在图 12-11 所示的电子表格中添加系列平键的规格尺寸，此处可输入 4 种规格尺寸的平键，如图 12-12 所示。

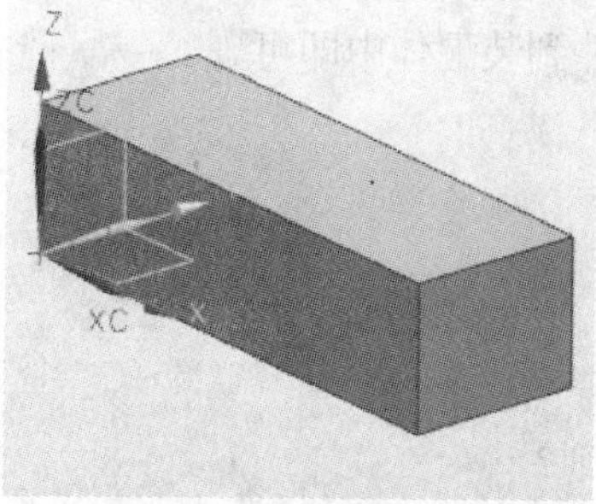

图 12-8 创建块体

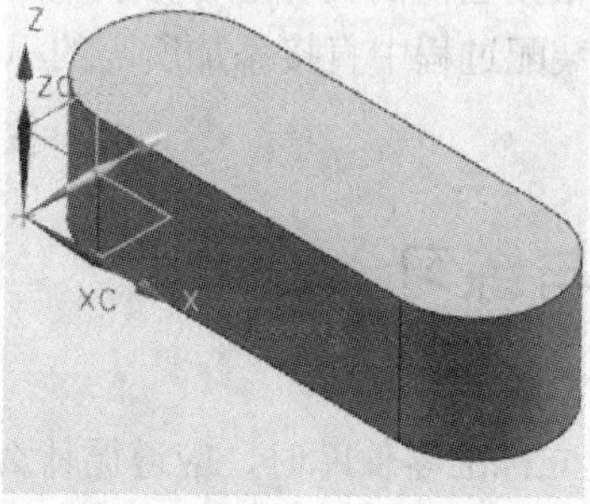

图 12-9 倒圆角

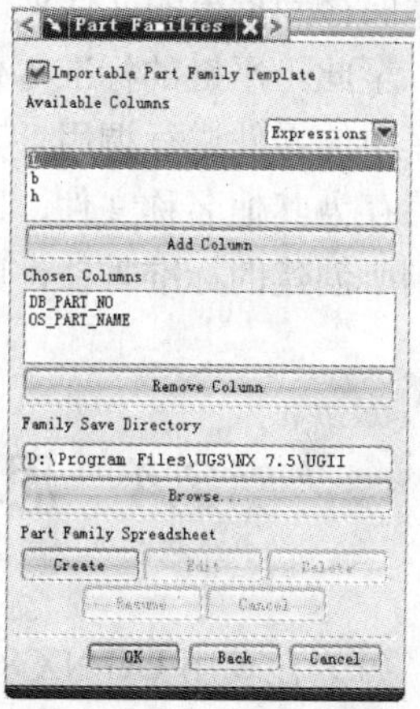

图 12-10 Part Families 对话框

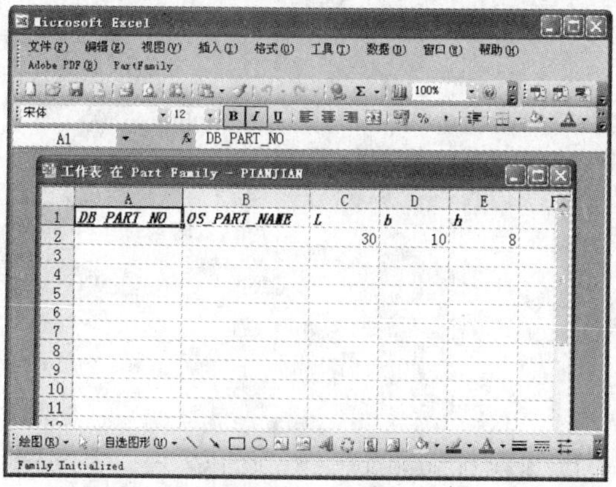

图 12-11 电子表格

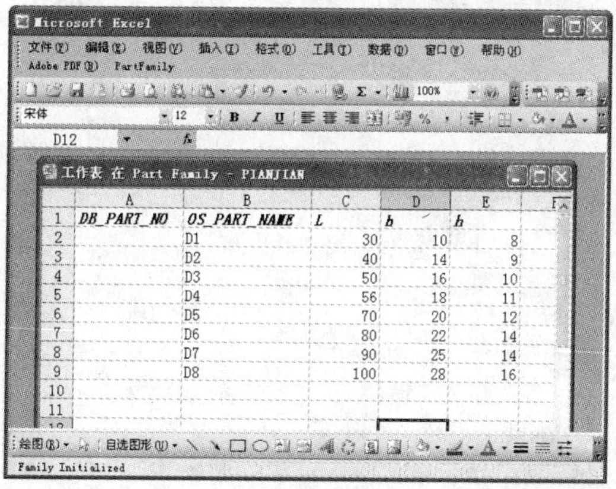

图 12-12 同系列其他规格尺寸的平键数据

（8）用鼠标选中步骤（7）所输入的所有数据，如图 12-13 所示，再在电子表格中选择【PartFamily】→【Create Parts…】命令，则系统弹出如图 12-14 所示的 Information 对话框，显示所生成的系列零部件，即零件库。

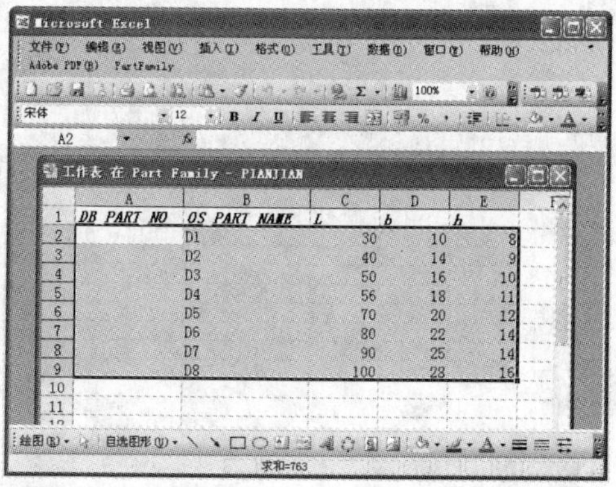

图 12-13 选中工作表中的所有数据

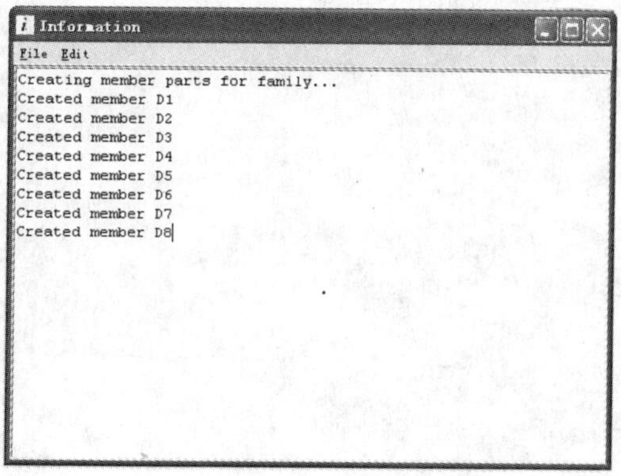

图 12-14 Information 对话框

（9）选择【File】→【Save】命令或单击工具栏上的按钮，即可将生成的平键标准零件库保存到指定的文件夹。

至此，平键的标准零件库已经创建完毕，在后续的使用过程中可以直接对生成的标准零件库中的零件进行调用。其使用方法较为简单，首先打开零件库中所需型号的零件，然后将其另存为其他名称文件，即可根据当前的文件进行修改并应用到其他场合。若在装配体中需用到所创建的标准零件，则在装配过程中直接添加所需的标准件到装配体中即可。

12.4 思考与练习

（1）在使用 UG NX 8.0 建立标准零件库时，应遵循什么原则？

（2）使用 UG NX 8.0 创建标准零件库的主要方法有哪些？各有什么特点？

（3）试以螺栓为例，使用电子表格法建立其标准零件库。

提　高　篇

提高篇首先通过两个常见的装置——平口虎钳和减速器详细讲解各零部件的设计和装配过程，其次以四杆机构为例，对其进行基于时间和基于位移的运动仿真分析，并通过原动件的运动输出从动件的运动曲线图，以完成一个较为完整的运动仿真分析过程。最后介绍三维建模完成后，利用UG NX 8.0的渲染模块对三维模型进行渲染和后处理。通过本部分的学习，读者可对三维装配、工程图、运动仿真模块和渲染有更深一步的认识。

第13章　平口虎钳装配

本章以平口虎钳为例，首先对其各部件进行设计，然后对部件的装配过程进行介绍，通过本章的学习，使读者初步了解机械工程产品的整体设计过程。

13.1　平口虎钳各部件设计

1. 钳座

绘制如图 13-1 所示的钳座，其主要建模步骤如下。

图 13-1　钳座

（1）启动 UG NX 8.0，选择【File】→【New】命令，在弹出的新建文件对话框中选择 Model，在 Name 栏中输入部件的名称为 qianzuo，并设置文件的存储路径。

（2）选择【Insert】→【Design Feature】→【Block...】命令或单击工具栏上的按钮，系统弹出 Block 对话框，在 Type 选项下选择 Origin and Edges Length 方式来创建长方体，在 Length、Width 和 Height 文本框中分别输入 152、74 和 30，单击 OK 按钮，生成如图 13-2 所示的长方体。

（3）选择【Insert】→【Design Feature】→【Extrude...】命令或单击工具栏上的按钮，系统弹出 Extrude 对话框，在视图区域选择 XC-YC 平面作为草图绘制平面，进入草图环境绘制如图 13-3 所示的草图，单击按钮退出草图返回 Extrude 对话框中，设置拉伸方式为 Through All，且布尔操作为 Subtract，得到如图 13-4 所示的实体模型。

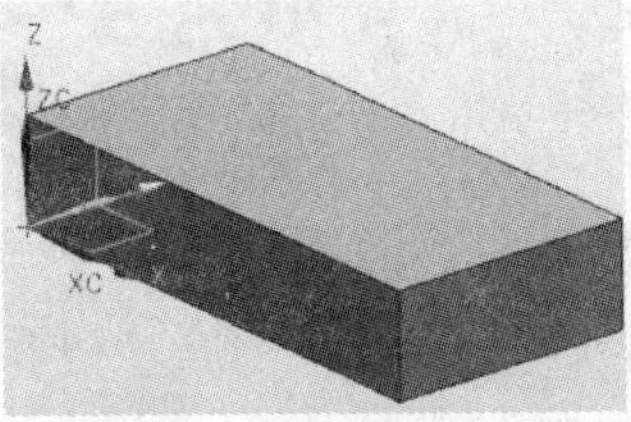

图 13-2　创建长方体

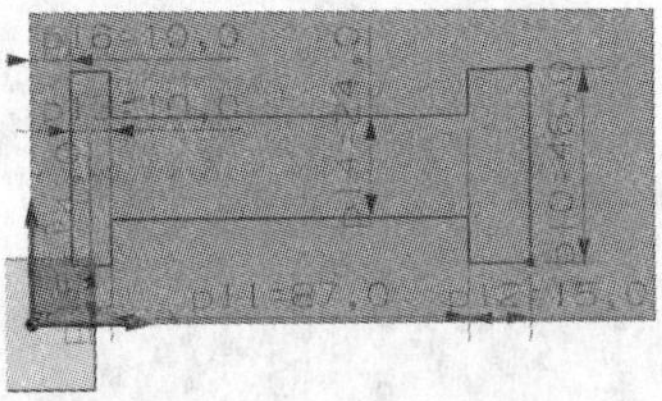

图 13-3　绘制草图

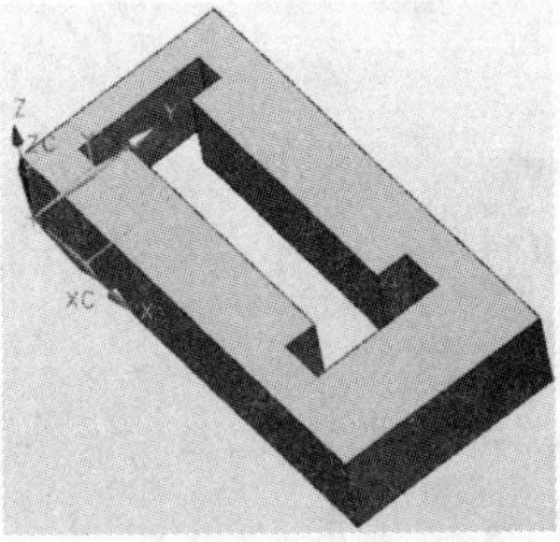

图 13-4　拉伸实体

（4）选择【Insert】→【Detailed Feature】→【Pad...】命令或单击工具栏上的按钮，系统弹出 Pad 对话框，选择对话框中的 Rectangular 选项，选择如图 13-5 所示的平面作为矩形凸垫的放置面，再选择 XC 作为参考方向，如图 13-6 所示，然后在弹出的 Rectangular Pad

对话框中设置凸垫的长度、宽度和深度分别为 28、14、34，单击 OK 按钮后系统弹出 Positioning 对话框，对其定位如图 13-7 所示，即可得如图 13-8 所示的实体模型。

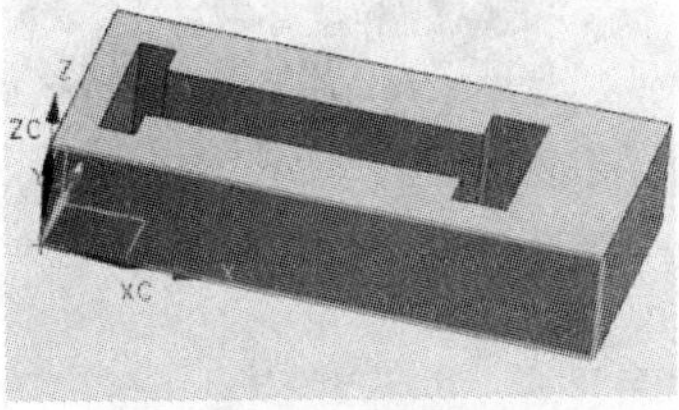

图 13-5　选择放置面

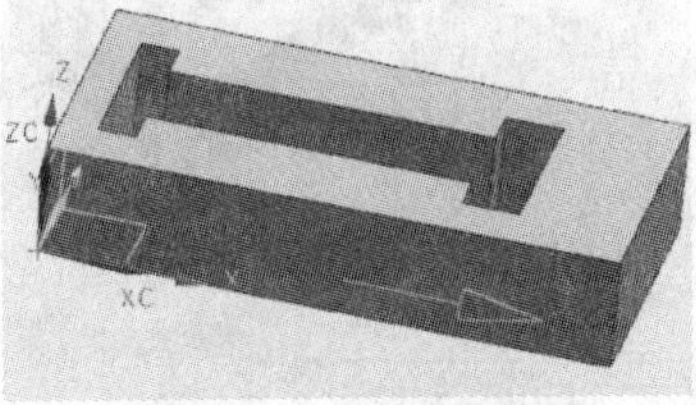

图 13-6　定义参考方向

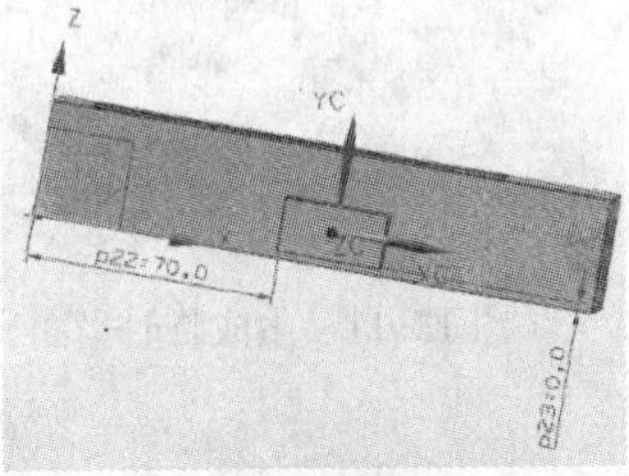

图 13-7　定位凸台

（5）选择【Insert】→【Detailed Feature】→【Edge Blend…】命令或单击工具栏上的按钮，系统弹出 Edge Blend 对话框，在视图区域选择凸台的边缘，设置圆角的半径为 14，单击 OK 按钮，可得如图 13-9 所示的实体模型。

（6）选择【Insert】→【Detailed Feature】→【Hole…】命令或单击工具栏上的按钮，系统弹出 Hole 对话框，设置孔为直径 12mm 的通孔，用鼠标选择倒圆角的圆心位置，如图 13-10 所示，单击 OK 按钮生成实体模型。

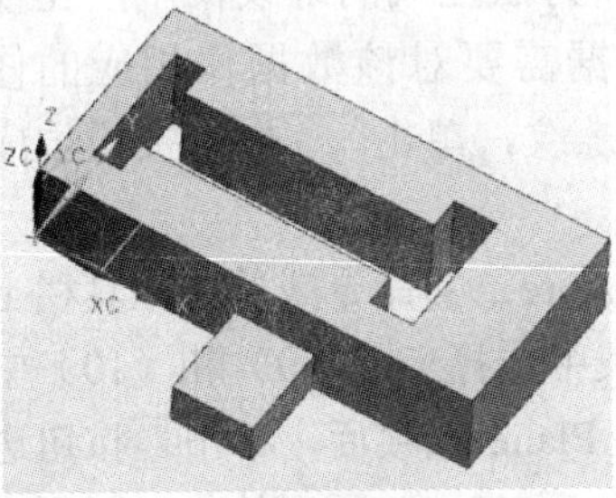

图 13-8　生成凸垫

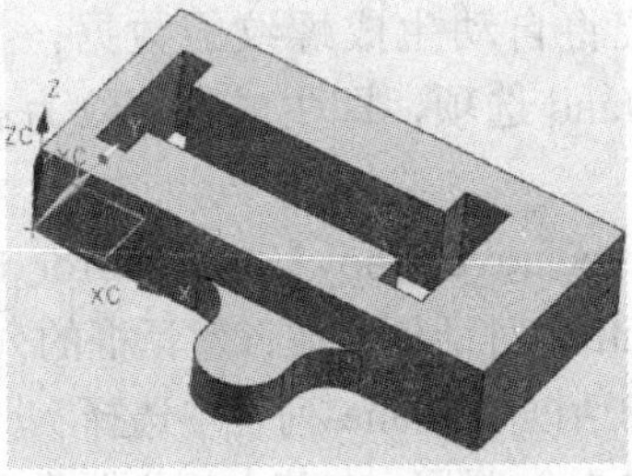

图 13-9　倒圆角

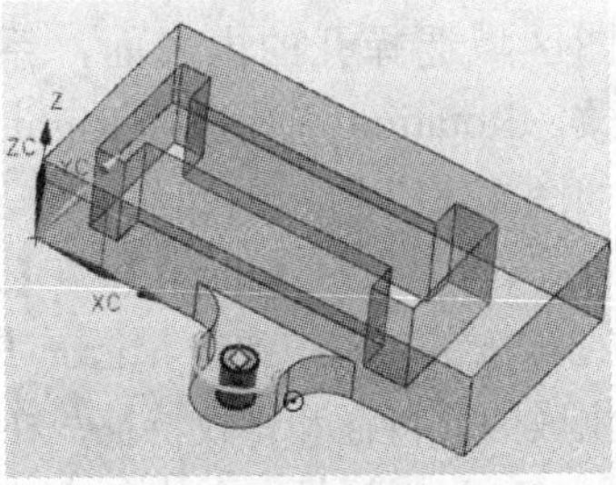

图 13-10　定义孔位置

（7）选择【Insert】→【Associative Copy】→【Mirror Feature…】命令或单击工具栏上的按钮，系统弹出 Mirror Feature 对话框，在该对话框的列表中选择凸垫、倒圆角及孔特征，在对话框的 Plane 列表中选择 New Plane 选项后，单击按钮进入 Plane 对话框，单击长方体的两个侧面，在其中间位置生成如图 13-11 所示的临时平面，单击 OK 按钮，返回 Mirror Feature 对话框，再单击 OK 按钮，即可生成如图 13-12 所示的实体模型。

（8）参考步骤（4），选择长方体的上表面作为凸垫的放置面，选择 YC 轴作为参考方向，生成长、宽和高分别为 74、30、6 的凸垫，再选择方式来定义凸垫的边与长方体的边重合，可得如图 13-13 所示的实体模型。同理，再以凸垫的上表面为放置面、YC 轴为参考方向，生成长、宽、高分别为 74、24、20 的凸垫，如图 11-14 所示。

（9）选择【Insert】→【Detailed Feature】→【Hole…】命令或单击工具栏上的按钮，系统弹出 Hole 对话框，单击凸垫上的一点，即以凸垫平面为草图放置平面，在草图中绘制一点，如图 13-15 所示，单击按钮退出草图返回 Hole 对话框，设置孔的直径为 6mm，深度为 15，单击 OK 按钮可得如图 13-16 所示的实体模型。

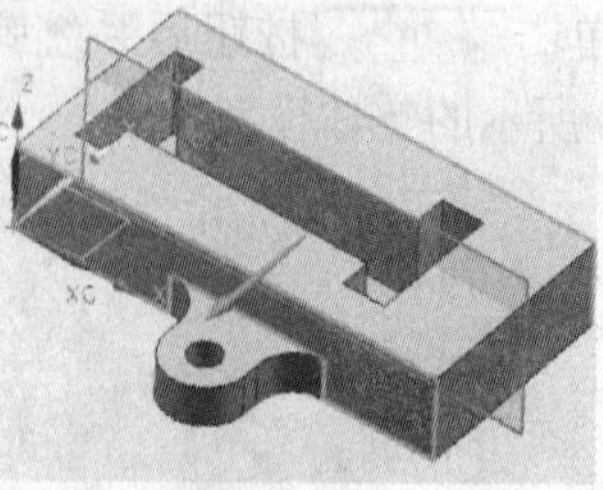

图 13-11 生成临时平面

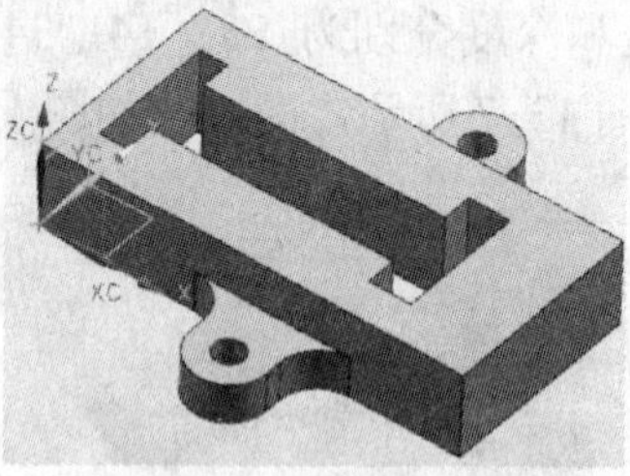

图 13-12 生成镜像特征

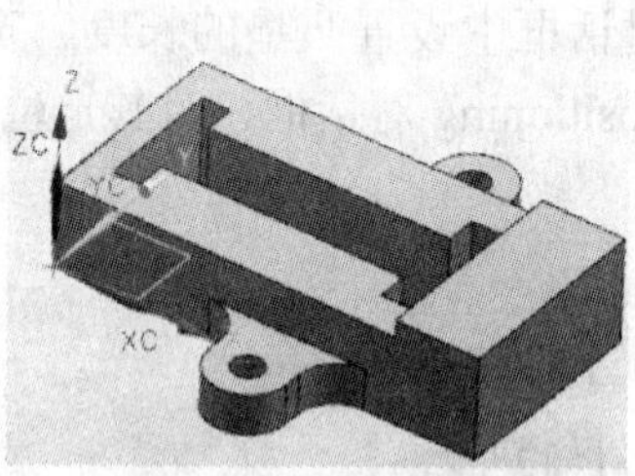

图 13-13 生成凸垫

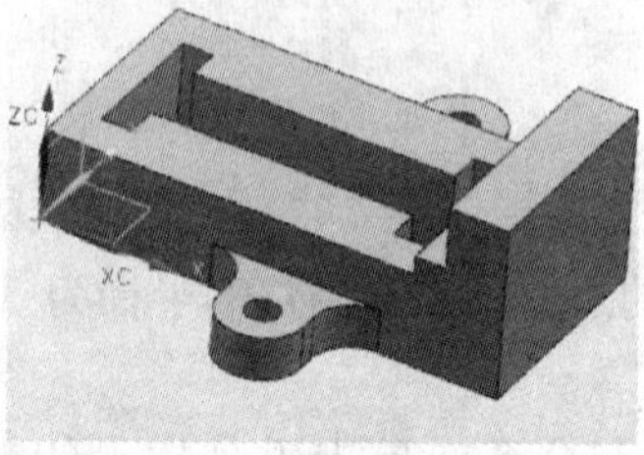

图 13-14 生成凸垫

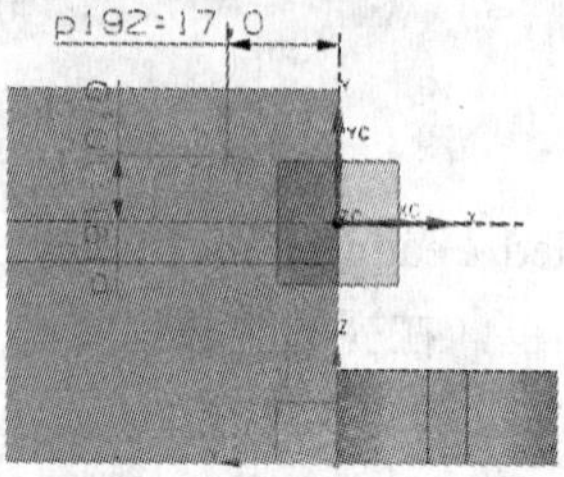

图 13-15 定位孔

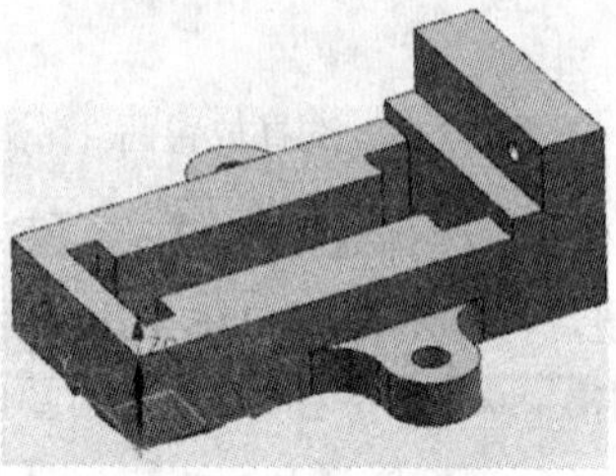

图 13-16 生成孔

（10）选择【Insert】→【Design Feature】→【Thread...】命令或单击工具栏上的按钮，系统弹出 Thread 对话框，在该对话框中选择 Symbol 作为欲生成的螺纹类型，在视图区域选择孔的内表面，系统将自动生成螺纹的数据，根据需要对该数据作相应的修改，Rotation 选项选择 Right Hand 选项，即生成的螺纹为右螺纹，单击 OK 按钮生成如图 13-17 所示的螺纹。

（11）选择【Insert】→【Associative Copy】→【Mirror Feature...】命令或单击工具栏上的按钮，系统弹出 Mirror Feature 对话框，在该对话框的列表中选择步骤（9）和（10）中生成的孔特征和螺纹特征，在对话框的 Plane 列表中选择 New Plane 选项后，单击按钮进入 Plane 对话框，单击长方体的两个侧面，在其中间位置生成如图 13-18 所示的临时平面，单击 OK 按钮返回 Mirror Feature 对话框，再单击 OK 按钮，即可生成如图 13-19 所示的实体模型。

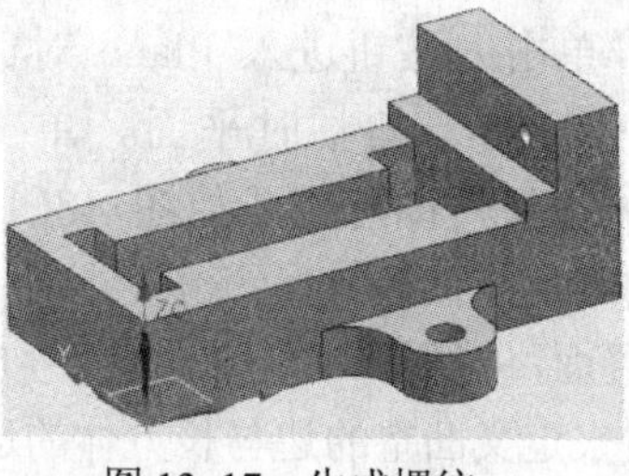

图 13-17 生成螺纹

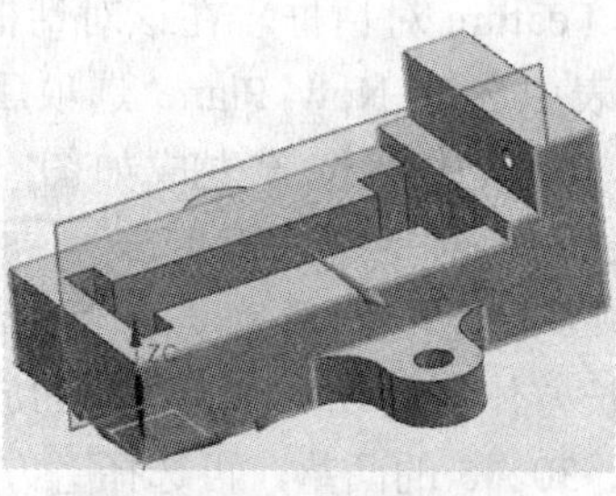

图 13-18 定位镜像平面

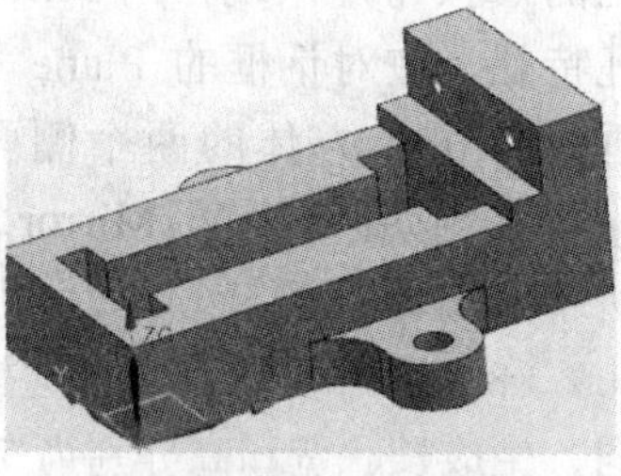

图 13-19 镜像特征

（12）选择【Insert】→【Detailed Feature】→【Hole...】命令或单击工具栏上的按钮，系统弹出 Hole 对话框，选择长方体左端面，即以左端面为草图放置平面，在草图中绘制一点，如图 13-20 所示，单击按钮退出草图返回 Hole 对话框，设置孔的直径为 12mm，深度为 10mm，单击 OK 按钮可得如图 13-21 所示的实体模型。

（13）按与步骤（12）相同的方法在长方体的另一侧对应孔的轴线位置创建一直径为 25mm 的孔，可得如图 13-22 所示的实体模型。

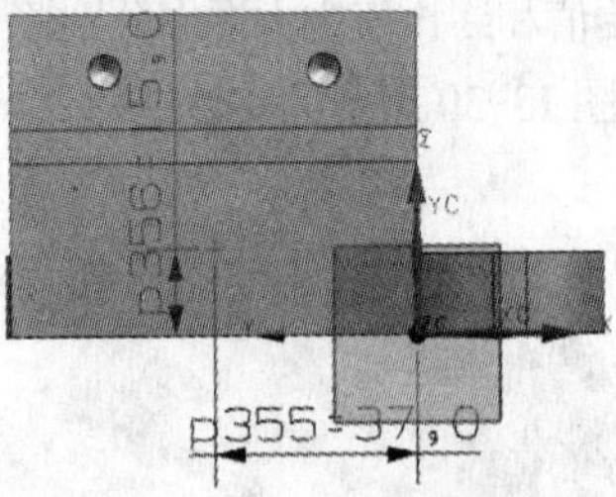

图 13-20　定义孔位置

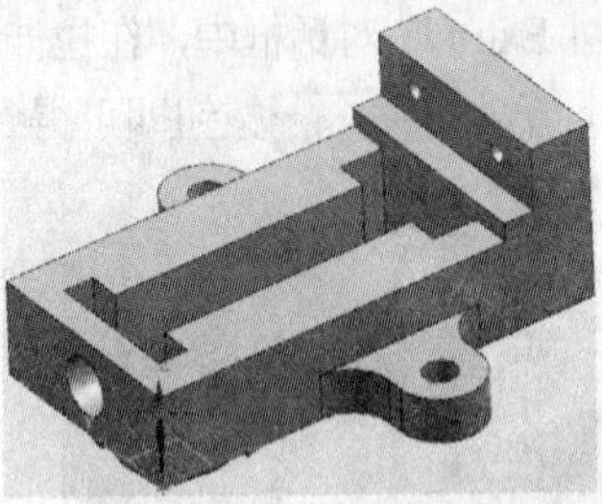

图 13-21　生成孔

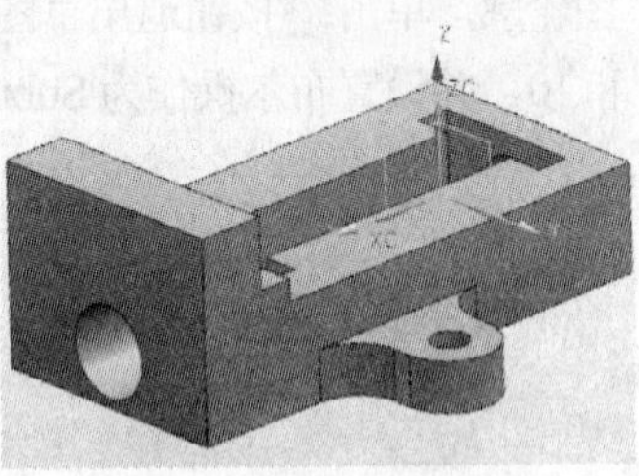

图 13-22　生成另一个孔

（14）选择【Insert】→【Detailed Feature】→【Pocket...】命令或单击工具栏上的按钮，系统弹出 Pocket 对话框，选择对话框中的 Rectangular 选项，选择如图 13-23 所示的实体模型的底面作为矩形腔体的放置面，然后选择 XC 轴作为参考轴，在弹出的 Rectangular Pocket 对话框中设置腔体的长度、宽度和深度分别为 87、20、8，单击 OK 按钮后系统弹出 Positioning 对话框，分别通过单击和按钮对腔体进行定义，其尺寸关系如图 13-24 所示，设置完尺寸关系后单击 OK 按钮即可得如图 13-25 所示的实体模型。

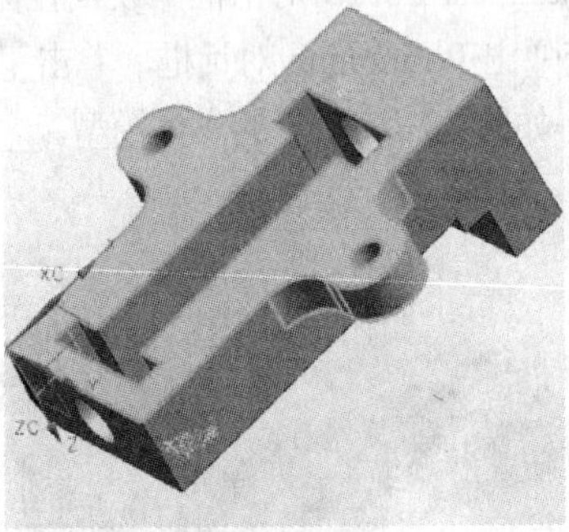

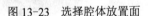

图 13-23　选择腔体放置面

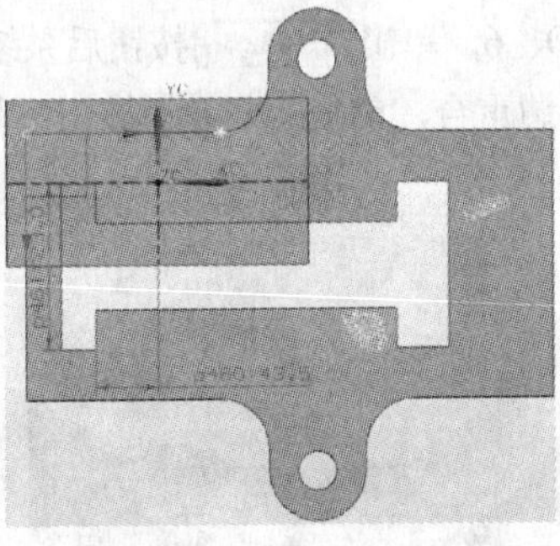

图 13-24　定位腔体

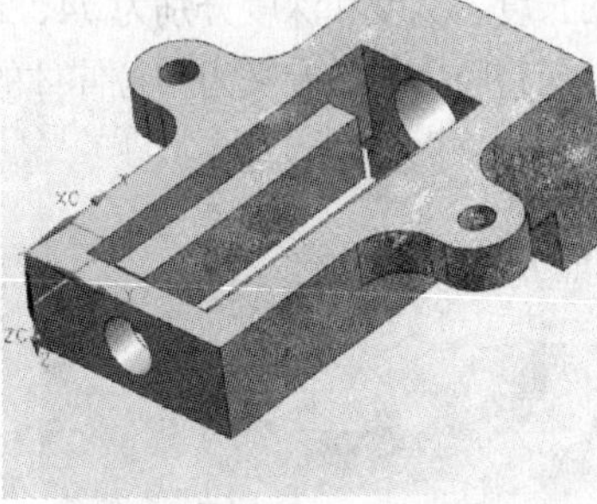

图 13-25　生成腔体

2．活动钳口

绘制如图 13-26 所示的活动钳口，其主要建模步骤如下。

（1）启动 UG NX 8.0，选择【File】→【New】命令，在弹出的新建文件对话框中选择 Model，在 Name 栏中输入部件的名称为 huodongqiankou，并设置文件的存储路径。

图 13-26　活动钳口

（2）选择【Insert】→【Design Feature】→【Extrude...】命令或单击工具栏上的按钮，系统弹出 Extrude 对话框，在视图区域选择 XC-YC 平面作为草图绘制平面，进入草图环境绘制如图 13-27 所示的草图，单击按钮退出草图返回 Extrude 对话框中，设置拉伸起始值和终止值分别为 0 和 26，即可得到如图 13-28 所示的实体模型。

（3）选择【Insert】→【Design Feature】→【Extrude...】命令或单击工具栏上的按钮，系统弹出 Extrude 对话框，在视图区域选择拉伸体的上表面作为草图放置平面，绘制如图 13-29 所示的草图轮廓，单击按钮退出草图返回 Extrude 对话框中，在拉伸起始值和终止值文本框中分别输入 0 和 10，并设置布尔操作为 Subtract，单击 OK 按钮即可得到如图 13-30 所示的实体模型。

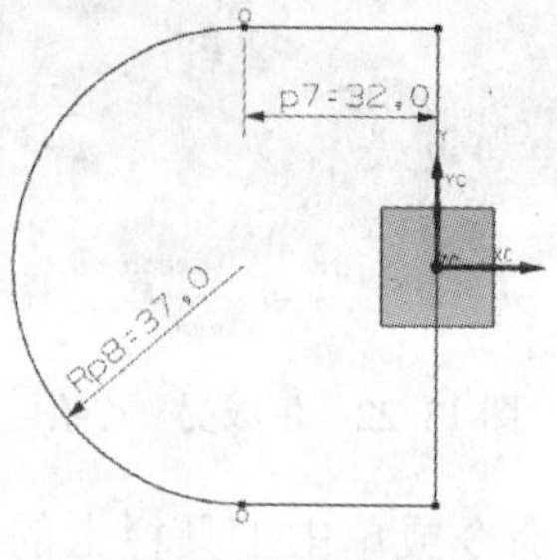

图 13-27　绘制草图

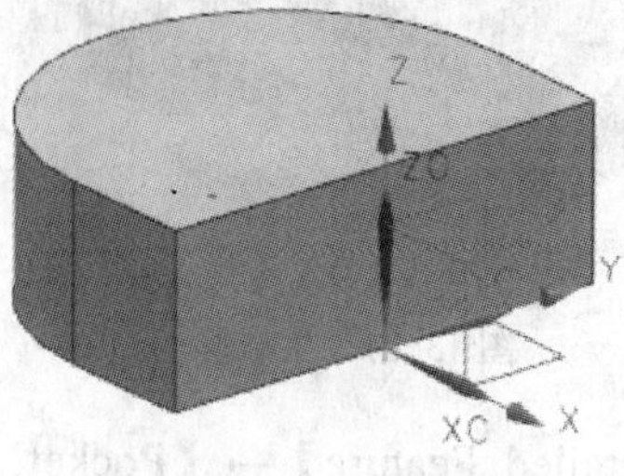

图 13-28　创建拉伸体

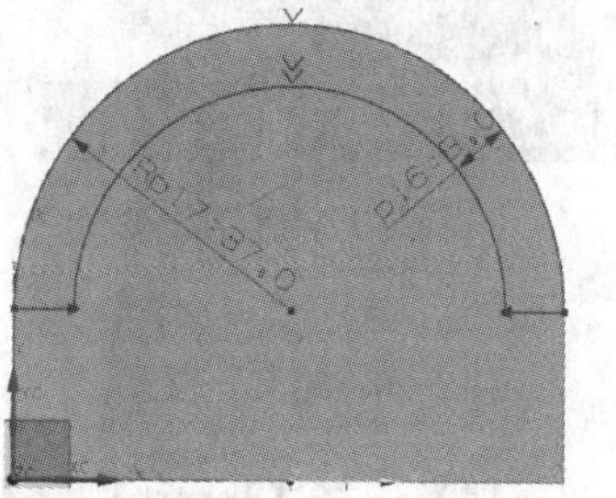

图 13-29　绘制草图

（4）选择【Insert】→【Detailed Feature】→【Edge Blend...】命令或单击工具栏上的按钮，系统弹出 Edge Blend 对话框，在视图区域选择需生成圆角的边，设置圆角半径为 5mm，单击 OK 按钮可得图 13-31 所示的实体模型。

（5）选择【Insert】→【Detailed Feature】→【Pocket...】命令或单击工具栏上的按钮，系统弹出 Pocket 对话框，选择对话框中的 Rectangular 选项，选择如图 13-32 所示的拉伸体的侧面作为矩形腔体的放置面，然后选择 YC 轴作为参考轴，在弹出的 Rectangular Pocket 对话框中设置腔体的长度、宽度和深度分别为 74、20、6，单击 OK 按钮后系统弹出 Positioning 对话框，单击按钮将腔体的边定义为与拉伸体的边重合，单击 OK 按钮可得如图 13-33 所示的实体模型。

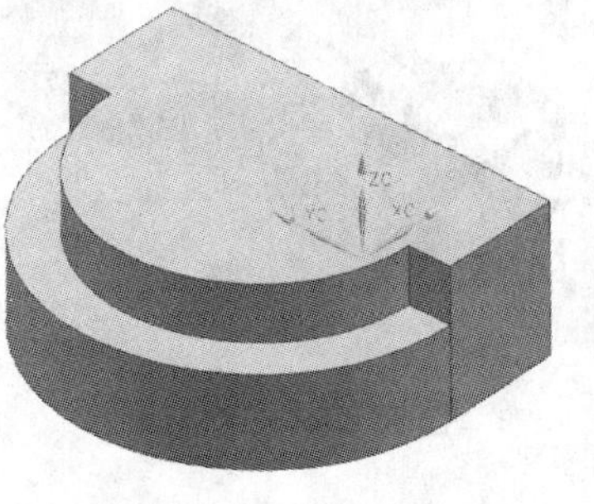

图 13-30　创建拉伸体

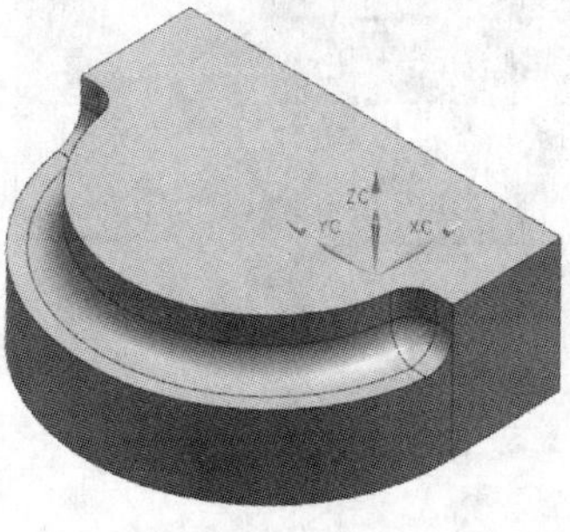

图 13-31　倒圆角

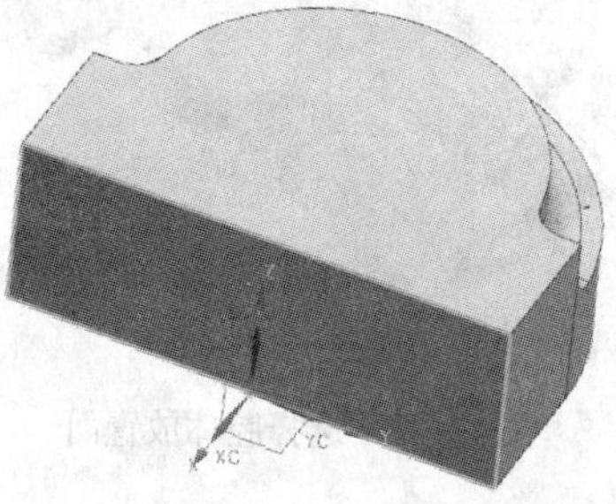

图 13-32　定义腔体放置面

（6）选择【Insert】→【Detailed Feature】→【Hole...】命令或单击工具栏上的按钮，系统弹出 Hole 对话框，选择腔体面，即以腔体面为草图放置平面，在草图中绘制一点，如图 13-34 所示，单击按钮退出草图返回 Hole 对话框，设置孔的直径为 6mm，深度为 15mm，单击 OK 按钮可得如图 13-35 所示的实体模型。

（7）选择【Insert】→【Design Feature】→【Thread...】命令或单击工具栏上的按钮，系统弹出 Thread 对话框，选择螺纹类型为 Symbol，在视图区域选择孔的内表面，单击 OK 按钮，即可生成如图 13-36 所示的螺纹。

（8）选择【Insert】→【Associative Copy】→【Mirror Feature...】命令或单击工具栏上的按钮，系统弹出 Mirror Feature 对话框，在该对话框的列表中选择步骤（6）和（7）中生成的孔特征和螺纹特征，在对话框的 Plane 列表中选择 New Plane 选项后，单击按钮进入 Plane 对话框，单击长方体的两个侧面，在其中间位置生成如图 13-37 所示的临时平面，单击 OK 按钮返回 Mirror Feature 对话框，再单击 OK 按钮，即可生成如图 13-38 所示的实体模型。

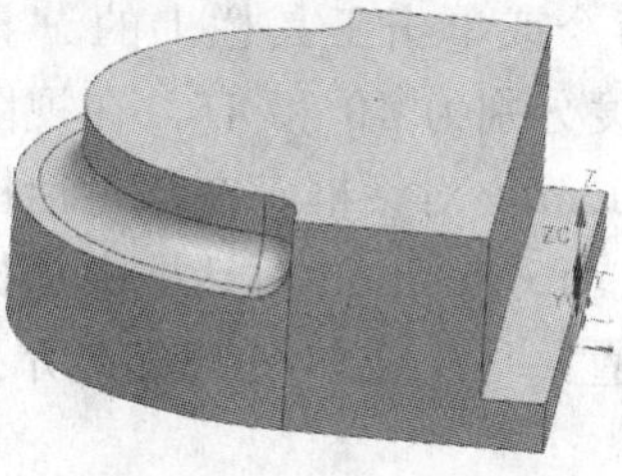

图 13-33　生成腔体

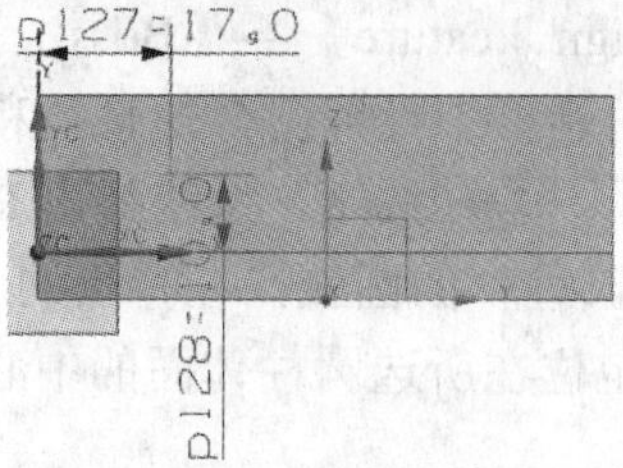

图 13-34　定义孔的位置

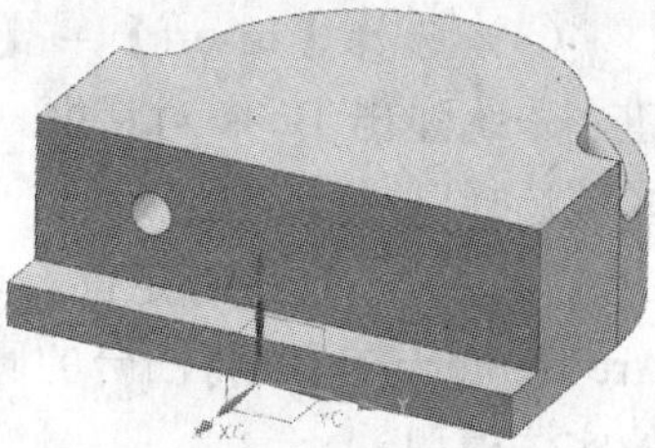

图 13-35　生成孔

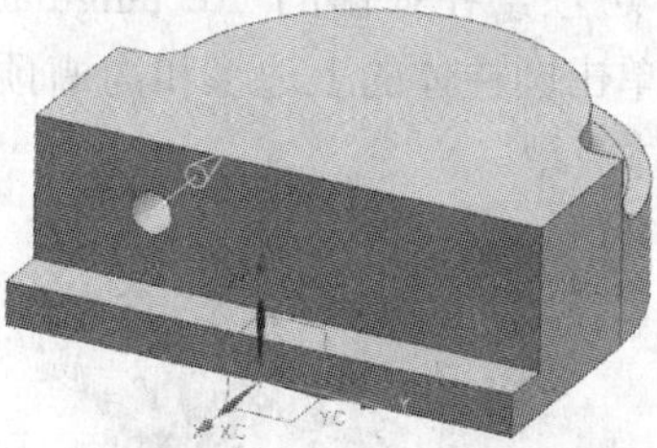

图 13-36　生成螺纹

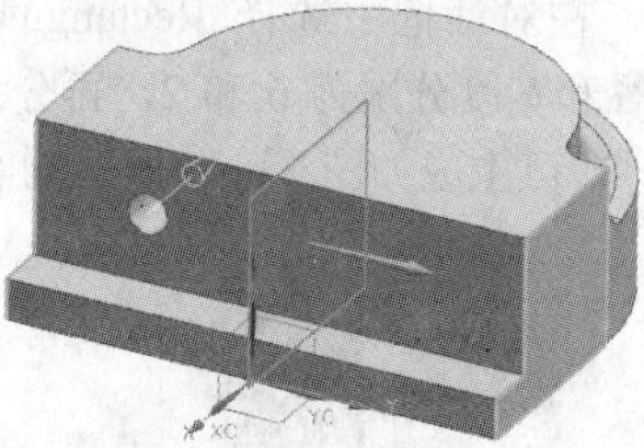

图 13-37　定义临时平面

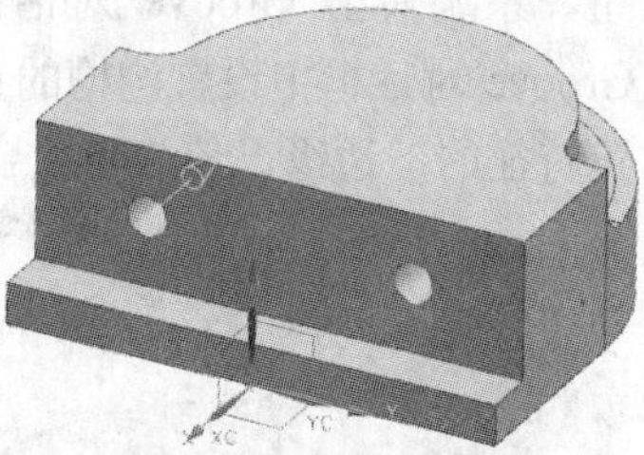

图 13-38　镜像特征

（9）选择【Insert】→【Detailed Feature】→【Hole…】命令或单击工具栏上的按钮，系统弹出 Hole 对话框，在对话框中设置孔的类型为 Counterbored（沉头孔），设置沉头孔的参数如图 13-39 所示，然后捕捉拉伸体上表面圆弧的圆心，即以圆弧的圆心位置作为沉头孔的中心位置，如图 13-40 所示，单击 OK 按钮可得如图 13-41 所示的实体模型。

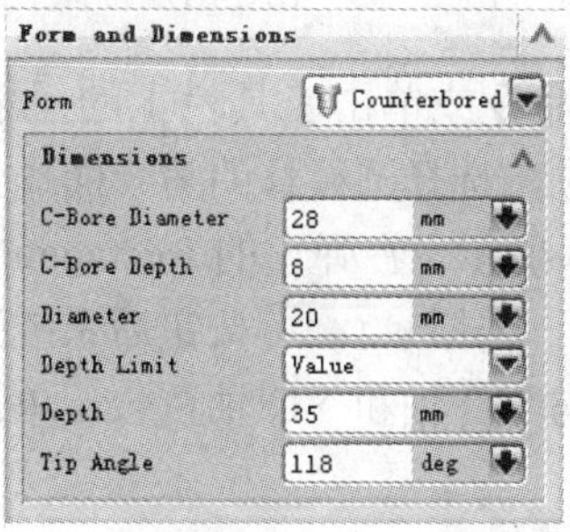

图 13-39　设置沉头孔参数

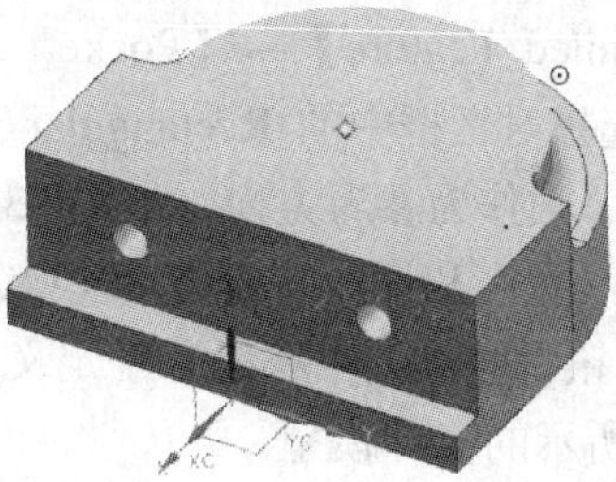

图 13-40　捕捉沉头孔中心位置

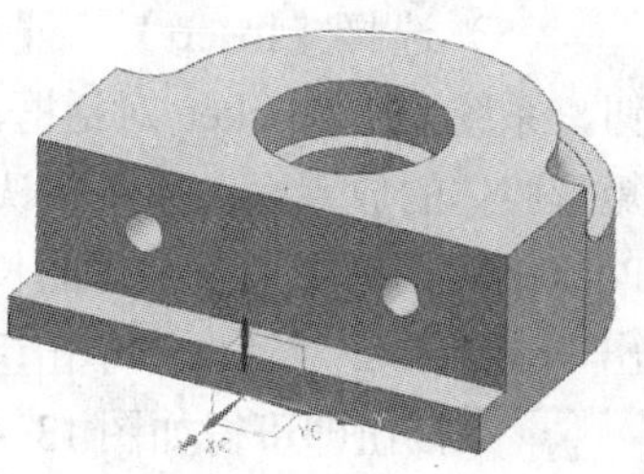

图 13-41　创建沉头孔

3. 螺钉 1

绘制如图 13-42 所示的螺钉，其主要建模步骤如下。

（1）启动 UG NX 8.0，选择【File】→【New】命令，在弹出的新建文件对话框中选择 Model，在 Name 栏中输入部件的名称为 luoding1，并设置文件的存储路径。

（2）选择【Insert】→【Design Feature】→【Cylinder…】命令或单击工具栏上的按钮，系统弹出 Cylinder 对话框，在对话框中设置圆柱体的直径和高度分别为 28 和 8，选择 ZC 轴作为圆柱体的轴线，在坐标原点生成如图 13-43 所示的圆柱体模型。

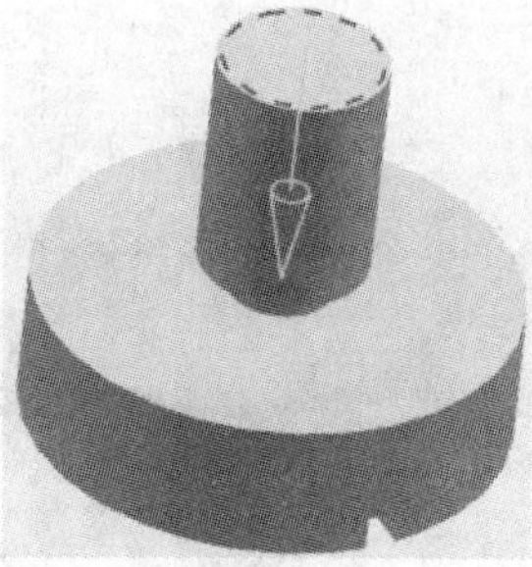

图 13-42　螺钉 1

（3）选择【Insert】→【Design Feature】→【Boss...】命令或单击工具栏上的按钮，系统弹出 Boss 对话框，在对话框中设置凸台的直径和高度分别为 10 和 15，在视图区域选择圆柱体的上表面，单击 OK 按钮，系统弹出 Positioning 对话框，在该对话框中选择对凸台进行定位，单击圆柱体的圆弧，在弹出的 Set Arc Position 对话框中选择 Arc Center 选项，将凸台的圆心定位在所选圆柱体面的中心位置，可生成如图 13-44 所示的实体模型。

（4）选择【Insert】→【Design Feature】→【Groove...】命令或单击工具栏上的按钮，系统弹出 Groove 对话框，在对话框中选择 Rectangular 选项，在弹出的 Rectangular Groove 对话框中设置沟槽的直径和宽度分别为 6 和 2，再分别单击圆柱体的上边缘和沟槽预览特征的下边缘，使二者重合，即可生成如图 13-45 所示的实体模型。

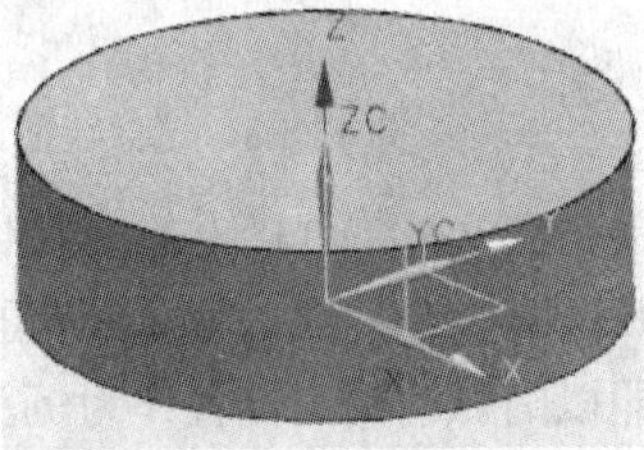

图 13-43　创建圆柱体

图 13-44　创建凸台

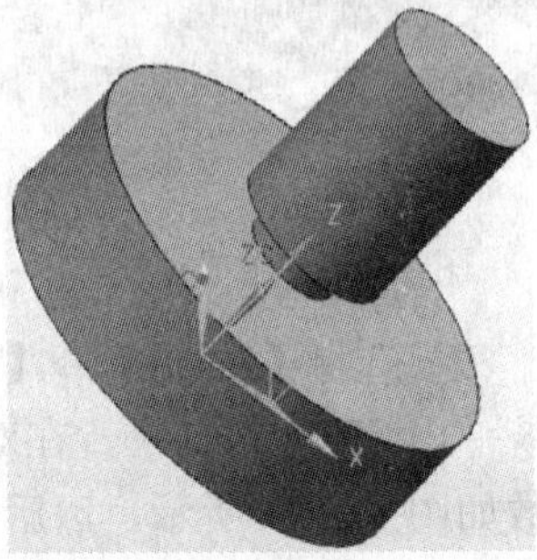

图 13-45　创建沟槽特征

（5）选择【Insert】→【Detailed Feature】→【Pocket...】命令或单击工具栏上的按钮，系统弹出 Pocket 对话框，选择对话框中的 Rectangular 选项，选择圆柱体的另一面作为矩形腔体的放置面，系统默认 XC 轴作为参考方向，如图 13-46 所示。在弹出的 Rectangular Pocket 对话框中设置腔体的长度、宽度和深度分别为 30、2、2，单击 OK 按钮后系统弹出 Positioning 对话框，单击按钮将腔体的中心线分别定义为与 XC 轴和 YC 轴重合，单击 OK 按钮即可得如图 13-47 所示的实体模型。

（6）选择【Insert】→【Design Feature】→【Thread...】命令或单击工具栏上的按钮，系统弹出 Thread 对话框，选择螺纹类型为 Symbol，在视图区域选择凸台的外表面，单击 OK 按钮，即可生成如图 13-48 所示的螺纹。

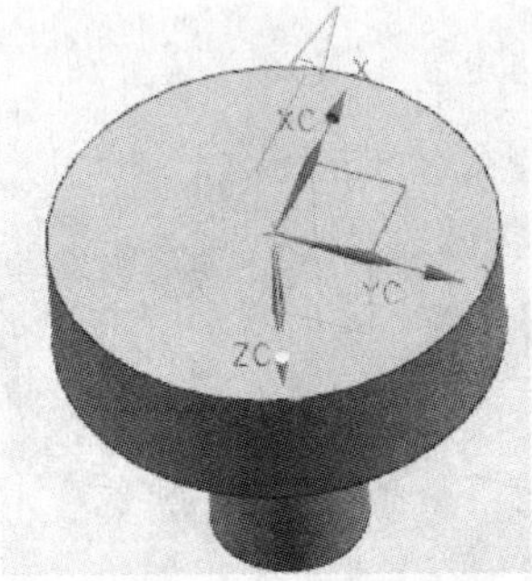

图 13-46　定义腔体放置面

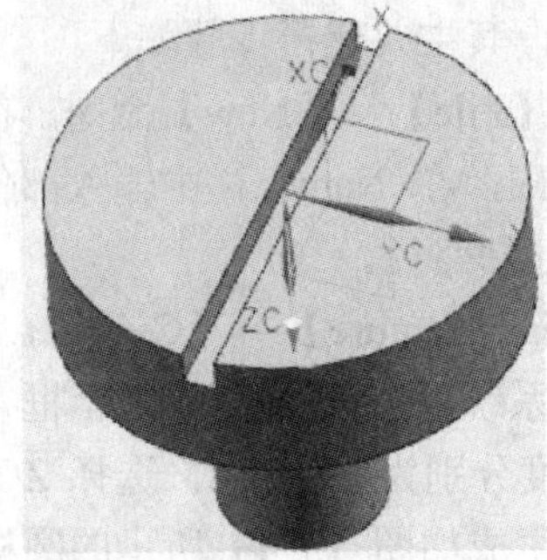

图 13-47　创建腔体

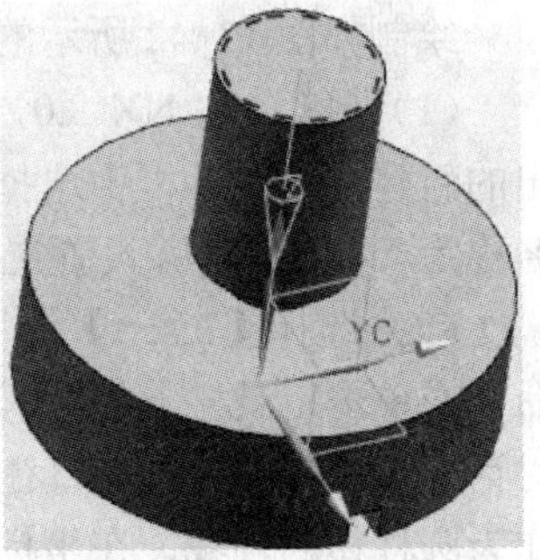

图 13-48　创建螺纹

4. 螺钉 2

绘制如图 13-49 所示的螺钉，其主要建模步骤如下。

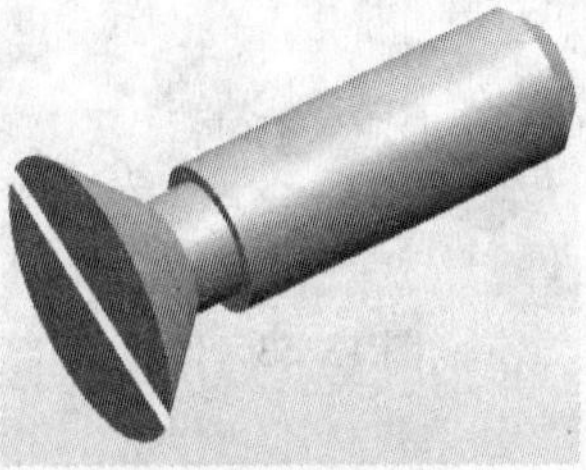

图 13-49　螺钉 2

（1）启动 UG NX 8.0，选择【File】→【New】命令，在弹出的新建文件对话框中选择 Model，在 Name 栏中输入部件的名称为 luoding2，并设置文件的存储路径。

（2）选择【Insert】→【Design Feature】→【Cone...】命令或单击工具栏上的按钮，系统弹出 Cone 对话框，在对话框的 Type 选项下选择 Base Diameter, Height and Half Angle 选项，设置圆锥体的基底直径、高度和角度分别为 11.3、3.3 和 45，选择 ZC 轴作为圆锥体的轴线，在坐标原点处生成如图 13-50 所示的圆锥体模型。

（3）选择【Insert】→【Design Feature】→【Boss...】命令或单击工具栏上的按钮，系统弹出 Boss 对话框，在对话框中设置凸台的直径和高度分别为 4.5 和 2，在视图区域选择圆锥体的上表面，单击 OK 按钮，系统弹出 Positioning 对话框，在该对话框中选择对凸台进行定位，单击圆锥体上表面的圆弧，在弹出的 Set Arc Position 对话框中选择 Arc Center 选项，将凸台的圆心定位在所选圆锥体面的中心位置，生成如图 13-51 所示的实体模型。用同样的方法在所生成的凸台上再生成一个直径和高度为 6mm 和 15mm 的凸台，如图 13-52 所示。

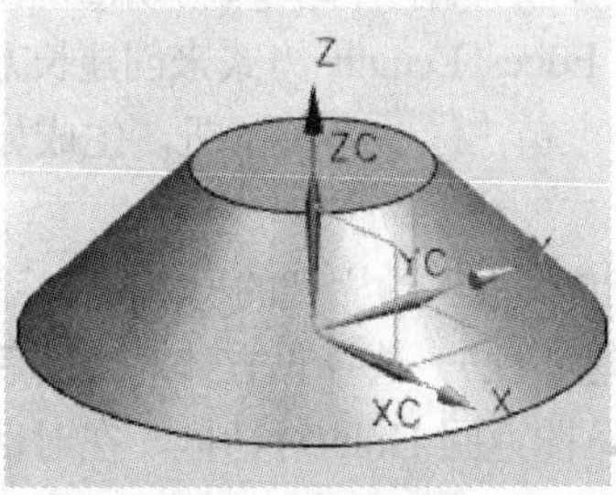

图 13-50　创建圆锥体

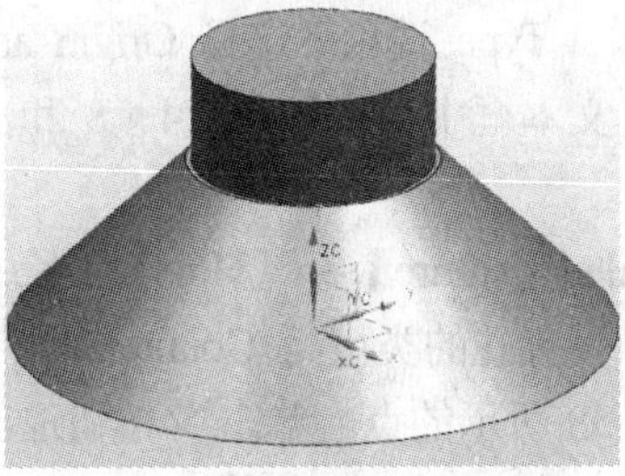

图 13-51　创建凸台

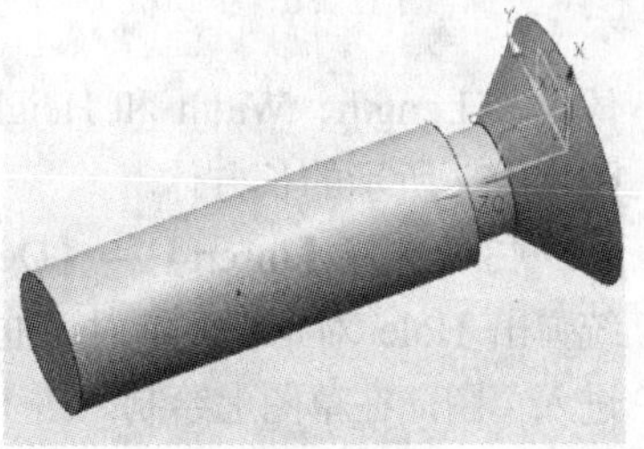

图 13-52　创建另一个凸台

（4）选择【Insert】→【Detailed Feature】→【Chamfer...】命令或单击工具栏上的按钮，系统弹出 Chamfer 对话框，在视图区域选择后创建凸台的边缘，在 Cross Section 选项下选择 Symmetric 选项，并将其 Distance 值设置为 1，单击 OK 按钮，可得如图 11-53 所示的实体模型。

（5）选择【Insert】→【Design Feature】→【Thread...】命令或单击工具栏上的按钮，系统弹出 Thread 对话框，选择螺纹类型为 Symbol，在视图区域选择后创建凸台的外表面，单击 OK 按钮，即可生成如图 13-54 所示的螺纹。

（6）选择【Insert】→【Detailed Feature】→【Pocket...】命令或单击工具栏上的按钮，系统弹出 Pocket 对话框，选择对话框中的 Rectangular 选项，选择圆柱体的另一面作为矩形腔体的放置面，系统默认 XC 轴作为参考方向，在弹出的 Rectangular Pocket 对话框中设置腔体的长度、宽度和深度分别为 12、1 和 1，单击 OK 按钮后系统弹出 Positioning 对话框，单击按钮将腔体的中心线分别定义为与 XC 轴和 YC 轴重合，单击 OK 按钮即可生成如图 13-55 所示的实体模型。

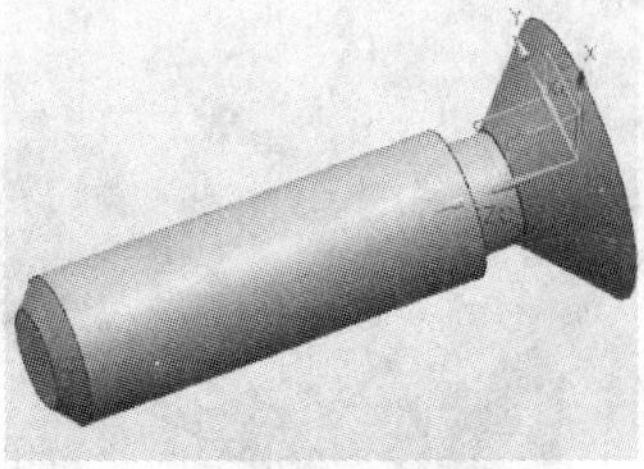

图 13-53　倒斜角

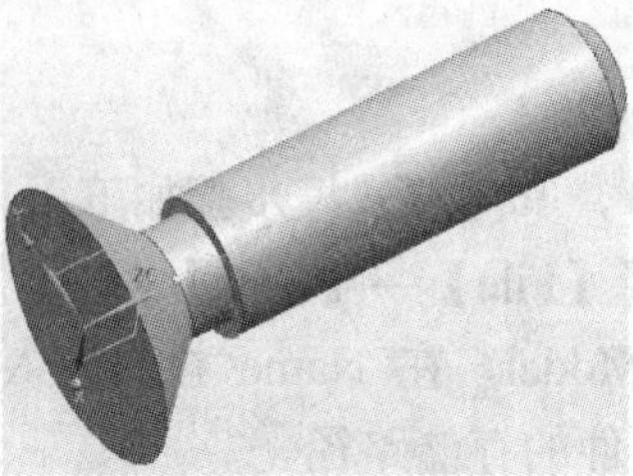

图 13-54　创建螺纹

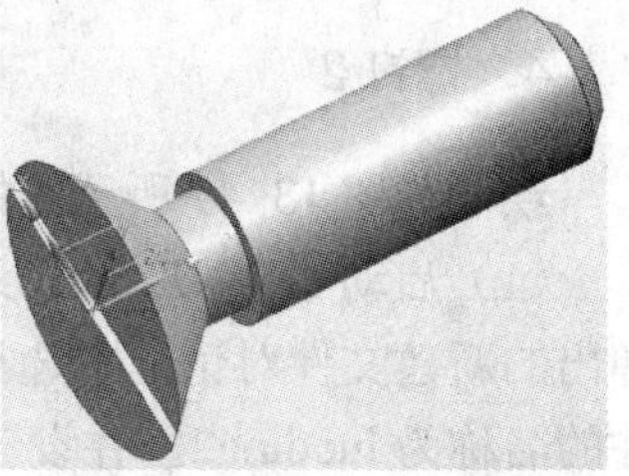

图 13-55　创建腔体

5．护口板

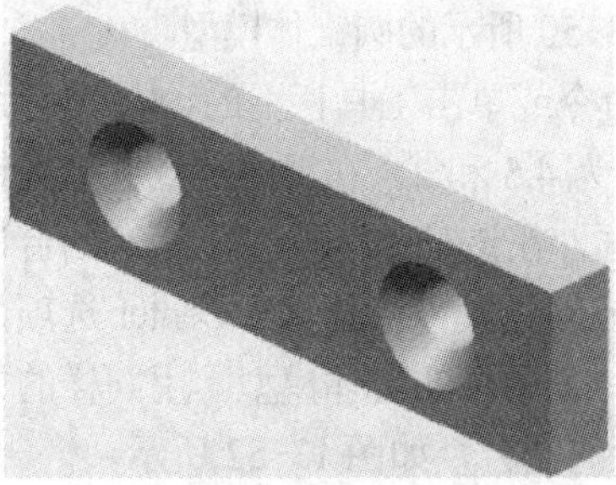

图 13-56　护口板

绘制如图 13-56 所示的护口板，其主要建模步骤如下。

（1）启动 UG NX 8.0，选择【File】→【New】命令，在弹出的新建文件对话框中选择 Model，在 Name 栏中输入部件的名称为 hukouban，并设置文件的存储路径。

（2）选择【Insert】→【Design Feature】→【Block…】命令或单击工具栏上的按钮，系统弹出 Block 对话框，在 Type 选项下选择 Origin and Edges Length 方式来创建长方体，在 Length、Width 和 Height 文本框中分别输入 74、8 和 20，单击 OK 按钮，生成如图 13-57 所示的长方体。

（3）选择【Insert】→【Detailed Feature】→【Hole…】命令或单击工具栏上的按钮，系统弹出 Hole 对话框，在对话框中设置孔的类型为 Countersunk（埋头孔），选择长方体的一面后进入草图，在草图上绘制如图 13-58 所示的点，单击按钮退出草图返回 Hole 对话框，在对话框中设置埋头孔的参数如图 13-59 所示，单击 OK 按钮可得如图 13-60 所示的实体模型。

（4）选择【Insert】→【Associative Copy】→【Mirror Feature…】命令或单击工具栏上的按钮，系统弹出 Mirror Feature 对话框，在该对话框的列表中选择步骤（3）中生成的埋头孔特征，在对话框的 Plane 列表中选择 New Plane 选项后，单击按钮进入 Plane 对话框，单击长方体的两个侧面，在其中间位置生成如图 13-61 所示的临时平面，单击 OK 按钮，返回 Mirror Feature 对话框，再单击 OK 按钮，即可生成如图 13-62 所示的实体模型。

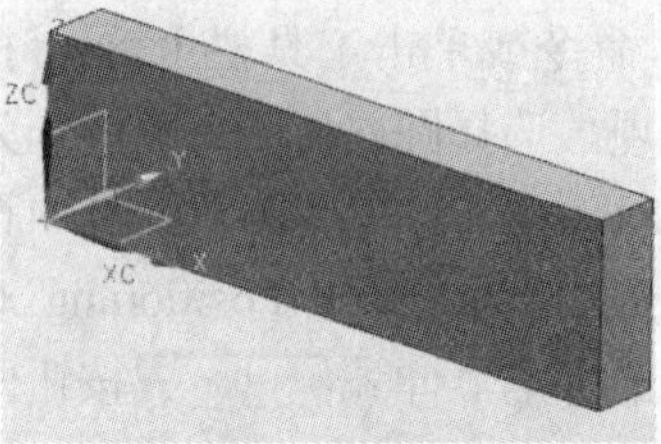

图 13-57　创建长方体

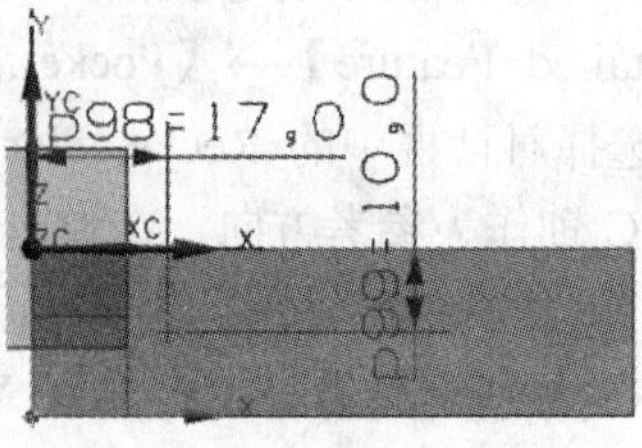

图 13-58　定义孔位置

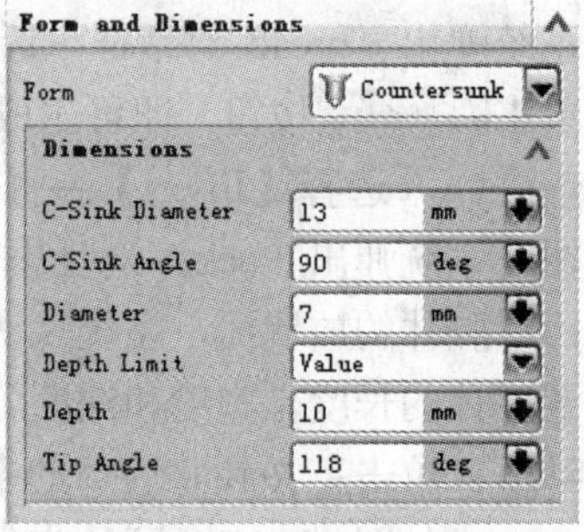

图 13-59　设置埋头孔参数

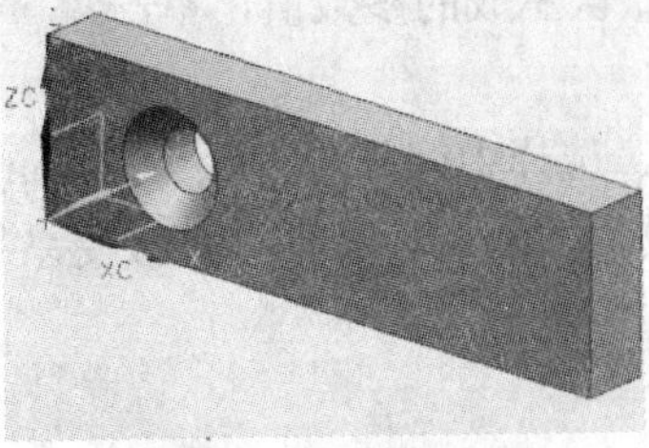

图 13-60　创建埋头孔

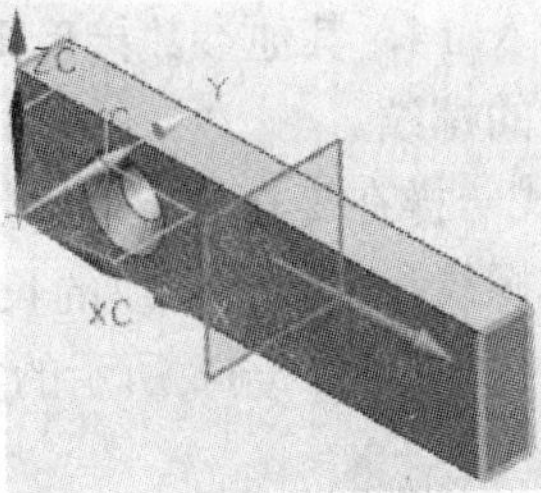

图 13-61　生成临时平面

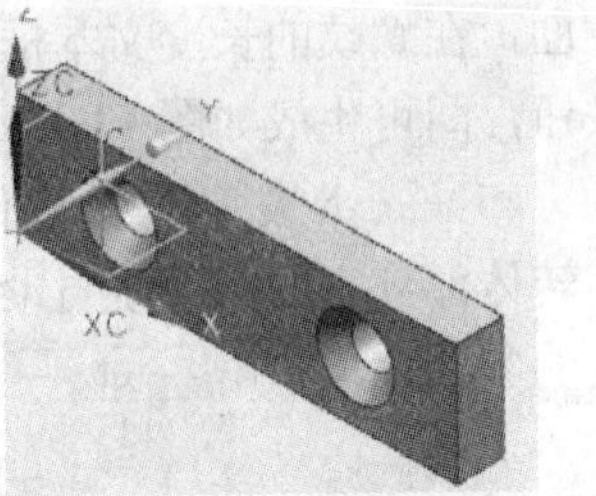

图 13-62　镜像孔特征

6．螺杆

绘制如图 13-63 所示的螺杆，其主要建模步骤如下。

（1）启动 UG NX 8.0，选择【File】→【New】命令，在弹出的新建文件对话框中选择 Model，在 Name 栏中输入部件的名称为 luogan，并设置文件的存储路径。

（2）选择【Insert】→【Design Feature】→【Revolve...】命令或单击工具栏上的按钮，系统弹出 Revolve 对话框，单击对话框中的按钮，再选择 XC-YC 平面作为草图放置平面，绘制如图 13-64 所示的草图轮廓。单击按钮退出草图返回 Revolve 对话框，选择 YC 轴作为旋转轴，选择坐标原点作为参考点，在旋转起始角度和终止角度文本框中分别输入 0 和 360，即可得到如图 13-65 所示的实体模型。

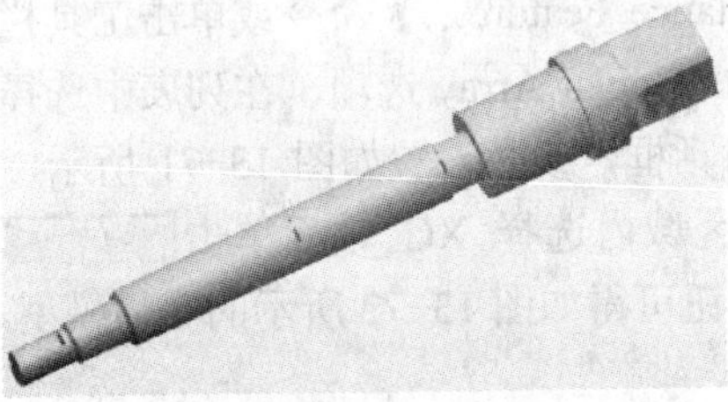

图 13-63　螺杆

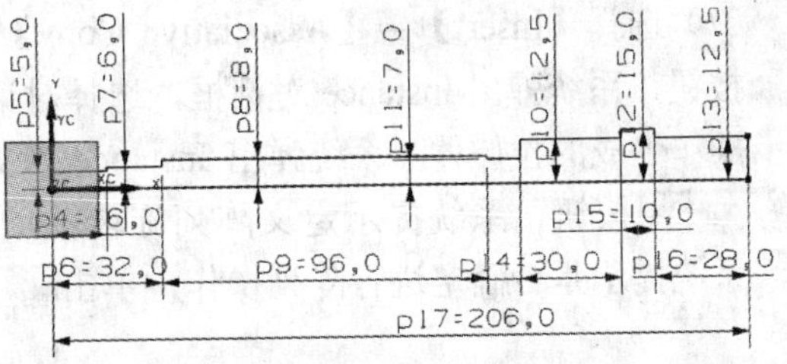

图 13-64　绘制草图

（3）选择【Insert】→【Detailed Feature】→【Chamfer...】命令或单击工具栏上的按钮，系统弹出 Chamfer 对话框，在对话框的 Cross Section 选项下选择 Symmetric 选项，并将其 Distance 值设置为 1，然后在视图区域选择所创建旋转体的两边缘，如图 13-66 所示，单击 OK 按钮，可得所需实体模型。

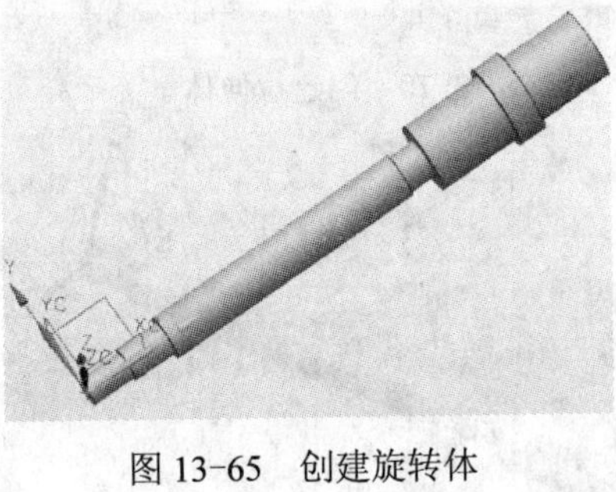

图 13-65　创建旋转体

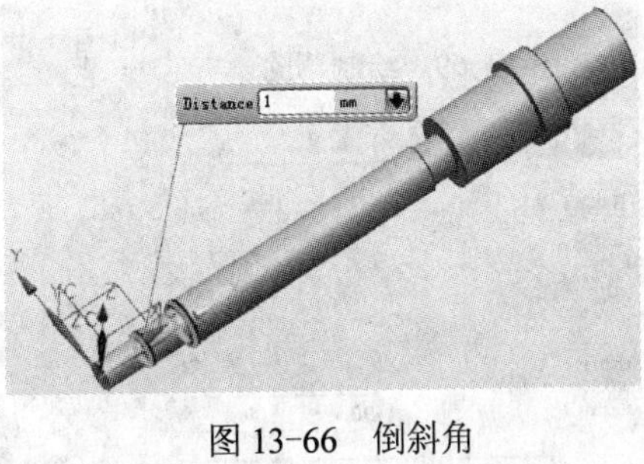

图 13-66　倒斜角

（4）选择【Insert】→【Design Feature】→【Thread...】命令或单击工具栏上的按钮，系统弹出 Thread 对话框，选择螺纹类型为 Symbol，在视图区域选择拉伸体直径最小端的外表面，在螺纹的长度文本框中输入 14，其他参数接受系统默认生成的参数值，单击 OK 按钮，即可生成如图 13-67 所示的螺纹。

（5）同步骤（4）的操作方式一样在旋转体上创建螺纹，选择中间部分直径为 25mm 的旋转体部分表面，系统自动生成螺纹参数，将螺纹的长度设为 96mm，其他参数接受系统给定的参数值，单击 OK 按钮可得如图 13-68 所示的实体模型。

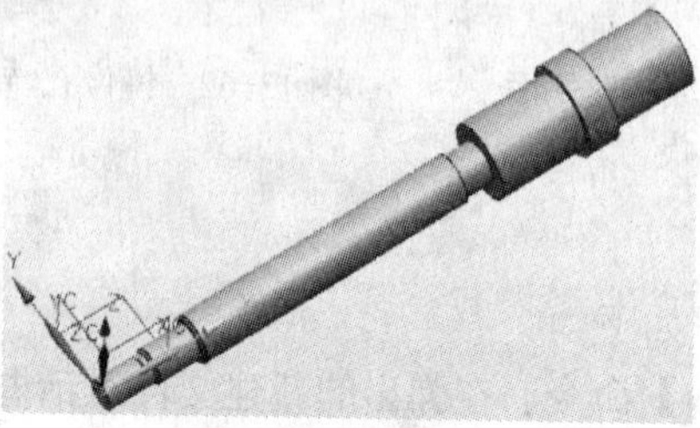

图 13-67 创建螺纹

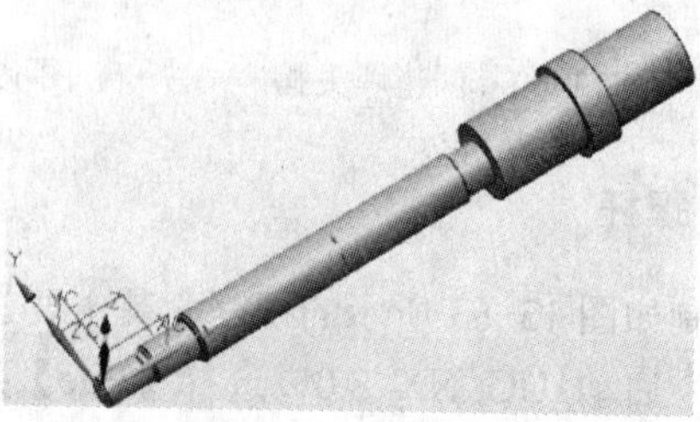

图 13-68 创建另一处螺纹

（6）选择【Insert】→【Design Feature】→【Extrude...】命令或单击工具栏上的按钮，系统弹出 Extrude 对话框，在视图区域选择 XC-YC 平面作为草图放置平面，绘制如图 13-69 所示的草图轮廓，单击按钮退出草图返回 Extrude 对话框，设置拉伸方式为 Symmetric（对称拉伸），在拉伸距离文本框中输入 20，并设置布尔操作为 Subtract，单击 OK 按钮即可得到如图 13-70 所示的实体模型。

（7）选择【Insert】→【Associative Copy】→【Instance Feature...】命令或单击工具栏上的按钮，系统弹出 Instance 对话框，选择对话框中的 Circular Array 选项，在列表中选择上一步操作生成的拉伸体，系统弹出 Instance 参数设置对话框，参数设置如图 13-71 所示，单击 OK 按钮，系统提示定义阵列旋转轴，在视图区域内选择 XC 轴后单击 OK 按钮，系统提示是否确定进行阵列操作，单击 OK 按钮可得如图 13-72 所示的实体模型。

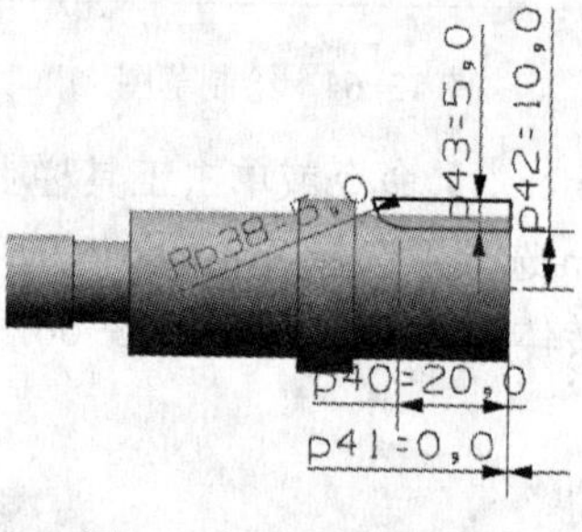

图 13-69 绘制草图

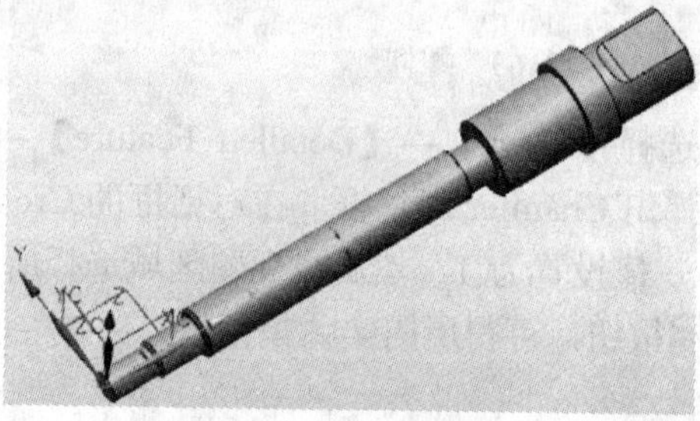

图 13-70 创建拉伸体

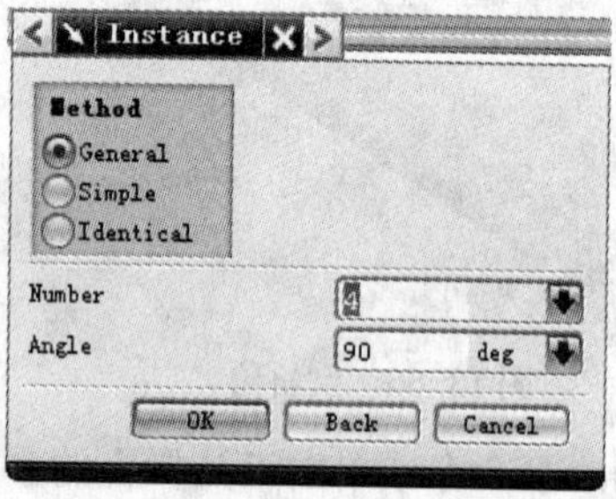

图 13-71 设置环形阵列参数

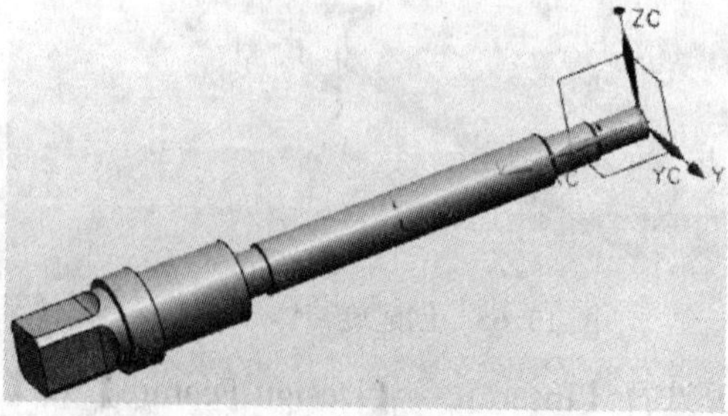

图 13-72 创建环形阵列

7. 螺母

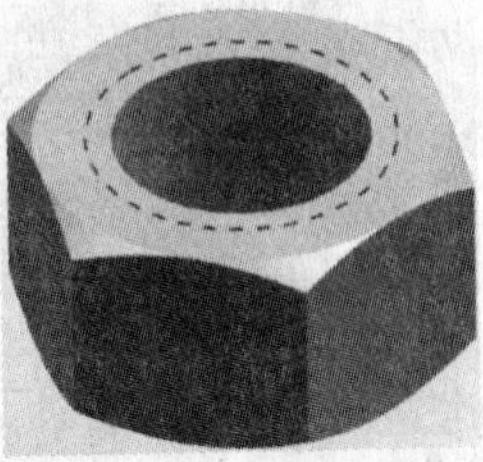

图 13-73　螺母

绘制如图 13-73 所示的螺母，其主要建模步骤如下。

（1）启动 UG NX 8.0，选择【File】→【New】命令，在弹出的新建文件对话框中选择 Model，在 Name 栏中输入部件的名称为 luomu-M10，并设置文件的存储路径。

（2）选择【Insert】→【Design Feature】→【Cylinder...】命令或单击工具栏上的按钮，系统弹出 Cylinder 对话框，在对话框中设置圆柱体的直径和高度分别为 22 和 8.4，选择原点为圆柱体的基点、ZC 轴为圆柱体的轴线方向，单击 OK 按钮，生成如图 13-74 所示的圆柱体。

（3）选择【Insert】→【Detailed Feature】→【Chamfer...】命令或单击工具栏上的按钮，系统弹出 Chamfer 对话框，先在视图区域选择圆柱体的上、下边缘，再在对话框的 Cross Section 选项下选择 Asymmetric 选项，并分别在 Distance 1 和 Distance 2 文本框中输入值 2 和 3，如图 13-75 所示，然后单击 OK 按钮，可得如图 13-76 所示的实体模型。

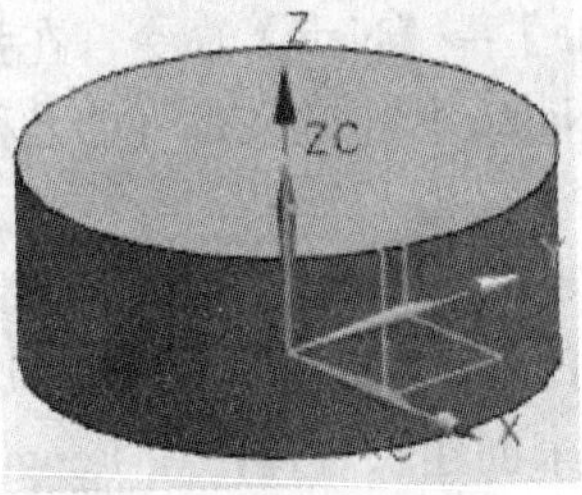

图 13-74　创建圆柱体

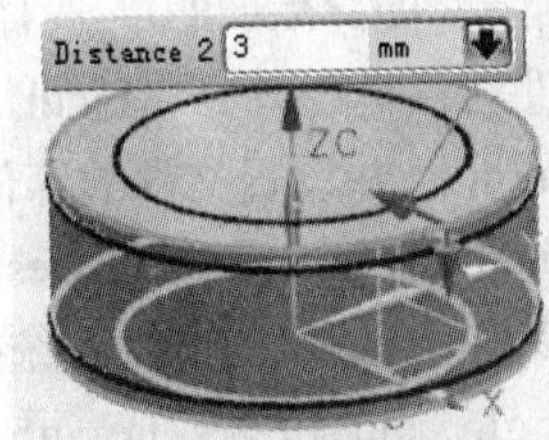

图 13-75　设置倒斜角参数

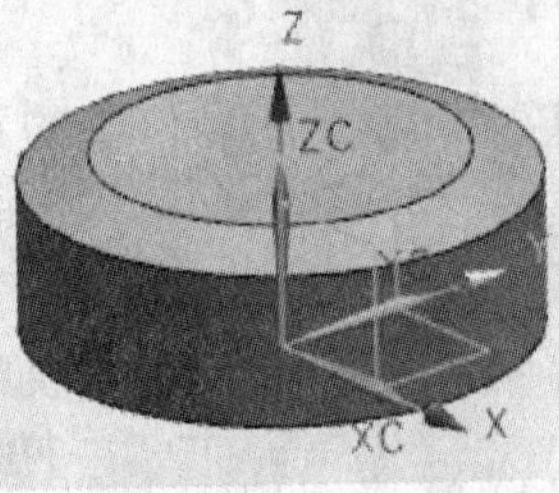

图 13-76　倒斜角

（4）选择【Insert】→【Design Feature】→【Extrude...】命令或单击工具栏上的按钮，系统弹出 Extrude 对话框，在视图区域选择圆柱体的上表面作为草图放置平面，绘制如图 13-77 所示的草图轮廓，单击按钮退出草图返回 Extrude 对话框，在拉伸起始距离和终止距离文本框中分别输入 0 和 8.4，并设置布尔操作为 Intersect，单击 OK 按钮得到如图 13-78 所示的实体模型。

（5）选择【Insert】→【Detailed Feature】→【Hole...】命令或单击工具栏上的按钮，系统弹出 Hole 对话框，在对话框中设置孔的类型为 Simple（简单孔），在视图区域捕捉到上表面圆弧的圆心位置，即以圆心位置作为孔的轴线位置，如图 13-79 所示，然后在对话框中设置简单孔的参数如图 13-80 所示，单击 OK 按钮可得如图 13-81 所示的实体模型。

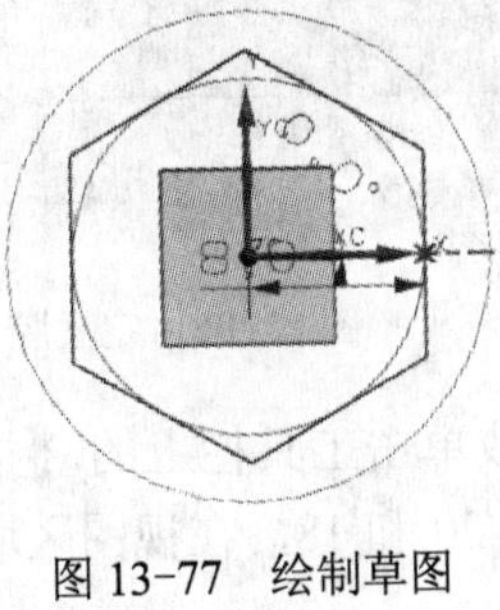

图 13-77　绘制草图

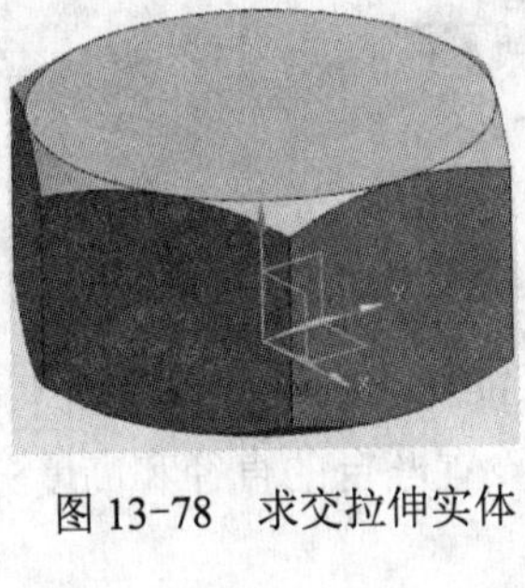

图 13-78　求交拉伸实体

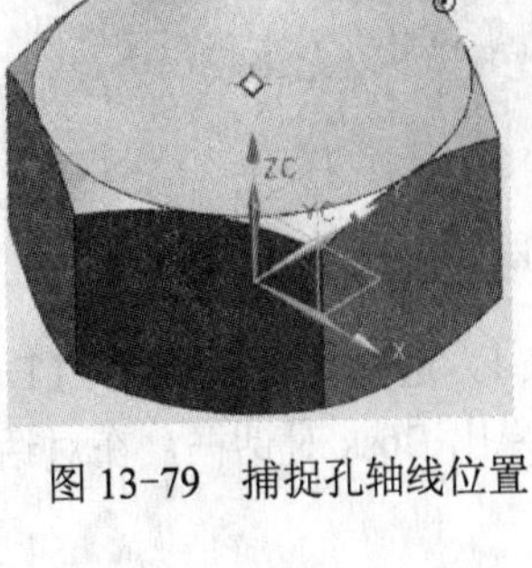

图 13-79　捕捉孔轴线位置

（6）选择【Insert】→【Design Feature】→【Thread...】命令或单击工具栏上的按钮，系统弹出 Thread 对话框，选择螺纹类型为 Symbol，在视图区域选择简单孔的内表面，系统自动生成螺纹参数，单击 OK 按钮，即可生成如图 13-82 所示的螺纹。

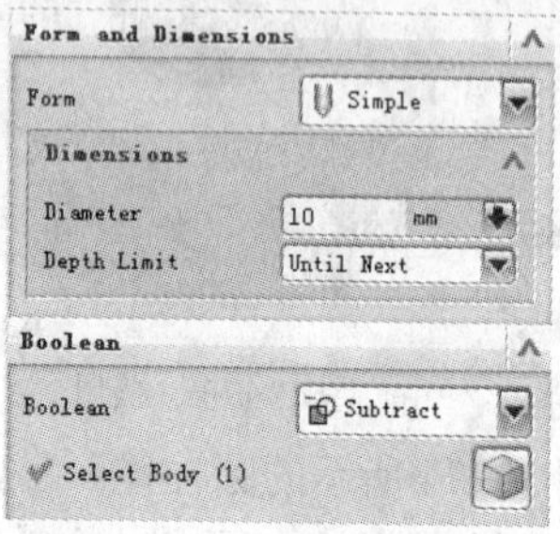

图 13-80　设置简单孔的参数

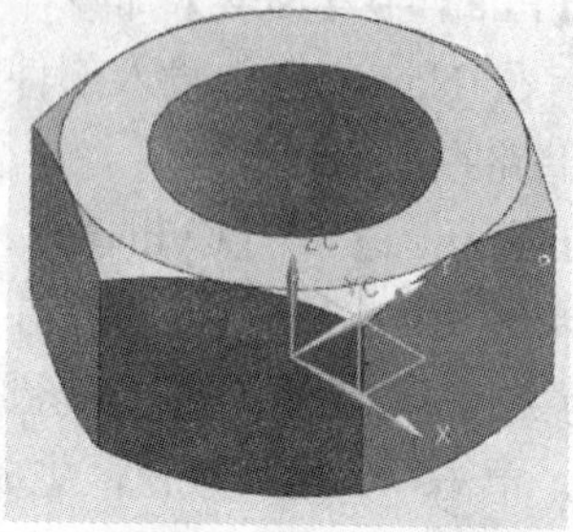
图 13-81　创建孔

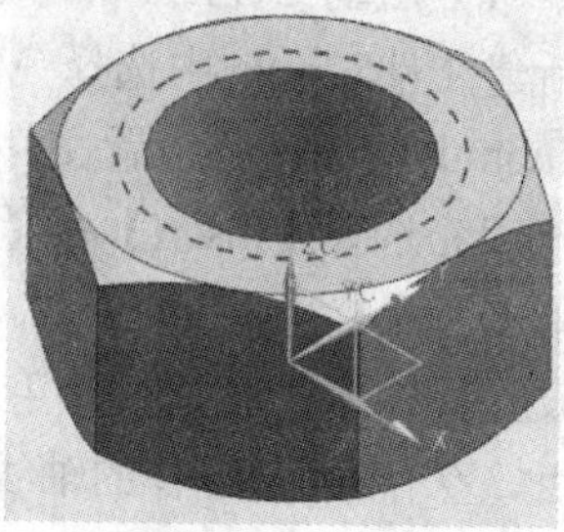
图 13-82　创建螺纹

8. 方块螺母

图 13-83　方块螺母

绘制如图 13-83 所示的方块螺母，其主要建模步骤如下。

（1）启动 UG NX 8.0，选择【File】→【New】命令，在弹出的新建文件对话框中选择 Model，在 Name 栏中输入部件的名称为 fangkuailuomu，并设置文件的存储路径。

（2）选择【Insert】→【Design Feature】→【Block...】命令或单击工具栏上的按钮，系统弹出 Block 对话框，在 Type 选项下选择 Origin and Edges Length 方式来创建长方体，在 Length、Width 和 Height 文本框中分别输入 40、30 和 8，单击 OK 按钮生成如图 13-84 所示的长方体。

（3）选择【Insert】→【Detailed Feature】→【Pad...】命令或单击工具栏上的按钮，系统弹出 Pad 对话框，选择对话框中的 Rectangular 选项，选择长方体的上表面作为矩形腔体的放置面，如图 13-85 所示，系统默认 XC 轴为参考方向，在弹出的 Rectangular Pocket 对话框中设置腔体的长度、宽度和深度分别为 24、30、18，单击 OK 按钮后系统弹出 Positioning 对话框，通过单击和按钮将腔体定位在长方体的中间位置，如图 13-86 所示，单击 OK 按钮即可得如图 13-87 所示的实体模型。

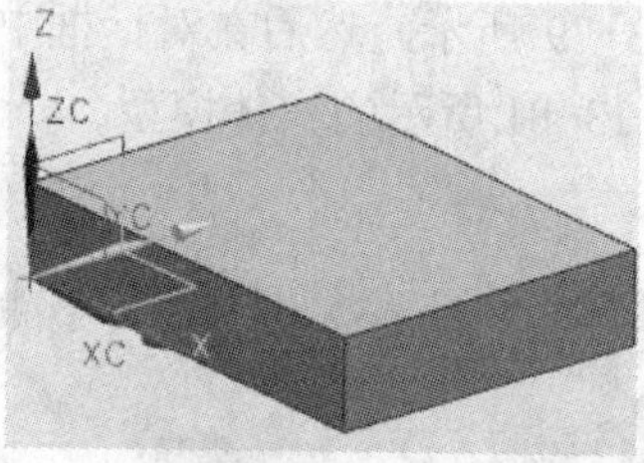
图 13-84　创建长方体

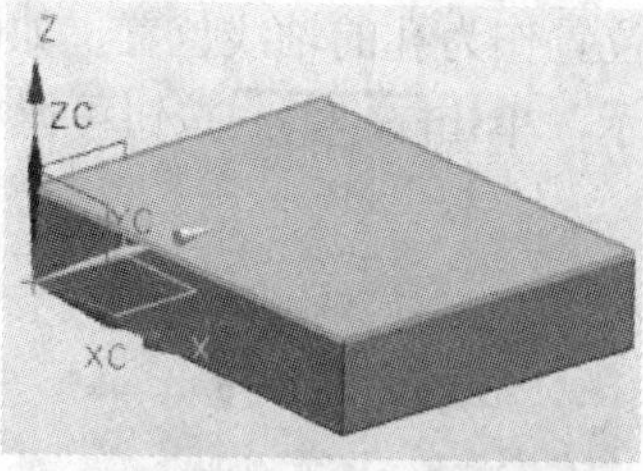
图 13-85　选择腔体放置面

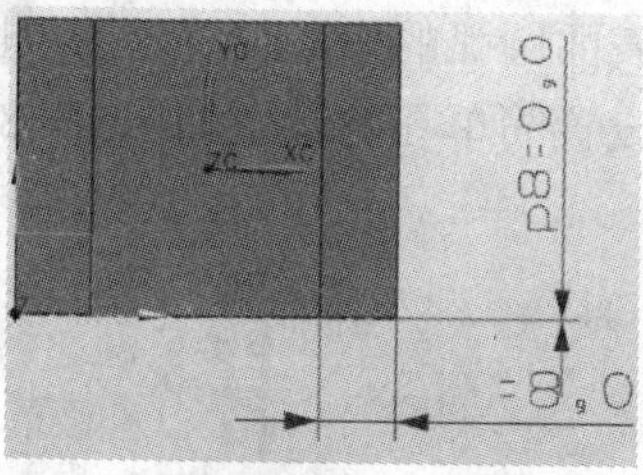

图 13-86　定义腔体

（4）选择【Insert】→【Design Feature】→【Boss...】命令或单击工具栏上的按钮，系统弹出 Boss 对话框，在对话框中设置凸台的直径和高度分别为 20 和 18，在视图区域选择圆柱体的上表面，单击 OK 按钮，系统弹出 Positioning 对话框，在该对话框中选择对凸台进行定位，将凸台的圆心定位在腔体的中心位置，如图 13-88 所示，单击 OK 按钮可生成如图 13-89 所示的实体模型。

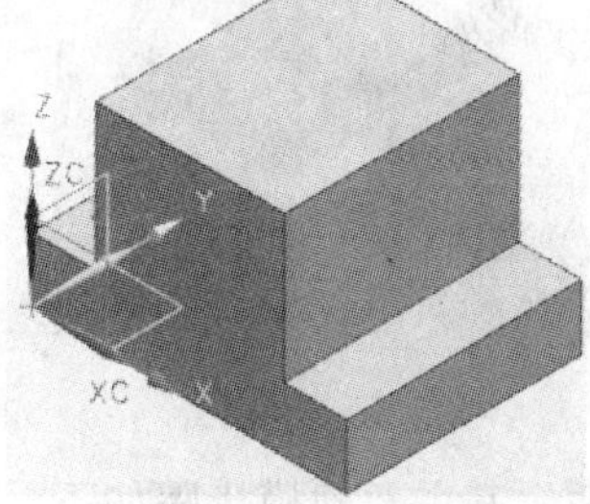

图 13-87　创建腔体

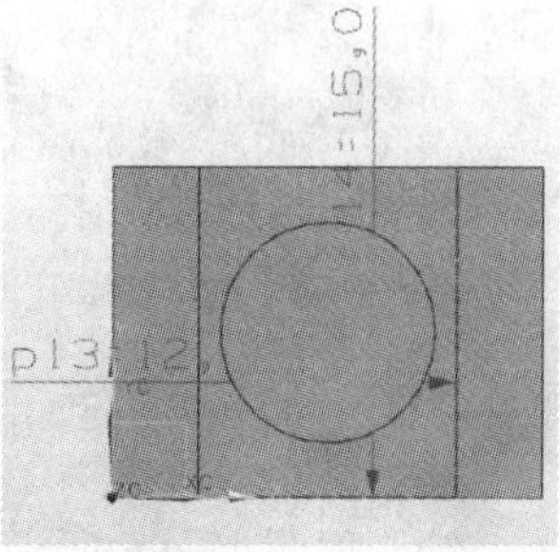

图 13-88　定位凸台

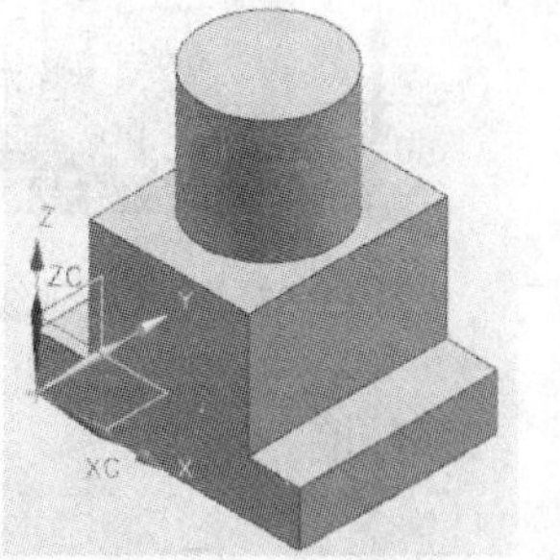

图 13-89　创建凸台

（5）选择【Insert】→【Detailed Feature】→【Hole...】命令或单击工具栏上的按钮，系统弹出 Hole 对话框，在对话框中设置孔的类型为 Simple（简单孔），在视图区域捕捉到凸台上表面圆弧的圆心位置，即以圆心位置作为孔的轴线位置，如图 13-90 所示，然后在对话框中设置简单孔的直径和深度分别为 10mm 和 18mm，单击 OK 按钮可得如图 13-91 所示的实体模型。

（6）选择【Insert】→【Design Feature】→【Thread...】命令或单击工具栏上的按钮，系统弹出 Thread 对话框，选择螺纹类型为 Symbol，在视图区域选择简单孔的内表面，系统自动生成螺纹参数，单击 OK 按钮生成如图 13-92 所示的螺纹。

（7）选择【Insert】→【Detailed Feature】→【Hole...】命令或单击工具栏上的按钮，系统弹出 Hole 对话框，在对话框中设置孔的类型为 Simple（简单孔），在视图区域选择 XC-YC 平面，即以 XC-YC 平面作为草图绘制平面，绘制如图 13-93 所示的草图（定义孔轴线），单击按钮退出草图返回 Hole 对话框，在对话框中设置简单孔的直径和深度分别为 16mm 和 18mm，单击 OK 按钮可得如图 13-94 所示的实体模型。

（8）选择【Insert】→【Design Feature】→【Thread...】命令或单击工具栏上的按钮，系统弹出 Thread 对话框，选择螺纹类型为 Symbol，在视图区域选择上一步操作生成的简单孔的内表面，系统自动生成螺纹参数，单击 OK 按钮即可生成如图 13-95 所示的螺纹。

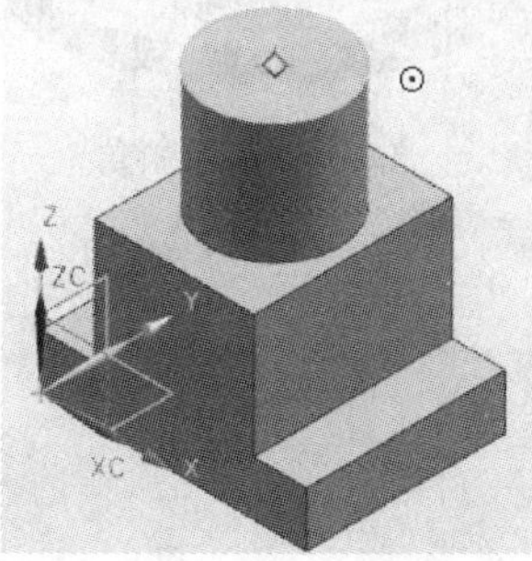

图 13-90　定义孔轴线

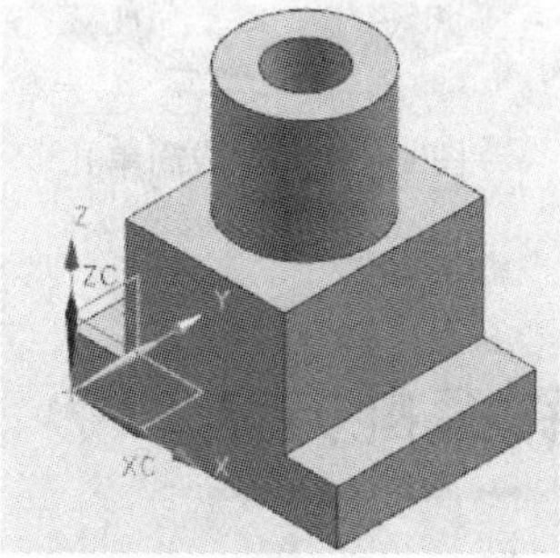

图 13-91　生成孔

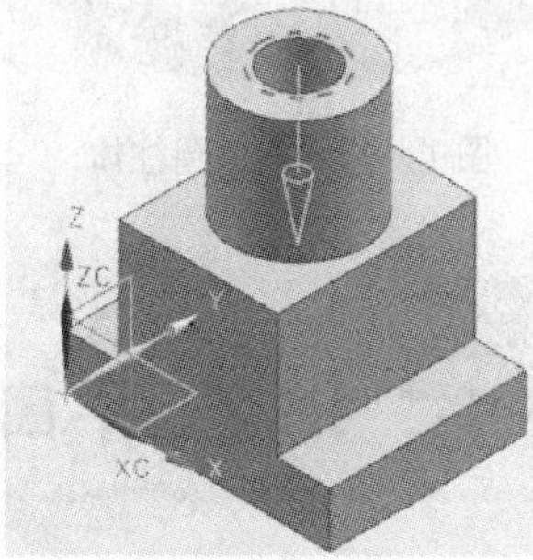

图 13-92　创建螺纹

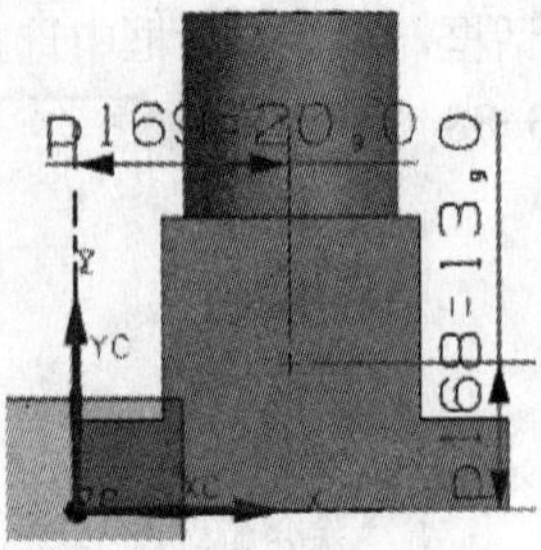
图 13-93 定义孔轴线

图 13-94 生成简单孔

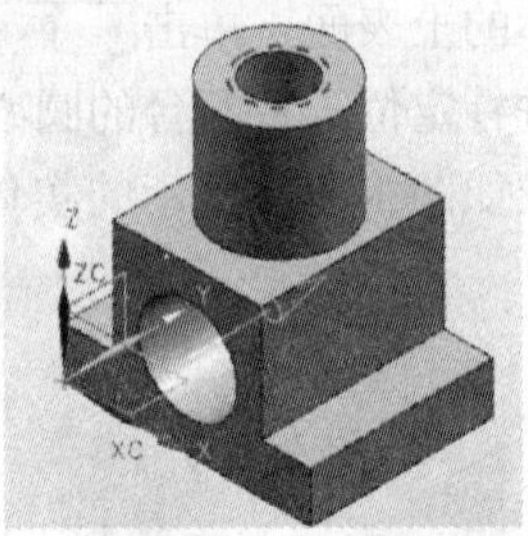
图 13-95 创建螺纹

9. 垫圈

图 13-96 垫圈

绘制如图 13-96 所示的垫圈，其主要建模步骤如下。

（1）启动 UG NX 8.0，选择【File】→【New】命令，在弹出的新建文件对话框中选择 Model，在 Name 栏中输入部件的名称为 dianquan，并设置文件的存储路径。

（2）选择【Insert】→【Design Feature】→【Cylinder...】或单击工具栏上的按钮，系统弹出 Cylinder 对话框，在对话框中设置圆柱体的直径和高度分别为 20mm 和 2mm，选择 ZC 轴作为圆柱体的轴线方向，在坐标原点处生成如图 13-97 所示的圆柱体。

（3）选择【Insert】→【Detailed Feature】→【Hole...】命令或单击工具栏上的按钮，系统弹出 Hole 对话框，在对话框中设置孔的类型为 Simple（简单孔），设置简单孔的直径和深度分别为 10mm 和 2mm，然后在视图区域捕捉到圆柱体上表面圆弧的圆心，单击 OK 按钮可得如图 13-98 所示的实体模型。

（4）选择【Insert】→【Detailed Feature】→【Chamfer...】命令或单击工具栏上的按钮，系统弹出 Chamfer 对话框，先在视图区域选择圆柱体的上、下边缘，再在对话框的 Cross Section 选项下选择 Symmetric 选项，然后在 Distance 文本框中输入 0.5，单击 OK 按钮，可得如图 13-99 所示的实体模型。

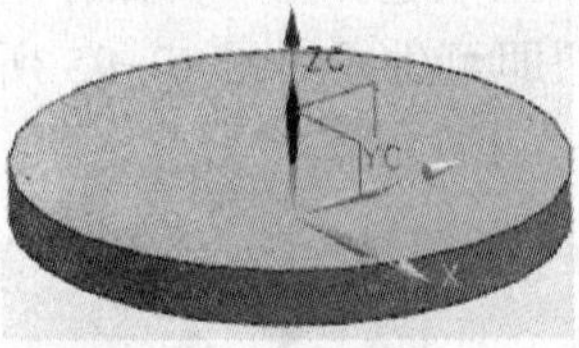
图 13-97 创建圆柱体

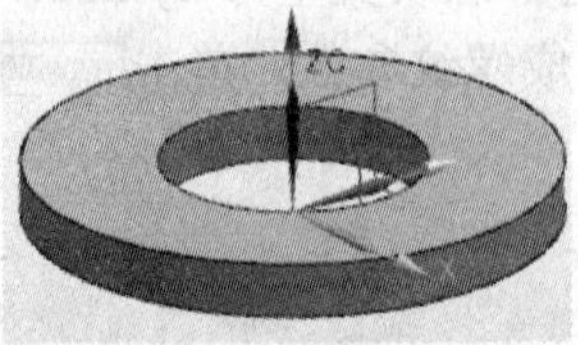
图 13-98 生成简单孔

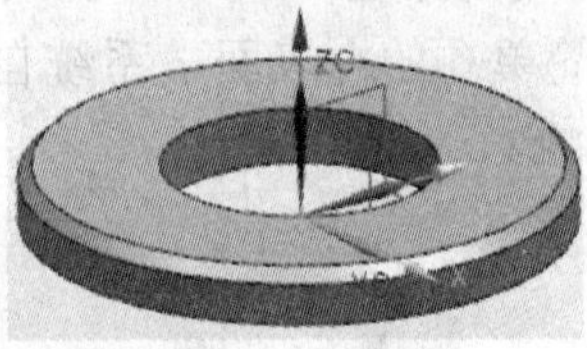
图 13-99 倒斜角

13.2 平口虎钳装配方法

本节主要介绍如图 13-100 所示的平口虎钳装配的具体过程和方法。平口虎钳结构比较简单，主要由 9 个部件组成，包括钳座、螺杆、活动钳口等。经分析，平口虎钳装配的具体步骤为，首先创建一个新文件，用于绘制装配图纸；然后将钳座以绝对坐标定位方法添加到装配图中；最后将余下的 8 个平口虎钳部件以配对定位的方法添加到装配图中。

图 13-100　平口虎钳

1．创建装配图纸

启动 UG NX 8.0，选择【File】→【New】命令，在弹出的新建文件对话框中选择 Assembly，在 Name 栏中输入装配体的名称为 pingkouhuqian，并设置文件的存储路径，如图 13-101 所示，单击 OK 按钮后，系统自动进入到装配环境中。

2．以绝对坐标定位方法添加钳座

选择【Assemblies】→【Components】→【Add Component...】命令或单击工具栏上的按钮，系统弹出如图 13-102 所示的 Add Component 对话框，在进行装配前，该对话框中的 Loaded Parts 和 Recent Parts 列表是空的，但是随着装配的进行，该列表中将显示所有加载进来的零部件的名称，以便于管理和使用。在 Type 选项中单击按钮，打开 Part Name（部件名）对话框，在磁盘目录下找到 qianzuo.prt 部件后，视图区域的右下角弹出如图 13-103 所示的 Component Preview 窗口，在 Add Component 对话框中设置 Placement 等选项如图 13-104 所示，单击 OK 按钮，则钳座以绝对坐标的方式加入到装配文件中，如图 13-105 所示。

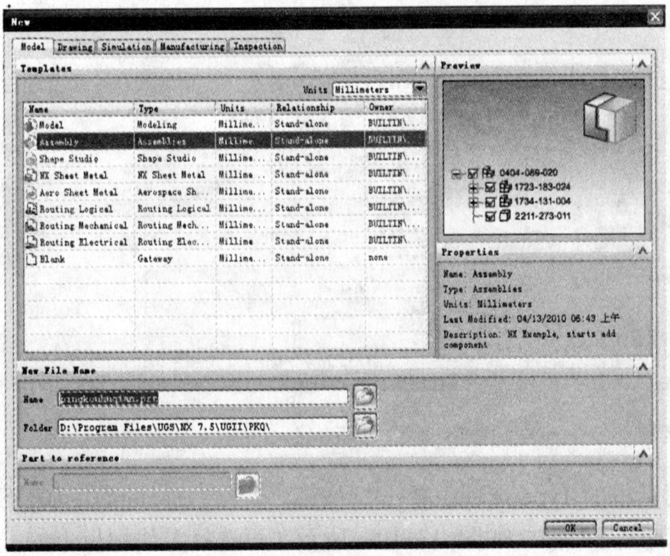

图 13-101　新建装配文件对话框

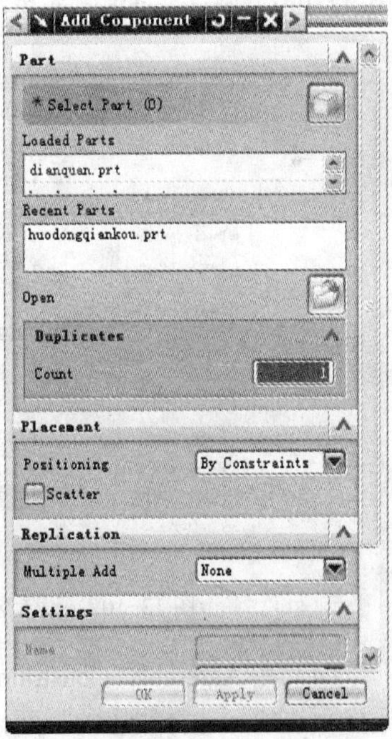

图 13-102　Add Component 对话框

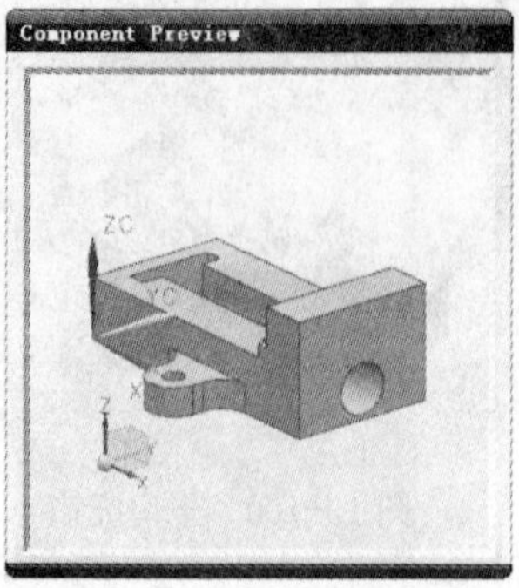

图 13-103 Component Preview 窗口

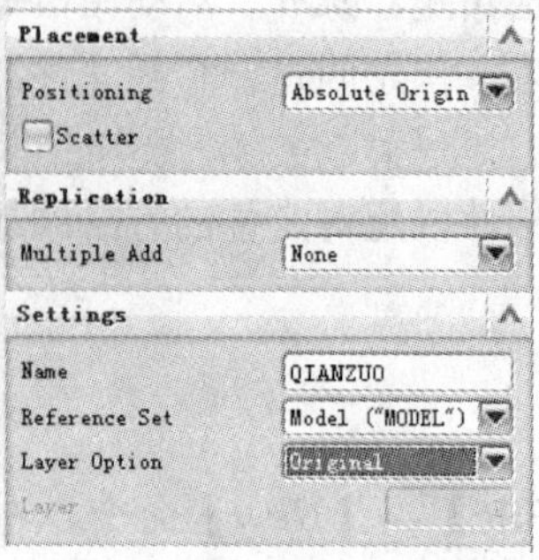

图 13-104 设置装配选项

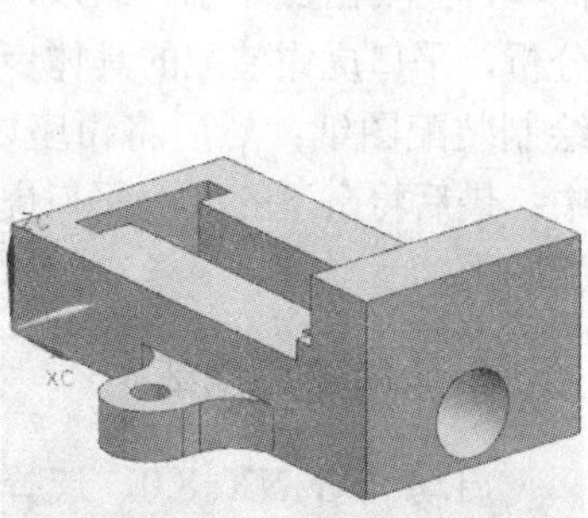

图 13-105 添加钳座

3. 以配对方式添加方块螺母

（1）选择【Assemblies】→【Components】→【Add Component…】命令或单击工具栏上的按钮，系统弹出如图 13-102 所示的 Add Component 对话框。

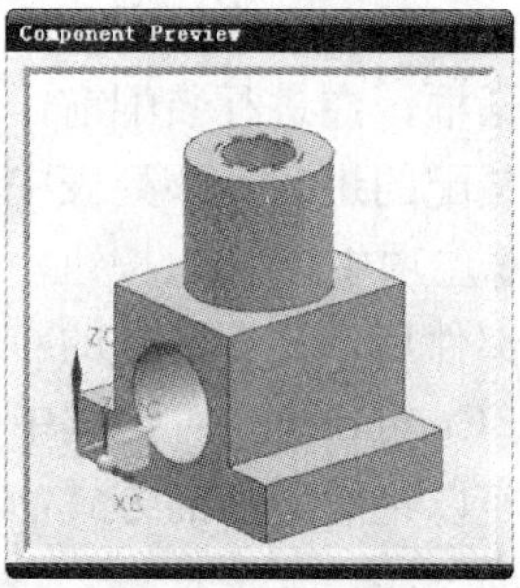

图 13-106 Component Preview 窗口

（2）单击 Add Component 对话框中 Type 选项下的按钮，弹出 Part Name 对话框，在磁盘目录下找到 fangkuailuomu.prt 部件后，视图区域的右下角弹出如图 13-106 所示的 Component Preview 窗口。

（3）在 Add Component 对话框中设置装配选项如图 13-107 所示，单击 OK 按钮，系统弹出如图 13-108 所示的 Assembly Constraints 对话框。

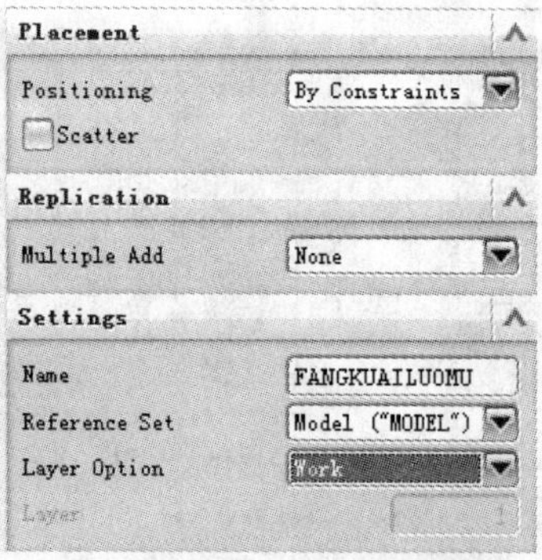

图 13-107 设置装配选项

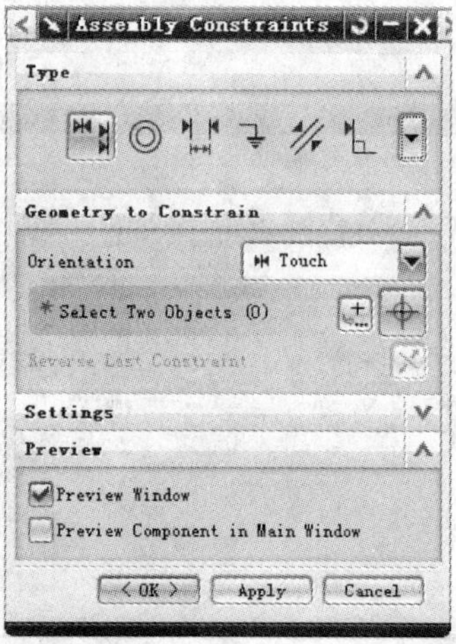

图 13-108 Assembly Constraints 对话框

（4）在 Assembly Constraints 对话框的 Type 选项中单击按钮，并在 Orientation 列表下选择选项，选择钳座的一面作为装配基础面，如图 13-109 所示，再选择方块螺母上的一面作为装配配对面，如图 13-110 所示，则可在二者之间建立匹配约束。

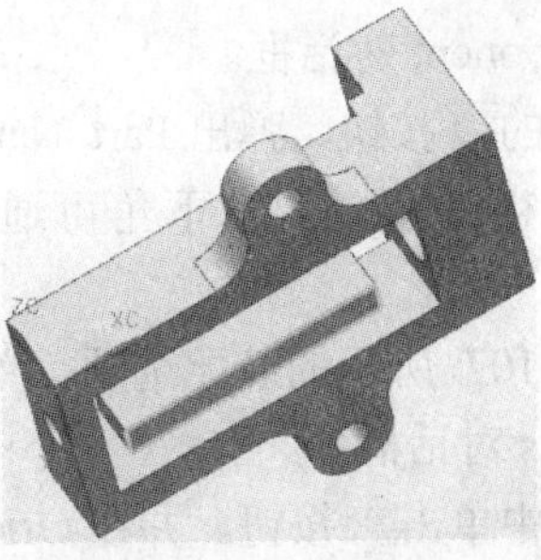

图 13-109　选择装配基础面 1-方块螺母

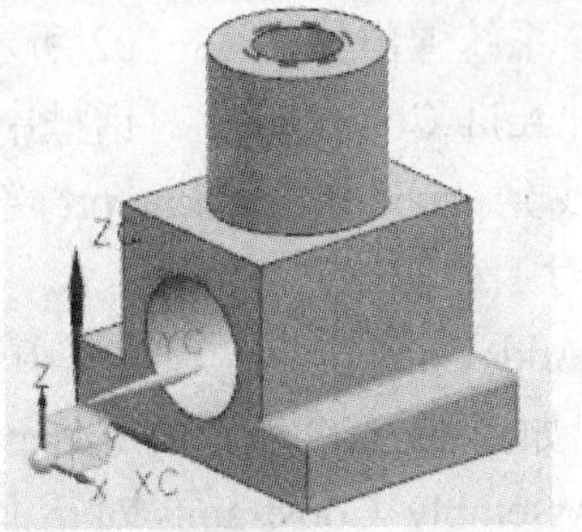

图 13-110　选择装配配对面 1-方块螺母

（5）在 Assembly Constraints 对话框的 Type 选项中单击按钮，并在 Orientation 列表下选择选项，选择钳座的一面作为装配基础面，如图 13-111 所示，再选择方块螺母上的一面作为装配配对面，如图 13-112 所示，则可在二者之间建立匹配约束。

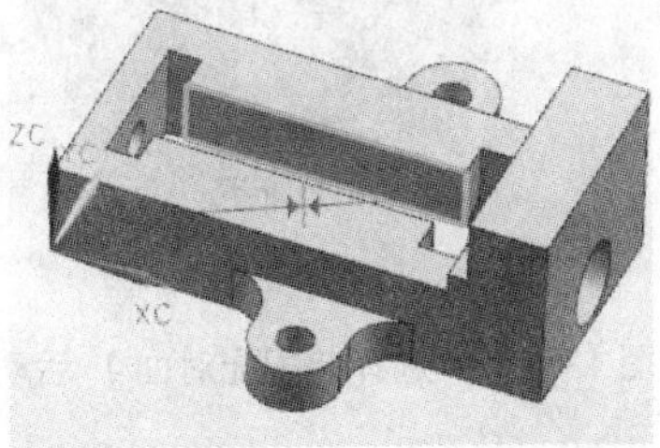

图 13-111　选择装配基础面 2-方块螺母

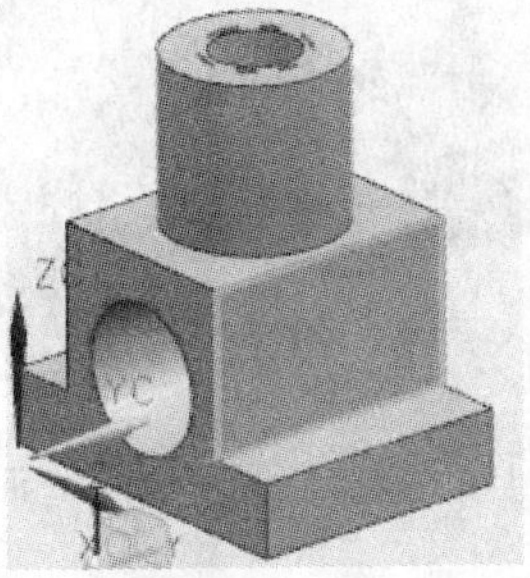

图 13-112　选择装配配对面 2-方块螺母

（6）在 Assembly Constraints 对话框的 Type 选项中单击按钮，选择钳座的一面作为装配基础面，如图 13-113 所示，再选择方块螺母上的一面作为装配配对面，如图 13-114 所示，在弹出的 Distance 文本框中输入 40，即在二者之间建立距离约束，单击 OK 按钮可得如图 13-115 所示的钳座与方块螺母的配对模型。

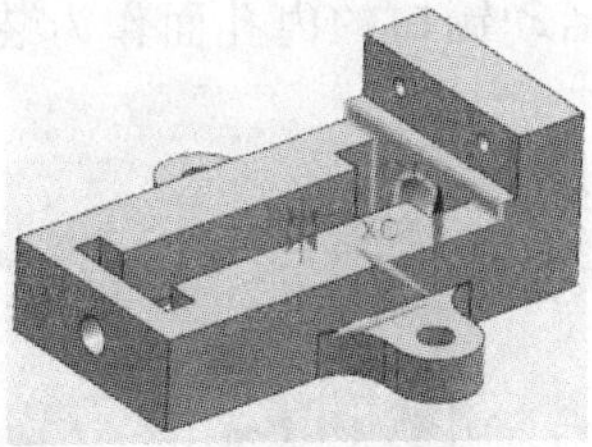

图 13-113　选择装配基础面 3-方块螺母

图 13-114　选择装配配对面 3-方块螺母

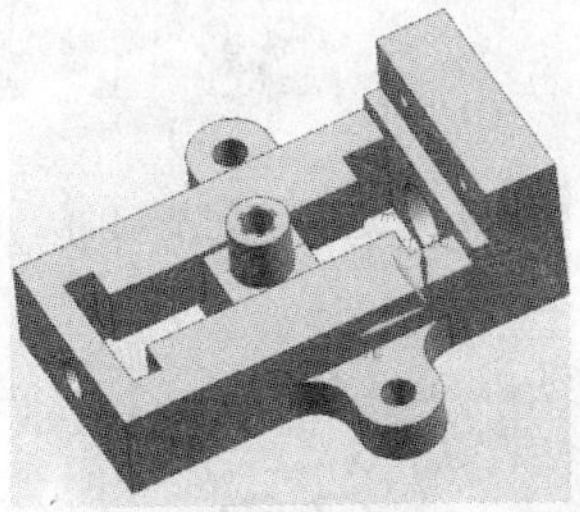

图 13-115　配对方块螺母 3-方块螺母

4．以配对方式添加活动钳口

（1）选择【Assemblies】→【Components】→【Add Component…】命令或单击工具栏

上的按钮，系统弹出如图 13-102 所示的 Add Component 对话框。

（2）单击 Add Component 对话框中 Type 选项下的按钮，弹出 Part Name 对话框，在磁盘目录下找到 huodongqiankou.prt 部件，同时在视图区域的右下角可通过 Component Preview 窗口对加载部件进行预览。

（3）在 Add Component 对话框中设置如图 13-107 所示的装配选项，单击 OK 按钮，系统弹出如图 13-108 所示的 Assembly Constraints 对话框。

（4）在 Assembly Constraints 对话框的 Type 选项中单击按钮，并在 Orientation 列表下选择选项，选择钳座的一面作为装配基础面，如图 13-116 所示，再选择活动钳口的底面作为装配配对面，如图 13-117 所示，则可在二者之间建立匹配约束。

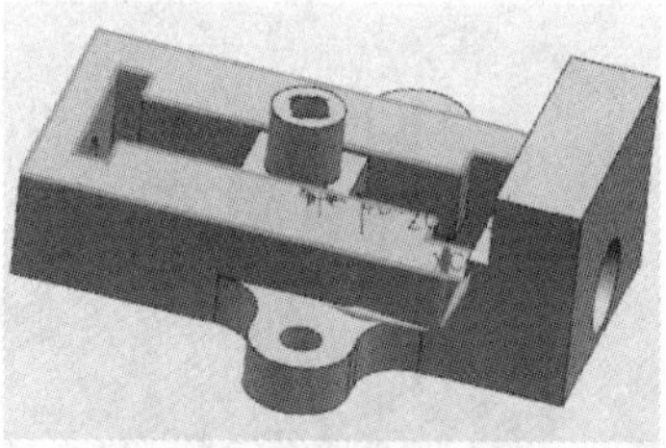

图 13-116　选择装配基础面 1-活动钳口

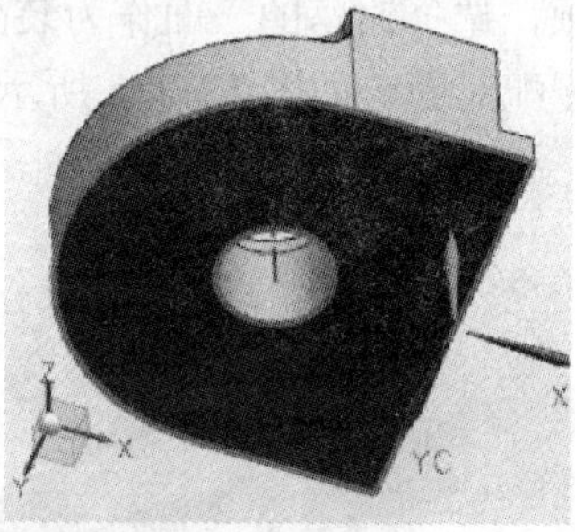

图 13-117　选择装配配对面 1-活动钳口

（5）在 Assembly Constraints 对话框的 Type 选项中单击按钮，并在 Orientation 列表下选择选项，选择方块螺母的外圆柱面作为装配基础面，如图 13-118 所示，再选择活动钳口的内孔面作为装配配对面，如图 13-119 所示，则可在二者之间建立匹配约束。

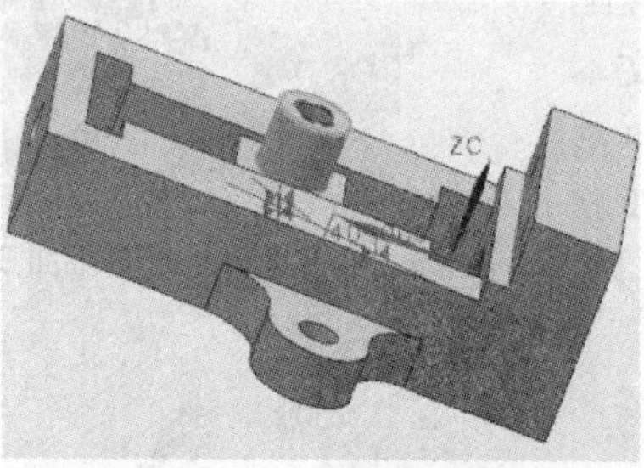

图 13-118　选择装配基础面 2-活动钳口

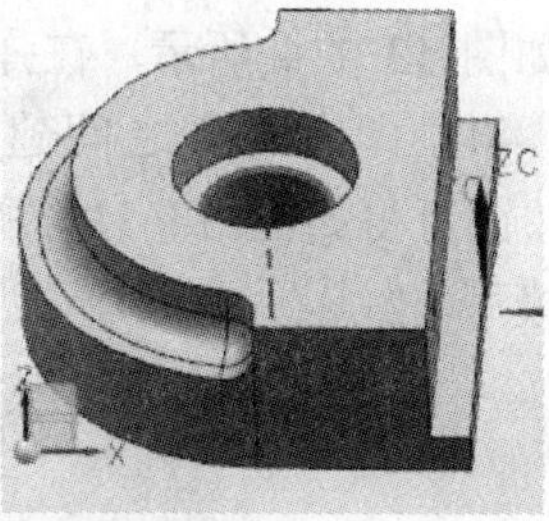

图 13-119　选择装配配对面 2-活动钳口

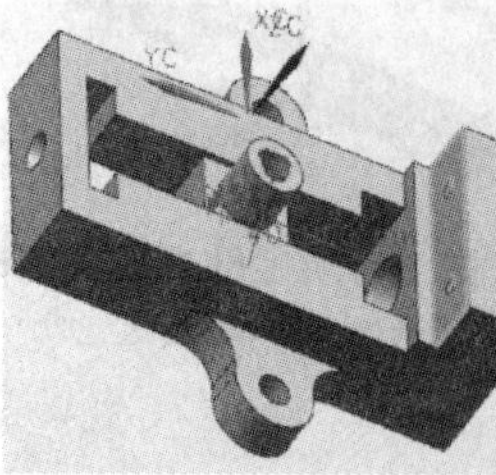

图 13-120　选择装配基础面 3-活动钳口

（6）在 Assembly Constraints 对话框的 Type 选项中单击按钮，选择钳座的侧面作为装配基础面，如图 13-120 所示，再选择活动钳口的侧面作为装配配对面，如图 13-121 所示，即在二者之间建立平行约束，单击 OK 按钮可得如图 13-122 所示的钳座与活动钳口的配对模型。

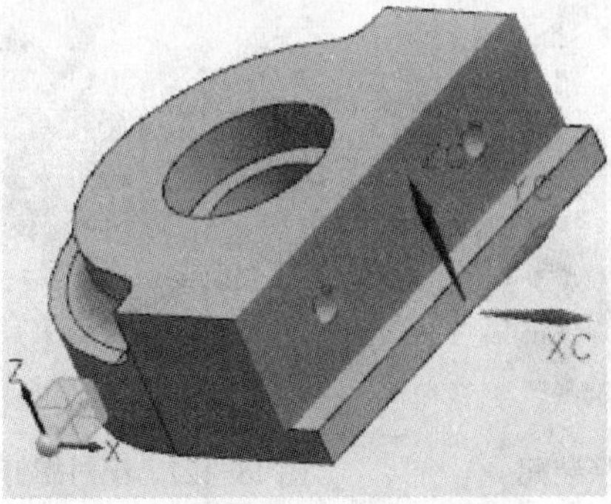

图 13-121　选择装配配对面 3-活动钳口

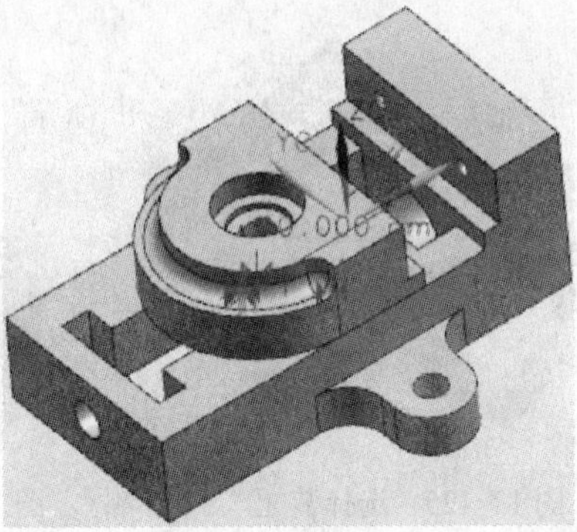

图 13-122　配对活动钳口 3-活动钳口

5. 以配对方式添加螺钉 1

（1）选择【Assemblies】→【Components】→【Add Component...】命令或单击工具栏上的按钮，系统弹出如图 13-102 所示的 Add Component 对话框。

（2）单击 Add Component 对话框中 Type 选项下的按钮，弹出 Part Name 对话框，在磁盘目录下找到 luoding1.prt 部件，同时在视图区域的右下角可通过 Component Preview 窗口对加载部件进行预览。

（3）在 Add Component 对话框中设置如图 13-107 所示的装配选项，单击 OK 按钮，系统弹出如图 13-108 所示的 Assembly Constraints 对话框。

（4）在 Assembly Constraints 对话框的 Type 选项中单击按钮，并在 Orientation 列表下选择选项，选择方块螺母的内孔面作为装配基础面，如图 13-123 所示，再选择螺钉的螺纹面作为装配配对面，如图 13-124 所示，则可在二者之间建立匹配约束。

图 13-123　选择装配基础面 1-螺钉 1

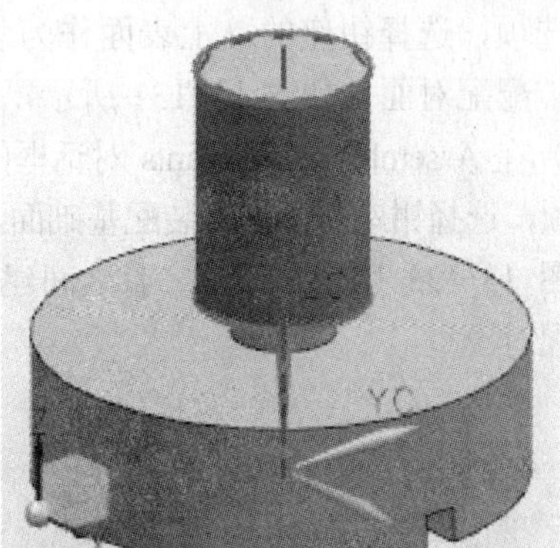

图 13-124　选择装配配对面 1-螺钉 1

（5）在 Assembly Constraints 对话框的 Type 选项中单击按钮，并在 Orientation 列表下选择选项，选择活动钳口的孔台阶作为装配基础面，如图 13-125 所示，再选择螺钉的底面作为装配配对面，如图 13-126 所示，即在二者之间建立匹配约束，然后单击 OK 按钮可得如图 13-127 所示的配对模型，此处为欠约束状态。

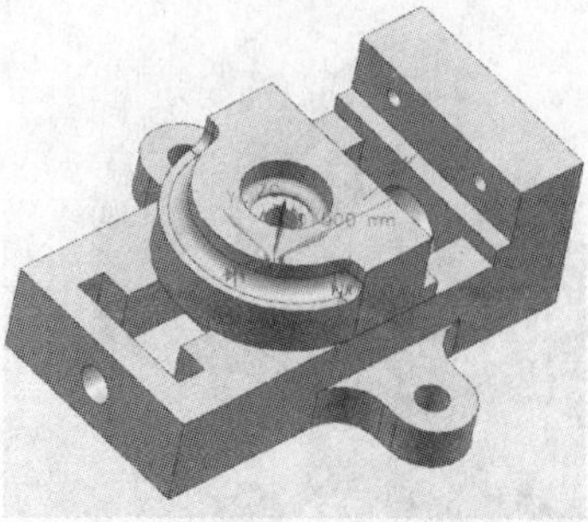

图 13-125 选择装配基础面 2-螺钉 1

图 13-126 选择装配配对面 2-螺钉 1

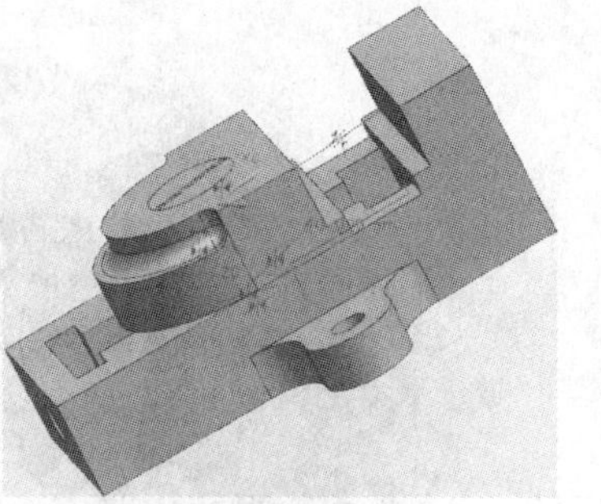

图 13-127 配对螺钉 1

6．以配对方式添加护口板

（1）选择【Assemblies】→【Components】→【Add Component…】命令或单击工具栏上的按钮，系统弹出如图 13-102 所示的 Add Component 对话框。

（2）单击 Add Component 对话框中 Type 选项下的按钮，弹出 Part Name 对话框，在磁盘目录下找到 hukouban.prt 部件，同时在视图区域的右下角可通过 Component Preview 窗口对加载部件进行预览。

（3）在 Add Component 对话框中设置如图 13-107 所示的装配选项，单击 OK 按钮，系统弹出如图 13-108 所示的 Assembly Constraints 对话框。

（4）在 Assembly Constraints 对话框的 Type 选项中单击按钮，并在 Orientation 列表下选择选项，选择钳座的侧面作为装配基础面，如图 13-128 所示，再选择护口板的侧面作为装配配对面，如图 13-129 所示，则可在二者之间建立匹配约束。

（5）在 Assembly Constraints 对话框的 Type 选项中单击按钮，并在 Orientation 列表下选择选项，选择钳座的一上表面作为装配基础面，如图 13-130 所示，再选择护口板的底面作为装配配对面，如图 13-131 所示，则可在二者之间建立匹配约束。

（6）在 Assembly Constraints 对话框的 Type 选项中单击按钮，并在 Orientation 列表下选择选项，选择钳座侧面作为装配基础面，如图 13-132 所示，再选择护口板侧面作为装配配对面，如图 13-133 所示，即在二者之间建立对齐约束，然后单击 OK 按钮可得如图 13-134 所示的配对模型。

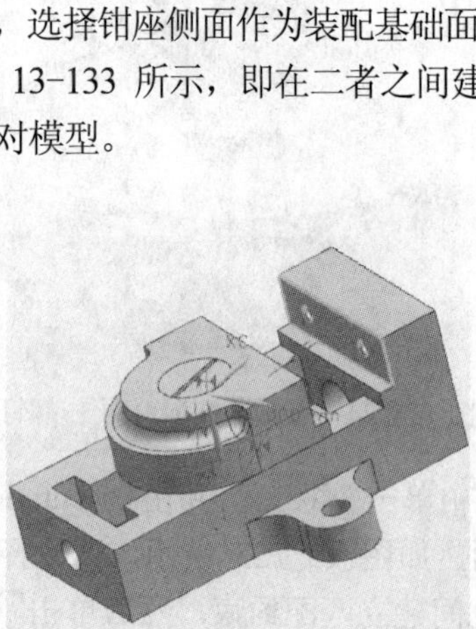

图 13-128 选择装配基础面 1-护口板

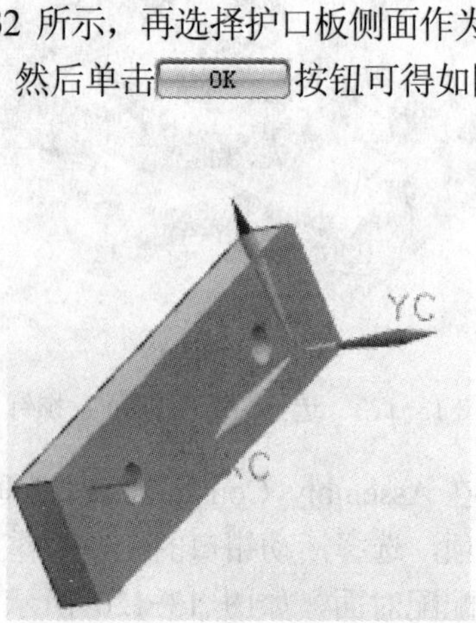

图 13-129 选择装配配对面 1-护口板

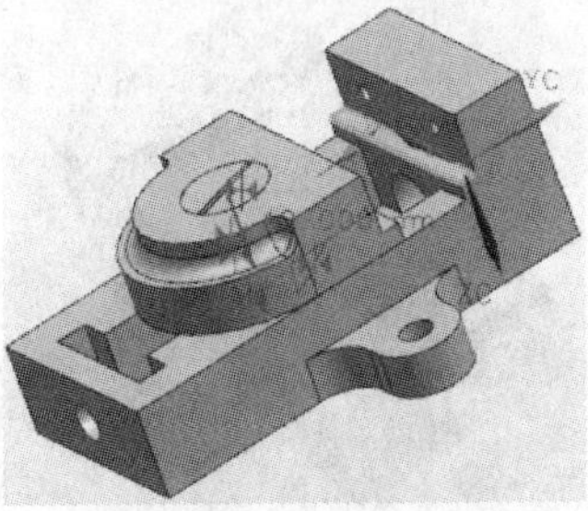

图 13-130　选择装配基础面 2-护口板

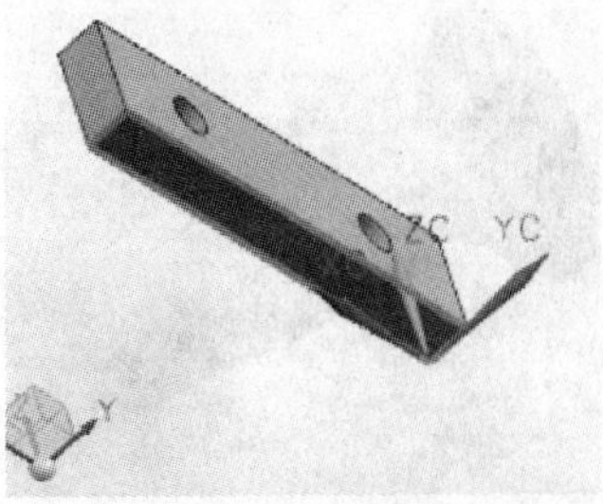

图 13-131　选择装配配对面 2-护口板

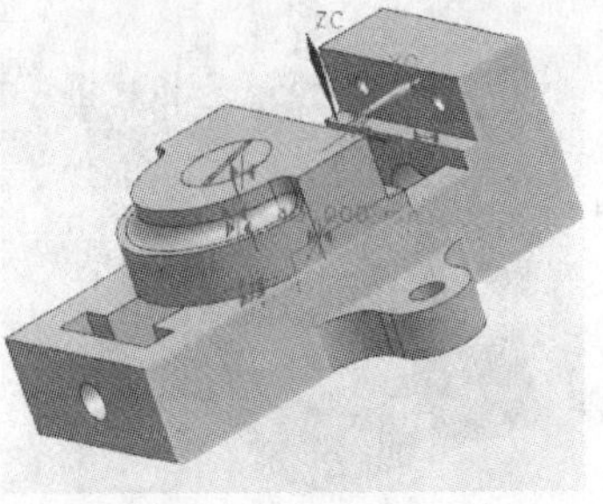

图 13-132　选择装配基础面 3-护口板

（7）重复步骤（1）～（6），在另一侧，即活动钳口上通过配对的方式添加护口板，可得如图 13-135 所示的配对模型。

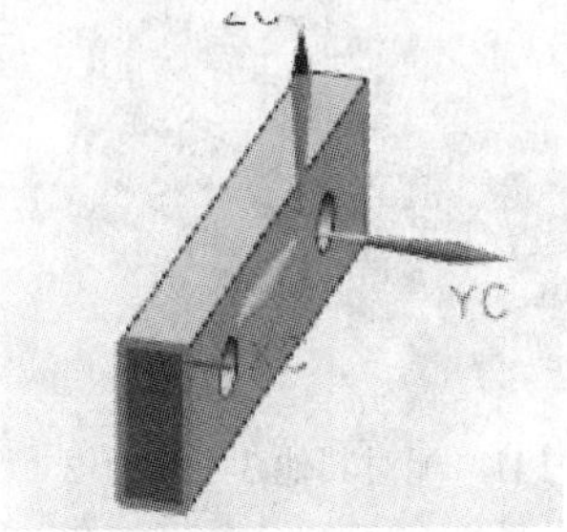

图 13-133　选择装配配对面 3-护口板

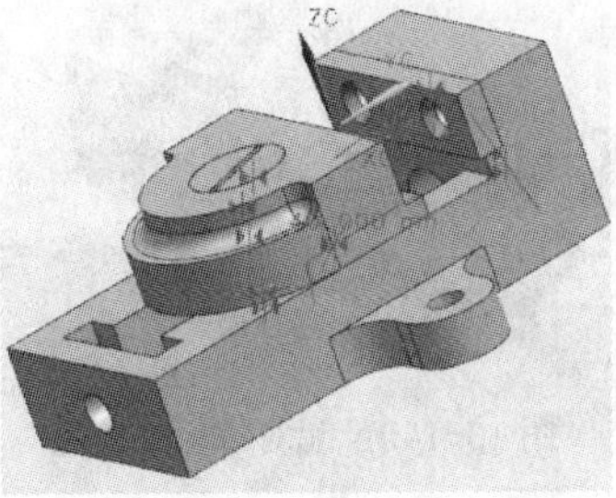

图 13-134　配对护口板

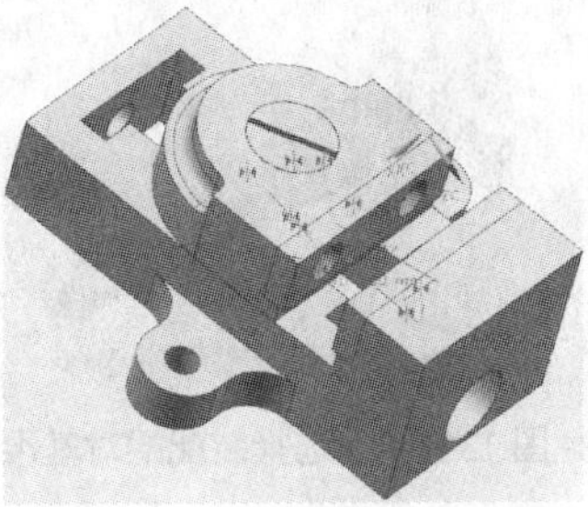

图 13-135　在另一侧配对护口板

7．以配对方式添加螺钉 2

（1）选择【Assemblies】→【Components】→【Add Component…】命令或单击工具栏上的按钮，系统弹出如图 13-102 所示的 Add Component 对话框。

（2）单击 Add Component 对话框中 Type 选项下的按钮，弹出 Part Name 对话框，在磁盘目录下找到 luoding2.prt 部件，同时在视图区域的右下角可通过 Component Preview 窗口对加载部件进行预览。

（3）在 Add Component 对话框中设置如图 13-107 所示的装配选项，单击 OK 按钮，系统弹出如图 13-108 所示的 Assembly Constraints 对话框。

（4）在 Assembly Constraints 对话框的 Type 选项中单击按钮，并在 Orientation 列表下选择选项，选择护口板上孔面作为装配基础面，如图 13-136 所示，再选择螺钉的一面作为装配配对面，如图 13-137 所示，则可在二者之间建立匹配约束。

（5）在 Assembly Constraints 对话框的 Type 选项中单击按钮，并在 Orientation 列表下选择选项，选择钳座上的孔轴线作为装配基础基准，如图 13-138 所示，再选择螺钉的中心轴线作为装配配对基准，如图 13-139 所示，则可在二者之间建立匹配约束（注意配对时的方向，若提示出错，可单击按钮更改方向），单击 OK 按钮可得二者的配对模型如图 13-140 所示。

图 13-136　选择装配基础面

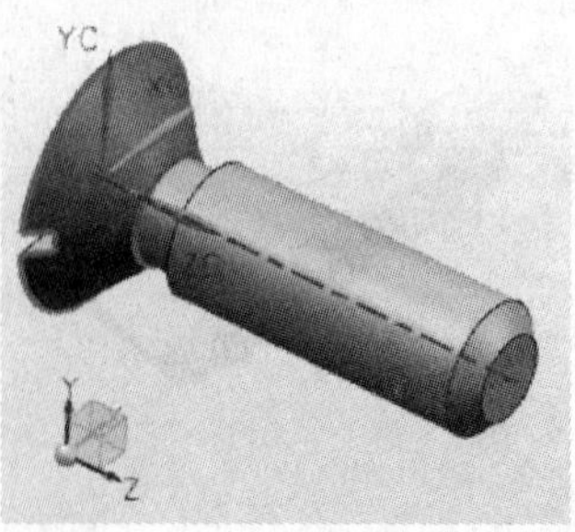

图 13-137　选择装配配对面

图 13-138　选择装配基础基准

（6）重复步骤（1）～（5），在护口板的其他 3 个孔位置添加螺钉 2，可得如图 13-141 所示的配对模型。

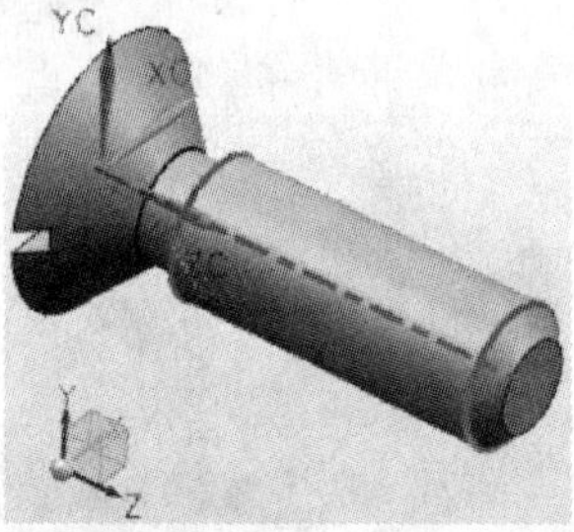

图 13-139　选择装配配对基准

图 13-140　配对螺钉 2

图 13-141　配对其他 3 个螺钉 2

8．以配对方式添加螺杆

（1）选择【Assemblies】→【Components】→【Add Component…】命令或单击工具栏上的按钮，系统弹出如图 13-102 所示的 Add Component 对话框。

（2）单击 Add Component 对话框中 Type 选项下的按钮，弹出 Part Name 对话框，在磁盘目录下找到 luogan.prt 部件，同时在视图区域的右下角可通过 Component Preview 窗口对加载部件进行预览。

（3）在 Add Component 对话框中设置如图 13-107 所示的装配选项，单击 OK 按钮，系统弹出如图 13-108 所示的 Assembly Constraints 对话框。

（4）在 Assembly Constraints 对话框的 Type 选项中单击按钮，并在 Orientation 列表下选择选项，选择钳座上的内孔面作为装配基础面，如图 13-142 所示，再选择螺杆的一个圆柱面作为装配配对面，如图 13-143 所示，则可在二者之间建立匹配约束。

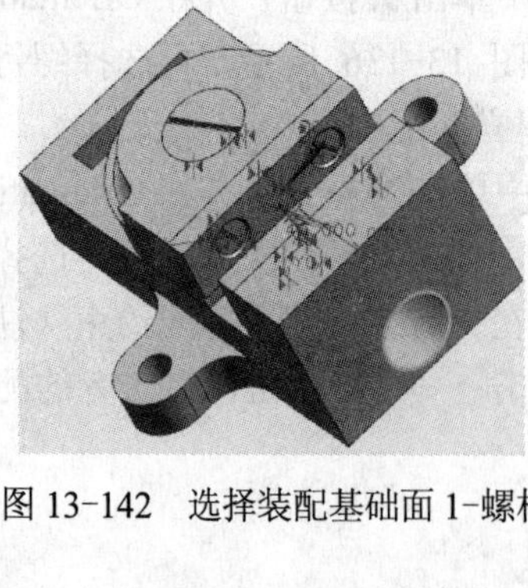

图 13-142　选择装配基础面 1-螺杆

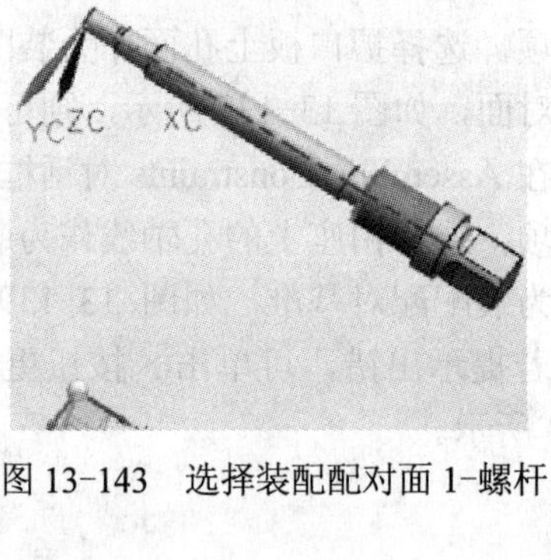

图 13-143　选择装配配对面 1-螺杆

（5）在 Assembly Constraints 对话框的 Type 选项中单击按钮，并在 Orientation 列表下选择选项，选择钳座的侧面作为装配基础面，如图 13-144 所示，再选择螺杆的一个圆柱侧面作为装配配对面，如图 13-145 所示，则可在二者之间建立匹配约束，单击 OK 按钮即可得到二者的配对模型，如图 13-146 所示。

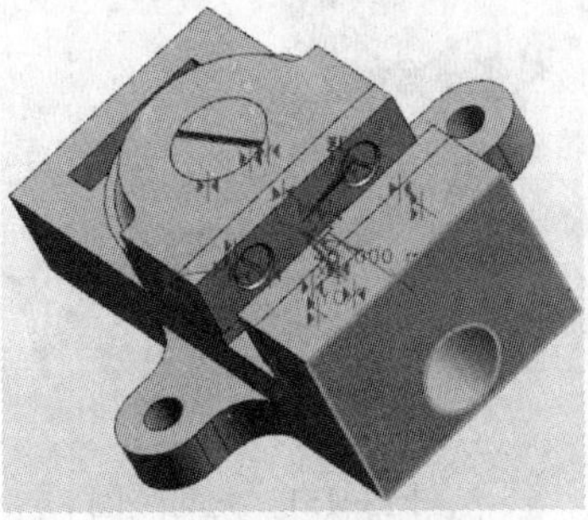

图 13-144　选择装配基础面 2-螺杆

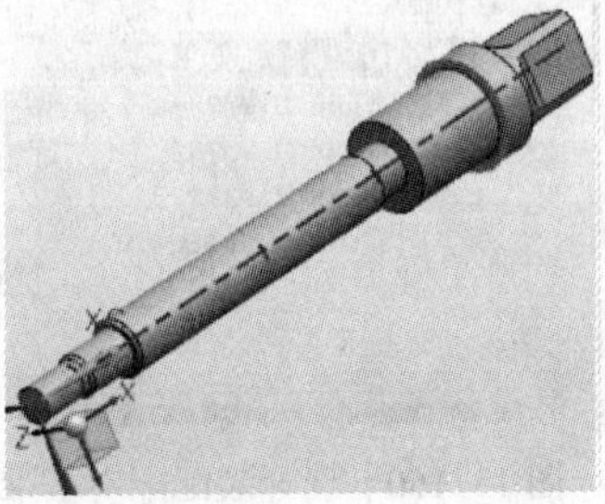

图 13-145　选择装配配对面 2-螺杆

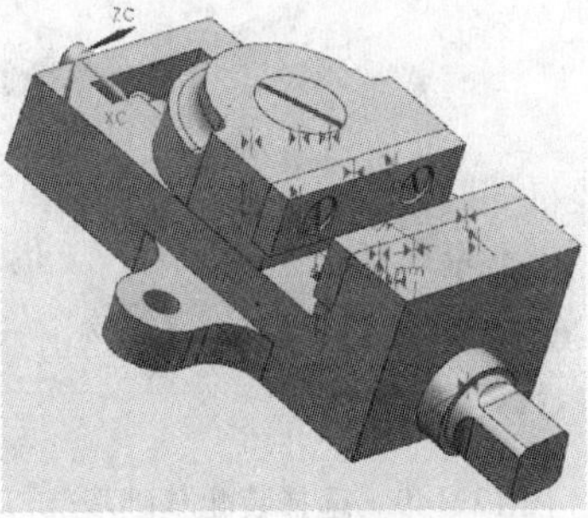

图 13-146　配对螺杆

9．以配对方式添加垫圈

（1）选择【Assemblies】→【Components】→【Add Component…】命令或单击工具栏上的按钮，系统弹出如图 13-102 所示的 Add Component 对话框。

（2）单击 Add Component 对话框中 Type 选项下的按钮，弹出 Part Name 对话框，在磁盘目录下找到 dianquan.prt 部件，同时在视图区域的右下角可通过 Component Preview 窗口对加载部件进行预览。

（3）在 Add Component 对话框中设置如图 13-107 所示的装配选项，单击 OK 按钮，系统弹出如图 13-108 所示的 Assembly Constraints 对话框。

（4）在 Assembly Constraints 对话框的 Type 选项中单击按钮，并在 Orientation 列表下选择选项，选择钳座的侧面作为装配基础面，如图 13-147 所示，再选择垫圈的底面作为装配配对面，如图 13-148 所示，则可在二者之间建立匹配约束。

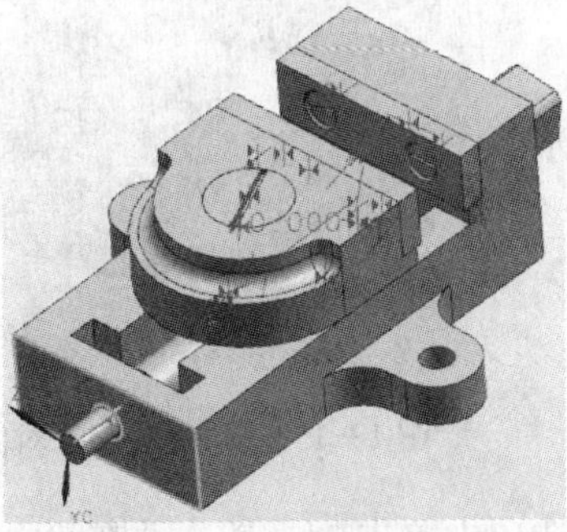

图 13-147　选择装配基础面

图 13-148　选择装配配对面

（5）在 Assembly Constraints 对话框的 Type 选项中单击按钮，并在 Orientation 列表下选择选项，选择螺杆的中心轴作为装配基础基准，如图 13-149 所示，再选择垫圈的内孔面，弹出如图 13-150 所示的快速选择对话框，选择中心线选项作为装配配对基准，则可在二者之间建立匹配约束（注意配对时的方向，若提示出错，可单击按钮更改方向），单击OK按钮即可得到二者的配对模型，如图 13-151 所示。

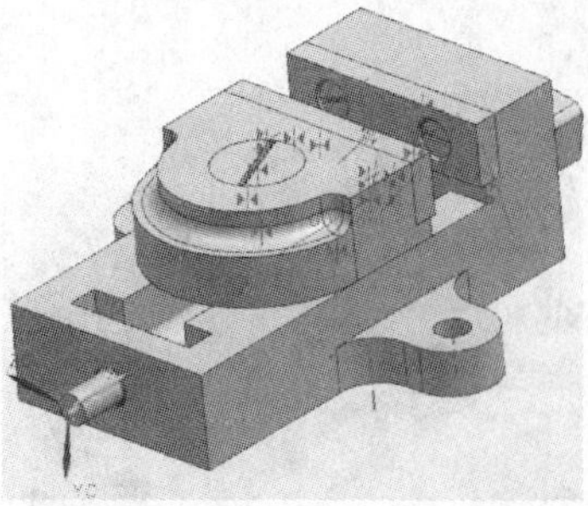

图 13-149 选择装配基础基准

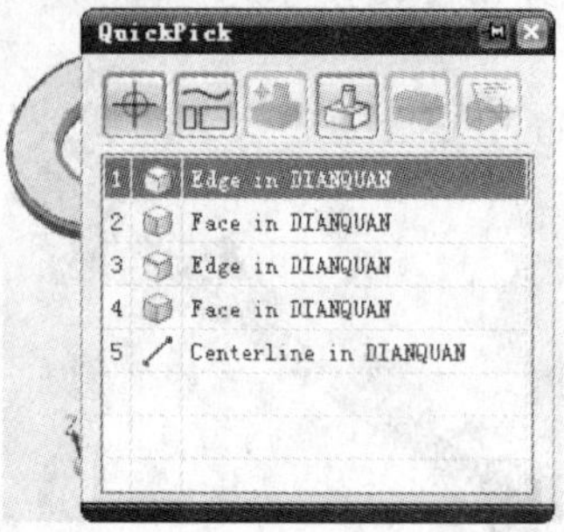

图 13-150 选择装配配对基准

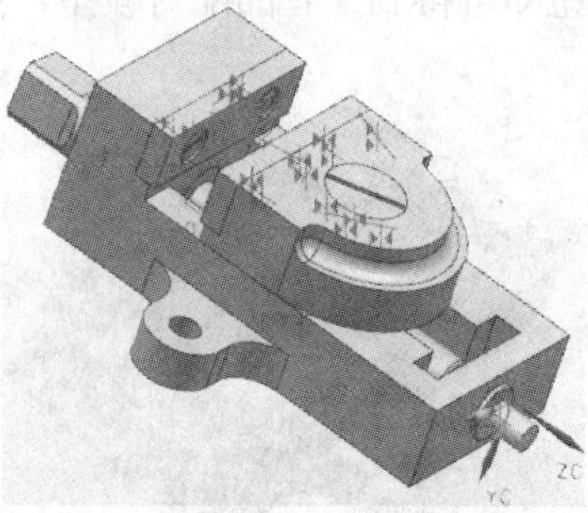

图 13-151 配对垫圈

10. 以配对方式添加螺母

（1）选择【Assemblies】→【Components】→【Add Component…】命令或单击工具栏上的按钮，系统弹出如图 13-102 所示的 Add Component 对话框。

（2）单击 Add Component 对话框中 Type 选项下的按钮，弹出 Part Name 对话框，在磁盘目录下找到 luomu-M10.prt 部件，同时在视图区域的右下角可通过 Component Preview 窗口对加载部件进行预览。

（3）在 Add Component 对话框中设置如图 13-107 所示的装配选项，单击OK按钮，系统弹出如图 13-108 所示的 Assembly Constraints 对话框。

（4）在 Assembly Constraints 对话框的 Type 选项中单击按钮，并在 Orientation 列表下选择选项，选择垫圈表面作为装配基础面，如图 13-152 所示，再选择螺母底面作为装配配对面，如图 13-153 所示，则可在二者之间建立匹配约束。

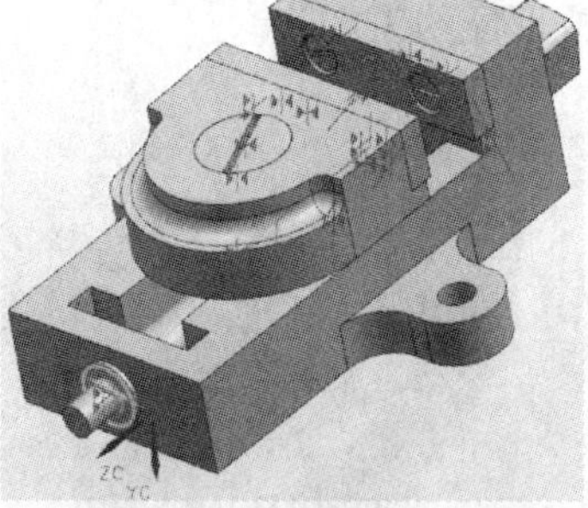

图 13-152 选择装配基础面

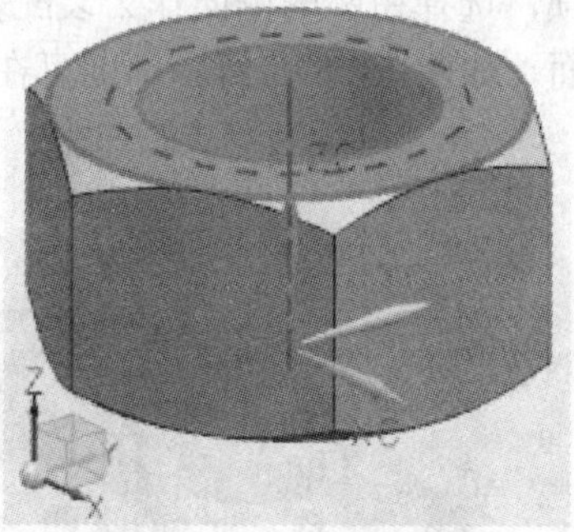

图 13-153 选择装配配对面

（5）在 Assembly Constraints 对话框的 Type 选项中单击按钮，并在 Orientation 列表下选择选项，选择螺杆中心线作为装配基础基准，如图 13-154 所示，再选择螺母中心线作为装配配对基准，如图 13-155 所示，则可在二者之间建立匹配约束，单击OK按钮后可得到如图 13-156 所示的配对模型。

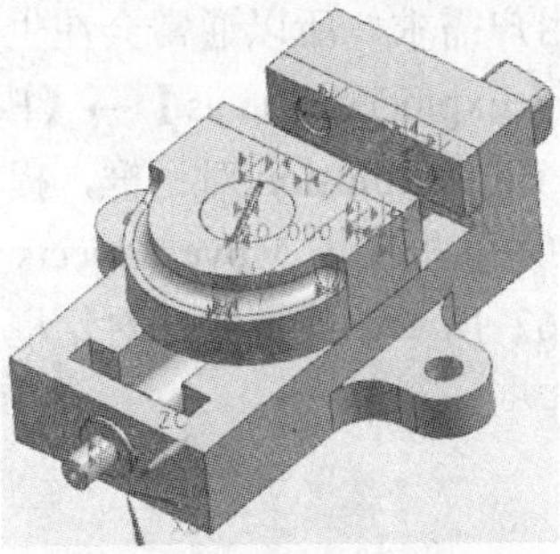

图 13-154　选择装配基础基准

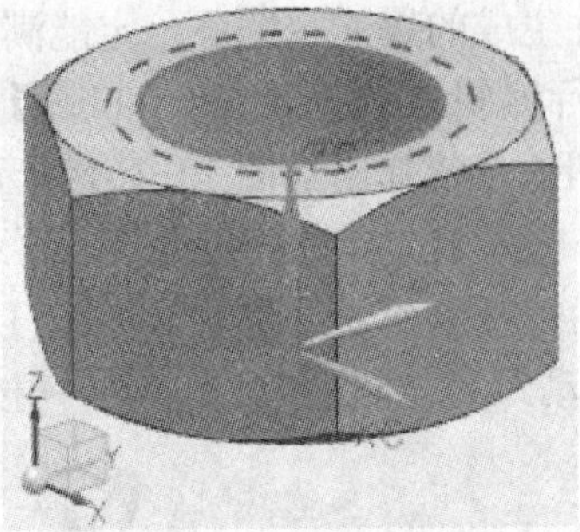

图 13-155　选择装配配对基准

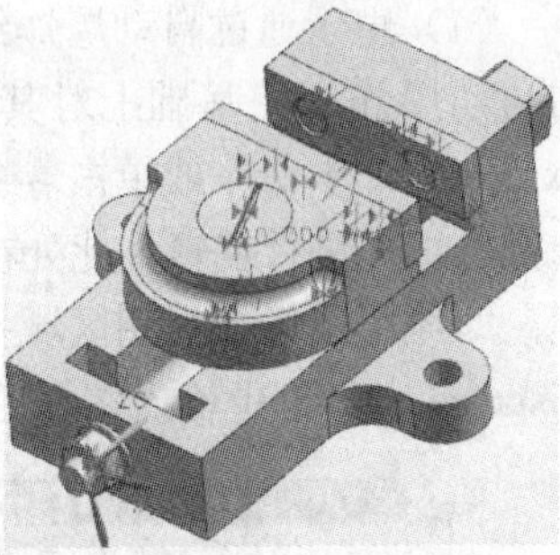

图 13-156　配对螺母

13.3　平口虎钳爆炸视图

本节主要讲述平口虎钳爆炸视图的创建与编辑。

（1）启动 UG NX 8.0，选择【File】→【Open】命令，在弹出的新建文件对话框中选择 pingkouhuqian.prt，即打开 13.2 节所创建的平口虎钳装配文件。

（2）选择【Assemblies】→【Exploded Views】→【New Explosion…】命令，或先单击 Assemblies 工具栏上的按钮，再在系统弹出的 Exploded Views 工具栏上单击按钮，系统弹出如图 13-157 所示的 New Explosion 对话框，在对话框中输入新视图的名称，此处采用系统默认的 Explosion 1，单击 OK 按钮，此时 Exploded Views 工具栏上的按钮被激活，如图 13-158 所示。

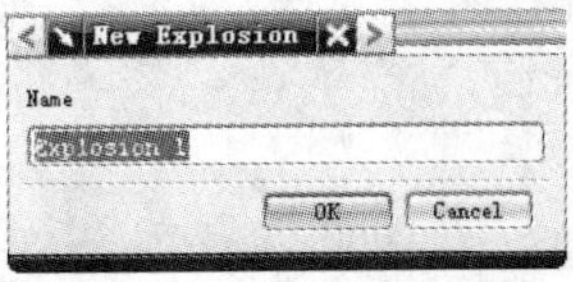

图 13-157　New Explosion 对话框

（3）选择【Assemblies】→【Exploded Views】→【Auto-explode Components…】命令或单击按钮，系统弹出 Class Selection 对话框，在对话框中单击按钮，即选中装配体中的所有组件，单击 OK 按钮，系统弹出如图 13-159 所示的 Auto-explode Components 对话框，在对话框的 Distance 文本框中输入 80，并选中 Add Clearance（添加间隙）复选框，单击 OK 按钮，即可得到如图 13-160 所示的爆炸视图。

图 13-158　Exploded Views 工具栏

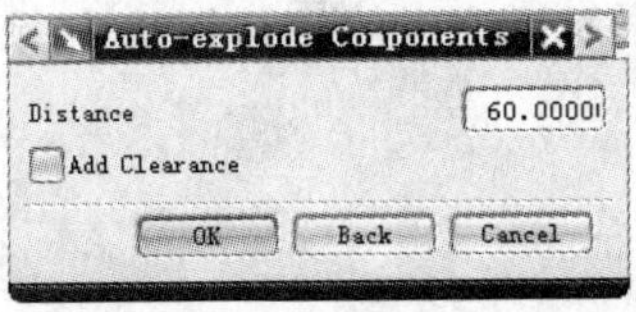

图 13-159　Auto-explode Components 对话框

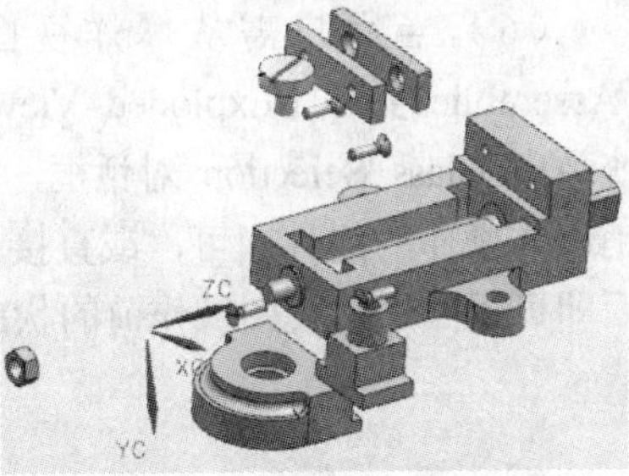

图 13-160　自动爆炸视图

（4）由于通过自动爆炸组件生成的爆炸视图不一定能满足用户需求，所以通常会在生成的自动爆炸视图基础上对其进行编辑。选择【Assemblies】→【Exploded Views】→【Edit Explosion...】命令或单击按钮，系统弹出如图 13-161 所示的 Edit Explosion 对话框，提示选择一组件进行编辑。此处在视图区域选择螺杆组件后，再选中对话框中的 Move Objects 选项，即可用鼠标在视图区域拖动螺杆至所需的位置，如图 13-162 所示，或直接在对话框的 Distance 文本框中输入螺杆的移动距离，然后单击 OK 按钮。

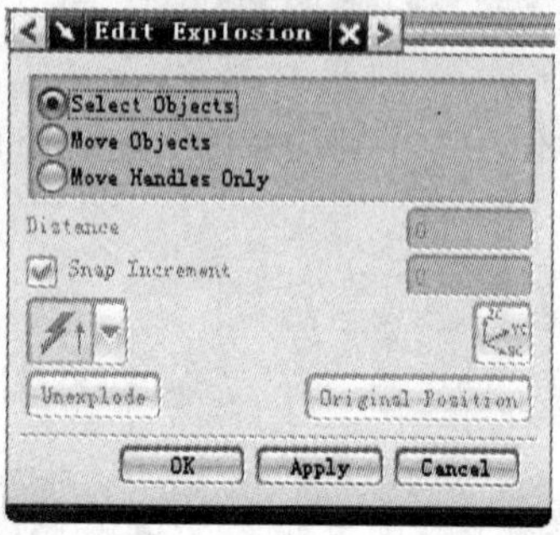

图 13-161　Edit Explosion 对话框

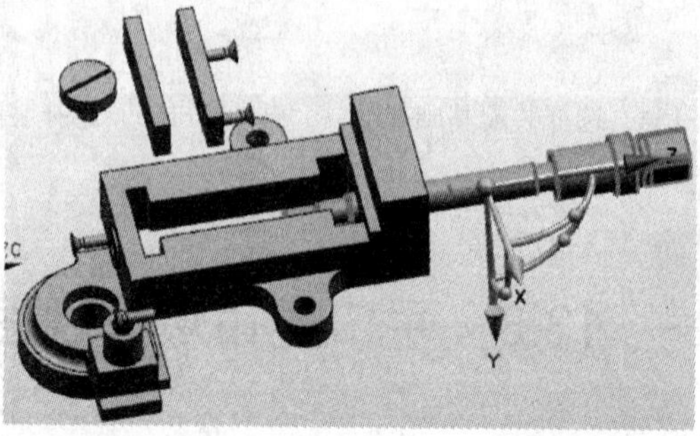

图 13-162　移动螺杆编辑爆炸视图

（5）采用步骤（4）中的方法对自动生成的爆炸视图进行编辑，可得如图 13-163 所示的爆炸视图。

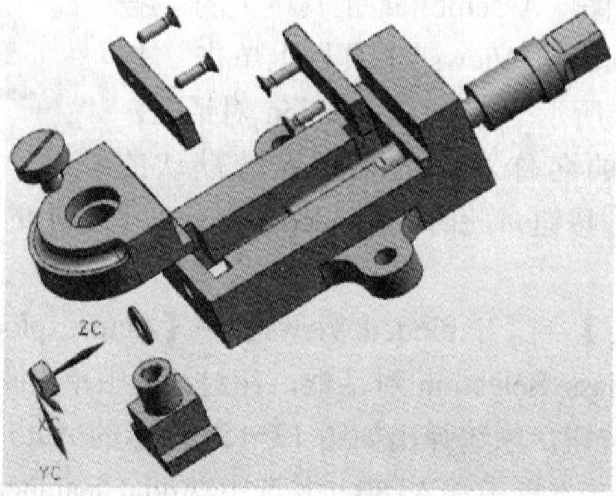

图 13-163　平口虎钳爆炸视图

（6）当用户需从爆炸视图返回或撤销对某个组件的爆炸视图操作时，可选择【Assemblies】→【Exploded Views】→【Unexploded Component...】命令或单击按钮，系统弹出 Class Selection 对话框，提示用户选择需撤销爆炸操作的组件，在视图区域选择需撤销爆炸操作的组件即可，或直接单击对话框中的按钮选中所有的组件，单击 OK 按钮后即可返回爆炸视图操作前的状态。

第 14 章　减速器装配

在第 13 章对平口虎钳进行装配时，是逐个将零件加入到装配体中的，这种装配方法对于结构较为简单的装配体来说比较方便，但对于结构较为复杂的装配体存在诸多不便，如本章即将讲述的减速器装配。所以对结构比较复杂的装配体进行装配时，可将整个装配体分为几个部分，每个部分单独建立一个子装配体，再将子装配体装配在一起形成总装配体，该方法有利于实现模块化装配。

本章以如图 14-1 所示的减速器为例，因其结构较为复杂，所以在装配时采用分级装配，即先将整个减速器分解为几个子装配体部分，如输入轴子装配、输出轴子装配等，然后再将各子装配体装配在一起形成减速器。其模型部件可从 http://yydz.phei.com.cn 上下载。

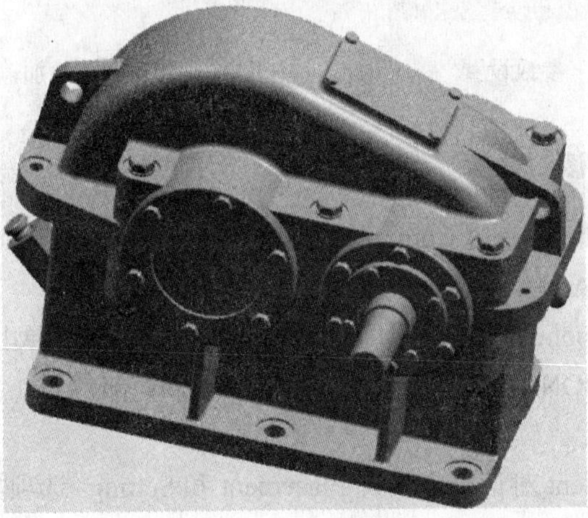

图 14-1　减速器

14.1　输入轴子装配

1. 创建装配图纸

启动 UG NX 8.0，选择【File】→【New】命令，在弹出的新建文件对话框中选择 Assembly，在 Name 栏中输入装配体的名称为 SHURUZHOU-ASM，并设置文件的存储路径，单击 OK 按钮后系统自动进入到装配环境中。

2. 以绝对坐标定位方法添加输入轴

（1）选择【Assemblies】→【Components】→【Add Component...】命令或单击工具栏

上的按钮，系统弹出 Add Component 对话框。

（2）单击 Add Component 对话框中 Type 选项下的按钮，弹出 Part Name 对话框，在磁盘目录下找到 SHURUZHOU.prt 部件后，视图区域的右下角弹出 Component Preview 窗口。

（3）在 Add Component 对话框中设置 Placement 和 Settings 选项如图 14-2 所示。

（4）单击 OK 按钮，即可得到如图 14-3 所示的装配模型。

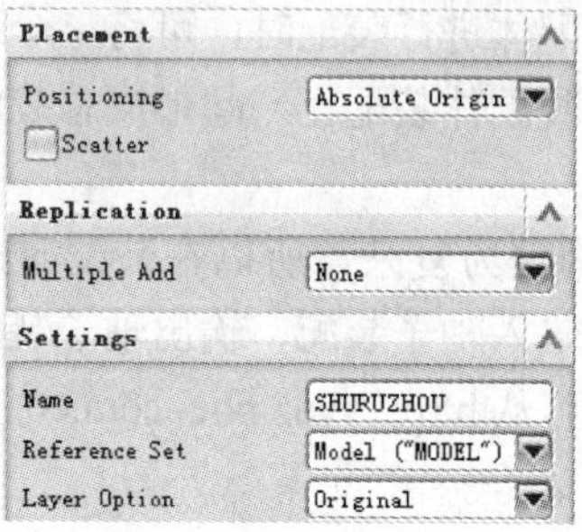

图 14-2　参数设置

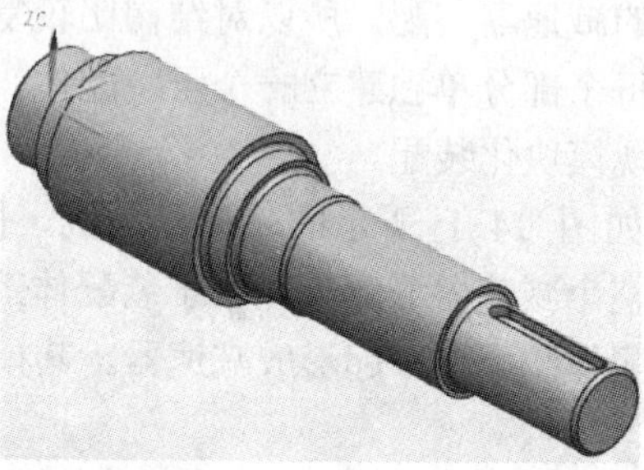

图 14-3　添加输入轴

3．以配对方式添加滚动轴承

（1）选择【Assemblies】→【Components】→【Add Component...】命令或单击工具栏上的按钮，系统弹出 Add Component 对话框。

（2）单击 Add Component 对话框中 Type 选项下的按钮，弹出 Part Name 对话框，在磁盘目录下找到 GUNDONGZHOUCHENG6208-ASM.prt 部件后，视图区域的右下角弹出 Component Preview 窗口。

（3）在 Add Component 对话框中设置 Placement 和 Settings 选项如图 14-4 所示。

（4）单击 OK 按钮，系统弹出如图 14-5 所示的 Assembly Constraints 对话框。

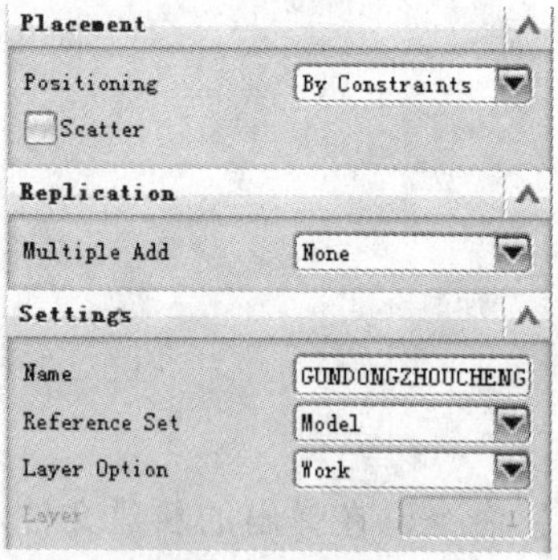

图 14-4　参数设置

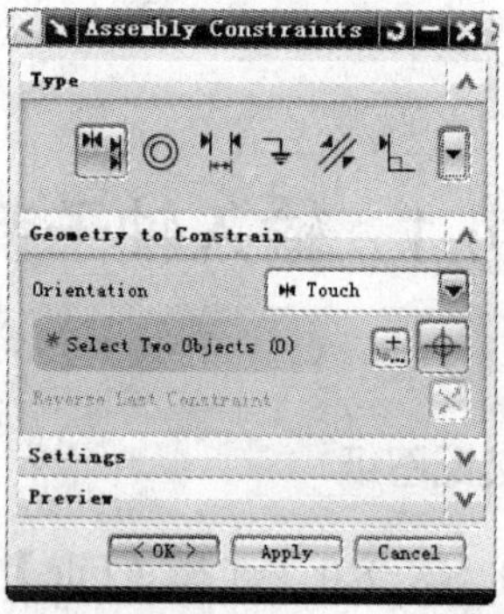

图 14-5　Assembly Constraints 对话框

（5）在 Assembly Constraints 对话框的 Type 选项中单击按钮，并在 Orientation 列表下选择选项，选择输入轴的中心线作为装配基础基准，如图 14-6 所示，再选择滚动轴承的中心线作为装配配对基准，如图 14-7 所示，则可在二者之间建立匹配约束。

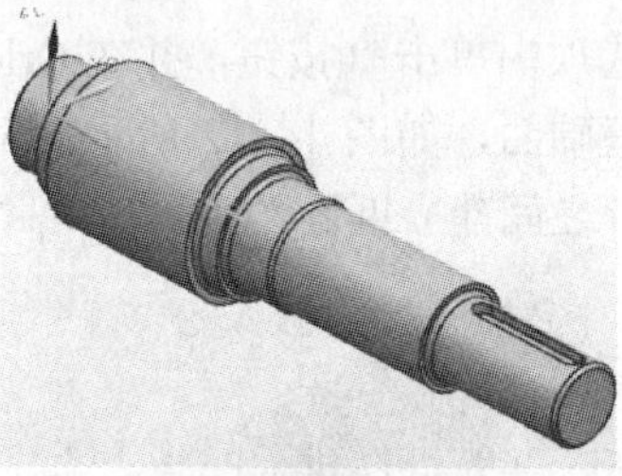

图 14-6　选择装配基础基准

图 14-7　选择装配配对基准

（6）在 Assembly Constraints 对话框的 Type 选项中单击按钮，并在 Orientation 列表下选择选项，选择输入轴的一个侧面作为装配基础面，如图 14-8 所示，再选择滚动轴承的侧面作为装配配对面，如图 14-9 所示，则可在二者之间建立对齐约束。

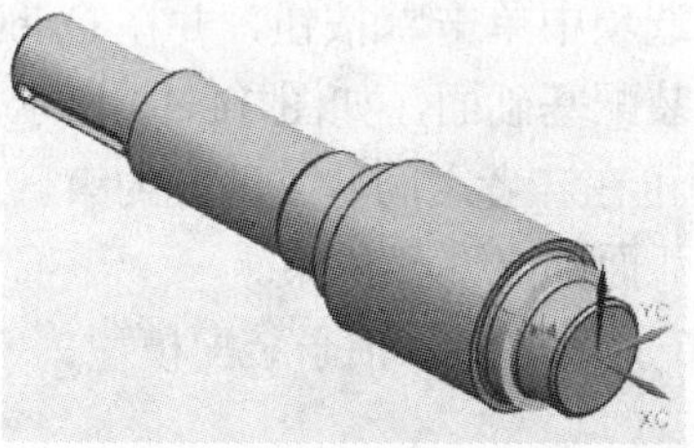

图 14-8　选择装配基础面

图 14-9　选择装配配对面

（7）单击 OK 按钮，即可生成如图 14-10 所示的配对模型。按同样的方式在轴的另一端安装部件名为 GUNDONGZHOUCHENG6208-ASM.prt 的滚动轴承，可得如图 14-11 所示的配对模型。

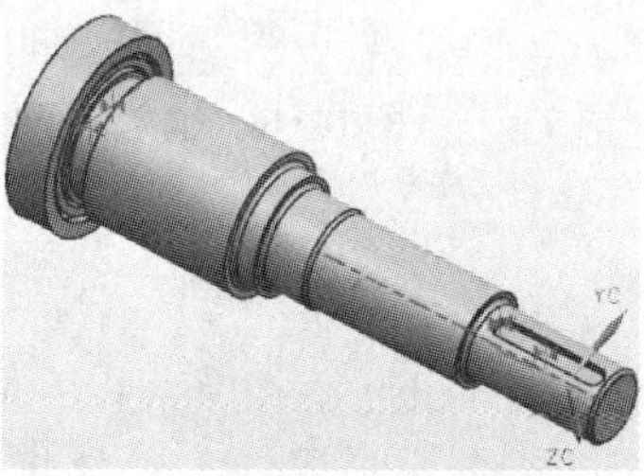

图 14-10　添加滚动轴承

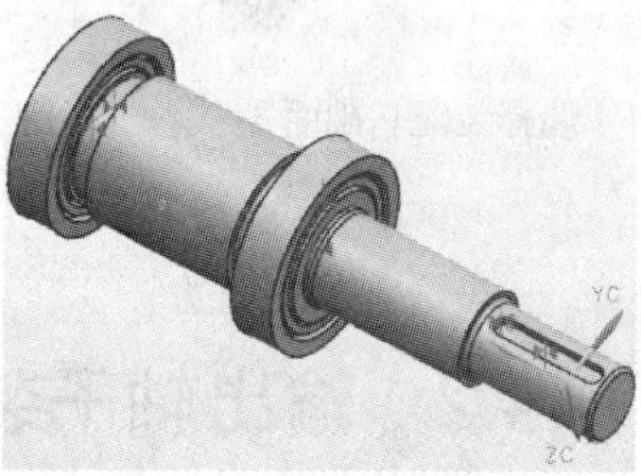

图 14-11　添加另一端滚动轴承

4．以配对方式添加平键

（1）选择【Assemblies】→【Components】→【Add Component…】命令或单击工具栏上的按钮，系统弹出 Add Component 对话框。

（2）单击 Add Component 对话框中 Type 选项下的按钮，弹出 Part Name 对话框，在磁盘目录下找到 JIAN8-50.prt 部件后，视图区域的右下角弹出 Component Preview 窗口。

（3）在 Add Component 对话框中设置 Placement 和 Settings 选项如图 14-4 所示。

（4）单击 OK 按钮，系统弹出如图 14-5 所示的 Assembly Constraints 对话框。

（5）在 Assembly Constraints 对话框的 Type 选项中单击按钮，并在 Orientation 列表下选择选项，选择输入轴上的键槽底面作为装配基础面，如图 14-12 所示，再选择平键的底面作为装配配对面，如图 14-13 所示，则可在二者之间建立匹配约束。

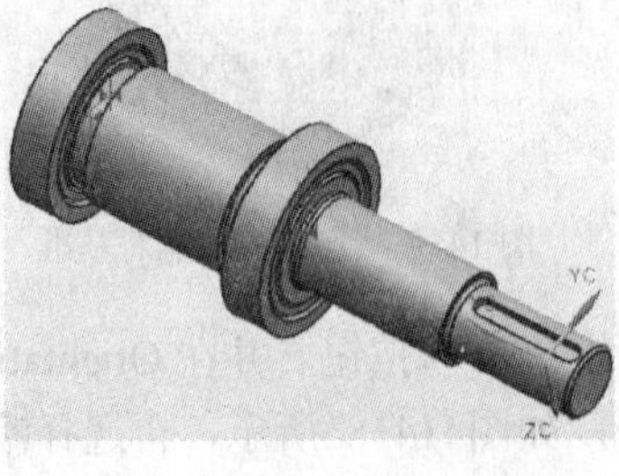

图 14-12　选择装配基础面 1

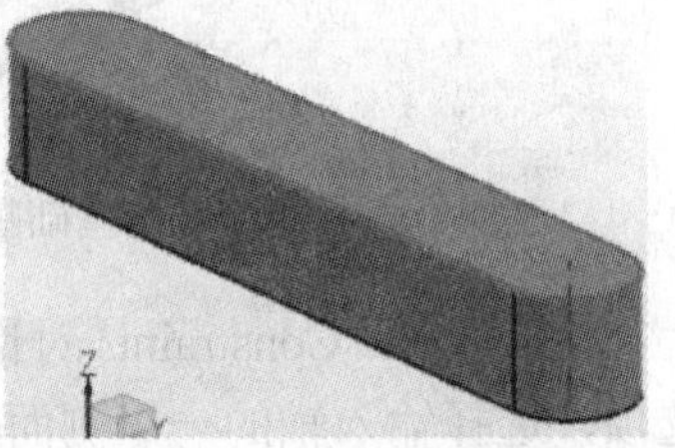

图 14-13　选择装配配对面 1

（6）在 Assembly Constraints 对话框的 Type 选项中单击按钮，并在 Orientation 列表下选择选项，选择输入轴上的键槽的圆弧面作为装配基础面，如图 14-14 所示，再选择平键的圆弧面作为装配配对面，如图 14-15 所示，则可在二者之间建立匹配约束。用同样的方法对输入轴键槽上的另一圆弧面与平键上的另一圆弧面建立匹配约束。

（7）单击 OK 按钮，即可生成如图 14-16 所示的输入轴子装配模型。

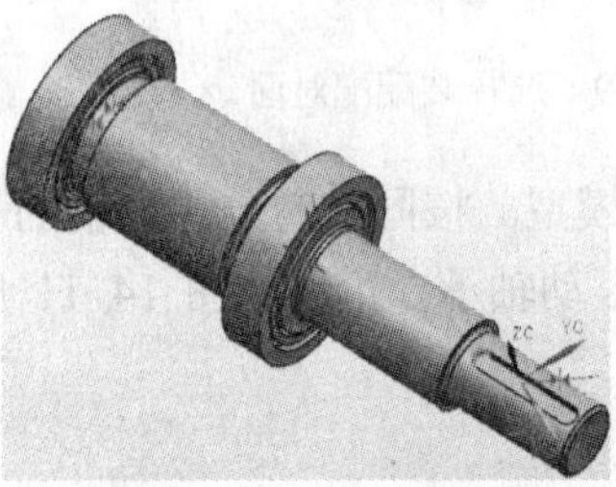

图 14-14　选择装配基础面 2

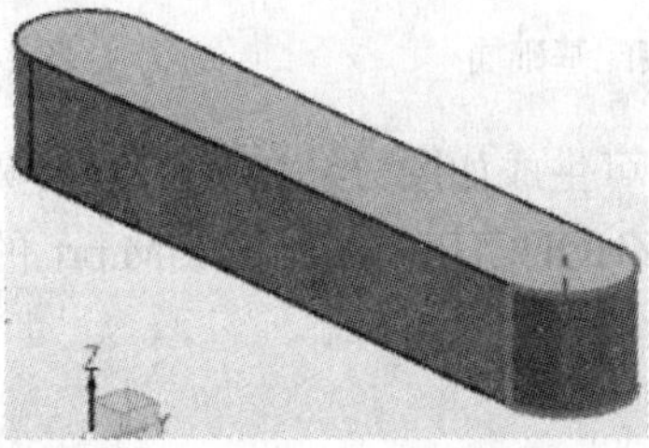

图 14-15　选择装配配对面 2

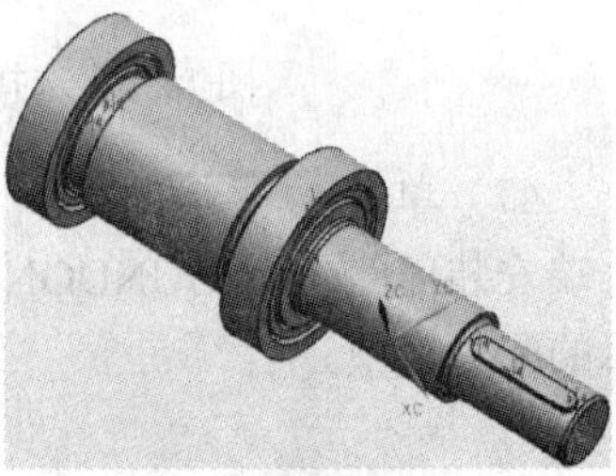

图 14-16　输入轴子装配模型

14.2　输出轴子装配

1. 创建装配图纸

启动 UG NX 8.0，选择【File】→【New】命令，在弹出的新建文件对话框中选择 Assembly，在 Name 栏中输入装配体的名称为 SHUCHUZHOU-ASM，并设置文件的存储路径，单击 OK 按钮后系统自动进入到装配环境中。

2. 以绝对坐标定位方法添加输出轴

（1）选择【Assemblies】→【Components】→【Add Component…】命令或单击工具栏上的按钮，系统弹出 Add Component 对话框。

（2）单击 Add Component 对话框中 Type 选项下的按钮，弹出 Part Name 对话框，在磁盘目录下找到 SHUCHUZHOU.prt 部件后，视图区域的右下角弹出 Component Preview 窗口。

（3）在 Add Component 对话框中设置 Placement 和 Settings 选项如图 14-2 所示。

（4）单击 OK 按钮，即可得到如图 14-17 所示的装配模型。

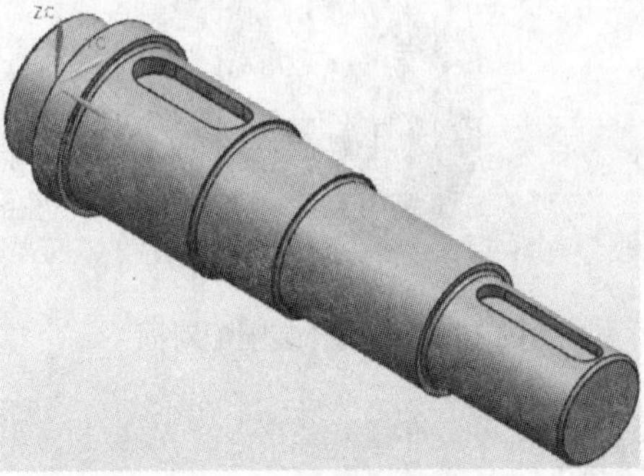

图 14-17　添加输出轴

3. 以配对方式添加滚动轴承

（1）选择【Assemblies】→【Components】→【Add Component...】命令或单击工具栏上的按钮，系统弹出 Add Component 对话框。

（2）单击 Add Component 对话框中 Type 选项下的按钮，弹出 Part Name 对话框，在磁盘目录下找到 GUNDONGZHOUCHENG6211-ASM.prt 部件后，视图区域的右下角弹出 Component Preview 窗口。

（3）在 Add Component 对话框中设置 Placement 和 Settings 选项如图 14-4 所示。

（4）单击 OK 按钮，系统弹出如图 14-5 所示的 Assembly Constraints 对话框。

（5）在 Assembly Constraints 对话框的 Type 选项中单击按钮，并在 Orientation 列表下选择选项，选择输出轴的中心线作为装配基础基准，如图 14-18 所示，再选择滚动轴承的中心线作为装配配对基准，如图 14-19 所示，则可在二者之间建立匹配约束。

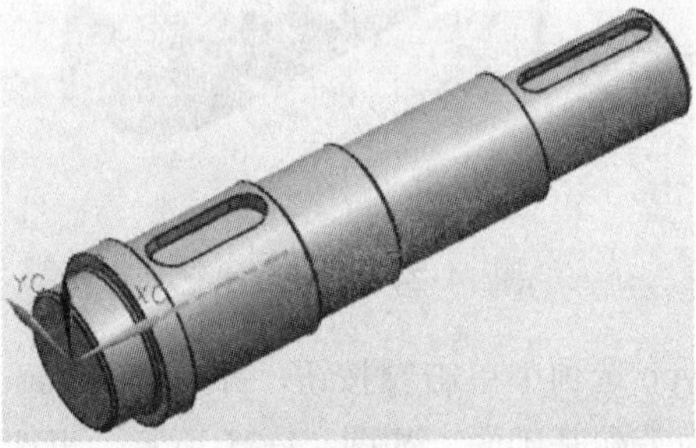

图 14-18　选择装配基础基准

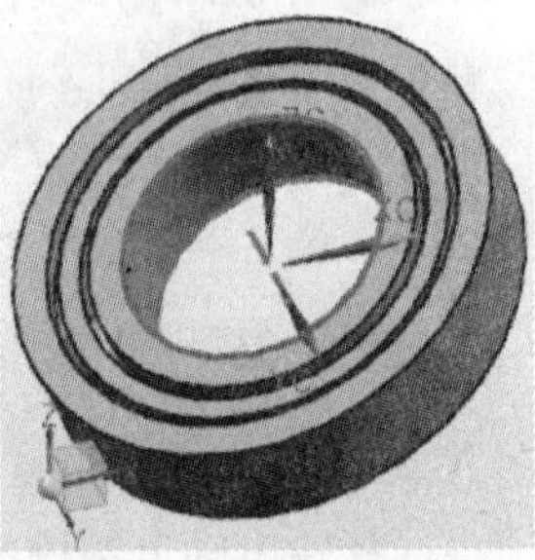

图 14-19　选择装配配对基准

（6）在 Assembly Constraints 对话框的 Type 选项中单击按钮，并在 Orientation 列表下选择选项，选择输出轴的轴肩面作为装配基础面，如图 14-20 所示，再选择滚动轴承的端面作为装配配对面，如图 14-21 所示，则可在二者之间建立匹配约束。

（7）单击OK按钮，即可得到如图 14-22 所示的配对模型。

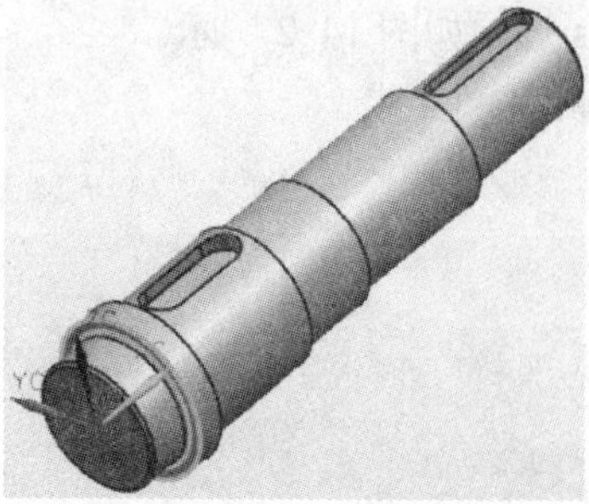

图 14-20 选择装配基础面

图 14-21 选择装配配对面

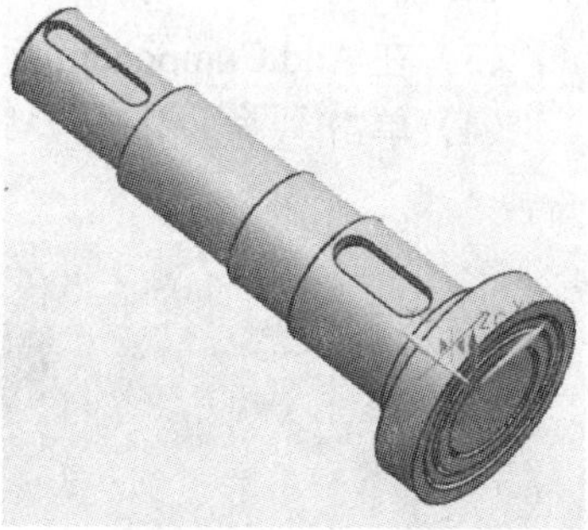

图 14-22 配对滚动轴承

4．以配对方式添加平键

（1）选择【Assemblies】→【Components】→【Add Component…】命令或单击工具栏上的按钮，系统弹出 Add Component 对话框。

（2）单击 Add Component 对话框中 Type 选项下的按钮，弹出 Part Name 对话框，在磁盘目录下找到 JIAN18-50.prt 部件后，视图区域的右下角弹出 Component Preview 窗口。

（3）在 Add Component 对话框中设置 Placement 和 Settings 选项如图 14-4 所示。

（4）单击OK按钮，系统弹出如图 14-5 所示的 Assembly Constraints 对话框。

（5）在 Assembly Constraints 对话框的 Type 选项中单击按钮，并在 Orientation 列表下选择选项，选择输出轴键槽的底面作为装配基础面，如图 14-23 所示，再选择平键的底面作为装配配对面，如图 14-24 所示，则可在二者之间建立匹配约束。

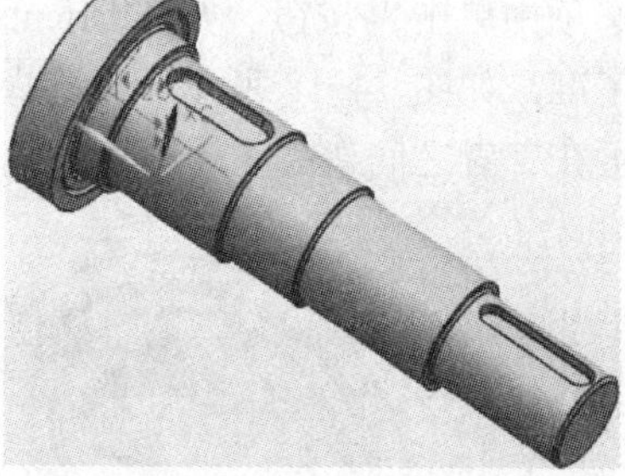

图 14-23 选择装配基础面 1

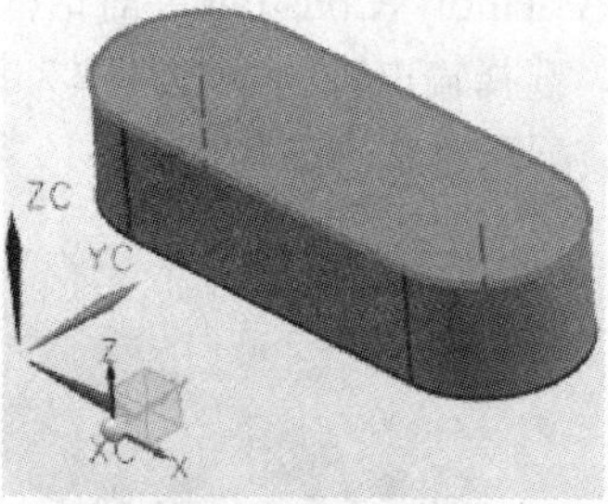

图 14-24 选择装配配对面 1

（6）在 Assembly Constraints 对话框的 Type 选项中单击按钮，并在 Orientation 列表下选择选项，选择输出轴上键槽的圆弧面作为装配基础面，如图 14-25 所示，再选择平键的底面作为装配配对面，如图 14-26 所示，则可在二者之间建立匹配约束。用同样的方法建立输出轴上键槽另一侧的圆弧面与平键上的另一圆弧面的匹配约束。

（7）单击OK按钮，即可得到如图 14-27 所示的配对模型。

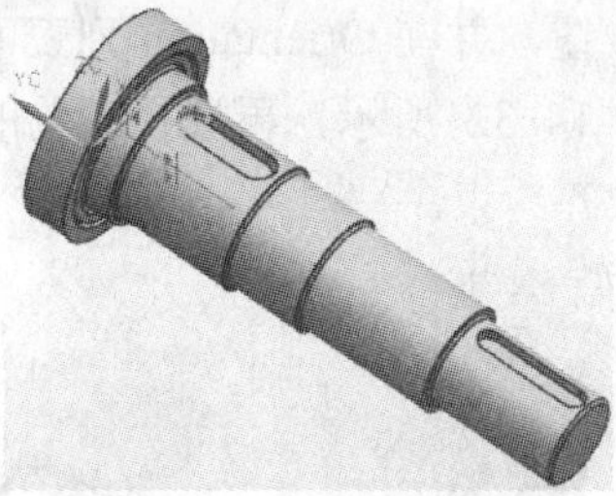

图 14-25　选择装配基础面 2

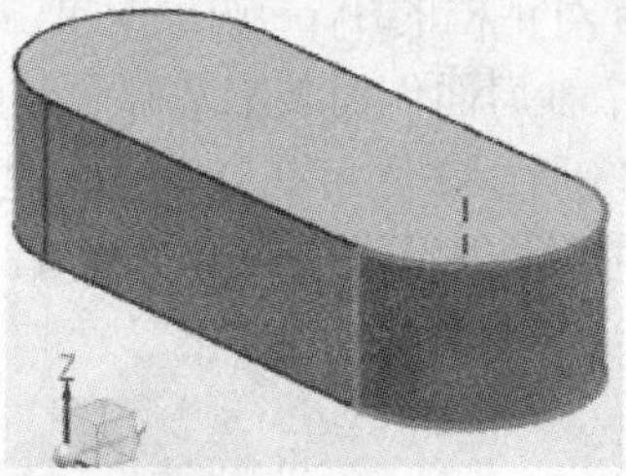

图 14-26　选择装配配对面 2

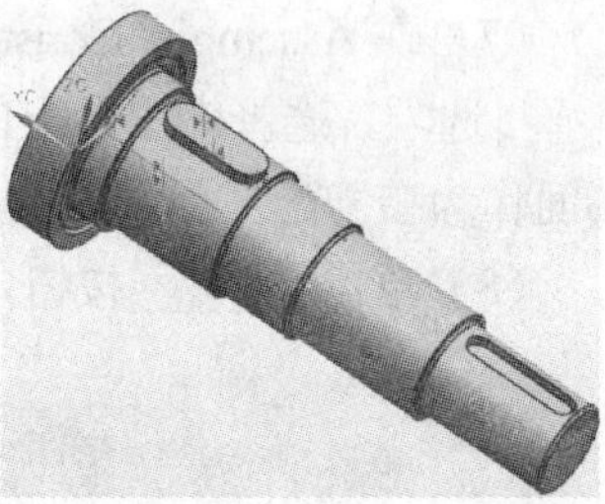

图 14-27　配对平键

5．以配对方式添加齿轮

（1）选择【Assemblies】→【Components】→【Add Component…】命令或单击工具栏上的按钮，系统弹出 Add Component 对话框。

（2）单击 Add Component 对话框中 Type 选项下的按钮，弹出 Part Name 对话框，在磁盘目录下找到 CHILUN.prt 部件后，视图区域的右下角弹出 Component Preview 窗口。

（3）在 Add Component 对话框中设置 Placement 和 Settings 选项如图 14-4 所示。

（4）单击 OK 按钮，系统弹出如图 14-5 所示的 Assembly Constraints 对话框。

（5）在 Assembly Constraints 对话框的 Type 选项中单击按钮，并在 Orientation 列表下选择选项，选择输出轴的中心线作为装配基础基准，如图 14-28 所示，再选择齿轮的中心线作为装配配对基准，如图 14-29 所示，则可在二者之间建立匹配约束。

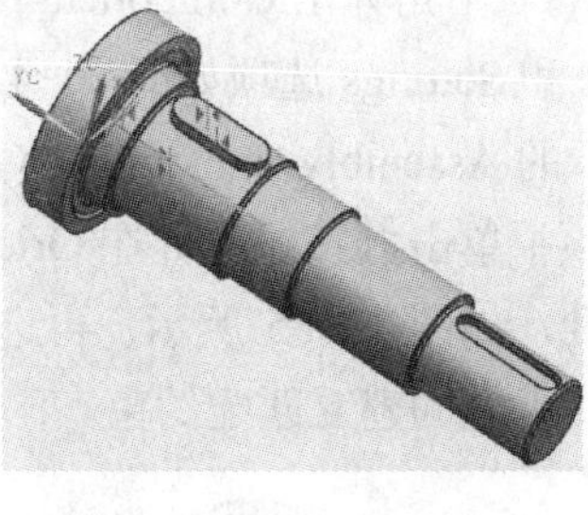

图 14-28　选择装配基础基准

图 14-29　选择装配配对基准

（6）在 Assembly Constraints 对话框的 Type 选项中单击按钮，并在 Orientation 列表下选择选项，选择输出轴键槽的侧面作为装配基础面，如图 14-30 所示，再选择齿轮的侧面作为装配配对面，如图 14-31 所示，则可在二者之间建立对齐约束。

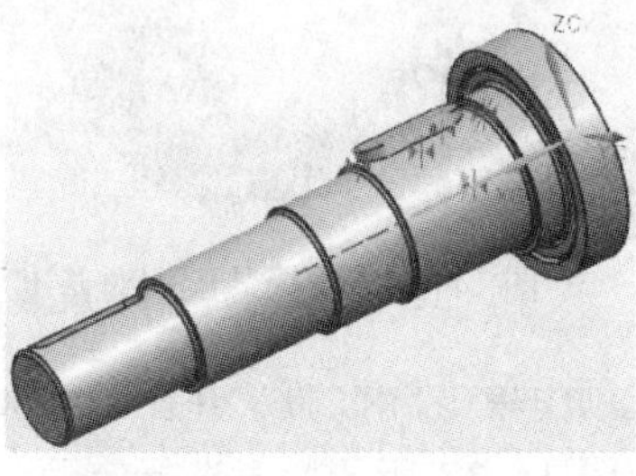

图 14-30　选择装配基础面 1

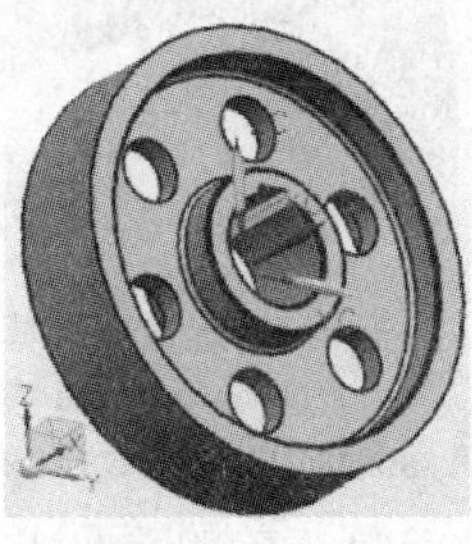

图 14-31　选择装配配对面 1

（7）在 Assembly Constraints 对话框的 Type 选项中单击按钮，并在 Orientation 列表下选择选项，选择输出轴上的一个轴肩面作为装配基础面，如图 14-32 所示，再选择齿轮的端面作为装配配对面，如图 14-33 所示，则可在二者之间建立对齐约束。

（8）单击 OK 按钮，即可得到如图 14-34 所示的配对模型。

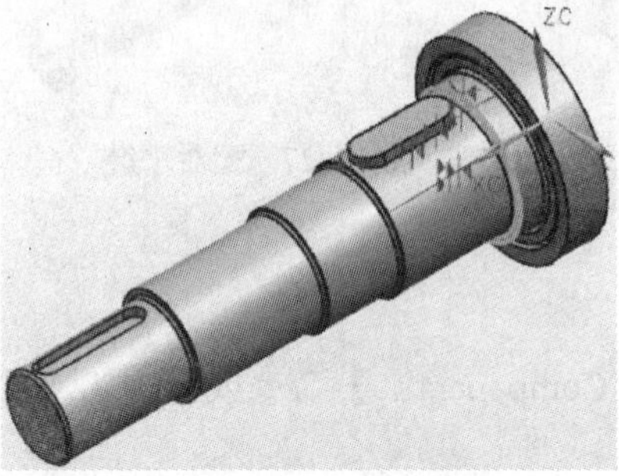

图 14-32　选择装配基础面 2

图 14-33　选择装配配对面 2

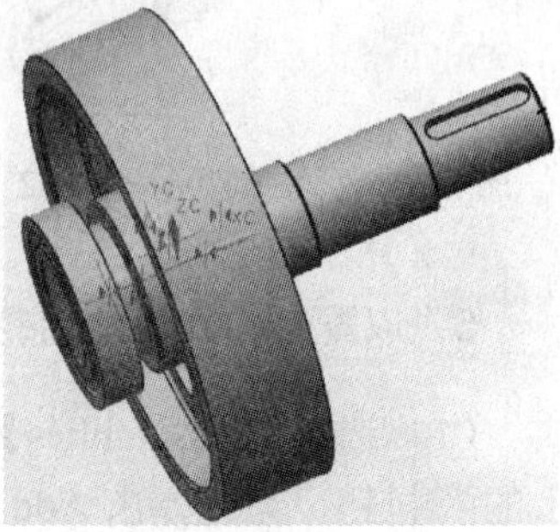
图 14-34　配对齿轮

6．以配对方式添加定距环

（1）选择【Assemblies】→【Components】→【Add Component…】命令或单击工具栏上的按钮，系统弹出 Add Component 对话框。

（2）单击 Add Component 对话框中 Type 选项下的按钮，弹出 Part Name 对话框，在磁盘目录下找到 DINGJUHUAN.prt 部件，视图区域的右下角弹出 Component Preview 窗口。

（3）在 Add Component 对话框中设置 Placement 和 Settings 选项如图 14-4 所示。

（4）单击 OK 按钮，系统弹出如图 14-5 所示的 Assembly Constraints 对话框。

（5）在 Assembly Constraints 对话框的 Type 选项中单击按钮，并在 Orientation 列表下选择选项，选择输出轴的中心线作为装配基础基准，如图 14-35 所示，再选择定距环的中心线作为装配配对基准，如图 14-36 所示，则可在二者之间建立匹配约束。

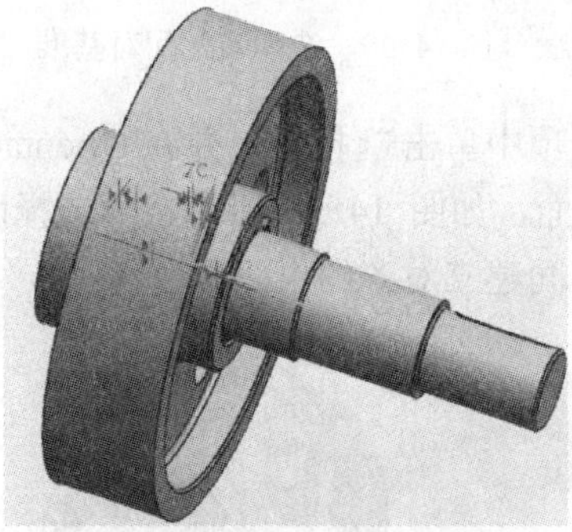

图 14-35　选择装配基础基准

图 14-36　选择装配配对基准

（6）在 Assembly Constraints 对话框的 Type 选项中单击按钮，并在 Orientation 列表下选择选项，选择齿轮的端面作为装配基础面，如图 14-37 所示，再选择定距环的端面作为装配配对面，如图 14-38 所示，则可在二者之间建立匹配约束。

（7）单击OK按钮，即可得到如图 14-39 所示的配对模型。

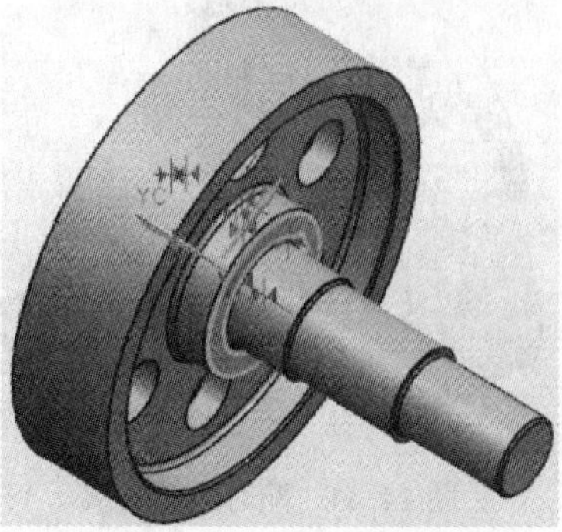

图 14-37　选择装配基础面

图 14-38　选择装配配对面

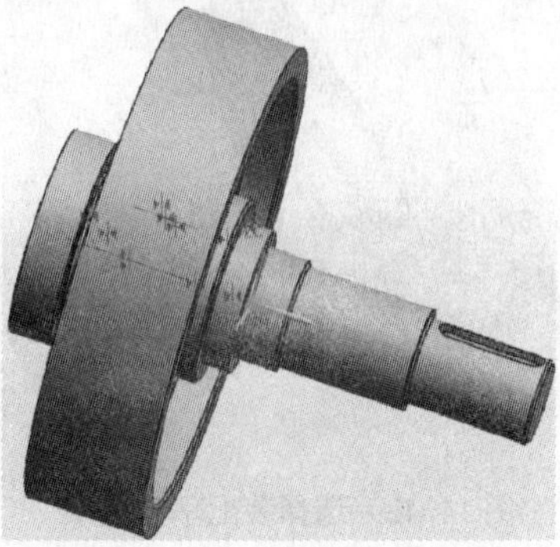

图 14-39　配对定距环

7. 以配对方式添加滚动轴承

（1）选择【Assemblies】→【Components】→【Add Component…】命令或单击工具栏上的按钮，系统弹出 Add Component 对话框。

（2）单击 Add Component 对话框中 Type 选项下的按钮，弹出 Part Name 对话框，在磁盘目录下找到 GUNDONGZHOUCHENG6211-ASM.prt 部件，视图区域的右下角弹出 Component Preview 窗口。

（3）在 Add Component 对话框中设置 Placement 和 Settings 选项如图 14-4 所示。

（4）单击OK按钮，系统弹出如图 14-5 所示的 Assembly Constraints 对话框。

（5）在 Assembly Constraints 对话框的 Type 选项中单击按钮，并在 Orientation 列表下选择选项，选择定距环的端面作为装配基础面，如图 14-40 所示，再选择滚动轴承的端面作为装配配对面，如图 14-41 所示，则可在二者之间建立匹配约束。

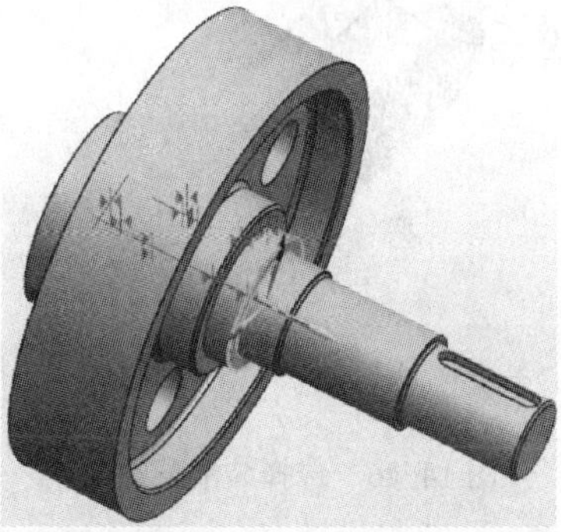

图 14-40　选择装配基础面

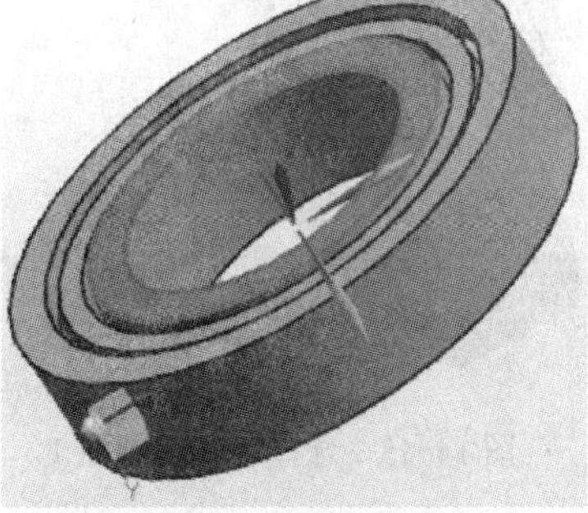

图 14-41　选择装配配对面

（6）在 Assembly Constraints 对话框的 Type 选项中单击按钮，并在 Orientation 列表下选择选项，选择输出轴的中心线作为装配基础基准，如图 14-42 所示，再选择滚动轴承的中心线作为装配配对基准，如图 14-43 所示，则可在二者之间建立匹配约束。

（7）单击OK按钮，即可得到如图 14-44 所示的配对模型。

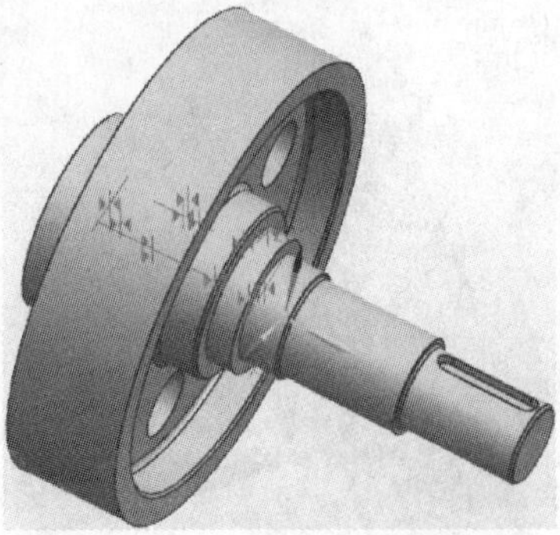

图 14-42　选择装配基础基准

图 14-43　选择装配配对基准

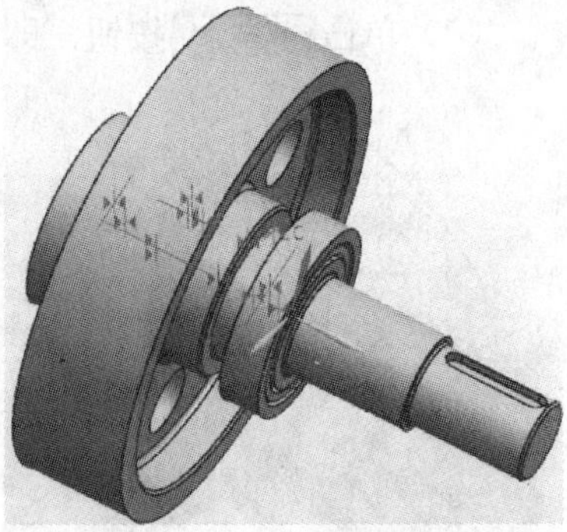

图 14-44　配对滚动轴承

8．以配对方式添加平键

（1）选择【Assemblies】→【Components】→【Add Component…】命令或单击工具栏上的按钮，系统弹出 Add Component 对话框。

（2）单击 Add Component 对话框中 Type 选项下的按钮，弹出 Part Name 对话框，在磁盘目录下找到 JIAN12-56.prt 部件，视图区域的右下角弹出 Component Preview 窗口。

（3）在 Add Component 对话框中设置 Placement 和 Settings 选项如图 14-4 所示。

（4）单击 OK 按钮，系统弹出如图 14-5 所示的 Assembly Constraints 对话框。

（5）在 Assembly Constraints 对话框的 Type 选项中单击按钮，并在 Orientation 列表下选择选项，选择输出轴上键槽的底面作为装配基础面，如图 14-45 所示，再选择平键的底面作为装配配对面，如图 14-46 所示，则可在二者之间建立匹配约束。

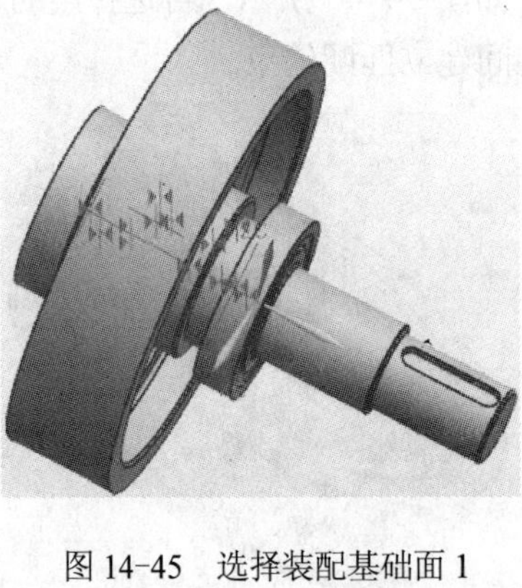

图 14-45　选择装配基础面 1

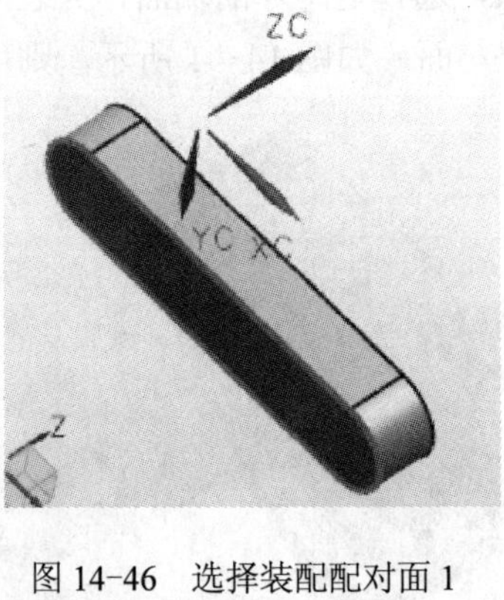

图 14-46　选择装配配对面 1

（6）在 Assembly Constraints 对话框的 Type 选项中单击按钮，并在 Orientation 列表下选择选项，选择输出轴上键槽的圆弧面作为装配基础面，如图 14-47 所示，再选择平键的圆弧面作为装配配对面，如图 14-48 所示，则可在二者之间建立匹配约束。用同样的方法建立输出轴上键槽另一侧的圆弧面与平键上的另一圆弧面的匹配约束。

（7）单击 OK 按钮，即可得到如图 14-49 所示的输出轴子装配模型。

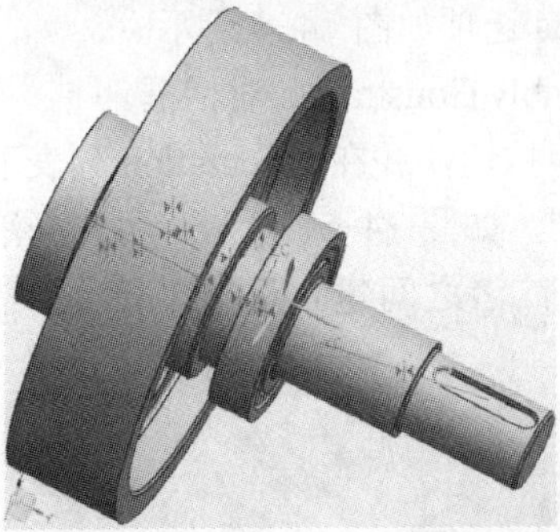

图 14-47 选择装配基础面 2

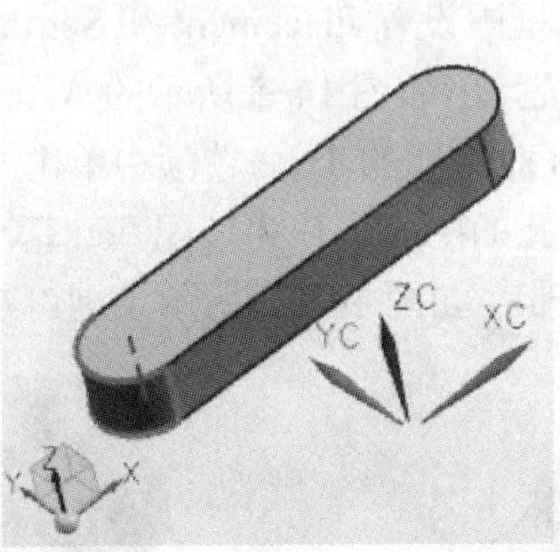

图 14-48 选择装配配对面 2

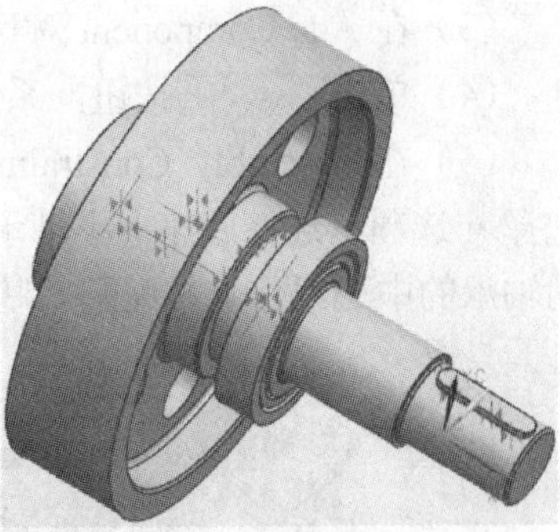

图 14-49 输出轴子装配模型

14.3 减速器总装配

1．创建装配图纸

启动 UG NX 8.0，选择【File】→【New】命令，在弹出的新建文件对话框中选择 Assembly，在 Name 栏中输入装配体的名称为 JIANSUQI-ASM，并设置文件的存储路径，单击 OK 按钮后系统自动进入到装配环境中。

2．以绝对坐标定位方法添加底座

（1）选择【Assemblies】→【Components】→【Add Component…】命令或单击工具栏上的按钮，系统弹出 Add Component 对话框。

（2）单击 Add Component 对话框中 Type 选项下的按钮，弹出 Part Name 对话框，在磁盘目录下找到 DIZUO.prt 部件后，视图区域的右下角弹出 Component Preview 窗口。

（3）在 Add Component 对话框中设置 Placement 和 Settings 选项如图 14-2 所示。

（4）单击 OK 按钮，即可得到如图 14-50 所示的装配模型。

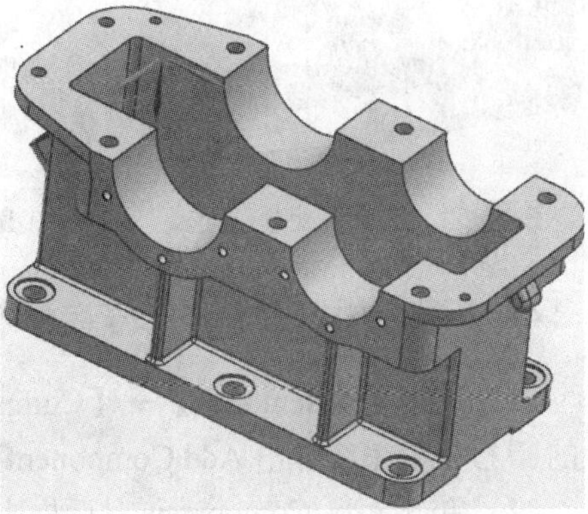

图 14-50 添加底座

3．以配对方式添加输入轴子装配体

（1）选择【Assemblies】→【Components】→【Add Component…】命令或单击工具栏上的按钮，系统弹出 Add Component 对话框。

（2）单击 Add Component 对话框中 Type 选项下的按钮，弹出 Part Name 对话框，在磁盘目录下找到 SHURUZHOU-ASM.prt 部件后，视图区域的右下角弹出 Component Preview 窗口。

（3）在 Add Component 对话框中设置 Placement 和 Settings 选项如图 14-4 所示。

（4）单击 OK 按钮，系统弹出如图 14-5 所示的 Assembly Constraints 对话框。

（5）在 Assembly Constraints 对话框的 Type 选项中单击按钮，并在 Orientation 列表下选择选项，选择底座上小轴承孔的中心线作为装配基础基准，如图 14-51 所示，再选择滚动轴承的中心线作为装配配对基准，如图 14-52 所示，则可在二者之间建立匹配约束。

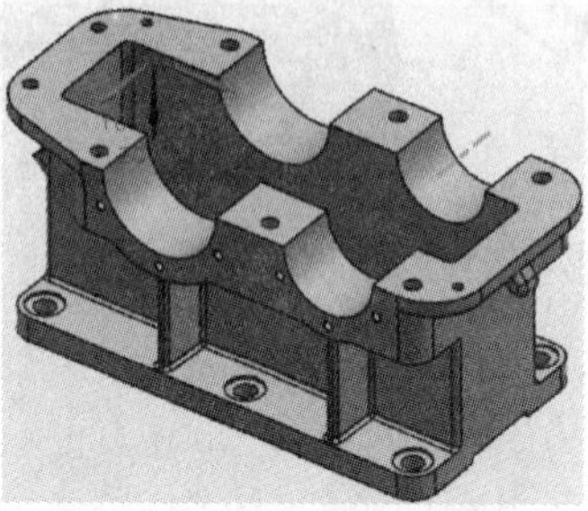

图 14-51　选择装配基础基准

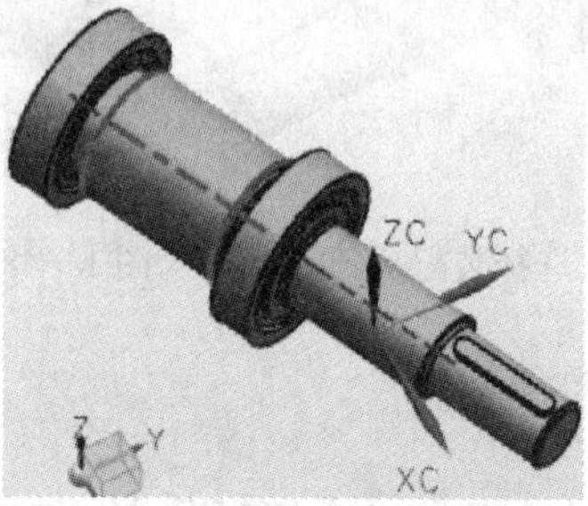

图 14-52　选择装配配对基准

（6）在 Assembly Constraints 对话框的 Type 选项中单击按钮，并在 Orientation 列表下选择选项，选择底座内侧面作为装配基础面，如图 14-53 所示，再选择滚动轴承的端面作为装配配对面，如图 14-54 所示，则可在二者之间建立匹配约束。

（7）单击 OK 按钮，即可得到如图 14-55 所示的装配模型。

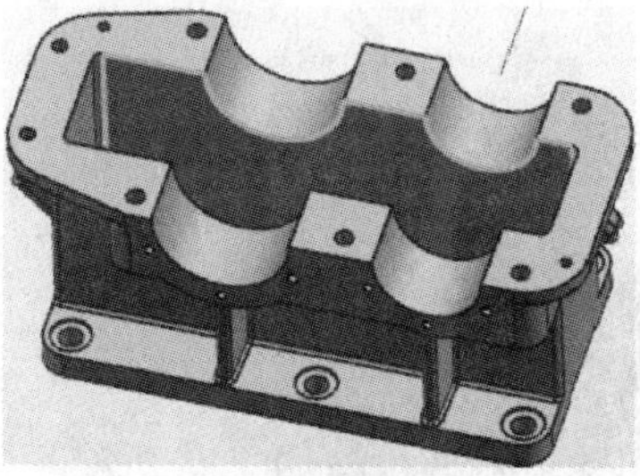

图 14-53　选择装配基础面

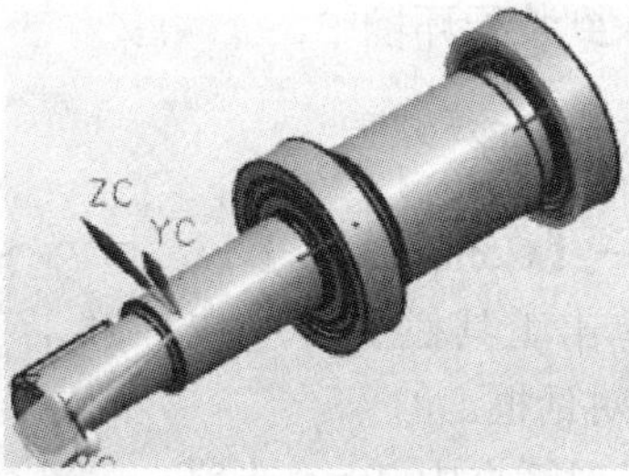

图 14-54　选择装配配对面

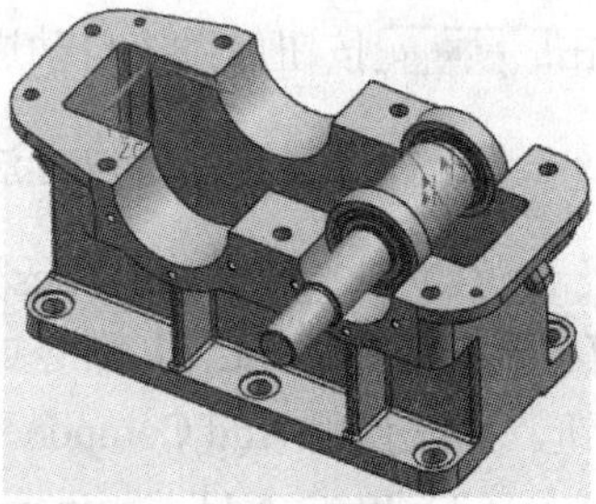

图 14-55　装配输入轴子装配体

4．以配对方式添加输出轴子装配体

（1）选择【Assemblies】→【Components】→【Add Component…】命令或单击工具栏上的按钮，系统弹出 Add Component 对话框。

（2）单击 Add Component 对话框中 Type 选项下的按钮，弹出 Part Name 对话框，在磁盘目录下找到 SHUCHUZHOU-ASM.prt 部件，视图区域的右下角弹出 Component Preview 窗口。

（3）在 Add Component 对话框中设置 Placement 和 Settings 选项如图 14-4 所示。

（4）单击 OK 按钮，系统弹出如图 14-5 所示的 Assembly Constraints 对话框。

（5）在 Assembly Constraints 对话框的 Type 选项中单击按钮，并在 Orientation 列表下选择选项，选择底座上大轴承孔的中心线作为装配基础基准，如图 14-56 所示，再选择输出轴上滚动轴承的中心线作为装配配对基准，如图 14-57 所示，则可在二者之间建立匹配约束。

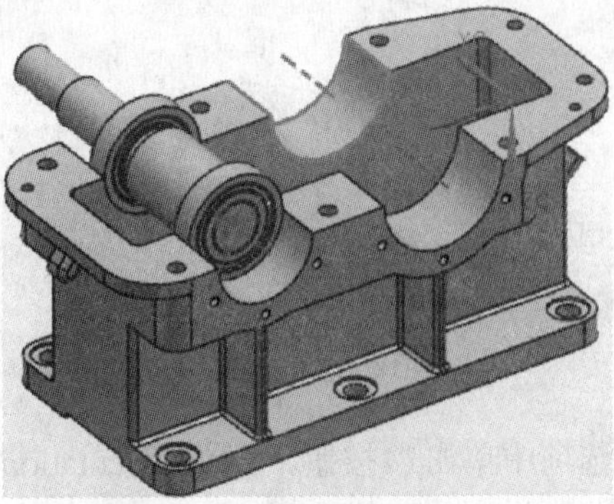

图 14-56　选择装配基础基准

图 14-57　选择装配配对基准

（6）在 Assembly Constraints 对话框的 Type 选项中单击按钮，并在 Orientation 列表下选择选项，选择底座内侧面作为装配基础面，如图 14-58 所示，再选择输出轴上滚动轴承的端面作为装配配对面，如图 14-59 所示，则可在二者之间建立匹配约束。

（7）单击 OK 按钮，即可得到如图 14-60 所示的装配模型。

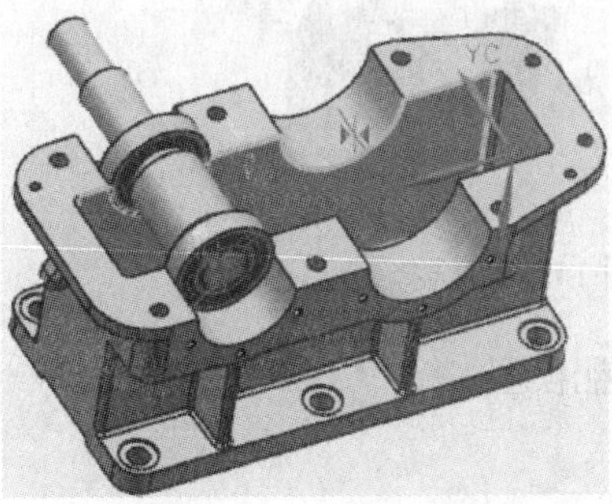

图 14-58　选择装配基础面

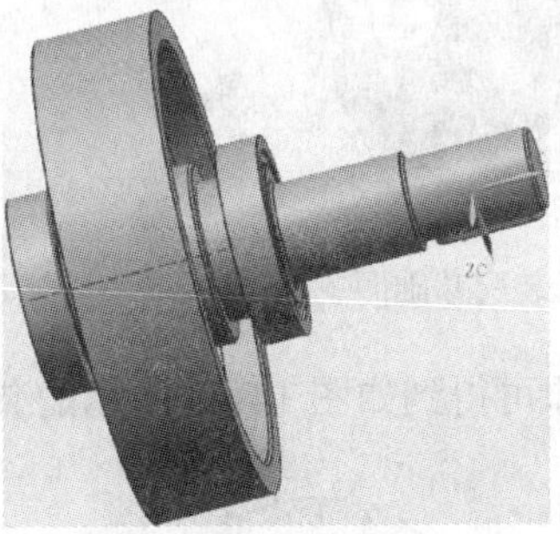

图 14-59　选择装配配对面

图 14-60　装配输出轴子装配体

5. 以配对方式添加挡圈

（1）选择【Assemblies】→【Components】→【Add Component…】命令或单击工具栏上的按钮，系统弹出 Add Component 对话框。

（2）单击 Add Component 对话框中 Type 选项下的按钮，弹出 Part Name 对话框，在磁盘目录下找到 DANGQUAN1.prt 部件，视图区域的右下角弹出 Component Preview 窗口。在 Add Component 对话框中设置 Placement 和 Settings 选项如图 14-4 所示。

（3）单击 OK 按钮，系统弹出如图 14-5 所示的 Assembly Constraints 对话框。

（4）在 Assembly Constraints 对话框的 Type 选项中单击按钮，并在 Orientation 列表下选择选项，选择输出轴子装配体上滚动轴承的中心线作为装配基础基准，如图 14-61 所示，再选择挡圈的中心线作为装配配对基准，如图 14-62 所示，则可在二者之间建立匹配约束。

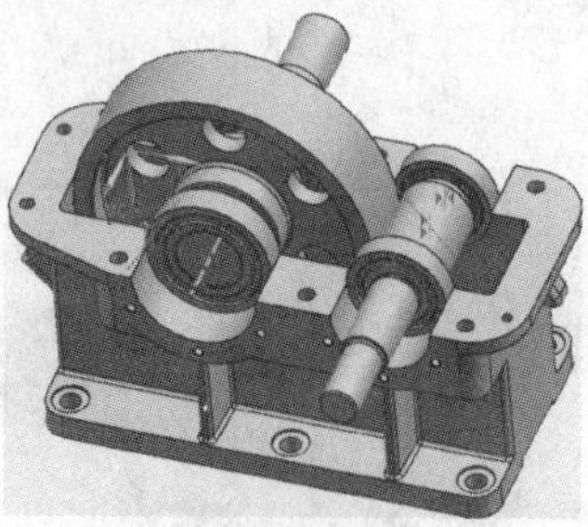

图 14-61 选择装配基础基准

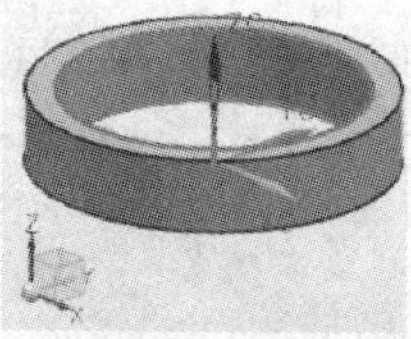

图 14-62 选择装配配对基准

（5）在 Assembly Constraints 对话框的 Type 选项中单击按钮，并在 Orientation 列表下选择选项，选择输出轴子装配体上滚动轴承的端面作为装配基础面，如图 14-63 所示，再选择挡圈的端面作为装配配对面，如图 14-64 所示，则可在二者之间建立匹配约束。以同样的方式在输出轴的另一端装配挡圈和在输入轴的两端对 DANGQHUAN2 进行装配。

图 14-63 选择装配基础面

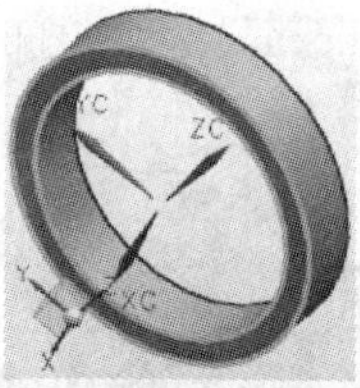

图 14-64 选择装配配对面

（6）单击 OK 按钮，即可得到如图 14-65 所示的装配模型。

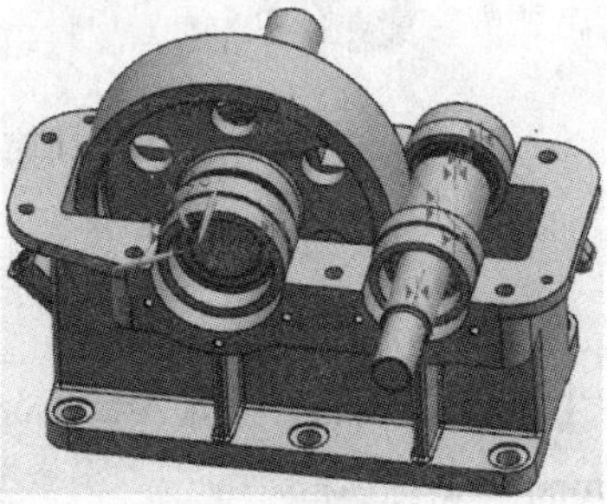

图 14-65 装配挡圈 1 和挡圈 2

6. 以配对方式添加箱盖

（1）选择【Assemblies】→【Components】→【Add Component…】命令或单击工具栏上的按钮，系统弹出 Add Component 对话框。

（2）单击 Add Component 对话框中 Type 选项下的按钮，弹出 Part Name 对话框，在磁盘目录下找到 XIANGGAI.prt 部件，视图区域的右下角弹出 Component Preview 窗口。

（3）在 Add Component 对话框中设置 Placement 和 Settings 选项如图 14-4 所示。

（4）单击OK按钮，系统弹出如图 14-5 所示的 Assembly Constraints 对话框。

（5）在 Assembly Constraints 对话框的 Type 选项中单击按钮，并在 Orientation 列表下选择选项，选择底座的上表面作为装配基础面，如图 14-66 所示，再选择箱盖的底面作为装配配对面，如图 14-67 所示，则可在二者之间建立匹配约束。

图 14-66　选择装配基础面 1

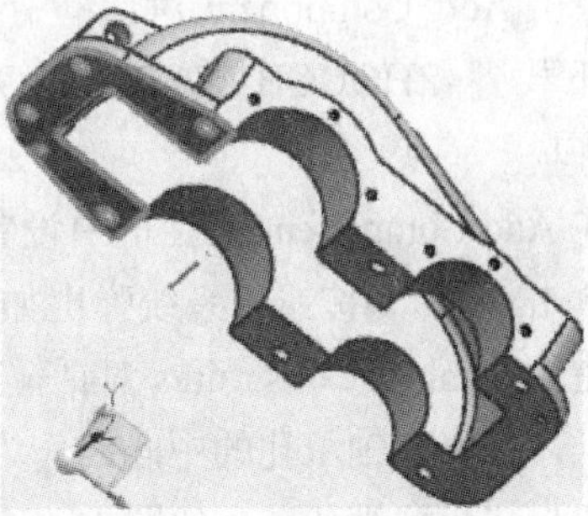

图 14-67　选择装配配对面 1

（6）在 Assembly Constraints 对话框的 Type 选项中单击按钮，并在 Orientation 列表下选择选项，选择滚动轴承的外圈表面作为装配基础面，如图 14-68 所示，再选择箱盖的大轴承孔作为装配配对面，如图 14-69 所示，则可在二者之间建立匹配约束。

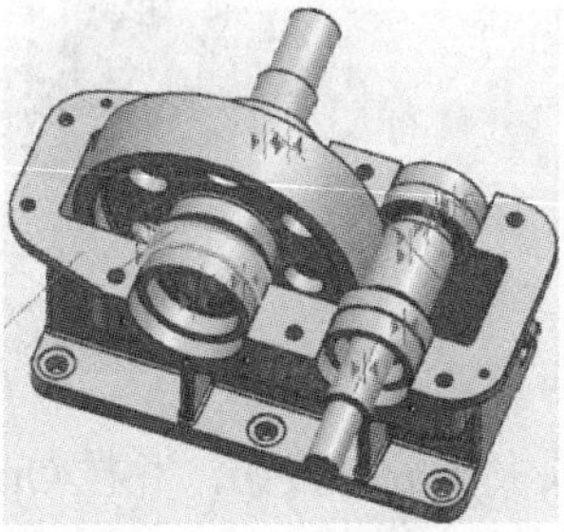

图 14-68　选择装配基础面 2

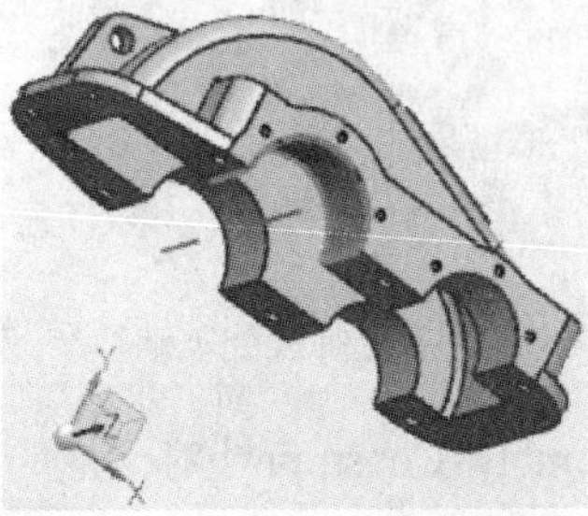

图 14-69　选择装配配对面 2

（7）在 Assembly Constraints 对话框的 Type 选项中单击按钮，并在 Orientation 列表下选择选项，选择底座的侧面作为装配基础面，如图 14-70 所示，再选择箱盖的侧面作为装配配对面，如图 14-71 所示，则可在二者之间建立匹配约束。

（8）单击OK按钮，即可得到如图 14-72 所示的装配模型。

图 14-70　选择装配基础面 3

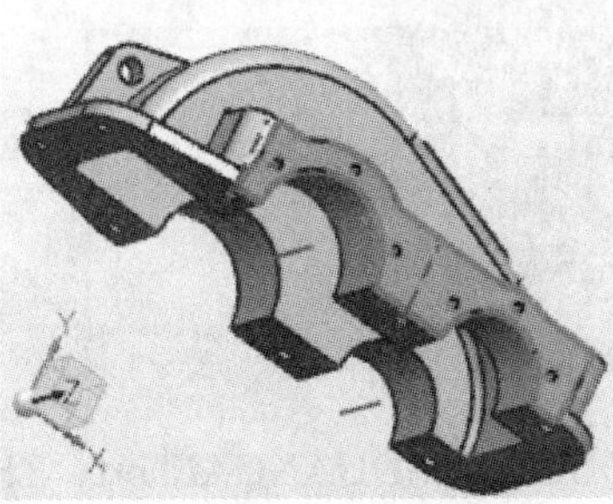

图 14-71　选择装配配对面 3

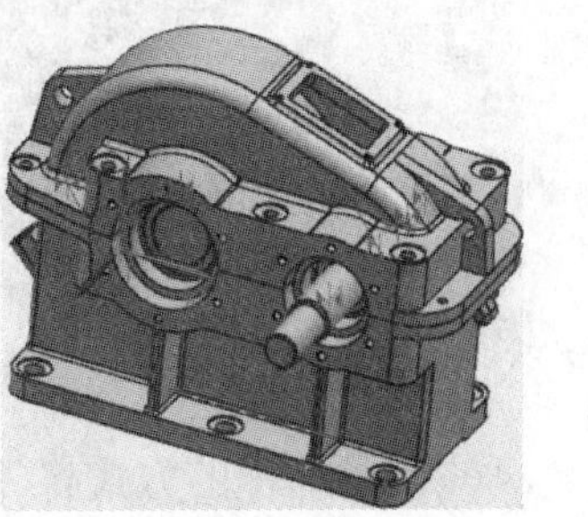

图 14-72　装配箱盖

7．以配对方式添加轴承端盖

（1）选择【Assemblies】→【Components】→【Add Component…】命令或单击工具栏上的按钮，系统弹出 Add Component 对话框。

（2）单击 Add Component 对话框中 Type 选项下的按钮，弹出 Part Name 对话框，在磁盘目录下找到 ZHOUCHENGDUANGAI1.prt 部件，视图区域的右下角弹出 Component Preview 窗口。

（3）在 Add Component 对话框中设置 Placement 和 Settings 选项如图 14-4 所示。

（4）单击 OK 按钮，系统弹出如图 14-5 所示的 Assembly Constraints 对话框。

（5）在 Assembly Constraints 对话框的 Type 选项中单击按钮，并在 Orientation 列表下选择选项，选择大轴承孔的中心线作为装配基础基准，如图 14-73 所示，再选择轴承端盖的中心线作为装配配对基准，如图 14-74 所示，则可在二者之间建立匹配约束。

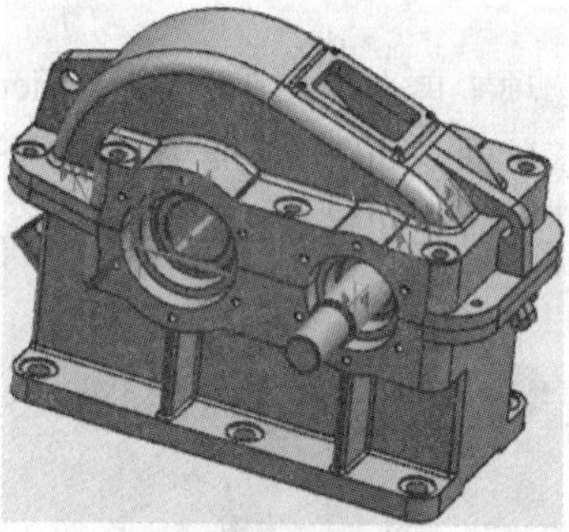

图 14-73　选择装配基础基准

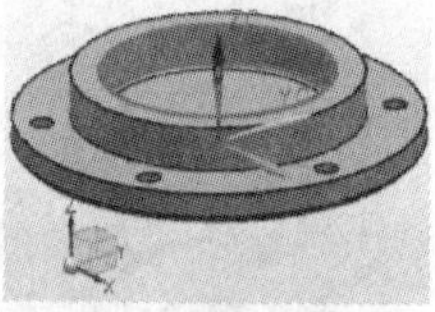

图 14-74　选择装配配对基准

（6）在 Assembly Constraints 对话框的 Type 选项中单击按钮，并在 Orientation 列表下选择选项，选择箱盖的侧面作为装配基础面，如图 14-75 所示，再选择轴承端盖的端面作为装配配对面，如图 14-76 所示，则可在二者之间建立匹配约束。

图 14-75　选择装配基础面

图 14-76　选择装配配对面

（7）以同样的方式将 ZHOUCHENGDUANGAI2.prt、ZHOUCHENGDUANGAI3.prt 和 ZHOUCHENGDUANGAI4.prt 分别装配到输入轴和输出轴的两端，得到如图 14-77 所示的装配模型。

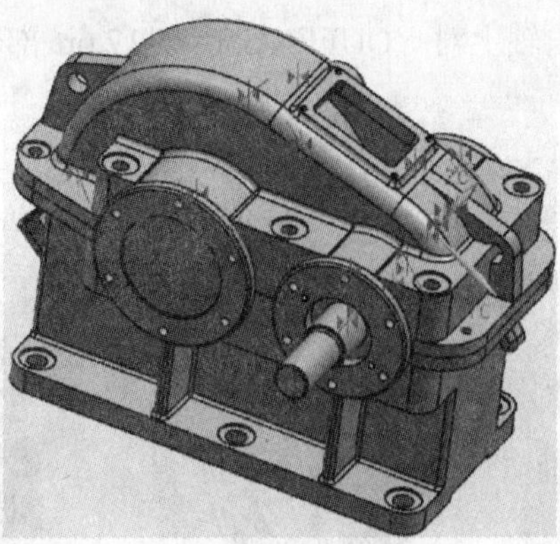

图 14-77　装配轴承端盖

8. 以配对方式添加油封

（1）选择【Assemblies】→【Components】→【Add Component…】命令或单击工具栏上的按钮，系统弹出 Add Component 对话框。

（2）单击 Add Component 对话框中 Type 选项下的按钮，弹出 Part Name 对话框，在磁盘目录下找到 YOUFENG35-60-12.prt 部件后，视图区域的右下角弹出 Component Preview 窗口。

（3）在 Add Component 对话框中设置 Placement 和 Settings 选项如图 14-4 所示。

（4）单击 OK 按钮，系统弹出如图 14-5 所示的 Assembly Constraints 对话框。

（5）在 Assembly Constraints 对话框的 Type 选项中单击按钮，并在 Orientation 列表下选择选项，选择小轴承孔的中心线作为装配基础基准，如图 14-78 所示，再选择油封的中心线作为装配配对基准，如图 14-79 所示，则可在二者之间建立匹配约束。

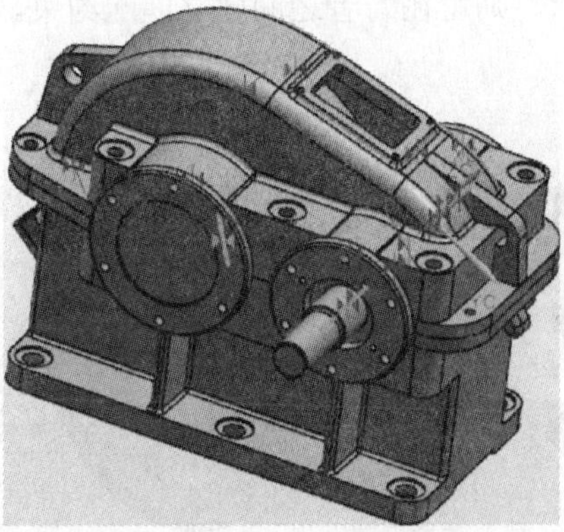

图 14-78　选择装配基础基准

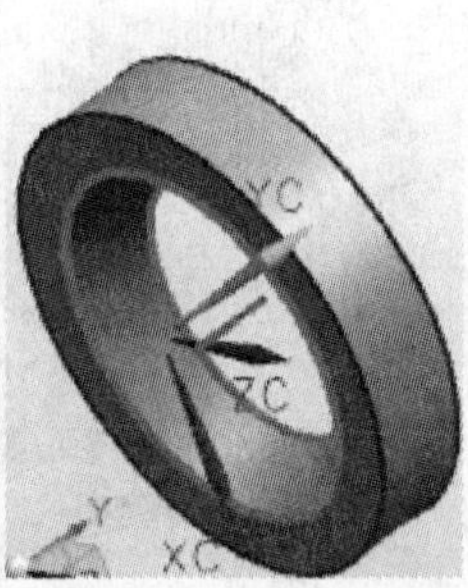

图 14-79　选择装配配对基准

（6）在 Assembly Constraints 对话框的 Type 选项中单击按钮，并在 Orientation 列表下选择选项，选择输入轴上挡圈的端面作为装配基础面，如图 14-80 所示，再选择油封的端面作为装配配对面，如图 14-81 所示，则可在二者之间建立匹配约束。

（7）以同样的方式在输出轴上对 YOUFENG50-75-12.prt 部件进行装配，得到如图 14-82 所示的装配模型。

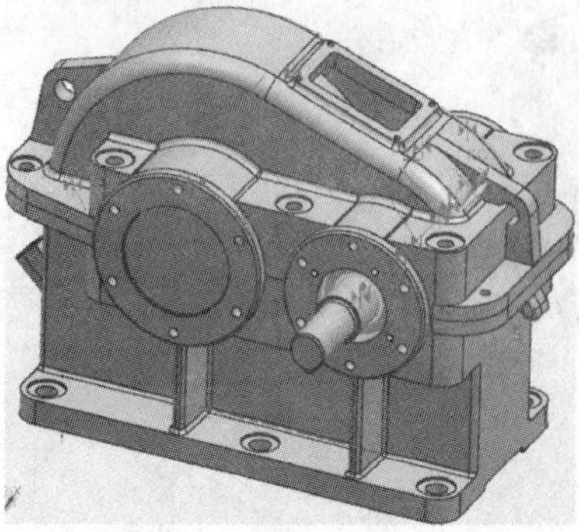

图 14-80 选择装配基础面

图 14-81 选择装配配对面

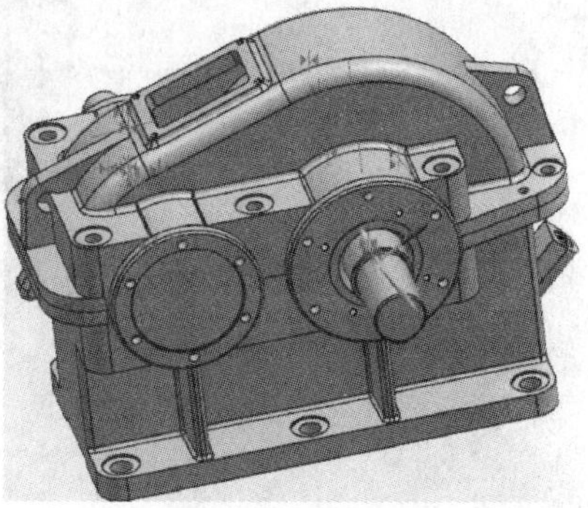

图 14-82 装配油封

9．以配对方式添加密封盖板

（1）选择【Assemblies】→【Components】→【Add Component…】命令或单击工具栏上的按钮，系统弹出 Add Component 对话框。

（2）单击 Add Component 对话框中 Type 选项下的按钮，弹出 Part Name 对话框，在磁盘目录下找到 MIFENGGAIBAN75.prt 部件后，视图区域的右下角弹出 Component Preview 窗口。

（3）在 Add Component 对话框中设置 Placement 和 Settings 选项如图 14-4 所示。

（4）单击 OK 按钮，系统弹出如图 14-5 所示的 Assembly Constraints 对话框。

（5）在 Assembly Constraints 对话框的 Type 选项中单击按钮，并在 Orientation 列表下选择选项，选择小轴承孔的中心线作为装配基础基准，如图 14-83 所示，再选择密封盖板的中心线作为装配配对基准，如图 14-84 所示，则可在二者之间建立匹配约束。

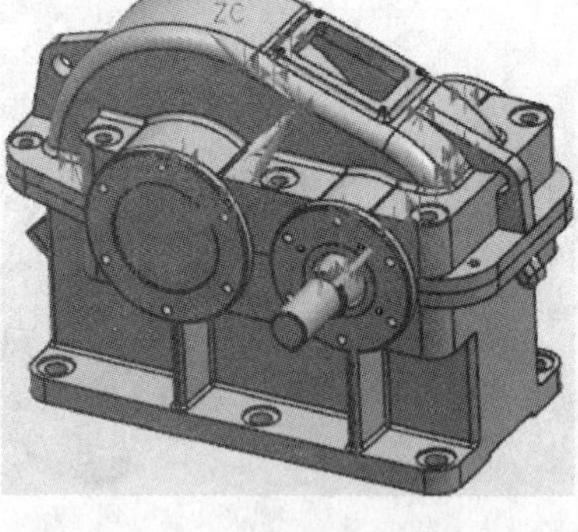

图 14-83 选择装配基础基准 1

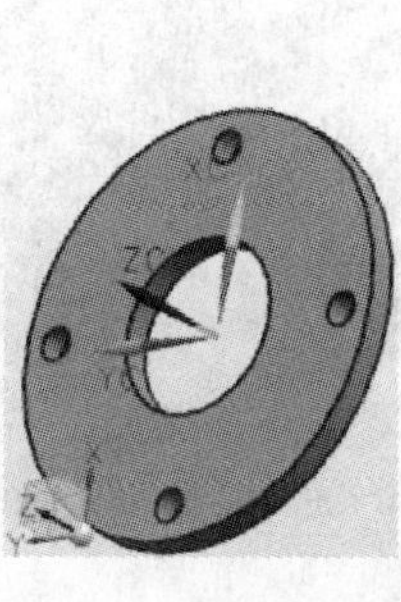

图 14-84 选择装配配对基准 1

（6）在 Assembly Constraints 对话框的 Type 选项中单击按钮，并在 Orientation 列表下选择选项，选择轴承端盖表面作为装配基础面，如图 14-85 所示，再选择密封盖板的表面作为装配配对面，如图 14-86 所示，则可在二者之间建立匹配约束。

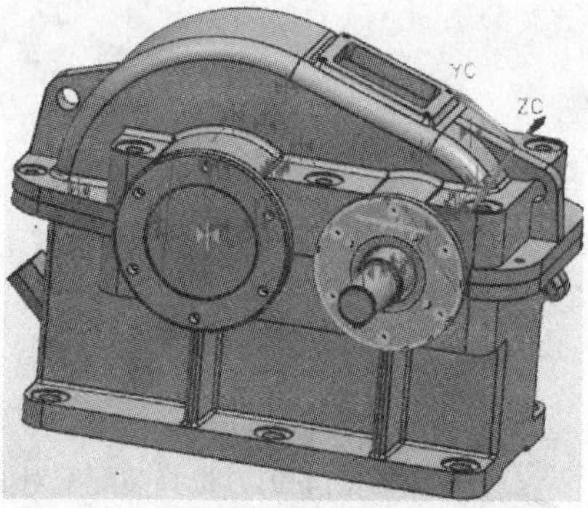

图 14-85　选择装配基础面

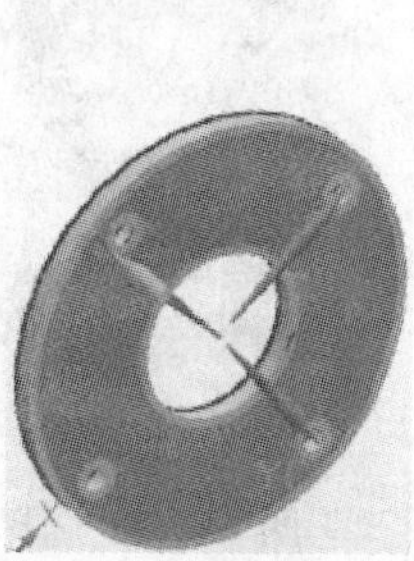

图 14-86　选择装配配对面

（7）在 Assembly Constraints 对话框的 Type 选项中单击按钮，并在 Orientation 列表下选择选项，选择轴承端盖上的螺纹孔中心线作为装配基础基准，如图 14-87 所示，再选择密封盖板上孔的中心线作为装配配对基准，如图 14-88 所示，则可在二者之间建立匹配约束。

（8）以同样的方式在输出轴上对 MIFENGGAIBAN90.prt 部件进行装配，得到如图 14-89 所示的装配模型。

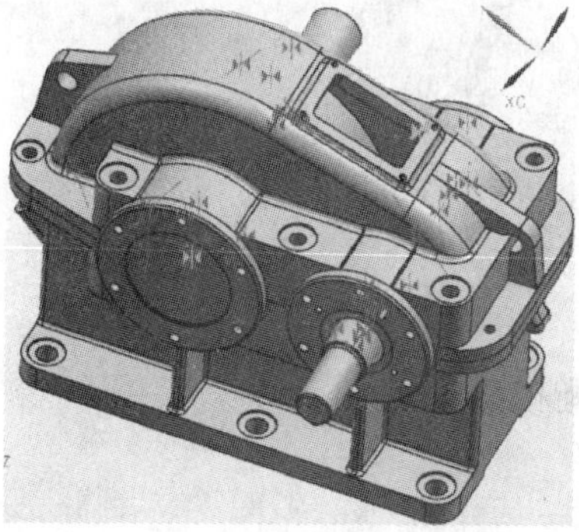

图 14-87　选择装配基础基准 2

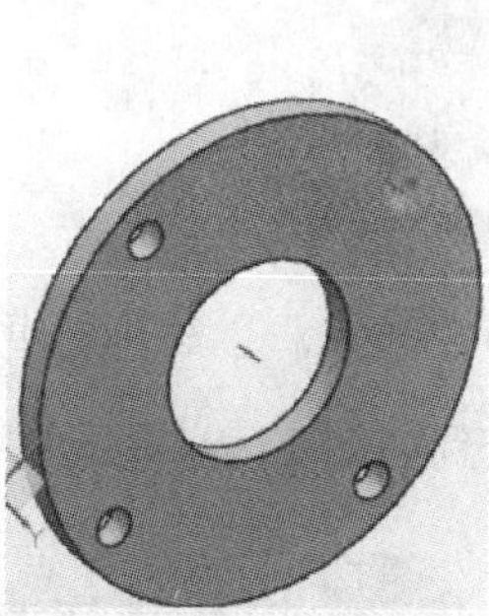

图 14-88　选择装配配对基准 2

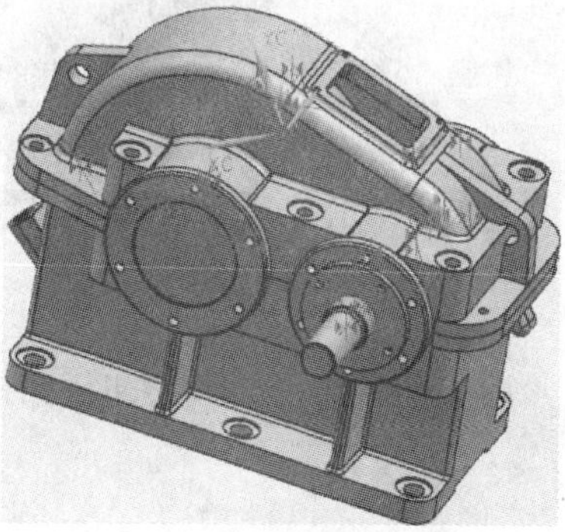

图 14-89　装配密封盖板

10．以配对方式添加天窗板

（1）选择【Assemblies】→【Components】→【Add Component…】命令或单击工具栏上的按钮，系统弹出 Add Component 对话框。

（2）单击 Add Component 对话框中 Type 选项下的按钮，弹出 Part Name 对话框，在磁盘目录下找到 TIANCHUANGBAN.prt 部件后，视图区域的右下角弹出 Component Preview 窗口。

（3）在 Add Component 对话框中设置 Placement 和 Settings 选项如图 14-4 所示。

（4）单击 OK 按钮，系统弹出如图 14-5 所示的 Assembly Constraints 对话框。

（5）在 Assembly Constraints 对话框的 Type 选项中单击按钮，并在 Orientation 列表下选择选项，选择天窗口平面作为装配基础面，如图 14-90 所示，再选择天窗板底面作为装配配对面，如图 14-91 所示，则可在二者之间建立匹配约束。

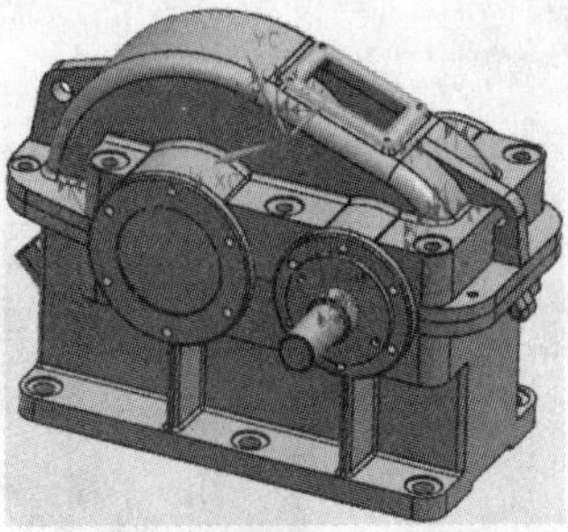

图 14-90　选择装配基础面

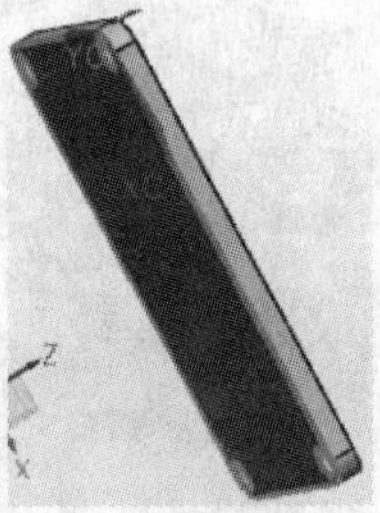

图 14-91　选择装配配对面

（6）在 Assembly Constraints 对话框的 Type 选项中单击按钮，并在 Orientation 列表下选择选项，选择天窗口上的螺纹孔中心线作为装配基础基准，如图 14-92 所示，再选择天窗板上的孔中心线作为装配配对基准，如图 14-93 所示，则可在二者之间建立匹配约束。用同样的方法对另一侧的孔进行匹配。

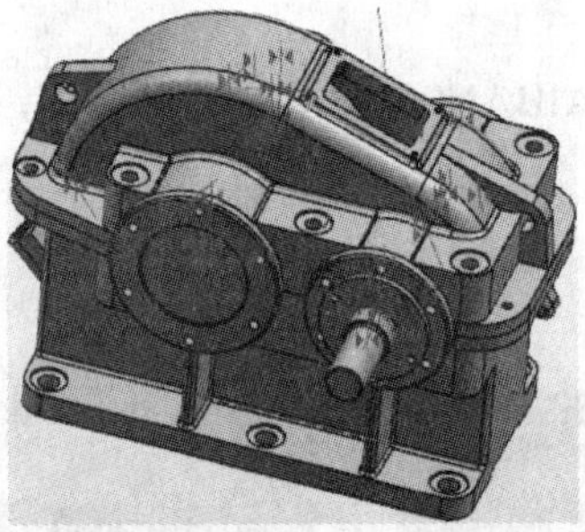

图 14-92　选择装配基础基准

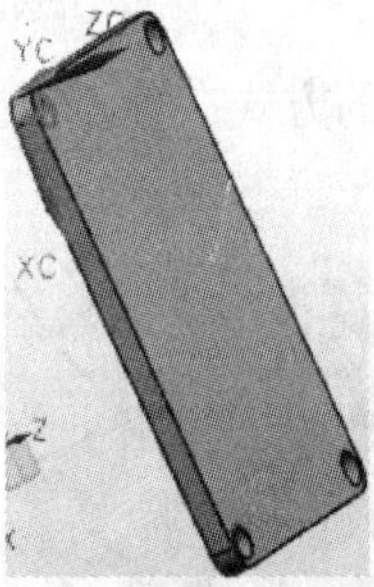

图 14-93　选择装配配对基准

（7）单击 OK 按钮，即可得到如图 14-94 所示的装配模型。

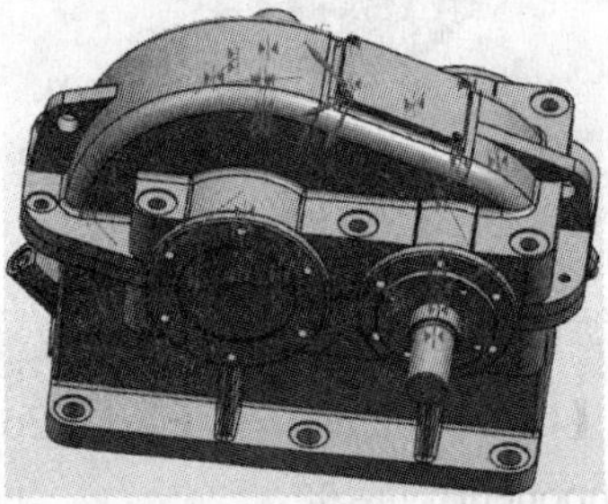

图 14-94　装配天窗板

11．以配对方式添加油标

（1）选择【Assemblies】→【Components】→【Add Component…】命令或单击工具栏上的按钮，系统弹出 Add Component 对话框。

（2）单击 Add Component 对话框中 Type 选项下的按钮，弹出 Part Name 对话框，在磁盘目录下找到 YOUBIAO.prt 部件后，视图区域的右下角弹出 Component Preview 窗口。

（3）在 Add Component 对话框中设置 Placement 和 Settings 选项如图 14-4 所示。

（4）单击 OK 按钮，系统弹出如图 14-5 所示的 Assembly Constraints 对话框。

（5）在 Assembly Constraints 对话框的 Type 选项中单击按钮，并在 Orientation 列表下选择选项，选择油孔的内孔表面作为装配基础面，如图 14-95 所示，再选择油标的外圆柱面作为装配配对面，如图 14-96 所示，则可在二者之间建立匹配约束。

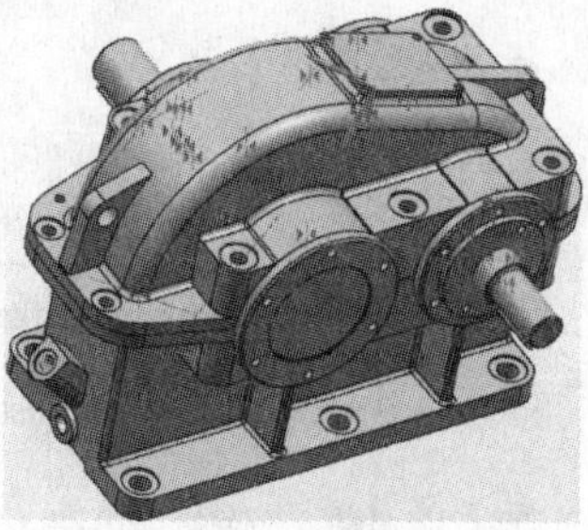
图 14-95　选择装配基础面 1

图 14-96　选择装配配对面 1

（6）在 Assembly Constraints 对话框的 Type 选项中单击按钮，并在 Orientation 列表下选择选项，选择油孔的台阶面作为装配基础面，如图 14-97 所示，再选择油标的阶梯面作为装配配对面，如图 14-98 所示，则可在二者之间建立匹配约束。

（7）单击 OK 按钮，即可得到如图 14-99 所示的装配模型。

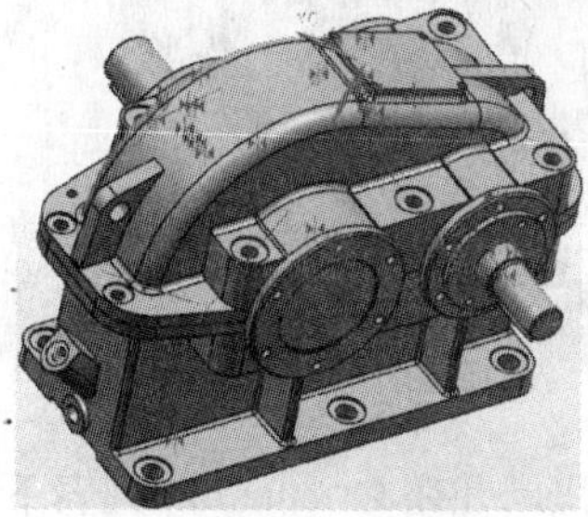
图 14-97　选择装配基础面 2

图 14-98　选择装配配对面 2

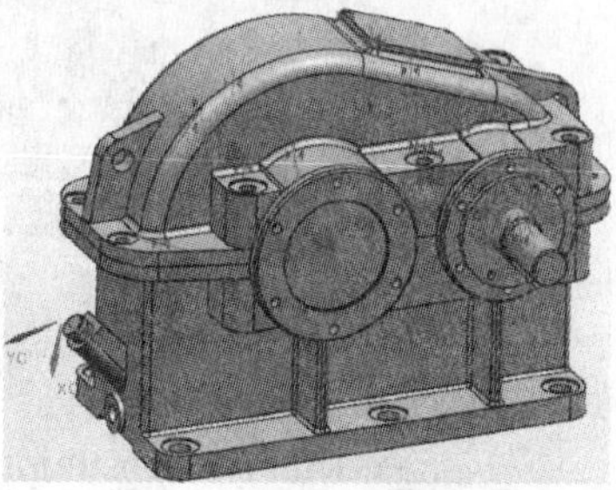
图 14-99　装配油标

12．以绝对坐标定位方法添加螺栓组件

（1）选择【Assemblies】→【Components】→【Add Component...】命令或单击工具栏上的按钮，系统弹出 Add Component 对话框。

（2）单击 Add Component 对话框中 Type 选项下的按钮，弹出 Part Name 对话框，在磁盘目录添加 LUOSHUANM12-100.prt、PINGDIANQUANM12.prt（2 个）和 LUOMUM12.prt 部件后，视图区域的右下角弹出 Component Preview 窗口。

（3）在 Add Component 对话框中设置 Placement 为 Absolute Origin 选项，即以绝对坐标的方法添加到装配体中。

（4）单击 OK 按钮，视图区域显示如图 14-100 所示。

（5）选择【Assemblies】→【Component Position】→【Assembly Constraints...】命令或单击工具栏上的按钮，系统弹出如图 14-101 所示的 Assembly Constraints 对话框。

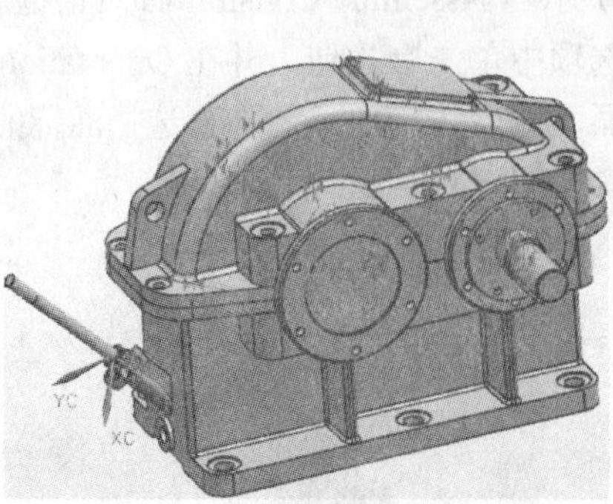

图 14-100 视图区域显示

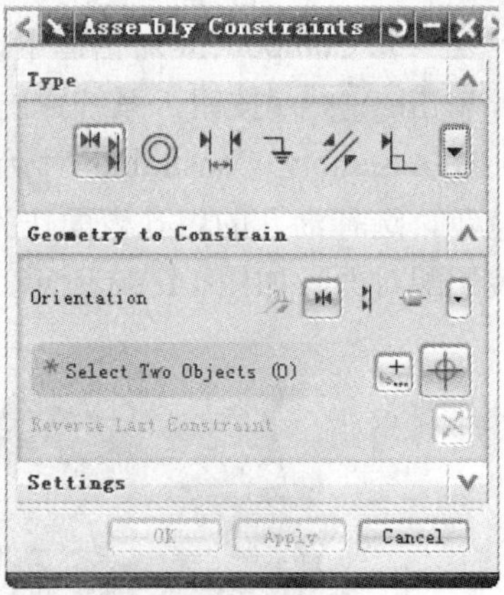

图 14-101 Assembly Constraints 对话框

（6）在 Assembly Constraints 对话框的 Type 选项中单击按钮，并在 Orientation 列表下选择选项，选择垫圈的表面作为装配基础面，如图 14-102 所示，再选择箱盖上的沉头孔面作为装配配对面，如图 14-103 所示，则可在二者之间建立匹配约束。

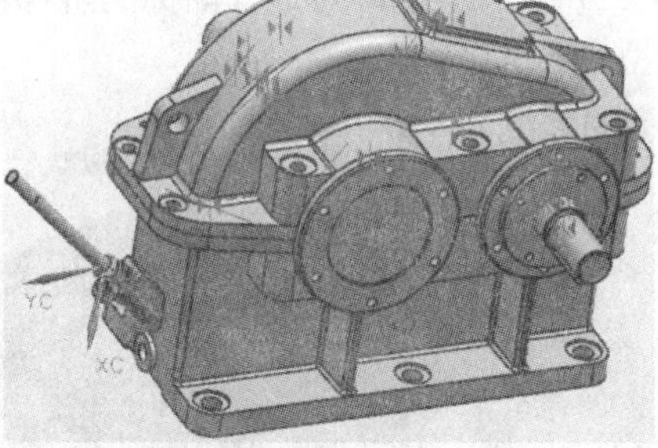

图 14-102 选择装配基础面 1

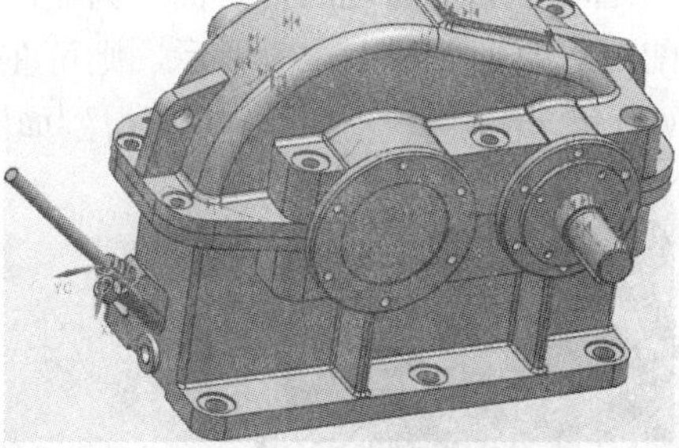

图 14-103 选择装配配对面 1

（7）在 Assembly Constraints 对话框的 Type 选项中单击按钮，并在 Orientation 列表下选择选项，选择垫圈的中心线作为装配基础基准，如图 14-104 所示，再选择箱盖上沉头孔的中心线作为装配配对基准，如图 14-105 所示，则可在二者之间建立匹配约束。

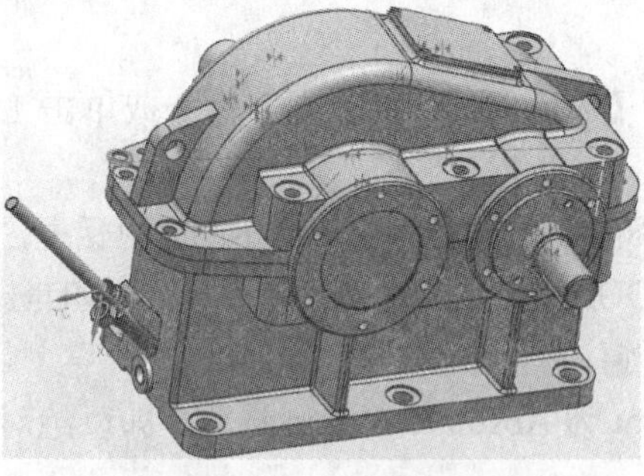

图 14-104 选择装配基础基准 1

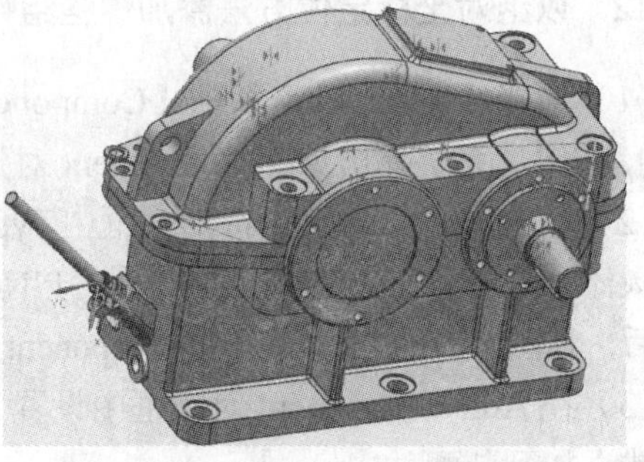

图 14-105 选择装配配对基准 1

（8）在 Assembly Constraints 对话框的 Type 选项中单击按钮，并在 Orientation 列表下

选择 选项，选择螺杆上一面作为装配基础面，如图 14-106 所示，再选择垫圈面作为装配配对面，如图 14-107 所示，则可在二者之间建立匹配约束。

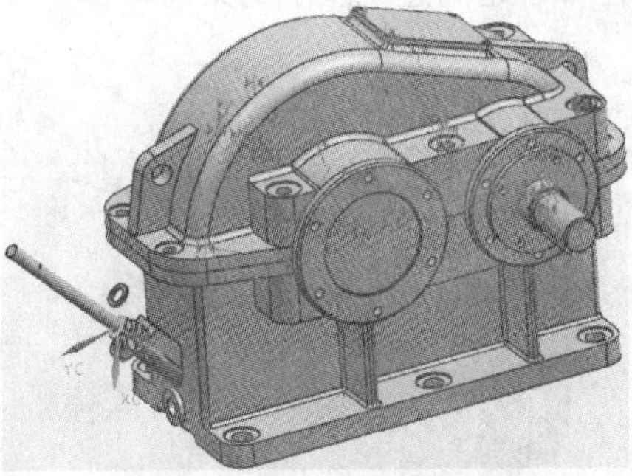

图 14-106　选择装配基础面 2

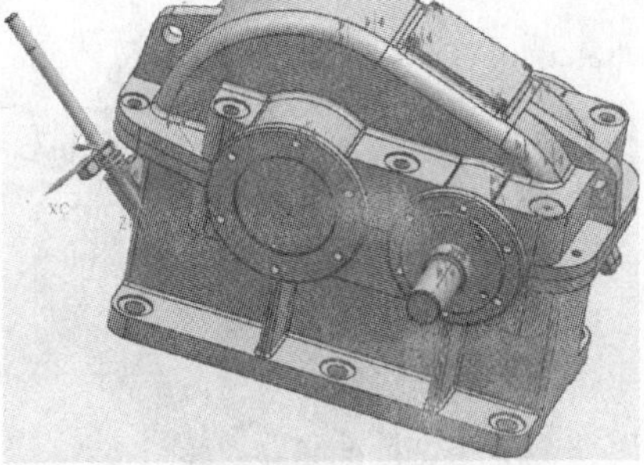

图 14-107　选择装配配对面 2

（9）在 Assembly Constraints 对话框的 Type 选项中单击 按钮，并在 Orientation 列表下选择 选项，选择螺杆的中心线作为装配基础基准，如图 14-108 所示，再选择沉头孔的中心线作为装配配对基准，如图 14-109 所示，则可在二者之间建立匹配约束。

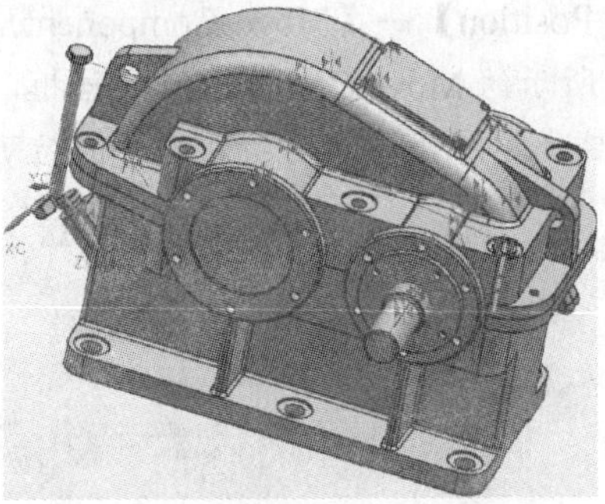

图 14-108　选择装配基础基准 2

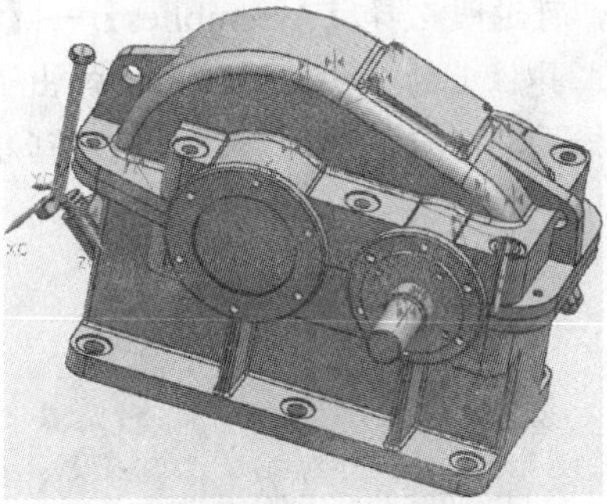

图 14-109　选择装配配对基准 2

（10）重复步骤（6）和步骤（7），为箱体上对应的孔装配垫圈。

（11）在 Assembly Constraints 对话框的 Type 选项中单击 按钮，并在 Orientation 列表下选择 选项，选择螺母面作为装配基础面，如图 14-110 所示，再选择垫圈面作为装配配对面，如图 14-111 所示，则可在二者之间建立匹配约束。

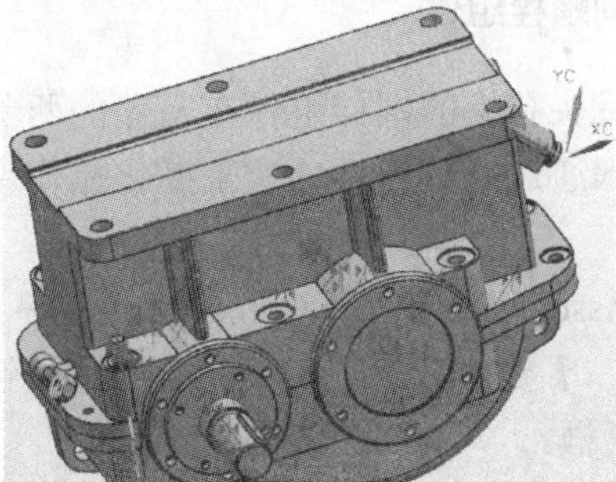

图 14-110　选择装配基础面 3

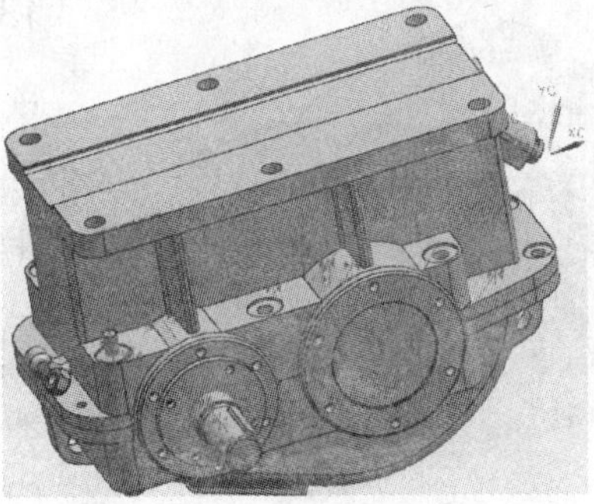

图 14-111　选择装配配对面 3

（12）在 Assembly Constraints 对话框的 Type 选项中单击按钮，并在 Orientation 列表下选择选项，选择螺母的中心线作为装配基础基准，如图 14-112 所示，再选择螺栓的中心线作为装配配对基准，如图 14-113 所示，则可在二者之间建立匹配约束。

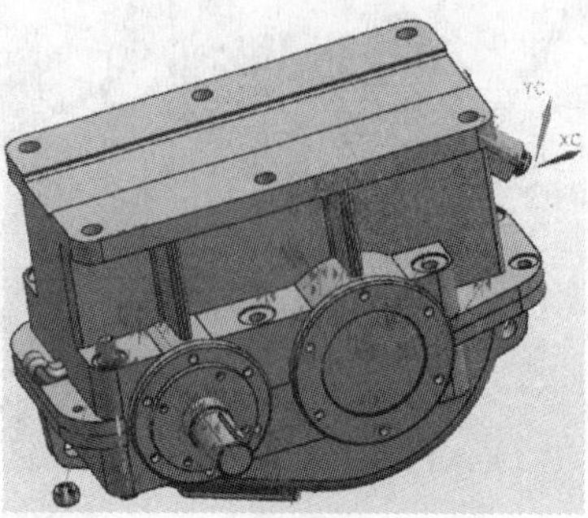

图 14-112　选择装配基础基准 3

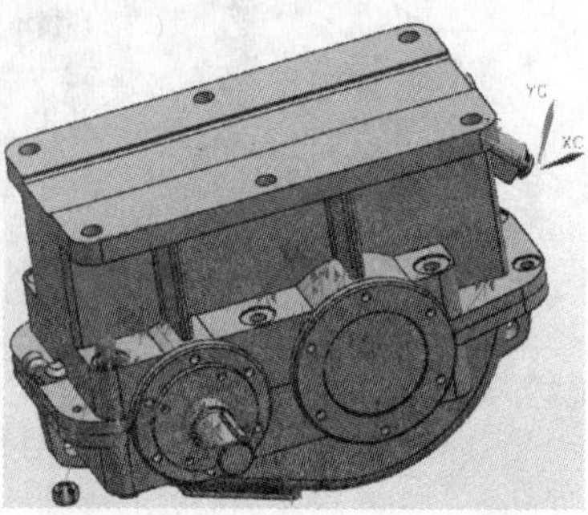

图 14-113　选择装配配对基准 3

（13）单击 OK 按钮后，即可得到如图 14-114 所示的装配模型。

〖注意〗在装配过程中，也可以一次性添加多个部件，再利用装配约束命令分别对其进行装配，如此处在装配螺栓组件时。但此时，常用移动部件命令以方便观察和选择组件的装配基准，可通过选择【Assemblies】→【Component Position】→【Move Component...】命令或单击工具栏上的按钮，使系统弹出如图 14-115 所示的 Move Component 对话框，在视图区域选择需要移动的组件后，单击对话框中的按钮，再将组件移到所需放置的位置即可。

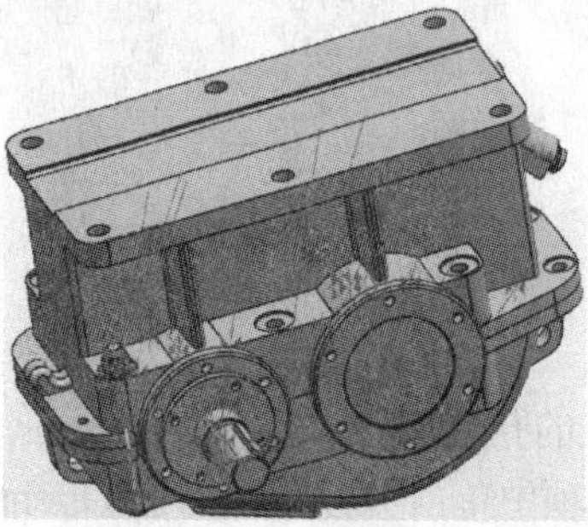

图 14-114　装配螺栓组件

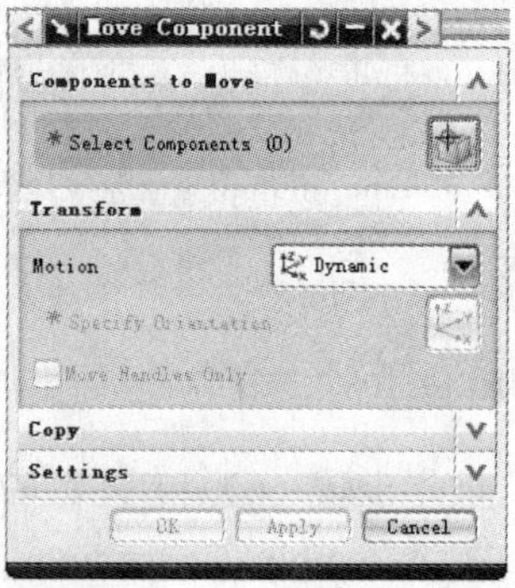

图 14-115　Move Component 对话框

13. 矩形阵列螺栓组件

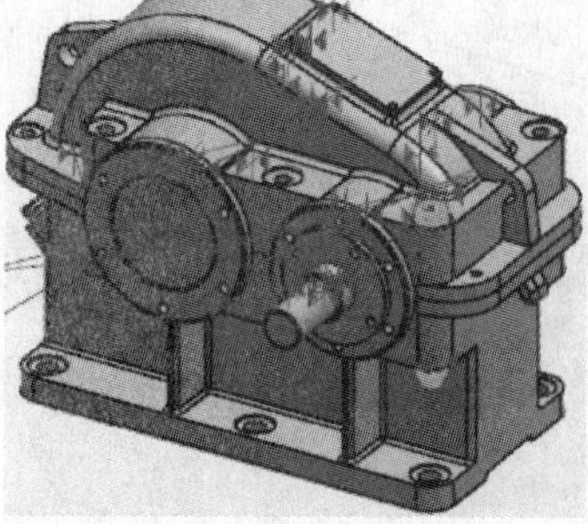

图 14-116　选择螺栓组件

由于安装在沉头孔上的螺栓组件在箱盖的两侧呈对称分布，因此本步骤通过阵列组件功能来简化操作步骤，主要操作步骤如下。

（1）选择【Assemblies】→【Components】→【Create Component Array...】命令或单击工具栏上的按钮，系统弹出类选择器对话框。

（2）在视图区域选择装配体中的螺栓组件，如图 14-116 所示。

（3）单击 OK 按钮，系统弹出如图 14-117 所示的 Create Component Array 对话框，在对话框中选择 Linear 选项后单击 OK 按钮，系统弹出如图 14-118 所示的 Create Linear Array 对话框。

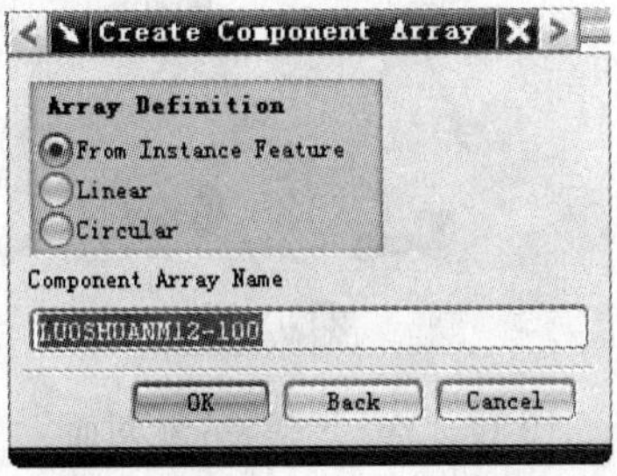

图 14-117　Create Component Array 对话框

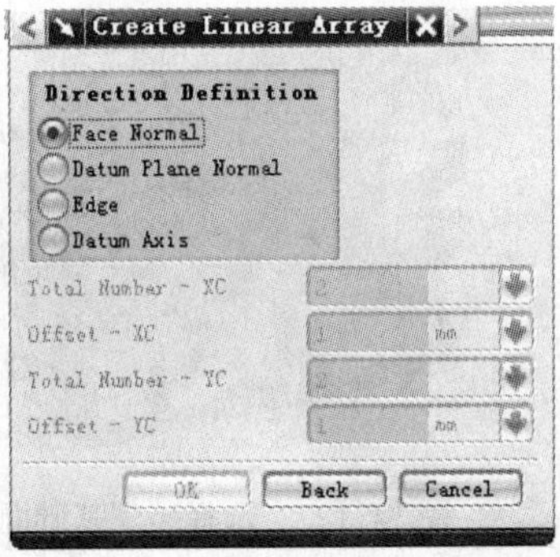

图 14-118　Create Linear Array 对话框

（4）在对话框中选择 Face Normal 选项后，在视图区域选择一平面作为阵列的法向方向，如图 14-119 所示，再在对话框的 Total Number-XC 和 Offset-XC 文本框中分别输入 2 和 –128，单击 OK 按钮，即可得到如图 14-120 所示的装配模型。

（5）用同样的方法在其他沉头孔处进行阵列后可得到如图 14-121 所示的装配模型。

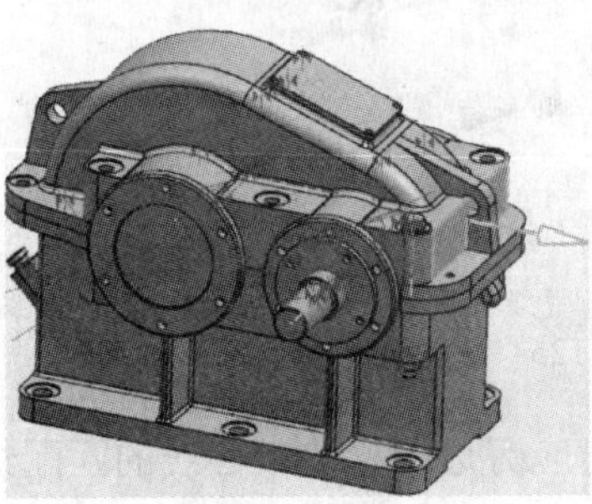

图 14-119　选择阵列方向

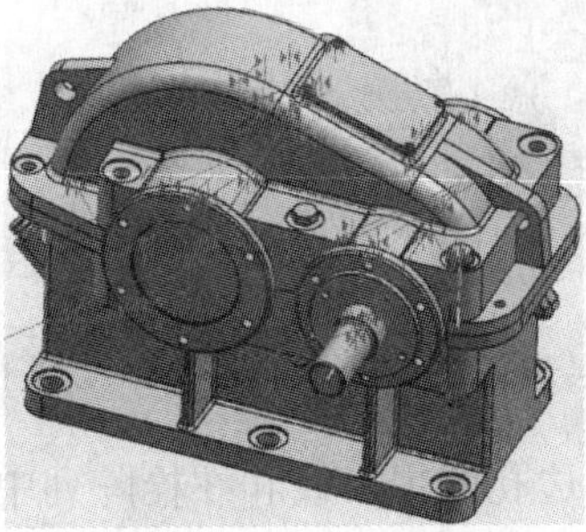

图 14-120　阵列螺栓

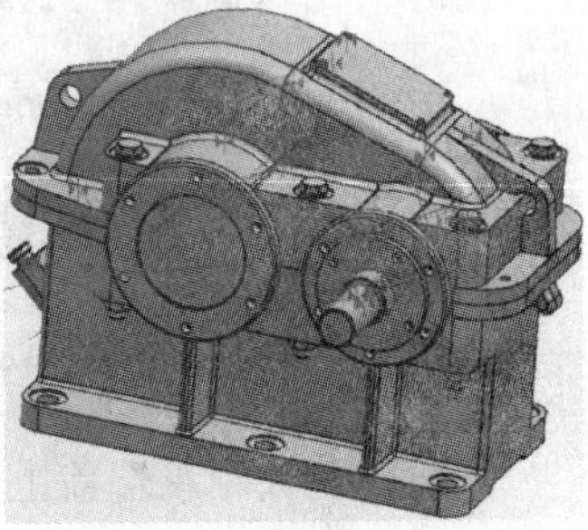

图 14-121　阵列螺栓组件

14．镜像轴承端盖上的螺栓

由于安装在轴承端盖上的螺栓在圆周方向呈环形排列，且关于箱体的中心平面左右对称，所以在建模过程中，先建立螺栓在圆周方向呈环形排列以减少装配步骤，然后对装配后的螺栓进行镜像操作，主要操作步骤如下。

（1）选择【Assemblies】→【Components】→【Add Component...】命令或单击工具栏上的按钮，系统弹出 Add Component 对话框。

（2）单击 Add Component 对话框中 Type 选项下的按钮，弹出 Part Name 对话框，在磁盘目录下找到 LUOSHUANM8-25-1.prt 部件后，视图区域的右下角弹出 Component Preview 窗口。

（3）在 Add Component 对话框中设置 Placement 和 Settings 选项如图 14-4 所示。

（4）单击 OK 按钮，系统弹出如图 14-5 所示的 Assembly Constraints 对话框。

（5）在 Assembly Constraints 对话框的 Type 选项中单击按钮，并在 Orientation 列表下选择选项，选择大轴承端盖的表面作为装配基础面，如图 14-122 所示，再选择螺栓的底面作为装配配对面，如图 14-123 所示，则可在二者之间建立匹配约束。

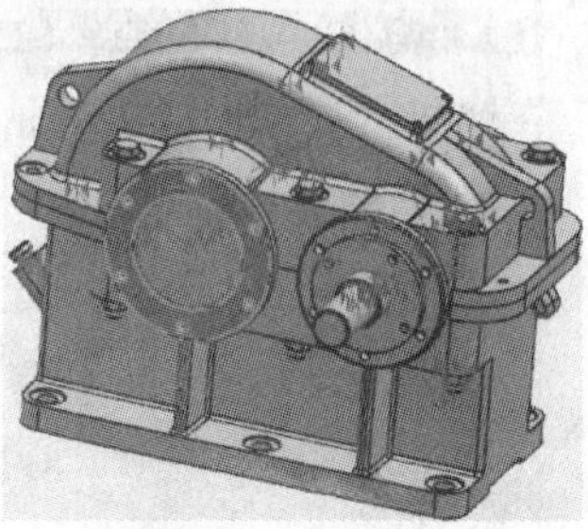

图 14-122 选择装配基础面

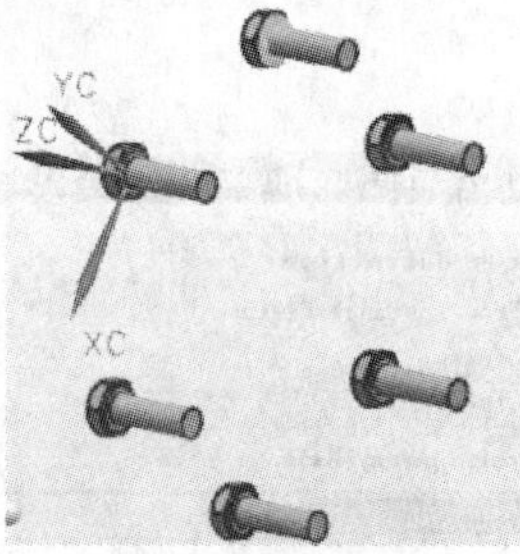

图 14-123 选择装配配对面

（6）在 Assembly Constraints 对话框的 Type 选项中单击按钮，并在 Orientation 列表下选择选项，选择大轴承端盖上的孔中心线作为装配基础基准，如图 14-124 所示，再选择螺栓的中心线作为装配配对基准，如图 14-125 所示，则可在二者之间建立匹配约束。

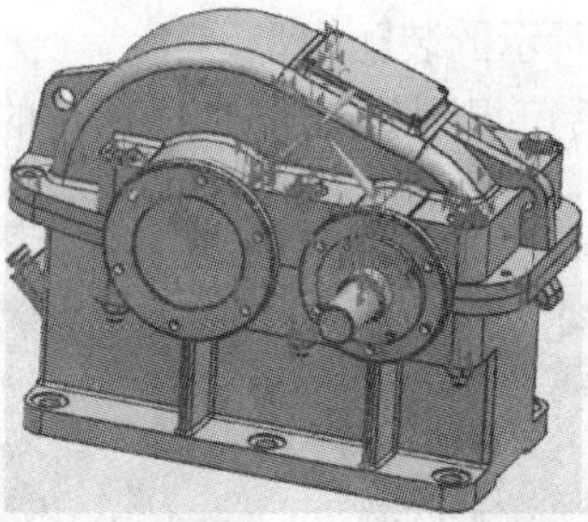

图 14-124 选择装配基础基准

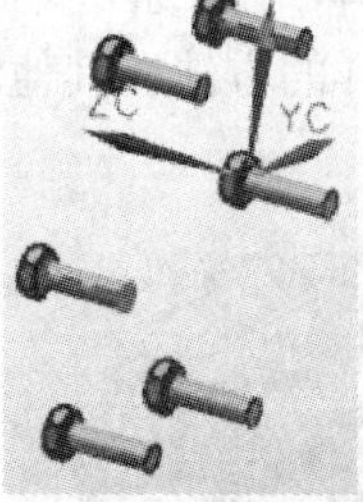

图 14-125 选择装配配对基准

（7）建立大轴承端盖上旁边孔的中心线和螺栓阵列中对应旁边螺栓的中心线的匹配约束，即可将螺栓组件装配到轴承端盖上。用同样的方式在小轴承端子上安装 LUOSHUANM8-25.prt，得到如图 14-126 所示的装配模型。

（8）选择【Insert】→【Datum/Point】→【Datum Plane...】命令或单击工具栏上的按钮，系统弹出 Datum Plane 对话框，选择天窗口边线的中点，即将坐标原点定位在该边线的中点处，如图 14-127 所示。

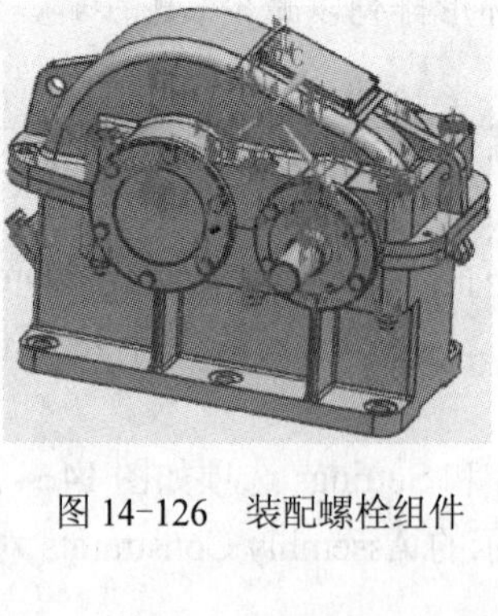

图 14-126 装配螺栓组件

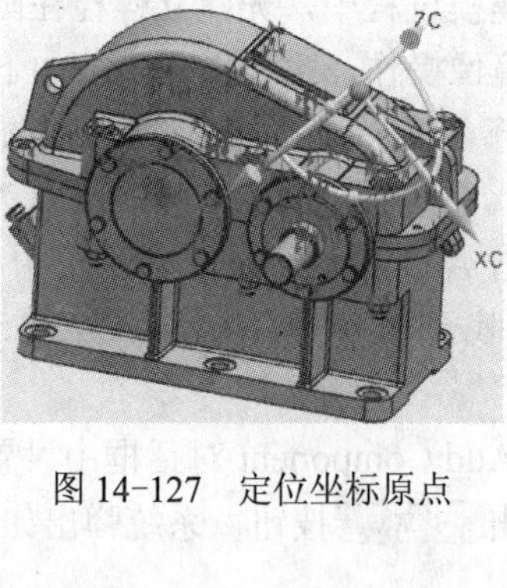

图 14-127 定位坐标原点

（9）选择【Assemblies】→【Component Position】→【Mirror Assembly…】命令或单击工具栏上的按钮，系统弹出如图 14-128 所示的 Mirror Assemblies Wizard 对话框。

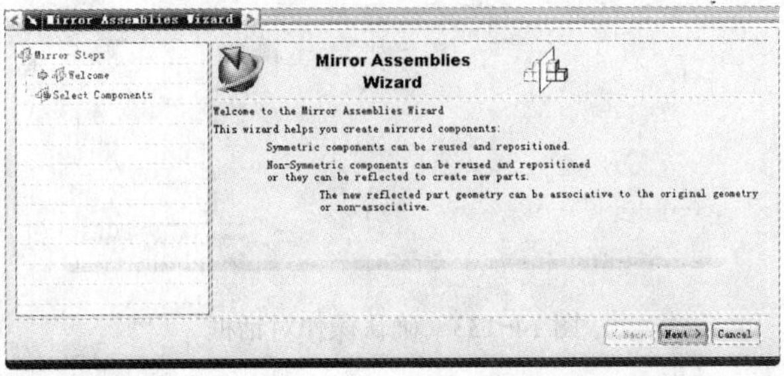

图 14-128　Mirror Assemblies Wizard 对话框

（10）单击 Next > 按钮，系统弹出如图 14-129 所示对话框，提示选择需进行镜像装配的组件，在视图区域选择欲进行镜像装配的螺栓组件，如图 14-130 所示。

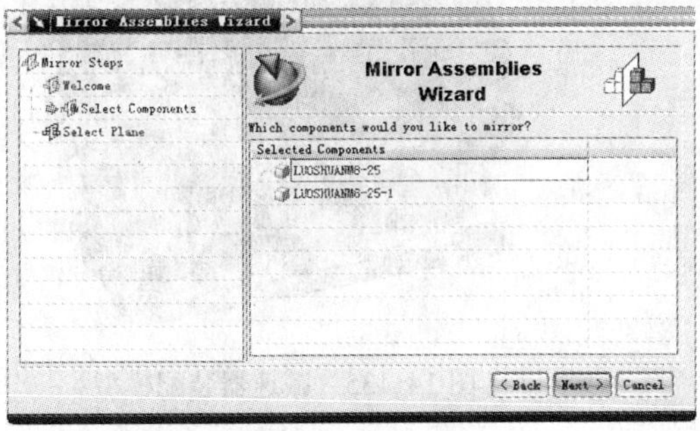

图 14-129　选择镜像组件对话框

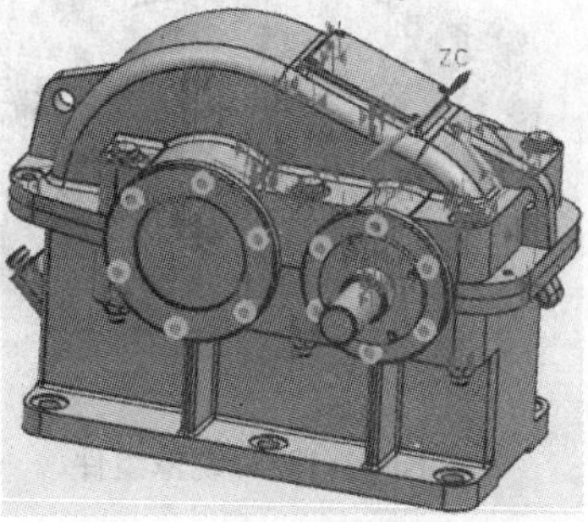

图 14-130　选择螺栓组件

（11）单击 Next > 按钮，系统弹出如图 14-131 所示对话框，提示选择镜像平面，单击对话框中的按钮，系统弹出如图 14-132 所示的 Datum Plane 对话框。

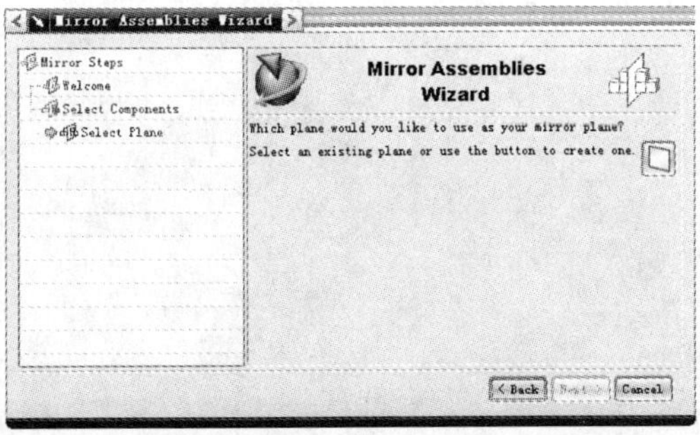

图 14-131　选择镜像平面对话框

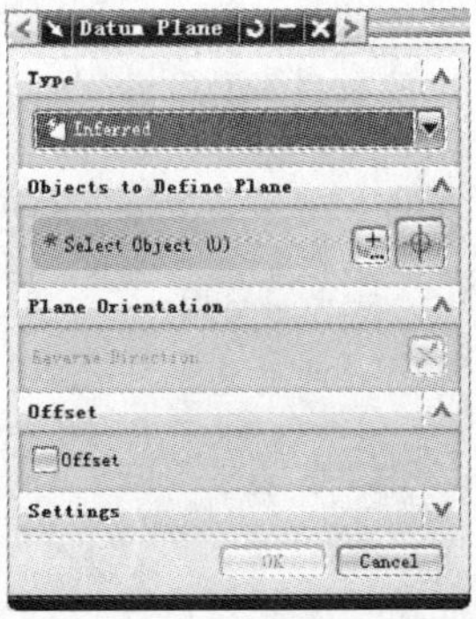

图 14-132　Datum Plane 对话框

（12）在 Type 选项下选择 XC-YC Plane 选项，系统返回 Mirror Assemblies Wizard 对话框。

（13）单击 Next > 按钮后系统弹出如图 14-133 所示的 Mirror Assemblies Wizard 对话框，供用户确认是否进行操作。

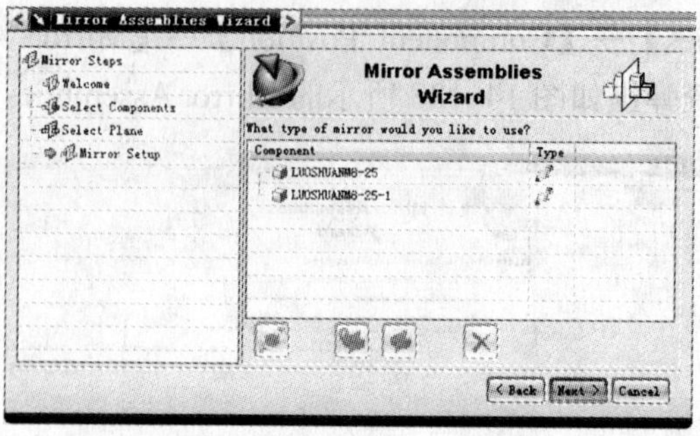

图 14-133　确认操作对话框

（14）单击 Next > 按钮后即可生成如图 14-134 所示的镜像组件。

再对其他的部件进行装配后，即可得到如图 14-135 所示的减速器装配模型。

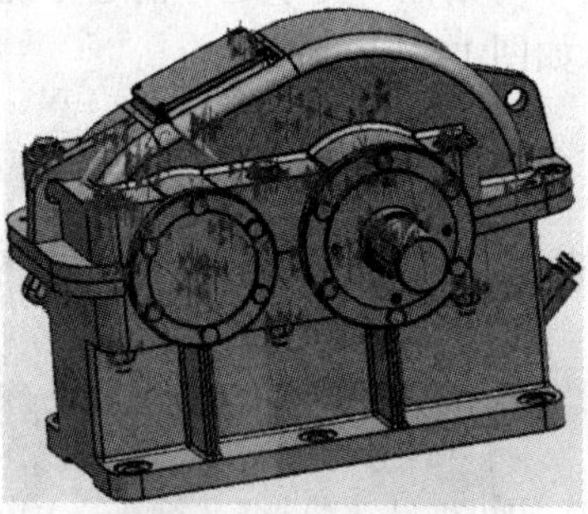

图 14-134　镜像组件

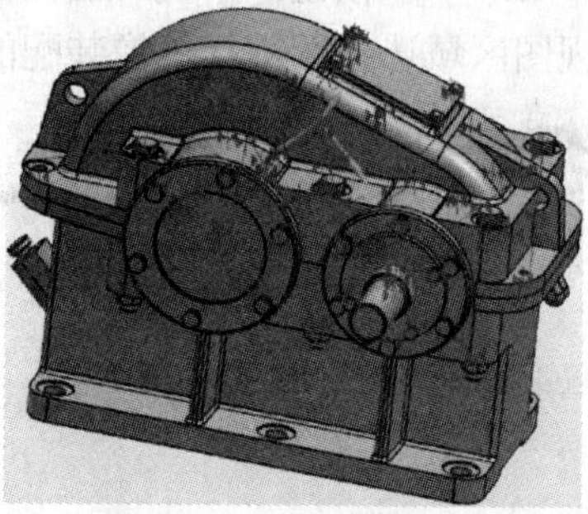

图 14-135　减速器装配模型

第 15 章　铰链四杆机构运动仿真

本章主要针对铰链四杆机构，对其进行基于时间和基于位移的运动仿真分析，并通过原动件的运动，输出从动件的运动曲线图，以完成一个较为完整的运动仿真分析过程，使读者对运动仿真分析的整个流程有一个更为深刻的认识。

铰链四杆机构如图 15-1 所示，该铰链四杆机构由机架、原动件、连杆和从动件组成。经分析可得，原动件与机架之间组成固定铰链，原动件与连杆之间组成活动铰链，连杆与从动件之间组成活动铰链，从动件与机架之间组成固定铰链。现对该铰链四杆机构进行基于时间和基于位移的运动仿真，其主要步骤如下。

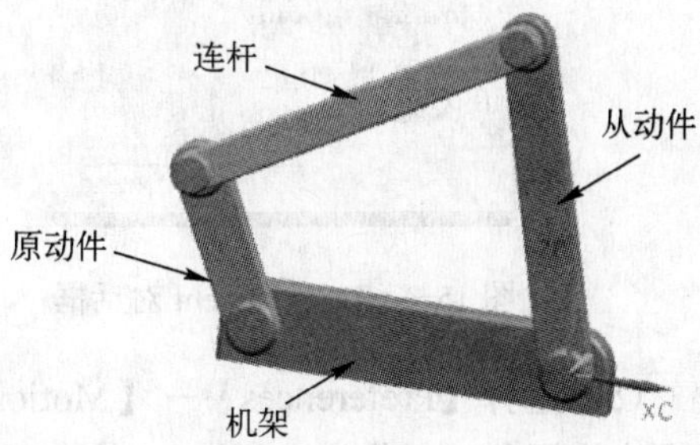

图 15-1　铰链四杆机构

15.1　运动仿真准备工作

（1）启动 UG NX 8.0 程序，选择【File】→【Open...】命令或单击工具栏上的按钮，从磁盘中选择 jiaoliansiganjigou.prt 文件，单击 OK 按钮，进入 UG NX 8.0 的 Modeling 模块，打开如图 15-2 所示的铰链四杆机构的模型。

（2）选择【Start】→【Motion Simulation...（运动仿真）】命令或单击 Application 工具栏上的按钮进入 UG NX 8.0 的运动仿真模块。

（3）在 Motion Navigator 窗口中用鼠标右键单击节点 jiaoliansiganjigou，如图 15-3 所示。

图 15-2　铰链四杆机构模型

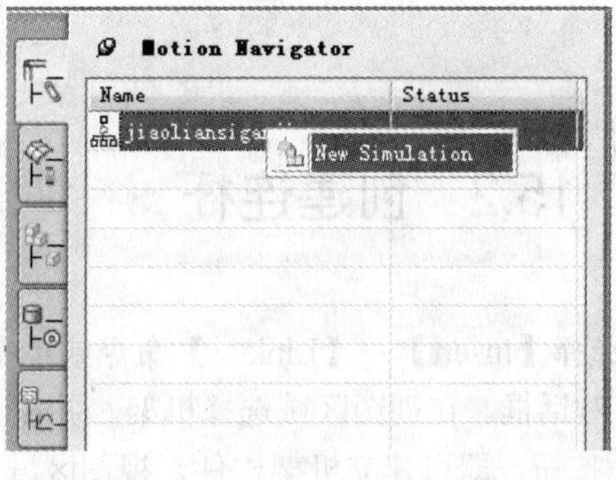

图 15-3　Motion Navigator 窗口

（4）选中 New Simulation 选项后，系统弹出如图 15-4 所示的 Environment 对话框，在

该对话框中选择分析类型为 Dynamics，单击 OK 按钮，则创建一个新的仿真方案 motion_1，如图 15-5 所示。

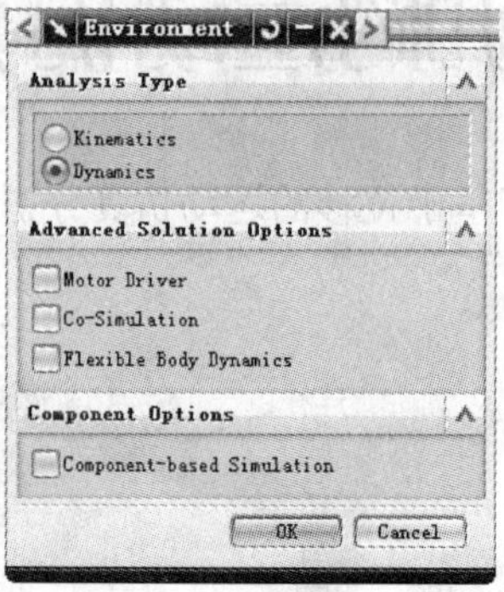

图 15-4　Environment 对话框

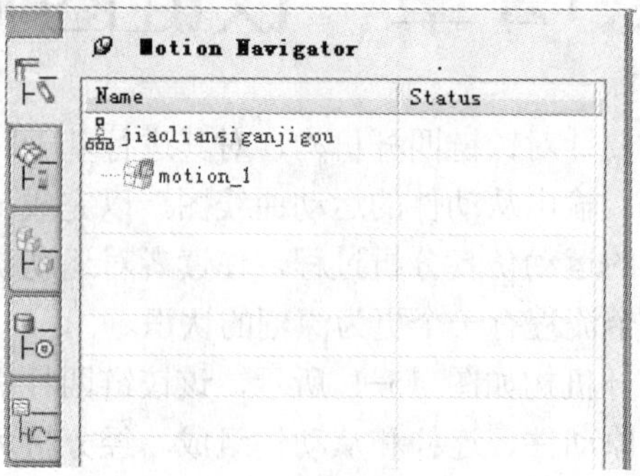

图 15-5　创建仿真方案

（5）选择【Preferences】→【Motion…】命令，进入 Motion Preferences 对话框，在该对话框中设置角度单位为 Degree，单击对话框中的 Gravitational Constants 按钮，在 Gx 和 Gy 的文本框中输入 0，在 Gz 文本框中输入–9 806.65，如图 15-6 所示，连续单击 OK 按钮，关闭运动首选项对话框。

（6）在视图区域单击鼠标右键，在弹出的快捷菜单中选择【Rendering Style】→【Static Wireframe…】命令或单击工具栏上的按钮，将铰链四杆机构以静态线框的形式显示，如图 15-7 所示。

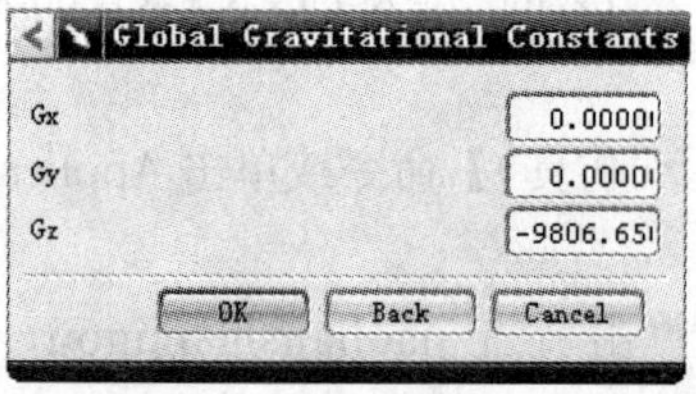

图 15-6　设置全局重力常数

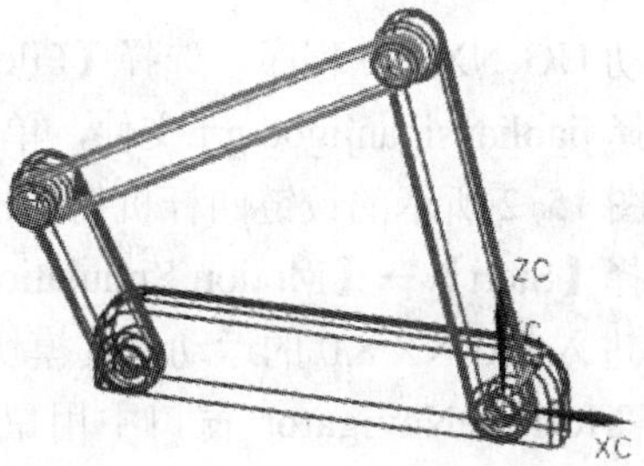

图 15-7　静态线框显示模型

15.2　创建连杆

（1）选择【Insert】→【Link…】命令或单击工具栏上的按钮，系统弹出如图 15-8 所示的 Link 对话框，在视图区域选择机架，并在 Settings 选项中选中 Fix the Link 复选框，单击 Apply 按钮，即可建立机架构件，视图区域显示机架构件的名称为 L001，所建立的运动副为 J001。

（2）在视图区域选择原动件后，将 Fix the Link 复选框关闭，系统默认原动件的构件名称为 L002，单击 Apply 按钮，即可创建原动件构件，如图 15-9 所示。

（3）参考步骤（2），用同样的方法创建连杆和从动件构件，构件名称分别为 L003 和 L004，如图 15-10 所示。

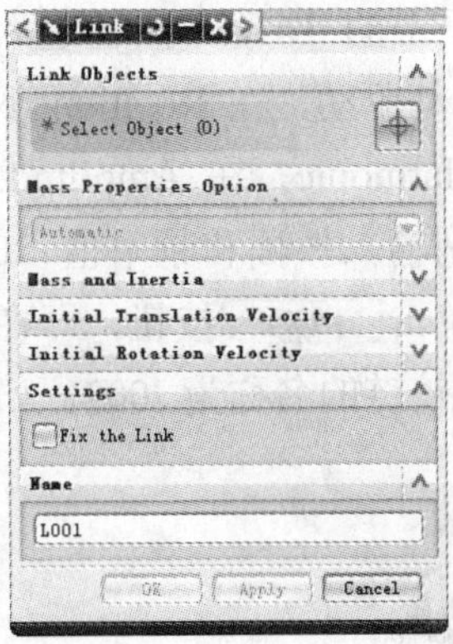

图 15-8　Link 对话框

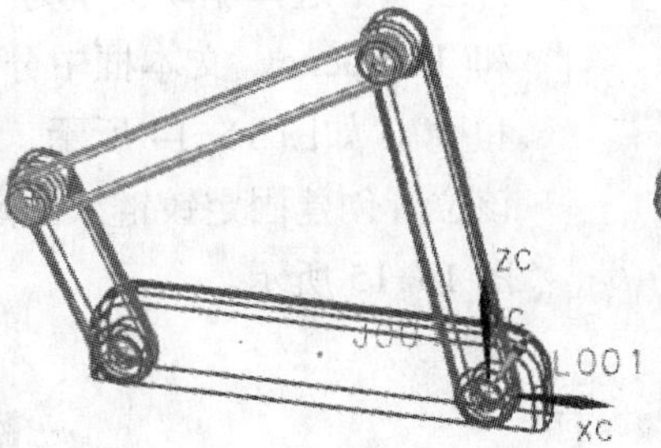

图 15-9　创建原动件

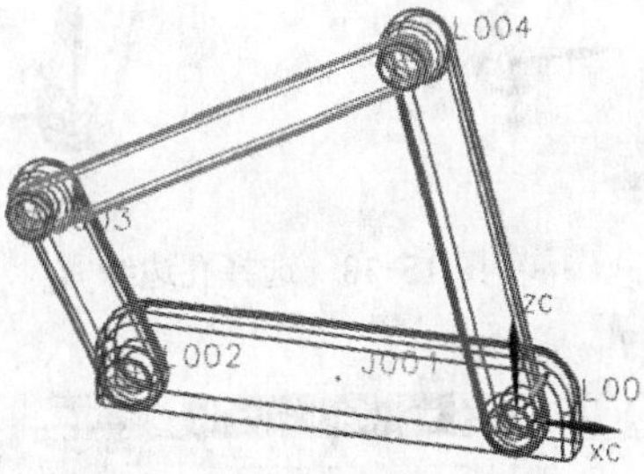

图 15-10　创建连杆和从动件

15.3　创建运动副与运动驱动

（1）为方便选取连杆，选择【Insert】→【Show and Hide】→【Hide…】命令，系统弹出类选择器，在视图区域选中 L001 后单击 OK 按钮，或在键盘上同时按下 Ctrl 和 B 键，再在视图区域选中 L001，将机架隐藏，以方便后续对其进行相关操作，如图 15-11 所示。

（2）选择【Insert】→【Joint…】命令或单击工具栏上的按钮，系统弹出如图 15-12 所示的 Joint 对话框。

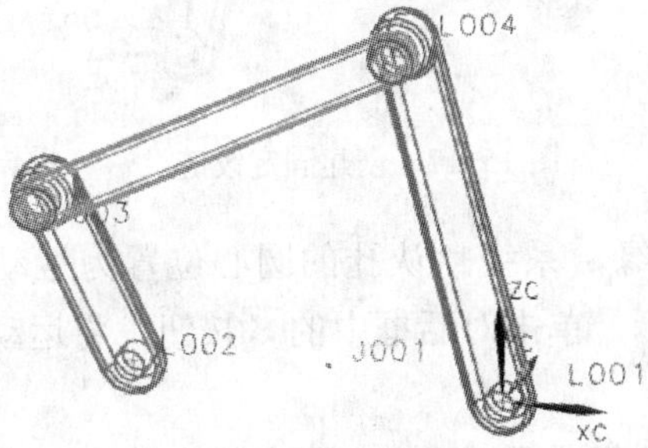

图 15-11　隐藏机架

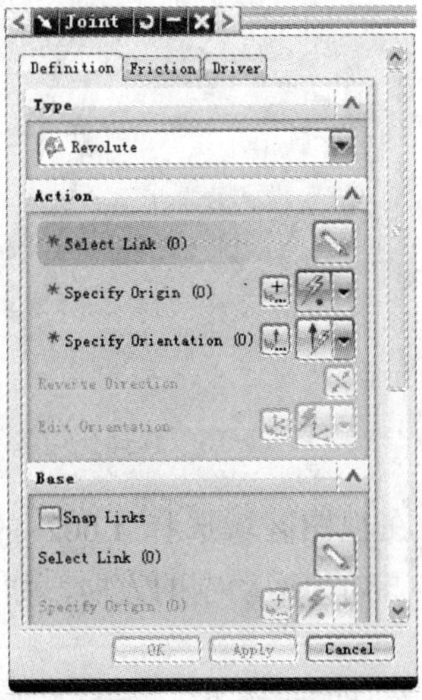

图 15-12　Joint 对话框

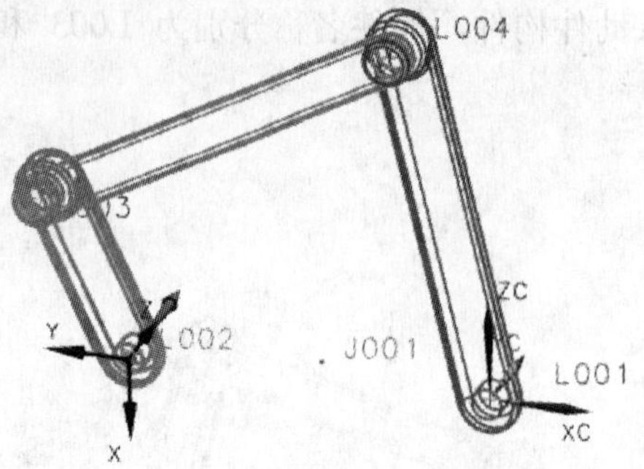

图 15-13 选择孔边缘

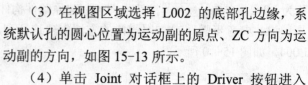

（3）在视图区域选择 L002 的底部孔边缘，系统默认孔的圆心位置为运动副的原点、ZC 方向为运动副的方向，如图 15-13 所示。

（4）单击 Joint 对话框上的 Driver 按钮进入 Driver 选项卡，对其设置运动驱动，在 Rotation 下拉选项下选择驱动类型为 Harmonic，在 Amplitude 和 Frequency 文本框中分别输入振幅和频率值 20 和 60，如图 15-14 所示。单击 OK 按钮，即在该位置创建固定铰链，固定铰链的名称为 J002，如图 15-15 所示。

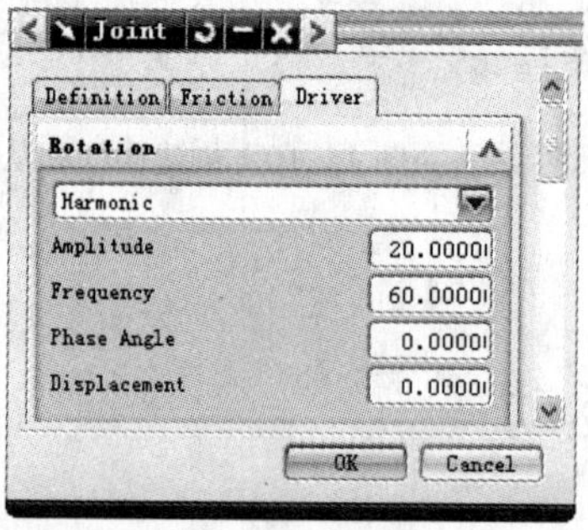

图 15-14 设置运动驱动

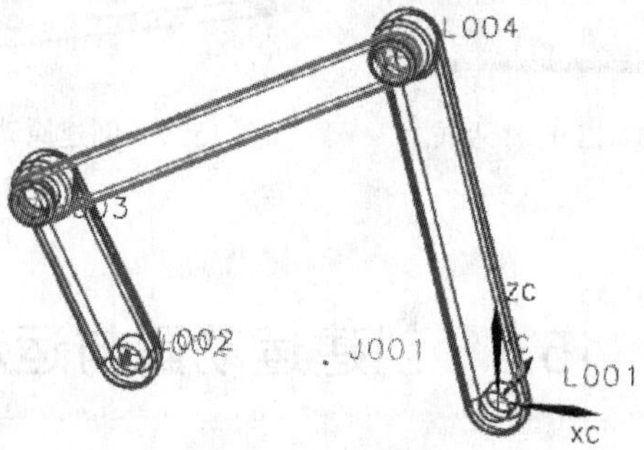

图 15-15 创建固定铰链

（5）在视图区域选择 L004 的下面孔边缘，系统默认孔的圆心位置为运动副的原点、+ZC 方向为运动副的方向，如图 15-16 所示。单击 OK 按钮，即在该位置创建固定铰链，固定铰链的名称为 J003，如图 15-17 所示。

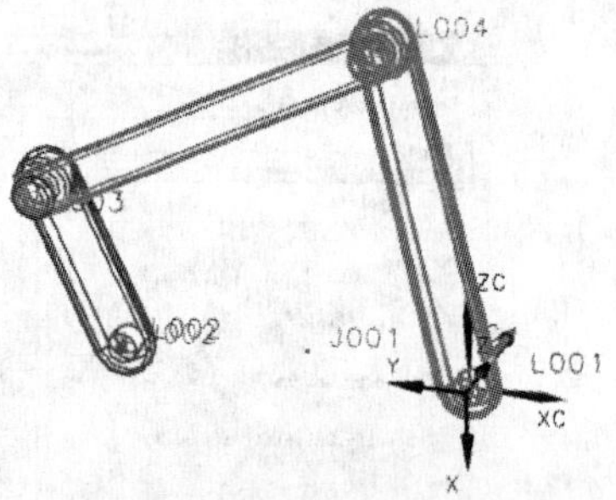

图 15-16 选择孔边缘

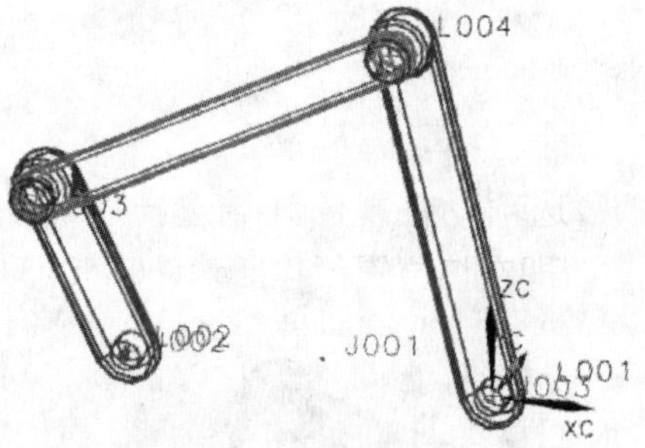

图 15-17 创建固定铰链

（6）在视图区域选择 L002 的上面圆弧边缘，系统默认孔的圆心位置为运动副的原点、–ZC 方向为运动副的方向，如图 15-18 所示，单击对话框中的按钮，将运动副的方向反向。

（7）在对话框的 Base 选项下打开 Snap Link 复选框，再在视图区域选中 L003，系统默认连杆的中心位置为运动副的原点、+ZC 方向为运动副的方向，如图 15-19 所示。

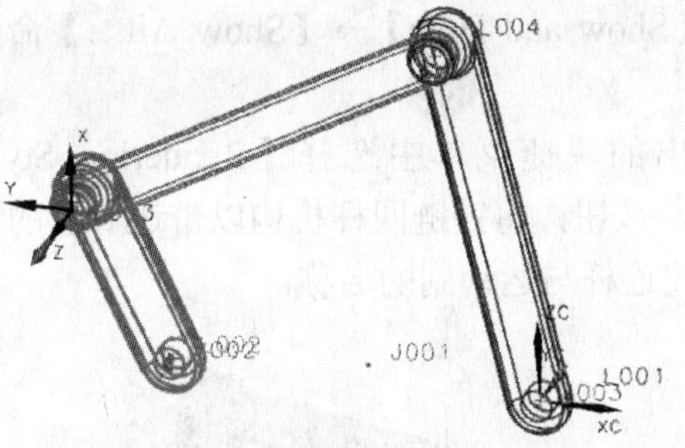

图 15-18　选择圆弧边缘

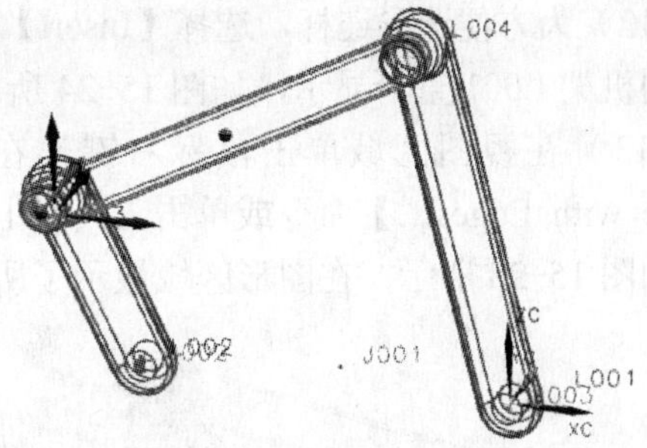

图 15-19　选择连杆

（8）在 Base 选项的 Specify Origin 选项下，利用捕捉圆心的方式来定义运动副的原点，即选择选项，在视图区域选择连杆 L003 的左侧圆心，如图 15-20 所示，单击 Apply 按钮，即在该位置创建活动铰链 J004。

（9）在视图区域选择 L004 的上面圆弧边缘，系统默认孔的圆心位置为运动副的原点、–ZC 方向为运动副的方向，如图 15-21 所示，单击对话框中的按钮，将运动副的方向反向。

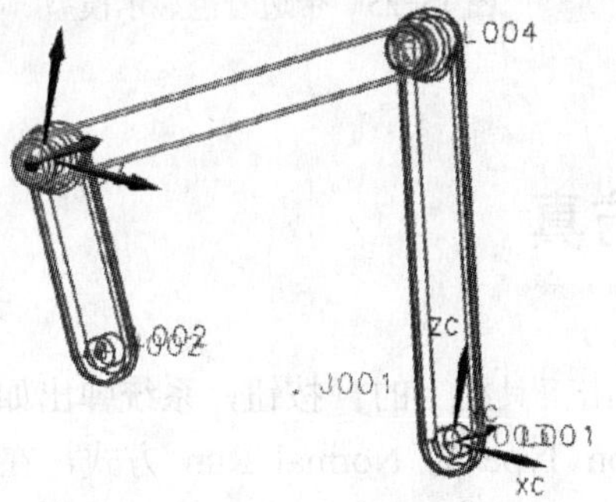

图 15-20　定义运动副原点

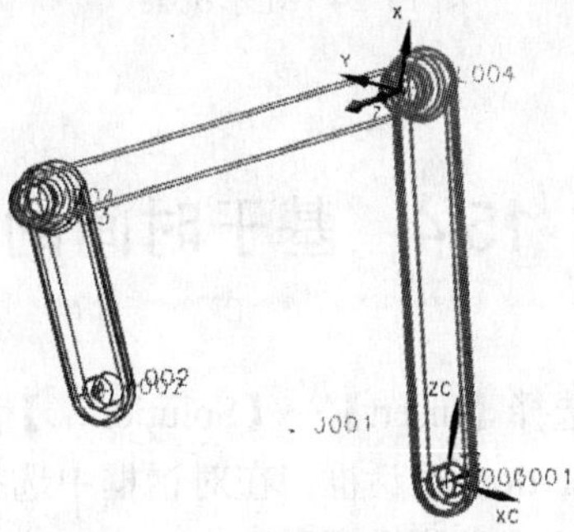

图 15-21　选择圆弧边缘

（10）在对话框的 Base 选项下打开 Snap Link 复选框，再在视图区域选中 L003，系统默认连杆的中心位置为运动副的原点、+ZC 方向为运动副的方向，如图 15-22 所示。

（11）在 Base 选项的 Specify Origin 选项下，利用捕捉圆心的方式来定义运动副的原点，即选择选项，在视图区域选择连杆 L003 的右侧圆心，如图 15-23 所示，单击 OK 按钮，即在该位置创建活动铰链 J005。

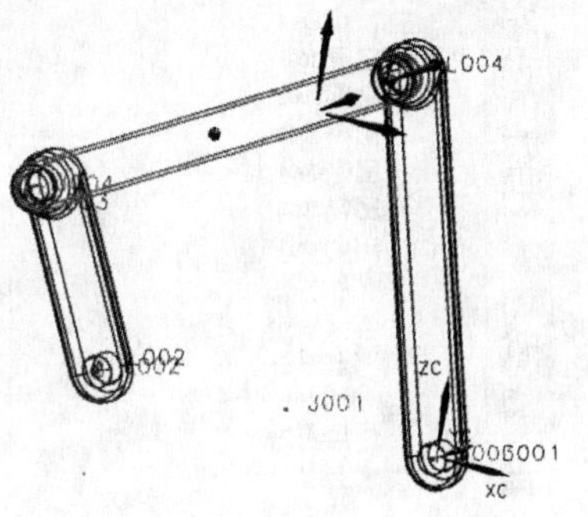

图 15-22　选择连杆

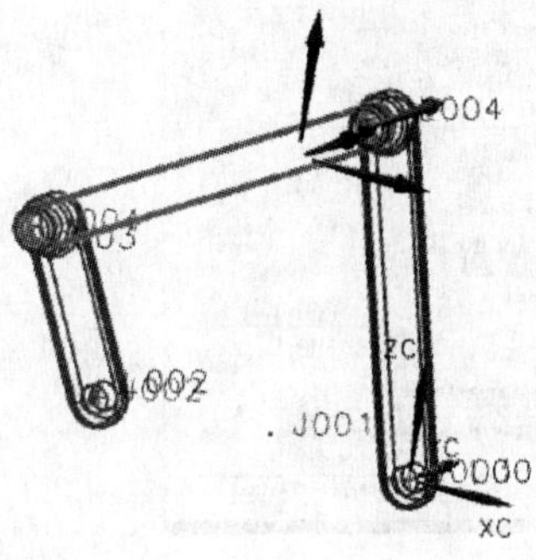

图 15-23　定义运动副原点

（12）为方便选取连杆，选择【Insert】→【Show and Hide】→【Show All...】命令，将隐藏的机架 L001 重新显示，如图 15-24 所示。

（13）在视图区域单击鼠标右键，在弹出的快捷菜单中选择【Rendering Style】→【Shade with Edges...】命令或单击工具栏上的按钮，将铰链四杆机构以带边着色的方式显示，如图 15-25 所示，在图形区域显示了所创建连杆与运动副的名称。

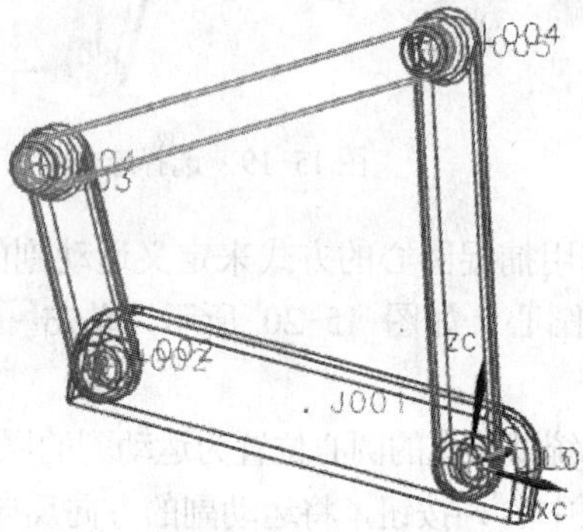

图 15-24　显示机架

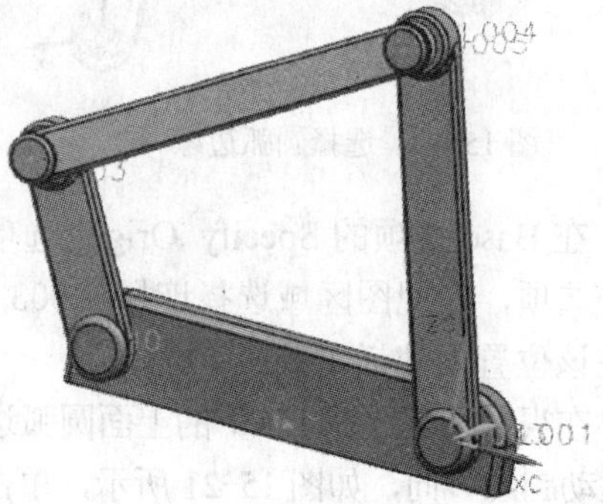

图 15-25　带边着色显示模型

15.4　基于时间的动态仿真

（1）选择【Insert】→【Solution...】命令或单击工具栏上的按钮，系统弹出如图 15-26 所示的 Solution 对话框，在对话框中选择 Solution Type 为 Normal Run 方式，在 Analysis Type 选项下定义分析类型为 Kinematics/Dynamics，分别在 Time 和 Steps 文本框中输入 10 和 360，单击 OK 按钮。

（2）单击工具栏上的按钮，系统根据求解方案对其进行求解，求解后的结果显示如图 15-27 所示。

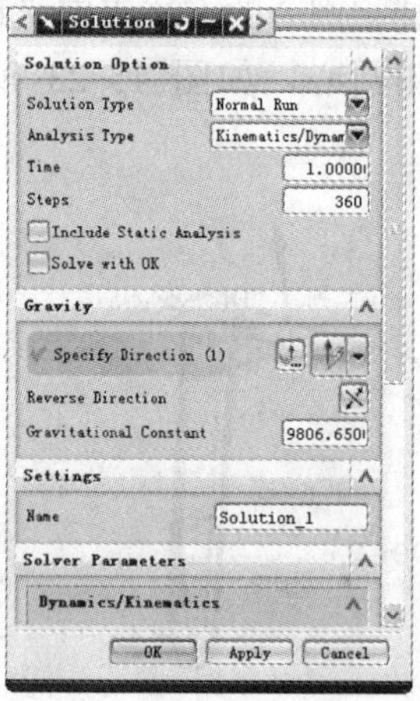

图 15-26　Solution 对话框

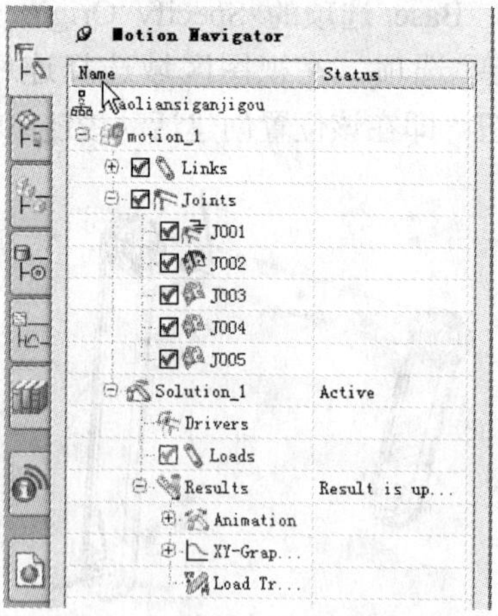

图 15-27　求解方案结果显示

（3）单击工具栏上的按钮，系统弹出 Animation 对话框，单击对话框中的 OK 按钮，系统根据输入的分析时间和原动件的运动参数在图形窗口中对机构进行动态仿真。

15.5　基于位移的动态仿真

（1）选择【Insert】→【Solution…】命令或单击工具栏上的按钮，系统弹出如图 15-26 所示的 Solution 对话框，在对话框中选择 Solution Type 为 Articulation 方式，单击 OK 按钮。

（2）单击工具栏上的按钮，系统弹出如图 15-28 所示的 Articulation 对话框，根据求解方案对其进行求解。

（3）打开 J002 前面的复选框，Step Size 和 Number of Steps 处于激活状态，分别在其文本框中输入 5 和 360，单击对话框中的或按钮，使原动运动副按每步转动 5° 向后或向前作运动仿真。

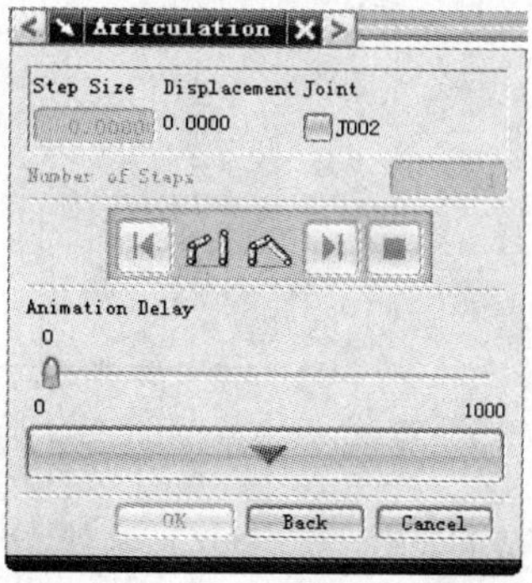

图 15-28　Articulation 对话框

15.6　输出从动件的运动曲线图

（1）选择【Analysis】→【motion】→【Solution…】命令或单击工具栏上的按钮，系统弹出如图 15-29 所示的 Graph 对话框。

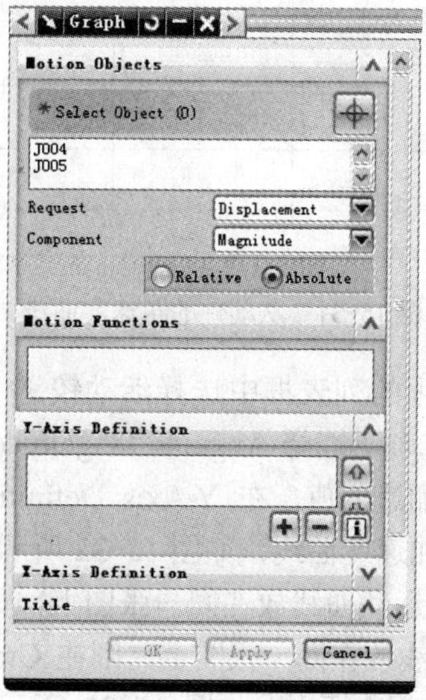

图 15-29　Graph 对话框

（2）在 Motion Objects 选项的列表框中选择活动铰链 J005，在 Request 选项下选择 Displacement 选项、Component 选项下选择 Angular Magnitude 选项，以设置从动件角位移曲线的 Y 坐标值为从动件的角位移值，在 Y-Axis Definition 选项下单击[+]按钮后，单击[Apply]按钮，可得从动件的角位移曲线，如图 19-30 所示。

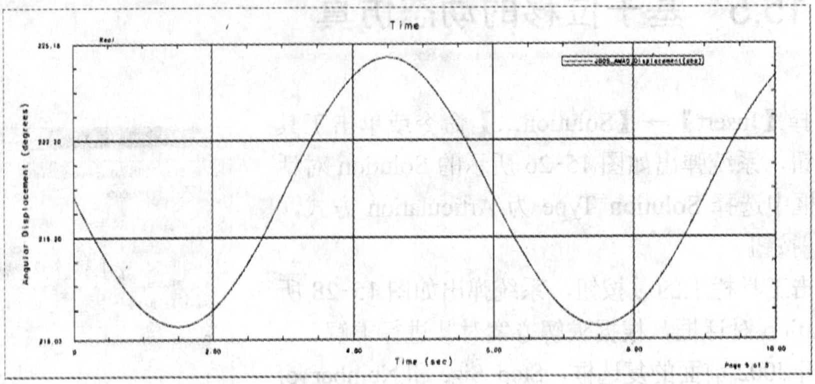

图 15-30　从动件的角位移曲线

（3）在 Motion Objects 选项的列表框中选择活动铰链 J005，在 Request 选项下选择 Velocity 选项、Component 选项下选择 Angular Magnitude 选项，以设置从动件角速度曲线的 Y 坐标值为从动件的角速度值，在 Y-Axis Definition 选项下单击[+]按钮后，单击[Apply]按钮，可得从动件的角速度曲线，如图 19-31 所示。

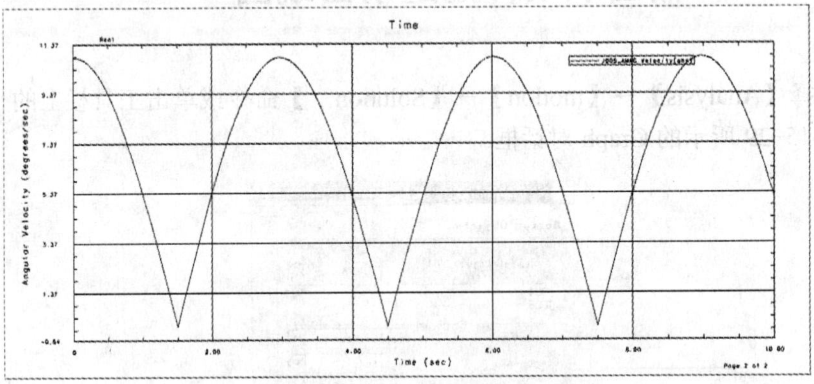

图 15-31　从动件的角速度曲线

（4）在 Motion Objects 选项的列表框中选择活动铰链 J005，在 Request 选项下选择 Acceleration 选项、Component 选项下选择 Angular Magnitude 选项，以设置从动件角加速度曲线的 Y 坐标值为从动件的角加速度值，在 Y-Axis Definition 选项下单击[+]按钮后，单击[Apply]按钮，可得从动件的角加速度曲线，如图 15-32 所示。

为方便分析，通常会把多种运动曲线放在同一张图上，如本例中通常将从动件的角位移曲线、角速度曲线和角加速度曲线放在同一张图上，则在 Graph 对话框中只需将各运动曲线图同时加载到 Y-Axis Definition 列表框中，如图 15-33 所示，再单击[OK]按钮，即可得到如图 15-34 所示的从动件运动曲线图。

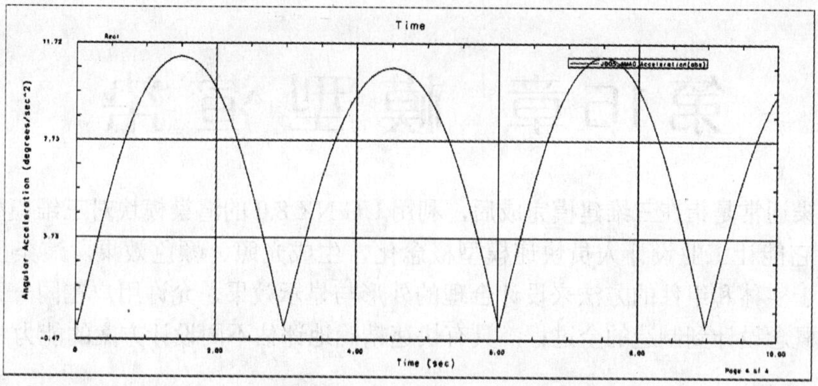

图 15-32　从动件的角加速度曲线

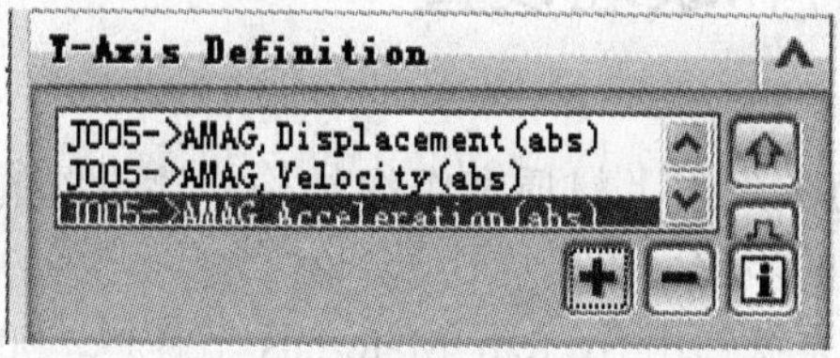

图 15-33　Y 轴参数定义

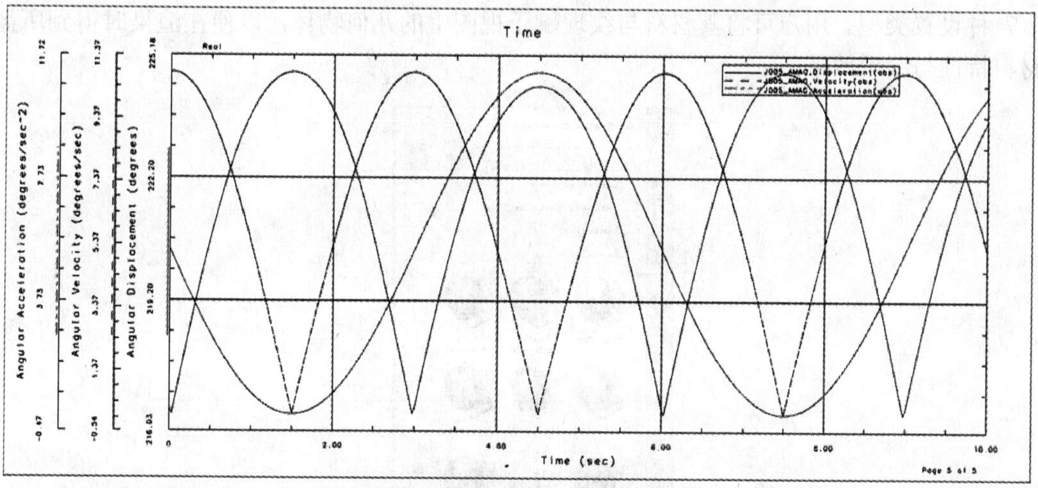

图 15-34　从动件运动曲线图

第16章 模型渲染

模型渲染通常是指在三维建模完成后，利用 UG NX 8.0 的渲染模块对三维模型进行渲染和后处理。它能让工业设计人员快速模型概念化，生成光照、颜色效果，渲染生成逼真图片。它是基于实体和组件的方法来设计合理的外形与显示效果，允许用户在同一开发环境中完成产品从概念设计到制造的全过程，具有快速精确地评估不同设计方案的能力。

16.1 材料和纹理设置

材料和纹理设置是指为图形附上材质和组织结构，该设置的好坏将直接影响出图的效果，是渲染中一个极其重要的步骤。

在资源栏单击按钮，系统弹出 Syetem Materials 工具栏，如图 16-1 所示，在该工具栏中主要提供了 automotive（汽车）、Ceramic_glass（陶瓷玻璃）、Colors_plastics（彩色塑料）、construction（建筑材料）、effects_patterns（效果图案）、interior（内部结构）和 metal（金属）7 种设置类型。用户可将其材料与纹理赋予视图中的几何物体，以便在渲染时得到所需的材料特性与纹理效果。

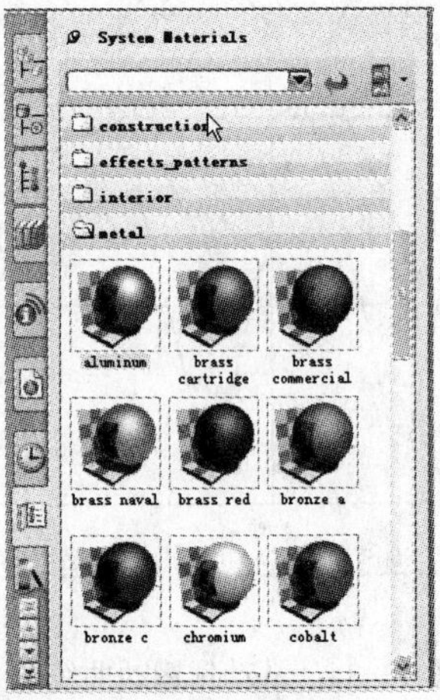

图 16-1 System Materials 工具栏

在根据系统所提示的材料类型定义完几何物体的材料和纹理后，用户还可以根据需要对所添加的材料和纹理进行编辑。选择【View】→【Visualization】→【Materials/Textures...（材料和纹理）】命令或单击工具栏上的按钮，系统弹出如图 16-2 所示的 Materials/Textures 工具条，单击工具条中的按钮，系统弹出如图 16-3 所示的 Material Editor 对话框，在该对话框中可对模型材料的颜色、材料亮度、纹理大小及纹理排列形式等进行编辑。其中，General 选项卡用于设置所有材料的通用特性（如颜色）及光照如何从一表面反射的专门特征；Bumps（位移）用于设置 Bump 图纹理参数；Pattern 用于设置图像纹理图或修改颜色的其他技术；Transparency 用于对纹理映射技术进行设置；Texture Space 决定纹理如何包缠到一对象上。

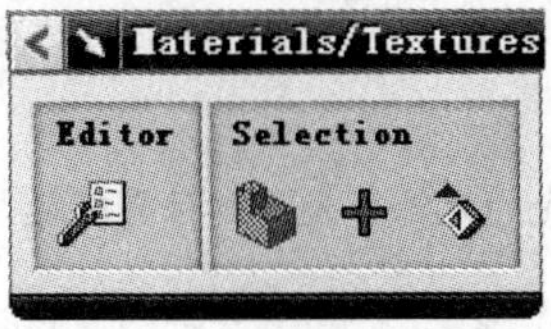

图 16-2　Materials/Textures 工具条

图 16-3　Material Editor 对话框

16.2　灯光设置

灯光的设置在渲染中起着非常重要的作用，它直接影响到最后图片的模拟真实感、模型的逼真程度和生成艺术图像的效果。选择【View】→【Visualization】→【Basic Lights…(基本光照)】命令或单击工具栏上的按钮，系统弹出如图 16-4 所示的 Basic Lights 对话框，也可以通过选择【View】→【Visualization】→【Advanced Lights…(高级光源)】命令或单击工具栏上的按钮，弹出如图 16-5 所示的 Advanced Lights 对话框，利用这两个对话框，可以在视图中增加或减少灯光并调整灯光的强度和位置等。

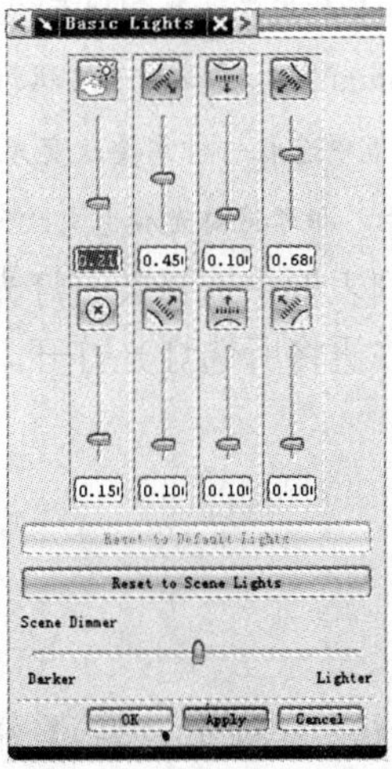

图 16-4　Basic Lights 对话框

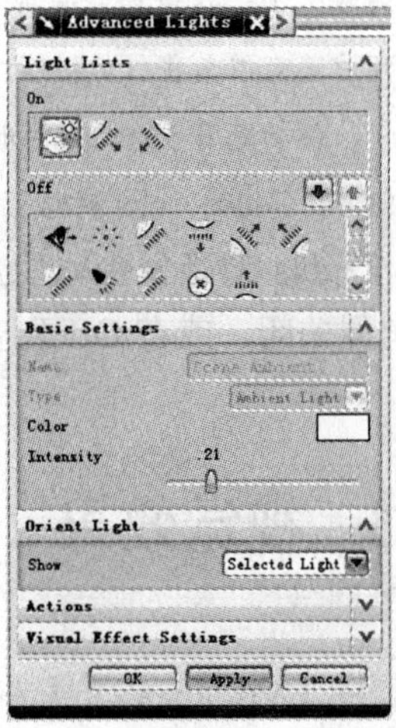

图 16-5　Advanced Lights 对话框

以上两个对话框中主要参数的意义如下。

- 光源类型：系统主要提供了以下几种光源类型。
- Ambient Light（环境光）：也称为全方位光源，是能给所有表面提供均匀照明的光源，其照明方式可用于所有的对象，它与位置无关。在 Basic Lights 对话框中，主要是对此种类型的光源进行设置。如图 16-4 所示，对于此种类型的光，用户只可以对其光照强度进行调整，调节范围为 0～1.0，值越大，光照强度越大，显得越亮。
- Eye Light（眼睛光）：此种类型灯光用于设置视图的光源，它是从观察位置发出的光，也就是光源的原点在观察者的眼睛处，它不能产生阴影。
- Point Light（点光源）：此种类型光源模拟灯光的形式，可由固定位置向所有方向发出同等的光，这种光能产生阴影。
- Distance Light（平行光）：此种类型灯光模拟太阳光的光源，光源的位置较远，能朝某个方向发出平行光，它能产生阴影。
- Spot Light（聚光灯）：是由单个点发出光的光源，与灯泡发光的形式相似，但聚光灯发出的光被限制在锥形范围内，即此灯光为锥形的聚合光源。这种光也能产生阴影。
- Reset to Default Lights（恢复默认灯光设置）：当对灯光设置进行修改后，单击该功能按钮，可将其恢复至默认灯光设置。
- Reset to Scene Lights（恢复为舞台光）：该功能用于将光源设定为使用所有的基本光进行照射。
- Scene Dimmer（调光器）：该功能用于对光照强度进行调整，但调整的过程中环境光的光照强度保持不变，其他所有的基本光照光源都将发生相应的变化。当在系统默认光照情况下滑动该按钮时，场景左上部和场景右上部的光照强度发生变化（系统默认光源为环境光、场景左上部光和场景右上部光）。
- Show（显示灯光）：该选项用于将所设置的光源在视图中显示出来，以辅助对各种光源位置和方向进行编辑和修改。该下拉菜单中有 3 个选项，分别为 Selected Light（显示所选光源）、All Lights（显示所有光源）和 No Lights（不显示光源）。
- Actions（光源操作）：在该功能选项下，可以进行增加新的光源、复制现有的光源和删除所选取的灯光操作，用户还可以单击 i 按钮打开灯光的 Information 窗口获得关于编辑灯光的信息。
- Color（颜色）：该功能用于修改光源颜色，首先在对话框中选取一种需要改变光源颜色的光源，再单击该颜色按钮，在弹出的 Color 对话框中选择一种颜色后，即可将灯光颜色更改为所选择的颜色。

在 Advanced Lights 对话框中，用户可以在 On 列表框中选择某一灯光类型后，单击按钮将所选灯光类型关闭，或在 Off 列表框中单击按钮将所选灯光打开。

16.3 视觉效果

选择【View】→【Visualization】→【Visual Effects...（视觉效果）】命令或单击工具栏上的按钮，系统弹出如图 16-6 所示的 Visual Effects 对话框，利用该对话框可设置不同的前景、背景，以及产生类似于照相机采用不同镜头照出的效果。

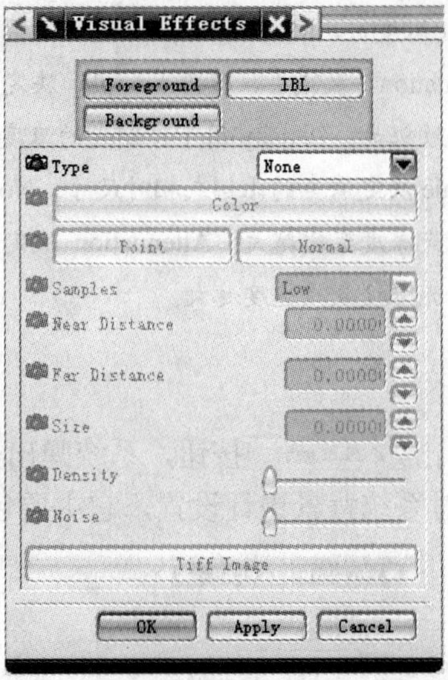

图 16-6 Visual Effects 对话框

1. 前景设置

如图 16-6 所示对话框用于对系统前景进行设置，它主要提供了以下几种类型的前景。

- None（无）：该选项为系统默认选项，选择该选项时，系统无前景产生。
- Fog（雾）：当选择此选项时，产生一种物体处于雾中的效果，且雾随距离呈指数衰减，主要参数为 Color 和 Distance，其中 Color 用于选择雾的颜色，Distance 表示雾效果开始起作用的距离。
- Depth Cue（深度变化）：当选择此选项时，也将产生一种物体处于雾中的效果，雾在一个距离范围呈指数衰减。较 Fog 类型相比，可在 Far Distance 文本框中输入一个数值代表雾效果失去作用的距离。
- Ground Fog（地面雾）：当选择该选项时，可产生一种物体处在雾中的效果，雾随高度变稀。主要参数有 Color（颜色）、Point（点）、Normal（法向）、Distance（距离）和 Fog Height（雾高度），其中 Point 选项用于确定地平线的位置，且雾只存在于地平线之上；Normal 用于确定哪一面为地平线的上面；Fog Height 代表雾效果减小的速度，雾的高度值越大，距离地面越低的地方会见到越多的雾，当雾的高度值等于或小于零时，效果与 Fog 相同。
- Snow（雪）：当选择该选项时，可产生一种物体处在雪花中的效果。主要参数有 Color（颜色）、Near Scale（近比例）、Far Scale（远比例）、Flake Size（雪花尺寸）、Density（密度）和 Noise Level（噪声水平），其中 Color 用于设置雪的颜色；Near Scale 数值决定近距离雪花的大小；Far Scale 数值决定远距离雪花的大小（注意远比例值应小于近比例值）；Flake Size 数值决定雪花的大小；Density 用于决定雪花的密度；Noise Level 用于控制雪花分布的不规律性。
- Tiff Image（Tiff 图像）：当选择该选项时，即选择一个 Tiff 图像作为前景，此选项一般用于在制作的图片中加入标志等。其主要参数 X Position 和 Y Position 分别表示加入图片在视图中的 X 坐标位置和 Y 坐标位置。
- Light Scatter（光散射）：当选择该选项时，可使聚光灯光束呈现一种大气散射效果。主要参数包括

Samples（取样）、Density（浓度）、Max Distance（最大距离）、Noise Scale（噪声比例）、Noise Level（噪声水平）和 Attenuation（衰减），其中 Samples 决定对光扩散的取样率，低取样值会带来较好的表现效果，但容易导致锯齿；Density 用于控制光的浓度；Max Distance 用于控制光散射开始计算的最大距离；Noise Scale 决定噪声的比例或相对尺寸；Noise Level 决定光散射中的光浓度随机变化量，滑块越偏向右边，光深度变化越大；Attenuation 决定光散射中的光浓度从光源随距离衰减的速度，滑块越偏向右边，光浓度衰减速度越大。

2. 背景设置

在图 16-6 所示对话框中单击 Background 按钮，系统弹出如图 16-7 所示的 Visual Effects 对话框，通过该对话框用户可对系统背景进行设置，它主要包括以下 4 种类型。

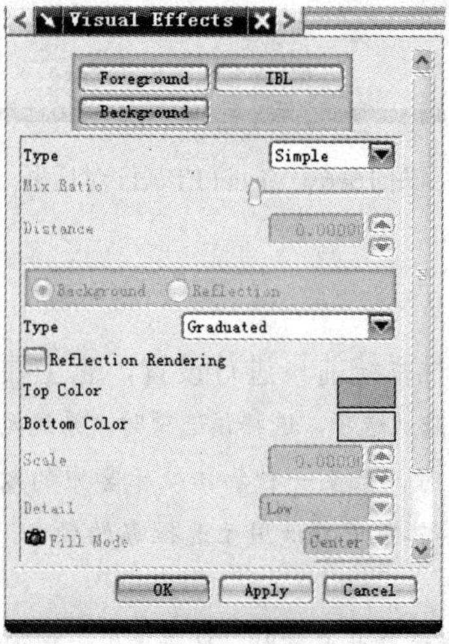

图 16-7　Visual Effects 对话框

- Simple（简单）：当选择该选项时，可将系统背景设置为简单模式，其子类型包括 None（无背景）、Plain（简单背景）、Clouds（云彩背景）、Graduated（渐变背景）、Tiff Image（图片）和 Environment（环境背景）类型的背景设置效果。其中 None 表示无背景产生；Plain 表示只可选择某种颜色作为背景，单击 Color 选项后面的 按钮，在弹出的 Color 对话框中选择相应颜色即可；Clouds 表示选择云彩作为背景，可分别对云彩颜色和天空颜色进行设置；Graduated 表示只可选择某种渐变颜色作为背景，可分别对其顶部颜色和底部颜色进行设置；Tiff Image 指选择一个特定的图片作为背景；Environment 指建立一个虚拟的、有六个面的立方体，并把模型放在其中，用户可对该立方体的视觉效果进行设置。
- Mixed（混合）：当选择该选项时，将两个类似于 Simple 背景混合成背景颜色显示出来，用户可对 Primary（主背景）和 Secondary（第二背景）在混合背景中所占的比例进行设置。
- Ray Cube（光迹立方体）：当选择该选项时，主背景放置在模型后面，而第二背景放置在观察点的后面，只能通过模型的反射图像才能观察到，第二背景在模型的反射从物理上讲是不准确的。
- Two Planes（两平面）：当选择该选项时，主背景放置在模型后面，而第二背景放置在观察点的后面，只能通过模型的反射图像才能观察到。它与光迹立方体的不同之处在于，第二背景在模型的反射从物理上讲是准确的。

16.4 可视化参数设置

选择【Preferences】→【Visualization...】命令或单击工具栏上的按钮，系统弹出如图 16-8 所示的 Visualization Preferences 对话框，利用该对话框，可以控制视图区有关选项的显示特性。

1. 视觉设置

如图 16-8 所示，Visual 选项卡用于定义物体在视图中的显示特征，包括着色方式、轮廓线的显示、消隐边缘与光滑边缘的显示、透明及其他显示特征设定等。该对话框中主要参数的意义如下。

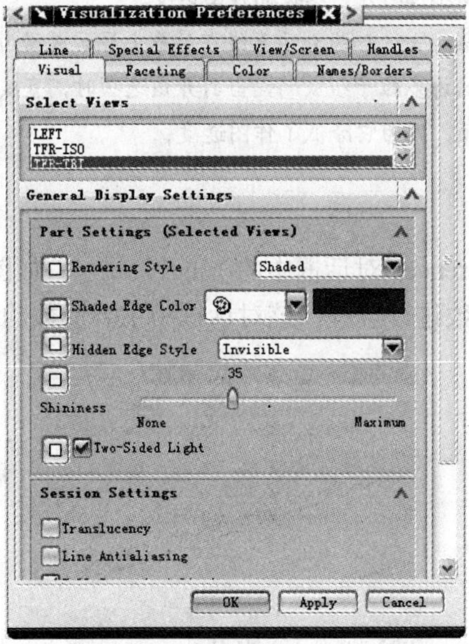

图 16-8　Visualization Preferences 对话框 Visual 选项卡

- Rendering Style（显示模式）：该选项用于为所选择的视图定义着色参数，且对每个视图的设置将随着零件文件一起保存。
  - ✧ Shaded（着色）：用于使视图中的所有物体以着色方式显示。
  - ✧ Wireframe（线框模式）：用于将实体模型以一系列的线段方式显示。
  - ✧ Static Wireframe（静态线框）：用边缘几何体渲染视图中的面。
  - ✧ Studio（艺术外观）：在对物体进行渲染时，对赋予材质的模型以模型的真实材质显示出来，而未赋予材质的物体则以全着色的方式显示。
  - ✧ Face Analysis（面分析）：用于在对面进行分析时，以彩色分析数据重新显示面。
  - ✧ Partially Shaded（部分着色）：这种显示模型只能对视图中所选择的物体（面和实体）进行着色，而未选中的物体则不着色。

➢ Hidden Edge Style（隐藏边样式）：该选项用于为所选择的视图定义隐藏边的显示方式，包括以下几种显示方式。

✧ Invisible（不可见）：用于使除隐藏边以外的边以实线的形式显示。

✧ Hidden Geometry Color（隐藏几何体颜色）：用于使所有的隐藏线以实体颜色显示。

✧ Dashed（虚线）：用于使除隐藏边以外的边以实线的形式显示，而隐藏边以虚线形式显示。

➢ Shininess（光亮度）：该选项用于定义着色表面上的光亮强度，光亮度为 0.0 时表示没有光亮，光亮度为 1.0 时说明达到光亮的最大值。光亮度选项设置随零件文件一起保存。

➢ Two-Sided Light（两侧光）：该选项用于控制是否将光照应用到面的两面，若该选项打开，则来自光源的光将会照到面的前面与背面；若该选项关闭，则表示来自光源的光将不会照到面的背面，即使面的背面暴露在光源中。在大多数情况下，两侧光选项应该打开以获得最佳的显示效果。两侧光选项的设置将随零件文件一起保存。

➢ Transparency（透明度）：该选项用于控制处在全上色和部分上色显示模式中的上色物体是否透明显示。一般情况下该选项不应打开，以提高作图速度。

➢ Line Antialiasing（线反锯齿）：锯齿表示直线在屏幕上显示成锯齿、阶梯状，其产生原因是屏幕上的直线是由按矩形排列的许多粒子组成的，当打开该选项时，直线、曲线和边会显示得更光滑。一般情况下不应打开该选项，因为它降低了作图速度。

2. 线显示

选择 Visualization Preferences 对话框中的 Line 选项卡，如图 16-9 所示，可对线的显示形式、线的宽度、公差等参数进行设置，该对话框中主要参数的意义如下。

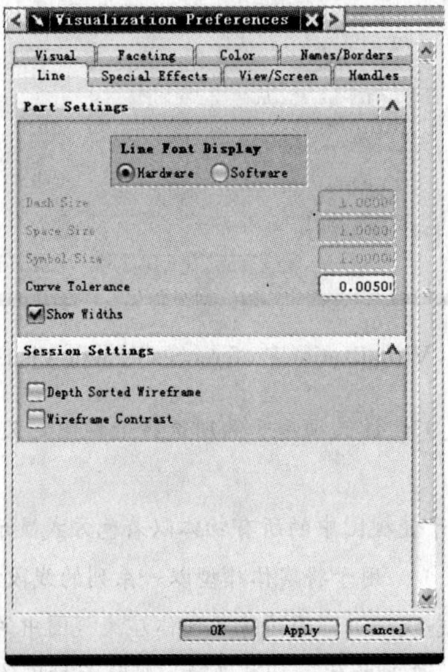

图 16-9 Visualization Preferences 对话框 Line 选项卡

➢ Line Font Display（线型显示）：该选项用于对线型进行设制，包括 Hardware 和 Software 两种方式。当使用 Hardware 方式时，系统图形库用于产生 7 种标准线型，曲线的显示速度会更快，占用的内存少，不过这时不能改变点画线的尺寸；当使用 Software 方式时，系统能够准确产生成比例的非实线线型，该方法能定义点画线的尺寸、间隙尺寸及符号尺寸，在放大和缩小视图时，点画线也会随着变大或变小。

➢ 虚线显示参数：用于当选择 Software 方式控制线型时对其尺寸进行定义，其中 Dash Size（虚线尺寸）表示虚线每段的长度；Space Size（间隙尺寸）表示虚线两段之间的长度；Symbol Size（符号尺寸）用于控制作用在线型中的符号显示尺寸，符号是存储在符号字体文件中由直线和文字构筑的任意几何体。

➢ Curve Tolerance（曲线公差）：该选项用于定义当前所选项的显示模型的细节表现度，对于曲线，曲线公差定义了曲线与近似它的直线段之间的公差，大的曲线公差产生较少的直线段，导致更快的视图显示速度，然而曲线公差越大，曲线显示得越粗糙。

➢ Show Widths（显示宽度）：该选项用于显示曲线的宽度，包括 Thin（细）、Normal（一般）和 Thick（宽）3 种形式。当打开该选项时，曲线以各自所设定的线宽显示出来；关闭该选项时，所有曲线都以细线线宽显示出来。在曲线较多时，通常将该选项关闭以加快图形的显示速度。

➢ Depth Sorted Wireframe（深度分类线框）：该选项用于定义图形显示卡在线框视图中是否按深度分类显示物体，对于包括空间上靠得较近物体的线框视图，开启该选项可以帮助我们从视觉上区分物体的相对方向，尤其是在编辑操作中。

3. 小平面化设置

选择 Visualization Preferences 对话框中的 Faceting 选项卡，如图 16-10 所示，可对实体模型渲染参数进行设置，该对话框中主要参数的意义如下。

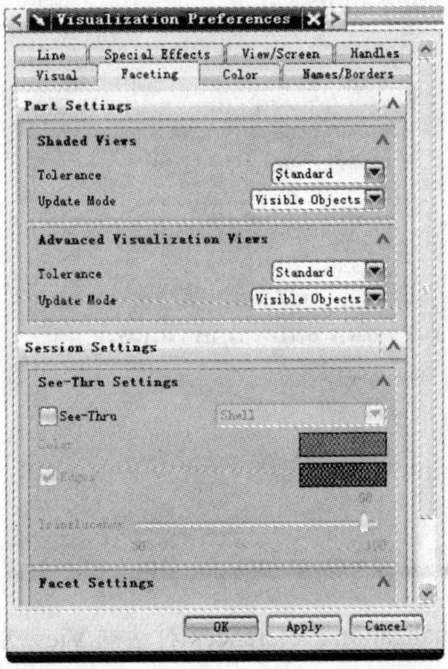

图 16-10 Visualization Preferences 对话框 Faceting 选项卡

➢ Shaded Views（着色视图）：该选项用于给部分着色和全着色显示模型设定公差，包括 Coarse（粗糙）、Standard（标准）、Fine（好）、Extra Fine（特别精密）、Ultra Fine（极端精密）和 Customize（用户自定义）6 种公差级别，且每一种公差级别对应 3 个公差值，分别为小平面边公差、小平面弦公差和角度公差。其中小平面边公差控制着用小平面表示物体弯曲边的近似程度；小平面弦公差控制着用小平面表示物体弯曲面的近似程度；而角度公差代表小平面与该小平面所近似表示的曲线法向在任意两个位置的角度误差。

- Advanced Visualization Views（高级可视化视图）：该选项用于给更先进的面分析和渲染显示模型设定公差，面分析和渲染显示模式具有美学效果，但这两种显示模型会降低显示性能，因此只在对外表面质量有要求时才使用面分析和渲染显示模型。
- Update Mode（更新模式）：该选项用于定义在更新操作过程中哪些物体更新显示，因此在试图更新具有很多物体的大型零件时能够节省时间。主要包括 Visible Objects（可见的对象）、All Objects（所有对象）和 None（无）3 个选项，其中 Visible Objects 指在更新操作过程中仅可以见到的对象更新；All Objects 指在更新操作过程中所有对象更新；而 None 指在更新操作过程中所有对象都不更新。
- Show Facet Edges（显示小平面边缘）：该选项将显示用于渲染着色面的三角形小平面的边缘或轮廓。如果着色面出现不连续或缺陷，可以打开该选项以确定缺陷是否与小平面边对应，如果是，则观察到的缺陷有可能是由控制产生小平面的公差设置引起的，此时可以使用着色选项或先进可视化选项改变公差设置以改善面的显示质量。

4．视图与屏幕设置

选择 Visualization Preferences 对话框中的 View/Screen 选项卡，如图 16-11 所示，该选项卡中主要参数的意义如下。

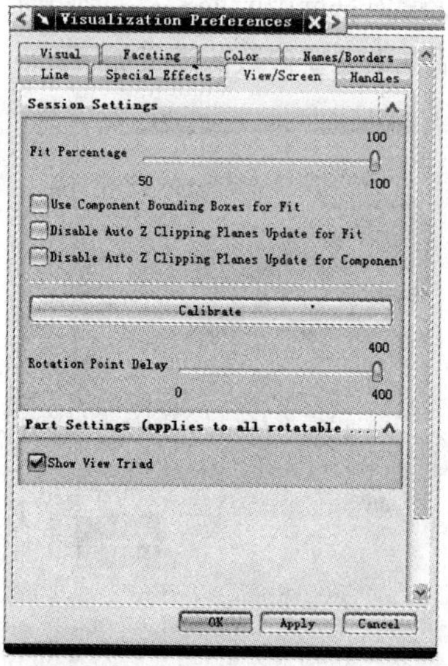

图 16-11 Visualization Preferences 对话框 View/Screen 选项卡

- Fit Percentage（指使比例）：该选项用于定义在进行拟合操作后，模型所占据的视图显示面积。如将拟合比例值设置为 100%，则模型占据空间 100%的视图显示范围；若将拟合比例值设置为 60%，则模型占据 60%的视图显示范围，剩下的 40%用于构建其他的几何。
- Calibrate（校准）：该选项用于校准显示器屏幕的物理尺寸。UG NX 8.0 向 Windows 操作系统查询屏幕的物理尺寸，但 Windows 操作系统常常提供不正确的值，屏幕尺寸不正确，则几何尺寸相应也不正确，当某一个屏幕尺寸（宽度或高度）比其他尺寸更不正确时，实际中的圆弧看起来像椭圆。

5. 名称与边界

选择 Visualization Preferences 对话框中的 Names/Borders 选项卡，如图 16-12 所示，该选项卡中主要参数的意义如下。

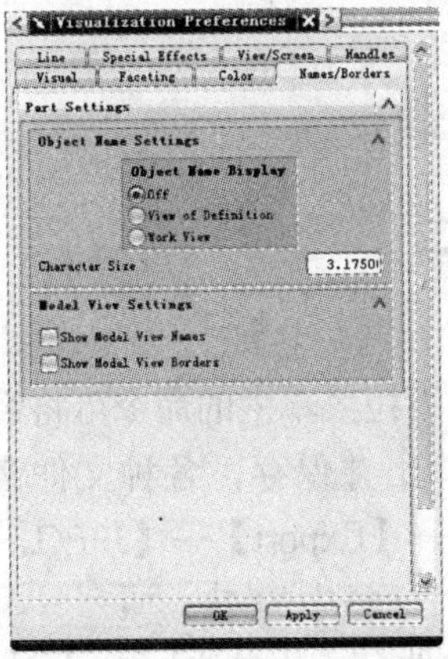

图 16-12 Visualization Preferences 对话框 Names/Borders 选项卡

- Object Name Display（对象名称显示）：该选项用于设置对象、特性和样式是否显示在视图中，包括 Off（关闭）、View of Definition（定义视图）和 Work View（工作视图）3 种类型。其中 Off 指将对象名称显示关闭；View of Definition 指名称仅出现在定义名称时所处的工作视图中；All Views 指名称出现在所有视图中。
- Character Size（字符尺寸）：该选项用于定义显示对象名称的字符尺寸，且该字符尺寸设置随部件文件一起保存。
- Show Model View Names/Borders（显示视图名称/边界）：该选项用于将视图名称或边界打开或关闭，显示视图名称与显示视图边界设置随部件文件一起保存。

6. 特殊效果

选择 Visualization Preferences 对话框中的 Special Effects 选项卡，如图 16-13 所示，该选项卡中主要参数的意义如下。

图 16-13 Visualization Preferences 对话框 Special Effects 选项卡

- Stereo（立体视镜）：该选项只有在所选择的具有 3D 图形加速器的 UNIX 工作站才被激活，它使用 CrystalEyes 水晶眼立体视镜观察系统。
- Fog（雾）：该选项用于使着色状态下的较近物体与较远物体显示的不一样，按照图形体素在图中的 *Z* 值或深度值改变组成它们的粒子密度，可显示出哪些几何对象距离观察者近些，哪些几何对象距离观察者远些。

16.5 图像输出

通过选择【File】→【Export】下拉菜单中的命令可将经过渲染后的模型以 PNG、JPEG、GIF、TIFF 和 BMP 等文件格式输出并保存，各种文件格式的输出方式基本相同。以输出 JPEG 文件格式为例，选择【File】→【Export】→【JPEG...】命令，系统弹出如图 16-14 所示的 JPEG Image File 对话框，单击对话框中的 Browse... 按钮，在弹出的对话框中指定输出文件的存储路径和文件名，再单击 OK 按钮即可。若选中对话框中的 Use White Background 选项，则生成的图像文件将以白色作为背景颜色；关闭此选项，则生成的图像文件以图形窗口本身的背景颜色为背景颜色。对于打印或插入到文档中的图像文件，最好采用白色背景。

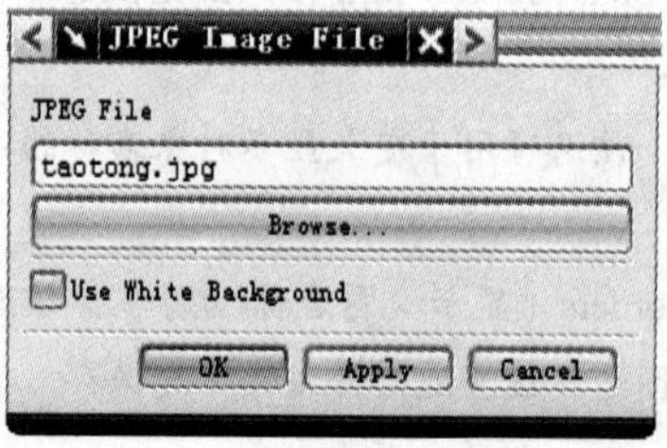

图 16-14　JPEG Image File 对话框

参考文献

[1] 林琳，石勇，李江，等. UG NX 5.0 中文版机械设计典型范例[M]. 北京：电子工业出版社，2008.

[2] 袁锋. UG 机械设计工程范例教程[M]. 北京：机械工业出版社，2006.

[3] 零点工作社. UG NX 4.0 机械设计实例教程[M]. 北京：电子工业出版社，2006.

[4] 夏德伟，张俊生，陈树勇，等. UG NX 4.0 中文版机械设计典型范例教程[M]. 北京：电子工业出版社，2006.

[5] 朱凯. UG NX 5 中文版机械设计[M]. 北京：人民邮电出版社，2008.

[6] 应华，熊晓萍，张俊华，等. UG NX 7.0 机械设计行业应用实践[M]. 北京：机械工业出版社，2011.

[7] 李西兵，郭建华，等. UG NX 模型设计实用教程[M]. 北京：国防工业出版社，2006.

[8] 展迪优. UG NX 8.0 机械设计教程[M]. 北京：机械工业出版社，2012.

[9] 詹友刚. UG NX 8.0 产品设计实例精解[M]. 北京：机械工业出版社，2011.

[10] 杨波. UG NX 7.5 曲面造型与典型范例[M]. 北京：电子工业出版社，2011.

[11] 蔡崧，蒋建强，曹振平. UG NX 7.5 中文版基础与实例[M]. 北京：北京师范大学出版社，2011.

[12] 何鹏，刘利. 中文版 UG NX 5 曲面造型基础教程[M]. 北京：人民邮电出版社，2009.

[13] 朱崇高，谢福俊. UG NX CAE 基础与实例应用[M]. 北京：清华大学出版社，2010.

[14] 柏松. UG NX 产品造型与模具设计从入门到精通[M]. 北京：航空工业出版社，2010.

[15] 徐勤雁，周超明，单岩. UG NX 逆向造型技术及应用实例[M]. 北京：清华大学出版社，2008.

[16] 何晶昌，滕华驹. UGS NX 7.5 自动编程实训[M]. 成都：西南交通大学出版社，2011.

[17] 关振宇，王竟艳. UG 中文版习题精解[M]. 北京：人民邮电出版社，2011.

[18] 李锦标. UG NX 从造型设计到分模技巧实战[M]. 北京：机械工业出版社，2009.

[19] 蔡勇. 反求工程与建模[M]. 北京：科学出版社，2011.

[20] 袁锋. UG 逆向反求工程案例导航视频教程（上、下册）[M]. 北京：机械工业出版社，2009.

反侵权盗版声明

举报电话：（010）88254396；（010）88258888

传　　真：（010）88254397

E-mail　：dbqq@phei.com.cn

通信地址：北京市海淀区万寿路 173 信箱

电子工业出版社总编办公室

邮　　编：100036